GAS HYDRATE SCIENCE AND TECHNOLOGY

气体水合物科学与技术

第二版

陈光进　孙长宇　马庆兰　_____　编著

化学工业出版社

·北京·

本书侧重于气体水合物化学方面的研究，对于水合物地球科学方面只作简单介绍。

本书系统地介绍了气体水合物的结构和基本物性，气体水合物相平衡热力学及生成/分解动力学，油/气输送管线气体水合物防控技术，气体水合物固态储存和运输天然气技术，气体水合物法分离混合物技术，天然气水合物资源分布规律，天然气水合物资源勘探技术及开发技术，天然气水合物和气候环境间的关系等。本书在侧重介绍作者课题组近年来取得成果的同时，对国内外的进展也进行了较全面的介绍。

本书可以作为气体水合物的入门书，也可以作为从事气体水合物科学技术研究的科技人员的参考书。

图书在版编目（CIP）数据

气体水合物科学与技术/陈光进，孙长宇，马庆兰编著.—2版.—北京：化学工业出版社，2020.1
ISBN 978-7-122-35069-5

Ⅰ.①气…　Ⅱ.①陈…②孙…③马…　Ⅲ.①天然气水合物-研究　Ⅳ.①P618.13

中国版本图书馆 CIP 数据核字（2019）第 182787 号

责任编辑：戴燕红　郑宇印　　　　　　　　装帧设计：史利平
责任校对：宋　夏

出版发行：化学工业出版社（北京市东城区青年湖南街 13 号　邮政编码 100011）
印　　刷：三河市航远印刷有限公司
装　　订：三河市宇新装订厂
787mm×1092mm　1/16　印张 32½　字数 811 千字　2020 年 1 月北京第 2 版第 1 次印刷

购书咨询：010-64518888　售后服务：010-64518899
网　　址：http://www.cip.com.cn
凡购买本书，如有缺损质量问题，本社销售中心负责调换。

定　　价：**168.00 元**

第二版前言

本书第一版对气体水合物科学与技术国内外进展作了较全面介绍，因而受到读者广泛欢迎，成为相关科技人员和研究生的重要参考书籍，对国内气体水合物的研究起到了一定的推动作用，并荣获 2010 年中国石油和化学工业优秀出版物奖一等奖。十多年来，天然气水合物研究在国内外方兴未艾，天然气水合物资源勘探和试采取得重大突破。我国政府 2017 年 11 月 17 日将天然气水合物正式批准为第 173 个矿种。气体水合物形成了以热力学、生成/分解动力学基础研究、天然气水合物资源勘探与开发、气候环境、管道气体水合物抑制技术研发、天然气固态储存和水合法分离气体混合物等新型应用技术研发为基本方向的研究格局。为介绍国内外的最新进展，同时吸取作者课题组近十年来的最新成果，决定对原书进行必要的修订补充后再版。

本次修订在第一版的基础上对各章节作了部分增删。第 1 章主要增补了第一届至第九届国际气体水合物大会主题变化的情况；第 2 章主要增补了分解过程中气体水合物结构转化以及 H_2 参与生成的水合物结构特征及其在水合物晶格的扩散特征；第 3 章主要增补了 Chen 和 Guo 模型在多孔介质内气体水合物热力学生成条件方面的应用以及乳液体系水合物相平衡模型；第 4 章主要增补了气体水合物成核微观机理、水合物晶体生长形态、油水分散体系气体水合物生长动力学、气体水合物膜生长动力学等方面的最新进展；第 5 章主要增补了油水乳液体系中的水合物分解动力学方面的研究成果；第 6 章主要增补了作者课题组在动力学抑制剂和防聚剂方面最新的研究成果；第 7 章主要增补了水合物法储运在水合物生成过程强化方面的成果；第 8 章主要增补了吸收-水合耦合分离技术在分离沼气、IGCC 混合气、裂解干气等方面的进展；第 9 章主要对天然气水合物成藏模式、天然气水合物储量及其资源分布进行了更新；原第 10 章拆分为两章，其一为天然气水合物勘探技术（第 10 章），其二为天然气水合物资源开发技术（第 11 章），主要增补了注气吹扫-置换法、组合开采法、天然气水合物开采的实验和数值模拟方法及野外试开采等方面的最新进展，并指出了商业化开采面临的挑战和对策；原第 11 章气体水合物和气候环境修订为第 12 章。附录部分增补了纯水体系水合物生成条件计算程序并更新了部分水合物生成条件数据。

本次修订工作的分工是：第 3 章内容由马庆兰副教授修订，第 4 章至第 7 章内容由孙长宇教授修订，其他章节内容由陈光进教授修订。聊城大学袁青博士、西南石油大学刘煌博士、中国石油大学（北京）（作者课题组）研究生肖朋、秦慧博、李锐、谢炎、钟瑾荣等参加了本书其他相关的修订工作。

本书第一版出版后，许多读者对本书提出了不少宝贵的意见，我们非常感谢。也希望读者对第二版给予批评指正，以便将来再修订。

陈光进
2019 年 6 月

第一版前言

随着 20 世纪 80~90 年代海底天然气水合物在全球范围内的大量发现，气体水合物已成为能源领域和资源领域的一大研究热点。由于气体水合物还和常规油气开发、运输和加工以及一系列新技术开发、全球气候变化等密切相关，气体水合物受到了更加广泛的关注。国内有关气体水合物的研究起步较晚，目前还没有一部全面介绍气体水合物的著作，为填补这一空白，作者撰写了本书，希望能对国内气体水合物的研究起到一定的推动作用。气体水合物研究具有典型的跨学科性，主要涉及化学和地学两大学科。由于作者专业的限制，本书侧重化学方面，地学方面只作简单介绍。本书内容包括水合物的结构和基本物性、水合物相平衡热力学及生成/分解动力学、油气输送管线水合物防控技术、水合物固态储存和运输天然气技术、水合物法分离气体混合物技术、地层天然气水合物的分布规律、天然气水合物资源的勘探开发方法、天然气水合物和气候环境间的关系等。本书在侧重介绍作者所在课题组近年来取得的成果的同时，对国内外的进展也进行了较全面的介绍，它可以作为气体水合物的入门书，也可以作为从事气体水合物科学技术研究的科技人员的参考书。

本书是集体劳动成果。孙长宇教授负责撰写了第 4、6、9 章，马庆兰副教授负责撰写了第 3 章，李清平博士合作撰写了第 11 章，其他章节由陈光进教授撰写。郭绪强教授和杨兰英老师，研究生梁敏艳、陈立涛、张芹、王秀林、庞维新、杨新、赵新明、王复兴等参加了本书的撰写工作，胡玉峰教授、朱建华教授、刘艳升教授、伍向阳教授等对本书的撰写提供了许多宝贵的建议，在此对他们表示感谢。还要感谢杨继涛教授、裘俊红教授、樊栓狮教授、程宏远博士、阎立军博士、梅东海博士、杨涛博士、阎炜博士、马昌峰博士、王璐琨博士、张世喜博士、林微博士、张凌伟博士、黄强博士、罗虎博士、罗艳托博士、廖健、刘翠、王峰、王秀宏、吴志恺、岳国梁、冯英明、丁艳明、王文强、杨琨超、张翠玲、彭宝仔等硕士，他们在本研究室期间的出色工作为本书提供了很好的素材。感谢国家自然科学基金（NO. 20490207）、国家高技术研究发展计划（863 计划）、中国石油和中国石化的大力支持。本书撰写过程中，限于时间和作者能力，疏漏、不当之处在所难免，恳请读者批评指正。

谨以此书缅怀国内水合物研究的开拓者、我们尊敬的郭天民教授！

陈光进
2007 年 5 月

目录

第 4 章　气体水合物生成动力学　114

第 9 章　天然气水合物资源分布　　322

第 10 章　天然气水合物勘探技术　　353

第1章

引言

气体水合物是水与甲烷、乙烷、CO_2 及 H_2S 等小分子气体形成的非化学计量型笼状晶体物质，故又称笼型水合物（clathrate hydrate）。目前已发现的水合物晶体结构有三种，习惯上称为Ⅰ型、Ⅱ型和H型结构。形成水合物的水分子被称为主体，形成水合物的其他组分被称为客体。主体水分子通过氢键相连形成一些多面体笼孔，尺寸合适的客体分子可填充在这些笼孔中，使其具有热力学稳定性。不同结构的水合物具有不同种类和配比的笼子。空的水合物晶格就像一个高效的分子水平的气体存储器，每立方米水合物可储存 $160 \sim 180 m^3$ 气体。气体水合物是一种特殊的固态混合物，和元素组成的恒定化合物有本质区别，因此应避免称"水化物"。气体水合物是"物极必反"这一哲学理念在自然界的一个很好的诠释。大多数可形成水合物的气体在水中的溶解度都很小，也正是因为这一点，才给水合物形成提供了物理条件，相反和水高度互溶的醇类物质反而不易或不能形成水合物。一旦气体和水形成了水合物，气体和水的互溶度就会提高几个数量级，从"难溶变成易溶"。在自然界中，水合物大多存在于大陆永久冻土带和深海中，其所包络的气体以甲烷为主，与天然气组成非常相似，常称其为天然气水合物。天然气水合物在常压下可释放天然气，可被点燃，故又称"可燃冰"。

1.1 气体水合物研究历史简介

气体水合物的研究历史最早可追溯到 1810 年。当年 Davy 偶然发现氯气可以使水在摄氏零度以上变成固体，这种固体就是氯气水合物。但水合物的晶体结构直到 20 世纪 50 年代才得到确定。自然界气体水合物的研究历程大致可分为 3 个阶段。第一阶段（1810—1934年）为纯粹的实验室学术研究阶段。在这一阶段，科学家完全受一种好奇心的驱使，在实验室确定哪些气体可以和水一起形成水合物以及水合物的组成，研究气体水合物生成压力和温度的关系，并对水合物生成过程的热效应进行测定和关联。在这阶段发现可生成水合物的气体有 Cl_2、Br_2、H_2S、SO_2、$CHCl_3$、CH_3Cl、C_2H_5Cl、C_2H_5Br、C_2H_3Cl、CH_4、C_2H_6、C_2H_4、C_2H_2、C_3H_8、Ar、Xe 等，基本上已经比较完备。第二阶段为气体水合物研究快速发展阶段（1934—1993 年），以 Hammerschmidt 发现气体水合物堵塞油气输送管线现象为标志，气体水合物开始引起工业界的关注，水合物研究也具有了第一个应用目标——防治油气输送管线中的水合物堵塞。在这一阶段，气体水合物研究获得了很快的发展：两种主要气体水合物的晶体结构得到确定，基于统计热力学的水合物热力学模型诞生，热力学抑制剂在油气生产和运输中得到广泛应用，在陆地永久冻土带和海底陆续发现了大量的天然气水合物资源。第三阶段（1993 年至今）以第一届国际水合物会议为标志，为水合物研究全面发展和研究格局基本形成阶段。迄今已召开九届国际水合物大会，会议规模逐届增大，中国学者与会的人数也逐届增多。表 1-1 所列为历届水合物大会的时间、地点和主题。在此期间，水合物基础研究从热力学转向生成/分解动力学，水合物法固态储存天然气和分离气体混合物等新技术的研发取得重大进展，动力学抑制剂取代传统热力学抑制剂的研究不断深入，天然气水合物和全球环境变迁之间的关系受到关注，特别是天然气水合物资源勘探和试采取得重大突破。形成了以基础研究、天然气水合物资源勘探与开发、气候环境研究、管道水合物抑制技术研发、天然气固态储存和水合法分离气体混合物等新型应用技术研发、温室气体的水合物法捕集和封存等为基本方向的气体水合物研究格局。值得一提的是我国在国际水合物界的声音越来越大，已成为主要的研究力量之一。图 1-1 为我国学者近 30 年来发表气体水合物 SCI 收录论文和美国及全球发文量的对比。可见近年来我国学者的发文量快速增长，已超过美国成为发文量最大的国家，在全球发文量中占比超过 30%。

表 1-1　历届国际水合物大会时间、地点和主题

届序	时间	地点	议题
第一届	1993	美国纽约	油气生产和处理中的水合物形成和控制；天然气水合物分子水平测试；水合物形成热力学和动力学；气体水合物原位测定和表征；基于水合物的新技术
第二届	1996	法国图伦斯	水合物形成分解热力学、动力学；分子模拟；生产和运输；产业化挑战——深水生产，环境因素，新技术；天然气水合物潜在能源
第三届	1999	美国盐湖城	资源评价；地球物理；全球气候变化；运输和近海水合物工程；热力学、动力学和质量传递；水合物抑制和控制；水合物技术；水合物物性
第四届	2002	日本横滨	探测、资源与环境；基础研究（热力学、动力学、结构、物理性质、多相流体力学和热/质传递）；管道水合物形成与抑制；基于水合物的技术
第五届	2005	挪威图特海姆	动力学和传递现象；结构和物理性质；探测、资源与环境；工业应用；热力学
第六届	2008	加拿大温哥华	基础研究（实验方法、热力学 & 动力学，传递现象）；模拟计算；实验室研究；油气生产；极地水合物；海洋水合物；新技术
第七届	2011	英国爱丁堡	基础研究（相平衡，动力学，结构，物理和热力学性质，模型计算，分子模拟）；天然气水合物（起源，分布和特点，地球化学，多孔介质内流体相行为，海底稳定性，地质力学，钻采过程水合物风险，流体流动，泥火山，气体渗漏，微观和宏观生物学，生态学，地球物理探测和取样）；能源和新技术（气体分离储存，脱盐，制冷，其他有益应用，CO$_2$ 捕集和封存，勘查，资源评估和开采）；外星球水合物（彗星和行星天体上的水合物）；气体水合物和全球气候变化；气体水合物和流动安全
第八届	2014	中国北京	基础研究（微观和宏观表征，热力学和动力学）；天然气水合物体系（水合物区域分布，水合物饱和度等）；能源（勘探、开采、新技术）；环境（气候影响、危害、碳封存）；流动安全保障（预防、治理、新技术）
第九届	2017	美国丹佛	基础研究；自然界水合物；能源回收；气候变化和地质危害；流动安全保障
第十届	2020	新加坡	

1.2　气体水合物研究的现实意义

天然气水合物研究目前在世界范围内受到高度重视的原因首先在于它被公认为 21 世纪

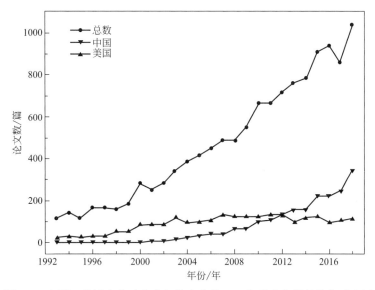

图1-1 中国、美国和全球发表气体水合物 SCI 收录论文增长趋势对比图

[中国石油大学（北京）图书馆石油情报研究中心供图]

的重要后续能源。近 30 年来在海洋和冻土带发现的天然气水合物资源量特别巨大，乐观估计水合甲烷的总资源量约为 $(1.8\sim2.1)\times10^{16}\,m^3$，或 $(18\sim21)\times10^{12}$ 油当量，有机碳储量相当于全球已探明矿物燃料（煤、石油、天然气）的两倍。虽然这个数值存在争议，可能存在数量级上的误差，但即便是其百分之一也是一个巨大的数值。天然气是一种洁净能源，扩大其在能源消费中的份额有利于环境保护和国民经济的可持续发展，未来的需求量呈增长趋势。天然气水合物是自然界中天然气存在的一种特殊形式，它分布范围广、规模大、能量密度高，很可能成为未来大规模替代能源。研究、开发和利用水合物中赋存的天然气资源已成为各国政府在能源领域的重要关注点之一。美国、日本、韩国、加拿大、印度等国家对天然气水合物相关的科学研究、资源调查和试采给予了高度重视和大力支持。我国对天然气水合物的开发利用同样十分重视，2002 年开始我国将海洋天然气水合物资源调查列入国家专项计划给予了持续、大力的支持，随后又将其列入国家中长期科学和技术发展规划。2017 年我国将天然气水合物正式批准为第 173 个矿种。可以说，天然气水合物研究在我国方兴未艾。1999 年国土资源部广州海洋地质调查局在我国的南海初步发现了天然气水合物存在的证据，让我们看到了我国天然气水合物资源勘探开发的曙光；又分别于 2007 年和 2009 年在我国南海和西部冻土区首次钻获了海洋和陆地天然气水合物样品，随后又多次成功钻获天然气水合物样品。近 20 年的调查和研究结果表明，我国南海大陆坡、东海冲绳海槽等海域是天然气水合物发育的理想场所。根据天然气水合物发育的地球物理特征（BSR）、实物钻探及其他相关的地质和地球化学证据，在南海北部海域圈定了 6 个天然气水合物成矿远景区，预测远景资源量达 $744\times10^8\,t$ 油当量。另外，我国也是世界永久冻土层第三大国，尤其青藏高原是永久冻土层，可能埋藏着丰富的天然气水合物，初估远景资源量达 $350\times10^8\,t$。可见，天然气水合物在我国未来的能源战略中将占有重要的位置。进入 21 世纪以来，天然气水合物的试采开始成为水合物研究领域的热点。2002 年开始美国等多国在加拿大 Mallik 冻土区实施陆上水合物的试开采，2012 年美国在阿拉斯加北坡实施水合物试采，2013 年日本

在国际上率先成功实施海域水合物的试开采。2017 年 5 月，我国首次进行南海神狐海域天然气水合物试采取得成功，实现了连续 60 天稳定产气 30 余万 m^3，代表着我国水合物勘探开发和工程装备技术水平达到世界先进水平。同年我国还首次进行了针对海洋弱胶结、非成岩水合物的流态化试采。

其次，气体水合物和常规油气生产和运输密切相关。应该说 20 世纪 60～80 年代末期，气体水合物研究的主要推动力来源于常规油气生产部门。研究的主要目标就是解决水合物堵塞油气生产井筒、地面处理装置和输送管线这一棘手问题，寻求建立可靠的水合物生成和堵塞的预测方法，以及开发经济高效的抑制水合物生成或防止其堵塞的方法和技术。目前国际上仍有相当数量的企业和研究机构在从事这方面的研究，力求开发出更加经济环保的低剂量水合物抑制剂（动力学抑制剂）来代替传统使用量大、对环境有害的热力学抑制剂。

另外，利用水合物独特的化学物理特性可以开发一系列高新技术造福人类。目前国际上有很大一部分水合物研究人员在从事这一领域的工作，所开发的水合物应用技术涉及水资源、环保、气候、油气储运、石油化工、生化制药等诸多领域。其中典型的有水合物法淡化海水技术、水合物法捕集和埋存温室气体 CO_2 技术、水合物法固态储存和运输天然气技术、水合物法分离低沸点混合物（如烟道气、炼厂干气、天然气等）技术和水合物法相变蓄冷技术等。

气体水合物还与全球气候变化有密切关系。由于甲烷是一种温室效应很强的气体，地层水合天然气（主要是甲烷）的释放将使气温上升，而气温的上升将加剧水合物的分解和天然气向大气的释放，由此造成恶性循环，严重影响人类的生存环境。有趣的是，人们也在尝试利用气体水合物消除温室效应，如以固态 CO_2 水合物的形式将温室气体 CO_2 等永久性地埋存于海底。

可以说气体水合物给人类带来了很多问题和挑战，也给科学技术和人类自身发展带来了许多机遇。开展气体水合物研究具有重要的科学意义和实际意义。虽然近年来气体水合物研究取得了很大的进展，但存在的问题和挑战也依然存在。如水合物堵塞防治仍主要依赖热力学抑制剂，低剂量动力学抑制剂还未被广泛接受和应用；水合物法储存和分离气体混合物以及海水淡化等技术还基本停留在实验室研发阶段，离工业应用还比较远；天然气水合物开发面临的高难度、高风险、高成本等挑战性问题依然未得到实质性解决，要实现商业开发，需要在大幅度增加单井产量和产气周期、提高开采效能、有效防范环境安全风险等方面取得突破。这一切问题的解决还寄望于水合物研究者继续开展系统深入的基础研究和创新性技术研发。

1.3 本书的基本内容

由于气体水合物涉及的领域很广，有关水合物的科学研究涉及的领域也十分广泛。我们可以将其大致分为水合物化学和水合物地球科学两个方面。在化学方面，人们关注和研究水合物的形成条件、化学组成、生成/分解动力学特征以及水合物的密度、比热容、热导率等最基本物性，由此揭示水合物的形成机理，开发基于水合物的化工技术。在地球科学方面，人们关注和研究天然气水合物的地球化学特征、生物特征、水合物成藏的地质条件、水合物中的声速等基本物性和地球物理特征等，由此揭示天然气水合物的成藏机理、开发有效的水合物资源勘探开发方法。本书侧重水合物化学方面，对于水合物地球科学方面只做简单介绍。本书内容包括水合物的结构和基本物性，水合物相平衡热力学及生成/分解动力学，水合物的控制技术，水合物固态储存和运输天然气技术，水合物法分离混合物技术，地层天然气水合物的分布规律，天然气水合物勘探开发方法等。

第2章

气体水合物的晶体结构与基本性质

2.1 气体水合物的晶体结构

水合物是一种较为特殊的包络化合物，主体分子即水分子间以氢键相互结合形成的笼形孔穴将客体分子包络在其中所形成的非化学计量的化合物。温度低于和高于水的正常冰点均可形成水合物。水合物的生成条件随客体分子种类的不同而千差万别，但所生成的水合物的晶体结构却不是随意变化的。典型的水合物晶体结构一般有三种，即Ⅰ型、Ⅱ型和H型。水之所以能形成水合物和水分子可以在空中构建四面体结构的氢键是分不开的。

2.1.1 氢键[1]

氮、氧和氟等氧化性元素与其他强还原性元素相互作用形成共价键时，共价电子云偏向这些元素，形成强极性共价键。例如，当与氢原子形成共价键时（NH_3、H_2O和HF），共价键的强烈极化使得氢原子的电子层被剥离，变成了几乎裸露的原子核（如不考虑同位素，只剩一个质子），使其表现出较强的正电荷性，能被带电负性的原子所吸引。如果带电负性的原子存在孤对电子，它能向裸露的质子提供两个电子，两者之间就可以形成部分的共价键。这种有方向性、饱和性的部分共价键称为氢键（hydrogen bond，HB）。

氧原子的外层电子结构为$2s^2 2p_x^2 2p_y^1 2p_z^1$，恰好有两个未成对电子。当与氢原子结合时，根据价键理论，两个未成对的yz电子应该与氢原子的外层孤立电子相互吸引而形成σ共价键，如此形成的共价键的夹角为$90°$，但实验测定实际的夹角为$104.5°$，因此两个氢原子在与氧原子结合成键时采用了sp^3轨道杂化方式重组电子，形成杂化轨道。电子对的静电排斥效应使得4个电子对在空间尽量远距离的以正四面体形式排列，但是因为孤对电子没有σ键那样受到强烈的约束效应而显得相对肥大，因此，正四面体有一定程度的畸变，孤立电子对之间的夹角为$115.4°$。当水分子相互靠近时，负电性的氧原子的孤对电子和相邻水分子中带正电性、几乎裸露的氢原子相互吸引而形成氢键。图2-1为水分子的电子结构和氢键结构示意图。

虽然氢键仍属于分子间相互作用，不足以影响物质的化学性质，但却对物质的物理性质

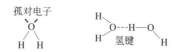

图 2-1　水分子的电子结构和氢键结构示意图[1]

有显著影响。对水而言，其许多异常的性质都与氢键有关，如高熔点、沸点、密度、表面张力等。在液体水中，水分子通过氢键相连，主要以分子团簇（cluster）的形式存在。团簇的不断变迁和整合使液体具有流动性。由于氢键远比一般的范德华力强，水分子间的结合能较大，使得水表面张力大于一般液体。同时当分子要脱离液体表面而成为自由分子时，需要较大的动能来克服其与周围分子间较大的吸引力，从而具有较高的沸点。表 2-1 列出了水相与其他相对分子质量相差不大的氢化物的一些不同寻常的物理性质。

表 2-1　水和氢化物的一些物理性质比较

名称	相对分子质量	熔点/℃	沸点/℃	蒸发潜热/(kJ/mol)
CH_4	16.04	−182	−162	8.16
NH_3	17.03	−78	−33	23.26
H_2O	18.02	0	100	40.71
H_2S	34.08	−86	−61	18.66

冰是水分子通过其四面体结构的氢键相连而形成的一种有序晶体物质，结构比较稳定，研究起来相对容易。因此对氢键的认识主要是通过对冰的晶体结构进行研究而获得的[2~6]。下面对冰的结构和性质作简要的介绍。

2.1.2　冰的晶格结构

中心水分子和相邻水分子间的四面体配置结构向空间扩展时可以有不同的方式，从而出现不同的晶体结构。究竟是何种结构则取决于温度和压力。实际上空水合物晶格也是一种冰的晶体结构形式，只是不能稳定存在而已。现在已经发现了超过 10 种冰晶格结构，另外还有许多的亚稳态形态。图 2-2 所示是冰的温度-压力相图，其中只包含了一些稳定的冰相。

根据对称性，冰 I 可以分为六角冰（冰 I_h）和立方冰（冰 I_c），其中立方冰只能在很低的温度下（−100℃）才能存在。根据相图中所展示的压力条件，在自然界存在的冰的形态都是六角冰。在各种冰相中，根据氢原子的分布形式，可以将其分为氢原子有序和氢原子无序两种。所谓氢原子有序，是指氢原子的分布按一定的规律重复出现。反之，如果氢原子的分布是随机的（满足一定的规则，如 Bernal-Fowler 规则[7]），那就是氢原子无序。如冰 I_h 和冰 I_c 是氢原子无序的，冰 Ⅱ 则是氢原子有序的。一般每一种冰在低温下都会对应着一种氢有序的状态，这是符合热力学第三定律的。冰 XI 是冰 I_h 的氢有序相。但现在对冰 XI 的有序性仍有争议，有人认为它可能只是部分有序[3]。

在对各种冰相的氢原子配置和晶格结构做了大量的研究后，结合 Raman 和红外光谱的数据，人们发现水和冰中的水分子与水蒸气中的水分子相比，除了存在部分的形变外没有显著的差别[7,8]。

2.1.3　水合物的晶体结构特征

气体水合物的基本结构特征是主体水分子通过氢键在空间相连，形成一系列不同大小的

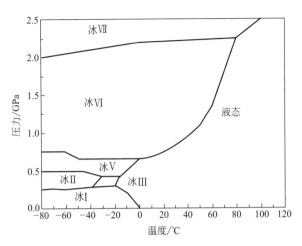

图 2-2　冰的温度-压力相图

多面体孔穴，这些多面体孔穴或通过顶点相连，或通过面相连，向空中发展形成笼状水合物晶格。如果不考虑客体分子，空的水合物晶格可以被认为是一种不稳定的冰。当这种不稳定冰的孔穴有一部分被客体分子填充后，它就变成了稳定的气体水合物。水合物的稳定性主要取决于其孔穴被客体填充的百分数。被填充的百分数越大，它就越稳定。而被填充的百分数则取决于客体分子的大小及其气相逸度，可以按照严格的热力学方法进行计算。目前已发现的水合物晶体结构（按水分子的空间分布特征区分，与客体分子无关）有 I 型、II 型、H 型三种。结构 I、结构 II 的水合物晶格都具有大小不同的两种笼形孔穴，结构 H 则有 3 种不同的笼形孔穴。一个笼形孔穴一般只能容纳一个客体分子（在压力很高时也能容纳 2 个像氢分子这样很小的分子[9]）。客体分子与主体分子间以 van der Waals 力相互作用，这种作用力是水合物的结构形成和稳定存在的关键。

　　I 型水合物晶胞是体心立方结构，包含 46 个水分子，由 2 个小孔穴和 6 个大孔穴组成。小孔穴为五边形十二面体（5^{12}），如图 2-3（a）所示。大孔穴是由 12 个五边形和 2 个六边形组成的十四面体（$5^{12}6^2$），如图 2-3（b）所示。5^{12} 孔穴由 20 个水分子组成，其形状近似为球形。$5^{12}6^2$ 孔穴则是由 24 个水分子所组成的扁球形结构。I 型水合物的晶胞结构式为 2（5^{12}）6（$5^{12}6^2$）·$46H_2O$，理想分子式为 8M·$46H_2O$（式中 M 表示客体分子）。理想的含义是全部孔穴被客体占据，且每个孔穴只有一个客体分子。

　　II 型水合物晶胞是面心立方结构，包含 136 个水分子，由 8 个大孔穴和 16 个小孔穴组成。小孔穴也是 5^{12} 孔穴，但直径上略小于 I 型的 5^{12} 孔穴；大孔穴是包含 28 个水分子的立方对称的准球形十六面体（$5^{12}6^4$），由 12 个五边形和 4 个六边形所组成，如图 2-3（c）所示。II 型水合物的晶胞结构式为 16（5^{12}）8（$5^{12}6^4$）·$136H_2O$，理想分子式是 24M·$136H_2O$。

　　H 型水合物晶胞是简单六方结构，包含 34 个水分子。晶胞中有 3 种不同的孔穴：3 个 5^{12} 孔穴，2 个 $4^3 5^6 6^3$ 孔穴和 1 个 $5^{12}6^8$ 孔穴。$4^3 5^6 6^3$ 孔穴是由 20 个水分子组成的扁球形的十二面体，如图 2-3（d）所示。$5^{12}6^8$ 孔穴则是由 36 个水分子组成的椭球形的二十面体，如图 2-3（e）所示。H 型水合物的晶胞结构式为 3（5^{12}）2（$4^3 5^6 6^3$）1（$5^{12}6^4$）·$34H_2O$，理想分子式为 6M·$34H_2O$（式中 M 表示客体分子）。

　　三种类型气体水合物的结构性质参数列于表 2-2。

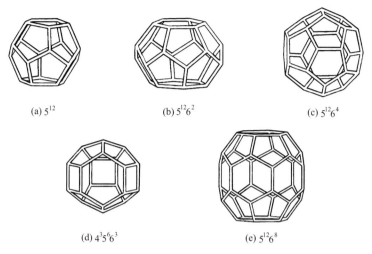

(a) 5^{12} (b) $5^{12}6^2$ (c) $5^{12}6^4$

(d) $4^3 5^6 6^3$ (e) $5^{12}6^8$

图 2-3 水合物孔穴的结构

表 2-2 三种水合物结构的有关参数

性质	结构Ⅰ		结构Ⅱ		结构 H		
孔穴	小	大	小	大	小	中	大
表述	5^{12}	$5^{12}6^2$	5^{12}	$5^{12}6^4$	5^{12}	$4^3 5^6 6^3$	$5^{12}6^8$
孔穴数	2	6	16	8	3	2	1
孔穴直径/Å	3.95	4.33	3.91	4.73	3.91	4.06	5.71
配位数	20	24	20	28	20	20	36
理想表达式	$8M \cdot 46H_2O$		$24M \cdot 136H_2O$		$6M \cdot 34H_2O$		

1Å＝0.1nm，下同。

2.2 客体分子对晶体结构的影响

客体分子在主体水分子所形成的笼形孔穴中的分布是随机的，只有当客体分子达到一定的孔穴占有率时水合物晶格才能稳定存在[10]。客体分子的孔穴占有率通常随温度/压力条件而变，但其变化规律比较复杂。Collins[11]等研究的几种水合物形成气体在大孔穴中的占有率大于小孔穴，大孔穴占有率超过 0.9 甚至接近 1。至于形成哪一种水合物结构主要由客体分子大小决定[12~14]，另外也受客体分子形状、温度/压力、是否有水合物促进剂等因素影响[15]。图 2-4 为客体分子尺寸与水合物晶体结构及占有孔穴类型间的关系。

图中括号内的"非独立"表示很难单独形成稳定的水合物，需要其他分子参与才能形成稳定的水合物。客体分子过小，如 H_2 只有在特高压力（＞2000MPa）或与水合物促进剂如 THF 作用下才能生成稳定水合物。小客体分子能稳定Ⅱ型水合物中的小孔，因此形成Ⅱ型晶体，如 N_2、O_2 等。中等大小的客体分子能稳定Ⅰ型水合物中的中孔，因此形成结构Ⅰ型水合物，如 CH_4、H_2S、CO_2 及 C_2H_6 等。较大的客体分子只能进入Ⅱ型水合物的大孔，因此只能形成结构Ⅱ型晶体，如 C_3H_8、$i\text{-}C_4H_{10}$ 等。更大的客体分子必须与小分子一起形成结构Ⅱ型或 H 型晶体，如正丁烷、己烷、金刚烷、环辛烷及甲基环戊烷等。

客体分子与主体分子在一定条件下通常只能形成单一的晶体结构，但随着条件的改变，

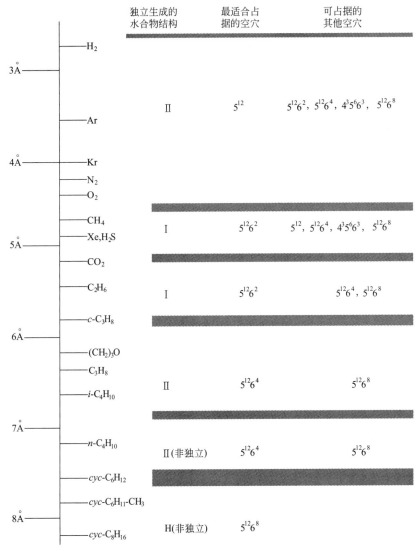

图 2-4   客体分子尺寸与水合物晶体结构及占有孔穴类型之间的关系（部分参考了 Sloan 的著作[13]）

形成的晶体结构也可能发生变化。如当温度变化时，环丙烷形成的水合物的晶体结构会从结构Ⅰ变到结构Ⅱ或从结构Ⅱ变到结构Ⅰ，而且可能出现结构Ⅰ、Ⅱ共存的情况。晶体结构还可能会因为另一种客体分子的加入而改变，如甲烷纯态时形成Ⅰ型水合物，如果加入少量的丙烷，将形成Ⅱ型水合物。

2.3   水合物结构测定技术

比较常用的研究水合物结构的方法有 Raman 光谱法、NMR 波谱法、X 射线多晶衍射法、中子衍射法和红外光谱法等。应用这些方法不仅可以识别水合物的晶体结构类型，还可以识别客体分子所占据的孔穴结构以及水合数（晶格中水分子数和气体分子数的比值）、占有率等。下面主要介绍应用较为广泛的 Raman 光谱法、NMR 波谱法以及 X 射线多晶衍射法。

2.3.1　Raman 光谱法

Raman 光谱是分子的散射光谱，由于 Raman 散射太弱等原因，曾使这种分子结构研究手段的应用和发展受到了严重的影响，直到 1960 年激光问世并将这种新型光源引入 Raman 光谱后，使它克服了以前的缺点。加上配以高质量的单色器及高灵敏度的光电检测系统，从而使激光 Raman 光谱的进展十分迅速，成为分子光谱学中一个重要的分支。

（1）Raman 光谱的基本原理　一束单色光通过透明介质，在透射和反射方向以外出现的光称散射光。1928 年印度物理学家 Raman 发现了与入射光频率不同的散射光，这种散射光称为 Raman 散射。同一种物质分子，随着入射光频率的改变，Raman 谱线的频率也改变，但 Raman 位移（波数）始终保持不变。因此 Raman 位移与入射光频率无关，仅与物质分子的振动和转动能级有关。不同物质分子有不同的振动和转动能级，因而有不同的 Raman 位移。这是 Raman 光谱可以作为分子结构定性分析的理论依据。Raman 谱线的强度与入射光的强度和样品分子的浓度成正比，这是 Raman 光谱定量分析的理论依据。

（2）Raman 光谱法在水合物研究中的应用　Raman 光谱法已广泛地应用于水合物结构的研究中，是一种基本的研究方法。客体的 Raman 振动光谱对水合物的结构、形成/分解的机理、占有率、水合物的组成和分子动力学研究提供了重要的信息。可以通过已知的 Raman 位移数据表或已知图谱进行对比研究，或结合其他图谱提供的信息综合考虑，推断出水合物的基本类型及客体占据孔穴类型和占据率。表 2-3 是典型的水合物客体不同振动类型在不同孔穴中的 Raman 位移[16~18]。

表 2-3　客体分子在不同孔穴结构中的 Raman 位移

客体分子	振动类型	结构类型	Raman 位移/cm^{-1}
CO_2	$\nu_3 C—O$ 不对称伸缩	Ⅰ 大孔穴($5^{12}6^2$)	2335.0
		Ⅰ 小孔穴(5^{12})	2347.0
		Ⅱ 小孔穴(5^{12})	2345.0
	$\nu_2 CO_2$ 弯曲振动	Ⅰ 大孔穴($5^{12}6^2$)	660.0
		Ⅰ 小孔穴(5^{12})	655.0
		Ⅱ 小孔穴(5^{12})	655.0
SO_2	$\nu_1 S—O$ 对称伸缩	Ⅰ 大孔穴($5^{12}6^2$)	1146.0
		Ⅰ 小孔穴(5^{12})	1151.0
	$\nu_3 S—O$ 非对称伸缩	Ⅰ 大孔穴($5^{12}6^2$)	1342.0
		Ⅰ 小孔穴(5^{12})	1347.0
	$\nu_2 SO_2$ 弯曲振动	Ⅰ 大孔穴($5^{12}6^2$)	517.0
		Ⅰ 小孔穴(5^{12})	521.0
CH_4	$\nu_1 C—H$ 对称伸缩振动	Ⅰ 大孔穴($5^{12}6^2$)	2904.8
		Ⅰ 小孔穴(5^{12})	2915.0
		Ⅱ 大孔穴($5^{12}6^4$)	2903.7
		Ⅱ 小孔穴(5^{12})	2913.7
		H 大孔穴($5^{12}6^8$)	—
		H 中孔穴($4^3 5^6 6^3$)	2905.0
		H 小孔穴(5^{12})	2912.8

续表

客体分子	振动类型	结构类型	Raman 位移/cm^{-1}
C_2H_6	C—H 费米共振	Ⅰ大孔穴($5^{12}6^2$)	2891.2
			2946.2
		Ⅱ大孔穴($5^{12}6^4$)	2887.3
			2942.3
	C—C 对称伸缩	Ⅰ大孔穴($5^{12}6^2$)	1000.9
		Ⅰ小孔穴(5^{12})	1020.0
		Ⅱ大孔穴($5^{12}6^4$)	992.9
		Ⅱ小孔穴(5^{12})	1020.0
C_2H_2	ν_3C—H 伸缩振动	Ⅰ大孔穴($5^{12}6^2$)	3261.0
		Ⅰ小孔穴(5^{12})	3280.1
		Ⅱ小孔穴(5^{12})	3274.2
C_2D_2	ν_3C—D 伸缩振动	Ⅰ大孔穴($5^{12}6^2$)	2419.0
		Ⅰ小孔穴(5^{12})	2430.6
		Ⅱ小孔穴(5^{12})	2427.1

　　结合水合物中客体分子振动的 Raman 位移可以初步判断出水合物的结构类型。具体应用于水合物结构分析时，还要注意对比分析不同水合物及不同条件下的 Raman 光谱规律。下面以图 2-5 为例对 Raman 光谱的分析进行简单的介绍。

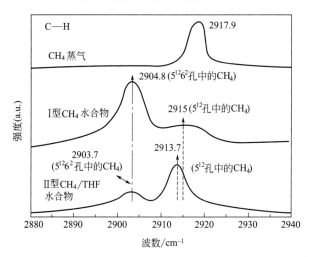

图 2-5　不同相态中甲烷分子 C—H 伸缩振动 Raman 光谱对比[19]

　　从图 2-5 中Ⅰ型水合物中的甲烷与纯甲烷气体的 Raman 光谱的对比中发现，谱带的变化是因为甲烷分子占据了水合物中两种不同的孔穴。2915cm^{-1} 和 2904.8cm^{-1} 处的 C—H 伸缩振动频率分别归属于Ⅰ型水合物小孔穴和大孔穴中的甲烷分子。从图中可以看出，由于Ⅰ型水合物的大孔数和小孔数比为 3∶1，占据大孔的甲烷分子总数要远大于占据小孔的甲烷分子数，所以大孔对应的频带要强得多，二者的面积对比基本反映了占据两种孔穴的分子数比，所以通过 Raman 光谱可以确定水合物不同孔穴的分子占据情况。

　　CH$_4$＋THF 形成Ⅱ型水合物，因为 THF 的尺寸较大，它只能占据Ⅱ型水合物的大孔穴并且促进 CH$_4$ 占据Ⅱ型水合物的小孔穴。C—H 伸缩振动频率为 2913.7cm^{-1} 和 2903.7cm^{-1}，分别归属于Ⅱ型水合物小孔穴和大孔穴中的甲烷分子。从图中可以看出，甲烷分子主要占据小孔穴，而大孔穴则主要被 THF 分子占据，其中的甲烷分子比较少。

　　对比甲烷在Ⅰ和Ⅱ型水合物中 ν_1 对称的 C—H 伸缩振动谱带，发现在水合物大孔穴和

小孔穴中的波数有 $10cm^{-1}$ 的差异，然而在 Ⅰ 和 Ⅱ 型水合物的大孔穴或小孔穴中只有 $1cm^{-1}$ 的差异，一般在 Raman 光谱仪的误差范围内。这就表明甲烷的 ν_1 对称 C—H 振动谱带可以辨别水合物的孔穴类型（大孔穴或小孔穴），却不能很好地辨别水合物的结构类型（Ⅰ 或 Ⅱ）。

将 Raman 光谱谱带的面积比（对应于小孔穴与大孔穴）与统计热力学方程相结合可以用来计算水合物的孔穴占有率以及水合数[20]。

2.3.2　NMR 波谱法

核磁共振（NMR）波谱是测量原子核对射频辐射（约 $4\sim800MHz$）的吸收，这种吸收只有在高磁场中才能产生。NMR 波谱法是化学、生物学及医学领域中鉴定有机及无机化合物结构的重要工具之一，在某些场合亦可应用于定量分析等。

（1）NMR 波谱法的基本原理　所谓核磁共振（NMR）是指处于外磁场中的物质的原子核受到相应频率的电磁波作用时在其磁能级之间发生的共振跃迁现象，检测电磁波被原子核吸收的情况就可以得到核磁共振波谱。因此就其本质而言是物质与电磁波相互作用而产生的，属于吸收光谱范畴。

在恒定的外加磁场作用下，处于不同化学环境的同一种原子核，由于环境不同而产生的共振吸收频率也不同。但频率差异范围很小，故实际操作时应用标准物质作为基准，测定样品和标准物质的共振频率之差。在测定化学位移时，常用的标准物是四甲基硅烷 [$(CH_3)_4Si$，简称 TMS]。

典型的核磁共振谱有核磁共振氢谱（$^1H\ NMR$）和核磁共振碳谱（$^{13}C\ NMR$）。

（2）NMR 光谱法在水合物研究中的应用　^{13}C 核磁共振现象早在 1957 年就开始研究，但由于 ^{13}C 的天然丰度很低（1.1%），相对灵敏度仅为质子的 1/5600，所以早期未被关注。直至 1970 年发明了傅里叶变换核磁共振谱仪（FT-NMR）后，有关 ^{13}C 研究才开始增加。

与质子谱相比，$^{13}C\ NMR$ 在测定水合物分子结构中具有很大的优越性：①$^{13}C\ NMR$ 光谱提供的是分子骨架的信息，而不是外围质子的信息；②已经有消除 ^{13}C 与质子之间耦合的方法，降低了图谱的复杂性。因此与质子谱相比，$^{13}C\ NMR$ 谱应用于水合物结构分析的意义更大。$^{13}C\ NMR$ 判断水合物结构的依据是化学位移，但不同的标准物质测定的化学位移是不同的，表 2-4 是以四甲基硅烷为内标物的客体在不同水合物结构中的 $^{13}C\ NMR$ 化学位移（温度 253K）。

表 2-4　客体在不同孔穴类型中的 $^{13}C\ NMR$ 化学位移

客体分子	Ⅰ		Ⅱ	
	小孔穴(5^{12})	大孔穴($5^{12}6^2$)	小孔穴(5^{12})	大孔穴($5^{12}6^4$)
甲烷	−4(−2.84①)	−6.1(−5.21①)	−3.95(−2.73①)	−7.7(−6.27①)
乙烷	—	7.7		6.4(7.8②)
丙烷	—	—		17.7,16.8(18.9②)
异丁烷	—	—		26.6,23.7(28.1②)

① Ripmeester 和 Ratcliffe[21] 测。

② Davidson 等[22,23] 测。

应用 $^{13}C\ NMR$ 研究水合物结构与 Raman 光谱法基本类似。通过 $^{13}C\ NMR$ 谱提供的主要参数化学位移、质子的裂分峰数、耦合常数及各组分相对峰面积，与已知的 $^{13}C\ NMR$ 图谱进行对比分析，推断水合物的结构。另外，由于 $^{13}C\ NMR$ 谱中积分曲线的高度与引起该峰的原子核数成正比，基于此原理可用于定量分析。$^{13}C\ NMR$ 定量分析的最大优点是不需引进任何校正因子，且不需水合物的纯样品就可直接测出其浓度。但是 $^{13}C\ NMR$ 定量分析的广泛应用受到仪器价格的限制，另外共振峰重叠的可能性随样品复杂性的增加而增加。因此，往往是 ^{13}C NMR 可以分析的试样，用别的方法也可以方便地完成。图 2-6 为 Subramanian[24]等在温度 253K、气相组成 $y_{CH_4} = 0.827$ 条件下 $CH_4 + C_2H_6$ 形成的 II 型水合物的 ^{13}C NMR 波谱。

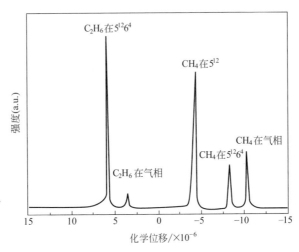

图 2-6 $CH_4 + C_2H_6$ 水合物的 ^{13}C NMR 波谱

对照表 2-4 所列的甲烷和乙烷在水合物结构 II 中的 ^{13}C NMR 位移，可以得到图中五个峰分别归属的客体分子以及所处孔穴类型：化学位移在 6.4 的峰归属于乙烷在水合物结构 II 中的大孔穴（$5^{12}6^4$），化学位移在 -3.95 的峰归属于甲烷在水合物结构 II 中的小孔穴（5^{12}），化学位移在 -7.7 的峰归属于甲烷在水合物结构 II 中的大孔穴（$5^{12}6^4$）。

同时 ^{13}C NMR 波谱中峰的强度可以用来计算甲烷在水合物以及气相中的组成。

水合物相的组成 x_{CH_4} 可以用式（2-1）计算：

$$x_{CH_4} = \frac{A_{l,CH_4} + A_{s,CH_4}}{A_{l,CH_4} + A_{s,CH_4} + (A_{l,C_2H_6}/2)} \tag{2-1}$$

式中，A_{l,CH_4}、A_{s,CH_4}、A_{l,C_2H_6} 分别表示甲烷大、小孔穴以及乙烷大孔穴的峰面积。考虑到乙烷在 II 型水合物大孔穴的峰是由乙烷分子中两个碳原子引起的，因此在计算组成时峰面积 A_{l,C_2H_6} 要除 2。

同样地，气相中 y_{CH_4} 可用式（2-2）计算：

$$y_{CH_4} = \frac{A_{CH_4,g}}{A_{CH_4,g} + (A_{C_2H_6,g}/2)} \tag{2-2}$$

2.3.3 X 射线多晶衍射法

所谓多晶体衍射是相对于单晶体衍射命名的。在单晶体衍射中，被分析试样是一粒单晶体，而在多晶体衍射中被分析试样是一堆细小的单晶体。由于它简单易行，包含的信息丰富，除包含晶体结构本身的信息外，还包含晶体中各种缺陷及多晶聚集体的结构信息，如相结构、晶粒尺寸与分布、晶粒取向、各种层错等众多信息，因此成为研究多晶聚集体结构及其与性能间关系的重要手段。近年来，随着各种高新技术的发展，特别是同步辐射及计算机技术的发展，使 X 射线多晶体衍射的能力有了提高，其应用的广度和深度都有所增加。

（1）X 射线衍射的基本原理

① 晶体衍射原理（Bragg 方程）　X 射线的特点之一是其波长恰好与物质微观结构中原子、离子间的距离（0.001～10nm）相当，所以它能被晶体衍射。

由晶体化学可知，晶体具有周期性结构。一个立方体的晶体结构，可看成是一些完全相同的原子平面网按一定距离 d 平行排列而成，同时也可以看成为另一些原子平面网按另一距离 d' 平行排列而成。所以一个晶体必然存在着一组特定的 d 值（d，d'，d''，……）。结构不同的晶体其 d 值组绝不相同，所以可用它来表示晶体特征。只有当光程差等于入射光波长 λ 的整数倍 n 时，才能产生被加强了的衍射线。

$$n\lambda = 2d\sin\theta \tag{2-3}$$

式中，n 为衍射级序；d 为晶格原子平面之间的距离；λ 为 X 射线的波长；θ 为衍射角。

② X 射线与晶体的作用　X 射线作用于晶体时，由于其波长短，穿透力强，所以大部分射线将穿透晶体，极少量的射线产生反射，一部分为晶体所吸收。X 射线是电磁波，在晶体中产生周期性变化的电磁场，迫使原子中的电子和原子核也进行周期性振动，因原子核的质量比电子大得多，故可将其振动忽略。振动着的电子就成了一个新的发射电磁波的波源，以球面波的方式向四面八方散发出与入射光波长频率相同的电磁波。

当入射的特征 X 射线按一定方向射入晶体，与晶体中电子发生作用后，再向各个方向发射 X 射线的现象称为散射。由于晶体中原子散射的电磁波相互干涉和相互叠加而在某一方向得到加强或抵消的现象称为衍射，其相应的方向称为衍射方向，一个原子对 X 射线的散射能力，取决于它的电子数。晶体衍射 X 射线的方向，与构成晶体的晶胞大小、形状以及入射 X 射线的波长有关。衍射光的强度，则与晶体内原子的类型和晶胞内原子的位置有关。所以，从所有衍射光束的方向和强度来看，每种晶体都具有自己的衍射图，因此，我们可以得到晶体结构的各种信息。

（2）X 射线多晶衍射法在水合物晶体结构研究中的应用　在水合物晶体结构研究中通常采用全谱拟合法即 Rietveld 法[25]进行数据处理。Rietveld 精修是由设在荷兰 Petten 的反应堆中心的研究员 Rietveld 在 1967 年用中子多晶体衍射数据精修晶体结构参数时提出的一种数据处理新方法。所谓全谱拟合即是在假设的晶体结构模型参数与结构参数的基础上，结合某种峰形函数来计算多晶体衍射谱。调整这些结构参数和峰形参数使算得的多晶体衍射谱能与实验谱相符合。由于拟合是对整个衍射谱进行的，故为全谱拟合。

Rietveld 多晶体衍射全谱拟合法已发展成一类全新的数据处理方法，与传统数据处理方法相比有两点根本的不同：①传统法总是以衍射线（峰）为单位，使用一个或多个衍射峰的数据进行各种处理，而 Rietveld 法用的是整个谱，包括所有的峰和本底，可以避免由某些峰参数测量不准造成的结果不准。②传统法总是以各个衍射峰的面积强度为单位进行处理，而 Rietveld 法用的是每一测量点的强度，从而大大增加了实测数据量。Rietveld 法对传统的数据处理方法进行了革命性的变革。

水合物的结构有三种，分别为结构 Ⅰ 型、结构 Ⅱ 型以及结构 H 型。Yousuf 等[26]运用 X 射线多晶衍射法所得冰以及三种水合物基本结构的数据如下。

冰 I_h 是如今研究最为深入的冰相，其内部近邻分子配位非常接近于正四面体，O—O—O 夹角有两个：109.33°和 109.61°，近邻氧原子距离为 2.750Å 和 2.751Å，空间群为 P6$_3$/mmc。此冰相的晶胞结构如图 2-7 所示。表 2-5 列出了冰 I_h 的详细结构参数。

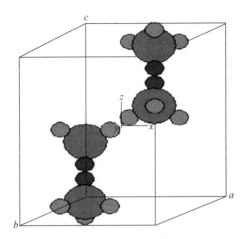

图 2-7 冰 I_h 的晶胞结构图[26]

表 2-5 冰 I_h 的结构参数[26]

原子	对称性	原子的空间位置			占有率
		x	y	z	
O(1)	C_{3v}(3m)	1/3	2/3	0.07313	1.000
H(1)	C_{3v}(3m)	1/3	2/3	0.20755	0.500
H(2)	C_v(m)	0.45321	0.90642	0.02745	0.500

结构 I 水合物晶胞是体心立方结构，空间群为 Pm3n。单位晶胞由 2 个小孔穴和 6 个大孔穴组成，小孔穴为五边形十二面体（5^{12}），大孔穴是由 12 个五边形和 2 个六边形组成的十四面体（$5^{12}6^2$），用于结构精修的参数是按照每个大、小孔穴都有一个甲烷分子占据得出的。具体的结构参数如表 2-6 所示。图 2-8 为结构 I 型水合物的单位晶胞结构，为了使图形更加清晰，H_2O 和 CH_4 中的 H 原子没有画出。

表 2-6 I 型水合物的结构参数

原子	对称性	原子的空间位置			占有率
		x	y	z	
O(1)	D_{2d}(42m)	0.00000	0.50000	0.25000	1.000
O(2)	C_3(3)	0.18471	0.18471	0.18471	1.000
O(3)	C_s(m)	0.00000	0.30955	0.11656	1.000
H(1)	C_3(3)	0.23234	0.23234	0.23234	0.500
H(2)	C_s(m)	0.00000	0.42856	0.20416	0.500
O(1)	D_{2d}(42m)	0.00000	0.50000	0.25000	1.000
O(2)	C_3(3)	0.18471	0.18471	0.18471	1.000
O(3)	C_s(m)	0.00000	0.30955	0.11656	1.000
H(1)	C_3(3)	0.23234	0.23234	0.23234	0.500
H(2)	C_s(m)	0.00000	0.42856	0.20416	0.500
H(3)	C_s(m)	0.00000	0.38217	0.15927	0.500
H(4)	C_s(m)	0.00000	0.31846	0.03455	0.500
H(5)	C_1(m)	0.68750	0.26795	0.13834	0.500
H(6)	C_1(m)	0.11554	0.22774	0.15834	0.500
C1	T_h(m3)	0.00000	0.00000	0.00000	1.000
H(11)	C_1(m)	−0.07874	−0.01834	−0.04425	0.040
H(12)	C_1(m)	−0.13981	−0.00503	0.09096	0.040
H(13)	C_1(m)	0.02859	0.08480	−0.02204	0.040

续表

原子	对称性	原子的空间位置			占有率
		x	y	z	
H(14)	C_1(m)	0.06413	−0.06143	−0.02467	0.040
C2	D_{2d}(42m)	0.00000	0.25000	0.50000	1.000
C(21)	C_1(m)	−0.03443	0.20498	0.57268	0.125
C(22)	C_1(m)	0.01965	0.33676	0.52409	0.125
C(23)	C_1(m)	−0.62050	0.25034	0.43185	0.125
C(24)	C_1(m)	0.07683	0.20791	0.47137	0.125

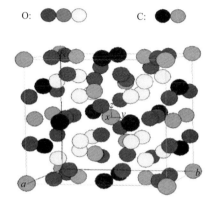

图 2-8　Ⅰ型水合物的晶胞结构图[26]

结构Ⅱ型水合物晶胞是面心立方结构，空间群为 Fd3m。由 8 个大孔穴和 16 个小孔穴组成。小孔穴也是 5^{12} 孔穴，但直径上略小于结构Ⅰ的 5^{12} 孔穴；大孔穴是包含 28 个水分子的立方对称的准球形十六面体（$5^{12}6^4$），由 12 个五边形和 4 个六边形所组成。用于精修的结构参数是按照每个 5^{12} 孔穴都有一个甲烷分子填充，而每个 $5^{12}6^4$ 孔穴有一个丙烷填充而得出的，因此单位晶胞包含 136 个 H_2O，16 个 CH_4 和 8 个 C_3H_8 分子。图 2-9 是Ⅱ型水合物单位晶胞的结构图。为了清晰起见，H_2O 和 CH_4、C_3H_8 中的氢原子都没有画出。表 2-7 列出了晶体结构的详细信息。

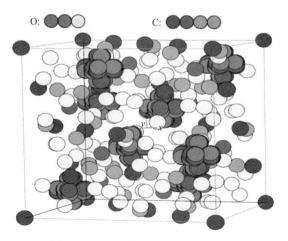

图 2-9　Ⅱ型水合物的晶胞结构图[26]

表 2-7　Ⅱ型水合物的结构参数[26]

原子	对称性	原子的空间位置			占有率
		x	y	z	
O(1)	$T_d(43m)$	−0.125000	−0.125000	−0.125000	1.000
O(2)	$C_{3v}(3m)$	−0.223429	−0.223429	−0.223429	1.000
O(3)	$C_s(m)$	−0.183433	−0.183433	−0.371863	1.000
H(1)	$C_{3v}(3m)$	−0.190539	−0.190539	−0.190539	0.500
H(2)	$C_{3v}(3m)$	−0.156453	−0.156453	−0.156453	0.500
H(3)	$C_s(m)$	−0.204733	−0.204733	−0.274796	0.500
H(4)	$C_s(m)$	−0.199890	−0.199890	−0.323253	0.500
H(5)	$C_s(m)$	−0.144947	−0.144947	−0.370699	0.500
H(6)	$C_1(m)$	−0.162253	−0.215500	0.148672	0.500
C1	$D_{3d}(3m)$	0.00000	0.00000	0.00000	1.000
H(11)	$C_1(1)$	0.028340	−0.562022	−0.001517	0.083
H(12)	$C_1(1)$	0.003016	0.026557	−0.057003	0.083
H(13)	$C_1(1)$	0.029028	0.036983	−0.041925	0.083
H(14)	$C_1(1)$	−0.060350	−0.007326	0.016611	0.083
C2	$C_{2v}(mm)$	0.37500	0.338731	0.375000	0.167
H(21)	$C_1(1)$	0.317112	0.314263	0.377682	0.042
H(22)	$C_1(1)$	0.417325	0.292202	0.372721	0.042
C3	$C_1(1)$	0.389244	0.386768	0.447953	0.042
H(31)	$C_1(1)$	0.383938	0.350996	0.499482	0.042
H(32)	$C_1(1)$	0.346869	0.433291	0.450248	0.042
H(33)	$C_1(1)$	0.447156	0.411224	0.445277	0.042
C4	$C_1(1)$	0.382180	0.387533	0.301531	0.042
H(41)	$C_1(1)$	0.371824	0.352303	0.250381	0.042
H(42)	$C_1(1)$	0.339731	0.434062	0.303831	0.042
H(43)	$C_1(1)$	0.440020	0.412033	0.298851	0.042

　　结构 H 型水合物晶胞是简单六方结构，空间群为 P6/mmm，包含 34 个水分子。晶胞中有 3 种不同的孔穴：3 个 5^{12} 孔穴，2 个 $4^3 5^6 6^3$ 孔穴和 1 个 $5^{12} 6^8$ 孔穴。用于精修的结构参数是按照每个 5^{12}，$4^3 5^6 6^3$ 都由一个 CH_4 分子填充，每个 $5^{12} 6^8$ 孔穴都由一个 $C_6 H_{14}$ 分子填充获得的。因此单位晶胞包含 34 个 H_2O，5 个 CH_4 以及 1 个 $C_6 H_{14}$ 分子。表 2-8 列出了晶体结构的详细信息。图 2-10 是 H 型水合物晶胞的结构图。

表 2-8　H 型水合物的结构参数[26]

原子	对称性	原子的空间位置			占有率
		x	y	z	
O(1)	$C_{3v}(3m)$	1/3	2/3	0.36433	1.000
O(2)	$C_{2v}(mm)$	0.86798	0.13202	1/2	1.000
O(3)	$C_s(m)$	0.61389	0.61389	0.13726	1.000
O(4)	$C_s(m)$	0.79099	0.20901	0.27765	1.000
C(1,2)D'	$D_{3h}(6m2)$	2/3	1/3	0.00000	1.000
C(3,4,5)(D)	$D_{2h}(mmm)$	1/2	1/2	1/2	1.000
C(6)(E)	$C_{2v}(mm)$	0.08000	0.16000	0.00000	1.000

2.4　水合物结构研究进展

　　1810 年，氯气刚发现不久，英国学者 Davy 在皇家实验室将氯气通过 0℃ 左右稀释的

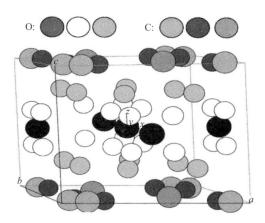

图 2-10　H 型水合物晶胞的结构图[26]

CaCl₂ 溶液时，出现了一种淡绿色、羽毛状的晶体。这种晶体可以在室温下永久地保存而不分解。当温度升高时，其中包含的氯气会从中释放出来。Davy 将这种晶体称为气体水合物[27]。1823 年，Faraday 分析了这种水合物的组成。1829 年又发现了溴水合物[28]。1888 年，Villard 在实验室合成了甲烷、乙烷、乙烯和乙炔水合物，随后在实验室中相继制备和发现了一系列的气体水合物。最初科学家们关心的是它的组成和热力学性质。直到 20 世纪 30 年代，人们发现气体水合物可在天然气输送管线中形成并阻塞管道[29]，气体水合物才引起工业界的重视，有关气体水合物的研究也逐步兴盛起来。

　　20 世纪 40 年代中期，通过 X 射线衍射研究，人们开始了解水合物晶体的立体结构，经过 Von Stackelberg[30]、Muller[31] 和 Pauling[32] 等人的不懈努力，在 50 年代初确立了两种最为常见的水合物晶体结构，即通常所谓的结构 I 和结构 II。1987 年 Ripmeester[33] 等通过核磁共振和粉末衍射实验发现了一种新的水合物晶体结构——结构 H。1990 年 Ripmeester 和 Ratcliffe[15] 发表了通过实验所发现的 24 种能形成 H 型结构水合物的物质。

　　最近对水合物结构的研究表明水合物结构很不稳定，这不仅依赖于客体分子的大小，还与温度、压力有关，并且在水合物中加入少量的其他客体组分也会引起水合物结构的改变。下面介绍一些水合物结构研究的新进展。

2.4.1　水合物结构受压力影响的相关研究

　　自然赋存的天然气水合物中的客体分子主要是甲烷。因此，对甲烷水合物结构的研究有着重要的现实意义。最近，Hirai[34] 的研究表明 I 型甲烷水合物在室温条件下，稳定存在的压力上限为 $p=2.3\text{GPa}$，高于这一压力甲烷水合物就会分解成冰 VII 和固态甲烷。Chou[35] 在温度为 $T=298\text{K}$ 的条件下，通过 X 射线粉末衍射和 Raman 光谱等研究方法，发现甲烷水合物从结构 I 向结构 II 的转变发生在 $p=0.1\text{GPa}$ 处，从水合物结构 II 向水合物结构 H 转变发生在 $p=0.6\text{GPa}$ 处。

　　Loveday[36] 通过中子和 X 射线多晶体衍射，在更高的压力范围内对甲烷水合物的结构进行深入研究，发现了新的水合物结构转变点 $p=1\text{GPa}$ 和 $p=2\text{GPa}$，并提出了一种新的甲烷水合物结构 III。Loveday 认为此结构近似于水合物结构 H，并且在压力 2~10GPa 之间都可以稳定存在，不会发生新的结构变化。Shimizu[37] 通过 Raman 光谱法，发现甲烷水合物的结构变化 I 到 II 和 II 到 III 分别发生在压力 $p=0.9\text{GPa}$ 和 1.9GPa 处，并且对甲烷水合物结构 III 提出两种假设：①一种与 H_2-H_2O 体系形成水合物的机理相类似的新一类甲烷水合物结构；②甲烷水合物分解为固体甲烷和冰Ⅵ或冰Ⅶ。其中第一种假设支持了 Loveday 的观点。

乙烷由于分子直径比Ⅰ型水合物结构中的小孔穴（5^{12}）直径还大，因此人们认为其形成Ⅰ型水合物结构只能占据大孔穴（$5^{12}6^2$）。最近，Morita[38]通过 Raman 光谱法对乙烷水合物在高压状态下的结构进行的研究表明，乙烷分子同样可以占据Ⅰ型水合物结构中的小孔穴（5^{12}）。图 2-11 为 300MPa 下乙烷水合物 C—C 振动 Raman 光谱。其中黑线为水合物，灰线为液相。从图中可以看出水合物相在 1000cm^{-1} 处有两个峰，相反在液相中却只有一个单峰。这一发现表明 C_2H_6 分子同时占据小孔穴和大孔穴。低压条件（小于 100MPa）下小孔穴对应的 C—C 振动的 Raman 峰很小，而在高压下却变得很大。这是乙烷分子占据小孔穴（5^{12}）的最显著的特征。

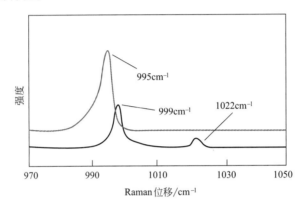

图 2-11　乙烷的 C—C 振动 Raman 光谱（300MPa）

C_2H_6 的 C—C 对称伸缩振动的 Raman 位移受压力的影响如图 2-12 所示。一方面，在小孔穴和在水相中的 C—C 伸缩振动的能量是随着压力而单调增加（1cm^{-1}/100MPa）。这就表示氢键联结而成的笼形结构逐渐地被压缩，乙烷分子的空间变得越来越小。另一方面，大孔穴中 C—C 对称伸缩振动能却保持不变，因为即使是水合物孔穴在随着压力的增加而不断地被压缩，乙烷分子在大孔穴中的空间也足够大。另外，还可以发现一条重要的规律，在任何压力下，乙烷在水合物大孔穴和小孔穴中的 C—C 振动能量比其在水相中的都大。

乙烷水合物中 O—O 振动的 Raman 位移与压力的关系如图 2-13 所示，图中同时对比了二氧化碳和甲烷水合物的相关实验结果。乙烷水合物中 O—O 振动的 Raman 位移受压力的影响较弱（1cm^{-1}/100MPa）。然而，其在甲烷和二氧化碳水合物中受压力的影响则较大（4cm^{-1}/100MPa）。

Suzuki[39]等对上述研究进行了补充提出在高压状态下环丙烷、乙烯同样也可以占据其形成的水合物中的小孔穴。图 2-14 总结了室温条件下气体水合物随着压力的增加而产生的结构变化[40]。

2.4.2　二元客体体系水合物结构与组成的关系

早在 1959 年 von Stackelberg 和 Jahns[41]的研究就表明 H_2S、CH_3CHF_2 都形成Ⅰ型水合物，然而在它们的混合体系中却生成Ⅱ型水合物。van der Waals 和 Platteeuw[42]分析了这一混合系统的结构变化，并从理论上解释发生这一现象的必然性，认为一方面是由于 H_2S+CH_3CHF_2 体系形成Ⅱ型水合物的分压比形成Ⅰ型水合物的分压略低，因此混合体系

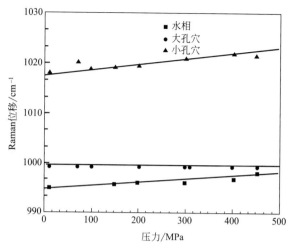

图 2-12　压力对乙烷水合物体系中 C—C 振动的影响

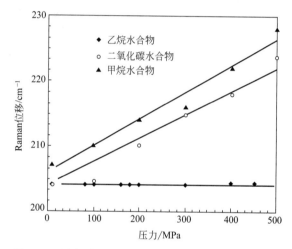

图 2-13　压力对乙烷水合物体系中 O—O 振动的影响

形成Ⅱ型水合物更加稳定；另一方面的原因是Ⅱ型水合物中大量的小孔穴都被 H_2S 占据，必将导致水合物结构由Ⅰ型向Ⅱ型的转变。

Hendriks[43]等的研究表明二元体系 $CH_4+C_2H_6$、$H_2S+C_2H_6$、$N_2+C_2H_6$ 都可以形成Ⅱ型水合物，并提出在一定的组成范围内Ⅱ型水合物比Ⅰ型水合物的结构更加稳定。这一现象可归因于 CH_4 和 C_2H_6 在Ⅰ型水合物中为"竞争"关系——两种分子都要占据Ⅰ型水合物中的大孔穴。而在水合物Ⅱ中则趋于"合作"关系——甲烷占据小孔穴而乙烷则占据大孔穴。为了进一步研究水合物结构变化与组成之间的关系，他们运用 Gibbs 自由能模型对 $C_2H_6+CH_4$ 混合体系的结构转变点进行了预测，得出在平衡气相中 CH_4 的摩尔组成为 $y_{CH_4}\geqslant0.62$ 时，水合物相的结构将会由结构Ⅰ型向Ⅱ型转变。

Sloan[44]对 $CH_4+C_3H_8$ 体系进行了预测，并得出与 $CH_4+C_2H_6$ 混合体系相类似的结果。由此可看出甲烷中加入一定量更大分子的水合物客体，则新形成的混合体系将可能发生水合物结构从Ⅰ型向Ⅱ型的转变。

Subramanian[24]等利用 Raman 和[13]C NMR 光谱等实验方法验证了 $CH_4+C_2H_6$ 体系确实形成了Ⅱ型水合物结构，并提出水合物的结构转变与体系平衡时气相组成的关系，即平衡

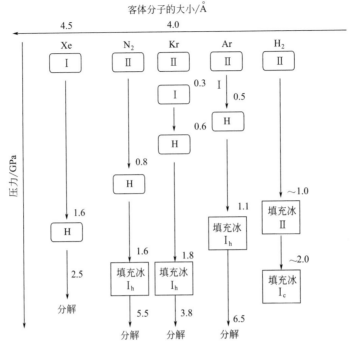

图 2-14 水合物结构随压力的变化图[40]

时甲烷的气相摩尔组成 y_{CH_4} 在 $0.722\sim0.750$ 之间会发生水合物结构由 I 型向 II 型的转变。表 2-9 是 Subramanian 通过 Raman 光谱所得 $CH_4+C_2H_6$ 体系的水合物数据。

表 2-9 $CH_4+C_2H_6$ 水合物的客体组成、占有率、水合数 (Lw-H-V, 274K)[24]

Raman 光谱采集次数	水合物类型	平衡时气相组成	占有率			水合数	压力/MPa
			θ_{s,CH_4}	θ_{l,CH_4}	θ_{l,C_2H_6}		
4	I	0.628	0.588	0.107	0.875	6.51	0.883
5	I	0.676	0.529	0.113	0.869	6.62	0.958
6	I	0.722	0.535	0.113	0.872	6.59	0.972
5	II	0.75	0.614	0.055	0.936	7.66	0.986
5	II	0.851	0.724	0.12	0.858	7.17	1.165
4	II	0.921	0.821	0.192	0.764	6.55	1.448

图 2-15 和图 2-16 显示了孔穴占有率和水合数与平衡时甲烷气体摩尔组成（y_{CH_4}）的关系。从两个曲线的变化趋势中，不难看出 y_{CH_4} 在 $0.722\sim0.750$ 之间水合物的结构有明显的突变。

从表 2-9 中我们可以发现几乎所有的水合物 I 和 II 型的大孔穴都被填满，然而小孔穴却只有部分被填充。图 2-15 显示随着平衡时气相中 y_{CH_4} 的变化 θ_{s,CH_4} 和 θ_{l,CH_4} 有增加的趋势，而 θ_{l,C_2H_6} 则不断地减少。这种趋势在 $CH_4+C_2H_6$ II 型水合物中比其在 I 型水合物中更明显。从图 2-16 可看出在 II 型水合物中水合数随着 y_{CH_4} 的增加急剧下降，而在 I 型水合物中则略有提升。这一现象主要是由于 II 型水合物中较多的小孔穴结构而引起的。

水合物结构转变可以用水合物分子的稳定性原理进行解释[44]。客体分子直径与水合物孔穴直径比是水合物稳定性的判断依据。客体分子直径与孔穴直径比在 $0.76\sim1.0$ 之间为典型的稳定结构。大于 1.0 表明客体对于孔穴来说太大了，不易进入。从表 2-10 中列出的客体分子直径与水合物孔穴直径的比值可以看出，甲烷分子在 II 型水合物的小孔穴中（直径比

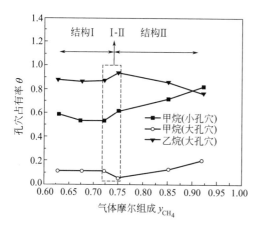

图 2-15　水合物占有率与平衡气相
甲烷的摩尔组成 y_{CH_4} 的关系图[24]

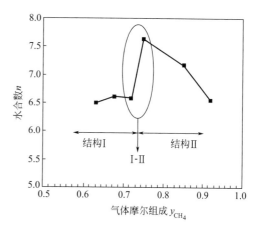

图 2-16　水合数与平衡时甲烷气体
的摩尔组成 y_{CH_4} 的关系图[24]

为 0.868）比在Ⅰ型水合物小孔穴（直径比为 0.855）中稍微稳定些。然而，甲烷分子在Ⅰ型水合物的大孔（直径比为 0.744）中比在Ⅱ型水合物的大孔（直径比 0.655）中要稳定得多，因此，甲烷一般生成Ⅰ型水合物。在特高压力下，孔穴尺寸受到压缩，则甲烷也可生成Ⅱ型水合物。对于乙烷分子来说，在Ⅰ型水合物大孔穴 $5^{12}6^2$（直径比为 0.939）中比在Ⅱ型水合物大孔穴（直径比 0.826）中更稳定。由于其分子尺寸大于Ⅰ、Ⅱ型水合物的小孔，它只能占据大孔穴，而Ⅰ型水合物比Ⅱ型水合物存在更多的大孔穴，因此乙烷分子一般形成Ⅰ型水合物并且一般条件下只占据其中的大孔穴。Ⅱ型水合物结构的单位晶胞中含有大量的小孔穴，甲烷在Ⅱ型水合物小孔穴结构中有更好的稳定性，乙烷分子只能占据Ⅰ、Ⅱ型水合物中的大孔穴。这三个方面可能是甲烷＋乙烷体系在一定的组成范围内可以形成Ⅱ型水合物的原因。同时这三个方面对水合物结构稳定性的影响程度，将决定形成Ⅱ型水合物结构的组成。

表 2-10　客体分子与孔穴的直径比

客体分子	水合物类型	客体直径/Å	客体对孔穴的直径比			
			5^{12}（Ⅰ）	$5^{12}6^2$（Ⅰ）	5^{12}（Ⅱ）	$5^{12}6^4$（Ⅱ）
CH_4	Ⅰ	4.36	0.855	0.744	0.868	0.655
C_2H_6	Ⅰ	5.5	1.08	0.939	1.1	0.826

本书作者所在课题组采用 Raman 光谱研究了 $CH_4＋C_2H_6＋THF$ 三元水合物，在国际上首次获得了Ⅰ、Ⅱ型结构共存的谱图（参见图 2-17）。

2.4.3　分解过程中水合物结构转化

有关水合物构型转变的研究主要聚焦于水合物形成过程中，对于在分解过程中水合物是否也存在着构型转变以及发生怎样的构型转变这类问题研究甚少。本书作者所在的课题组最近对此进行了较系统的研究，发现在一定的条件下，水合物分解过程中可能出现结构转变现象[46]。本小节对此做简要介绍。

首先研究了纯水体系中甲烷水合物在冰点以下的分解过程，考察了不同分解温度对水合物结构变化的影响。通过 Raman 光谱对水合物结构进行测量，得到了在分解压力为常压，分解温度为 272.15～268.15K 下甲烷水合物的 C—H 振动 Raman 谱图随时间变化，如图 2-

24 气体水合物科学与技术

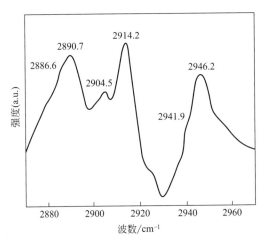

图 2-17　CH$_4$＋C$_2$H$_6$＋THF 三元水合物 Raman 光谱图[45]

18（a）～（e）所示。

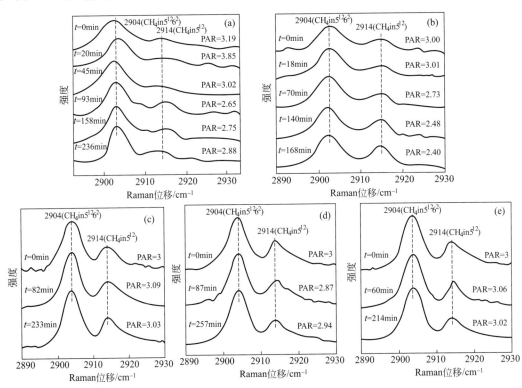

图 2-18　甲烷水合物的 C—H 振动 Raman 谱图在分解过程中随时间变化

（a）272.15K；（b）271.15K；（c）270.15K；（d）269.15K；（e）268.15K

图 2-18 中，在 272.15～268.15K 分解温度下，Raman 光谱均在 2904cm^{-1} 和 2914cm^{-1} 出现了峰位，其对应的分别为甲烷在 sI 水合物大小孔中 C—H 振动峰位。可以看出，随着时间的改变其峰位并没有发生变化，这表明其甲烷水合物的结构并没有发生改变，仍然为 sI 水合物。但是，其在 272.15K 和 271.15K 下进行分解时，其 2904cm^{-1} 和 2914cm^{-1} 这两个峰的相对强度随时间却发生了明显的变化，尤其是在 2914cm^{-1} 这个峰位的强度改变很明显；而在 270.15K、269.15K 和 268.15K 这三个较低温度下这种峰位的改变却不太明显。

这说明当在较高温度（≥271.15K）时，Ⅰ型甲烷水合物的大孔优先破裂，甲烷从大孔中逸出，小孔在分解过程中相对稳定。在较低的分解温度（≤270.15K）时，2904cm^{-1}和2914cm^{-1}这两个峰的相对强度变化不大，这表明甲烷水合物的自保护效应在低分解温度（≤270.15K）时是十分明显的。

随后我们研究了纯水体系中65%（摩尔）CH$_4$＋35%（摩尔）C$_2$H$_6$混合气体水合物在冰点以下的分解过程，考察了不同分解温度和不同生成气体组成对于水合物分解过程的影响，如图2-19所示。

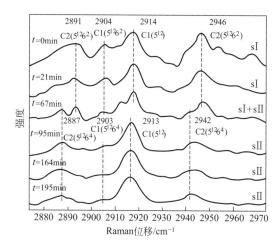

图2-19 65%（摩尔）CH$_4$＋35%（摩尔）C$_2$H$_6$混合气体水合物在
分解温度269.15K时C—H振动Raman谱图随时间变化

由图2-19可以看出，在常压，分解温度为269.15K时，分解过程最初（$t=0$min）对应Raman光谱图显示了4个峰，其中2891cm^{-1}和2946cm^{-1}处的两个峰为甲烷-乙烷Ⅰ型水合物大孔（5^{12}6^2）中乙烷的C—H振动双峰，在2904cm^{-1}和2914cm^{-1}处的两个峰分别为甲烷-乙烷Ⅰ型水合物大（5^{12}6^2）小（5^{12}）孔中甲烷C—H伸缩振动峰。随着分解过程进行，靠近最初4个峰的4个新峰出现了，其中2887cm^{-1}和2942cm^{-1}处的两个峰为甲烷-乙烷二元Ⅱ型水合物大孔（5^{12}6^2）中乙烷的C—H振动双峰，在2903cm^{-1}和2913cm^{-1}处的两个峰分别为甲烷-乙烷Ⅱ型水合物大（5^{12}6^2）小孔（5^{12}）中甲烷C—H伸缩振动峰。新旧峰共存的现象表明在这一阶段Ⅰ型和Ⅱ型水合物结构共存，但随着分解过程的进行，Ⅰ型水合物对应的峰逐渐消失，最终Ⅱ型水合物的峰完全取代Ⅰ型水合物的峰，这表明了甲烷-乙烷水合物在分解温度为269.15K时，水合物构型由Ⅰ型逐渐转化为Ⅱ型水合物。这一比例混合气生成的水合物在分解温度为271.15～269.15K时，在分解过程中也观察到水合物构型由Ⅰ型转化为Ⅱ型；在分解温度为272.15K时，由于温度相对较高导致分解速率较快，水合物尚未观察到结构转变就已经分解完全了；在分解温度为268.15K时，水合物的自保护效应明显导致分解速率很慢，在实验时间内没有观察到水合物的构型转变。

图2-20为分解过程结构转变机理图。在分解初始阶段，甲烷-乙烷混合气体形成的Ⅰ型水合物大孔变得不稳定并且开始坍塌，气体从大孔中开始逸出，但是一些小孔在一定时间内可能仍然是稳定的，这些特点导致大（5^{12}6^2）小（5^{12}）孔的数目比例不再能够维持Ⅰ型水合物所需的稳定大小孔比例（3∶1），小孔的比例越来越大。当大、小笼数比接近1∶2时，一些5^{12}6^{2}笼子转变成了更大的5^{12}6^{4}笼子，这些新形成的大笼子和分解过程中留下的

没坍塌的小笼子（5^{12}）重新构成了Ⅱ型水合物结构。

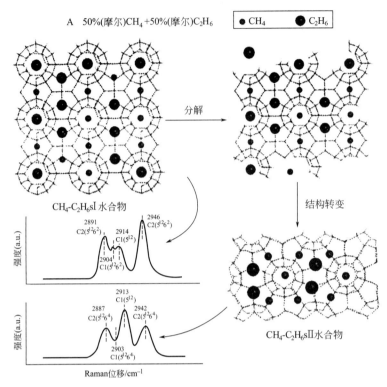

图 2-20 甲烷-乙烷水合物在分解过程中结构转变机理

随后的研究表明，甲烷-乙烷混合气体生成的水合物在分解过程中发生由Ⅰ型向Ⅱ型的结构转变时，甲烷含量在 50%～68%（摩尔）之间。当混合气中的甲烷含量低于 50%（摩尔）或高于 70%（摩尔）时，生成的二元水合物结构分别为Ⅰ型水合物或Ⅱ型水合物，水合物结构在整个分解过程中保持不变。

2.4.4　H_2 参与生成的水合物的结构特征

由于氢气的分子很小，很难稳定水合物的笼孔，因此传统上认为氢气不能形成水合物。近 20 年来，受氢气高密度储存需求的驱动，人们尝试突破氢气不能形成水合物的传统观念的束缚，在氢气单独或参与生成水合物方面取得了很大成就，使水合物高密度储存氢气也展现出了很好的应用前景。但由于氢气分子很小，它参与生成水合物时还是表现出了很多特殊性。

2.4.4.1　纯 H_2 水合物

Vos 等[47]首先报道了 H_2 水合物的形成。该 H_2 水合物由 H_2 和 H_2O 在 0.75～3.1GPa，295K 下合成获得。但严格意义上说他们发现的物质称不上真正的水合物，而是氢气溶解于冰的固溶物，在较低压力下水的晶格排布呈菱状，类似于Ⅱ型冰，氢分子与水分子的摩尔比值为 1∶6；在 2.3GPa 以上，结构转变成类似于 Ic 型冰，氢分子与水分子的摩尔比值可高达 1∶1。

真正的氢气水合物是由 Mao 等[51]发现的。他们在 249K，180～220MPa 下合成了Ⅱ型 H_2 水合物。他们发现每个 5^{12} 小笼中填充 2 个氢分子，每个 $5^{12}6^4$ 大笼中填充 4 个氢分子。氢分子与水分子的摩尔比值约为 1∶2，相当于 5.0%（质量）的氢气填充在了 H_2 水合物中。图 2-21 显示了 H$_2$ 水合物的振动 Raman 峰随温度、压力的变化。其中 4155cm^{-1} 对应气相 H$_2$ 的伸缩振动 Raman 峰。当加压到 200MPa 后，从底部的 Raman 谱图可以发现，H$_2$ 的振动 Raman 峰移向更高频率。当与水混合后，在 200MPa，234K 下在 4115～4135cm^{-1} 区间及 4135～4155cm^{-1} 区间出现两组 Raman 峰，分别对应氢分子在 H$_2$ 水合物 5^{12}6^4 大笼和在 5^{12} 小笼的振动峰。其 Raman 频率低于气相 H$_2$ 在 4155cm^{-1} 处的伸缩振动峰，可能是因为存在笼内氢分子间及氢分子与水合物晶格间的相互作用。随着温度降低到 99K，H$_2$ 水合物峰出现了向低频率的整体偏移，但峰强度基本没有变化。当温度降低到 78K，压力降低到 10kPa 后，Raman 峰的强度仍然没有变化，表明在常压及低温下，H$_2$ 水合物仍然可以稳定保存。可以发现，对于稳定存在的 H$_2$ 水合物，其在 4115～4135cm^{-1} 及 4135～4155cm^{-1} 区间的两组 Raman 特征峰的峰面积相近，这正好对应了单位晶格中 8 个 5^{12}6^4 大笼填充了 32 个氢气分子，16 个 5^{12} 小笼也填充了 32 个氢气分子，即每个 5^{12}6^4 大笼中填充 4 个氢分子，每个 5^{12} 小笼中填充 2 个氢分子。随着温度继续升高到 144K，4135～4155cm^{-1} 区间的 Raman 峰首先消失，而 4115～4135cm^{-1} 处的 Raman 峰变宽且向高频率偏移。这不同于前小节提到的 CH$_4$ 水合物在常压下于 271.15K 和 272.15K 时的分解[49]，这说明对于纯 H$_2$ 水合物，在 144K，10kPa 时，其大笼比小笼更加稳定。当温度继续升高到 150K，4115～4135cm^{-1} 处的 Raman 峰也开始消失，表明 H$_2$ 水合物已接近完全瓦解。

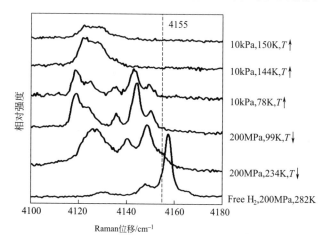

图 2-21　H$_2$ 振动 Raman 峰随温度、压力的变化[48]

2.4.4.2　H$_2$ 参与形成的 II 型水合物

除了与水单独生成 II 型纯 H$_2$ 水合物外，氢气还可以与其他物质共同生成水合物。Florusse 等[49]发现 THF 作为共同客体的引入，可以显著降低 H$_2$ 形成水合物的压力。在 279.6K 下，相比于纯 H$_2$ 水合物，THF-H$_2$ 水合物的生成压力从 300MPa 降低到了 5MPa。X 射线粉末衍射数据表明 THF-H$_2$ 水合物依然保留了纯 H$_2$ 水合物的 sII 型结构。

H$_2$/THF/D$_2$O 水合物与液相 H$_2$/THF/D$_2$O 及气相 H$_2$ Raman 谱图对比如图 2-22 所示。由图可以发现，对于 H$_2$/THF/D$_2$O 水合物，其在 300～850cm^{-1} 区间对应的 H$_2$ 转动 Raman 峰与气相 H$_2$ 对应的转动峰有相同的位移，表明同纯 H$_2$ 水合物一样，氢分子与晶格中的水分子或邻近的氢分子依然保持着非结合状态[48]。在 4125cm^{-1} 处，H$_2$/THF/D$_2$O 水合物中出现了很宽的单峰，其 Raman 频率低于气相 H$_2$ 在 4155cm^{-1} 处的伸缩振动峰，推测其峰频率的改变是由于存在氢分子间及氢分子与水分子间的作用力造成的。对于 920cm^{-1} 处的 THF Raman 特征峰，在水相中由于存在 THF 与 H_2O 间的氢键作用而出现了双峰，而在 H_2/THF/D_2O 水合物中只出现了单个尖峰。在 4125cm^{-1} 处 H_2/THF/D_2O 水合物中出现的单峰也不同于纯 H_2 水合物出现的分别对应氢分子在大孔和小孔中的 2 组振动峰[48]。由于完全有理由认为在该二元水合物里氢分子只存在于水合物的小孔中，而大孔被 THF 完全占据，因此本书作者认为 Mao 等[48] 将 4115~4135cm^{-1} 区间和 4135~4155cm^{-1} 区间的两组 Raman 峰分别归于氢分子在 H_2 水合物 $5^{12}6^4$ 大笼和 5^{12} 小笼的振动峰也许弄反了，应该是 4115~4135cm^{-1} 区间的峰对应大笼，4135~4155cm^{-1} 区间的峰对应小笼中的氢气分子。

气体释放测量发现，每个 THF-H_2 水合物小孔中被一个氢分子占据，然而 NMR 数据结果表明每个小孔中可能存在不止一个氢气分子。

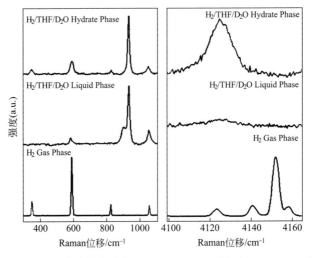

图 2-22　H_2/THF/D_2O 水合物与液相 H_2/THF/D_2O 及气相 H_2 Raman 谱图对比[49]

H_2 在混合型水合物中的占据情况还会受到其他客体物质浓度或者体系压力的影响。Lee 等[49]发现在 THF 化学计量浓度 [5.56%（摩尔分数）] 下，每个 THF-H_2 水合物的小孔由两个氢分子占据，大孔由单个 THF 分子占据。而当降低了 THF 的浓度后，氢分子不仅可以占据 THF-H_2 二元水合物的小孔，而且可以局部占据剩余的大孔，如图 2-23 所示。其中 4.3 处的[1]H NMR 宽峰对应氢分子在 THF-H_2 水合物中小孔的占据，1.6 和 3.4 对应 THF 在大孔中的占据。当 THF 为 5.56%（摩尔分数）化学计量浓度时，H_2 和 THF 分别只占据二元水合物的小孔和大孔。随着 THF 浓度降低，开始出现 H_2 在水合物表面的吸附。当 THF 浓度降低到 1.2% 时，在 0.15 处出现单个 NMR 小峰，认为是氢分子占据了水合物的大孔。随着 THF 浓度继续降低，0.15 处的峰强也逐渐增强，认为是由于氢分子在大孔中的占据比例逐渐增大。当 THF 浓度低至 0.1% 时，H_2 的填充量达到最大值 4.03%（质量分数）。这种由于大分子客体浓度降低引发的 H_2 占据其剩余大笼，而增大了储气量的效应被称之为"协调效应"（tuning effect）。

然而，Strobel 等[51]观察到的现象与 Lee 等[50]的结论完全相反。他们对 THF-H_2 水合物笼内分子占据情况与 THF 浓度及体系压力的关系进行了研究，发现即使 THF 浓度低至 0.5%（摩尔分数）或压力高达 60MPa，最高的氢气储存也只到 1.0%（质量分数）。这正好对应 THF 在水合物大孔内的化学计量占据及 H_2 在小孔内的单分子占据，而并没有出现"协调效应"。

除了 THF，还有环戊烷（CP）、呋喃、环己酮、甲基环戊烷及 CO_2/C_3H_8 混合气等可

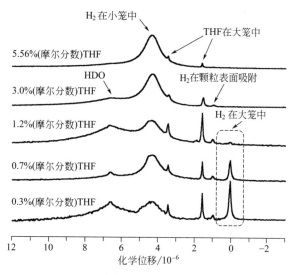

图 2-23　THF-H$_2$ 二元水合物 NMR 谱图随 THF 浓度的变化[50]

以与 H$_2$ 一起形成 II 型水合物。其中 H$_2$ 主要占据 II 型水合物的小孔,而其他大分子主要占据大孔。对于 CP-H$_2$ 水合物,Komatsu 等[52] 首先对其进行了 Raman 光谱测量,并和 THF-H$_2$ 水合物做了对比,如图 2-24 所示。图中虚线表示液/气相,实线表示水合物相。可以发现对于 CP-H$_2$-H$_2$O 系统,其在形成水合物前后液相 CP 及气相 H$_2$ 的 Raman 偏移都与 THF-H$_2$-H$_2$O 极其相似,故认为该两种水合物具有近似相同的笼形占据。除此之外,相比于 THF 与 H$_2$ 所形成的水合物,CP-H$_2$ 水合物还具有更稳定的水合物结构,可能会具有更优越的储气潜力。然而由于 CP 与 H$_2$O 不相溶的特性,如何提高 CP-H$_2$ 水合物的生成速率成为需要解决的一大问题[53]。

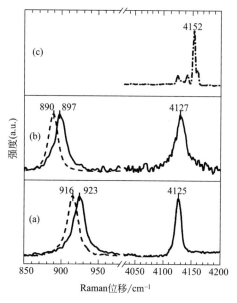

图 2-24　CP-H$_2$-H$_2$O 水合物及 THF-H$_2$-H$_2$O 水合物 Raman 光谱对比[52]

(a) THF-H$_2$-H$_2$O 液相及其水合物;(b) CP-H$_2$-H$_2$O 液相及其水合物;(c) 气相 H$_2$

I 型水合物[54] 和 H 型水合物[55] 也可以作为储存氢气的介质。与 sII 水合物相比,H$_2$

参与形成的 sH 水合物的储氢能力可能增加 40% 以上，具有更大的储气潜力[55]。然而由于需要很高的生成压力，其储氢应用目前还受到很大限制。除了以上常规的三种类型水合物外，H_2 还能与一些离子试剂（如 TBAB）共同生成半笼型水合物[56~59]。相比于 THF-H_2 水合物，半笼型水合物的储氢能力比较低。

2.4.4.3 H_2 参与形成的 Ⅵ 型水合物

Prasad 等[60] 在 0.98%～9.31%（摩尔分数）叔丁胺（t-BuNH$_2$）浓度，13.8MPa，250K 条件下进行了叔丁胺-氢气水合物的合成，首次发现 H_2 可以进入Ⅵ型纯叔丁胺水合物的笼孔中，形成Ⅵ型叔丁胺-氢气二元水合物。该水合物由 12 个 8 面体（4^45^4）和 16 个 17 面体（$4^35^96^27^3$）两种类型的笼孔构成，其中 t-BuNH$_2$ 只能占据 $4^35^96^27^3$ 水合物大孔。由于具有很大的笼孔构型，理论计算表明相比于其他类型水合物，该Ⅵ型水合物具有最大的储氢潜能。然而实验发现，纵使Ⅵ型纯叔丁胺水合物具有稳定的结构，氢气压力的升高却可以导致该水合物的形态由Ⅵ型向Ⅱ型快速转变，这将会显著减小对氢气的储存能力。Grim 等[61]结合实验和数值模拟的办法对叔丁胺-氢气水合物的转换过程进行了研究，认为氢气可以存在于Ⅵ型水合物中，但是还有一部分会以存在于水合物晶格间的新形式存在。这种新的结合方式可能会更进一步增大储气量，然而对于Ⅵ型水合物，目前更主要的问题还是如何防止其向Ⅱ型水合物的转换。

2.4.5 H_2 气体分子在水合物晶格的扩散特征

钟瑾荣等[63]通过在四氢呋喃（THF）水合物上方注入 H_2、H_2+CH_4 或 H_2+CO_2 混合气，利用 Raman 光谱测量气体分子在水合物晶格中的运移，研究了 H_2、CH_4 和 CO_2 在 THF 水合物中的扩散行为。他们采集了注气后气体分子在距气相-水合物相界面不同深度的谱图，如图 2-25～图 2-27 所示。

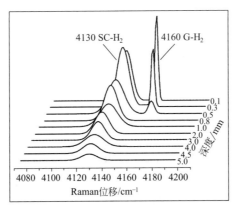

图 2-25 注气 24h 后 THF 水合物中 H_2 的 Raman 光谱随深度的变化[62]

图 2-25 显示了在 271.15K 和 5.0MPa 条件下往 THF 水合物上方注入 H_2，24h 后在 0.1～5.0mm 范围内采集到的 H-H 振动 Raman 光谱。在深度小于 0.5mm 的位置观察到位于 4160cm^{-1} 的 Raman 光谱峰，这表明在气相-水合物相界面附近，大量的 H_2 气体存在于水合物的间隙中。然而，在 0.01～5.0mm 的整个水合物层中，都可以观察到位于 4130cm^{-1} 的 Raman 光谱峰，表明 H_2 分子占据了 THF 水合物的小孔。因此可以得出结论：H_2 分子可以通过 THF 水合物的小孔迁移，并在 5.0MPa 的压力下穿透整个水合物层。

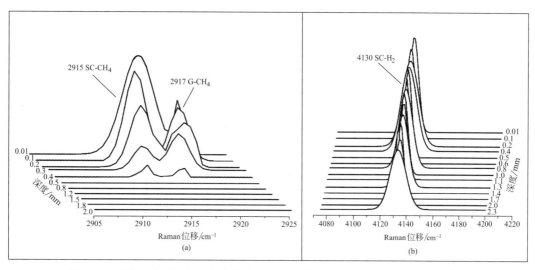

图 2-26 注气 70h 后 THF 水合物中 CH_4/H_2 的 Raman 光谱随深度的变化[62]

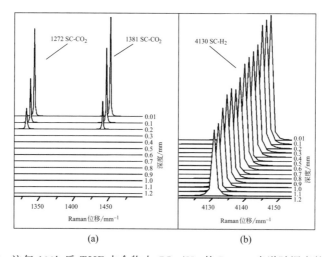

图 2-27 注气 100h 后 THF 水合物中 CO_2/H_2 的 Raman 光谱随深度的变化[62]

如图 2-26（a）所示，在 4.8MPa 下注入 H_2 77%（摩尔）＋CH_4 23%（摩尔）气体混合物，位于 $2915cm^{-1}$ 和 $2917cm^{-1}$ 的 Raman 光谱峰分别代表了存在于 THF 水合物小孔中的 CH_4 分子和存在于水合物层间隙的 CH_4 气体，这两个特征峰只能在注气后深度小于 0.5mm 的位置采集的光谱中观察到。如图 2-26（b）所示，深度为 2.3mm 的位置仍能观察到位于 $4130cm^{-1}$ 的峰，这表明 H_2 分子存在于 THF 小孔中。这表明对于 $CH_4＋H_2$ 混合物，只有 H_2 分子可以通过水合物笼之间进行迁移扩散，CH_4 不能穿透 THF 水合物层，只能扩散到距气相-水合物相界面 0.5mm 的深度。

如图 2-27 所示，往 THF 水合物上方注入 H_2 77%（摩尔）＋CO_2 23%（摩尔）气体混合物进行 Raman 光谱测量，只有 H_2 分子可以通过水合物小孔进行迁移，扩散到水合物层中。注气 100h 后，在 0.2mm 处观察到 CO_2 分子占据水合物小孔的 Raman 光谱峰（$1272cm^{-1}$，$1381cm^{-1}$），在 0.3mm 以下 CO_2 的 Raman 光谱峰消失。而在深度 1.3mm 处可检测到 H_2 占据小孔的 Raman 光谱峰（$4130cm^{-1}$）。

当用 H_2 77%（摩尔）$+CH_4$ 23%（摩尔）或 H_2 77%（摩尔）$+CO_2$ 23%（摩尔）比例的混合气体代替纯 H_2 时，实验得到相同的结果：只有小的 H_2 分子能够通过 THF 小孔迁移到水合物层中，较大的分子如 CH_4 和 CO_2 只能促进 THF 水合物表面的分解，并在表面形成 THF-CH_4/CO_2 水合物。

注入 H_2+CH_4 气体混合物后，THF 水合物层中的 H_2 和 CH_4 扩散过程如图 2-28 所示。当气体扩散至一定深度时，THF 水合物阻碍了 CH_4 继续往下扩散，而 H_2 可以通过小孔迁移穿过整个水合物层。这表明了 THF 水合物层对于含氢混合气具有良好的分离作用。

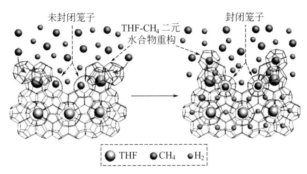

图 2-28 H_2 和 CH_4 在 THF 水合物层扩散示意图[65]

2.5 水合物的基本性质

由于客体分子在孔穴间的分布是无序的，不同条件下晶体中的客体分子与主体分子的比例不同。因而水合物没有确定的化学分子式，是一种非化学计量的混合物。因此可以这样理解水合物：空的水合物晶格就像一种多孔介质，气体分子吸附于其中后就变成了水合物。如果每个孔都吸附了一个气体分子，则 1 立方米水合物可以吸附 176 标准立方米气体，1 体积水合物分解后会释放出 0.8 体积的水。

水合物晶体由于具有规则的笼形孔穴结构，使主体分子之间的间距大于液态水分子间的间距。假如没有客体分子进入孔穴，则晶体密度必然小于 $1000kg/m^3$。在孔穴中没有客体分子的假想状态下，结构 I 和结构 II 水合物的密度分别为 $796kg/m^3$ 和 $786kg/m^3$。水合物晶体密度在 $800\sim1200kg/m^3$ 之间，一般比水轻。不同结构水合物的密度可由下面的公式计算：

结构 I 水合物：
$$\rho_{\mathrm{I}} = \frac{(46 \times 18 + 2M\theta_{\mathrm{s}} + 6M\theta_{\mathrm{l}})}{N_0 a^3} \tag{2-4}$$

结构 II 水合物：
$$\rho_{\mathrm{II}} = \frac{(136 \times 18 + 16M\theta_{\mathrm{s}} + 8M\theta_{\mathrm{l}})}{N_0 a^3} \tag{2-5}$$

式中，M 为客体分子的相对分子质量；θ_{s}，θ_{l} 为分别为客体分子在小孔和大孔中的填充率；N_0 为 Avogadro 常数，6.02×10^{23}；a 为水合物单位晶格体积，I 型 $a = 1.2 \times 10^{-7}$ cm^3/mol，II 型 $a = 1.73 \times 10^{-7}$ cm^3/mol。

典型气体水合物的密度值列于表 2-11。

表 2-11　典型气体水合物的密度值（273.15K）

气体	CH_4	C_2H_6	C_3H_8	$i\text{-}C_4H_{10}$	CO_2	H_2S	N_2
相对分子质量/(g/mol)	16.04	30.07	44.09	59.12	44.01	34.08	28.04
密度/(g/cm³)	0.910	0.959	0.866	0.901	1.117	1.044	0.995

　　客体分子溶于水形成过饱和溶液是水合物形成的必要条件，过饱和度是水合物形成的推动力。在疏水物质溶于水时，由于疏水物质与水形成类似于水合物晶体的结构，使水溶液的热容增大，且其熵变和焓变都为负值。在 298K、0.1MPa 时，部分天然气组分溶于水的溶解度及溶解过程的焓变、熵变数据列于表 2-12。

表 2-12　天然气组分的溶解度、焓变、熵变及热容变化数据[63]

组分	溶解度×10⁵ /(mol/L)	焓变 /(kJ/mol)	熵变 /[kJ/(K·mol)]
纯水	—	—	—
CH_4	2.48	−13.26	−44.5
C_2H_6	3.10	−16.99	−57.0
C_3H_8	2.73	−21.17	−71.0
$i\text{-}C_4H_{10}$	1.69	−25.87	−86.8
$n\text{-}C_4H_{10}$	2.17	−24.06	−80.7
N_2	1.19	−10.46	−35.1
H_2S	—	−26.35	−88.4
CO_2	60.8	−19.43	−65.2

表 2-13　水合物结构 I、结构 II 以及冰的基本物性对比

水合物结构	结构 I	结构 II	冰
光谱性能			
晶胞空间系	Pm3n	Fd3m	P6₃/mmc
水分子数	46	136	4
晶胞参数,273K	12	17.3	$a=4.52, c=7.36$
介电常数,273K	∼58	58	94
远红外光谱	229cm⁻¹峰和其他峰	229cm⁻¹峰和其他峰	229cm⁻¹峰
水扩散相关时间/μs	>200	>200	2.7
机械性能			
等温杨氏模量(268K,10⁹Pa)	8.4	8.2	9.5
泊松比	∼0.33	∼0.33	0.33
压缩/剪切速度比(273K)	1.95	−1.88	1.88
体积弹性模量(273K)	5.6		8.8
剪切弹性模量(273K)	2.4		3.9
热力学性能			
线性热膨胀系数(220K)/K⁻¹	7.7×10⁻⁵	5.2×10⁻⁵	5.6×10⁻⁵
绝热体积压缩系数(273K)/10⁻¹¹Pa	14	14	12
长音速度(273K)/(km/s)	3.3	3.6	3.8
导热系数(263K)/[W/(m·K)]	0.49±0.2	0.51±0.2	2.23

　　Dharma-Wardana[64] 对水合物的热传导率进行了研究，发现水合物的热导率较小。他所研究的两种不同结构水合物晶体的热导率近似相同（约为 0.5W/m·K），大致只有在常压状态下低于 0℃时形成的 I_h 结构冰的热导率的 1/5，而且水合物的热导率与冰的热导率随温度

的变化关系正好相反，其热导率是随温度升高而缓慢增大的，但水合物在远红外光谱等方面却与 I_h 结构的冰类似。表 2-13 列出了水合物结构 I、结构 II 以及冰的基本物性。

参考文献

[1] 严守胜编著. 固体物理基础 [M]. 北京：北京大学出版社，2001，241.

[2] Li J C. J Chem Phys，1996，105（16）：6733.

[3] Li J C，Ross D K. Nature，1993，36：5327.

[4] Li J C. J Chem Phys，1996，105：15.

[5] Bjerrum N. Science，1952，115：385.

[6] Frank H S. Science，1970，169：635.

[7] Bernal J D，Fowler R H. J Chem Phys，1933，1：515.

[8] Pauling L. J Am Chem Soc，1932，54：3570.

[9] Mao W L，Mao H K，et al. Science，2002，29：2247.

[10] Holder G D，Manganiello D J. Hydrate dissociation pressure minima multicomponent systems [J]. Chem Eng Sci，1982，7（1）：9.

[11] Collins M J，Ratcliffe C I，Ripmeester J A. Line-shape anisotropies chemical shift and the determination of cage occupancy ratios and hydration number [J]. J Phys Chem，1990，94（1）：157.

[12] Englezos P. Clathrate hydrate [J]. Ind Eng Chem Res，1993，32：1251.

[13] Sloan E D. Natural gas hydrate [J]. J Petr Tech，1991，43：1414.

[14] Palin D E，Powell H M. The structure of molecular compounds Part V [J]. J Chem Soc，1948，571.

[15] Ripmeester J A，Ratcliffe C I. 129Xe NWR studies of clathrate hydrate new guests for structure II and structure H [J]. J Phys Chem，1990，94（25）：8773.

[16] Subramanian S，Sloan E D. Trends in vibrational frequencies of guests trapped in clathrate hydrate cages [J]. J Phys Chem，2002，106：4348-4355.

[17] Chou I M，Robert C. Diamnond-Anvil cell observations of a new methane hydrate phase in the 100-MPa pressure range [J]. J Phys Chem，2001，105：4664-4668.

[18] Uchida T，Takeya S，Kamata Y，et al. Spectroscopic observations and thermodynamic calculations on clathrate hydrates of mixed gas containing methane and ethane：determination of structure，composition and cage occupancy [J]. J Phys Chem，2002，106：12426-12431.

[19] Sum A K，Burruss R C，Sloan E D. Measurement of clathrate hydrates via Raman spectroscopy [J]. J Phys Chem，1997，101：7371-7377.

[20] 雷怀彦，管宝聪，刘建辉，李震. 笼状水合物 Raman 光谱特征与结构水合数的耦合关系 [J]. 现代地质，2005，19：83-88.

[21] Ripmeester J A，Ratcliffe C I. Low-temperature cross polarization/magic angle spinning 13C NMR of solid methane hydrates：structure，cage occupancy，and hydration number [J]. J Phys Chem，1988，92：337-339.

[22] Davidson D W，Garg S K，Gough S R，et al. Laboratory analysis of a naturally occurring gas hydrate from sediment of the Gulf of Mexico [J]. Geochemica et Cosmochimica Acta，1986，50：619-623.

[23] Davidson D W，Handa Y P，Ripmeester J A. Xenon-129 NMR and the thermodynamic parameters of xenon hydrate. J Phys Chem，1986，90：6549-6552.

[24] Subramanian S，Kini R A，Sloan E D. Evidence of structure II hydrate formation from methane＋ethane mixtures [J]. Chem Eng Sci，2000，55：1981-1999.

[25] Rietveld H M. Acta Cryst [J]. J Appl Cryst，1969，2：65.

[26] Yousuf M，et al. Novel results on structural investigations of natural minerals of clathrate hydrates. Apple Phys，2004，78：925-939.

[27] Davy H. Phil Trans Roy Soc，1811，101：155.

[28] Faraday M，Quant J. Sci Lit Arts，1823，15：71.

[29] Hammerschmidt E G. Ind Eng Chem，1934，26：851.

[30] Von Stackelberg M，Muller H R. On the structure of gas hydrates［J］. J Chem Phys，1951，19：1319.

[31] Muller H R，Von Stackelberg M. Naturwissenschaften，1952，39：201.

[32] Pauling L，March R E. The structure of chlorine hydrate［J］. Pro Natl Acad Sci，1952，38：112.

[33] Ripmeester J A，Tse J S，Ratcliffe C I，et al. A new clathrate hydrate structure［J］. Nature，1987，325：135.

[34] Hirai H，et al. Chem Phys Chem B，2000，104，1429.

[35] Chou I M，et al. Proc Nat Acad Sci USA，2000，97：13484.

[36] Loveday J S，et al. Nature，2001，410：661.

[37] Shimizu H，Kumazaki T，Kume T，et al. In situ observations of high-pressure phase transformations in a synthetic methane hydrate［J］. J Phys Chem B，2002，106：30-33.

[38] Morita K，Nakano S，Ohgaki K. Structure and stability of ethane hydrate crystal［J］. Fluid Phase Equilibria，2000，56：167-175.

[39] Suzuki M，Tanaka Y，Sugahara T，Ohgaki K. Pressure dependence of small-cage occupancy in the cyclopropane hydrate system［J］. Chem Eng Sci，2001，56：2063-2067.

[40] Hirai H，Tanaka T，Kawamura T，et al. Structural changes in gas hydrates and existence of a filled ice structure of methane hydrate above 40GPa［J］. Journal of Physics and Chemistry of Solids，2004，65：1555-1559.

[41] von Stackelberg M，Jahns W. Feste gashydrate VI：Die gitteraufweitungsarbeit［J］. Zeitschrift Elektrochemie，1954，58：162.

[42] van der Waals J H，Platteeuw J C. Clathrate solutions［J］. Advances in Physical Chemistry，1959，2：57

[43] Hendriks E M，Edmonds B，Moorwood R，et al. Hydrate structure stability in simple and mixed hydrates［J］. Fluid Phase Equilibia，1996，117：193-200.

[44] Sloan E D，Subramanian S，Matthews P N，et al. Quantifying hydrate formation and kineticinhibition［J］. Industrial and Engineering Chemistry Research，1998，37：3124-3132.

[45] Sun C Y，Chen G J，Zhang L W. Hydrate phase equilibrium and structure for（methane＋ethane＋tetrahydrofuran＋water）system［J］. J. Chem. Thermodyn. ，2010，42：1173-1179.

[46] Zhong J R，Zeng X Y，Zhou F H，et al. Self-preservation and structural transition of gas hydrates during dissociation below the ice point：an in situ study using Raman spectroscopy［J］. Scientific reports，2016，6：38855.

[47] Vos W L，Finger L W，Hemley R J，et al. Novel H_2-H_2O clathrates at high pressures［J］. Phys Rev Lett，1993，71（19）：3150-3153.

[48] Mao W L，Mao H K，Goncharov A F，et al. Hydrogen clusters in clathrate hydrate［J］. Science，2002，297（5590）：2247-9.

[49] Florusse L J，Peters C J，Schoonman J，et al. Stable low-pressure hydrogen clusters stored in a binary clathrate hydrate［J］. Science，2004，306（5695）：469-71.

[50] Lee H，Lee J W，Kim D Y，et al. Tuning clathrate hydrates for hydrogen storage［J］. Nature，2005，434（7034）：743-746.

[51] Strobel T A，Taylor C J，Hester K C，et al. Molecular hydrogen storage in binary THF-H_2 clathrate hydrates［J］. J Phys Chem B，2006，110（34）：17121-5.

[52] Komatsu H，Yoshioka H，Ota M，et al. Phase equilibrium measurements of hydrogen-tetrahydrofuran and hydrogen-cyclopentane binary clathrate hydrate systems［J］. Journal of Chemical & Engineering Data，2010，55（6）：2214-2218.

[53] Veluswamy H P，Chin W I. Linga P. Clathrate hydrates for hydrogen storage：The impact of tetrahydrofuran, tetra-n-butylammonium bromide and cyclopentane as promoters on the macroscopic kinetics［J］. Int J Hydrogen Energ，2014，39（28）：16234-16243.

[54] Kim D Y. Lee H. Spectroscopic identification of the mixed hydrogen and carbon dioxide clathrate hydrate［J］. J Am Chem Soc，2005，127（28）：9996-9997.

[55] Strobel T A，Koh C A. Sloan E D. Water cavities of sH clathrate hydrate stabilized by molecular hydrogen［J］. The Journal of Physical Chemistry B，2008，112（7）：1885-1887.

[56] Hashimoto S，Murayama S，Sugahara T，et al. Thermodynamic and Raman spectroscopic studies on and tetra-

n-butylammonium mixtures containing gas hydrates［J］.Chem Eng Sci，2006，61（24）：7884-7888.

［57］ Shimada W，Ebinuma T，Oyama H，et al.Separation of Gas Molecule Using Tetra-n-butyl Ammonium Semi-Clathrate Hydrate Crystals［J］.Jpn J Appl Phys，2003，42（Part 2，No.2A）：129-131.

［58］ Hashimoto S，Sugahara T，Moritoki M，et al.Thermodynamic stability of hydrogen tetra-n-butyl ammonium bromide mixed gas hydrate in nonstoichiometric aqueous solutions［J］.Chem Eng Sci，2008，63（4）：1092-1097.

［59］ Sakamoto J，Hashimoto S，Tsuda T，et al.Thermodynamic and Raman spectroscopic studies on hydrogen＋tetra-n-butyl ammonium fluoride semi-clathrate hydrates［J］.Chem Eng Sci，2008，63（24）：5789-5794.

［60］ Prasad P S R，Sugahara T，Sum A K，et al.Hydrogen storage in double clathrates with tert-butylamine［J］.J Phys Chem A，2009，113（24）：6540-6543.

［61］ Grim R G，Barnes B C，Lafond P G，et al.Observation of interstitial molecular hydrogen in clathrate hydrates［J］.Angew Chem Int Ed Engl，2014，53（40）：10710-10713.

［62］ Zhong J R，Chen L T，et al.Sieving of Hydrogen-Containing Gas Mixtures with Tetrahydrofuran Hydrate［J］.The Journal of Phys Chem C，2017，121：27822-27829.

［63］ Christiansen R L，Sloan E D.Mechanisms and kinetics of hydrate formation［A］.Int Conf.on Science，1994，715：283.

［64］ Collins M J，Ratclife C I，Ripmeester J A.Nuclear magnetic resonance studies of guest species in clathrate hydrates：Line-shape anisotropies chemical shift，and the determination of cage occupancy ratios and hydration number［J］.J Phys Chem，1990，94（1）：157.

气体水合物相平衡热力学

3.1 经典 van der Waals-Platteeuw 型水合物热力学模型

20 世纪 50 年代早期确定了水合物的晶体结构后,得以在微观性质的基础上建立描述宏观性质的水合物理论,即通过统计热力学来描述客体分子占据孔穴的分布。这也被认为是将统计热力学成功应用于实际体系的范例。

最初的水合物热力学模型由 Barrer 和 Stuart(1957)[1] 提出,van der Waals 和 Platteeuw(vdW-P)(1959)[2] 将其精度改进提高,建立了具有统计热力学基础的理论模型,并因此他们被看作水合物热力学理论的创始人。

基于 vdW-P 理论,Nagata、Kobayashi(1966)[3] 和 Saito 等(1964)[4] 开发了有关水合物生成条件的算法。Parrish 和 Prausnitz(1972)[5] 对 Kobayashi 等的方法进行了改进,建立了更实用的方法,该方法目前仍被广泛应用。其后 Ng 和 Robinson(1976,1977)[6,7]、Sloan(1984)[8]、Holder 等(1985)[9]、Anderson 和 Prausnitz(1986)[10~14] 等对上述方法进行了改进。杜亚和与郭天民(1988)[15] 曾对 Parrish 和 Prausnitz(1972)[5]、Ng 和 Robinson(1976,1977)[6,7] 以及 Holder 等(1985)[9] 的方法进行了比较,认为 Holder 等(1985)[9] 的计算结果最好,但对于天然气,预测误差仍然较大。

对含水合物的体系,常常涉及气、液态(固态)水、水合物等相。水合物热力学生成条件的计算实际就是要求解微量水合物存在条件下的水-气-水合物三相平衡问题或水-液态烃相-气相-水合物四相平衡问题。由于水的挥发度低,气相中的水分含量往往很低。由于水、烃不相溶,液态烃相中水的含量也往往很低。因此对水而言,其在富水相的化学位和其在水合物相的化学位成为约束相平衡的关键。对组分水,相平衡的约束条件为:

$$\mu_{w}^{H} = \mu_{w}^{L} \tag{3-1}$$

或

$$\mu_{w}^{H} = \mu_{w}^{ice} \tag{3-2}$$

式中,μ_{w}^{H} 为水在水合物相中的化学位;μ_{w}^{L} 为水在富水相中的化学位;μ_{w}^{ice} 为水在冰相中的化学位。若将空水合物晶格的化学位 μ_{β} 作为参考态,则平衡准则可改写为

$$\Delta\mu_{w}^{H} = \Delta\mu_{w}^{L} \tag{3-3}$$

或

$$\Delta\mu_{w}^{H} = \Delta\mu_{w}^{ice} \tag{3-4}$$

其中

$$\Delta \mu_w^H = \mu_\beta - \mu_w^H \tag{3-5}$$

$$\Delta \mu_w^L = \mu_\beta - \mu_w^L \tag{3-6}$$

$$\Delta \mu_w^{ice} = \mu_\beta - \mu_w^{ice} \tag{3-7}$$

对于 vdW-P 模型及其各种改进型，均采用式（3-3）作为基本的相平衡判据，不同的是有关 $\Delta \mu_w^L$、$\Delta \mu_w^{ice}$ 和 $\Delta \mu_w^H$ 的具体计算方法有所不同，尤其是 $\Delta \mu_w^H$ 的计算方法不同。在这里提醒读者注意的是，无论采用何种方法，$\Delta \mu_w^H$ 的计算均涉及水合物孔穴中气体分子占据情况的计算，由此涉及气相中气体组分逸度的计算，而气体组分逸度的计算往往离不开气-液（富烃相）平衡的计算。可见，水合物热力学生成条件的计算似乎仅涉及水相的化学位计算，实际上是在求解水-气-水合物三相平衡问题或水-液态烃相-气相-水合物四相平衡问题，详细过程后面还要介绍。

3.1.1　van der Waals-Platteeuw 模型（1959）

3.1.1.1　水在水合物相中的化学位 μ_w^H

为了推导模型，van der Waals 和 Platteeuw 作了如下假定：

① 水分子（主体）对水合物自由能的贡献与孔穴被填充的状况无关，这一假设意味着填充在孔穴中的客体分子不会使水合物晶格变形；

② 每个孔穴最多只能容纳一个客体分子，客体分子不能在孔穴之间交换位置；

③ 客体分子之间不存在相互作用，气体分子只与紧邻的水分子存在相互作用；

④ 不需要考虑量子效应，经典统计力学可以适用；

⑤ 客体分子的内运动配分函数与理想气体分子一样；

⑥ 客体分子在孔穴中的位能可用球形引力势来表示，这相当于把孔穴壁上的水分子均匀分散在球形化的孔穴壁上。

基于以上假设，van der Waals 和 Platteeuw 应用巨正则配分函数推导出水合物化学位的计算公式。其推导过程简述如下。

水合物的正则配分函数 Q 可由以下三项的乘积表示。

（1）空水合物晶格即水分子的贡献

$$\exp(-A^{MT}/kT) \tag{3-8}$$

式中，A^{MT} 为空水合物晶格的 Helmholtz 自由能；k 为 Boltzmann 常数。

（2）客体分子 j 在 i 型孔穴中的排列方式数

$$\frac{(m_i)!}{(m_i - \sum_j n_{ji})! \cdot \prod_j n_{ji}!} \tag{3-9}$$

式中，m_i 为每个水合物晶格包腔中 i 型孔穴的数目；n_{ji} 为 j 类客体分子占据 i 型孔穴的数目，且一个孔穴最多只能容纳一个客体分子。若构成每个水合物晶格包腔的水分子数为 n_w，每个水分子所拥有的 i 型孔穴数为 ν_i，则式（3-9）可改写为

$$\frac{(\nu_i n_w)!}{(\nu_i n_w - \sum_j n_{ji})! \cdot \prod_j n_{ji}!} \tag{3-9a}$$

（3）孔穴中所有客体分子的配分函数

$$\prod_j q_{ji}^{n_{ji}} \tag{3-10}$$

式中，q_{ji} 为单一分子的配分函数。

以上三项的乘积即为 i 型孔穴的正则配分函数

$$Q = \exp\left(\frac{-A^{\mathrm{MT}}}{kT}\right) \cdot \prod_i \left[\frac{(\nu_i n_{\mathrm{w}})!}{(\nu_i n_{\mathrm{w}} - \sum_j n_{ji})! \cdot \prod_j n_{ji}!} \cdot \prod_j q_{ji}^{n_{ji}} \right] \tag{3-11}$$

巨正则配分函数表示为

$$\Xi = \sum_n Q \cdot \mathrm{e}^{n\mu/kT} \tag{3-12}$$

因为化学位 μ 与绝对活度 λ 之间有如下关系：

$$\mu = kT\ln\lambda \quad \text{或} \quad \lambda = \mathrm{e}^{\mu/kT} \tag{3-13}$$

将式（3-11）和式（3-13）代入式（3-12）得

$$\Xi = \exp\left(\frac{-A^{\mathrm{MT}}}{kT}\right) \cdot \sum_{n_{ji}} \prod_i \left[\frac{(\nu_i n_{\mathrm{w}})!}{(\nu_i n_{\mathrm{w}} - \sum_j n_{ji})! \cdot \prod_j n_{ji}!} \cdot \prod_j q_{ji}^{n_{ji}} \lambda_j^{n_{ji}} \right] \tag{3-14}$$

若二元气体混合物（$j=1, 2$）在 $5^{12}6^4$ 型孔穴（$i=1$）中，则式（3-14）中的加和项可表示为

$$\sum_{n_{11}} \sum_{n_{21}} \frac{(\nu_1 n_{\mathrm{w}})!}{(\nu_1 n_{\mathrm{w}} - n_{11} - n_{21})! \, n_{11}! \, n_{21}!} \cdot q_{11}^{n_{11}} q_{21}^{n_{21}} \lambda_1^{n_{11}} \lambda_2^{n_{21}} (1)^{(\nu_1 n_{\mathrm{w}} - n_{11} - n_{21})} \tag{3-14a}$$

最后一项表示空水合物晶格的配分函数，并考虑到对于空水合物晶格

$$\mu^{\mathrm{MT}} = 0 \quad \text{或} \quad \lambda^{\mathrm{MT}} = 1$$

根据多项式理论

$$(x_1 + x_2 + \cdots + x_m)^N = \sum_{N = \sum_{i=1}^m n_i} \frac{N!}{n_1! \, n_2! \, \Lambda n_m!} \cdot x_1^{n_1} x_2^{n_2} \Lambda x_m^{n_m} \tag{3-15}$$

比较式（3-14a）和式（3-15），式（3-14a）可改写为

$$(1 + q_{11}\lambda_1 + q_{21}\lambda_2)^{\nu_1 n_{\mathrm{w}}} \tag{3-14b}$$

将式（3-14b）代入式（3-14）中的乘积项，巨正则配分函数可简化为

$$\Xi = \exp\left(\frac{-A^{\mathrm{MT}}}{kT}\right) \cdot \prod_i \left(1 + \sum_j q_{ji}\lambda_j\right)^{\nu_i n_{\mathrm{w}}} \tag{3-16}$$

式（3-16）是关于客体分子的巨正则配分函数，若对于主体水分子则为正则配分函数，因为 $\lambda^{\mathrm{MT}} = 1$，所以总配分函数为

$$\Xi = Q^{\mathrm{host}} \cdot \Xi^{\mathrm{guest}}$$

或

$$kT\ln\Xi = kT\ln Q^{\mathrm{host}} + kT\ln\Xi^{\mathrm{guest}} \tag{3-17}$$

根据配分函数与宏观热力学性质的关系，可得

$$\mathrm{d}(kT\ln Q^{\mathrm{h}}) = -\mathrm{d}A^{\mathrm{h}} = S^{\mathrm{h}}\mathrm{d}T + p\,\mathrm{d}V^{\mathrm{h}} - \mu_{\mathrm{w}}^{\mathrm{h}}\mathrm{d}n_{\mathrm{w}} \tag{3-18}$$

$$\mathrm{d}(kT\ln\Xi^{\mathrm{g}}) = \mathrm{d}(pV^{\mathrm{g}}) = S^{\mathrm{g}}\mathrm{d}T + p\,\mathrm{d}V^{\mathrm{g}} + \sum n_j\mathrm{d}\mu_j \tag{3-19}$$

因为熵和体积都属于广度性质，具有相加性

$$S = S^{\mathrm{g}} + S^{\mathrm{h}} \quad \text{及} \quad V = V^{\mathrm{g}} + V^{\mathrm{h}}$$

所以，可将式（3-18）与式（3-19）相加，并代入式（3-17）得

$$\mathrm{d}(kT\ln\Xi) = S\mathrm{d}T + p\,\mathrm{d}V + \sum n_j\mathrm{d}\mu_j - \mu_{\mathrm{w}}\mathrm{d}n_{\mathrm{w}} \tag{3-20}$$

因为
$$\mathrm{d}\mu_j = kT\mathrm{dln}\lambda_j$$

所以
$$kT\mathrm{dln}\Xi + k\mathrm{ln}\Xi\mathrm{d}T = S\mathrm{d}T + p\mathrm{d}V + \sum kTn_j\mathrm{dln}\lambda_j - \mu_\mathrm{w}\mathrm{d}n_\mathrm{w}$$

$$kT\mathrm{dln}\Xi = (-k\mathrm{ln}\Xi + S)\mathrm{d}T + p\mathrm{d}V + \sum kTn_j\mathrm{dln}\lambda_j - \mu_\mathrm{w}^\mathrm{H}\mathrm{d}n_\mathrm{w} \tag{3-21}$$

式（3-21）反映了巨正则配分函数与宏观性质的关系，结合式（3-16）可以推导出所有宏观热力学性质。

将式（3-21）对水分子数 n_w 求偏导，得水合物相中水的化学位 $\mu_\mathrm{w}^\mathrm{H}$ 表达式

$$\frac{\mu_\mathrm{w}^\mathrm{H}}{kT} = -\left(\frac{\partial \mathrm{ln}\Xi}{\partial n_\mathrm{w}}\right)_{T,V,\lambda_j} \tag{3-22}$$

对式（3-16）两边取对数

$$\mathrm{ln}\Xi = -\frac{A^\mathrm{MT}}{kT} + \sum_i \nu_i n_\mathrm{w}\mathrm{ln}\left(1 + \sum_j q_{ji}\lambda_j\right) \tag{3-23}$$

所以
$$\frac{\mu_\mathrm{w}^\mathrm{H}}{kT} = \frac{\mu_\mathrm{w}^\mathrm{MT}}{kT} - \sum_i \nu_i\mathrm{ln}\left(1 + \sum_j q_{ji}\lambda_j\right) \tag{3-24}$$

将式（3-21）对 $\mathrm{ln}\lambda_k$ 求偏导，可得客体分子 k 在所有类型孔穴中的分子数 n_k

$$n_k = \lambda_k\left(\frac{\partial \mathrm{ln}\Xi}{\partial \lambda_k}\right)_{T,V,n_k,\lambda_j \neq k} \tag{3-25}$$

$$n_k = \sum_i n_{ki} = \sum_i \left(\frac{\nu_i n_\mathrm{w} q_{ki}\lambda_k}{1 + \sum_j q_{ji}\lambda_j}\right) \tag{3-26}$$

客体分子 k 在 i 型孔穴中的分子数为

$$n_{ki} = \frac{\nu_i n_\mathrm{w} q_{ki}\lambda_k}{1 + \sum_j q_{ji}\lambda_j} \tag{3-27}$$

因为每个水合物晶格包腔中 i 型孔穴的数目为 $\nu_i n_\mathrm{w}$，因此客体分子 k 在 i 型孔穴中的占有率 θ_{ki} 可由下式表示：

$$\theta_{ki} = \frac{n_{ki}}{\nu_i n_\mathrm{w}} = \frac{q_{ki}\lambda_k}{1 + \sum_j q_{ji}\lambda_j} \tag{3-28}$$

为了简化式（3-24）和式（3-28），首先考虑理想气体化学位与分子配分函数之间的关系。对于理想气体，正则配分函数及化学位可表示为

$$Q = \frac{1}{n!}q^n$$

$$\mu = -kT\left(\frac{\partial \mathrm{ln}Q}{\partial n}\right)_{T,V} = -kT\mathrm{ln}\frac{q}{n}$$

单个分子的配分函数可认为由两部分组成：平动项和内动能项，即：$q = q_\mathrm{trans} \cdot q_\mathrm{int}$，且

$$\frac{q_\mathrm{trans}}{n} = \left(\frac{2\pi mkT}{h^2}\right)^{3/2}\frac{V}{n}$$

其中，括号内的量开平方称为德布罗意（De Broglie）波长。对于理想气体，$V/n = kT/p$

所以
$$\mu = -kT\mathrm{ln}\left[\left(\frac{2\pi mkT}{h^2}\right)^{3/2}kT\right] - kT\mathrm{ln}q_\mathrm{int} + kT\mathrm{ln}p \tag{3-29}$$

或
$$\mu = kT\mathrm{ln}\frac{p}{kT\left(\frac{2\pi mkT}{h^2}\right)^{3/2} \cdot q_\mathrm{int}}$$

由化学位与绝对活度之间的关系，有

$$\lambda = \frac{p}{kT\left(\dfrac{2\pi mkT}{h^2}\right)^{3/2}q_{\text{int}}}$$

令

$$C_{ki} \equiv \frac{q_{ki}\lambda_k}{p_k} = \frac{q_{ki}}{kT\left(\dfrac{2\pi mkT}{h^2}\right)^{3/2}q_{\text{int}}} \tag{3-30}$$

将式（3-30）代入式（3-28），并且对于实际气体将压力修正为逸度，则可得

$$\theta_{ki} = \frac{C_{ki}f_k}{1 + \sum\limits_j C_{ji}f_j} \tag{3-28a}$$

同理，式（3-24）改写为

$$\frac{\mu_w^H}{kT} = \frac{\mu_w^{MT}}{kT}\sum_i \nu_i \ln\left(1 + \sum_j C_{ji}f_j\right) \tag{3-24a}$$

因为

$$\sum_j \theta_{ji} = \frac{\sum\limits_j C_{ji}f_j}{1 + \sum\limits_j C_{ji}f_j}$$

$$1 - \sum_j \theta_{ji} = 1 - \frac{\sum\limits_j C_{ji}f_j}{1 + \sum\limits_j C_{ji}f_j} = \frac{1}{1 + \sum\limits_j C_{ji}f_j}$$

$$\ln\left(1 - \sum_j \theta_{ji}\right) = \ln\left(\frac{1}{1 + \sum\limits_j C_{ji}f_j}\right) = -\ln\left(1 + \sum_j C_{ji}f_j\right)$$

所以

$$\mu_w^H = \mu_w^{MT} + kT\sum_i \nu_i \ln\left(1 - \sum_j \theta_{ji}\right) \tag{3-31}$$

或

$$\Delta\mu_w^H = \mu_w^{MT} - \mu_w^H = -kT\sum_i \nu_i \ln\left(1 - \sum_j \theta_{ji}\right) \tag{3-31a}$$

由式（3-31）可以看出，孔穴中客体分子占有率越大，水合物中水的化学位越小，意味着水合物越稳定。

3.1.1.2　Langmuir 常数的计算

van der Waals 和 Platteeuw 认为水合物中气体分子被包容的过程与 Langmuir 等温吸附过程在物理意义上具有相似性。

等温吸附理论的假设为：

① 气体分子的吸附发生在表面未被占据的空位上；

② 分子表面吸附能与周围其余被吸附的分子无关；

③ 最大吸附量取决于单分子吸附层的面积以及单位面积上的空位数，一个空位只能容纳一个分子；

④ 吸附是由于气体分子与空位碰撞引起的；

⑤ 解吸速率只取决于表面被吸附物质的量。

Langmuir 等温吸附速率为

$$r_{\text{ads}} = K_{\text{ads}}f(1-\theta) \tag{3-32}$$

解吸速率为

$$r_{des} = K_{des}\theta \qquad (3\text{-}33)$$

平衡时 $r_{ads} = r_{des}$，因此有

$$\theta = \frac{K_{ads}f}{K_{des} + K_{ads}f} = \frac{Cf}{1 + Cf} \qquad (3\text{-}34)$$

显然式（3-34）与式（3-28a）具有相同的形式，所以 C_{ki} 称为 Langmuir 常数。C_{ki} 反映了孔穴对客体分子吸引程度的大小，仅是温度的函数。为了计算 Langmuir 常数，首先必须确定孔穴中每个客体分子的位能。客体分子与孔穴之间的作用力随气体分子的不同而不同。

van der Waals 和 Platteeuw（1959）[2]认为，单个粒子的配分函数可表示为以下三项的乘积：①德布罗意波长的三次方；②内动能配分函数；③构型三重积分。即

$$q_{ki} = \left(\frac{2\pi mkT}{h^2}\right)^{3/2} q_{int} \int_0^{2\pi}\int_0^{\pi}\int_0^{R} \exp\left(-\frac{w(r)}{kT}\right) r^2 \sin\theta\, dr\, d\theta\, d\phi \qquad (3\text{-}35)$$

在前面已经假设，孔穴壁上的水分子为均匀的球形分布，所以三重积分中的两个角度积分为 4π，将式（3-35）代入式（3-30），则 Langmuir 常数表达式为

$$C_{ki} = \frac{4\pi}{kT}\int_0^{R} \exp\left(-\frac{w(r)}{kT}\right) r^2\, dr \qquad (3\text{-}36)$$

其中，$w(r)$ 为孔穴内客体分子距孔穴中心为 r 时与周围水分子相互作用的总势能。$w(r)$ 的表达式取决于所采用的分子势能模型。最初 van der Waas 和 Platteeuw（1959）[2]采用 Lennard-Jones 6-12 势能模型。McKoy 和 Sinanoglu（1963）[16]认为 Kihara（1953）[17]势能模型更适于水合物。对于两个分子对之间的势能 Γ，Kihara 表达式为

$$\begin{cases} \Gamma(r) = \infty & r \leqslant 2a \qquad (3\text{-}37a) \\ \Gamma(r) = 4\varepsilon\left\{\left(\dfrac{\sigma}{r-2a}\right)^{12} - \left(\dfrac{\sigma}{r-2a}\right)^6\right\} & r > 2a \qquad (3\text{-}37b) \end{cases}$$

式中，r 为两分子核之间的距离；σ 为势能为零（$\Gamma = 0$）时两分子核之间的距离，即气体分子与水分子碰撞半径之和；a 为分子核半径；ε 为最大引力势（$r = \sqrt[6]{2}\,\sigma$ 处对应的引力势）。

由此模型导出的客体分子与孔穴壁上 z 个水分子之间总势能表达式为

$$w(r) = 2z\varepsilon\left[\frac{\sigma^{12}}{R^{11}r}\left(\delta^{10} + \frac{a}{R}\delta^{11}\right) - \frac{\sigma^6}{R^5 r}\left(\delta^4 + \frac{a}{R}\delta^5\right)\right] \qquad (3\text{-}38a)$$

$$\delta^N = \frac{1}{N}\left[\left(1 - \frac{r}{R} - \frac{a}{R}\right)^{-N} - \left(1 + \frac{r}{R} - \frac{a}{R}\right)^{-N}\right] \qquad (3\text{-}38b)$$

式中，N 为式（3-38a）中的指数（4，5，10 或 11）；z 为孔穴配位数；R 为孔穴的直径；r 为客体分子距孔穴中心的距离。

势能模型中的参数 ε、σ 及 a 可由单气体水合物生成条件实验数据拟合而得，并由此预测混合气体水合物的生成条件。然而直接从纯气体水合物生成条件拟合得到的参数有时并不能很好地预测混合气体水合物的生成条件。Avlonitis（1994）[14]针对不同作者（Parrish 和 Prausnitz，1972[5]；Anderson 和 Prausnitz，1986[10]；Sloan，1990[18]）给出的能量参数不一致，指出可以存在许多组 ε、σ 及 a 值，每一组都能较好地拟合纯气体的水合物生成条件，

即仅用纯气体水合物的生成条件数据并不能唯一地确定分子位能参数。因此他们提出用混合气体的生成压数据来拟合分子参数。Barkan 和 Sheinin（1993）[19]也提出采用二元或三元气体水合物的生成压力来确定分子的能量参数，并用它们来预测多元气体水合物的生成条件，但他们都承认实际预测天然气水合物的生成条件时结果不好，压力的预测误差经常在 20%以上。

Sloan[20]给出的 Kihara 能量参数列于表 3-1 和表 3-2。表 3-1 为生成 I 型和 II 型水合物的气体分子能量参数，表 3-2 为 H 型水合物生成物的分子能量参数。

作者采用 Parrish 和 Prausnitz[5]的水合物模型重新拟合了一些 H 型水合物生成物分子的位能函数参数[21]，计算结果见表 3-3。

表 3-1　I 型和 II 型水合物生成气体的 Kihara 能量参数

组分	英文名称	$(\varepsilon/k)/K$	$\sigma/\text{Å}$	$a/\text{Å}$
甲烷	methane	154.54	3.1650	0.3834
乙烷	ethane	176.40	3.2641	0.5651
丙烷	propane	203.31	3.3093	0.6502
异丁烷	i-butane	225.16	3.0822	0.8706
正丁烷	n-butane	209.00	2.9125	0.9379
硫化氢	H_2S	204.85	3.1530	0.3600
氮气	N_2	125.15	3.0124	0.3526
二氧化碳	CO_2	168.77	2.9818	0.6805

表 3-2　H 型水合物生成物的 Kihara 能量参数

组成	英文名称	$(\varepsilon/k)/K$	$\sigma/\text{Å}$	$a/\text{Å}$
2-甲基丁烷	2-methylbutane	307.09	3.2955	0.9868
2,2-二甲基丁烷	2,2-dimethylbutane	367.70	3.2317	1.0481
2,3-二甲基丁烷	2,3-dimethylbutane	287.57	3.4194	1.0790
2,2,3-三甲基丁烷	2,2,3-trimethylbutane	420.94	3.1178	1.1288
2,2-二甲基戊烷	2,2-dimethylpentane	357.69	3.0820	1.2134
3,3-二甲基戊烷	3,3-dimethylpentane	364.61	3.1474	1.2219
甲基环戊烷	methylcyclopentane	353.66	4.5420	1.0054
乙基环戊烷	ethylcyclopentane	304.71	3.4045	1.1401
甲基环己烷	methylcyclohexane	407.29	3.1931	1.0693
1,2-二甲基环己烷（顺式）	cis-1,2-dimethylcyclohexane	314.79	3.4232	1.1494
1,1-二甲基环己烷	1,1-dimethylcyclohexane	487.49	3.0532	1.1440
乙基环己烷	ethylcyclohexane	281.11	3.2929	1.1606
环庚烷	cycloheptane	312.44	3.5012	1.0575
环辛烷	cyclooctane	277.80	3.6337	1.1048
金刚烷	adamatane	471.43	3.1030	1.3378
2,3-二甲基-1-丁烯	2,3-dimethyl-1-butane	339.80	3.2459	1.0175
3,3-二甲基-1-丁烯	3,3-dimethyl-1-butane	353.99	3.3876	0.7773
环庚烯	cycloheptene	453.06	3.1441	1.0301
环辛烯（顺式）	cis-cyclooctene	401.47	3.2451	1.1150
3,3-二甲基-1-丁炔	3,3-dimethyl-1-butyne	318.47	3.4028	0.7961

表 3-3　作者拟合的 H 型水合物生成物的 Kihara 能量参数

组成	英文名称	$(\varepsilon/k)/K$	$\sigma/\text{Å}$	$a/\text{Å}$
2-甲基丁烷	2-methylbutane	307.09	3.3250	0.9868
2,2-二甲基丁烷	2,2-dimethylbutane	367.70	3.2497	1.0481
2,3-二甲基丁烷	2,3-dimethylbutane	287.57	3.4453	1.0790
2,2,3-三甲基丁烷	2,2,3-trimethylbutane	421.94	3.1287	1.1286

续表

组成	英文名称	$(\varepsilon/k)/K$	$\sigma/\text{Å}$	$a/\text{Å}$
2,2-二甲基戊烷	2,2-dimethylpentane	357.69	3.1195	1.2207
3,3-二甲基戊烷	3,3-dimethylpentane	364.31	3.1635	1.2219
甲基环戊烷	methylcyclopentane	353.66	4.5380	1.0054
甲基环己烷	methylcyclohexane	407.29	3.2148	1.0693
1,2-二甲基环己烷(顺式)	cis-1,2-dimethylcyclohexane	314.79	3.4356	1.1494
1,1-二甲基环己烷	1,1-dimethylcyclohexane	487.49	3.0647	1.1440
环庚烷	cycloheptane	312.44	3.5199	1.0575
环辛烷	cyclooctane	277.80	3.6550	1.1048
金刚烷	adamatane	538.76	3.0424	1.1041
2,3-二甲基-1-丁烯	2,3-dimethyl-1-butane	339.80	3.2725	1.0175
3,3-二甲基-1-丁烯	3,3-dimethyl-1-butane	353.99	3.4146	0.7773
环辛烯(顺式)	cis-cyclooctene	401.47	3.2458	1.1150
3,3-二甲基-1-丁炔	3,3-dimethyl-1-butyne	318.47	3.4113	0.7961

3.1.1.3 水在水相及冰相中的化学位 μ_w^L 或 μ_w^{ice}

Saito 等 (1964)[4] 给出了水在水相或冰相中化学位 $\Delta\mu_w^L$ 或 μ_w^{ice} 的确定方法，随后 Holder 等 (1980)[22] 简化了这一方法。$\Delta\mu_w$ 可表示为

$$\left(\frac{\Delta\mu_w}{RT}\right)=\left(\frac{\Delta\mu_w}{RT}\right)_{T_0,p_0}-\int_{T_0}^{T}\left(\frac{\Delta h_w}{RT^2}\right)dT+\int_{p_0}^{p}\left(\frac{\Delta v_w}{RT}\right)dp-\ln a_w \tag{3-39}$$

$$\Delta h_w=\Delta h_w^0+\int_{T_0}^{T}\Delta C_{pw}dT \tag{3-40a}$$

$$\Delta C_{pw}=\Delta C_{pw}^0+a(T-T_0) \tag{3-40b}$$

式中，Δh_w 和 Δv_w 分别为冰或水与空水合物间的焓和体积差；T_0 和 p_0 分别为参考态温度和压力，可取为：$T_0=273.15K$，$p_0=1atm$；a_w 为水的活度，若水为纯水或为冰，则水的活度为 1，若水相中有抑制剂或促进剂，则水的活度可由状态方程或活度系数方程计算。上述方程中的常数值列于表 3-4[20]。

表 3-4　式 (3-39) 和式 (3-40) 中的常数

物理量	Ⅰ 型水合物	Ⅱ 型水合物	H 型水合物
$\Delta\mu_w^0/(\text{J/mol})$	1263	883.8	1187.5
$\Delta h_w^0/(\text{J/mol})$	1389	1025	846.57
$\Delta v_w^0/(\text{mL/mol})$	3.0	3.4	3.85
$\Delta v_w^{ice\text{-}L}/(\text{mL/mol})$	1.598		
$\Delta C_p^{ice\text{-}L}/(\text{J/mol}\cdot\text{K})$	$=38.12-0.141\times(T-273.15)$		

注：上标 0 表示 273.15K 下纯水和空水合物的性质之差。

(1) μ_w^L 的计算　由式 (3-39) 可知水在水相中的化学位可表示为

$$\Delta\mu_w^L=\Delta\mu_w^{L0}-RT\ln a_w \tag{3-41}$$

$$\Delta\mu_w^{L0}(T,p)=\Delta\mu_w^{L0}(T,p_R)+\Delta v_w^L(p-p_R) \tag{3-42}$$

式中，下标 "R" 表示为参考水合物。对于 Ⅰ 型水合物，零度以下时参考水合物为 Xe[23]，零度以上为甲烷。对于 Ⅱ 型水合物，零度以下时参考水合物为溴氯二氟甲烷[24]，零度以上为天然气混合物[25,26]。对于 H 型水合物，参考水合物为 Xe+2,2-二甲基丁烷混合物；p_R 为参考水合物在温度 T 时的生成压力，由下式计算：

$$\ln p_R=A+B/T+D\ln T \tag{3-43}$$

式中的参数 A、B 和 D 拟合参考水合物的生成条件得到，如表 3-5～表 3-7 所示，由表 3-5 和表 3-6 计算得到的 p_R 单位为 atm，由表 3-7 计算得到的 p_R 单位为 Pa。$\Delta\mu_w^{L_0}$（T，p_R）的表达式为

$$\frac{\Delta\mu_w^{L_0}(T,p_R)}{RT}=\frac{\Delta\mu_w^0(T_0,p_0)}{RT_0}-\int_{T_0}^{T}\frac{\Delta h_w^L}{RT^2}dT+\int_{T_0}^{T}\frac{\Delta v_w^L}{RT}(dp/dT)dT \tag{3-44}$$

式中，$\Delta v_w^L=\Delta v_w^0+\Delta v_w^{ice-L}$；$\Delta h_w^L$ 可由式（3-40a）计算；（dp/dT）为参考水合物生成 p-T 曲线的斜率，由式（3-43）求导得到。

表 3-5　式（3-43）中的参数值（Ⅰ型）

参数	$T<273.15K$	$T>273.15K$
A	23.0439	−1212.2
B	−3357.57	44344.0
D	−1.85000	187.719

表 3-6　式（3-43）中的参数值（Ⅱ型）

参数	$T<273.15K$	$T>273.15K$
A	11.5115	−1023.14[26]
		4071.64[27]
B	4092.37	34984.3[26]
		−193428.8[27]
D	0.316033	159.923[26]
		−599.755[27]

表 3-7　式（3-43）中的参数值（H型）

参数	$T<273.15K$	$T>273.15K$
A	−62.32382	−2533.64771
B	2254.51434	98334.74905
D	9.66097	389.55989

（2）μ_w^{ice} 的计算　因为通常认为冰相为纯水，所以无需水活度的修正，所以 μ_w^{ice} 的计算式可表示为

$$\Delta\mu_w^{ice}(T,p)=\Delta\mu_w^{ice}(T,p_R)+\Delta v_w^{ice}(p-p_R) \tag{3-45}$$

$$\frac{\Delta\mu_w^{ice}(T,p_R)}{RT}=\frac{\Delta\mu_w^0(T_0,p_0)}{RT_0}-\int_{T_0}^{T}\frac{\Delta h_w^{ice}}{RT^2}dT+\int_{T_0}^{T}\frac{\Delta v_w^{ice}}{RT}(dp/dT)dT \tag{3-46}$$

式中，$\Delta C_p=0$，所以 $\Delta h_w^{ice}=\Delta h_w^0$，$\Delta v_w^{ice}=\Delta v_w^0$。

（3）水在空水合物晶格中逸度 f_w^β 的计算　当没有自由水存在时，采用逸度判据（$f_w^H=f_w^V$）来计算水合物的生成条件比较方便。此时涉及水在空水合物晶格中逸度 f_w^β 的计算问题。由经典热力学理论可得到水在水合物相中的逸度 f_w^H 的计算公式

$$f_w^H=f_w^\beta\exp(-\frac{\Delta\mu_w^H}{RT}) \tag{3-47}$$

$$f_w^\beta=p_w^\beta\phi_w^\beta\exp\left(\int_{p_w^\beta}^{p}\frac{v_w^\beta}{RT}dp\right)=p_w^\beta\phi_w^\beta\exp\frac{-v_w^\beta p_w^\beta}{RT}\exp\frac{pv_w^\beta}{RT} \tag{3-48}$$

$$\ln f_w^\beta=\ln f_{w,T}^\beta（T）+\frac{pv_w^\beta}{RT} \tag{3-48a}$$

当平衡时各相的逸度应相等，即：$f_w^H=f_w^V$，所以有

$$f_{w}^{\beta}=f_{w}^{V}/\exp\left(-\frac{\Delta\mu_{w}^{H}}{RT}\right) \tag{3-49}$$

通过拟合无自由水时水合物生成条件的实验数据，由式（3-49）可得到 f_{w}^{β} 的计算关联式如下：

$$\ln f_{w}^{\beta}=14.269-5393/T+0.00036T-0.10250p \quad 结构 I \tag{3-50}$$

$$\ln f_{w}^{\beta}=18.062-6512/T+0.002304T-0.066339p \quad 结构 II \tag{3-51}$$

$$\ln f_{w}^{\beta}=9.70045-5056.806367/T+0.014609T+\frac{0.2820p}{T} \quad 结构 H \tag{3-52}$$

温度和压力的单位分别为 K 和 bar。有了 f_{w}^{β} 后，即可利用式（3-47）计算水在水合物相的逸度，式中 $\Delta\mu_{w}^{H}$ 由式（3-31a）计算。

3.1.2 van der Waals-Platteeuw 模型的改进

3.1.2.1 Parrish-Prausnitz 模型（1972）

Parrish 和 Prausnitz[5] 使用一个经验关联式计算 Langmuir 常数 C_{ij}，从而大大简化了 van der Waals-Platteeuw 模型的应用，其 C_{ij} 的表达式为

$$C_{ij}(T)=\frac{A_{ij}}{T}\exp\left(\frac{B_{ij}}{T}\right) \tag{3-53}$$

式中，A_{ij} 和 B_{ij} 为实验拟合参数。他们使用 Kihara 势能模型拟合了 15 种气体的参数，参数值见表 3-8 和表 3-9，并首次将 van der Waals-Platteeuw 模型推广到多元体系水合物生成压力的计算。此法也曾被扩展至含抑制剂（醇类）体系水合物生成压力的计算[10~14]。

表 3-8 式（3-53）的常数（结构 I）

组分	分子式	小孔		大孔	
		$A_{ij}\times10^{3}$/K·atm^{-1}	$B_{ij}\times10^{-3}$/K	$A_{ij}\times10^{2}$/K·atm^{-1}	$B_{ij}\times10^{-3}$/K
甲烷	CH$_4$	3.7237	2.7088	1.8372	2.7379
乙烷	C$_2$H$_6$	0.0	0.0	0.6906	3.6316
乙烯	C$_2$H$_4$	0.0830	2.3969	0.5448	3.6638
丙烷	C$_3$H$_8$	0.0	0.0	0.0	0.0
丙烯	C$_3$H$_6$	0.0	0.0	0.0	0.0
环丙烷	c-C$_3$H$_6$	0.0	0.0	0.1449	4.5796
异丁烷	i-C$_4$H$_{10}$	0.0	0.0	0.0	0.0
氮	N$_2$	3.8087	2.2055	1.8420	2.3013
氧	O$_2$	17.3629	2.2893	5.7732	1.9354
二氧化碳	CO$_2$	1.1978	2.8605	0.8507	3.2779
硫化氢	H$_2$S	3.0343	3.7360	1.6740	3.6109
氩	Ar	25.7791	2.2270	7.5413	1.9181
氪	Kr	16.8620	2.8405	5.7202	2.4460
氙	Xe	4.0824	3.6063	2.0657	3.4133
六氟化硫	SF$_6$	0.0	0.0	0.0	0.0

表 3-9 方程（3-53）的常数（结构 II）

组分	分子式	小孔		大孔	
		$A_{ij}\times10^{3}$/K·atm^{-1}	$B_{ij}\times10^{-3}$/K	$A_{ij}\times10^{2}$/K·atm^{-1}	$B_{ij}\times10^{-3}$/K
甲烷	CH$_4$	2.9560	2.6951	7.6068	2.2027
乙烷	C$_2$H$_6$	0.0	0.0	4.0818	3.0384
乙烯	C$_2$H$_4$	0.0641	2.0425	3.4940	3.1071

续表

组分	分子式	小孔		大孔	
		$A_{ij}\times 10^3/K\cdot atm^{-1}$	$B_{ij}\times 10^{-3}/K$	$A_{ij}\times 10^2/K\cdot atm^{-1}$	$B_{ij}\times 10^{-3}/K$
丙烷	C_3H_8	0.0	0.0	1.2353	4.4061
丙烯	C_3H_6	0.0	0.0	20.174	4.0057
环丙烷	$c\text{-}C_3H_6$	0.0	0.0	1.3136	4.6534
异丁烷	$i\text{-}C_4H_{10}$	0.0	0.0	1.5730	4.4530
氮	N_2	3.0284	2.1750	7.5149	1.8606
氧	O_2	14.4306	2.3826	15.3820	1.5187
二氧化碳	CO_2	0.9091	2.6954	4.8262	2.5718
硫化氢	H_2S	2.3758	3.7506	7.3631	2.8541
氩	Ar	21.8923	2.3151	186.6043	1.5387
氪	Kr	13.9926	2.9478	154.7221	1.9492
氙	Xe	3.2288	3.6467	8.3580	2.7090
六氟化硫	SF_6	0.0	0.0	1.4122	4.5653

3.1.2.2　Ng-Robinson 模型（1976）

Parrish-Prausnitz 模型[5]预测非对称混合物体系的水合物生成压力时，计算值往往比实验数据偏高。为克服这一缺点，Ng 和 Robinson[6]对 van der Waals-Platteeuw 模型[2]中式（3-31a）进行了修正。对于混合物，Ng 和 Robinson 建议采用如下修正式计算水在水合物相的化学位：

$$\Delta\mu_w^H=-kT\left\{\prod_k[1+3(\alpha_k-1)Y_k^2-2(\alpha_k-1)Y_k^3]\right\}\times\left[\sum_i\nu_i\ln\left(1-\sum_j\theta_{ji}\right)\right]$$

(3-54)

式中，α_k 为混合物中挥发度最小的组分与其他更易挥发的组分 k 之间的交互作用参数；Y_k 为混合物中某一组分 k 的摩尔分数（干基）。

Ng 和 Robinson 模型表明，对于分子大小不同（如甲烷＋异丁烷）或分子类型不同（如二氧化碳＋丙烷）的物质，交互作用参数 α 是非常重要的，由二元实验数据回归得到，见表 3-10，表中未列出的组分，其与其他组分的交互作用参数 α 均为 1。当 $\alpha=1$ 时，式（3-54）还原为 van der Waals-Platteeu 模型的式（3-31a）。

表 3-10　式（3-54）中的交互作用参数 α

组分	CH_4	N_2	CO_2	C_2H_6	C_3H_8	$i\text{-}C_4H_{10}$
N_2	1.03	1.00	1.00	1.00	1.00	1.00
CO_2	1.01	1.00	1.00	1.00	1.00	1.00
H_2S	1.01	1.00	1.00	1.01	1.00	1.00
C_2H_6	1.02	1.00	1.00	1.00	1.00	1.00
C_3H_6	1.04	1.00	1.00	1.00	1.00	1.00
C_3H_8	1.02	1.03	1.08	1.00	1.00	1.00
$i\text{-}C_4H_{10}$	1.06	1.03	1.08	1.02	1.02	1.00
$n\text{-}C_4H_{10}$	1.06	1.03	1.08	1.02	1.02	1.02

3.1.2.3　John-Holder 模型（1985）

John 和 Holder[9]考虑到实际客体分子非球形性和外层水分子对孔穴势能 $w(r)$ 的影响，对 vdW-P 模型中 Langmuir 常数 C 的计算方法进行了改进

$$C=Q^*C^*$$

(3-55)

式中，C^* 表示考虑了外层水分子对孔穴中客体分子势能影响后的 Langmuir 常数

$$C^* = \frac{4\pi}{kT} \int_0^R \exp\left(-\frac{w_1(r) + w_2(r) + w_3(r)}{kT}\right) r^2 dr \tag{3-56}$$

Q^* 表示考虑实际孔穴和分子的非球形性后对 Langmuir 常数的修正系数

$$Q^* = \exp\left(-a_0\left[\omega\left(\frac{\sigma}{R-a}\right)\left(\frac{\varepsilon}{kT_0}\right)\right]^{n_0}\right) \tag{3-57}$$

式中，常数 a_0 和 n_0 为经验参数，见表 3-11，其与孔穴类型有关，而与客体分子无关；ω 为客体分子的偏心因子；T_0 为基准温度，一般取 $T_0 = 273.15K$。修正因子 Q^* 具有以下特性：

① 对于球形对称的分子，$Q^* = 1$；

② 随分子不对称性的增大而减小，即偏心因子 w 值越大，Q^* 值越小；

③ 随分子尺寸的增大而减小，若以 $\sigma/(R-a)$ 表示客体分子在洞穴中的填充率，则填充率越大，Q^* 值越小；

④ 随分子间相互作用能量的增大而减小，即分子能量参数 ε 值越大，Q^* 值越小。

为了计算 C^*，他们将 $w(r)$ 分成三部分：$w_1(r)$ 表示最内层孔壁上水分子对客体分子势能的贡献；$w_2(r)$、$w_3(r)$ 分别表示第二层和第三层水分子对势能的贡献，并且 $w_2(r)$、$w_3(r)$ 对势能的贡献可看作常数，但是它们对 Langmuir 常数 C 的贡献由于积分的作用不能看作常数。$w_k(r)$($k=1,2,3$)由式(3-38)计算，特性参数列于表 3-12。由上可知 John 等采用了三层球模型描述气体水合物晶格孔穴中客体分子与孔穴周围水分子之间的相互作用。

式（3-57）中的 Kihara 参数（ε、σ、a）是影响 Langmuir 常数的重要因素。Holder 和 John 先由纯气体的第二维里系数和黏度数据回归出 Kihara 模型中的三个气体参数，再按以下混合规则计算水（w）与客体分子（g）之间相互作用的 Kihara 参数：

$$\sigma = (\sigma_w + \sigma_g)/2 \tag{3-58a}$$

$$\varepsilon = (\varepsilon_w \varepsilon_g)^{1/2} \tag{3-58b}$$

$$a = (a_w + a_g)/2 \tag{3-58c}$$

回归得到的 15 种常见气体的 Kihara 参数列于表 3-13。

表 3-11　式（3-57）中的参数值

项目	结构 I	结构 II
a_0(小孔)	35.3446	35.3446
a_0(大孔)	14.1161	782.8469
n_0(小孔)	0.973	0.973
n_0(大孔)	0.826	2.3129

表 3-12　三层球模型的特性参数

结构与孔型		第一层		第二层		第三层	
		R	Z	R	Z	R	Z
I	小孔	387.5	20	659.3	20	805.6	50
	大孔	415.2	21	707.8	24	825.5	50
II	小孔	387.0	20	669.7	20	807.9	20
	大孔	470.3	28	746.4	28	878.2	50

表 3-13　15 种气体的 Kihara 参数

组分	分子式	$\sigma_g/\text{Å}$	$(\varepsilon_g/k)/\text{K}$	$a_g/\text{Å}$	ω
甲烷	CH_4	3.501	197.39	0.260	0.0
乙烷	C_2H_6	4.036	393.20	0.574	0.105
乙烯	C_2H_4	3.819	354.33	0.534	0.097
丙烷	C_3H_8	4.399	539.99	0.745	0.15
丙烯	C_3H_6	4.232	527.91	0.714	0.148
环丙烷	$c\text{-}C_3H_6$	4.191	602.40	0.653	0.128
异丁烷	$i\text{-}C_4H_8$	4.838	662.09	0.859	0.176
氮	N_2	3.444	158.97	0.341	0.04
氧	O_2	3.272	165.52	0.272	0.021
二氧化碳	CO_2	3.407	506.25	0.677	0.225
硫化氢	H_2S	3.476	478.94	0.492	0.1
氩	Ar	3.288	156.08	0.217	0.0
氪	Kr	3.531	216.40	0.232	0.0
氙	Xe	3.648	314.51	0.252	0.0
正丁烷	$n\text{-}C_4H_8$	4.674	674.91	0.891	0.193

Du 和 Guo[27]对 John-Holder 模型进行了改进，将 Langmuir 常数 C_{ij} 与温度作了如下关联：

$$C_{ij}(T) = \frac{A_{ij}}{T}\exp\left(\frac{B_{ij}}{T} + \frac{D_{ij}}{T^2}\right) \tag{3-59}$$

并对含甲醇体系水合物生成条件进行了预测，获得了较满意的结果。对结构 I 和结构 II，式（3-59）中常数 A_{ij}、B_{ij} 和 D_{ij} 的值分别列于表 3-14 和表 3-15[27,28]。

表 3-14　式（3-59）中的常数值（结构 I）

组分	分子式	小孔 $A_{ij}\times10^3$ /(K·kPa)	小孔 $B_{ij}\times10^{-3}$ /K	小孔 $D_{ij}\times10^{-6}$ /K²	大孔 $A_{ij}\times10^3$ /(K·kPa)	大孔 $B_{ij}\times10^{-3}$ /K	大孔 $D_{ij}\times10^{-6}$ /K²
甲烷	CH_4	0.043097	2.49166	0.04483	0.17218	2.48524	0.03437
乙烷	C_2H_6	0.0	0.0	0.0	0.006598	3.99042	0.04418
乙烯*	C_2H_4	0.000922	3.17954	0.05203	0.016280	3.65159	0.04236
丙烷	C_3H_8	0.0	0.0	0.0	0.079637	3.75878	0.05126
异丁烷	$i\text{-}C_4H_{10}$	0.0	0.0	0.0	0.0	0.0	0.0
正丁烷	$n\text{-}C_4H_{10}$	0.0	0.0	0.0	0.0	0.0	0.0
氮	N_2	0.045040	2.23834	0.03760	0.15493	2.01910	0.02648
二氧化碳	CO_2	0.0000566	4.18253	0.04477	0.007879	3.64536	0.03139
硫化氢	H_2S	0.0020283	4.13262	0.04971	0.029577	3.86393	0.03504
氢气*	H_2	0.0005380	2.45183	0.26414	0.0	0.0	0.0
四氢呋喃*	THF	0.0	0.0	0.0	0.0	0.0	0.0

注：* 为作者拟合的结果。

表 3-15　式（3-59）中的常数值（结构 II）

组分	分子式	小孔 $A_{ij}\times10^3$ /(K·kPa)	小孔 $B_{ij}\times10^{-3}$ /K	小孔 $D_{ij}\times10^{-6}$ /K²	大孔 $A_{ij}\times10^3$ /(K·kPa)	大孔 $B_{ij}\times10^{-3}$ /K	大孔 $D_{ij}\times10^{-6}$ /K²
甲烷	CH_4	0.046431	2.47778	0.04361	0.89276	2.23760	0.01367
乙烷	C_2H_6	0.0	0.0	0.0	0.079860	3.99929	0.02296
乙烯*	C_2H_4	0.0000192	2.85010	0.04363	1.627772	3.35852	0.01894
丙烷	C_3H_8	0.0	0.0	0.0	0.001878	5.49173	0.03779
异丁烷	$i\text{-}C_4H_{10}$	0.0	0.0	0.0	0.0000048	7.22478	0.04585

组分	分子式	小孔			大孔		
		$A_{ij} \times 10^3$ /(K/kPa)	$B_{ij} \times 10^{-3}$ /K	$D_{ij} \times 10^{-6}$ /K^2	$A_{ij} \times 10^3$ /(K/kPa)	$B_{ij} \times 10^{-3}$ /K	$D_{ij} \times 10^{-6}$ /K^2
正丁烷	n-C_4H_{10}	0.0	0.0	0.0	0.0000014	6.84938	0.04332
氮	N_2	0.063699	2.21576	0.03924	1.19173	1.74779	0.01203
二氧化碳	CO_2	0.0000729	4.17049	0.04474	0.07543	2.90428	0.01415
硫化氢	H_2S	0.0018588	4.12348	0.04761	0.26917	3.21627	0.01449
氢气[*]	H_2	0.0005497	1.89901	0.22534	0.0	0.0	0.0
四氢呋喃[*]	$C_4H_8O(THF)$	0.0	0.0	0.0	6.568961	4.979	0.02840

注：* 为作者拟合的结果。

3.1.3　小结

　　本小节介绍了目前应用较广泛的 van der Waals-Platteeuw 水合物模型及其改进的模型。读者在应用这些模型时需注意，模型中所涉及的一些参数，如：Kihara 势能模型参数（ε、σ、a）、某些参考态热力学性质等，不同的文献报道给出不同的数值，比较混乱，因此使用时需谨慎。

3.2　Chen-Guo 水合物模型

　　计算孔穴占有率的公式（3-28a）是 vdW-P 理论的关键，该理论认为气体分子被水分子包容的过程与 Langmuir 等温吸附过程在物理意义上是相似的。作者并不认为这两种过程有这样大的类同性。很明显的差别是水合物生成过程中不存在稳定的吸附剂，客体分子被包容的过程也不是由于其与孔穴碰撞引起的，而是其与水相中水分子的作用引起的，因此包容速率取决于客体的逸度和水相中水分子的活度，而不是取决于水合物相中孔穴被占有的程度，即生成速率为

$$r_{encl} = K_{encl} \cdot f \tag{3-60}$$

下标"encl"为"enclathration"的缩写，表示包容过程；系数 K_{encl} 与水的活度有关。客体分子的释放速率仍可由式（3-33）表示，因此平衡时有

$$\theta = K \cdot f \tag{3-61}$$

比较可以看出，式（3-61）和式（3-34）有很明显的差别。考虑到水合物的生成过程与 Langmuir 等温吸附过程在物理意义上的明显差别，式（3-28a）并不完全合适。

3.2.1　局部稳定性和准均匀占据理论

　　vdW-P 理论的 6 个假设是合理的，似乎也很难找到更合适的物理假设来代替它们。vdW-P 理论的成功之处是它很好地描述了气体水合物化学组成不恒定这一特性。但水合物具有固定的晶体结构，决定了它与一般的固体溶液有很大的差别，需要考虑的因素较多。作者提出了局部稳定性这一概念来进一步描述水合物作为有固定晶体结构的固体物质的特性[29]。

3.2.1.1　局部稳定性概念

　　对于晶体物质，局部的机械稳定性是晶体整体稳定性的必要条件。如果某个局部不稳

定，意味着该局部将溶化，并逐步影响到周围更远处的稳定性，从而导致总体的不稳定。因此晶体的局部稳定性和整体稳定性必须是一致的。一般的晶体，具有性质周期性变化的单元（晶胞），局部稳定性因此得到满足。对于水合物而言，由于客体分子占有孔穴状况的不确定性，不具有周期性变化的单元，各处的机械稳定性是不同的，受该处孔穴被占有情况所控制。由于局部稳定性必须和整体保持一致，因此局部的孔穴占有状况不能偏离平均孔穴占有状况太远，或者说两者应该很接近。由于局部稳定性与孔穴的占有状况直接相关，因此考虑局部稳定性之后，组合熵的计算将不同于 vdW-P 理论。

下面的例子可能有助于理解局部稳定性。考虑一个具有 10 个孔穴的系统，假定按 vdW-P 理论，只要其中 7 个孔穴被气体分子占有，系统即可稳定存在，此时按 vdW-P 理论，这 7 个分子占据孔穴的方式数为 C_{10}^7。图 3-1 给出了其中的三种方式，其中方式（a）不存在不稳定的局部，因此是稳定的占据方式，而方式（b）和（c）都含有不稳定的局部，因此属于不稳定的占据方式。对于稳定的水合物，这种占据方式是不可能出现的，因而实际可能出现的占据方式应小于 C_{10}^7。

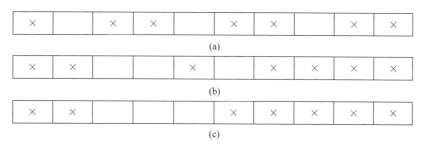

图 3-1　稳定和不稳定的占据方式示意图

水合物的局部稳定性和 vdW-P 理论的第二条假设有关，即气体分子不能从一个孔扩散到另一个孔。如果气体分子能在孔穴之间自由扩散，局部稳定性是可以不考虑的，因为不稳定的局部可能只会在一瞬间出现，马上就会过渡到稳定。从另一个角度说，水合物中气体分子占据孔穴的方式（也反映了一种微观状态）很难从一种过渡到另一种，因此不满足各态历经这一统计热力学原理，各种占据方式不能等概率出现。在计算气体分子占据孔穴的方式时，应考虑到这一点。对于水合物而言，相邻两个孔同时不被气体分子占据，就会使它们所处局部的某些水分子的热力学平衡受到破坏，不能维持在晶格上的平衡振动，出现局部的机械不稳定性，由于周围的分子不能迅速扩散过来，这种局部不稳定性不能马上消失，就会波及整体的稳定性。作者认为客体分子在水合物中是近似均匀分布的，各个局部的孔穴占有状况基本相同，而且占据方式不是完全随机出现的，应有一定规则，即一个空着的孔穴的毗邻孔穴不能再出现空着的情况，尤其是较不稳定的大孔，更是如此。因此气体分子占据大、小孔的方式并不是完全随机的，也不是彼此间相互独立的。据此，作者提出以下的准均匀占据理论。

3.2.1.2　准均匀占据理论

准均匀占据理论的物理观点是气体分子占据大、小孔时仍是相互独立的，但水合物中气体分子的局部环境是一致的。由于各个气体分子周围的水分子状况完全相同，因此这里局部的意义为气体分子周围的微观空间内其他孔被占据的状况。或用另一种方式来描述，即在水合物中随机地选择一个微观的体积，其中包含的孔穴数只有很有限的几个，这几个孔穴的被占据率应等于水合物中孔穴的平均被占据率，这样确保局部机械稳定性和整体稳定性一致，但这个局部里仍可以有不同的占据方式，而且每一种占据方式都不影响局部的机械稳定性。基于准均匀占据理论，水合物中气体分子占据孔穴的方式数为

$$\left(\frac{m_1}{n_1}\right)^{n_1} \times \left(\frac{m_2}{n_2}\right)^{n_2} = \left(\frac{1}{\theta_1}\right)^{n_1} \times \left(\frac{1}{\theta_2}\right)^{n_2} \tag{3-62}$$

式中，m_1 和 m_2 分别是水合物中小、大孔的数目；n_1 和 n_2 分别为填充在小、大孔中的气体分子数；θ_1 和 θ_2 分别为小、大孔被气体分子占据的分率。式（3-62）隐含了一个假设，即气体分子占据大、小孔时是相互独立的。

在计算正则配分函数 Q 的式（3-11）中采用式（3-62）计算得到的占据方式数代替式（3-9）计算得到的占据方式数，可得到单气体水合物的自由能 A 的表达式：

$$\begin{aligned}
A &= -RT\ln Q \\
&= A^{MT} - n_1 RT\ln q_1 - n_2 RT\ln q_2 - n_1 RT(\ln m_1 - \ln n_1) - n_2 RT(\ln m_2 - \ln n_2)
\end{aligned} \tag{3-63}$$

式中的 m_1 和 m_2 与水分子数有下面的关系：

$$m_1 = \lambda_1 n_w \tag{3-64}$$

$$m_2 = \lambda_2 n_w \tag{3-65}$$

式中，λ_1、λ_2 分别为一个水合物晶格单元中单位水分子所包含的小孔和大孔的数目。

Ⅰ型水合物：$\lambda_1 = 1/23$，$\lambda_2 = 3/23$

Ⅱ型水合物：$\lambda_1 = 2/17$，$\lambda_2 = 1/17$

将式（3-64）和式（3-65）代入式（3-63）得

$$\begin{aligned}
A &= -Rt\ln Q \\
&= A^{MT} - n_1 RT\ln q_1 - n_2 RT\ln q_2 \\
&\quad - n_1 RT(\ln \lambda_1 n_w - \ln n_1) - n_2 RT(\ln \lambda_2 n_w - \ln n_2)
\end{aligned} \tag{3-66}$$

按化学位的定义，对 n_w、n_1 和 n_2 分别求偏导可得水、小孔中和大孔中气体分子的化学位：

$$\begin{aligned}
\mu_w &= \mu^{MT} - n_1 RT/n_w - n_2 RT/n_w \\
&= \mu^{MT} - \lambda_1 RT\theta_1 - \lambda_2 RT\theta_2
\end{aligned} \tag{3-67}$$

$$\begin{aligned}
\mu_g &= -RT\ln q_1 - RT(\ln \lambda_1 n_w) + RT(\ln n_1 + 1) \\
&= -RT\ln q_1 + RT\ln \theta_1 + RT
\end{aligned} \tag{3-68}$$

$$\begin{aligned}
\mu_g &= -RT\ln q_2 - RT(\ln \lambda_2 n_w) + RT(\ln n_2 + 1) \\
&= -RT\ln q_2 + RT\ln \theta_2 + RT
\end{aligned} \tag{3-69}$$

气相中气体组分的化学位为

$$\mu_g = -RT\ln V_0 + RT\ln f_g \tag{3-70}$$

式中，f_g 为气体组分的逸度；V_0 为一个大气压下理想气体中分子所占的平均体积

$$V_0 = kT \tag{3-71}$$

由式（3-68）、式（3-69）分别和式（3-70）联立得 θ_j（$j = 1$，2）的计算公式

$$\theta_j = f_g C_j / e \quad (j = 1, 2) \tag{3-72}$$

式中，j 等于 1，2，分别表示小孔和大孔性质；e 为自然对数的底数，e = 2.718。C_j 就是 vdW-P 理论中所谓的 Langmuir 常数

$$C_j = q_j / kT \tag{3-73}$$

式（3-67）～式（3-69）和式（3-72）只有当 $\theta_j \leqslant 1.0$ 时才有物理意义，这相当于 $f_g C_j \leqslant$ 2.718。当 $f_g C_j > 2.718$ 时，说明该类孔被气体分子完全占据，对于这种情况需要有不同的物理和数学的描述方法。

θ_j 在 vdW-P 理论中由下式计算：

$$\theta_j = \frac{f_g C_j}{1 + f_g C_j} \quad (j=1, \ 2) \tag{3-74}$$

当 $f_g C_j = 2.718$ 时，由式（3-74）计算得到 $\theta_j = 0.731$。而 vdW-P 理论中，计算得到的大孔占有率都在 0.8 以上，此时由式（3-72）计算出的大孔占有率 θ_2 大于 1.0，这说明水合物中大孔是被全占满的。大孔的生成过程中气体分子和水分子具有固定的化学计量关系，类似于络合反应。水合物中水和气体分子的化学计量关系不固定是由于小孔的部分占据引起的。

比较式（3-61）和式（3-72），可以看出两式是一致的，这说明准均匀占据理论是有合理性的。但水合物中存在两种孔，两种孔的形成过程和单孔的形成过程是不同的，因此作者最终并没有完全采用准占据理论，也没有完全抛弃 van der Waals 和 Platteeuw 等人的类等温吸附理论，而是综合了二者的优点，即以准均匀占据理论描述大孔的生成过程，以 vdW-P 理论描述气体分子在小孔中的行为，这就是下面将要阐述的双过程动力学机理。

3.2.2　水合物生成过程的动力学机理

对水合物的生成动力学机理目前还没有一个被普遍接受的描述，存在许多观点，这里以 Sloan 等人（1990）提出的机理模型为基点来说明这方面的问题。他们设计的机理模型为：第一步，水分子围绕气体分子形成一个最基本的分子束；第二步，分子束彼此连接起来，形成晶核，以后为晶核的生长过程。这一模型很粗糙，没有给出大，小孔同时存在的缘由以及水合物化学计量关系不恒定的原因。作者在此基础上提出了新的动力学机理模型[29]。

3.2.2.1　双步骤动力学机理

（1）一方面，气体分子溶于水相中，必然以其为中心形成一个胞腔，胞腔的直径由气体分子的体积而定；另一方面，胞腔壁由水分子组成，它们之间由氢键相连，而且由于氢键力远大于普通的 van der Waals 力，因此壁上水分子的氢键应该基本上是饱和的，而氢键的饱和性要求水分子间的相对空间位置要满足一定的几何要求，也就是说，胞腔壁上的水分子数（或胞腔直径）不能随气体分子的体积变化而连续变化，一定尺寸范围内的不同气体分子只能形成同一种体积大小的胞腔。具体来说，对于较小的气体分子，如 Ar、Kr、N_2、O_2 等形成 5^{12} 正十二面体结构的胞腔；中等大小分子，如 CH_4、CO_2、H_2S、C_2H_6、C_2H_4 等形成 $5^{12}6^2$ 十四面体结构的胞腔；较大的分子，如 C_3H_6、C_3H_8、C_4H_{10} 等形成 $5^{12}6^4$ 十六面体结构的胞腔。作者称这些胞腔为水合物的络合孔。络合孔的存在是以是否有气体分子包裹在其中为条件的，如果气体分子从孔穴中逃逸出去，络合孔也随之瓦解。

这些多面体结构的胞腔在水溶液中的浓度达到一定程度时，它们就会彼此连接起来。连接方式决定于两个因素，其一是几何因素，其二是稳定因素。对于上述十四面体和十六面体来说，它们的几何结构决定了它们只能通过正十二面体才能向周围空间发展形成结构周期性变化的晶体。对于正十二面体，从几何上说它可以有两种连接方式，即通过上述的十四面体和十六面体。从稳定的角度来看，如果通过十四面体相连，最后的晶体中十四面体孔的数目会是正十二面体孔的三倍；如果通过十六面体相连，最后的晶体中十六面体孔的数目仅是正十二面体孔的二分之一。由于形成正十二面体结构胞腔的气体分子都是较小的分子，它们溶解在十四面体和十六面体中对它们的机械稳定性的贡献都不大，因此它们在水合物中存在的数量对整个水合物的稳定性有决定性的作用。因此小分子形成正十二面体胞腔后通过数目较小的正十六面体相连形成水合物结构Ⅱ。可见，小分子和大分子虽然最终都形成水合物结构Ⅱ，从形成机理上说却是不同的。作者称这些连接络合孔（胞腔）的多面体为连接孔。

（2）气体分子溶解于连接孔中。这一过程并不一定发生，只有当气体分子足够小，而连接孔足够大时，才可能发生。这一过程可用 Langmuir 等温吸附理论描述，也可用作者提出的准均匀占据理论描述。但用吸附理论在数学处理上要方便一些，因为式（3-28a）能在整个压力范围内适用，而式（3-72）则不行。作者在后面建立数学模型时，选择吸附理论，以便在整个压力范围内都用同一个模型。

3.2.2.2　基础水合物

络合孔（大孔）经连接孔（小孔）连接起来并向周围空间发展形成具有固定化学组成和一定晶体结构的物质，作者称其为基础水合物，即络合孔被占据而连接孔未被占据时的晶体物质。基础水合物的各个局部性质都一样，不存在局部机械稳定性问题。表 3-16 列出了各种气体所形成的基础水合物的结构和化学计量关系式。从表 3-16 可以看出，随着气体分子尺寸的增大，络合孔的尺寸总的趋势是增大，但并不是连续变化；另外从水分子数比可看出，小分子和大分子形成相同的Ⅱ型结构基础水合物，而化学计量关系却不一样，络合孔也不一样。环丙烷生成的水合物结构类型随着温度的变化存在转变现象，这是由于它的尺寸处在构造 $5^{12}6^2$ 络合孔的上限和构造 $5^{12}6^4$ 络合孔的下限附近，温度 T 处在 257.1～274.6K 之间时，生成Ⅱ类水合物；温度 T 大于 274.6K 时生成Ⅰ类水合物。

表 3-16　各种单气体基础水合物的结构与化学组成

气体名称	直径/Å	晶体结构	络合孔	连接孔	水气分子数比
Ar	3.8	Ⅱ	5^{12}	$5^{12}6^4$	17/2
Kr	4.0	Ⅱ	5^{12}	$5^{12}6^4$	17/2
N_2	4.1	Ⅱ	5^{12}	$5^{12}6^4$	17/2
O_2	4.2	Ⅱ	5^{12}	$5^{12}6^4$	17/2
CH_4	4.4	Ⅰ	$5^{12}6^2$	5^{12}	23/3
H_2S	4.6	Ⅰ	$5^{12}6^2$	5^{12}	23/3
CO_2	5.1	Ⅰ	$5^{12}6^2$	5^{12}	23/3
C_2H_4	5.3	Ⅰ	$5^{12}6^2$	5^{12}	23/3
C_2H_6	5.5	Ⅰ	$5^{12}6^2$	5^{12}	23/3
$c\text{-}C_3H_6$	5.8	Ⅰ	$5^{12}6^2$	5^{12}	23/3
C_3H_8	6.3	Ⅱ	$5^{12}6^4$	5^{12}	17/1
$i\text{-}C_4H_{10}$	6.5	Ⅱ	$5^{12}6^4$	5^{12}	17/1
$n\text{-}C_4H_{10}$	7.1	Ⅱ	$5^{12}6^4$	5^{12}	17/1

一方面，从物理意义上说，基础水合物相当于一种多孔介质，气体分子在其连接孔中的溶解完全和气体的等温吸附一样，因此可以用相同的物理和数学模型来描述，但这里含有一个假设，即气体在基础水合物连接孔中的溶解不影响水合物的局部稳定性，因此气体分子在连接孔中可以有各种可能的占据方式，而且出现的概率相同。但是另一方面气体在基础水合物中的溶解会降低基础水合物的化学位，并因此降低水合物的生成压力。

从局部稳定性分析和生成动力学机理的分析，都得到了类似的结论：水合物中存在一个全满的络合孔，它是水合物局部机械稳定性的主要保证，而气体分子部分占据连接孔则是整个水合物中各元素的化学计量关系不恒定的主要原因。同时也存在差别：局部稳定性分析中，得出大孔都是络合孔的结论，而从动力学机理分析，络合孔则未必是大孔。实际上这种差别只体现在小分子气体水合物上。这些气体形成水合物结构Ⅱ，而且在大、小孔中占有率都在 80％以上（按 vdW-P 理论计算的结果），因此按准均匀占据理论，大、小孔都可认为是全满的。确定大孔是络合孔对建立统一的数学模型更方便一些，尤其是处理混合气体问题时，但从物理意义上说，确定小孔是络合孔更符合实际一些。后面将看到，对于纯气体，从两种方式考虑，得出的结论是非常接近的，按小孔为络合孔处理结果略好一些。

3.2.3　基本热力学模型

3.2.3.1　物理假设

vdW-P 理论中，他们运用巨正则系综理论导得最终的热力学模型。作者用较简单的正则系综理论进行推导，在推导数学模型之前，先给出以下物理假设：

① 水分子（主体）对水合物自由能的贡献与孔穴被填充的状况无关，这一假设意味着裹在孔穴中的客体分子不影响孔穴壁上的水分子的运动状态；

② 大孔为络合孔，每个络合孔中含有一个客体分子；连接孔为小孔，每个小孔中最多只能含有一个客体分子，相同的客体分子在每个小孔中出现的几率相同；

③ 客体分子之间不存在相互作用；

④ 不需要考虑量子效应，经典统计可以适用；

⑤ 客体分子的内部运动配分函数与理想气体分子一样；

⑥ 客体分子在孔穴中的位能可用球形引力势来表示，这相当于把孔穴壁上的水分子均匀分散在球形化的孔穴壁上。

除了第 2 条假设外，其余的 4 条假设与 vdW-P 理论基本一致。构造水合物的三种类型的孔中，只有 5^{12} 是球对称的，其余两种孔都不是球对称的，因此第 6 条假设有些勉强。在后面的文章中将会看到，对大孔来说，这条假设是可以去掉的。对基本模型进行修正后，第 3 条假设也去掉了，即考虑了客体之间的相互作用。

3.2.3.2　模型推导

系统的总位能为

$$E = \frac{1}{2}\sum_{i=1}^{n_w}\sum_{i=1}^{n_w}E_{pii} + \sum_{i=1}^{n_w}\sum_{j=1}^{n_g}E_{pij} + \sum_{j=1}^{n_g}\sum_{j=1}^{n_g}E_{pjj} \tag{3-75}$$

式中，n_w 为水分子数；n_g 为客体分子数；E_{pii} 为两个水分子间分子对位能；E_{pij} 为水分子和客体分子间分子对位能；E_{pjj} 为两客体分子间的分子对位能。如果忽略客体分子间的作用力和外层水分子对客体分子的作用，上式可简化为

$$E = \frac{1}{2}\sum_{i=1}^{n_w}\sum_{i=1}^{n_w}E_{pii} + \sum_{i=1}^{z_1}\sum_{k=1}^{n_1}E_{pij} + \sum_{i=1}^{z_2}\sum_{k=1}^{n_2}E_{pik} \tag{3-76}$$

式中，z_1 和 z_2 分别为小孔和大孔壁上的水分子数。如果假定大孔为络合孔，小孔为连接孔，则气体分子在大孔中的占有率为 100%，在每一个小孔中出现一个客体分子的概率相同。这时体系的位形配分函数可写为

$$Q = C_{m_1}^{n_1} \iint \cdots \int \exp(\frac{-E}{kT}) dx_{w_1} dy_{w_1} dz_{w_1} \cdots dx_{w_{n_w}} dy_{w_{n_w}} dz_{w_{n_w}}$$
$$\times dx_{S_1} dy_{S_1} dz_{S_1} \cdots\cdots dx_{S_{n_1}} dy_{S_{n_1}} dz_{S_{n_1}}$$
$$\times dx_{L_1} dy_{L_1} dz_{L_1} \cdots dx_{L_{n_2}} dy_{L_{n_2}} dz_{L_{n_2}}$$

式中，m_1、m_2 分别为小孔和大孔的数目；n_1、n_2 分别为填充在小孔和大孔中客体分子的数目，显然，$n_2 = m_2$。下标 L、S 分别表示大孔和小孔。由于连接水分子的氢键力比其与气体分子间的作用力要大得多，而且水分子基本上固定在晶格格点上，只能作微小振动，因此可假设水分子的运动状态与客体分子无关。对于较大的客体分子，这一假设就不是很合理。这一假设与 vdW-P 理论的第一条假设是一致的。二客体分子之间，如果不考虑相互作用，它们的运动状态也是独立的。实际上客体分子间的相互作用是值得考虑的，这里是推导基本模型，暂时不考虑它们之间的相互作用。有了这些假设为前提，位形配分函数 Q 可分解为以下三项的乘积：

$$Q_w = \iint \cdots \int \exp(\frac{-E_w}{kT}) dx_{w_1} dy_{w_1} dz_{w_1} \cdots dx_{w_{n_w}} dy_{w_{n_w}} dz_{w_{n_w}} \tag{3-77a}$$

$$Q_1 = C_{m_1}^{n_1} \times \iint \cdots \int \exp(\frac{-E_1}{kT}) dx_{S_1} dy_{S_1} dz_{S_1} \cdots dx_{S_{n_1}} dy_{S_{n_1}} dz_{S_{n_1}} = C_{m_1}^{n_1} \times q_1^{n_1} \tag{3-77b}$$

$$Q_2 = \iint \cdots \int \exp(\frac{-E_2}{kT}) dx_{L_1} dy_{L_1} dz_{L_1} \cdots dx_{L_{n_2}} dy_{L_{n_2}} dz_{L_{n_2}} = q_2^{n_2} \tag{3-77c}$$

式中，q_1、q_2 分别为小、大孔中气体分子的分子配分函数。它们的计算方法在 vdW-P 理论中已给出。接正则系综理论，体系的总自由能为

$$A = -kT\ln Q$$
$$= -kT\ln Q_w - kTn_1\ln q_1 - n_2 kT\ln q_2 - kT\ln C_{m_1}^{n_1} \tag{3-78}$$

式中，$-kT\ln Q_w$ 就是 vdW-P 理论中所谓的空水合物的自由能 A^{MT}，因此

$$A = A^{MT} - kTn_1\ln q_1 - n_2 kT\ln q_2 - kT\ln C_{m_1}^{n_1} \tag{3-79}$$

对基础水合物而言，各组成元素之间的化学计量关系是恒定的，它是以下络合反应的生成物：

$$n_w H_2O + \lambda_2 n_w \cdot g = n_w (g\lambda_2 \cdot H_2O)$$
$$\mu_w + \lambda_2 \mu_g = \mu_B \tag{3-80}$$

式中，g 表示气体分子；μ_B 为基础水合物的化学位；μ_w 和 μ_g 分别为水和气体分子的化学位；λ_2 为一个水合物晶格中单位水分子所包络的大孔的个数。气体分子因吸附而占据连接孔（小孔）的过程会降低基础水合物的化学位。气体水合物可视为基础水合物和连接孔中的气体分子形成的混合物，其总体 Helmholtz 自由能由式（3-79）给出，对 n_w 求偏导可得基础水合物的化学位表达式[29,30]：

$$\mu_B = \mu_B^0 + \lambda_1 RT\ln(1-\theta) \tag{3-81}$$

式中，θ 为客体分子在小孔中的占有率；μ_B^0 为小孔全为空时的纯基础水合物的化学位（$\theta = 0$）；λ_1 为一个水合物晶格中单位水分子所包含的小孔的个数。

根据热力学基本方程式，气体分子的化学位可表示为

$$\mu_g = \mu_g^0 (T) + RT\ln f \tag{3-82}$$

式中，$\mu_g^0 (T)$ 为理想气体状态时气体的化学位；f 为气体在非水合物相中的逸度。将式（3-81）和式（3-82）代入式（3-80）得

$$\mu_{\mathrm{B}}^{0}+\lambda_{1}RT\ln(1-\theta)=\mu_{\mathrm{w}}+\lambda_{2}\left[\mu_{\mathrm{g}}^{0}(T)+RT\ln f\right] \tag{3-83}$$

定义

$$f^{0}=\exp\left[\frac{\mu_{\mathrm{B}}^{0}-\mu_{\mathrm{w}}-\lambda_{2}\mu_{\mathrm{g}}^{0}(T)}{\lambda_{2}RT}\right] \tag{3-84}$$

于是式 (3-83) 可改写为

$$f=f^{0}(1-\theta)^{\alpha} \tag{3-85}$$

式中，指数 $\alpha=\lambda_{1}/\lambda_{2}$，仅与水合物类型有关。

从式 (3-84) 可以看出，f^{0} 应该是温度、压力、水的活度 (a_{w}) 及水合物结构的函数。由热力学函数关系式，式 (3-84) 中的 ($\mu_{\mathrm{B}}^{0}-\mu_{\mathrm{w}}$) 可由以下关系式推得

$$\mu_{\mathrm{B}}^{0}=A_{\mathrm{B}}^{0}+pV_{\mathrm{B}}^{0} \tag{3-86}$$

$$\mu_{\mathrm{w}}=A_{\mathrm{w}}+pV_{\mathrm{w}}+RT\ln a_{\mathrm{w}} \tag{3-87}$$

$$\mu_{\mathrm{B}}^{0}-\mu_{\mathrm{w}}=\Delta A+p\Delta V^{0}-RT\ln a_{\mathrm{w}} \tag{3-88}$$

式中，A 表示摩尔 Helmhotlz 自由能，主要与体系的温度有关；摩尔体积变化 ΔV^{0} 可近似视为常量。于是，式 (3-84) 可表示为以下三个量的乘积，分别代表 T、p 和 a_{w} 的贡献

$$f^{0}=f^{0}(T)f^{0}(p)f^{0}(a_{\mathrm{w}}) \tag{3-89}$$

其中

$$f^{0}(p)=\exp\left(\frac{p\Delta V^{0}}{\lambda_{2}RT}\right) \tag{3-90}$$

$$f(a_{\mathrm{w}})=a_{\mathrm{w}}^{-1/\lambda_{2}}=(f_{\mathrm{w}}/f_{\mathrm{w}}^{0})^{-1/\lambda_{2}} \tag{3-91}$$

式 (3-90) 中 ΔV^{0} 和 λ_{2} 都是只与水合物结构有关的常数，因此可以由一个变量 β 表示

$$f^{0}(p)=\exp\left(\frac{\beta p}{T}\right) \tag{3-92}$$

水合物结构参数列于表 3-17。

表 3-17　模型中的水合物结构参数

结构	α	β/(K/MPa)	λ_{1}	λ_{2}
I	1/3	4.242	1/23	3/23
II	2	10.224	2/17	1/17

$f^{0}(T)$ 为温度的函数，其具体形式随客体分子的特征而定，作者按 Antoine 公式形式对其进行关联如下：

$$f^{0}(T)=a\exp\left(\frac{b}{T-c}\right) \tag{3-93}$$

各种气体生成水合物时的 Antoine 常数列于表 3-18 和表 3-19 中。这些常数只能用来计算由液态水溶液形成的水合物。由固态冰形成的水合物，由下式进行校正：

$$f^{0}(T)=\exp\left(\frac{D(T-273.15)}{T}\right)a\exp\left(\frac{b}{T-c}\right) \tag{3-94}$$

式中，D 为常数，对于 I 型水合物，$D=-22.5$；对于 II 型水合物，$D=-49.5$。

引入 $f^{0}(T)$ 具有重要的理论意义，因为它修正了本理论建立开始时的物理假设①、⑥。由于络合孔都不是球对称孔，因此球形引力势的假设⑥是不合适的，而这里 $f^{0}(T)$ 的计算则不限于这个假设；对于分子尺寸和孔的尺寸相近的客体，水分子的运动状态与客体分子的运动状态是不独立的，因此有关水的自由能贡献与客体性质及填充状况无关的假设①对基础水合物来说是不妥当的，而 $f^{0}(T)$ 反映的是客体分子和水分子运动状态的总效果，因

而也不限于该假设。

基于 Langmuir 吸附理论，式（3-81）中客体分子在小孔中占有率 θ 可由下式计算：

$$\theta = \frac{Cf}{1+Cf} \tag{3-95}$$

式中，f 表示客体分子的逸度；C 为 Langmuir 常数。前已述及，C 反映了孔穴水分子对客体分子吸引程度的大小，仅是温度的函数。为便于工程计算，Langmuir 常数 C 常被关联为温度的函数关系式。本书中 C 仍采用 Antoine 公式形式进行关联

$$C = X \exp\left(\frac{Y}{T-Z}\right) \tag{3-96}$$

式中的常数 X、Y 和 Z 由 Lenard-Jones 势能模型拟合得到，并列于表 3-20，这些常数对Ⅰ、Ⅱ型水合物，在冰点上、下均适用。严格地说，Ⅰ型水合物和Ⅱ型水合物的小孔略有差别，但作为一种模型化的处理，这种差别是可以忽略的，还可给使用者带来方便。

表 3-18　各种气体生成Ⅰ类基础水合物时 Antoine 常数

气体	$a \times 10^{-9}$/MPa	b/K	c/K
Ar	58.705*	−5393.68*	28.81*
Kr	38.719*	−5682.08*	34.70*
N_2	97.939*	−5286.59*	31.65*
O_2	62.498*	−5353.95*	25.93*
CO_2	963.72	−6444.50	36.67
H_2S	4434.2	−7540.62	31.88
CH_4	1584.4	−6591.43	27.04
C_2H_4	48.418	−5597.59	53.80
C_2H_6	47.500	−5465.60	57.93
C_3H_6	0.9496	−3732.47	113.6
C_3H_8	100.00*	−5400*	55.50*
$i\text{-}C_4H_{10}$	1.00	0.00	0.00
$n\text{-}C_4H_{10}$	1.00	0.00	0.00

注：* 由二元水合物数据拟合得到。

表 3-19　各种气体生成Ⅱ类基础水合物时的 Antoine 常数

气体	$a \times 10^{-22}$/MPa	b/K	c/K
Ar	7.3677	−12889	−2.61
Kr	3.1982	−12893	4.11
N_2	6.8165	−12770	−1.10
O_2	4.3195	−12505	−0.35
CO_2	3.4474*	−12570*	6.79*
H_2S	3.2794*	−13523*	6.70*
CH_4	5.2602*	−12955*	4.08*
C_2H_4	0.0377*	−13841*	0.69*
C_2H_6	0.0399*	−11491*	30.4*
C_3H_6	2.3854	−13968	8.78
C_3H_8	4.1023	−13106	30.2
$i\text{-}C_4H_{10}$	3.5907*	−12312*	39.0*
$n\text{-}C_4H_{10}$	4.5138	−12850	37.0

表 3-20　计算 C 的 Antoine 常数

气体	$X\times10^5/MPa^{-1}$	Y/K	Z/K
Ar	5.6026	2657.94	-3.42
Kr	4.5684	3016.70	6.24
N_2	4.3151	2472.37	0.64
O_2	9.4987	2452.29	1.03
CO_2	1.6464	2799.66	15.9
H_2S	4.0596	3156.52	27.12
CH_4	2.3048	2752.29	23.01

有了以上常数 a、b、c 和 X、Y、Z 的值，就可以计算水合物的生成条件了。表 3-21 给出了各种单气体水合物的计算结果。从表中可看出，作者给出的理论在计算纯气体水合物的生成压力方面是完全可行的。

表 3-21　单气体水合物生成压力的计算结果

客体	结构	T/K	N_p	AADP/%[①]
Ar	II	273.20~292.50	11	2.38
Kr	II	273.20~283.20	2	1.32
N_2	II	273.15~299.70	29	2.96
O_2	II	273.15~291.15	27	3.30
CO_2	I	275.15~283.15	22	0.50
H_2S	I	273.15~302.65	15	2.05
CH_4	I	273.15~303.80	22	2.79
C_2H_6	I	273.15~286.50	13	1.33
C_2H_4	I	273.15~298.35	27	2.50
c-C_3H_6	I	273.15~280.17	17	2.40
C_3H_8	II	273.15~278.00	11	1.29
i-C_4H_{10}	II	273.20~275.20	12	2.33

① $AADP(\%)=\dfrac{1}{N_p}\sum_i^N|(P_{cal}-P_{exp})/P_{exp}|\times100$

3.2.4　多元气体水合物生成条件的预测

以上所述的工作主要是基于纯气体水合物进行的，下面在此基础上建立多元气体水合物的预测模型。

3.2.4.1　基本方程

在计算气体混合物水合物生成条件时，可将多元气体水合物视为由多个基础水合物组分形成的固体溶液。因为相同结构类型不同组分的基础水合物的摩尔体积非常接近，所以由不同客体分子生成的基础水合物固体溶液的过剩体积和过剩熵接近于零。因此可将基础水合物混合物视为正规溶液。若不同客体分子间的交互作用可以忽略，则基础水合物混合物可简化为理想溶液，气-水合物相的平衡条件可表示为

$$f_i=x_if_i^0(1-\sum_j\theta_j)^\alpha \tag{3-97}$$

$$\theta_j=\frac{C_jf_j}{1+\sum_kC_kf_k} \tag{3-98}$$

式中，f_i 表示气体组分 i 的逸度，可由状态方程计算；θ_j 为组分 j 在小孔中的占有率；C_j 为组分 j 的 Langmuir 常数，可由式（3-96）计算；x_i 为基础水合物组分 i 的摩尔分数，应

满足如下归一化条件

$$\sum_i x_i = 1.0 \tag{3-99}$$

每个组分的 f_i^0 仍可由式（3-89）计算，即

$$f_i^0 = a_i \exp\left(\frac{b_i}{T-c_i}\right) \cdot \exp\left(\frac{\beta P}{T}\right) \cdot a_w^{1/\lambda_2} \tag{3-100}$$

与纯气体水合物类似，由固态冰形成的水合物，由下式进行校正：

$$f_i^0 = \exp\left(\frac{D(T-273.15)}{T}\right) \cdot a_i \exp\left(\frac{b_i}{T-c_i}\right) \cdot \exp\left(\frac{\beta P}{T}\right) \cdot a_w^{1/\lambda_2} \tag{3-101}$$

若需考虑大孔和小孔中客体分子之间的交互作用时，式（3-100）应做如下修正：

$$f_i^0 = \exp\left(\frac{-\sum_j A_{ij}\theta_j}{T}\right) \cdot a_i \exp\left(\frac{b_i}{T-c_i}\right) \cdot \exp\left(\frac{\beta P}{T}\right) \cdot a_w^{1/\lambda_2} \tag{3-102}$$

式中，A_{ij} 为客体组分 i 和 j 之间的二元交互作用参数（$A_{ij}=A_{ji}$，$A_{ii}=A_{jj}=0$）。小分子之间的交互作用可以忽略。A_{ij} 的值列于表 3-22[30]。

表 3-22 交互作用参数 A_{ij}

组分	C_2H_6	C_3H_8	$i\text{-}C_4H_{10}$	$n\text{-}C_4H_{10}$	C_4H_{10}①
CH_4	154	292	530	100	0
N_2	50	155	297	67	0
CO_2	165	352	560	100	0
H_2S	450	790	1500	879	0

① 当 C_4 没有明确正丁烷和异丁烷的组成，而是以其总组成出现时，分子位能参数以异丁烷计，A_{ij} 取为零。

3.2.4.2 多元气体水合物生成条件预测的一般原则

多元气体水合物的计算，需要考虑的基本问题之一是水合物结构随组成的变化。从式（3-97）可看出，由于小分子气体吸附在小孔中，起到了降低大分子气体的生成压力的作用，尤其是Ⅱ型水合物，影响更为明显。例如 CH_4-C_3H_8 体系，当甲烷在小孔中的占有率为 $\theta=0.8$ 时，丙烷生成Ⅱ型水合物的压力降到纯态时的 0.04 倍。由于丙烷纯态时的生成压力也较甲烷低得多，因而在混合气中丙烷只需要较小的分压力，即可形成Ⅱ型水合物，这就是为什么少量的丙烷气混入甲烷中即生成Ⅱ型水合物而不生成Ⅰ型水合物的原因。

在计算多元气体水合物的生成压力时，下列原则是可以遵循的：

① 大分子（分子尺寸大于乙烷分子，如丙烷、正丁烷、异丁烷等）只能生成Ⅱ型水合物。当混合气形成Ⅰ型水合物时，它们可视为惰性气体，不参与水合物的生成。

② 当混合气中不含可形成水合物结构Ⅱ的组分时，只需按形成水合物结构Ⅰ进行计算。

③ 当混合气中同时存在可形成水合物结构Ⅰ和水合物结构Ⅱ的组分时，则需按形成水合物结构Ⅰ和水合物结构Ⅱ两种方案进行计算，最后选较低的压力作为该混合气生成水合物时的最低压力。

④ 对于天然气，由于大分子常常占有足够大的摩尔分数，生成Ⅰ型水合物的可能性很小，按它们形成水合物结构Ⅱ进行计算，结果是可靠的（作者考查的几十个天然气样，它们都形成水合物结构Ⅱ），除非体系中乙烷气的含量特别高（30%以上）才需要考虑形成水合物结构Ⅰ的可能。

3.2.4.3 计算结果

表 3-23 为二元及三元气体水合物生成压力的预测结果，总的结果还是比较理想的。作

者对天然气水合物的生成条件进行了较多的考查，表 3-24 为生成温度的预测结果与 Barkan[19] 于 1993 年报道的结果的比较。可以看出，作者的预测结果明显优于 Barkan 的结果。Barkan 的结果是完全采用 vdW-P 理论，用二元及多元气体水合物的生成条件数据拟合三参数的 Kihara 位能模型参数，再用它们预测多元气体水合物及天然气水合物的生成条件。因此这一比较也可视为 vdW-P 模型和 Chen-Guo 模型的比较。表 3-25 为全部天然气水合物生成条件预测结果总表，从表中可看出压力误差超出 6% 的不多，而 vdW-P 理论预测天然气水合物的生成压力时，经常在 15% 以上。可以认为 Chen-Guo 模型在预测天然气水合物的生成条件方面结果相当理想，相比 vdW-P 理论有很大改善。

表 3-23　混合气体水合物生成条件的预测结果[①]

气体	$\Delta T/K$	$\Delta p/\text{bar}$[②]	N_p	AADP/%
$Ar+N_2$	$275\sim290$	$144\sim631$	7	5.5
$Ar+CH_4$	$273\sim299$	$31\sim1137$	28	3.5
$Kr+CH_4$	$273\sim283$	$18\sim40$	4	4.8
$N_2+C_3H_8$	$274\sim287$	$2.5\sim180$	28	3.7
$CH_4+C_2H_6$	$273\sim289$	$7.3\sim136$	42	4.6
$CH_4+C_3H_8$	$274\sim304$	$2.6\sim689$	28	4.5
$CH_4+i\text{-}C_4H_{10}$	$274\sim293$	$1.6\sim100$	45	3.8
$CH_4\text{-}n\text{-}C_4H_{10}$	$273\sim301$	$3.4\sim684$	81	6.5
$C_2H_4+C_2H_6$	273.85	$5.8\sim9.2$	10	6.5
$C_2H_6+C_3H_8$	$273\sim281$	$4.4\sim20$	58	4.8
$C_3H_8+CO_2$	$273\sim285$	$3.0\sim42$	33	6.7
$CH_4+C_2H_6+C_3H_8$	$276\sim300$	$12\sim544$	14	3.8

① 数据来源：参考文献[18]。

② 1bar=10⁵Pa，下同。

表 3-24　天然气水合物的预测结果与 **Barkan** (1993) 预测结果的比较

气体	数据来源	$\Delta T/K$	AADP/%	AADT[①]/%
$C_1+C_2+C_3+n\text{-}C_4+C_5$	文献[31]	$277\sim297$	0.09	0.48
$C_1+C_2+C_3+iso\text{-}C_4+n\text{-}C_4+N_2$	文献[31]	$279\sim298$	0.11	0.45
$C_1+C_2+C_3+CO_2+N_2$	文献[31]	$278\sim297$	0.19	0.31
$C_1+C_2+C_3+C_4+CO_2+N_2$	文献[32]	$274\sim282$	0.16	0.32
$C_1+C_2+C_3+C_4+CO_2+H_2S$	文献[33]	$285\sim297$	0.19	0.58
$C_1+C_2+C_3+iso\text{-}C_4$	文献[26]	$294\sim303$	0.03	0.50
$C_1+C_2+C_3+n\text{-}C_4+n\text{-}C_5+CO_2+N_2$	文献[34]	$279\sim293$	0.09	0.11

① 为 E. S. Barkan 等 (1993) 的预测结果。

表 3-25　天然气水合物生成条件的预测结果总表

气体	数据来源	$\Delta T/K$	$\Delta p/\text{bar}$	N_p	AADP/%	AADT/%
1	文献[31]	$277\sim297$	$12.07\sim265.5$	12	3.85	0.09
2	文献[31]	$279\sim298$	$12.5\sim273.2$	9	5.92	0.11
3	文献[31]	$278\sim297$	$16.0\sim275.0$	16	2.87	0.06
4	文献[32]	$274\sim294$	$6.2\sim85.4$	9	5.89	0.15
5	文献[32]	$273\sim286$	$6.0\sim28.6$	9	3.77	0.1
6	文献[32]	$273\sim283$	$7.2\sim22.1$	8	4.56	0.13
7	文献[32]	$273\sim282$	$7.5\sim21.0$	6	5.34	0.16
8	文献[32]	$275\sim289$	$9.4\sim52.5$	4	5.65	0.13
9	文献[32]	$273\sim292$	$7.6\sim93.9$	8	6.43	0.15
10	文献[32]	$273\sim291$	$7.5\sim77.3$	6	5.44	0.15
11	文献[32]	$274\sim282$	$7.5\sim21.3$	5	2.32	0.06

气体	数据来源	$\Delta T/K$	$\Delta p/\text{bar}$	N_p	AADP/%	AADT/%
12	文献[32]	273~280	7.9~18.1	4	1.34	0.04
13	文献[32]	273~291	8.8~83.8	23	4.25	0.12
14	文献[32]	274~286	10.7~45.9	6	2.72	0.08
15	文献[26]	293~303	135.5~628.5	7	1.59	0.03
16	文献[34]	277~295	14.7~196.7	7	8.7	0.22
17	文献[34]	279~292	18.6~136.5	5	3.86	0.09
18	文献[33]	285~296	14.7~55.2	4	9.71	0.21
19	文献[35]	273~282	7.5~21.0	4	8.5	0.48
20	文献[36]	281~291	17.6~58.3	5	15.4	0.38
21	文献[37]	275~282	17.2~52.4	4	9.8	0.35
22	文献[5]	288.8	42.34	1	2.6	0.06
23	文献[5]	289.9	42.34	1	2.13	0.05
24	文献[5]	289.9	42.34	1	11	0.13

3.2.5 H型水合物的热力学模型

3.2.5.1 只含有一个 H 型水合物生成物的体系

如前所述，H 型水合物与其他两种类型水合物相比，有其特殊的地方：它有三种类型的孔，即：小孔（5^{12}），中孔（$4^3 5^6 6^3$）和大孔（$5^{12} 6^8$）；分子较大的纯物质不能生成水合物，它必须和其他小分子组分共同生成 H 型水合物，这些小分子称为辅助气体，如甲烷和氮气都是常见的辅助气体。

基于两步水合物生成机理，提出了 H 型水合物的热力学模型[38]，H 型水合物的生成过程应包括以下两个步骤。

第一步，通过水与大分子间的准化学反应，生成基础水合物。在此假设辅助气体分子不生成基础水合物。这一过程可由如下似化学反应方程式表示：

$$H_2O + \lambda_3 M = M_{\lambda_3} \cdot H_2O \tag{3-103}$$

式中，M 表示 H 型水合物生成物；λ_3 为一个基础水合物晶格中络合孔数（大孔）与水分子数的比值，其值为常数，是水合物的结构参数，参见表 2-2。基础水合物中的连接孔（中孔和小孔）此时未被占据。

第二步，辅助气体的小分子被吸附进连接孔内，从而生成稳定的 H 型水合物。

基于以上机理，对于 H 型水合物 Chen-Guo 模型可表示为

$$f_M = f_M^0 (1-\theta_1)^3 (1-\theta_2)^2 \tag{3-104}$$

$$f_M^0 = f(T) f(p) f(a_w) \tag{3-105}$$

$$f(T) = a \exp\left(\frac{b}{T-c}\right) \tag{3-105a}$$

$$f(p) = \exp\left(\frac{\beta p}{T}\right) \tag{3-105b}$$

$$f(a_w) = a_w^{-1/\lambda_3} = a_w^{-34} \tag{3-105c}$$

式中，f_M 为气相或液相中 H 型水合物生成物 M 的逸度；β 为常数，对于 H 型水合物，$\beta = 22.288\text{K/MPa}$；$\theta_1$ 和 θ_2 分别为辅助气体在小孔和中孔中的占有率，可由下式计算：

$$\theta_i = \frac{\sum_j C_{ji} f_j}{1 + \sum_j C_{ji} f_j} \qquad i = 1,2 \qquad (3\text{-}106)$$

式中，f_j 为辅助气体组分 j 的逸度；C_{ji} 为辅助气体组分 j 在 i 型连接孔中的 Langmuir 常数，其表达式关联为如下的 Antoine 型方程：

$$C_{ji} = X_{ji} \exp\left(\frac{Y_{ji}}{T - Z_{ji}}\right) \qquad i = 1,2 \qquad (3\text{-}107)$$

一些常见的 H 型水合物生成物及辅助气体的模型参数列于表 3-26 和表 3-27。

表 3-26　式（3-105a）中的参数值

H 型水合物生成物	英文名称	a/bar	b/K	c/K
2-甲基丁烷	2-methylbutane	2.680×10^{-80}	-123997.04	924.63
2,2-二甲基丁烷	2,2-dimethylbutane	7.059×10^{70}	-79297.09	-225.84
2,3-二甲基丁烷	2,3-dimethylbutane	9.105×10^{70}	-75588.18	-203.37
2,2,3-三甲基丁烷	2,2,3-trimethylbutane	1.697×10^{74}	-96183.95	-299.47
2,2-二甲基戊烷	2,2-dimethylpentane	2.913×10^{47}	-44982.83	-161.61
3,3-二甲基戊烷	3,3-dimethylpentane	2.335×10^{14}	-2305.14	195.57
甲基环戊烷	methylcyclopentane	1.516×10^{17}	-3235.73	182.36
乙基环戊烷	ethylcyclopentane	9.947×10^{44}	-29122.05	-15.96
甲基环己烷	methylcyclohexane	8.601×10^{17}	-3901.40	173.19
顺-1,2-二甲基环己烷	cis-1,2-dimethylcyclohexane	2.692×10^{77}	-92097.15	-248.22
1,1-二甲基环己烷	1,1-dimethylcyclohexane	2.222×10^{17}	-3750.14	178.92
环庚烷	cycloheptane	1.783×10^{-12}	-3257.38	386.06
环辛烷	cyclooctane	2.316×10^{-8}	-1623.88	358.06
金刚烷	adamantane	1.813×10^{13}	-3208.77	170.84
2,3-二甲基-1-丁烯	2,3-dimethyl-1-butene	4.431×10^{35}	-17777.20	40.31
3,3-二甲基-1-丁烯	3,3-dimethyl-1-butene	3.211×10^{-64}	-75621.15	771.72
环庚烯	cycloheptene	3.783×10^{46}	-43255.07	-141.72
顺-环辛烯	cis-cyclooctene	1.464×10^{11}	-1586.60	209.92
3,3-二甲基-1-丁炔	3,3-dimethyl-1-butyne	2.032×10^{-67}	-87355.02	817.83
1,3-二甲基环己烷	1,3-dimethylcyclohexane	4.677×10^{36}	-21792.05	2.3779

表 3-27　式（3-107）中计算 Langmuir 常数的参数值

辅助气体	小孔（5^{12}）			中孔（$4^3 5^6 6^3$）		
	$X_1 \times 10^6$/bar^{-1}	Y_1/K	Z_1/K	$X_2 \times 10^6$/bar	Y_2/K	Z_2/K
CH_4	2.3048	2752.29	23.01	14.33	2625.04	19.93
N_2	4.3151	2472.37	0.64	12.57	2335.14	0.64

3.2.5.2　含有多个 H 型水合物生成物的体系

与 I 型和 II 型水合物类似，混合的 H 型水合物可认为是理想固体混合物。

$$f_{M_k} = x_k f^0_{M_k} (1 - \theta_1)^3 (1 - \theta_2)^2 \qquad (3\text{-}108)$$

$$\sum_k x_k = 1.0 \qquad (3\text{-}109)$$

式中，f_{M_k} 为 H 型水合物生成物 k 的逸度；x_k 为基础 H 型水合物固体混合物中组分 k 的摩尔分数；$f^0_{M_k}$ 由式（3-105）计算；连接孔中的占有率 θ_1 和 θ_2 由式（3-106）计算。

3.2.5.3　计算结果

文献中报道的数据大多为单一 H 型水合物生成物的实验数据，且甲烷是唯一的辅助组分。作者采用这些数据拟合回归了式（3-105a）中的参数 a、b 和 c。计算结果如表 3-28 所示。

此外，采用所提出的模型对含有氮气及（甲烷+氮气）两种辅助组分的体系进行了预测计算，其结果见图 3-2 和图 3-3。图 3-2 中的甲基环己烷+N_2+CH_4+H_2O 体系，其组成为：16.05% CH_4，23.17% N_2，3.79%甲基环己烷，56.99% H_2O。图 3-3 中的甲基环戊烷+N_2+CH_4+H_2O 体系，其组成为：9.65% CH_4，12.38% N_2，7.21%甲基环戊烷，70.76% H_2O。由表和图可以看出，Chen-Guo 模型对于 H 型水合物生成条件的计算结果与实验数据符合较好。

表 3-28 单一大客体 H 型水合物生成物+CH_4 体系的生成压力计算结果

sH 型水合物生成物	ΔT/K	Δp/MPa	N_p	AADP/%	数据来源
2-甲基丁烷	274.4~278.95	2.24~4.12	5	1.57	[39]
2,2-二甲基丁烷	276.0~282.1	1.60~3.34	4	1.15	[39]
2,3-二甲基丁烷	275.9~286.4	2.08~8.19	6	1.28	[40,41]
2,2,3-三甲基丁烷	275.6~289.4	1.47~7.55	6	2.04	[40,41]
2,2-二甲基戊烷	275.9~282.8	3.29~6.69	7	0.74	[41]
3,3-二甲基戊烷	274.8~286.4	1.73~7.28	7	1.09	[40,41]
甲基环戊烷	276.5~287.0	2.20~8.62	14	1.59	[40,42]
乙基环戊烷	280.2~287.4	3.59~9.13	6	0.85	[40]
甲基环己烷	275.5~290.3	1.59~10.5	15	2.38	[40,41,43]
顺-1,2-二甲基环己烷	275.8~290.0	1.87~11.3	10	1.79	[40,41]
1,1-二甲基环己烷	280.2~293.2	2.0~11.5	11	2.32	[40]
环庚烷	281.4~288.2	3.39~7.79	5	0.39	[40]
环辛烷	282.4~290.4	4.21~11.6	7	1.34	[40]
金刚烷	275.1~280.2	1.78~3.00	8	0.31	[44,45]
2,3-二甲基-1-丁烯	275.7~280.8	2.53~4.80	4	0.29	[41]
3,3-二甲基-1-丁烯	276.2~281.4	2.01~3.87	4	0.74	[41]
环庚烯	275.1~280.9	2.10~3.80	5	1.70	[41]
顺-环辛烯	276.9~281.3	2.08~3.56	4	0.57	[41]
3,3-二甲基-1-丁烯	275.8~279.6	2.85~4.57	5	0.51	[20]
1,3-二甲基环己烷	276.0~282.5	3.07~6.36	10	1.18	[46]
总计				1.32	

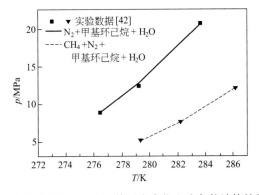

图 3-2 甲基环己烷+N_2/（N_2+CH_4）体系水合物生成条件计算结果与实验值的比较

3.2.6 小结

作者的工作大大地简化了水合物的计算程序，使水合物热力学计算所需输入的参数大为

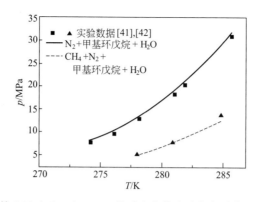

图 3-3 甲基环戊烷＋N_2／（N_2＋CH_4）体系水合物生成条件计算结果与实验值的比较

减少，特别是那些因报道不一致容易引起混乱的参数，不再需要直接输入，所输参数都是以气体特性特征化了的参数。水合物的热力学计算和一般的溶液热力学计算统一起来，为实际应用带来了很大的方便。经大量实验数据检验可知，Chen-Guo 模型计算稳定性好，计算精度可以满足工程应用。

3.3 多元-多相复杂体系中水合物热力学生成条件

水合物生成条件的计算包括两类：①给定温度，计算水合物的生成压力；②给定压力，计算水合物的生成温度。无论进行何类计算，其计算方法和步骤是一样的，因此本书以指定温度求压力为例进行论述。

3.3.1 不含抑制剂的体系

3.3.1.1 van der Waals-Platteeuw 模型

计算步骤如下：

① 输入温度 T 及气体混合物的干基组成 z_i，输入压力的初值 p_0；

② 在温度 T 下计算每个组分在各类型孔中的 Langmuir 常数 $C_{ij}(T)$。计算 Langmuir 常数时，可以由式（3-36）通过数值积分得到，也可由关联式（3-53）或式（3-59）直接计算得到；

③ 在 T 和 p 下，进行气-液-液三相闪蒸计算（若忽略微量水的影响，可以只进行气-液两相闪蒸计算），得到气相的组成 y_i 及组分的逸度 f_i；

④ 由式（3-28a）计算组分 j 在 i 型孔穴中的填充率 θ_{ji}；

⑤ 由式（3-31a）计算水在水合物相中的化学位 $\Delta\mu_w^H$；

⑥ 确定水的活度 a_w。因为水中不含抑制剂，且忽略气体在水中的溶解度，所以此时 $a_w=1$；

⑦ 由式（3-41）～式（3-44）或式（3-45）～式（3-46）计算水在水相或冰相中的化学位 $\Delta\mu_w^L$ 或 $\Delta\mu_w^{ice}$；

⑧ 判断 $\Delta\mu_w^H$ 与 $\Delta\mu_w^L$ 或 $\Delta\mu_w^{ice}$ 是否相等；

⑨ 如果相等，结束计算，得到水合物的生成压力 p；如果不相等，调整压力 p 的值，重复步骤③～⑧，直到满足精度要求为止。

计算框图如图 3-4 所示。

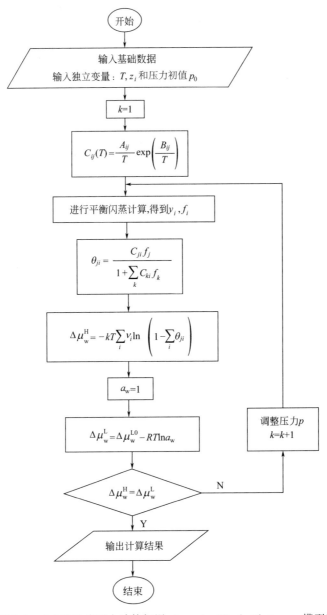

图 3-4　水合物生成压力计算框图 (van der Waals-Platteeuw 模型)

3.3.1.2　Chen-Guo 模型

计算步骤如下:

① 输入温度 T 及气体混合物的干基组成 z_i, 输入压力的初值 p_0;

② 在 T 和 p 下, 进行气-液-液三相闪蒸计算 (若忽略微量水的影响, 可以只进行气-液两相闪蒸计算), 得到气相的组成 y_i 及组分的逸度 f_i;

③ 由式 (3-100) 或式 (3-101) 计算 f_i^0, 因为水中不含抑制剂, 且忽略气体在水中的溶解度, 所以此时 $a_w=1$;

④ 由式 (3-96) 计算 Langmuir 常数 C_i, 由式 (3-98) 计算气体组分占据连接孔的分

率 θ_i；

⑤ 由下式计算每个基础水合物组分的摩尔分数 x_i

$$x_i = f_i / \left[f_i^0 (1 - \sum_j \theta_j)^\alpha \right]$$

⑥ 判断 $\left| \sum_i x_i - 1 \right| \leqslant \varepsilon$ 是否满足精度要求，如不满足则调整压力的值（可用正割法实现），重复步骤②~⑤，直到满足精度要求为止。

计算框图如图 3-5 所示。

3.3.2　含极性抑制剂的体系

为防止天然气等气体混合物在开采和输送过程中生成水合物，通常采用注入抑制剂的方法。目前普遍采用在生产设备及运输管线中注入甲醇或乙二醇等极性抑制剂来改变水合物的生成条件，从而达到防止设备或管线堵塞的目的。

计算含极性抑制剂体系水合物生成条件时，仍可应用图 3-4 或图 3-5 所示的框图进行计算，所不同的是此时水的活度不再是 1，而由下式计算

$$a_w = f_w / f_w^0 \tag{3-110}$$

因此关键的问题是能精确计算水的活度 a_w。

对于含醇体系，可采用活度系数方程或状态方程计算水的活度。用于预测水合物生成条件的活度系数模型有 Margules 方程、Wilson 方程[47]、基团贡献法[48]和 UNIQUAC 法[49]。目前状态方程法用于极性体系计算的研究也越来越多。

3.3.2.1　基于随机-非随机理论的 PR 方程修正

杜亚和等针对加入甲醇的天然气体系，建立了基于 PR 状态方程[50]和随机-非随机理论的相平衡模型，与其改进的 Holder-John 水合物模型相结合，预测了注甲醇体系水合物的生成条件[51]。

为改进原 PR 方程对极性组分饱和蒸气压的拟合，对方程的参数 $\alpha(T_r)$ 做了修改，选用 Mathias[52]建议的形式

$$\alpha(T_r)^{0.5} = 1 + m(1 + T_r^{0.5}) + p(1 - T_r)(q - T_r) \tag{3-111}$$

式中，等号右边前两项为原 PR 状态方程中的 $\alpha(T_r)$ 表达式；第三项则表示对极性组分的校正；参数 m 仍按原方程中的表达式计算；参数 p 和 q 由极性组分的饱和蒸气压数据回归得到，对非极性组分 $p = q = 0$。水和甲醇的 p、q 值列于表 3-29。

表 3-29　式（3-111）中参数 p 和 q 的值

组分	温度/K	p	q
水	248.2~273.2	0.1015	0.553
	273.2~647.3	0.0626	0.713
甲醇	230.0~511.0	0.1380	0.725

为改善二次混合规则对甲醇-水-天然气体系的不适用性，Du 和 Guo 将 Mollerup[53,54]的随机-非随机（RNR）理论应用于 PR 方程，对混合物的引力项做了修正，其表达式为

$$p = \frac{RT}{V - b} - \frac{a - a^*}{V^2 + 2bV - b^2} \tag{3-112}$$

式中修正引力项中的 a^* 由下式表示：

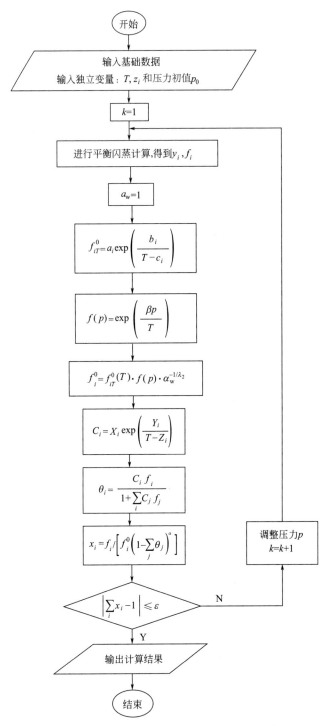

图 3-5　水合物生成压力计算框图（Chen-Guo 模型）

$$a^* = \sum_i x_i \frac{\sum_j x_j a_{ji} k'_{ji} E_{ji}}{\sum_j x_j E_{ji}} \tag{3-113}$$

$$E_{ji} = \exp\left(a_{ji} k'_{ji} f/T\right) \tag{3-114}$$

$$f=\frac{1}{2\sqrt{2}Rb}\ln\frac{V+b\left(1+\sqrt{2}\right)}{V+b\left(1-\sqrt{2}\right)} \tag{3-115}$$

$$a=\sum_i\sum_j x_i x_j a_{ji}\left(1-k_{ji}\right) \tag{3-116}$$

$$b=\sum_i\sum_j x_i x_j b_{ji}\left(1-l_{ji}\right) \tag{3-117}$$

$$a_{ji}=\sqrt{a_j a_i} \tag{3-118}$$

$$b_{ji}=\left(b_j+b_i\right)/2 \tag{3-119}$$

由此导出的组分 i 的逸度系数表达式为

$$\ln\phi_i=-\ln\frac{p(V-b)}{RT}+\frac{b_i'}{V-b}-\frac{f_i'}{T}+\frac{f}{T}(a-a_i')-\ln\sum_j x_j E_{ji}$$

$$+1-\sum_j x_j\frac{E_{ji}-a_{ji}k_{ji}'f_i'\sum_k x_k E_{ki}/T}{\sum_k x_k E_{ki}} \tag{3-120}$$

$$a_i'=2\sum_j x_j a_{ji}\left(1-k_{ji}\right) \tag{3-121}$$

$$b_i'=2\sum_j x_j b_{ji}\left(1-l_{ji}\right)-b \tag{3-122}$$

$$f'=\frac{1}{2\sqrt{2}Rb}\left(1-\frac{b_i'}{b}\right)\ln\frac{V+b\left(1+\sqrt{2}\right)}{V+b\left(1-\sqrt{2}\right)}+\frac{b_i'V}{Rb\left(V^2+2bV-b^2\right)} \tag{3-123}$$

由以上各式可见，此模型有 3 个二元交互作用参数，即 k_{ij}、l_{ij} 和 k_{ij}'。对非极性二元对 l_{ij} 和 k_{ij}' 均取为零，k_{ij} 直接采用 Knapp 等[55]给出的回归值。二元交互作用参数值如表 3-30 和表 3-31 所示。

表 3-30　甲醇-水的二元交互作用参数值

温度区间/K	k_{ij}	l_{ij}	k_{ij}'
248.2~273.2	−0.0975	0.0310	0.0137
>273.2	0.5000	0.1280	0.0077

表 3-31　气体-甲醇和气体-水的二元交互作用参数值

组分	k_{ij}		l_{ij}		k_{ij}'	
	CH_4O	H_2O	CH_4O	H_2O	CH_4O	H_2O
N_2	−0.0512	0.1525	0.1617	0.0195	0.5095	−0.4369
CO_2	0.0474	0.4062	0.0293	0.0611	0.0224	−0.2396
H_2S	−0.0233	0.2734	0.0515	−0.0060	0.1851	−0.1797
CH_4	−0.7081	0.7702	−0.1424	0.1663	0.5048	−0.3394
C_2H_6	−0.1900	0.4148	0.0190	0.0390	0.4267	−0.2320
C_3H_8	−0.0675	0.3750	0.0737	0.1359	0.2416	−0.1608
$i\text{-}C_4H_{10}$	−0.5600	0.6860	−0.0070	0.3820	0.3260	−0.1353
$n\text{-}C_4H_{10}$	−0.5600	0.5354	−0.0070	0.2866	0.3260	−0.1319
$i\text{-}C_5H_{12}$	−0.1094	0.5000	−0.0070	0.3000	0.1590	−0.1500
$n\text{-}C_5H_{12}$	−0.1094	0.5000	−0.0070	0.3000	0.1590	−0.1500
$c\text{-}C_3H_6$	−0.0675	0.3750	0.0737	0.1359	0.2416	−0.1608

3.3.2.2　PT 状态方程结合基于局部组成概念的混合规则

作者[56]采用能够较好描述气-液相平衡的三参数立方型方程，即 PT 状态方程[57]，计算气相各组分的逸度及水的活度。考虑到 van der Waals 单流体混合规则不适用于极性体系，因此采用基于局部组成概念的 Kurihara 混合规则[58]。PT 状态方程表达式为

$$p = \frac{RT}{V-b} - \frac{a}{V(V+b)+c(V-b)} \tag{3-124}$$

式中参数 b 和 c 仍采用线性混合规则，即

$$b = \sum_i x_i b_i \tag{3-125}$$

$$c = \sum_i x_i c_i \tag{3-126}$$

参数 a 由如下混合规则计算：

$$a = \sum_i \sum_j x_i x_j \sqrt{a_i a_j}(1-k_{ij}) + \frac{\xi \cdot b \cdot g^{\mathrm{E}}}{\ln\frac{3+\psi-\xi}{3+\psi+\xi}} \tag{3-127}$$

由上式可以看出，等号右边第一项即为常用的 van der Waals 单流体混合规则的表达式，第二项为对非理想体系的修正项，其中

$$\psi = \sum_i x_i \psi_i = \sum_i x_i \frac{c_i}{b_i} \tag{3-128}$$

$$\xi = \sqrt{\psi^2 + 6\psi + 1} \tag{3-129}$$

由此导出的组分 i 的逸度系数表达式为

$$RT\ln\phi_i = -RT\ln(Z-B) + RT\left(\frac{b_i}{V-b}\right) - \frac{a'}{2d}\ln\left(\frac{Q+d}{Q-d}\right) + \frac{a(b_i+c_i)}{2(Q^2-d^2)}$$

$$+ \frac{a}{8d^3}[c_i(3b+c) + b_i(3c+b)] \cdot \left[\ln\left(\frac{Q+d}{Q-d}\right) - \frac{2Qd}{Q^2-d^2}\right] \tag{3-130}$$

$$d = \sqrt{bc + \frac{(b+c)^2}{4}} \tag{3-131}$$

$$Q = b + \frac{b+c}{2} \tag{3-132}$$

其中导数 a' 由下式计算

$$a' = \frac{1}{n}\frac{\partial(n^2 a)}{\partial n_i} = 2\sum_j x_j \sqrt{a_j a_i}(1-k_{ij}) + \frac{1}{\ln\frac{3+\psi-\xi}{3+\psi+\xi}} \times \{b_i g^{\mathrm{E}}\xi$$

$$+ RT\ln\gamma_i b\xi - \frac{bg^{\mathrm{E}}}{\ln\frac{3+\psi-\xi}{3+\psi+\xi}}\left[\frac{\psi^2 - \psi\psi_i + 3\psi - 3\psi_i}{\xi} + 2(\psi-\psi_i)\right]\} \tag{3-133}$$

目前有很多用于计算超额 Gibbs 自由能 g^{E} 的活度系数模型，本书采用 Wilson 方程[47]计算 g^{E} 及相应的活度系数 γ_i，其表达式为

$$\frac{g^{\mathrm{E}}}{RT} = -\sum_{i=1}^n x_i \ln\left(\sum_{j=1}^n \Lambda_{ij} x_j\right) \tag{3-134}$$

$$\Lambda_{ij} = \frac{v_j^{\mathrm{L}}}{v_i^{\mathrm{L}}}\exp\left[-(\lambda_{ij}-\lambda_{ii})/RT\right] \tag{3-135}$$

$$\ln\gamma_i = 1 - \ln\left(\sum_{j=1}^m x_j \Lambda_{ij}\right) - \sum_{k=1}^m \frac{x_k \Lambda_{ki}}{\sum_{j=1}^m x_j \Lambda_{kj}} \tag{3-136}$$

模型中有三个二元交互作用参数，即 k_{ij}，$(\lambda_{ij}-\lambda_{ii})$ 和 $(\lambda_{ji}-\lambda_{jj})$，可由二元气-液相平衡数据回归得到，某些二元对的交互作用参数列于表 3-32，表中的 EG 和 TEG 分别表示乙二醇和三甘醇。

表 3-32 **Kurihara 及 ver der Waals 单流体混合规则的二元交互作用参数**

| 组分 | | k_{12}① | $(\lambda_{12}-\lambda_{11})/$ | $(\lambda_{21}-\lambda_{22})/$ | k_{12}② | 数据来源 |
1	2		(J/mol)	(J/mol)		
CO_2	H_2O	−0.131	−347.54	97595	−0.044	[55]
CO_2	CH_3OH	0.089	762.46	−1791.7	0.025	[55]
C_2H_6	CH_3OH	0.039	−3178.3	84273	0.010	[55]
CO_2	C_2H_5OH	0.012	488.33	1690.5	0.078	[55]
C_2H_6	C_2H_5OH	0.038	1042.4	−1029.8	0.031	[55]
C_3H_8	C_2H_5OH	0.022	−2529.5	5288.8	0.018	[55]
CO_2	EG	0.157	−3048.9	5258.6	0.141	[59]
CH_4	EG	−0.110	2217.6	4135.1	0.137	[59]
CO_2	TEG	0.111	−3395.4	399.8	−0.012	[60]
H_2S	TEG	0.034	−2594.6	−501.72	−0.071	[60]
CH_4	TEG	0.065	1623.6	−1890.4	−0.013	[60]
C_2H_6	TEG	0.040	1450.0	−1085.0	0.042	[60]
C_3H_8	TEG	0.127	−405.25	−1722.4	0.052	[60]
H_2O	CH_3OH	−0.150	2085.2	479.59	−0.143	[61]
H_2O	C_2H_5OH	−0.128	4000.3	1600.6	−0.130	[62]
H_2O	EG	−0.102	5300.5	−5299.4	−0.138	[62]
H_2O	TEG	−0.180	−2141.2	879.02	−0.180	[62]

① k_{12}：Kurihara 混合规则中的参数。

② k_{12}：vdW 单流体混合规则中的参数。

3.3.3 含电解质（盐）体系

因为盐的饱和蒸气压极低，且不生成水合物，所以盐只存在于水相中。对于含电解质体系，关键是式（3-110）中电解质水溶液中水的分逸度 f_w 的计算。本书用左有祥等改进的 Patel-Teja（MPT）状态方程[63]对其进行计算。为使该方程能计算含电解质体系的相平衡，在逸度系数的公式中加入了 Debye-Huckel 远程作用修正项

$$\ln\phi_i=\ln\phi_i^{EOS}+\ln\phi_i^{DH} \tag{3-137}$$

对于 $\ln\phi_i^{EOS}$ 项，采用原 PT 状态方程计算式。PT 方程中非电解质组分的参数 a、b、c 的计算参见文献[57]。电解质（离子）组分的参数 a、b、c 的计算式为

$$a=15.40272\pi\varepsilon N_a^2\sigma^3\times10^{-13} \tag{3-138}$$

$$b=\frac{2}{3}\pi N_a\sigma^3\times10^{-6} \tag{3-139}$$

$$c=b \tag{3-140}$$

$$\frac{\varepsilon}{k}=2.2789\times10^{-8}\eta^{0.5}\alpha_0^{1.5}\sigma^{-6} \tag{3-141}$$

式中，N_a 为 Avogadro 常数，$N_a=6.022\times10^{23}$；η 为离子上的电子总数；ε 为能量参数；k 为 Boltzmann 常数，$k=1.38066\times10^{-16}$ erg/K；σ 为离子的直径，cm；α_0 为离子极化率，cm^3。常见离子的 η、σ 和 α_0 的值见表 3-33。当各参数采用如上单位时，由式（3-138）～（3-140）计算得到的 a、b 和 c 的单位分别为 $m^6\cdot Pa/mol^2$、m^3/mol 和 m^3/mol。与之对应

的各热力学参数的单位符合国际单位制，即：压力，Pa；温度，K；体积，m^3；能量，J。

表 3-33　常见离子的物性参数值

离子	$\sigma \times 10^{10}/m$	$\alpha_0 \times 10^{30}/m^3$	η
Na^+	1.92	0.18	10
K^+	2.66	0.84	18
H^+	1.2	0.0	0
Ca^{2+}	1.98	0.4	18
Mg^{2+}	1.3	0.01	10
Cl^-	3.61	3.69	18
OH^-	2.6	2.04	10
HCO_3^-	1.83	1.15	32

对于混合物，采用简单的 van der Waals 单流体混合规则，混合规则中的二元交互作用参数 k_{ij} 除离子-水外均采用原 PT 方程的值。离子-水交互作用参数列于表 3-34。

表 3-34　离子-水交互作用参数

离子	k_{ij}	离子	k_{ij}
Na^+	-0.1095	Mg^{2+}	-0.2050
K^+	0.0269	Cl^-	-0.1715
H^+	-0.2235	OH^-	-0.2045
Ca^{2+}	-0.1966	HCO_3^-	-0.3512

对于 $\ln\phi_i^{DH}$ 项，采用以完全溶解的盐作标准态的 Debye-Huckel 表达式

$$\ln\phi_i^{DH} = -A\left[\frac{2Z_i^2}{B}\ln\left(\frac{1+B \cdot I^{0.5}}{1+B/\sqrt{2}}\right) + \frac{I^{0.5}Z_i^2 - 2 \cdot I^{1.5}}{1+B \cdot I^{0.5}}\right] \tag{3-142}$$

$$I = 0.5\sum_i x_i Z_i^2 \tag{3-143}$$

$$A = \frac{1}{3}\left(\frac{2\pi N_a d_0}{M_s}\right)^{0.5}\left(\frac{e^2}{DkT}\right)^{1.5} \tag{3-144}$$

$$B = 2150\left(\frac{d_0}{DT}\right)^{0.5} \tag{3-145}$$

$$D = 78.54 \times (1 - 4.579 \times 10^{-3}t + 1.19 \times 10^{-5}t^2 - 2.8 \times 10^{-8}t^3) \tag{3-146}$$

$$t = T - 298.15 \tag{3-147}$$

式中，Z_i 为离子 i 的电价数；d_0 为溶剂（水）的密度，g/cm^3；M_s 为溶剂的相对分子质量；e 为单位电荷电量，$e = 4.80656 \times 10^{-10} esu$；$D$ 为水的介电常数（无量纲）。

对气相而言，Debye-Huckel 项被忽略。

3.3.4　计算结果

3.3.4.1　纯水体系

作者考核计算了多元气体混合物及天然气和凝析气等复杂流体在纯水中的水合物生成条件。计算结果见图 3-6～图 3-12。图 3-6～图 3-8 为天然气在纯水中的水合物生成条件 Chen-

Guo 模型计算值与实验值比较的结果。天然气的组成列于表 3-35。

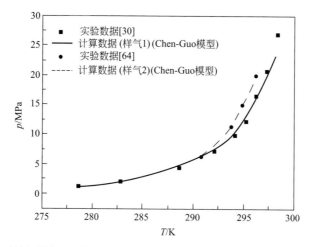

图 3-6　天然气样气 1 和样气 2 的水合物生成条件计算值与实验值比较的结果

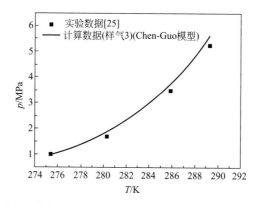

图 3-7　天然气样气 3 的水合物生成条件计算值与实验值比较的结果

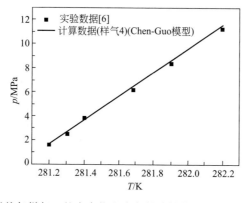

图 3-8　天然气样气 4 的水合物生成条件计算值与实验值比较的结果

表 3-35　天然气组成

组分	样气 1	样气 2	样气 3	样气 4
CO_2		0.0311	0.0325	
N_2	0.0064	0.0064	0.0110	0.0020
H_2S			0.0025	
CH_4	0.8641	0.7303	0.8780	0.0220

组分	样气1	样气2	样气3	样气4
C_2H_6	0.0647	0.0804	0.0400	0.3060
C_3H_8	0.0357	0.0428	0.0210	0.5080
i-C_4H_{10}	0.0099	0.0073	0.0150	0.1620
n-C_4H_{10}	0.0114	0.0150		
i-C_5H_{12}	0.0078	0.0054		
n-C_5H_{12}		0.0060		
C_6H_{14}		0.0753		

为了考察油藏流体生成 H 型水合物的条件，Tohidi 等[65]在天然气中添加不同量的甲基环己烷（MCH），实验测定了其水合物生成条件，加入的 MCH 模拟实际油藏流体中 C_6 以上的组分。作者采用 Ng-Robinson 水合物模型对以上合成气体进行了模拟计算[21]，结果见图 3-9～图 3-11，混合气组成见表 3-36。在图 3-12 中，曲线 1 为不含 C_6 以上组分的天然气的水合物生成曲线；曲线 2 为合成气体 [98%（摩尔）天然气＋2%（摩尔）MCH] 的水合物生成曲线；曲线 3 为合成气体 [90%（摩尔）天然气＋10%（摩尔）MCH] 的水合物生成曲线。从图中可以看出，天然气不生成 H 型水合物，当温度低于 295K 时生成 Ⅱ 型水合物，而在高温时生成 Ⅰ 型水合物。同时还可以看出，随着 MCH 含量的增加，气体生成 H 型水合物的趋势也增加，含 2%（摩尔）MCH 的气体在温度高于 291K 时生成 H 型水合物，而含 10%（摩尔）MCH 的气体在 289K 时就有水合物生成。

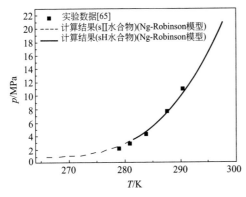

图 3-9　合成气体混合物 A 的水合物生成条件计算值与实验值比较的结果

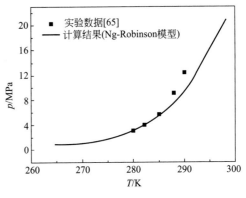

图 3-10　合成气体混合物 B 的水合物生成条件计算值与实验值比较的结果

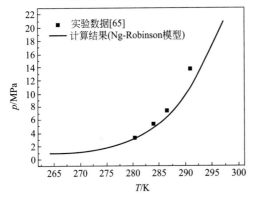

图 3-11　合成气体混合物 C 的水合物生成条件计算值与实验值比较的结果

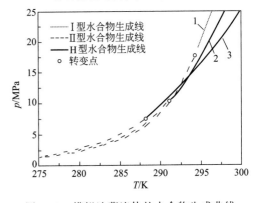

图 3-12　模拟油藏流体的水合物生成曲线

表 3-36　合成油气藏流体的组成

组分	天然气	混合物 A	混合物 B	混合物 C
N_2	4.99	3.8972	3.1337	2.5299
CO_2	1.12	0.8747	0.7034	0.5678
C_1	86.36	67.4471	54.2341	43.7845
C_2	5.43	4.2408	3.4100	2.7530
C_3	1.49	1.1637	0.9357	0.7554
i-C_4	0.18	0.1406	0.1130	0.0913
n-C_4	0.31	0.2421	0.1947	0.1572
i-C_5	0.06	0.0469	0.0377	0.0304
n-C_5	0.06	0.0469	0.0377	0.0304
MCH		21.9000	37.2000	49.3000

3.3.4.2　含极性抑制剂体系

作者考核了大量含极性抑制剂体系的水合物生成条件，并且对不同模型的计算结果进行了比较。Ma 等[56]提出的将 Chen-Guo 模型与 Kurihara 混合规则相结合的算法与 Zuo 等[66]改进的 vdW-P 模型的比较见表 3-37 所示，其中绝对值平均误差 AADT 由下式计算：

$$AADT = \left(\frac{1}{N_p}\right) \sum_{j=1}^{N_p} \left[\frac{T_{cal} - T_{exp}}{T_{exp}}\right]_j \times 100\% \tag{3-148}$$

式中，N_p 为实验点数。表中的 NG1 和 NG2 为天然气样品，其组成列于表 3-38。

表 3-37　含醇体系中 Chen-Guo 模型与 vdW-P 类模型水合物生成温度的预测结果

气相组成	水相中抑制剂质量分数/%	压力范围/MPa	温度范围/K	AADT(1)[①]/%	AADT(2)[②]/%	N_p	数据来源
CH_4	10%CH_3OH	2.14~18.82	266.23~286.40	0.140	0.698	6	[20]
	20%CH_3OH	2.83~18.75	263.34~280.17	0.146	1.326	6	[20]
	35%CH_3OH	2.38~20.51	250.90~270.10	0.468	0.508	7	[20]
	15%C_2H_5OH	3.83~13.67	273.30~284.70	0.113	0.256	5	[20]
$CH_4+C_3H_8$	10%CH_3OH	0.53~13.83	265.51~291.23	0.442	0.150	6	[20]
	20%CH_3OH	0.94~14.10	265.17~286.47	0.423	0.521	5	[20]
	35%CH_3OH	0.62~20.11	253.10~276.60	0.437	0.539	6	[20]
	50%CH_3OH	0.69~20.42	241.20~262.60	0.484	—	7	[20]
C_2H_6	10%CH_3OH	0.42~2.82	268.28~281.89	0.085	0.474	7	[20]
	20%CH_3OH	0.55~2.06	263.53~274.07	0.094	1.322	6	[20]
	35%CH_3OH	0.50~1.47	252.6~262.2	0.588	0.386	4	[20]
	50%CH_3OH	0.42~1.01	237.5~249.8	1.281	—	4	[20]
C_3H_8	5%CH_3OH	0.23~0.47	272.12~274.79	0.149	0.138	5	[20]
	10.39%CH_3OH	0.19~0.43	268.30~271.82	0.053	0.443	5	[20]
	35%CH_3OH	0.14~0.21	248.00~250.20	0.132	0.807	2	[20]
CO_2	10%CH_3OH	1.59~3.48	269.49~274.92	0.414	1.264	6	[20]
	20.02%CH_3OH	1.59~2.94	263.96~268.86	0.465	2.039	7	[20]
	10.04%EG	1.15~3.20	270.90~278.30	0.146	0.278	4	[67]
	10%CH_3OH	1.74~2.35	271.60~273.80	0.060	0.272	2	[67]
H_2S	10%CH_3OH	0.07~1.08	265.69~291.77	0.255	0.604	6	[20]
	16.5%CH_3OH	0.28~1.50	273.20~290.10	0.625	1.810	3	[20]
	20%CH_3OH	0.22~0.59	271.79~281.15	0.115	1.218	2	[20]
	35%CH_3OH	0.22~0.58	263.20~274.20	0.410	0.670	3	[20]
	16.5%C_2H_5OH	0.39~1.48	280.70~291.80	0.890	0.745	3	[20]
CO_2+CH_4	10%EG	1.14~3.22	268.70~278.00	0.384	0.646	4	[67]
$CO_2+C_2H_6$	10.6%EG	0.85~2.31	269.10~276.40	0.173	0.199	5	[67]

续表

气相组成	水相中抑制剂质量分数/%	压力范围/MPa	温度范围/K	AADT(1)[①]/%	AADT(2)[②]/%	N_p	数据来源
$CO_2 + N_2$	13.01%EG	0.93~3.39	267.20~276.90	0.143	0.637	8	[67]
NG1	10%CH_3OH	1.04~19.03	268.27~288.34	0.653	1.550	9	[20]
	20%CH_3OH	1.41~19.15	264.41~280.97	1.062	2.617	9	[20]
NG2	42.9%TEG	2.31~8.59	275.15~285.25	0.201	0.209	6	③

① Chen-Guo 模型[56]。

② Zuo 等[66]提出的 vdW-P 类型的模型。

③ 本实验室的实验数据。

表 3-38　天然气样品的组成

组成	摩尔分数		
	NG1	NG2	NG3[①]
CO_2	0.1419	0.0200	
N_2	0.0596	0.0095	0.0545
H_2S			0.2500
CH_4	0.7160	0.8521	0.6210
C_2H_6	0.0473	0.0705	0.0430
C_3H_8	0.0194	0.0316	0.0171
$i\text{-}C_4H_{10}$		0.0073	
$n\text{-}C_4H_{10}$	0.0079	0.0052	0.0072
$i\text{-}C_5H_{12}$		0.0015	
$n\text{-}C_5H_{12}$	0.0079	0.0007	0.0072
C_6H_{14}		0.0005	
C_7H_{16}		0.0003	

① NG3 为合成天然气混合物。

Ma 等改进的 Chen-Guo 模型[56]还与 Du-Guo 模型[51]进行了比较，其结果如表 3-39 所示。由表可以看出，当甲醇浓度较高时，Ma 等的模型预测精度较高。

表 3-39　含甲醇体系中 Chen-Guo 模型与 Du-Guo 模型水合物生成温度的预测结果

气相组成	水相中抑制剂质量分数/%	压力范围/MPa	温度范围/K	AADT/%		实验点数	数据来源
				Chen-Guo模型	Du-Guo模型		
CH_4	10%CH_3OH	2.14~18.82	266.23~286.40	0.14	0.12	6	[68]
	20%CH_3OH	2.83~18.75	263.34~280.17	0.15	0.50	6	[68]
C_2H_6	10%CH_3OH	0.73~20.2	272.10~284.45	0.17	0.16	15	[68]
	20%CH_3OH	1.52~20.4	271.75~278.61	0.17	0.21	7	[68]
C_3H_8	5%CH_3OH	0.23~6.34	272.12~274.97	0.24	0.42	8	[68]
	10.39%CH_3OH	0.35~6.51	271.07~274.22	0.44	0.56	6	[68]

图 3-13~图 3-17 给出了 Chen-Guo 模型[56]和 Zuo 等[66]及 Sloan[20]提出的两个 vdW-P 模型计算结果。

图 3-18 和图 3-19 给出的是气体在乙二醇和甲醇水溶液中溶解度对水合物生成条件的影响。由图可以看出，是否忽略气体溶解度对水合物生成条件有很大影响。对纯水体系，气体的溶解度还不是很大，有时可以忽略。但当水中醇的浓度较大时，气体在水中的溶解度也会增加，这时仍忽略溶解度的影响，则会给计算带来较大误差。图 3-20 显示的是不同混合规则对计算结果的影响。由图可以看出，vdW 单流体混合规则的计算误差较大，应选用更适合极性体系的混合规则。

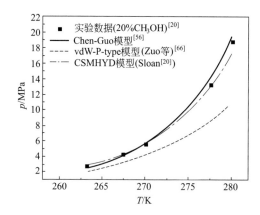

图 3-13 甲烷在含甲醇水溶液中水合物
生成条件计算值与实验值的比较

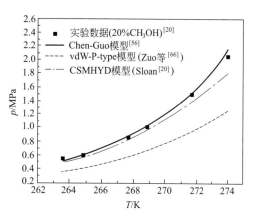

图 3-14 乙烷在含甲醇水溶液中水合物
生成条件计算值与实验值的比较

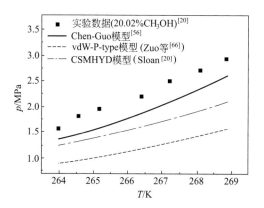

图 3-15 二氧化碳在含甲醇水溶液中水合
物生成条件计算值与实验值的比较

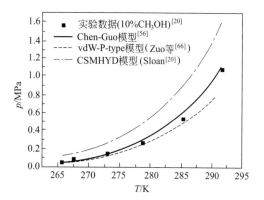

图 3-16 硫化氢在含甲醇水溶液中水合物
生成条件计算值与实验值的比较

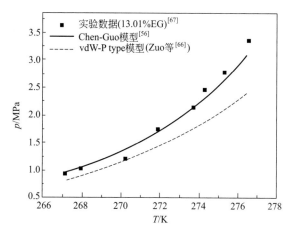

图 3-17 90.99%（摩尔分数）CO_2+9.01%（摩尔分数）N_2 混合气
在含乙二醇水溶液中水合物生成条件计算值与实验值的比较

由以上的计算结果可以看出，对于较易溶于水的气体，如 CO_2、H_2S，溶解度计算的准确与否对水合物生成条件预测的准确性有决定性的影响，特别是对极性抑制剂含量较高的体系。因此相平衡热力学模型计算的准确与否就显得尤为重要。

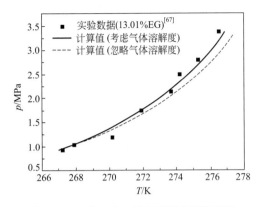

图 3-18　气体在乙二醇水溶液中溶解度对
90.99%（摩尔）CO_2＋9.01%（摩尔）N_2 混合
气水合物生成条件计算的影响

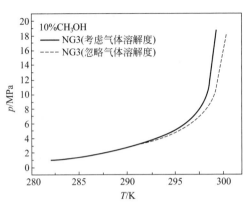

图 3-19　气体在甲醇水溶液中溶解度对天然气
（NG3）水合物生成条件计算的影响

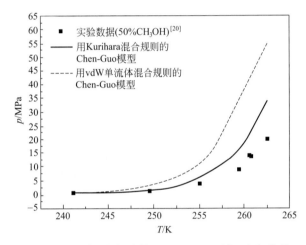

图 3-20　混合规则对 91.12%（摩尔分数）CH_4＋8.88%（摩尔分数）C_3H_8 混合气
在甲醇水溶液中水合物生成条件计算的影响

3.3.4.3　含电解质体系

作者考察了一些含盐体系的水合物生成条件。表 3-40 给出了 Chen-Guo 模型及 Zuo
等[66]改进的 vdW-P 模型的计算结果。表中混合物的组成见表 3-41 所示。图 3-21 和图 3-22
为 H 型水合物在含 NaCl 水溶液中生成条件预测值与实验值的比较。可以看出计算结果基本
能满足工程要求。

表 3-40　含盐体系中水合物生成温度计算结果

气相	富水相	温度范围/K	实验点数	AADT/%		数据来源
				Chen-Guo	vdW-P	
CH_4	10% NaCl	270～285	8	0.4990	0.5846	[20]
CH_4	20% NaCl	266～277	7	0.3225	0.5683	[20]
C_3H_8	3% NaCl	272～276	4	0.0343	0.1726	[20]
C_3H_8	5% NaCl	271～276	4	0.1355	0.2961	[20]
$i\text{-}C_4H_{10}$	1.10%NaCl	273～274	4	0.0290	0.0264	[20]
$i\text{-}C_4H_{10}$	5%NaCl	270～272	13	0.1502	0.1495	[20]

续表

气相	富水相	温度范围/K	实验点数	AADT/%		数据来源
				Chen-Guo	vdW-P	
$i\text{-}C_4H_{10}$	9.93% NaCl	267~268	3	0.0845	0.0667	[20]
H_2S	10% NaCl	274~295	3	0.4389	0.5790	[20]
H_2S	10% $CaCl_2$	274~295	3	0.2856	0.4879	[20]
气样 1	9.45% NaCl	267~277	7	0.1926	0.3227	①
气样 2	10.6% NaCl	269~274	4	0.2125	0.1850	①
气样 3	9.41% NaCl	266~276	7	0.1576	0.4021	①
气样 4	10% NaCl	269~278	7	0.2122	0.3779	①
气样 5	5.87% NaCl	273~285	7	0.0150	0.0217	①

① 本实验室所测数据。

表 3-41　表 3-40 中混合气体的组成

组分	气样 1	气样 2	气样 3	气样 4	气样 5
CO_2	0.9498	0.9469	0.9099	0.8853	0.0053
N_2			0.0901	0.0426	0.0351
CH_4	0.0502			0.0638	0.8233
C_2H_6		0.0531		0.0038	0.0955
C_3H_8					0.0274
$i\text{-}C_4H_{10}$					0.0050
$n\text{-}C_4H_{10}$					0.0056
$i\text{-}C_5H_{12}$					0.0015
$n\text{-}C_5H_{12}$					0.0008
C_6H_{14}					0.0004
C_7^+					0.0001

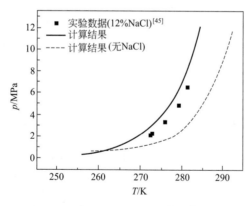

图 3-21　CH_4＋2,2-dimethylbutane 混合气体在含盐水溶液中
H 型水合物生成条件计算值与实验值的比较

3.3.5　小结

本小节分别介绍了 ven der Waals-P 模型和 Chen-Guo 模型预测多元混合物水合物生成条件的算法。特别是将以上模型扩展应用于复杂的含醇及含盐体系。对于此类复杂体系，不仅要有好的水合物模型，更重要的是要有适合的描述气-液相平衡的热力学模型。特别是对于含极性抑制剂体系，准确计算体系热力学性质是提高预测精度的关键。

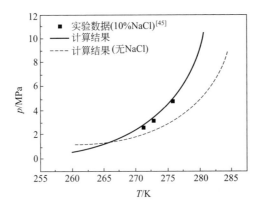

图 3-22 $CH_4 + i\text{-}C_5H_{12}$ 混合气体在含盐水溶液中
H 型水合物生成条件计算值与实验值的比较

3.4 多孔介质内水合物热力学生成条件

地球上发现的天然气水合物主要赋存于多孔介质中，只有 6% 左右的天然气水合物以块层状出现。多孔介质中水合物生成和分解条件与在管道及井筒中相比有很大的不同。Handa 和 Stupin[69] 首次通过实验研究了多孔介质对甲烷和丙烷水合物平衡压力的影响。结果表明对于两种水合物，在多孔介质中的生成压力比在自由水中的生成压力高 20%~70%。按照溶液热力学理论，气体水合物的稳定条件和水的活度有很大关系。水的活度降低时，在给定温度下水合物的形成压力增加，在给定压力下水合物的生成温度降低。多孔介质几何尺寸对水活度的影响与抑制剂的作用类似，因此改变了水合物的生成条件。

对于在大容器内整体水合物的生成，水与固体壁面的相互作用可以忽略。但对于多孔介质中水合物的生成，毛细管力的影响是不能忽略的。毛细管力的影响会降低小孔中水的活度，进而影响水合物的生成条件。因此许多学者[70~74]在计算多孔介质中水合物生成压力时，仍采用 van der Waals-Platteeuw[2] 模型，但增加微孔表面张力以及尺寸分布的影响。

3.4.1 Clarke 和 Bishnoi 模型

若表面作用力不能忽略，则 Gibbs 自由能的变化可由下式表示：

$$dG = -SdT + Vdp + \sigma dA_s + \sum_i \mu_i dn_i \qquad (3-149)$$

式中，A_s 为气、液两相界面接触面积，m^3；σ 为气、液两相的表面张力，J/m^2，其定义式为

$$\sigma = (dG/dA_s)_{T,p,n_i} \qquad (3-150)$$

式 (3-149) 中最重要的是气、液两相的平衡压力不相等。对于毛细管系统，在包含有曲率中心的一侧压力较大。若要准确描述毛细管上升现象，则必须考虑弯曲液面球形度的偏差。即在弯曲液面上的每一点，曲率必须满足 $\Delta p = \Delta \rho g y$，其中 y 为高出液体平表面的距离，见图 3-23，图中[75]显示的是流体在半径为 r 的毛细管内受力情况，毛细管壁面与弯曲液体表面间的夹角为 θ，称为润湿角。

假设毛细管的横截面为圆形，在弯曲液体表面上任一点 (x, y) 处，描述其状态的微

分方程为

$$\Delta \rho g h = \sigma \left[\frac{y''}{(1+y')^{3/2}} + \frac{y'}{x(1+y'^2)^{1/2}} \right] \tag{3-151}$$

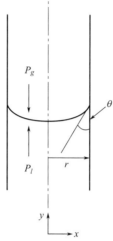

图 3-23 毛细管中流体的受力

毛细管中液柱的总重量可由上式积分得到。若作替换 $y' = p$，$y'' = pp'$，上式可改写为[75]

$$W = 2\pi\sigma \int \left[\frac{xdp}{(1+p^2)^{3/2}} + \frac{pdx}{(1+p^2)^{1/2}} \right] \tag{3-152}$$

$$W = 2\pi\sigma \left[\frac{xp}{(1+p^2)^{1/2}} \right]_{x=0,p=0}^{x=r,p=\tan\varphi} \tag{3-153}$$

$$\varphi = \pi/2 - \theta \tag{3-154}$$

$$W = 2\pi r \sigma \cos\theta \tag{3-155}$$

气、液两相的压力差 Δp 等于液柱重量除以毛细管的截面积 πr^2，所以

$$\Delta p = p_g - p_1 = \frac{2\sigma}{r}\cos\theta \tag{3-156}$$

当润湿角为 90° 时，由上式可以看出两相的压力相等，这与平表面的状态一致。表面张力 σ 取 72mJ/m^2[76,77]。

对于多孔介质，水的活度可表示为

$$\ln a_w = \ln\frac{f_w}{f_w^0} = \frac{V_1}{RT}(p_1 - p_g) \tag{3-157}$$

其中，V_1 为液相的体积。将式 (3-156) 代入式 (3-157)，则

$$\ln a_w = -\frac{2\sigma V_1}{rRT}\cos\theta \tag{3-158}$$

将上式代入水相中水的化学位计算公式，可得

$$\frac{\Delta\mu_w^L}{RT} = \frac{\Delta\mu_w^0(T_0, p_0)}{RT} - \int_{T_0}^{T}\frac{\Delta h_w^L}{RT^2}dT + \int_{T_0}^{T}\frac{\Delta v_w^L}{RT}\left(\frac{dp}{dT}\right)dT + \frac{\Delta v_w^L}{RT}(p - p_R) - \ln a_w$$

$$= \frac{\Delta \mu_{\text{w}}^{0}(T_0, p_0)}{RT} - \int_{T_0}^{T} \frac{\Delta h_{\text{w}}^{\text{L}}}{RT^2} \mathrm{d}T + \int_{T_0}^{T} \frac{\Delta v_{\text{w}}^{\text{L}}}{RT} \left(\frac{\mathrm{d}p}{\mathrm{d}T}\right) \mathrm{d}T + \frac{\Delta v_{\text{w}}^{\text{L}}}{RT}(p - p_{\text{R}}) + \frac{2\sigma V_1}{rRT} \cos\theta$$

(3-159)

水在水合物相中的化学位仍采用 vdW-P 模型计算。由式（3-159）可以看出，要计算多孔介质中水合物的生成条件，需要确定的是多孔介质的平均孔径、表面张力以及润湿角等。

Clark 和 Bishnoi[70] 采用如上模型计算了甲烷和丙烷在硅胶中的水合物生成压力，并与 Handa 和 Stupin[69] 的实验数据进行了比较。实验数据显示多孔介质中水合物生成曲线与自然水中的生成曲线相比有很大不同，在冰点处曲线斜率并没有发生突变。这是由于在多孔介质中水的融化是在一个温度范围内进行的，而在自然水中则限定在一个温度点。对于平均孔径为 70Å 1Å＝10^{-10} m 的硅胶，水的平均融化点取为 $T_0 = 267.5$K。Clark 和 Bishnoi 模型因没有考虑实际孔径大小的分布，因此带来了一定的计算误差。

3.4.2 Klauda 和 Sandler 模型

考虑到自然界中的多孔介质，如沙子、淤泥等，其孔径大小变化很大，Klauda 和 Sandler[73,74] 将孔径的尺寸分布引入模型中。

Clark 等模型中只考虑了水与气相间的表面张力，而实验条件下水合物-气体、水合物-液体或水合物-固体间的表面张力也很重要。Handa 和 Stupin[69]、Uchida 等[78] 的实验研究表明水在孔内是饱和的。在这种情况下，孔内完全充满了冰与水合物或水与水合物，如图 3-24 所示，因此 Clark 等气、液界面的假设是不合适的。

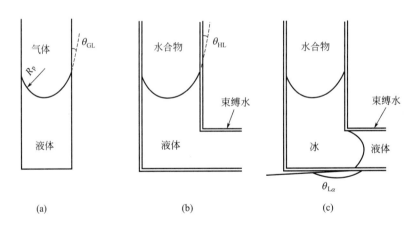

图 3-24 多孔介质中水界面示意图

实验表明对于水，固体与液相间的界面作用更加重要[79,80]。在孔中有一层约 8Å 的束缚水层，见图 3-24（b）和（c）。水在孔内结晶的过程是从大孔到小孔并形成凸形球冠［见图 3-24（c）］。当孔径小于临界直径时，结晶过程将停止。于是形成一部分孔内充满凝固的水，一部分则充满液态水。由于缺乏水合物-水界面张力的实验数据，所以假设其值与冰-水界面张力相等，取为 27mJ/m^2[69,71]。

基于以上分析，Klauda 和 Sandler 将孔径尺寸的分布引入模型中，界面张力则采用水合物-水界面张力，于是水的活度计算公式为

$$\ln a_{\mathrm{w}} = \ln(x_{\mathrm{w}}\gamma_{\mathrm{w}}) - \int_0^{\infty} \varphi(r) \frac{V_{\mathrm{w}}\zeta_{\mathrm{Hw}}\sigma_{\mathrm{Hw}}}{rRT}\cos\theta\,\mathrm{d}r \qquad (3\text{-}160)$$

式中，ζ 为水合物-水（Hw）界面的形状因子；$\varphi(r)$ 为孔的尺寸概率密度函数，并假设其为正态分布

$$\varphi(r) = \frac{1}{\sqrt{2\pi}}\exp\left(\frac{(r-R_{\mathrm{p}})^2}{2sd^2}\right) \qquad (3\text{-}161)$$

式中，sd 为孔径尺寸的标准差；r 为孔的半径；R_{p} 为孔平均半径。对于完全球形接触，形状因子等于 2；对于圆柱形接触，形状因子等于 1。

　　在正常冰点以下时，根据孔径的大小，水在孔内可能是冰也可能是液态水。对于一个给定温度，直径小于临界直径的孔内水为液态而大孔内则为冰。对于孔径大小不等的多孔介质，水在水相或冰相中的化学位计算式可表示为

$$\frac{\Delta\mu_{\mathrm{w}}^{\pi}(T,P)}{RT} = \int_0^{\infty}\varphi(z)\frac{\Delta\mu_{\mathrm{w}}(T_0(z),p_0)}{RT_0(z)}\mathrm{d}z - \int_{-R_{\mathrm{p}}/sd}^{z_{\mathrm{m}}(T)}\left[\int_{T_0(z)}^{T}\frac{\Delta H_{\mathrm{w}}^{\mathrm{L}}}{RT^2} - \int_{p_0}^{p_{\mathrm{L}}}\frac{\Delta V_{\mathrm{w}}^{\mathrm{L}}}{RT}\right]\varphi(z)\,\mathrm{d}z$$

$$- \int_{z_{\mathrm{m}}(T)}^{\infty}\left[\int_{T_0(z)}^{T}\frac{\Delta H_{\mathrm{w}}^{\alpha}}{RT^2} - \int_{p_0}^{p_{\mathrm{g}}}\frac{\Delta V_{\mathrm{w}}^{\alpha}}{RT}\right]\varphi(z)\,\mathrm{d}z + \ln a_{\mathrm{w}} \qquad (3\text{-}162)$$

$$z = \frac{r - R_{\mathrm{p}}}{sd} \qquad (3\text{-}163)$$

式中，$T_0(z)$ 为对应于折合半径 z 的水的冰点；上标 π 表示水相可能是液态水、可能是冰，也可能二者皆有；上标 L 表示水相为液态水；上标 α 表示水相为冰。当温度高于水正常冰点时，融化直径 z_{m} 取为无穷大。

　　水在孔内的融化和结冰存在滞后现象，因此冰点或融化点温度及给定温度下水发生融化的临界孔径 $z_{\mathrm{m}}(T)$ 与实验的过程有关。Handa 和 Stupin[69] 的实验由低于冰点的温度开始，缓慢增加温度，即实验过程为融化过程。Brun 等[79] 由实验数据拟合回归得到了水的融化温度对应于孔径的关联式

$$T(z) = T_{\mathrm{nfp}} + \frac{323.3}{0.68 - R_{\mathrm{p}} - sd \cdot z} \qquad (3\text{-}164)$$

$$z_{\mathrm{m}}(T) = \frac{1}{sd}\left(-\frac{323.3}{T - T_{\mathrm{nfp}}} + 0.68 - R_{\mathrm{p}}\right) \qquad (3\text{-}165)$$

式中，T_{nfp} 为水的正常冰点；温度 T 的单位为 K；R_{p} 的单位为 Å。

　　当各相达到平衡时，应满足

$$\Delta\mu_{\mathrm{w}}^{\mathrm{H}} = \mu_{\mathrm{w}}^{\beta} - \mu_{\mathrm{w}}^{\mathrm{H}} = \mu_{\mathrm{w}}^{\beta} - \mu_{\mathrm{w}}^{\pi} = \Delta\mu_{\mathrm{w}}^{\pi} \qquad (3\text{-}166)$$

式中，μ_{w}^{β} 为空水合物晶格的化学位。水在水合物相的化学位 $\Delta\mu_{\mathrm{w}}^{\mathrm{H}}$ 可由 vdW-P 模型计算，水在水相的化学位由式（3-162）计算。在水合物-水界面假设水的接触角 θ_{HL} 等于零，见图 3-24（b）。因为冰在孔内形成凸形球冠，见图 3-24（c），所以冰的接触角接近等于 180°。

　　若要计算自然环境中多孔介质内水合物的生成条件，必须知道土壤的空隙率。自然环境中的多孔介质包括土壤和海洋沉积物，它们大体上可以分为三类：①最细的沉积物，黏土；②比黏土粗糙的淤泥；③最粗糙的沉积物，沙子。Klauda 和 Sandler 基于实验数据，将黏土的平均孔径 R_{p} 关联为压力和土壤中黏土含量的函数，表达式为

$$\ln R_p = 15.4215 - 21.9773 x_{\text{clay}} + 11.5670 x_{\text{clay}}^2 + 0.2e^{(-0.0278p)} \tag{3-167}$$

式中，x_{clay} 表示土壤样品中黏土颗粒的比率；压力 p 的单位为 MPa。符合正态分布的标准差 sd 随压力的增加而减小。没有迹象表明 sd 与黏土的比率有关，所以对于自然界的所有多孔介质取 $sd = 10\text{Å}$。自然界多孔介质孔的结构认为是柱形孔，水合物-水和水合物-冰的界面都形成凸形球冠。

3.4.3　Chen 和 Guo 模型

作者基于 Chen 和 Guo 模型，提出了多孔介质内水合物热力学模型[81,82]。在本章第二节中已详细介绍了纯水体系 Chen-Guo 水合物模型的推导过程，现将该模型所涉及的公式总结如下：

$$f_i = x_i f_i^0 (1 - \sum_j \theta_j)^\alpha \tag{3-168}$$

$$\sum_i x_i = 1.0 \tag{3-169}$$

$$\theta_j = \frac{C_j f_j}{1 + \sum_k C_k f_k} \tag{3-170}$$

$$C_j = X_j \exp\left(\frac{Y_j}{T - Z_j}\right) \tag{3-171}$$

$$f_i^0 = f_{Ti}^0 \cdot \exp\left[\frac{\beta P}{T}\right] \cdot a_w^{-1/\lambda_2} \tag{3-172}$$

$$f_{Ti}^0 = \exp\left[\frac{-\sum_j A_{ij}\theta_j}{T}\right] \cdot \left[a_i \exp\left(\frac{b_i}{T - c_i}\right)\right] \tag{3-173a}$$

$$f_{Ti}^0 = \exp\left[\frac{D(T - T_Q) - \sum_j A_{ij}\theta_j}{T}\right] \cdot \left[a_i \exp\left(\frac{b_i}{T - c_i}\right)\right] \tag{3-173b}$$

式（3-173b）中的 T_Q 表示多孔介质中在体系压力下水的四相点温度。

对于多孔介质中水合物的生成条件，计算方法与前一节介绍的方法完全一样，所不同的是式（3-172）中水的活度 a_w 需进行修正。若不考虑孔径大小的分布，水的活度按下式计算[70,72]：

$$\ln a_w = \ln a_w^0 - \frac{\zeta_{\text{Hw}} V_L \sigma_{\text{Hw}} \cos\theta}{rRT} \tag{3-174}$$

式中，a_w^0 为主体水相的活度，对于纯水体系，$a_w^0 = 1.0$。若考虑孔径大小的分布，水的活度按上一小节 Klauda 和 Sandler 的方法计算[73,74]：

$$\ln a_w = \ln a_w^0 - \int_0^\infty \frac{\zeta_{\text{Hw}} V_L \sigma_{\text{Hw}} \cos\theta}{rRT} \varphi(z)\,\mathrm{d}z \tag{3-175}$$

式中，孔径分布函数 $\varphi(z)$ 和折合半径 z 分别由式（3-161）和式（3-163）表示。

式（3-174）和式（3-175）中的形状因子 ζ_{Hw} 由水合物相和水相之间界面的曲率决定。微孔中水合物形成和分解时两相间界面的形状是不同的。假设多孔介质中的微孔为圆柱形，水合物在微孔中形成和分解的过程如图 3-25 所示。水合物形成时由孔外向孔内突出生长，其生长界面为球面，所以 $\zeta_{\text{Hw}} = 2$；水合物分解时微孔中的水合物整体分解，其分解界面为柱面，所以 $\zeta_{\text{Hw}} = 1$。因为微孔壁上有一层束缚水膜（设为 0.4nm），所以水相与水合物相的

接触角 $\theta = 0°$。

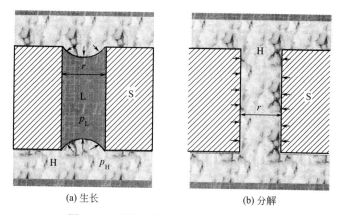

<table>
<tr><td>(a) 生长</td><td>(b) 分解</td></tr>
</table>

图 3-25　微孔中水合物生长/分解示意图

两相之间的界面张力 σ_{Hw} 随热力学条件和物理性质的改变而变化，本书中采用 Tolman[83] 提出的关系式并引入孔径大小对界面张力的影响

$$\sigma_{Hw} = \sigma_{Hw}^{\infty} / \left(1 + \frac{\delta}{r_e} \right) \tag{3-176}$$

式中，σ_{Hw}^{∞} 为平面界面的界面张力；两相界面的厚度 $\delta \approx 0.4\text{nm}$；$r_e$ 为圆柱形水合物-水界面的有效半径，$r_e = r - 0.4\text{nm}$。

由于缺少水合物-水相的界面张力实验值，本书由水合物分解条件实验值拟合回归了一些气体的平面界面张力 σ_{Hw}^{∞}，见表 3-42。

表 3-42　水合物-水相界面张力

水合物生成物	$\sigma_{Hw}^{\infty}/(\text{mJ/m}^2)$
CH_4	32.9
C_2H_6	53.1
C_3H_8	57.4
CO_2	38.5

利用上述模型计算了 CH_4、C_2H_6、C_3H_8、CO_2 等纯气体和一些混合气体水合物在多孔介质中的分解条件。设多孔介质中微孔的孔径分布为正态分布，如图 3-26 所示。一些多

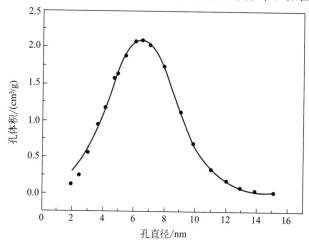

图 3-26　微孔孔径分布曲线

孔介质孔径分布函数的参数值列于表 3-43。

表 3-43　孔径分布函数参数值

R_p/nm	sd/nm	参考文献
37.42	3.9035	[84]
6.8	1.0368	[85]
14.6	1.1265	[85]
30.5	2.6338	[85]
5.51	0.5489	[86]
30.1	4.7277	[86]
94.5	10.8677	[86]
5.47	0.6346	[87]
6.35	1.6026	[87]
10.25	2.4145	[87]
13.46	3.1824	[87]
35.8	7.0570	[87]
41.2	8.2722	[87]
57.7	8.4330	[87]

　　甲烷水合物在微孔中分解条件的计算结果见图 3-27～图 3-32。从图中可以看出，模型计算值与实验值符合较好。图中虚线表示气体在主体水中生成水合物的条件。可以注意到相

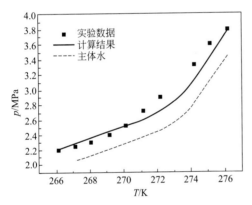

图 3-27　孔径为 37.42nm 的硅胶中甲烷水合物分解条件计算值与实验值[84]的比较

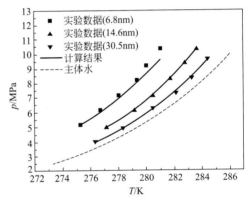

图 3-28　孔径为 6.8～30.5nm 的硅胶中甲烷水合物分解条件计算值与实验值[85]的比较

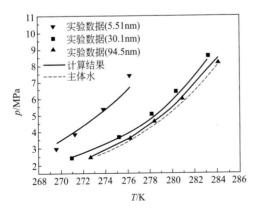

图 3-29　孔径为 5.51～94.5nm 的硅胶中甲烷水合物分解条件计算值与实验值[86]的比较

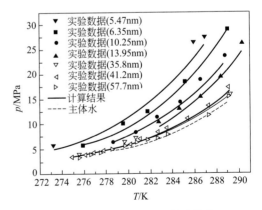

图 3-30　孔径为 6.35～57.7nm 的硅胶和 5.47nm 沸石中甲烷水合物分解条件计算值与实验值[87]的比较

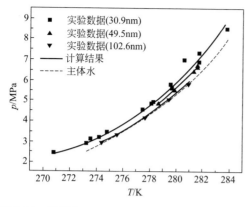

图 3-31　孔径为 30.9～102.6nm 的多孔玻璃中甲烷水合物分解条件计算值与实验值[88]的比较

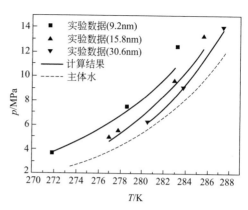

图 3-32　孔径为 9.2～30.6nm 的硅石中甲烷水合物分解条件计算值与实验值[89]的比较

同温度下水合物的平衡压力随微孔孔径的减小而增大，这意味着多孔介质抑制了水合物的形成。然而，当孔径大于 50nm 时，微孔对水合物形成的影响几乎可以忽略。此外还考核了孔径分布对计算精度的影响，结果列于表 3-44，可以看出水合物分解压力的计算平均误差由 6.84% 降低至 5.25%。二氧化碳水合物在微孔中分解条件的计算结果见图 3-33～图 3-37。孔径分布对计算精度的影响见表 3-45，考虑孔径分布时水合物分解压力的计算平均误差由

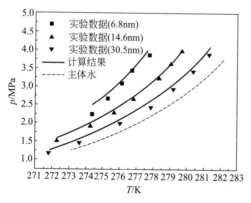

图 3-33　孔径为 6.8～30.5nm 的硅胶中二氧化碳水合物分解条件计算值与实验值[85]的比较

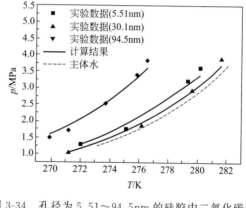

图 3-34　孔径为 5.51～94.5nm 的硅胶中二氧化碳水合物分解条件计算值与实验值[86]的比较

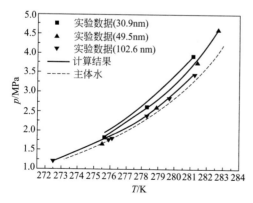

图 3-35　孔径为 30.9～102.6nm 的多孔玻璃中二氧化碳水合物分解条件计算值与实验值[88]的比较

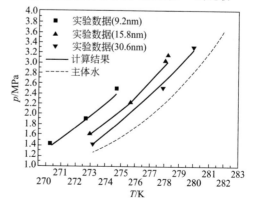

图 3-36　孔径为 9.2～30.6nm 的硅石中二氧化碳水合物分解条件计算值与实验值[89]的比较

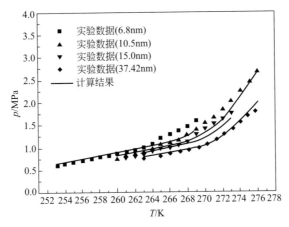

图 3-37 孔径为 6.8～37.42nm 的硅胶中二氧化碳水合物
分解条件计算值与实验值[84,90]的比较

6.88％降低至 5.47％。乙烷水合物在微孔中分解条件的计算结果见图 3-38、图 3-39。孔径分布对计算精度的影响见表 3-46，考虑孔径分布时水合物分解压力的计算平均误差由 5.97％降低至 5.07％。对丙烷水合物的考核见图 3-40、图 3-41 和表 3-47，考虑孔径分布时水合物平衡压力的计算平均误差由 9.30％降低至 8.87％。

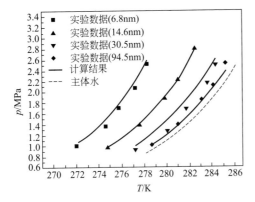

图 3-38 孔径为 6.8～94.5nm 的硅胶中乙烷水
合物分解条件计算值与实验值[91]的比较

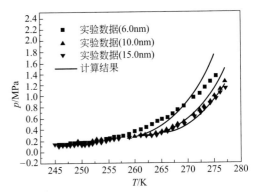

图 3-39 孔径为 6.0～15.0nm 的硅胶中乙烷水
合物分解条件计算值与实验值[92]的比较

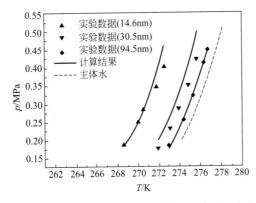

图 3-40 孔径为 14.6～94.5nm 的硅胶中丙烷水合
物分解条件计算值与实验值[91]的比较

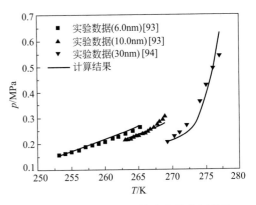

图 3-41 多孔介质中丙烷水合物分解条件
计算值与实验值的比较

为了检验模型的预测精度，计算了几组气体混合物水合物在多孔介质中的分解压力，气体混合物的组成列于表 3-48。在计算中没有引入任何新的参数，采用如下混合规则计算混合物的界面张力：

$$\sigma_{\text{mix}} = \sum_{i=1}^{n} y_i \sigma_i \qquad (3\text{-}177)$$

式中，y_i 为混合物中组分 i 的摩尔分数；σ_i 为组分 i 的界面张力。计算结果见图 3-42～图 3-44，可以看出预测计算值与实验值符合很好，水合物分解压力计算平均误差为 4.08%。

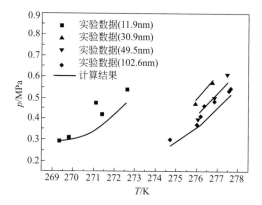

图 3-42　多孔玻璃中混合气体（气样 1）水合物
分解条件计算值与实验值[88] 的比较

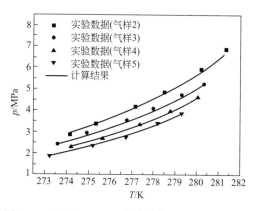

图 3-43　孔径为 14.6nm 的硅胶中（CH$_4$ +CO$_2$）混合气体水合物分解条件计算值与实验值[95] 的比较

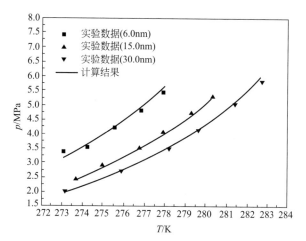

图 3-44　孔径为 6.0～30.0nm 的硅胶中混合气体（气样 3）水合物分解条件计算值与实验值[95] 的比较

表 3-44　孔径分布对甲烷水合物平衡条件计算精度的影响

R_p/nm	$N_p^{①}$	T/K	AADP1[②] /%	AADP2[③] /%
37.42	10	266.15～276.15	3.1165	3.1102
6.8	6	275.30～280.95	5.0535	2.2050
14.6	6	277.15～283.70	1.6995	1.0159
30.5	6	276.52～284.53	1.0145	0.9986
5.51	5	269.65～276.15	10.0312	9.1391
30.1	5	270.90～283.20	6.5569	6.3252
94.5	5	272.55～284.25	1.6948	0.8955
5.47	5	273.23～286.95	20.3519	13.2376
6.35	5	275.85～288.95	10.4081	7.8773

R_p/nm	N_p①	T/K	AADP1②/%	AADP2③/%
10.25	6	278.69～288.69	10.7320	7.6312
13.46	5	282.72～290.36	9.3506	5.9895
35.8	4	276.20～289.09	9.2796	8.7791
41.20	12	275.01～289.23	4.5785	4.4235
57.7	11	275.60～289.09	1.8931	1.8238
平均值			6.8401	5.2465

① 实验点数。

② 不考虑孔径分布时的计算误差。

③ 考虑孔径分布时的计算误差。

$$AADP(\%) = \frac{1}{N_p} \sum_i^N |(P_{cal} - P_{exp})/P_{exp}| \times 100$$

表 3-45　孔径分布对二氧化碳水合物平衡条件计算精度的影响

R_p/nm	N_p	温度区间/K	AADP1/%	AADP2/%
37.42	13	263.15～276.15	6.4547	6.4205
6.8	6	274.30～277.65	11.9413	11.6458
14.6	6	272.30～279.70	2.0147	1.7920
30.5	6	271.80～281.35	5.2410	5.4021
5.51	5	269.88～276.52	15.1866	5.9947
30.1	4	272.00～280.15	4.3912	4.1096
94.5	4	271.25～281.65	2.9465	2.9464
平均值			6.8823	5.4720

表 3-46　孔径分布对乙烷水合物平衡条件计算精度的影响

R_p/nm	N_p	温度区间/K	AADP1/%	AADP2/%
6.8	5	271.97～278.07	7.2312	5.9765
14.6	5	274.73～282.54	2.9294	1.4519
30.5	5	277.20～284.40	10.0122	8.6051
94.5	5	278.69～285.24	3.7229	4.2339
平均值			5.9739	5.0669

表 3-47　孔径分布对丙烷水合物平衡条件计算精度的影响

R_p/nm	N_p	T/K	AADP1/%	AADP2/%
14.6	5	268.48～272.58	9.8191	7.7239
30.5	5	271.94～275.74	15.1381	15.7216
94.5	5	272.83～276.81	2.8401	2.8351
37.42	8	269.15～277.15	9.3987	9.2186
平均值			9.2990	8.8748

表 3-48　气体混合物组成

组分	CH_4	C_2H_6	C_3H_8	CO_2
气样 1	0.067	0.021	0.912	
气样 2	0.800			0.200
气样 3	0.600			0.400
气样 4	0.400			0.600
气样 5	0.200			0.800

3.4.4　小结

多孔介质内水合物生成条件的计算，与在主体水中类似，所不同的是毛细管力对水活度的影响不容忽略。因此无论采用何种模型，需要修正的只是水相中水的化学位计算公式。对于孔径大小变化较大的多孔介质，考虑孔径分布可有效地提高计算精度。

3.5　乳液体系水合物生成条件

在过去的几十年中，大多数对于水合物的研究都是针对主体水相气体水合物的生成/分解的基础研究。然而，在油气生产和运输过程中，水合物常常在分散体系如油包水乳液中形成。例如，当加入水合物防聚剂以防止管道堵塞时，水合物的形成常常是在油包水乳液体系中形成[96]。即使没有水合物防聚剂的加入，原油中所含的表面活性物质如沥青质也能促使多相流中油包水乳液的形成[97]。此外，在许多钻井液中，水合物也面临着在油包水乳液体系中形成的潜在危险[98]。因此，近年来水合物在油包水乳液体系中的形成引起了研究者广泛的兴趣。实验研究表明[99,100]油包水乳液中水滴的尺寸对水合物的生成和聚积都有影响。相比大水滴，水合物可能更难于在微小水滴中成核，因为从小水滴中形成的水合物膜表面需要更高的表面自由能。这就意味着油包水乳液应该比主体水相具有更宽更稳定的水合物成核区域，尽管严格来说是一个亚稳态区，从技术上来说，可以通过形成尺寸足够小的水滴来阻止水合物的形成。

3.5.1　亚稳态边界条件模型

目前还没有热力学模型计算油包水乳液体系亚稳态边界条件。Taylor 等[101]提出了由水滴转化为水合物的机理。他们认为水合物成核的初始阶段是在水滴表面形成水合物膜并向周围迅速传播。作者据此提出了乳液体系亚稳态边界条件模型[102]。假设亚稳态乳液的破坏需要在水滴表面形成一个具有临界尺寸为 r_c 的稳定水合物膜，如图 3-45 所示。水合物晶格必须有足够低的化学位与水合物膜包裹着的剩余水滴保持平衡。

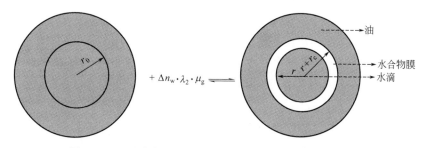

图 3-45　基础水合物膜在油包水乳液体系形成过程示意图

由于水滴尺寸和水合物膜厚度都接近或在纳米范围内，水滴和水合物膜表面自由能必须考虑在内。在水合物形成前存在油/水界面，但水合物膜形成后，存在油/水合物界面和水合物/水两种界面。水合物形成前水滴的 Gibbs 自由能可表示为

$$G_{\text{droplet}} = n_{w_0} \mu_w^{\text{bulk}} + 4\pi r_0^2 \sigma^{\text{W-O}} \tag{3-178}$$

式中，μ_w^{bulk} 为主体水相的化学位；n_{w_0} 是初始水滴的物质的量；r_0 是初始水滴的半径；$\sigma^{\text{W-O}}$ 表示油/水间的界面张力。水合物形成后，水滴加上水合物的 Gibbs 自由能 G_M 可以由下式表示：

$$G_M = n_w \mu_w^{\text{bulk}} + \Delta n_w \mu_B^{\text{bulk}} + 4\pi r^2 \sigma^{\text{H-W}} + 4\pi (r + r_c)^2 \sigma^{\text{H-O}} \tag{3-179}$$

式中，μ_B^{bulk} 为主体基础水合物的化学位；n_w 表示剩余水滴的物质的量；Δn_w 为水合物膜中水分子的物质的量

$$n_w = n_{w0} - \Delta n_w \tag{3-180}$$

σ^{H-W} 和 σ^{W-O} 分别表示水合物/水和水合物/油的界面张力，由文献[88]知，σ^{H-W} 在计算中可取 $17mJ/m^2$，σ^{H-O} 被认为是 σ^{H-W} 与 σ^{O-W} 之和，由实验测得正辛烷/水之间的界面张力 σ^{O-W} 为 $4.0mJ/m^2$；r 为剩余水滴的半径；r_c 为临界稳定水合物膜的厚度，在此作为一个可调参数，由实验数据拟合得到。r 和初始水滴半径 r_0 的关系可由下式表示：

$$(r+r_c)^3 - r^3 = 1.25(r_0^3 - r^3) \tag{3-181}$$

系数 1.25 为空水合物晶格与水的摩尔比。参见本章第二节基础水合物的定义，μ_B^{bulk} 可以表示为

$$\mu_B^{bulk} = \mu_B^0 + \lambda_1 RT(1-\theta) \tag{3-182}$$

式中，θ 表示气体分子在小孔中的占有率，由 Langmuir 等温吸附理论计算；μ_B^0 为小孔为全空时基础水合物晶格的化学位；λ_1 为一个水合物晶格中单位水分子所具有的小孔数目。

假设如图 3-45 所示的水合物形成过程为一个可逆的过程，则此过程中 Gibbs 自由能的变化量为零，也就是说，初始水滴的自由能加上气体的自由能应该与 G_M 相等，即

$$n_{w0}\mu_w^{bulk} + 4\pi r_0^2 \sigma^{W-O} + \Delta n_w \lambda_2 \mu_g = n_w \mu_w^{bulk} + \Delta n_w \mu_B^{bulk} + 4\pi r^2 \sigma^{H-W} + 4\pi(r+r_c)^2 \sigma^{H-O} \tag{3-183}$$

式中，μ_g 为气体组分的化学位；λ_2 为一个水合物晶格中单位水分子所具有的大孔数目。将上式整理得

$$\mu_w^{bulk} + \lambda_2 \mu_g = \mu_B^{bulk} + 4\pi[r^2 \sigma^{H-W} + (r+r_c)^2 \sigma^{H-O} - r_0^2 \sigma^{W-O}]/\Delta n_w \tag{3-184}$$

因为

$$\Delta n_w = \frac{4}{3}\pi[(r+r_c)^3 - r^3]/V_H^0 \tag{3-185}$$

所以 $\mu_w^{bulk} + \lambda_2 \mu_g = \mu_B^{bulk} + 3V_H^0[r^2 \sigma^{H-W} + (r+r_c)^2 \sigma^{H-O} - r_0^2 \sigma^{W-O}]/[(r+r_c)^3 - r^3]$

$$\tag{3-186}$$

式中，V_H^0 为空水合物晶格的摩尔体积。

为了简化式(3-186)，定义一个在水合物形成时考虑毛细效应的有效活度 ($a_{w,ef}$)

$$RT\ln a_{w,ef} = -3V_H^0[r^2 \sigma^{H-W} + (r+r_c)^2 \sigma^{H-O} - r_0^2 \sigma^{W-O}]/[(r+r_c)^3 - r^3] \tag{3-187}$$

则式(3-186)改写为

$$\mu_w^{bulk} + RT\ln a_{w,ef} + \lambda_2 \mu_g = \mu_B^{bulk} \tag{3-188}$$

式中，气体组分的化学位(μ_g)可以表示为气体逸度(f)的函数

$$\mu_g = \mu_g^0(T) + RT\ln f \tag{3-189}$$

将式(3-182)和式(3-189)代入式(3-188)，得

$$\mu_w^{bulk} + RT\ln a_{w,ef} + \lambda_2 \mu_g^0(T) + \lambda_2 RT\ln f = \mu_B^0 + \lambda_1 RT\ln(1-\theta) \tag{3-190}$$

定义辅助函数 f^0

$$f^0 = \exp\left[\frac{\mu_B^0 - \mu_w^{bulk} - \lambda_2 \mu_g^0(T)}{\lambda_2 RT}\right] \tag{3-191}$$

则式(3-190)可改写为

$$f = f^0 (1-\theta)^\alpha a_{w,ef}^{-1/\lambda_2} \tag{3-192}$$

式(3-192)与本章第二节推导的主体水相中水合物生成平衡条件[式(3-85)]类似，只是多了

一项考虑毛细效应的有效活度。f^0 的计算参见 3.2 节。

3.5.2　计算结果与讨论

用所建模型关联实验数据计算了稳定水合物膜的厚度。为了减小测量的不确定性对计算过程的影响，计算过程中水滴直径 r_0 取水合物形成前与水合物形成/分解后的平均值。计算值与实验值[102]的比较结果列于表 3-49 和图 3-46。

表 3-49　实验数据与计算结果对比

乳液序号	平均水滴直径① /nm	温度范围 /K	压力范围 /MPa	r_c /nm	N_p	AADP② /%
1#	224.1	276.15~282.15	4.115~7.866	14	4	0.78
2#	395.9	276.15~282.15	3.915~7.204	23	4	1.36
3#	639.5	276.15~282.15	3.764~7.091	28	4	0.93
4#	4531.5	276.15~282.15	3.663~6.972	40	4	0.51

① 平均水滴直径取水合物形成前与水合物形成/分解后的平均值。

② $\text{AADP} = \sum_j^{N_p} |(p_{cal} - p_{exp})/p_{exp}|_j / N_p \times 100\%$。

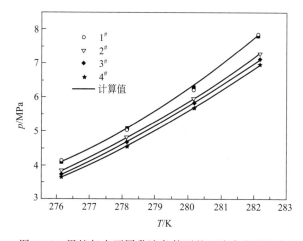

图 3-46　甲烷气在不同乳液条件下的亚稳态边界压力

可以看出计算结果与实验数据吻合较好，平均偏差约为 1%。平均水滴直径为 224.1、395.9、639.5 和 4531.5nm 四种乳液的临界稳定水合物膜厚度分别为 14nm、23nm、28nm 和 40nm。有趣的是，水合物膜临界尺寸厚度随着初始水滴尺寸减小而减小。这可以归因于水滴的比表面积与直径成反比，初始直径较小的水滴其剩余水的比表面积增加较多。例如，初始直径为 620.8nm 的水滴形成临界尺寸为 28nm 的水合物膜后，剩余水的比表面积只增加了 7.93%；然而初始直径为 229.4nm 的水滴形成相同厚度的水合物膜后，剩余水的比表面积增加了 25.67%。大量增加的表面积将导致比表面自由能或化学位大大增加。为了平衡形成水合物膜后剩余水滴的化学位，较小水滴的临界水合物膜厚度将比较大水滴的薄。Englezos 等人[103]估算了水合物粒子在主体水相中的临界直径为 6~34nm，其结果与本书结果数量级相同。由图 3-46 可以看出亚稳态边界压力随乳液水滴尺寸的减小而升高，这是因为较小水滴形成的水合物膜应该具有更高的推动力。因此，从 Peng 等[104]研究的水合物膜厚度与推动力之间的关系，较小的水滴应具有较薄的水合物膜厚度。

3.5.3 小结

引入毛细效应的影响后，Chen-Guo 水合物模型可计算油包水乳液体系水合物生成亚稳态边界条件。与主体水相中水合物的生成相比，油包水乳液中水合物较难形成，且形成难度随水滴尺寸的减小而增加，因此可以通过控制油水乳液水滴的尺寸来抑制水合物的形成。

3.6 含水合物相的多相平衡计算模型

近年来，水合物法分离气体混合物技术在国内外受到了广泛的关注，在文献中已有不少相关报道[105~112]。水合物法分离气体混合物的原理是气体混合物部分生成水合物后，剩余气相和水合物相中的气体干基组成不相同，因而可以实现气体混合物的部分分离。水合物法分离气体混合物和部分冷凝法分离气体混合物的机制基本相同，关键是各气体组分在平衡各相的分配情况。一次水合达到平衡后，相当于完成了一次平衡闪蒸。平衡闪蒸的结果直接反映了气体组分在气相和水合物相的分离情况。因此含水合物的多相平衡闪蒸实验测定与计算是开发水合物分离技术的基础。在油气生产地面装置和输送管线中也常常涉及含水合物的多相平衡闪蒸问题，而且涉及的相数可能更多，图 3-47 所示为气-富水相-富液态烃相-水合物相四相闪蒸示意图。可见含水合物的多相平衡闪蒸的实验测定与计算是一项很重要的基础工作。

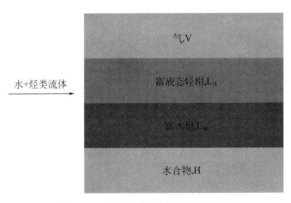

图 3-47 含水合物多相闪蒸示意图

3.6.1 气-液-液-水合物四相闪蒸计算模型

对于含水合物相的气（V）-液烃（L_{HC}）-水（Lw）-水合物（H）四相闪蒸计算需要用到两类热力学模型，一类是状态方程，用于计算 V、Lw、L_{HC} 三相的平衡性质；一类是水合物模型，用以计算固体水合物相的平衡性质。

3.6.1.1 Cole 和 Goodwin 算法

Cole 和 Goodwin[113] 提出了一个包括水合物相的四相闪蒸计算方法，其中各相的组成及各相的量可通过联解 Rachford-Rice 方程组求得

$$F(V) = \sum_i z_i (K_{im} - 1)/H_i = 0, m = 1, 2, \cdots, J - 1 \tag{3-193}$$

$$H_i = 1 + \sum_{m=1}^{J-1} V_m (K_{im} - 1) \tag{3-194}$$

$$K_{im} = y_{im} / y_{iJ} = \frac{f_{iJ} / y_{iJ}}{f_{im} / y_{im}} \tag{3-195}$$

$$y_{im} = z_i K_{im} / H_i, m = 1, 2, \cdots, J-1 \tag{3-196}$$

$$y_{iJ} = z_i / H_i \tag{3-197}$$

式中，V_m 为 m 相的摩尔分率；J 为总的相态数。水合物生成组分 k 在水合物相中的逸度由以下方程组确定：

$$\Phi_k = \frac{C_{k1} f_k^H v_1}{1 + \sum_j C_{j1} f_j^H} + \frac{C_{k2} f_k^H v_2}{1 + \sum_j C_{j2} f_j^H} - \frac{x_k}{x_w} = 0 \qquad k = 1, 2, \cdots, N_H \tag{3-198}$$

式中，x_k 为组分 k 在水合物相中的摩尔分数；N_H 为体系中可生成水合物的组分数。组分 k 在其余各相的逸度由状态方程计算。水在水合物相中的逸度由下式计算：

$$f_w^H = f_w^{L^*} \exp\left(\frac{\Delta \mu_w^{L^*}}{RT} - \frac{\Delta \mu_w^H}{RT}\right) \tag{3-199}$$

式中，上标 L^* 表示纯水或冰的性质；$\Delta \mu_w^H$ 可由式（3-31a）计算；$\Delta \mu_w^{L^*}$ 可由式（3-39）计算。

采用 Newton-Raphson 迭代法求解方程组（3-198），与之相应的 Jacobian 矩阵为

$$\frac{\partial \phi_k}{\partial f_m} = \frac{C_{k1} \delta_{km} v_1}{(1 + \sum_j C_{j1} f_j^H)} - \frac{C_{k1} C_{m1} f_k^H v_2}{(1 + \sum_j C_{j1} f_j^H)^2} + \frac{C_{k2} \delta_{km} v_2}{(1 + \sum_j C_{j2} f_j^H)} - \frac{C_{k2} C_{m2} f_k^H v_2}{(1 + \sum_j C_{j2} f_j^H)^2} \tag{3-200}$$

采用如下方程组的最小正根作为 f_k^H 的初值：

$$f_k^2 C_{k1} C_{k2} \left(1 - \frac{v_1}{N_k} - \frac{v_2}{N_k}\right) + f_k \left[C_{k1}\left(1 - \frac{v_1}{N_k}\right) + C_{k2}\left(1 - \frac{v_2}{N_k}\right)\right] + 1 = 0 \tag{3-201}$$

式中，$N_k = x_k / x_w$。Cole 和 Goodwin 采用 Parrish 和 Prausnitz[5] 模型计算 Langmuir 常数 C_{k1} 和 C_{k2}。

表 3-50 为环丙烷（1）＋水（2）体系的相平衡计算值与实验值比较结果，在实验状态下只有两相存在，即气相和水合物相。表中 x_1^E 和 x_1^C 分别表示水合物相中环丙烷摩尔分数的实验值和计算值。

表 3-50　环丙烷相平衡实验值与计算值的比较

温度/K	压力/kPa	x_1^E/%（摩尔）	报道的水合物结构	x_1^C/%（摩尔）	计算的水合物结构	水合物相的摩尔分数
280.17	176.250	0.1145	I	0.1144	I	0.9032
278.48	142.390	0.1144	I	0.1143	I	0.9031
278.27	138.390	0.1144	I	0.1144	I	0.9032
278.15	135.990	0.1144	I	0.1142	I	0.9030
278.68	128.280	0.1144	I	0.1142	I	0.9031
277.42	124.020	0.1144	I	0.1142	I	0.9031
277.15	120.120	0.1143	I	0.1142	I	0.9031
276.90	115.750	0.1142	I	0.1142	I	0.9030
276.65	115.200	0.1143	I	0.1141	I	0.9031

温度/K	压力/kPa	x_1^E /%(摩尔)	报道的水合物结构	x_1^C /%(摩尔)	计算的水合物结构	水合物相的摩尔分数
276.15	101.240	0.1142	I	0.1141	I	0.9030
275.92	102.740	0.1143	I	0.1142	I	0.9030
275.69	99.350	0.1143	I	0.1142	I	0.9030
275.45	96.690	0.1142	I	0.1142	I	0.9030
275.36	95.350	0.1143	I	0.1141	I	0.9030
275.15	93.350	0.1142	II	0.1141	I	0.9029
274.27	81.010	0.0555	II	0.0555	II	0.8468
274.27	81.620	0.0555	II	0.0555	II	0.8468
274.25	81.090	0.0555	II	0.0555	II	0.8468
274.25	81.230	0.0555	II	0.0555	II	0.8468
274.17	79.870	0.0555	II	0.0555	II	0.8468
274.17	81.300	0.0555	II	0.0555	II	0.8469
274.07	77.350	0.0441	II	0.0555	II	0.8468
273.80	73.410	0.1082	II	0.0555	II	0.8468
274.02	100.980	0.0811	II	0.1144	I	0.9032
273.57	70.100	0.0570	II	0.0555	II	0.8468
273.27	66.710	0.0517	II	0.0555	II	0.8468
273.26	65.660	0.0499	II	0.0555	II	0.8468
273.24	64.550	0.0678	II	0.0555	II	0.8468
273.17	64.370	0.0297	II	0.0555	II	0.8468
273.16	64.020	0.0420	II	0.0555	II	0.8468

3.6.1.2　Chen 和 Guo 算法

Cole 和 Goodwin 算法的核心是求解方程组（3-198）中的 f_k^H。当可生成水合物的组分较少时，此方法是可行的。但对于天然气或油藏流体，组分多且复杂，需要求解的方程（3-198）中方程组个数多，初值预赋困难，导致 Newton-Raphson 迭代法很难收敛。为了避开这个问题，作者提出了一个较简单的算法进行气-液烃-水-水合物多相平衡闪蒸计算[114]，该算法不需要求解较复杂的非线性方程组，因此计算易于收敛。通过检验可知，这一算法具有较强的计算稳定性。

（1）稳定性判别　Michelsen 相稳定判别法[115]用来判断流体的相态数 J。若 $J=2$，则进行两相 p-T 闪蒸计算；若 $J=3$，则进行三相 p-T 闪蒸计算。是否存在水合物相可由下式判断

$$x^* = \frac{f_i}{f_i^0 \left[1 - \sum_j \theta_j \right]^\alpha} \qquad (3\text{-}202)$$

$$\sum_i x_i^* > 1.0 \qquad (3\text{-}203)$$

式中，x_i^* 为由气体组分 i 形成的基础水合物在混合基础水合物中所占的摩尔分数。如果满足 $\sum_i x_i^* > 1.0$，则水合物相是稳定的，此时总相态数为 $J+1$。

（2）纯水体系的闪蒸计算　总物料衡算和各组分物料衡算方程为（设进料量为 1mol）

$$1 = V + L^A + L^B + H \tag{3-204}$$

$$z_{0i} = V \cdot y_i + L^A \cdot x_i^A + L^B \cdot x_i^B + H \cdot x_i^H \tag{3-205}$$

基于两步水合物生成机理，客体分子 i 在单位水分子水合物中的量为

$$x'_i = \lambda_2 x_i^* + \lambda_1 \theta_i \tag{3-206}$$

因此客体分子 i 和水在水合物相中的摩尔分数为

$$x_w^H = \frac{1}{1 + \sum x'_i} \tag{3-207}$$

$$x_i^H = \frac{x'_i}{1 + \sum x'_i} \tag{3-208}$$

设进料中的水转化为水合物的百分率为 m，则转化为水合物的水的总量为

$$m' = m \cdot z_{0w} \tag{3-209}$$

水合物相分率为

$$H = m' + m' \cdot \sum x'_i \tag{3-210}$$

由于生成水合物，进料组成发生变化，改变后的进料组成为 z_i

$$z_i = \frac{z_{0i} - H \cdot x_i^H}{1 - H} \tag{3-211}$$

以 T、p 和 z_i 为已知条件进行三相闪蒸计算，由式（3-202）求得基础水合物的组成 x_i^*。判断是否满足：$F(m) = \sum\limits_i x_i^* - 1.0 = 0$，若不满足，则用正割法调整水转化为水合物的百分率 m，重复计算水合物相分率及组成，直到满足 $\sum\limits_i x_i^* = 1.0$。正割法计算公式为

$$m_k = m_{k-1} - \frac{(m_{k-1} - m_{k-2}) \cdot F(m_{k-1})}{F(m_{k-1}) - F(m_{k-2})} \tag{3-212}$$

具体计算步骤如下：

① 以 T、p、z_{0i} 为条件，进行两相或三相闪蒸计算，得到各相组成 y_i、x_i^A、x_i^B 和各相分率 V、L^A、L^B，以及逸度 f_i。

② 由气相逸度 f_i 计算组分 i 在连接孔中的占有率 θ_i 及基础水合物的组成 x_i^*。判断式（3-200）是否成立。若 $\sum\limits_i x_i^* < 1.0$，则不存在水合物相，不进行四相闪蒸计算；若 $\sum\limits_i x_i^* > 1.0$，则存在水合物相，进行以下步骤计算。

③ 设进料中组分水转化为水合物的百分率 m，则共有 m' 的水转化为水合物，即：

$$m' = m \cdot z_{0w}。$$

④ 由式（3-206）～式（3-208）计算水合物相组成 x_i^H，由式（3-210）计算水合物相分率 H。

⑤ 由水合物相组成及水合物相分率，计算扣除水合物相后的新的进料组成 z_i。

⑥ 以 T、p、z_i 为已知条件，进行三相闪蒸计算。

⑦ 由式（3-199）计算基础水合物的组成 x_i^*，判断是否满足：$F(m) = \sum\limits_i x_i^* - 1.0 = 0$，若不满足，则用正割法调整水的转化率 m。正割法需要两个初值，可取 $m_1 = 0$，$m_2 = 0.3$。

⑧ 若 $m < 1$，重复步骤③、④、⑤、⑥、⑦，直到满足 $\sum\limits_i x_i^* = 1.0$，达到四相平衡，

计算结束，输出各相分率及各相组成。

⑨ 若 $m \geqslant 1$ 或 $L^B = 0$，说明自由水已全部转化为水合物，没有富水相存在，只有烃相（单相或两相）和水合物相。但气相中还有少量水，其也会生成水合物。这时最初的进料组成为

$$z'_{0i} = V \cdot y_i + L^A \cdot x_i^A \tag{3-213}$$

气相中水的逸度为

$$f_w = y_w \phi_w p \tag{3-214}$$

式中，y_w 为气相中水的摩尔分数；ϕ_w 为气相中水的逸度系数。水的转化率初值可取 $m_1 = 0$，$m_2 = 0.05$。采用如上所述的方法计算气相中的水有多少转化为水合物，及生成水合物的组成 $x_i^{H'}$ 和水合物相分率 H'。生成水合物后，进料组成修正为

$$z'_i = \frac{z'_{0i} - H' \cdot x_i^{H'}}{1 - H'} \tag{3-215}$$

迭代计算，直到满足 $\sum_i x_i^* = 1.0$。于是总的水合物相分率为

$$H_{tol} = H + H'(1-H) \tag{3-216}$$

水合物相总组成为

$$x_{itol}^H = x_i^H \cdot H + x_i^{H'} H'(1-H) \tag{3-217}$$

式中，H 和 x_i^H 分别为有自由水时生成的水合物的相分率和摩尔组成。计算结束，输出各相分率及各相组成。

⑩ 若 $V = 0$ 且 $L^A = 0$，说明所有的烃都已转化为水合物，只有富水相和水合物相存在。但富水相中少量的烃与水仍能生成水合物。因此需计算富水相中有多少水转化为水合物，及生成水合物的组成 $x_i^{H'}$ 和水合物相分率 H'，计算方法如前所述。水的转化率初值可取 $m_1 = 0$，$m_2 = 0.0005$。此时，最初的进料组成为

$$z'_{0i} = x_i^B \tag{3-218}$$

富水相中水的逸度为

$$f_w = x_w^B \phi_w^B p \tag{3-219}$$

将此算法的计算结果与文献中的实验数据及计算结果进行了比较，并对几个模拟气样进行了计算。表 3-51 为计算结果与 Dharmawardhana 等[116]的实验数据的比较，体系为 c-C_3H_8(1)+H_2O(2)，其进料组成为：$z_1 = 0.2$，$z_2 = 0.8$。表中 x_1^H 为 c-C_3H_8 在水合物相中的摩尔分数，H 为水合物相分率。在给定的温度、压力下，闪蒸结束后只有两相存在，即气相和水合物相。表 3-52 为此算法与 Cole 和 Goodwin 算法[113]计算结果的比较，体系为 CH_4(1)+C_3H_8(2)+H_2O(3)，其进料组成为：$z_1 = 0.8636$，$z_2 = 0.0455$，$z_3 = 0.0909$。在给定的温度、压力下，闪蒸结束后也只有两相存在，即气相和水合物相。通过比较可以看出，新算法的计算结果与实验数据符合较好，与 Cole 和 Goodwin 的计算结果基本一致，因此新算法是可靠的且方法简单。

表 3-51　Cyclo-C_3H_8(1)+H_2O(2)体系的计算结果

T/K	p/kPa	$x_1^{H①}$	$x_1^{H②}$	$H③$	$H②$
278.68	128.28	0.1144	0.1154	0.9031	0.9043
276.15	101.24	0.1143	0.1154	0.9030	0.9037
275.36	95.35	0.1143	0.1154	0.9030	0.9037

T/K	p/kPa	$x_1^{H①}$	$x_1^{H②}$	$H^{③}$	$H^{②}$
274.25	81.23	0.0555	0.0556	0.8468	0.8460
273.57	70.10	0.0570	0.0556	0.8468	0.8459
273.24	64.55	0.0678	0.0556	0.8468	0.8459

① 实验值[116]。

② Chen 和 Guo 算法的计算值。

③ Cole 和 Goodwin 算法的计算值[113]。

表 3-52 $CH_4(1)+C_3H_8(2)+H_2O(3)$ 体系的计算结果

	1. $T=256K, p=1000kPa$			
	气相		水合物相	
	Cole 和 Goodwin	Chen 和 Guo	Cole 和 Goodwin	Chen 和 Guo
组分 i		组分 i 摩尔分数		
CH_4	0.9548	0.95497	0.0853	0.07660
C_3H_8	0.0450	0.04489	0.0490	0.05078
H_2O	0.00014	0.00014	0.8657	0.87262
		相摩尔分数		
	0.8954	0.89598	0.1046	0.10402

	2. $T=262K, p=1000kPa$			
	气相		水合物相	
	Cole 和 Goodwin	Chen 和 Guo	Cole 和 Goodwin	Chen 和 Guo
组分 i		组分 i 摩尔分数		
CH_4	0.9548	0.95486	0.0787	0.07111
C_3H_8	0.0450	0.04489	0.0495	0.05084
H_2O	0.00024	0.00025	0.8718	0.87805
		相摩尔分数		
	0.8960	0.89674	0.1040	0.10326

	3. $T=264K, p=1000kPa$			
	气相		水合物相	
	Cole 和 Goodwin	Chen 和 Guo	Cole 和 Goodwin	Chen 和 Guo
组分 i		组分 i 摩尔分数		
CH_4	0.9547	0.95481	0.0774	0.06917
C_3H_8	0.0450	0.04488	0.0494	0.05086
H_2O	0.00029	0.00031	0.8732	0.87997
		相摩尔分数		
	0.8962	0.89702	0.1038	0.10298

	4. $T=270K, p=1000kPa$			
	气相		水合物相	
	Cole 和 Goodwin	Chen 和 Guo	Cole 和 Goodwin	Chen 和 Guo
组分 i		组分 i 摩尔分数		
CH_4	0.9545	0.95457	0.0727	0.06331
C_3H_8	0.0450	0.04490	0.0494	0.05083
H_2O	0.00050	0.00054	0.8779	0.88586
		相摩尔分数		
	0.8970	0.89794	0.1030	0.10206

图 3-48 为 $CH_4(1)+C_2H_4(2)$ 在纯水体系中，乙烯在气相和水合物相中浓度计算结果与实验数据[117]的比较，生成水合物分别按Ⅰ型和Ⅱ型计算。由图中可以看出，在实验条件下应生成Ⅱ型水合物。表 3-53 为 $CH_4(1)+C_2H_6(2)$ 在纯水体系中，乙烷在气相和水合物相中浓度计算结果与实验数据[117]的比较。其中上标"exp"表示实验值，"cal"表示模型计算

值。表中各相的组成为去除水后的气体干基组成。闪蒸后只有气相和水合物相存在。由表可以看出乙烷在Ⅰ型水合物相中含量的预测值大于实测值，而在Ⅱ型水合物相中含量的预测值小于实测值。实验值介于Ⅰ型和Ⅱ型水合物预测值之间。

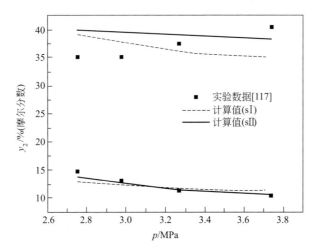

图 3-48　纯水体系中平衡气、固相中 C_2H_4 组成计算值与实验值的比较（$T=274.15K$）

通常认为 CH_4、C_2H_6 生成Ⅰ型水合物，但当它们组成混合物后，在一定温度、压力下，CH_4 组分含量在某个范围内，可同时生成Ⅰ型水合物和Ⅱ型水合物，即两种构型的水合物共存[118,119]。因此本书预测计算了两种构型水合物共存情况下各相的组成并与实验值进行了比较。

当Ⅰ型水合物和Ⅱ型水合物共存时，要解决的关键问题是如何确定两种构型水合物各自的生成量。由水合物生成动力学，水合物生成速率可表示为

$$\frac{\mathrm{d}n}{\mathrm{d}t}=k\left[\exp\left(-a\,\frac{\Delta G}{RT}\right)-1\right]\tag{3-220}$$

式中，a 为模型参数，无量纲，$a=8.16$；k 为反应速率常数；ΔG 为 Gibbs 自由能，由下式计算：

$$\Delta G^{\text{I}}=RT\left[\lambda_2^{\text{I}}\sum_i x_{i\,\text{I}}^*\ln\frac{f_{i\,\text{I}}^0}{f_i}+\lambda_1^{\text{I}}\ln\left(1-\sum_i\theta_i^{\text{I}}\right)\right]\tag{3-221}$$

$$\Delta G^{\text{II}}=RT\left[\lambda_2^{\text{II}}\sum_i x_{i\,\text{II}}^*\ln\frac{f_{i\,\text{II}}^0}{f_i}+\lambda_1^{\text{II}}\ln\left(1-\sum_i\theta_i^{\text{II}}\right)\right]\tag{3-222}$$

其中，气体组分 i 在两种构型水合物大孔中的摩尔分数 $X_{i\,\text{I}}^*$ 和 $X_{i\,\text{II}}^*$ 可由式（3-202）计算；$f_{i\,\text{I}}^0$ 和 $f_{i\,\text{II}}^0$ 由式（3-100）计算，因为是纯水体系，此时水的活度 $a_\text{w}=1$。组分 i 在小孔中的占有率 θ_i^{I} 和 θ_i^{II} 由式（3-98）计算。于是两种构型水合物生成量的比值为

$$\eta=\frac{n^{\text{II}}}{n^{\text{I}}}=\left[\exp\left(-a\,\frac{\Delta G^{\text{II}}}{RT}\right)-1\right]\Big/\left[\exp\left(-a\,\frac{\Delta G^{\text{I}}}{RT}\right)-1\right]\tag{3-223}$$

式中，n^{I} 和 n^{II} 分别为水合物中Ⅰ型水合物的物质的量和Ⅱ型水合物的物质的量。

气体组分 i 在Ⅰ型和Ⅱ型水合物中的组成 x_i^{I} 和 x_i^{II} 可由下式计算：

$$x_i^{\text{I}}=\frac{x_{i\,\text{I}}^*+\alpha^{\text{I}}\theta_i^{\text{I}}}{\sum\limits_{i=1}^{n}(x_{i\,\text{I}}^*+\alpha^{\text{I}}\theta_i^{\text{I}})}\tag{3-224a}$$

$$x_i^{\mathrm{II}} = \frac{x_{i\mathrm{II}}^{*} + \alpha^{\mathrm{II}} \theta_i^{\mathrm{II}}}{\displaystyle\sum_{i=1}^{n} (x_{i\mathrm{II}}^{*} + \alpha^{\mathrm{II}} \theta_i^{\mathrm{II}})} \tag{3-224b}$$

其中，对于 I 型水合物，$\alpha^{\mathrm{I}} = 1/3$；对于 II 型水合物，$\alpha^{\mathrm{II}} = 2$。由此得出组分 i 在水合物相中的组成为

$$x_i = \frac{n^{\mathrm{I}} x_i^{\mathrm{I}} + n^{\mathrm{II}} x_i^{\mathrm{II}}}{n^{\mathrm{I}} + n^{\mathrm{II}}} = \frac{x_i^{\mathrm{I}} + \eta x_i^{\mathrm{II}}}{1 + \eta} \tag{3-225}$$

采用以上的方法重新计算了 $CH_4(1) + C_2H_6(2)$ 混合气在纯水体系中的平衡闪蒸，结果列于表 3-54。由表可以看出，按两种构型水合物共存计算的结果更接近实际情况，这也再次证明了 $CH_4(1) + C_2H_6(2)$ 混合体系在某一温度、压力和浓度范围内确实存在 I 型和 II 型水合物共存的情况。

表 3-53　$CH_4(1) + C_2H_6(2)$ 混合气体在纯水体系中平衡闪蒸的计算结果（$T = 274.15K$，$z_2 = 0.6011$）

p/MPa	y_2^{exp}	$y_2^{\mathrm{cal}}(\mathrm{s\,I})$	$y_2^{\mathrm{cal}}(\mathrm{s\,II})$	x_2^{exp}	$x_2^{\mathrm{cal}}(\mathrm{s\,I})$	$x_2^{\mathrm{cal}}(\mathrm{s\,II})$
2.5	0.5825	0.5589	0.6251	0.6592	0.7716	0.4723
3.0	0.5773	0.5497	0.6373	0.6567	0.7580	0.4560
4.0	0.5748	0.5340	0.6601	0.6253	0.7406	0.4405

表 3-54　$CH_4(1) + C_2H_6(2)$ 混合气体在纯水体系中平衡闪蒸的计算结果

（$\mathrm{s\,I} + \mathrm{s\,II}$）（$T = 274.15K$，$z_2 = 0.6011$）

p/MPa	y_2^{exp}	y_2^{cal}	x_2^{exp}	x_2^{cal}
2.5	0.5825	0.5801	0.6592	0.6760
3.0	0.5773	0.5783	0.6567	0.6594
4.0	0.5748	0.5764	0.6253	0.6396

为检验新算法对多组分复杂流体计算的稳定性，作者计算了多元混合物在油水乳液中生成水合物的相平衡，其中气体混合物 M_1 为三元混合物，M_2 为五元混合物。M_1 的计算结果见表 3-55，其中，z 表示进料的摩尔组成，y 为闪蒸后气相的摩尔组成，x^{A} 为富烃相的摩尔组成，x^{B} 为富水相的摩尔组成，x^{H} 为水合物相的摩尔组成，可以看出闪蒸后有四相存在。为了考核计算结果的准确性，将 M_1 干基组成在平衡气相和水合物浆液相（油相+水相+水合物相）的分配与实验值[120]进行了比较，结果见表 3-56，其分布曲线见图 3-49、图 3-50。混合气体 M_2 的计算结果见表 3-57 和图 3-51、图 3-52。

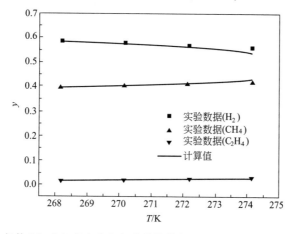

图 3-49　气体 M_1 在气相中摩尔组成计算值与实验值的比较（$p = 5.0MPa$）

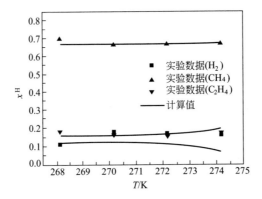

图 3-50 气体 M_1 在水合物浆液相中摩尔组成计算值与实验值的比较（$p=5.0\text{MPa}$）

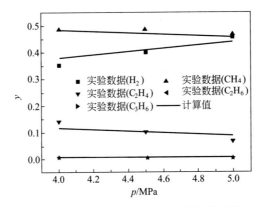

图3-51 气体 M_2 在气相中摩尔组成计算值与实验值的比较（$T=274.15\text{K}$）

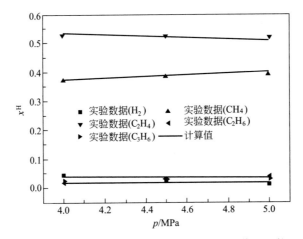

图 3-52 气体 M_2 在水合物浆液相中摩尔组成计算值与实验值的比较（$T=274.15\text{K}$）

表 3-55 混合气体 M_1 在油水乳液中平衡闪蒸的计算结果（$T=274.15\text{K}$，$p=5.0\text{MPa}$）

组分	z	y	x^A	x^B	x^H
H_2	0.195754	0.541470	0.054768	0.000000	0.000363
CH_4	0.202635	0.428985	0.122998	0.000005	0.104701
C_2H_4	0.026333	0.029369	0.029691	0.000001	0.034431
$C_{10}H_{22}$	0.073778	0.000029	0.784330	0.000000	0.000000
H_2O	0.501500	0.000147	0.008209	0.999994	0.860506
相摩尔分数	1.000000	0.351753	0.094052	0.170539	0.383656

表 3-56　气体 M_1 在气相和水合物浆液相摩尔组成计算值与实验值的比较（干基组成）（$p=5.0MPa$）

T/K	组分	z	y		x^H	
			exp	cal	exp	cal
274.15	H_2	0.4609	0.5680	0.54157	0.1672	0.07242
	CH_4	0.4771	0.4070	0.42906	0.6642	0.70844
	C_2H_4	0.0620	0.0250	0.02937	0.1686	0.21914
		1.0000	0.7328	0.82805	0.2672	0.17195
272.15	H_2	0.4609	0.5734	0.56870	0.1795	0.11796
	CH_4	0.4771	0.4057	0.40795	0.6586	0.69709
	C_2H_4	0.0620	0.0209	0.02335	0.1619	0.18495
相摩尔分数		1.0000	0.7144	0.76084	0.2856	0.23916
270.15	H_2	0.4609	0.5846	0.57414	0.1858	0.12977
	CH_4	0.4771	0.3986	0.40344	0.6536	0.69250
	C_2H_4	0.0620	0.0168	0.02242	0.1606	0.17773
相摩尔分数		1.0000	0.6898	0.74517	0.3102	0.25483
268.15	H_2	0.4609	0.5993	0.58297	0.1172	0.11680
	CH_4	0.4771	0.3905	0.39601	0.6989	0.70568
	C_2H_4	0.0620	0.0102	0.02102	0.1839	0.17752
相摩尔分数		1.0000	0.7129	0.73814	0.2871	0.26186

表 3-57　混合气体 M_2 在油水乳液中平衡闪蒸的计算结果（$T=274.15K$，$p=5.0MPa$）

组分	z	y	x^A	x^B	x^H
H_2	0.046568	0.439522	0.016994	0.00000	0.000425
CH_4	0.100315	0.458080	0.077849	0.00000	0.057530
C_2H_4	0.076902	0.088690	0.068990	0.00000	0.076737
C_2H_6	0.005654	0.007178	0.007815	0.00000	0.005080
C_3H_6	0.005161	0.006483	0.033903	0.00000	0.000000
$C_{10}H_{22}$	0.105400	0.000036	0.791894	0.00000	0.000000
H_2O	0.660000	0.000011	0.002555	0.00000	0.860228
相摩尔分数	1.00000	0.100064	0.133094	0.00000	0.766842

　　计算结果表明，对于这样多组分多相共存的复杂体系，作者提出的算法计算值与实验数据符合较好，且对初值要求不高，计算稳定性好。

　　本书还模拟计算了无自由水存在时平衡闪蒸的结果。当没有自由水存在时，气体中的水蒸气在条件合适时也会和其他组分生成水合物。表 3-58 为无自由水体系的计算结果，由表中可以看出，生成水合物的量极少。

表 3-58　无自由水时[$CH_4(1)+C_3H_8(2)+H_2O(3)$]混合气体的计算结果（$T=276.15K$，$p=1000kPa$）

组分 i	进料	气相	富烃液相	水相	水合物相
		组分 i 的摩尔分数			
CH_4	0.949088	0.949097	0.000000	0.000000	0.057220
C_3H_8	0.050004	0.050004	0.000000	0.000000	0.050827
H_2O	0.000908	0.000899	0.000000	0.000000	0.891954
		相摩尔分数			
相摩尔分数	1.000000	0.999990	0.000000	0.000000	0.000010

　　（3）含极性抑制剂体系的闪蒸计算　当体系中含有极性抑制剂时，极性组分的逸度可以采用活度系数法计算，也可以采用修正状态方程或混合规则的方法计算。在本书计算例子

中，含甲醇体系采用第三节介绍的 PT 状态方程结合 Kurihara 混合规则的模型计算富水相中水和醇的逸度。表 3-59 为某合成气体在含甲醇水溶液中平衡闪蒸的计算结果，合成气体的组分为天然气的常见组分。

（4）含盐体系的闪蒸计算 当水溶液中含有盐类时，进行气-液-液三相闪蒸计算前，需先从总组成中将盐扣除掉，得到新的组成（salt-free composition）：

$$z'_i = \frac{z_i}{1-z_s} \qquad (3-226)$$

式中，z_s 为进料中盐的总摩尔组成。

表 3-59 多组分合成气体在含甲醇体系中的计算结果 （$T=268.15\text{K}$，$p=850$ kPa）

组分 i	进料	气相	富烃液相	水相	水合物相
			组分 i 的摩尔分数		
CO_2	0.10	0.206447	0.038825	0.001317	0.010876
C_1	0.20	0.406623	0.025286	0.000003	0.035540
C_2	0.10	0.209741	0.091628	0.000002	0.005551
C_3	0.04	0.072675	0.143323	0.000000	0.018961
$i\text{-}C_4$	0.03	0.046332	0.243167	0.000000	0.025327
$n\text{-}C_4$	0.03	0.057485	0.442353	0.000000	0.002965
H_2O	0.47	0.000463	0.006010	0.878347	0.900779
CH_3OH	0.03	0.000235	0.009407	0.120331	0.000000
			相摩尔分数		
相摩尔分数	1.00	0.496917	0.005580	0.217823	0.279680

针对进料组成 z'_i 进行 $T\text{-}p$ 等温闪蒸计算，得到富水相的组成 $x_w^{'B}$ 和摩尔分数 $L^{'B}$。将前面扣除掉的盐全部加入富水相中，得到富水相中各组分和盐的摩尔组成 x_i^B，x_s^B

$$x_i^B = \frac{x_i^{'B} L^{'B}}{L^{'B}+z_s} \qquad (3-227)$$

$$x_s^B = \frac{z_s}{L^{'B}+z_s} \qquad (3-228)$$

有关含盐体系中水的逸度计算可参见本章 3.3 节所述的方法。如果通过式（3-203）判断有水合物生成，假定水的转化率为 m，计算方法如前所述。富水相的组成 $x_w^{'B}$ 不断变化，相摩尔分数 $L^{'B}$ 不断减小，于是由式（3-228）可见剩余水溶液中盐的摩尔浓度不断增加。

表 3-60 为合成气体在含盐水溶液中平衡闪蒸的计算结果。可以看出，因为甲醇和盐均不生成水合物，因此闪蒸后富水相中醇和盐的含量增大。

表 3-60 多组分合成气体在含盐体系中的计算结果 （$T=268.15\text{K}$，$p=850\text{kPa}$）

组分 i	进料	气相	富烃液相	水相	水合物相
			组分 i 的摩尔分数		
CO_2	0.10	0.21095	0.04247	0.00119	0.01113
C_1	0.20	0.41865	0.03341	0.00014	0.04455
C_2	0.10	0.21095	0.11342	0.00013	0.00277
C_3	0.04	0.07074	0.15482	0.00003	0.02440
$i\text{-}C_4$	0.03	0.04429	0.26551	0.00001	0.02133
$n\text{-}C_4$	0.03	0.04401	0.39000	0.00001	0.00332
H_2O	0.47	0.00043	0.00037	0.92967	0.89250
$NaCl$	0.03	0.00000	0.00000	0.06409	0.00000
			相摩尔分数		
相摩尔分数	1.00	0.47315	0.02452	0.33997	0.16235

3.6.2　气-水合物两相闪蒸计算模型

当体系在指定温度和压力下富烃相只有气相且各气体组分在水中溶解度可忽略时，可以简化计算，即只作气-水合物两相闪蒸计算，不考虑水相，只对气体干基进行平衡计算。

3.6.2.1　相平衡准则

当气-水合物两相处于相平衡时，各组分在气相中的逸度应与其在固相（水合物）中的逸度相等，即

$$f_i^V = f_i^H \tag{3-229}$$

式中，f_i^V 为气体组分 i 在气相中的逸度；f_i^H 为组分 i 在水合物固相中的逸度。f_i^V 可由状态方程按下式计算：

$$f_i^V = \phi_i^V y_i p \tag{3-230}$$

式中 ϕ_i^V 为组分 i 在气相中的逸度系数；y_i 为组分 i 的摩尔分数；p 为体系压力。水合物相中组分 i 的逸度 f_i^H 由下式计算：

$$f_i^H = x_i^* f_i^0 \left(1 - \sum_j \theta_j\right)^\alpha \tag{3-231}$$

3.6.2.2　物料衡算方程（干基）

气体干基组分在气-水合物相的等温闪蒸与气-液两相等温闪蒸类似，因此其物料衡算公式与等温闪蒸相同。

总物料衡算以及各组分的物料衡算可分别表示为：

$$F = V + H \tag{3-232}$$

$$F z_i = V y_i + H x_i \tag{3-233}$$

式中，F、V 和 H 分别表示进料、平衡气相和水合物相的物质的量，mol；z_i、y_i 和 x_i 分别表示进料、平衡气相和水合物相的组成。定义 $e = \dfrac{V}{F}$，式（3-233）可改写为

$$z_i = e y_i + (1-e) x_i \tag{3-234a}$$

或

$$y_i = \frac{z_i - (1-e) x_i}{e} \tag{3-234b}$$

3.6.2.3　计算方法

虽然气-水合物两相闪蒸与气-液两相闪蒸类似，但还是有本质的区别。在计算过程中只对干基进行平衡计算，但并不代表没有水的存在，只是忽略气相中水蒸气的含量及水相中气体的溶解度，且只适用于水完全转化为水合物的情况。水量的多少将直接影响水合物相的组成及相分率，因此气-水合物平衡闪蒸过程的独立变量应比普通气-液平衡闪蒸的独立变量多一个，即含水量的多少。普通气-液平衡闪蒸的独立变量数为 $c+2$ 个，所以气-水合物平衡闪蒸的独立变量数为 $c+3$ 个。气-水合物相平衡计算的独立变量见表 3-61。

表 3-61　气-水合物相平衡计算的独立变量

独立变量	变量数
F	1
z_i	$c-1$
p	1

独立变量	变量数
T	1
W	1
Σ	$c+3$

表中，F 为进料气体干基的流量；W 表示进料气-水体系中水相的摩尔分数。含水量 W 与汽化分率 e 的关系如下：

$$e = 1 - \frac{W}{1-W} \sum_{i=1}^{c} (\lambda_1 \theta_i + \lambda_2 x_i^*) \tag{3-235a}$$

若水相中含有抑制剂或促进剂时，汽化分率 e 由下式计算：

$$e = 1 - \frac{W(1-x_{\text{inh}})}{1-W} \sum_{i=1}^{c} (\lambda_1 \theta_i + \lambda_2 x_i^*) \tag{3-235b}$$

式中，x_{inh} 为水相中抑制剂或促进剂的摩尔分数。

计算框图如图 3-53 所示。计算 x_i^* 的式（3-202）中 f_i^0 与水的活度有关，因此当水相中含有抑制剂时，需采用相应模型计算水的活度 a_w。

对于（$CH_4 + C_2H_6$）体系，若两种构型水合物共存时，可采用如下步骤计算：

① 输入指定的温度 T、压力 p 及进料气组成 z_i，输入进料水相摩尔分数 W。

② 在指定温度 T 和进气组成 z_i 下分别计算生成 I 型和 II 型水合物的压力 p_H^I 和 p_H^II。若 $p < p_\text{H}^\text{I}$ 且 $p < p_\text{H}^\text{II}$，则体系为单一气相，没有水合物生成，退出计算；若 $p > p_\text{H}^\text{I}$ 且 $p > p_\text{H}^\text{II}$，则 I 型和 II 型水合物共存，由水合物模型计算水合物相的组成 x_i，作为水合物相组成的初值，由式（3-235）计算汽化分率 e，进行步骤③。

③ 由式（3-234b）计算平衡气相组成 y_i。

④ 由状态方程计算组成为 y_i 的混合物在 T 和 p 下各组分在气相中的逸度 f_i。

⑤ 由式（3-102）分别计算 I 型和 II 型水合物的 f_i^0。

⑥ 由式（3-98）分别计算各组分在 I 型和 II 型水合物小孔中的占有率 θ_i^I 和 θ_i^II。由式（3-199）分别计算大孔中各组分的摩尔分数 $x_{i\text{I}}^*$ 和 $x_{i\text{II}}^*$。

⑦ 由式（3-221）～式（3-223）计算两种构型水合物生成量的比值 η。

⑧ 由式（3-224）分别计算 I 型和 II 型水合物相中各组分的摩尔分数 x_i^I 和 x_i^II。

⑨ 由式（3-225）计算水合物相中组分 i 的总组成 x_i。

⑩ 由式（3-235）计算气相摩尔分数 e'。

⑪ 比较 e' 是否等于 e，如果满足精度要求，输出计算结果，结束计算，否则重复步骤③～⑩。

3.6.2.4　计算结果

（1）纯水体系　重新计算图 3-48 和表 3-56 所示的体系，计算结果如表 3-62 和表 3-63 所示。由此可以看出计算结果与四相闪蒸计算结果相似，但简化了计算。

表 3-62 $[CH_4(1)+C_2H_4(2)]$混合气体在纯水体系中平衡闪蒸的计算结果（$T=274.15\text{K}$，$z_2=0.1986$）

p/MPa	W/%	y_2^{exp}	$y_2^{\text{cal}}(\text{s I})$	$y_2^{\text{cal}}(\text{s II})$	x_2^{exp}	$x_2^{\text{cal}}(\text{s I})$	$x_2^{\text{cal}}(\text{s II})$
2.75	66.2	0.1477	0.1368	0.1413	0.3512	0.3973	0.3832
2.98	67	0.1314	0.1367	0.1319	0.3539	0.3934	0.3768
3.27	67.8	0.1120	0.1087	0.1183	0.3738	0.3377	0.3689
3.74	68	0.1016	0.1021	0.1084	0.4078	0.3183	0.3600

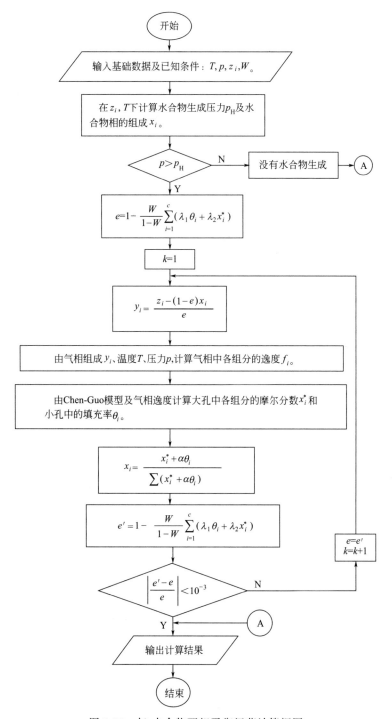

图 3-53　气-水合物两相平衡闪蒸计算框图

表 3-63　[$CH_4(1)+C_2H_6(2)$]混合气体在纯水体系

中平衡闪蒸的计算结果（s I ＋s II）（$T=274.15K$，$z_2=0.6011$）

p/MPa	W/%（摩尔分数）	y_2^{exp}	y_2^{cal}	x_2^{exp}	x_2^{cal}
2.5	62	0.5825	0.5791	0.6592	0.6716
3.0	67	0.5773	0.5776	0.6567	0.6554
4.0	76	0.5748	0.5752	0.6253	0.6287

（2）含选择性抑制剂体系　作者计算了 $CH_4(1)+C_2H_6(2)$ 和 $CH_4(1)+C_2H_4(2)$ 混合气在含 6%（摩尔分数）四氢呋喃（THF）水溶液中组成在各相中的分配结果，并与实验值[117]进行了比较。图 3-54 和图 3-55 给出了[$CH_4(1)+C_2H_6(2)$]混合气在不同压力下平衡闪蒸各相组成随温度变化的计算结果。压力分别为 $p=3MPa$ 和 $p=2MPa$。图 3-56 为 $CH_4(1)+C_2H_4(2)$ 混合气在含 6%（摩尔分数）四氢呋喃水溶液中平衡闪蒸各相组成随压力变化的结果。

对于含 THF 体系，采用 Wilson 局部组成活度系数模型计算富水相中水和 THF 的逸度。THF 只可生成 Ⅱ 型水合物，且只占据大孔，所以小孔中的占有率 θ_{THF} 为零，即 Langmuir 常数 $C_{THF}=0$。Chen-Guo 模型式（3-100）中 THF 的参数值为：$a^{II}=20.5\times10^{22}$ MPa，$b^{II}=-24787.5K$，$c^{II}=-130.0K$。

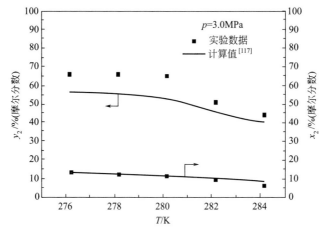

图 3-54　75.61%CH_4＋24.39%C_2H_6 混合气在含 THF 体系中平衡气、固相的 C_2H_6 组成计算值与实验值的比较（$p=3.0MPa$）

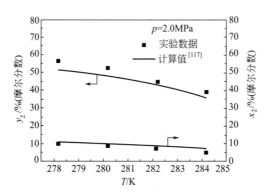

图 3-55　75.61%CH_4＋24.39%C_2H_6 混合气在含 THF 体系中平衡气、固相的 C_2H_6 组成计算值与实验值的比较（$p=2.0MPa$）

由以上结果可以看出当不含 THF 时，C_2 组分在水合物相中的含量大于气相中的含量，即 C_2 组分较 CH_4 更易生成水合物。但是当含有 THF 时，由于 THF 较 C_2 组分更易生成水合物，所以首先占据大孔，抑制了 C_2 组分生成水合物，因此水合物相中 C_2 组分的含量小于气相中的含量。同时还可以看出 THF 的加入，使分离效果大大改善。以上几种情况都生成 Ⅱ 型水合物。含 THF 体系的计算结果误差较大，其原因是 THF 和水为极性物质，对此类流体热力学性质计算的精度还有待提高，而流体热力学性质计算的好坏将直接影响水合物

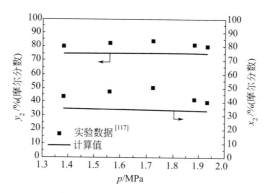

图 3-56　31.94%CH$_4$＋68.06%C$_2$H$_4$ 混合气在含 THF 体系中
平衡气、固相的 C$_2$H$_4$ 组成计算值与实验值的比较（T＝274.15K）

相的计算精度。同时，水合物相的组成较难测量，因此测量误差较大，这也给模型计算带来了一定的难度。

3.6.3　小结

对于有水合物相的多相平衡闪蒸问题，Chen-Guo 算法表现出了很强的优越性，特别是对于多组分混合物。该方法避免了求解复杂的多元非线性方程组的问题，因此计算简单，对初值要求不高，易收敛，计算稳定性好。通过多种体系的检验计算表明，计算结果与文献报道数据及实验值符合较好。

对于（CH$_4$＋C$_2$H$_6$）体系，要注意在一定条件下有两种构型水合物共存的情况，此时需由水合物生成动力学模型确定两种构型水合物的生成量，以此决定水合物相的总组成。

当体系平衡闪蒸后只有气相和水合物相存在时，可只对气体干基作两相闪蒸计算，使计算大为简化。

参考文献

[1] Barrer R M，Stuart W I. Proc. Roy. Soc. （London），1957，A. No. 1233，243：172.

[2] van der Waals J A，Platteeuw J C. Clathrate Solutions. Adv Chem Phys，1959，2：2-57.

[3] Nagata I，Kobayashi R. Calculation of Dissociation Pressure of Gas Hydrates Using Kihara Model. Ind Eng Chem Fundam，1966，5：344-347.

[4] Saito S，Marshall D R，Kobayashi R. Hydrates of High Pressures. Part Ⅱ. Application of Statistical Mechanics to The Study of The Hydrates of Methane，argon and nitrogen. AIChE J.，1964，10：734-740.

[5] Parrish W R，Prausnitz J M. Dissociation Pressure of Gas Hydrates Formed by Gas Mixtures. Ind Eng Chem Process Des Dev，1972，11：27-35.

[6] Ng H J，Robinson D B. The Measurement and Prediction of Hydrate Formation in Liquid Hydrocarbon-Water System. Ind Eng Chem Fundam，1976，15：293-297.

[7] Ng H J，Robinson D B. The Prediction of Hydrate Formation in Condensed Systems. AIChE J.，1977，23：477-482.

[8] Sloan Jr. E D. Phase Equilibria of Nature Gas Hydrates. Paper Presented at 63rd Annual GPA Convention，New Orleans，Louisiana，1984，3：19-21.

[9] John V T，Papadopoulos K D，Holder G D. A Generalized Model for Predicting Equilibrium Conditions for Gas Hydrates. AIChE J.，1985，31：252-259.

[10] Anderson F E，Prausnitz J M. Inhibition of Gas Hydrates by Methanol. AIChE J，1986，32：1321-1333.

[11] Munck J，Jorgensen S S，Rasmussen P. Computations of the Formation of Gas Hydrates. Chem Eng Sci，1988，43

(10): 2661-2672.

[12] Englezos P, Bishnoi P R. Experimental Study on the Equilibrium Ethane Hydrate Formation Conditions in Aqueous Electrolyte Solutions. Ind Eng Chem Res, 1991, 30 (7): 1655-1659.

[13] Avlonitis D. A Scheme for Reducing Experimental Heat Capacity Data of Gas Hydrates. Ind Eng Chem Res, 1994, 33 (12): 3247-3255.

[14] Avlonitis D. The Determination of Kihara Potential Parameters from Gas Hydrate Data. Chem Eng Sci, 1994, 49 (8): 1161-1173.

[15] 杜亚和, 郭天民. 天然气水合物生成条件的预测: I. 不含抑制剂体系. 石油学报 (石油加工), 1988, 4 (3): 82-92.

[16] McKoy V and Sinanoglu O. J Chem Phys, 1963, 38: 2946.

[17] Kihara T. Reviews of Modern Physics. 1953, 25: 831-843.

[18] Sloan Jr. E D. Clathrate Hydrates of Natural Gases, New York: Marcel Dekker, 1990.

[19] Barkan E S, Sheinin D A. A General Technique for Formation Conditions Natural Gas Hydrate. Fluid Phase Equilibria, 1993, 86: 111-136.

[20] Sloan Jr. E D. Clathrate Hydrates of Natural Gases, 2nd edition, New York, Marcel Dekker, 1998.

[21] Ma Q L, Chen G J, Guo T M. Prediction of Structure-H Gas Hydrate Formation Conditions for Reservoir Fluids. China J of Chem Eng, 2005, 56 (9): 1599-1605.

[22] Holder G D and Grigoriou G C. J Chem Thermo, 1980, 12: 1093.

[23] Barrer R M, Edge A V J. Proc Roy Soc (London), 1967, A300, 1460: 1.

[24] Glew D N. Can J Chem, 1960, 38: 208.

[25] Deaton W H, Frost E M. US. Dept of the Interior. Bureau of Mines, Monograph 8, 1946.

[26] McLeod H O, Campbell J H. Petrol Trans, AIME, 1961, 222: 590.

[27] Du Y H, Guo T M. Prediction of Hydrate Formation for Systems Containing Methanol. Chem Eng Sci, 1990, 45 (4): 893-900.

[28] Zuo Y X, Commesen S, Guo T M. A generalized thermodynamic model for natural gas hydrate systems containing formation water and inhibitor. Proceedings of the second international symposium on thermodynamics in chemical engineering and industry, Beijing, 1994.

[29] Chen G J, Guo T M. Thermodynamic Modeling of Hydrate Formation Based on New Concepts. Fluid Phase Equilibria, 1996, 112 (1-2): 43-65.

[30] Chen G J, Guo T M. A New Approach to Gas Hydrate Modeling. Chem Eng J, 1998, 71 (2): 145-151.

[31] Wilcox W I, Carson D B, Katz D L. Natural gas hydrates. Ind Eng Chem, 1941, 33: 662-665.

[32] Frost E M, Deaton W M. Gas hydrate composition and equilibrium data. Oil Gas J, 1946, 45: 170-178.

[33] Burmistrov A G. Gazov. Prom., Ser. Podgot. Gaza. Gazov. Kondens, 1979, 4: 1.

[34] Ng H J, Robinson D B. AIChE national meeting, Atlanta, Georgia, 1984, 3: 11-14.

[35] Hammerchmidt E G. Ind Eng Chem, 1934, 26: 811.

[36] Karson D B, Katz D L. Trans., AIME, 1942, 146: 150.

[37] Khoroshilov V A. NTS po. Gas Tekh., Ser. Gaz. Prom. Podzem. Khran. Gazov. GOSINTI, 1960, 3: 45.

[38] Chen G J, Sun C Y, Guo T M. Modelling of the formation conditions of Structure-H hydrates. Fluid Phase Equilibria, 2003, 204, 107-117.

[39] Mehta A P, Sloan E D. J Chem Eng Data, 1993, 38: 580-582.

[40] Thomas M, Behar E. in: Proceedings of the 73rd gas processors association convention, New Orleans, 1994, 3: 7-9.

[41] Mehta A P, Sloan E D. J Chem Eng Data, 1994, 39: 887-890.

[42] Danesh A, Tohidi B, Burgass R W, Todd A C. Chem Eng Res Des, 1994, 72 (A2): 197-200.

[43] Tohidi B, Danesh A, Burgass R W, Todd A C. Proceedings of the 2nd international conference on natural gas hydrate, Toulouse, 1996, 6: 109-115.

[44] Lederhos J P, Mehta A P, Nyberg G B, Warn K J, Sloan E D. AIChE J, 1992, 38: 1045-1048.

［45］Hutz U，Englezos P. Measurement of Structure H hydrate phase equilibria and the effect of electrolytes. Fluid Phase Equilibria，1996，117：178-185.

［46］Khokhar A A，Gudmundsson J S，Sloan E D. Fluid Phase Equilibria，1998，150/151：383-392.

［47］Wilson G M. Vapor-liquid equilibria. XI：A new expression for the excess Gibbs energy of mixing. J Am Chem Soc，1964，86：127-130.

［48］Gmehling J，Rasmussen P，Fredenslund Aa. Ind Eng Chem Proc Des Dev，1982，21：118.

［49］Anderson T F，Prausnitz J M. Ind Eng Chem Proc Des Dev，1978，17：552.

［50］Peng D Y，Robinson D B. A new two-constant equation of state. Ind Eng Chem Fundam，1976，15：59-64.

［51］杜亚和，郭天民. 天然气水合物生成条件的预测：Ⅱ. 注甲醇体系. 石油学报（石油加工），1988，4（4）：67-76.

［52］Mathias P M. Ind Eng Chem Proc Des & Dev，1983，22：385.

［53］Mollerup J. Fluid Phase Equilibria，1983，15：189.

［54］Mollerup J. Fluid Phase Equilibria，1985，22：139.

［55］Knapp H，Doring R，Oellrich L. Vapor-liquid equilibria for mixtures of low boiling substances. Frankfurt，DECHEMA Chemistry Data Series，1982，（4）.

［56］Ma Q L，Chen G J，Guo T M. Modelling the gas hydrate formation of inhibitor containing systems. Fluid Phase Equilibria，2003，205：291-302.

［57］Patel N C，Teja A S. A new cubic equation of state for fluids and fluid mixtures. Chem Eng Sci，1982，37：463-473.

［58］Kurihara K，Tochigi K，Kojima K. Mixing rule containing regular solution and residual excess free energy，J Chem Eng Japan，1987，20：227-231.

［59］Zheng D Q，Ma W D，Wei R，Guo T M. Fluid Phase Equilibria，1999，155：277-286.

［60］Knapp H，Zeck S，Langhorst R. Vapor-Liquid Equilibria For Mixtures of Low Boiling Substances，Frankfurt，DECHEMA，1988.

［61］郭天民. 多元汽-液平衡与精馏. 北京：化学工业出版社，1983.

［62］Gmehling J，Onken U. Vapor-Liquid Equilibrium Data Collection：Aqueous-Organic Systems，Frankfurt，DECHEMA，1991.

［63］Zuo Y X，Guo T M. Extension of the Patel-Teja Equation of State to the Prediction of the Solubility of Natural Gas in Formation Water. Chem Eng Sci，1991，46：3251-3258.

［64］Ng H J，Chen C J，Saeterstad T. Fluid Phase Equilibria，1987，36：99.

［65］Tohidi B，Østergaard K K，Danesh A，Todd A C，Burgass R W. 2001. Structure-H gas hydrates in petroleum reservoir fluids. Can J Chem Eng，2001，79：384-391.

［66］Zuo Y X，Gommesen S，Guo T M. Equation of State Based Hydrate Model for Natural Gas Systems Containing Brine and Inhibitor. The Chinese J of Chem Eng 1996，4（3）：189～202.

［67］Fan S S，Chen G J，Ma Q L，Guo T M. Chem Eng J，2000，78：173-178.

［68］Ng H J，Robinson D B. Fluid Phase Equilibria，1985，21：145-155.

［69］Handa Y P，Stupin D. Thermodynamic properties and dissociation characteristics of methane and propane hydrates in 7-A-radius silica gel pores. J Phys Chem，1992，96：8599-8603.

［70］Clarke M A，Pooladi-Darvish M，Bishnoi P R. A method to predict equilibrium conditions of gas hydrate formation in porous media. Industrial and Engineering Chemistry Research，1999，38（6）：2485-2490.

［71］Clennell M B，Hovland M，Booth J S，Henry P，Winters W J. Formation of natural gas hydrates in marine sediments 1. Conceptual model of gas hydrate growth conditioned by host sediment properties. Journal of Geophysical Research-Solid Earth，1999，104（B10）：22985-23003.

［72］Henry P，Thomas M，Clennell M B. Formation of natural gas hydrates in marine sediments 2. Thermodynamic calculations of stability conditions in porous sediments. Journal of Geophysical Research-Solid Earth，1999，104（B10）：23005-23022.

［73］Klauda J B，Sandler S I. Modeling gas hydrate phase equilibria in laboratory and natural porous media. Industrial and Engineering Chemistry Research，2001，40（20）：4197-4208.

［74］Klauda J B，Sandler S I. Predictions of gas hydrate phase equilibria and amounts in natural sediment porous media. Marine and Petroleum Geology，2003，20：459-470.

[75] Adamson A. The physical chemistry of surface，2nd ed.，New York：John Wiley and Sons，1967.

[76] Brinker C J，Scherer G W. The physical and Chemistry of Sol-Gel Processing. New York：Academic Press，1990.

[77] Vigil G，Xu Z，Steinberg S，Israelachvili J. Interactions of silica surfaces. J Colloid Interface Sci，1994，165：367.

[78] Uchida T，Ebinuma T，Ishizaki T. Dissociation condition measurements of methane hydrate in confined in small pores of porous glass. J Phys Chem B，1999，103：3659.

[79] Brun M，Lallemand A，Quinson J F，Eyraud C. New method for simultaneous determination of size and shape of pores-Thermoporometry. Thermochim Acta，1977，21：59.

[80] Jallut C，Lenoir J，Bardot C，Eyraud C. Thermoporometry-Modeling and simulation of a mesoporous solid. J Membr Sci，1992，68：271.

[81] Chen L T，Sun C Y，Chen G J，Nie Y Q. Thermodynamics model of predicting gas hydrate in porous media based on reaction-adsorption two-step formation mechanism. Ind Eng Chem Res，2010，49，3936-3943.

[82] Li S L，Ma Q L，Sun C Y，et al. A fractal approach on modeling gas hydrate phase equilibria in porous media. Fluid Phase Equilibria，2013，356，277-283.

[83] Tolman R C. The effect of droplet size on surface tension. J Chem Phys，1949，17：333-337.

[84] Smith D H，Wilder J W，Seshradi K. Methane Hydrate Equilibria in Silica Gels with Broad Poresize Distributions. AIChE J，2002，48：393-400.

[85] Seo Y，Lee H，Uchida T. Methane and Carbon Dioxide Hydrate Phase Behavior in Small Porous Silica Gels：Three Phase Equilibrium Determination and Thermodynamic Modeling. Langmuir，2002，18：9164-9170.

[86] Kang S P，Lee J W，Ryu H J. Phase Behavior of Methane and Carbon Dioxide Hydrates in Meso- and Macro-Sized Porous Media Macro-Mized Porous Media. Fluid Phase Equilibria，2008，274：68-72.

[87] 穆秋艳. 孔隙介质中水合物平衡分解 [D]. 北京：中国石油大学，2008.

[88] Uchida T，Ebinuma T，Takeya S，Nagao J，Narita H. Effects of Pore Sizes on Dissociation Temperatures and Pressures of Methane，Carbon Dioxide，and Propane Hydrates in Porous Media. J Phys Chem B，2002，106：820-826.

[89] Anderson R，Llamedo M，Tohidi B，Burgass R W. Experimental Measurements of Methane and Carbon Dioxide Clathrate Hydrate Equilibria in Mesoporous Silica. J Phys Chem B，2003，107：3507-3514.

[90] Smith D H，Wilder，J W，Seshadri K. Thermodynamics of Carbon dioxide Hydrate Formation in Media with Broad Pore-Size Distributions. Environ Sci Technol，2002，36：5192-5198.

[91] Seo Y，Lee S，Cha I，Lee J D，Lee H. Phase Equilibria and Thermodynamic Modeling of Ethane and Propane Hydrates in Porous Silica Gels. J Phys Chem B，2009，113：5487-5492.

[92] Zhang W，Wilder J W，Smith D H. Methane Hydrate-Ice Equilibria in Porous Media. J. Phys Chem B，2003，107：13084-13089.

[93] Seshradi K，Wilder J W，Smith D H. Measurements of Equilibrium Pressures and Temperatures for Propane Hydrate in Silica Gels with Different Pore-Size Distributions. J Phys Chem B，2001，105：2627-2631.

[94] Smith D H，Seshadri K，Uchida T，Wilder J W. Thermodynamics of Methane，Propane，and Carbon Dioxide Hydrate in Porous Glass，AICHE J，2004，50（7）：1589-1598.

[95] Seo Y，Lee H. Hydrate Phase Equilibria of Ternary CH_4＋NaCl＋Water，CO_2＋NaCl＋Water and CH_4＋CO_2＋Water Mixtures in Silica Gel Pores. J Phys Chem B，2003，107：889-894.

[96] Zanota M L，Dicharry C，Graciaa A. Hydrate Plug Prevention by Quaternary Ammonium Salts. Energy & Fuels，2005，19：584-590.

[97] Poindexter M K，Zaki N N，Kilpatrick P K，et al. Factors Contributing to Petroleum Foaming. 1. Crude Oil Systems. Energy & Fuels，2002，16：700-710.

[98] Dalmazzone D，Hamed N，Dalmazzone C. DSC Measurements and Modeling of the Kinetics of Methane Hydrate Formation in Water-in-oil Emulsion. Chem Eng Sci，2009，64：2020-2026.

[99] Aichele C P，Chapman W G，Rhyne L D，et al. Nuclear Magnetic Resonance Analysis of Methane Hydrate Formation in Water-in-oil Emulsions. Energy & Fuels，2009，23：835-841.

[100] Boxall J，Greaves D，Mulligan J，Koh C，Sloan E D. Gas Hydrate Formation and Dissociation from Water-in-oil

Emulsions Studied Using PVM and FBRM Particle Size Analysis. Proceedings of the Sixth International Conference on Gas Hydrate. Vancouver，British Columbia，Canada，2008，7：6-10.

[101] Taylor C J，Miller K T，Koh C A，Sloan E D. Macroscopic Investigation of Hydrate Film Growth at the Hydrocarbon/ Water Interface. Chem Eng. Sci 2007，62：6524-6533.

[102] Chen J，Sun C Y，Liu B，et al. Metastable boundary conditions of water-in-oil emulsions in the hydrate formation region. AIChE J，2012，58，2216-2225.

[103] Englezos P，Kalogerakis N，Dholabhai P D，Bishnoi P R. Kinetics of Formation of Methane and Ethane Gas Hydrates. Chem Eng Sci，1987，42：2647-2658.

[104] Peng B Z，Dandekar A，Sun C Y，et al. Hydrate Film Growth on the Surface of a Gas Bubble Suspended in Water，J Phys Chem，B 2007，111：12485-12493.

[105] Glew D N. Liquid fractionation process using gas hydrate. US Patent 3 231 630，1966.

[106] Kang S P，Lee H. Recovery of CO_2 from flue gas using gas hydrate：thermodynamic verification through phase equilibrium measurements. Environment Science and Technology，2000，34：4397-4400.

[107] Ma C F，Chen G J，Wang F. Sun C Y，Guo T M. Hydrate formation of $(CH_4 + C_2H_4)$ and $(CH_4 + C_3H_6)$ gas mixtures. Fluid Phase Equilibria，2001，191：41-47.

[108] Yamamoto Y，Komai T，Kawamura T，et al. Proceedings of the Fourth International Conference on Gas Hydrates，Yokohama，19-23 May，2002，428-432.

[109] Ballard A L，Sloan Jr. E D. Proceedings of the Fourth International Conference on Gas Hydrates，Yokohama，19-23 May，2002，1007-1011.

[110] Klauda J B，Sandler S I. Phase behavior of clathrate hydrates：a model for single and multiple gas component hydrates. Chem Eng Sci，2003，58：27-41.

[111] Zhang L W，Chen G J，Sun C Y，et al. The partition coefficients of ethylene between hydrate and vapor for methane +ethylene+water and methane +ethylene+SDS+water systems. Chem Eng Sci，2005，60：5356-5362.

[112] Zhang L W，Chen G J，Guo X Q，et al. The partition coefficients of ethane between vapor and hydrate phase for methane+ethane+water and methane+ethane+THF+water systems. Fluid Phase Equilibria 2004，225：141-144.

[113] Cole W A，Goodwin S P. Flash calculations for gas hydrates：a rigorous approach. Chem Eng Sci，1990，45（3）：569-573.

[114] 马庆兰，孙长宇，陈光进，郭天民. 气-液-液-水合物多相平衡闪蒸的新算法. 化工学报，2005，56（9）：1599-1605.

[115] Michelsen M L. The Iisothermal Flash Problem. Part 1. Stability. Fluid Phase Equilibria，1982，9：1-19

[116] Dharmawardhana P B，Parrish W R，Sloan E D. Experimental Thermodynamic Parameters for the Prediction of Natural Gas Hydrate Dissociation Conditions. Ind Eng Chem Fundam，1980，19：410-414.

[117] 张凌伟. 水合物法分离裂解气的实验及模拟研究 [D]. 北京：中国石油大学，2005.

[118] Subramanian S，Ballard A L，Kini R A，et al. Structural transitions in methane+ethane gas hydrates-Part Ⅰ：upper transition point and applications. Chem Eng Sci，2000，55：5763-5771.

[119] Ballard A L，Sloan E D Jr. Structural transitions in methane + ethane gas hydrates-Part Ⅱ：modeling beyond incipient conditions. Chem Eng Sci，2000，55：5773-5782.

[120] 黄强. 水合物法分离气体混合物技术开发中的相关科学与技术问题研究 [D]. 北京：中国石油大学，2006.

第 **4** 章　气体水合物生成动力学

气体水合物生成的过程是一个多元、多相复杂体系内客体分子和水分子相互作用的动力学过程。由于水合物不是一个具有化学计量性的化合物，因此，严格意义上说，水合物的生成过程不能算是一个反应动力学过程。由于它是一个由流体相向固体相转变的过程，因此更像是一个结晶动力学过程，因此包括成核和生长两个动力学过程。

4.1　水合物的成核动力学

如果将气体和水生成水合物的过程看成是一个拟化学反应过程，那么它可以用下面的式子来表示：

$$M(g)+n_w H_2O(l) \longrightarrow M \cdot n_w H_2O(s) \tag{4-1}$$

式中，$M(g)$ 为气体分子；n_w 为水合数，即水合物结构中水分子和气体分子数之比，由于水合物的非化学计量性，它通常不是一个常数，这是和一般化学反应的本质区别。

4.1.1　成核概念

水合物形成过程类似于结晶过程。与结晶相似，水合物形成过程可分为成核、生长两个过程。水合物成核是指形成超过临界尺寸的稳定水合物晶核的过程，当溶液处于过冷状态或过饱和状态时，就可能发生成核现象；水合物生长是指稳定核的成长过程。水合物成核与生长类似于盐类的结晶过程，溶剂-溶质对之间，浓度与温度之间存在着一定的关系，过饱和度引起亚稳态结晶。对水结冰机理及天然气在水中溶解度的研究，有助于理解水合物成核现象。图 4-1 中表示了典型条件下，在气体溶解、水合物成核与水合物生长各个阶段所消耗的气体的物质的量随时间的变化情况。

成核有两种方式[1]：

① 瞬时成核（instantaneous nucleation）：指成核在瞬间完成，此后水合物生长过程中晶粒数目稳定，不再有新的晶核生成。

② 渐进成核（progressive nucleation）：指水合物边成核、边生长，而生长过程中还不断成核，即水合物生长过程中晶粒数目是逐步增多的。

水合物结晶过程中的成核又可分为两种情况：自源性成核与它源性成核。

自源性成核是指水合体系在没有固相杂质帮助情况下的成核过程。在自催化作用下，可能发生一系列的二元分子对碰撞：

$$A + A \leftrightarrow A_2 \quad A_2 + A \leftrightarrow A_3 \quad \cdots \quad A_{n-1} + A \leftrightarrow A_n$$

在达到临界尺寸之前，分子簇可能生长，也可能收缩，而达到临界尺寸后，分子簇将单调生长。

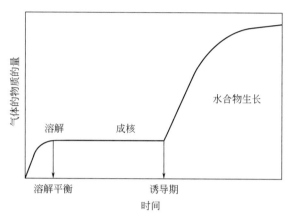

图 4-1　典型的气体消耗曲线

Englezos 等[2]和 Bishnoi[3]考虑水合物的比表面 Gibbs 自由能（σ）的控制作用，建立了水合物核临界半径（r_c）的估算式

$$r_c = -\frac{2\sigma}{\Delta g} \tag{4-2}$$

$$(-\Delta g) = \frac{RT}{v_h} \left[\sum_1^2 \theta_j \ln\left(\frac{f_{b,j}}{f_{\infty,j}}\right) + \frac{n_w v_w (p - p_\infty)}{RT} \right] \tag{4-3}$$

式中，σ 指冰在水中的表面张力（即比表面 Gibbs 自由能）；v_h、v_w 分别为水合物与水的偏摩尔体积；θ_j 为水合物空穴的填充率；$f_{b,j}$、$f_{\infty,j}$ 分别表示在温度 T 下组分 j 在实验条件下的逸度与平衡条件下的逸度；p、p_∞ 分别为实验压力与平衡压力。水合物核临界半径同时可以由分子模拟估算。对于 CO_2 水合物，模拟获得的临界半径介于 $9.6 \sim 14.5\text{Å}$ 之间[4]。

自源性成核是一种理想情况，溶液中不可能完全排除其他类粒子的存在。一般情况下，在过冷度小于自源性成核所需值时，由于其他粒子的出现而发生它源性成核。此时，临界 Gibbs 自由能（$\Delta G'_{crit}$）推动力与自源性成核的 ΔG_{crit} 之间的关系为

$$\Delta G'_{crit} = \phi \Delta G_{crit} \tag{4-4a}$$

$$\phi = [(2 + \cos\theta)(1 - \cos\theta)^2]/4 \tag{4-4b}$$

式中，θ 为水合物晶体与表面之间的接触角。

在成核实验中，有时得到的诱导时间数据极为发散，诱导时间是随机的，无法预测，只能通过概率分析。因此，有人认为水合物成核是随机的，特别是在推动力较低的区域。然而，若推动力较高，成核将趋于可预测性，而减少了随机性。

水合物形成通常发生在气-液界面，界面处所需的成核 Gibbs 自由能推动力较小，而且界面处主体、客体分子的浓度都非常高。在界面处，由于吸附作用，浓度较高，有利于分子簇的生长。界面处的水合物结构为大量气体与液体的组合提供了模板，气液混合引起界面的晶体结构向液体内部扩散，而导致大量成核的出现。

4.1.2　成核的微观机理

文献中曾报道了多种水合物成核模型，其中有：成簇成核模型，分子簇在界面的液相侧或气相侧聚集而成核；界面成核模型，分子在界面气相侧吸附并成簇；随机水合物成核与界面成簇模型；局部结构机理；团簇成核模型；拟反应动力学机理模型；双过程水合物成核模型型等。

4.1.2.1　成簇成核模型

Sloan 和 Fleyfel[5] 等提出了成簇成核模型，描述水合物在有冰存在时的成晶机理。此机理主要用于描述某些简单水合物（如甲烷和氩水合物）的诱导过程。认为分子簇可以生长，直至达到临界尺寸。他们将成核过程分成四个阶段。首先，冰面上的自由水分子将围绕气体分子定向排列形成一些形似结构Ⅰ和结构Ⅱ中 5^{12} 孔隙的不稳定簇（labile clusters）。由于结构Ⅰ和Ⅱ中 5^{12} 孔穴的大小非常接近，其稳定性差别很小，因此在这些不稳定簇之间存在着一个快速转变的过程，这就是成核的第二阶段。第三阶段是不稳定簇通过端-端或面-面的连接形成结构Ⅰ和结构Ⅱ的单晶。由于单晶的尺寸在这一阶段仍小于某个临界值，因而在第四阶段中某些单晶又缩变为不稳定簇，而另一些单晶则和其他单晶结合在一起形成稳定的晶核，随即进入晶核快速生长时期。簇与簇的转换最终导致在形成结构Ⅰ或结构Ⅱ单晶前可能在该两种结构的 5^{12} 孔穴间存在一个振荡期（oscillation period），这就是产生水合物诱导期的原因。应当指出，这是一个非常初步的机理，并未说明簇与簇之间如何转换这一重要问题，但可作为进一步研究的基础。

如果分别用 A、B、C 和 D 表示溶融冰、不稳定簇、不稳定单晶和稳定晶核，则 Sloan 和 Fleyfel 的机理可表示为由三个一级反应组成的连串反应

$$A \xrightarrow{k_1} B \xrightarrow{k_2} C \xrightarrow{k_3} D \tag{4-5}$$

按此机理可得如下速率方程：

$$\frac{d[A]}{dt} = -k_1[A] \tag{4-6}$$

$$\frac{d[B]}{dt} = k_1[A] - k_2[B] \tag{4-7}$$

$$\frac{d[C]}{dt} = k_2[B] - k_3[C] \tag{4-8}$$

$$\frac{d[D]}{dt} = k_3[C] \tag{4-9}$$

初始条件为 $t=0$；$[A] = [A_0]$，$[B_0] = [C_0] = [D_0] = 0$。

通过 Laplace 变换求解上列一阶常微分方程组，可得浓度 $[A]$、$[B]$、$[C]$ 和 $[D]$ 随时间变化的关系式，于是晶核的生长速率可由下式表示：

$$[D] = -\frac{k_3}{k_1}[A_0]F_1(e^{-k_1 t} - 1) + \frac{k_3}{k_2}[A_0]F_2(e^{-k_2 t} - 1) + [A_0]F_3(e^{-k_3 t} - 1) \tag{4-10}$$

式中，$F_1 \equiv \dfrac{k_1 k_2}{(k_3 - k_1)(k_2 - k_1)}$，$F_2 \equiv \dfrac{k_1 k_2}{(k_3 - k_2)(k_2 - k_1)}$，$F_3 \equiv \dfrac{k_1 k_2}{(k_3 - k_2)(k_3 - k_1)}$。晶核浓度随时间的变化关系呈 "S" 形曲线，通过该曲线可获得水合物生成的诱导时间。

Christiansen 和 Sloan[6] 对此模型做了扩展，并概括为以下几点：

① 存在不包含客体的纯水，但纯水中包含一些寿命短、不稳定的五边形、六边形的环状结构。

② 水分子围绕溶解的客体分子形成不稳定簇。水分子在每簇中的数目为：甲烷 20，乙烷 24，丙烷 28，异丁烷 28，氮气 20，硫化氢 20，二氧化碳 24。簇中水分子的数目（即配位数）取决于气体分子的大小，这些不稳定簇在水合物的生成过程中起着基块（building blocks）的作用。不稳定簇所具有的亚临界尺寸决定了它们必然通过面的共享（一种热力学趋势，以减少溶液的负焓）聚集成亚稳团聚体（metastable agglomerates）。由于亚稳团聚体的大小仍未超过某一临界尺寸，因此某些团聚体仍可能缩变为不稳定簇，另一些团聚体则继续聚集成为稳定的晶核。如用 A、B 和 C 表示不稳定簇、亚稳团聚体和晶核，则该成核机理可表示为

$$M+H_2O \underset{k}{\overset{k}{\rightleftharpoons}} A \underset{k_{-1}}{\overset{k_1}{\rightleftharpoons}} B \overset{k_2}{\longrightarrow} C \tag{4-11}$$

根据上述机理，从形成不稳定簇到亚稳团聚体生长成晶核的整个过程即为水合物生成的诱导期。

③ 溶解的分子簇组合形成一个单元一个单元的格子。Christiansen 和 Sloan[6]认为影响诱导期长短的微观因素有两个，一是形成水合物结构（结构Ⅰ或结构Ⅱ）所需的不稳定簇的丰度（abundance of labile clusters），丰度的大小影响诱导期的长短。由于每种水合物结构均具有两种不同配位数的孔穴，因此要求不稳定簇的配位数也和它相对应。配位数为 20 与 24 的分子簇，组合为 5^{12}、$5^{12}6^2$ 空穴，形成结构Ⅰ；配位数为 20 与 28 的分子簇，组合为 5^{12}、$5^{12}6^4$ 空穴，形成结构Ⅱ。若液相中仅含有只有一种配位数的分子簇，则成核受到限制，通过氢键的形成与断裂，分子簇转变为另一种配位数，成核则继续进行。

④ 配位数的转变具有一定的活化能。当甲烷溶于水时，水相中将形成配位数 20 的不稳定簇，而甲烷形成的结构Ⅰ型水合物，具有配位数 20 与 24 的大小两种空穴（空穴比为 1:3）。为形成甲烷水合物，上述不稳定簇中只有 25% 的簇，其配位数无需改变，其余 75% 的簇都要经历一个配位数由 20 转变为 24 的过程。对于乙烷溶于水的情况，乙烷的配位数为 24，为形成结构Ⅰ型水合物，只有 25% 的簇需要转变为配位数 20 的空穴。由于配位数的转变需要一定的活化能，因此，配位数需要转变的不稳定簇越多，转变过程就越慢，水合物生成诱导期则越长。因此，甲烷水合物的诱导期比乙烷的长。

⑤ 另一影响因素是竞争结构（competing structures）。竞争结构的存在影响诱导期的长短。不稳定簇彼此间不同的连接方式导致竞争结构的形成。结构Ⅱ要求的水合物晶胞是将 8 个十六面体（12 个五边形和 4 个六边形，$5^{12}6^4$）孔穴中的 32 个六边形以其固有的方式连接在一起。但对于两个独立的 $5^{12}6^4$ 孔穴（非对称结构），其六面体互相连接的方式有两种，因此 $5^{12}6^4$ 孔穴分别按上述两种方式和其他组合方式连接在一起时会产生三种结构——结构Ⅱ、篮球结构（Basketball structure）和 HSⅡ 结构。也就是说，在结构Ⅱ水合物的形成过程中配位数不同的不稳定簇总装在一起时，除形成结构Ⅱ水合物外还有可能形成和它竞争的另两种结构。竞争结构的存在延缓了水合物的生成过程，从而延长了诱导时间。但十四面体（12 个五边形和 2 个六边形，$5^{12}6^2$）的孔穴（对称结构）在形成结构Ⅰ的水合物时则不会发生这种情况。因而，结构Ⅱ水合物的诱导期一般要比结构Ⅰ长。

考虑到竞争结构的存在，晶核生成结构Ⅱ水合物的过程可被描述为

$$A+C \xrightarrow{k_3} D \tag{4-12}$$

$$A+C \underset{k_{-1}}{\overset{k_4}{\rightleftharpoons}} E \tag{4-13}$$

$$A+E \rightleftharpoons E \tag{4-14}$$

$$A+E \longrightarrow D \tag{4-15}$$

式中，D 和 E 分别表示结构Ⅱ水合物和竞争结构。

对上述机理作适当的简化，即略去反应（4-14）、反应（4-15）以及气体和水生成不稳定簇的反应，即可得到以下四个联立的常微分方程

$$\frac{d(x_{H_2O}+x_A)}{dt}=-k_1 x_A+k_{-1}x_B-(k_3+k_4)x_A Y(x_C+x_D)+k_{-1}x_E \tag{4-16}$$

$$\frac{dx_B}{dt}=k_1 x_A-(k_{-1}+k_2)x_B \tag{4-17}$$

$$\frac{d(x_C+x_D)}{dt}=k_2 x_B+k_3 x_A Y(x_C+x_D) \tag{4-18}$$

$$\frac{dx_E}{dt}=k_4 x_4 Y(x_C+x_D)-k_{-4}x_E \tag{4-19}$$

4.1.2.2　界面成核机理

Long[7]等提出，成核过程发生在气相侧界面。他们认为，成核涉及以下几个步骤：

① 气体分子向界面流动。Long 注意到，在水合物形成的温度、压力下，气体的侵入率为 10^{22} 分子／（$cm^2 \cdot s$）。此步骤为分子穿越停滞边界的流动过程。

② 气体吸附于水溶液表面。表面扩散或水分子成簇之前，在部分形成的空穴内可能发生吸附现象。

③ 通过表面扩散，气体向易于吸附的位置迁移，在此位置，水分子围绕被吸附分子，完成空穴结构。

④ 在界面的气相侧，分子簇不断加入并生长，一直达到临界尺寸。

成簇成核模型与界面成核模型是相互补充的，两者都不会独立存在。

4.1.2.3　随机水合物成核与界面成簇模型

这种理论认为[8]，界面成簇并不是由小分子簇不断增长到水合物团的有序过程，相反，应该是一些分子簇生长，而另一些衰竭的过程。每一瞬间都有大量的分子簇团不断在生长、衰竭，而不是一个或几个分子簇在不断生长。由于主体分子及客体分子重组困难，水合物成核过程可能随着时间的变化带有很大随机性。

4.1.2.4　局部结构机理

Radhakrishnan 和 Trout[4]基于分子模拟的结果提出了水合物成核的局部结构机理。该机理认为，热涨落会引起客体分子的局部有序，而客体分子的局部有序会诱使主体水分子的有序并最终导致临界核的形成。形成临界核后，水分子重排形成适当的水合物框架结构，导致水合物晶体的形成。他们在模拟中做了如下假设：①成核自由能垒受模拟尺寸的限制保持不变；②成核受热力学平衡控制；③参数空间内存在自由能最小的路径。成簇成核模型认为纯水中包含一些不稳定的五边形、六边形的环状结构，而局部结构机理认为由于客体分子的

有序导致水分子的有序排列。

4.1.2.5　团簇成核模型

鉴于不稳定簇成核理论和局部结构成核理论各有优缺点，Jacobson 等人[9]融合两者并命名为团簇成核理论。如图 4-2 所示，该理论将气体水合物的生成过程划分为三个步骤。第一步，溶解于水中的客体分子聚集形成一种称为"团簇（blob）"的非晶形簇。该团簇大小不等，其形成过程是一个可逆过程。水分子将形成的若干团簇分割开来，形成初级的络合物笼体（clathrate cavity）。第二步，络合物笼体不断成核、溶解、消失，直到部分笼体达到临界尺寸，从而转变为亚稳态的无定形络合物核体（amorphous clathrate nucleus）。该无定形络合物核体促使笼体通过共享面在空间拓展生长。最后，无定形络合物核体发展转变成为结晶络合物（crystalline clathrate）。值得注意的是，团簇和无定形络合物不同，在团簇阶段，水分子还未通过氢键形成多面体笼体结构。

Jacobson 等人[10]研究了疏水性和亲水性水合物前体的成核情况，并证实团簇极少出现在疏水性客体水合物成核过程中。随后 Lauticella 等[11]通过研究朗道表面自由能验证了团簇成核理论。

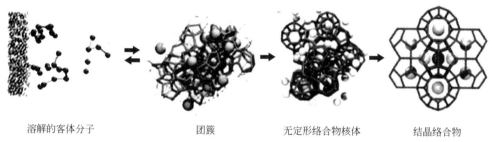

溶解的客体分子　　　　　　团簇　　　　无定形络合物核体　　　结晶络合物

图 4-2　团簇成核理论成核过程

4.1.2.6　拟反应动力学机理模型

Lekvam 和 Ruoff[12]对甲烷生成水合物的机理作了如下拟化学反应的描述：

$$CH_4(g) \underset{k_{-1}}{\overset{k_1}{\rightleftharpoons}} CH_4(aq) \tag{4-20}$$

$$f\,CH_4(aq) + h\,H_2O \underset{k_{-2}}{\overset{k_2}{\rightleftharpoons}} N \tag{4-21}$$

$$N \overset{k_3}{\longrightarrow} HC \tag{4-22}$$

$$N \underset{k_{-4}}{\overset{k_4[HC]}{\rightleftharpoons}} HC \tag{4-23}$$

$$f\,CH_4(aq) + h\,H_2O \underset{k_{-5}}{\overset{k_5}{\rightleftharpoons}} HC \tag{4-24}$$

该机理模型由 5 个准基元反应组成，反应式（4-20）描述甲烷溶于水相的过程；反应式（4-21）描述不稳定的低聚体 N 的形成过程；反应式（4-22）描述低聚体 N 缓慢生成（非催化）甲烷水合物晶体 H 的过程；反应式（4-23）和式（4-24）为水合物生长的自催化过程，分别表示由低聚体 N 或直接由水跟溶解气反应生成水合物晶体的过程。在诱导期内，反应（4-20）和反应（4-21）处于动态平衡，反应（4-22）是水合物生成的控制步骤。由于在诱导期内 HC 的浓度非常低，因此反应（4-20）和反应（4-21）常可忽略。在晶体生长初期，模型的模拟结果和他们的实验值符合良好，但应指出，上述机理也是初步的，仍有待于进一步地完善和发展。

4.1.2.7　双过程水合物成核模型

Chen 和 Guo[13,14]认为水合物的成核过程中同时进行着以下两个动力学过程：

（1）准化学反应动力学过程　溶于水中的气体分子与包围它的水分子形成不稳定的分子簇，分子簇的大小取决于气体分子的大小，一种分子只能形成一种大小的分子簇，分子簇实际上是一种多面体，缔合过程中必然形成空的包腔，称为连接孔，这也就是水合物中的另外一种与上述分子簇大小不同的空穴。此过程中气体分子和水络合生成化学计量型的基础水合物。

（2）吸附动力学过程　基础水合物中存在空穴，一些气体小分子吸附于连接孔中，导致整个水合物的非化学计量性。在吸附过程中，溶于水中的气体小分子，如：Ar、N_2、O_2、CH_4，会进入连接孔中，但这一过程并不一定会发生。由于连接孔孔径较小，对于较大的气体大分子，如：C_2H_6、C_3H_8、$i\text{-}C_4H_{10}$、$n\text{-}C_4H_{10}$ 等，不会进入其中。即使对于较小的气体分子，也不会占据百分之百的连接孔，因此用 Langmuir 吸附理论来描述气体分子填充连接孔的过程较为合理。

4.1.3　成核过程推动力关联式

Vysniauskas 和 Bishnoi[15]，Skovborg 和 Rasmussen[16]，Natarajan 等[17]，Christiansen 和 Sloan[6]，Kashchiev 和 Firoozabadi[18]等对成核过程实验数据作了关联，其中使用了不同形式的成核过程推动力，如：$(T^{eq}-T^{exp})$，$(\mu_{wH}^{exp}-\mu_{wL}^{exp})$，$(f_i^{exp}/f_i^{eq}-1)$ 和 ΔG^{exp}，$\Delta\mu$ 等。对于水合物的成核过程，偏摩尔 Gibbs 自由能的变化可作为通用的水合物成核推动力表达式：

$$\Delta G^{exp}=\Delta G^{rx}-\Delta G^{pr} \tag{4-25}$$

此处

$$\Delta G^{rx}=\sum_{i=1}^{N}x_i(\mu_i^{eq}-\mu_i^{exp}) \tag{4-26}$$

$$\Delta G^{pr}=\sum_{i=1}^{N}x_i(\mu_i^{exp}-\mu_i^{eq}) \tag{4-27}$$

式中，rx 为转化为水合物的气体与水；pr 为生成的水合物；μ_i^{exp}、μ_i^{eq}分别表示组分 i 在实验条件下的化学位与平衡条件下的化学位。

偏摩尔 Gibbs 自由能变化量由以下 5 部分组成

① 反应物（气体与水）在实验压力下的分离；

② 反应物压力下降至平衡压力；

③ 平衡状态下水与气体组合为水合物；

④ 生成的水合物由平衡状态压缩至实验压力状态；

⑤ 在实验压力下，水合物与未反应的气体和水重新组合。

假定①、③、⑤步骤的偏摩尔 Gibbs 自由能变化量为 0，则

$$\Delta G^{exp}=\Delta G^{b}+\Delta G^{d} \tag{4-28}$$

对于水合物从平衡状态向实验状态的等温压缩过程，假定水合物不可压缩，则

$$\mu_H^{exp}-\mu_H^{eq}=v_H(p^{exp}-p^{eq}) \tag{4-29}$$

参与反应的气体与水由实验状态向平衡状态的降压过程可分为两部分，对于水相

$$\mu_L^{eq} - \mu_L^{exp} = v_L(p^{eq} - p^{exp}) \tag{4-30}$$

对于气相

$$\mu_i^{exp} - \mu_i^{eq} = RT\ln(f_i^{eq}/f_i^{exp}) \tag{4-31}$$

将式（4-29）、式（4-30）和式（4-31）代入式（4-25），可得

$$\Delta G = v_L(p^{eq} - p^{exp}) + RT\sum x_i \ln(f_i^{eq}/f_i^{exp}) + v_H(p^{exp} - p^{eq}) \tag{4-32}$$

4.1.4　成核诱导期测量与关联

4.1.4.1　诱导期定义

诱导期为评估过饱和系统保持在亚稳平衡态下的能力的物理量，具有该状态下系统寿命的物理意义。诱导期不是系统的基本物性参数，但诱导期数据包含关于新相成核和/或生长动力学的有价值信息[19~22]，诱导期在气体水合物结晶中的重要性已经被许多学者证实。

有多种定义诱导期的方法[23,24]，对应着不同的诱导期测量实验方法。Volmer[25]认为，诱导期为出现晶核尺寸之上的第一个水合物簇所需的时间（这样的一个簇可以自发生长到宏观尺寸）。第二种定义则基于水合物在溶液中结晶的总体积，即为形成预先设定的可探测体积的新相所需的时间。对于水合物而言，指出现一定数量可探测体积的水合物相所消耗的时间，或者达到一定数量可探测的水合物形成气消耗所需的时间。

4.1.4.2　诱导期研究现状

Makogon[26]首次强调水的分子结构和性质对了解水合物生成机制的重要性，并将水的状态看成是影响水合物生成的主要因素之一。他认为，水合物分解时，会残留下一部分结构，当温度再次降低时，水合物会较易生成。Chen[27]通过分子力学研究，认为五面体环与残余结构可以在315K下保持稳定。Vysniauskas和Bishnoi[15]研究了水源对水合物形成诱导期的影响，通过实验发现，水的状态对晶体生长阶段并无明显的影响，仅影响成核所需的诱导时间，成核的平均诱导期随着水源的变化而变化。与自来水的诱导期相比，溶融冰水的诱导期较短，而水合物分解后的水的诱导期也比自来水的诱导期短。这种现象被称作"记忆效应"。Skovborg等[28]研究了11组CH_4、C_2H_6及其混合物形成水合物的情况，并报道了所测得的诱导期。发现诱导时间对搅拌速率和推动力（水在水合物相和水相中的化学位差）有很强的依赖性，提高搅拌速率和推动力均能使诱导时间缩短。在某些情况下，由于实验开始后水合物形成得很快，并没有明显的诱导期。Natarajan[17,29]对气体水合物结晶诱导期进行了测试，结果表明在较高的压力下（大于3.5MPa），不论是结构化水还是未结构化水都可得到可以重复的诱导期数据。在这些实验中，未结构化水通过预先生成水合物而结构化，而后降压至大气压，使水合物分解，分解得到的水经搅拌后再次用于水合物结晶。Natarajan[29]同时评述了早期Vysniauskas和Bishnoi[15]的实验，他们的水合物结晶诱导期数据较为发散。Natarajan认为这可能是由于实验程序的缺陷所至。Natarajan[29]的诱导期数据表明，低压下的数据重复性低于高压。Cingotti等[30]和Kelland等[31]认为，所有水合物结晶诱导期测量的重复性都较好，Kelland等的实验数据重复性一般在30%~50%以内。

Sloan和Fleyfel[5]也考虑从结构角度来确定诱导期。认为水合物结晶诱导期取决于客体分子尺寸与水合物晶体小孔尺寸的比值，比值在0.81~0.89范围时将导致诱导期现象。由

此认为甲烷和氙水合物存在诱导期，而乙烷和二氧化碳水合物不存在诱导期。然而，Nataraajan 等[17,29]的实验表明，类似于甲烷水合物，乙烷和二氧化碳水合物也存在诱导期。分子动力学模拟表明[32~34]，溶解性较好的客体分子，水-客体分子之间存在较强的作用力，能够形成更多稳定的成核点，水合物成核速率快，可缩短水合物的结晶诱导期，客体分子的尺寸决定可能形成的动力学结构。

Hwang 等[35]采用了静态条件下具有确定气-水界面面积的装置进行诱导实验，发现甲烷水合物从融化的水成核，而不是从先前没有结冰的水成核。他们认为融化的水提供了水合物成核的模板。另外，Sloan 等[36]通过黏度变化、Schroeter 等[37]通过 P-T 滞后(hysteresis)调查了水合物分解后的剩余结构。这些研究认为存在两种记忆效应，即来自融化的水和水合物分解后的水，但都无法定量调查。Bai 等[38]采用分子动力学模拟方法从分子尺度模拟了 CO_2 置换水合物中 CH_4 的置换机理，模拟发现融化的 CH_4 水合物含大量的剩余环状结构，这些剩余环状结构可促进 CO_2 水合物的成核，缩短水合物生成诱导期。Takeya 等[39]测量了从融化水及先前未结冰的水（称为未处理水）中 CO_2 水合物的诱导时间，通过温度的升高判断是否成核。实验发现融化水的成核速率比未处理水约高一个数量级，另外，调查了排气、O_2、N_2、CO_2 饱和度对成核速率的影响。由于晶体的成核速率一般由（杂质）纯度或表面（它源性成核）控制，水合物的成核机理有多种解释方法。成核可能发生在 CO_2-水界面的器壁，或在某一个小粒子上。由于必须聚集足够数量的分子形成大于临界尺寸的晶核，才能克服液相中晶体成核的能垒，而器壁表面或粒子可以提供超过临界尺寸的晶核，并减少界面能的影响。因此，器壁或溶解的杂质对成核起促进作用。

Zatsepina 和 Buffett[40]研究了多孔介质中的水合物成核诱导情况。由于多孔介质中的水合物形成难以直接观测，因而采用电阻测量方法监控水合物的成核和生长。并选择 CO_2 作为水合物形成气体，当 CO_2 溶于水中时水解，会改变溶液的电导率。实验发现孔壁和其他外来粒子提供了成核位置，多孔介质在水合物成核中扮演着重要角色。多孔介质的粒径大小对水合物成核诱导期有一定影响，一般认为具有较小粒径的多孔介质由于比表面积较大，有利于水合物的成核，水合物生成诱导期缩短[41,42]。

4.1.4.3 测量方法

水合物成核速率的量化十分困难。首先，必须能够探测到水合物核的出现；其次，为了获得有意义的成核速率的统计平均值，需观测大量的成核事件；另外，还必须控制实验的热力学条件，如压力、温度和溶质浓度等。

水合物成核过程至少受以下几个变量的影响：过冷度、水的状态、气体组成、搅拌、流型变化和测试系统的几何形状与界面面积等。与水合物热力学现象的测定相比，水合物成核过程的观测较困难，主要有以下两个原因：成核与时间有很大关系，存在高度的亚稳态；成核所涉及的分子较少，更不易观察。Englezos 等[2]由水合物生长实验算出的水合物临界晶核尺寸为 100～300Å。Englezos 和 Bishnoi[3]第一次观测到了水合物成核的发生过程。目前，在开发可重复的水合物结晶诱导期的测量技术方面已有很大进展。文献中报道的水合物诱导期的观测方法主要有以下几种：

（1）压力变化法 向反应器中注入气体并保持一定压力，在温度恒定的情况下，记录压力随时间的变化，如图 4-3 所示。起始时由于气体在液相中的溶解导致压力逐渐下降。当气体溶解趋于平衡时，压力也就趋于稳定，逐渐有水合物晶核生成。这段时间即为诱导期。随后由于水合物的大量生成，气体消耗增多，导致系统压力快速降低。随着压力的降低，水合物的生成速率逐渐减慢，最后系统压力趋于稳定。Skovborg 等[28]曾采用此方法测得了 CH_4、C_2H_6 和其混合物在一磁力搅拌间歇反应器中生成水合物的诱导时间。

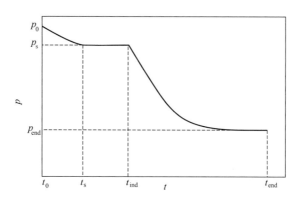

图 4-3　压力随时间变化的典型曲线

（2）直接观测法　Vysniauskas 和 Bishnoi[15]，Natarajan 等[17]采用了带有视窗并设有搅拌装置的反应器。他们通过视窗进行观测，当反应器内出现混浊时便判断水合物的成核已开始。但他们的实验装置具有一定的局限性，一方面通过肉眼观测水合物的形成有很大的不确定性，随机误差较大；另一方面，所用反应器的尺寸较小（体积为 $300cm^3$），因而气体消耗量较小，测量误差较大。裴俊红和郭天民[43]在本研究室的蓝宝石高压透明釜装置上，采用直接目测和观察压力变化相结合的方法测得了 CH_4 水合物的成核诱导期，但由于装置及测量方法的局限性，只能得到一些初步结果。

另外，一些先进仪器也引入至水合物成核的测定。Benmore 和 Soper[44]采用中子衍射测量了重水中的水合物成核情况，发现溶解后不同热历史的混合物总体结构并没有明显的不同，然而，仅仅一个微核就可能明显改变成核时间。水合物成核测定的另一种方法是使用激光粒度仪。Nerheim[45]、Nerheim 等[46]针对 94％CH_4＋6％C_3H_8 的混合物，使用激光散射技术，确定了在搅拌容器中水合物生成时的临界半径。系统的搅拌速率为 50r/min，Nerheim 估计的临界半径在 30～300Å 之间，而该作者使用的光散射仪器的测量下限为 30Å。Yousif 等[47]也利用光散射技术，测定水合物成核的起始时间。Parent[48]使用的光散射仪可以测量尺寸在 10^3～10^6Å 之间的粒子，但无法测得水合物成核时的粒子尺寸。核磁共振成像技术目前也已用于水合物的成核及生长动力学研究[41,49,50]。

以上均在静态反应器中观测水合物的诱导期，Sun[51]提出了以下两种在流动系统中测定水合物成核诱导期的方法。

（3）遮光比观测法　通过激光粒度仪可以测得流动体系的遮光比数据，根据遮光比发生突变的时间判断水合物的成核与生长。当光束穿过测量区时，其强度将不断减弱，从而使测量区后方透射光的强度 I 小于入射光的强度 I_0（$I < I_0$），二者的比值 I/I_0 称为遮光比。在未进气之前，考虑到玻璃和液体介质均对入射光有散射与吸收作用，首先需调节激光粒度仪系统的背景，即将入射激光通过的玻璃、液体介质均作为系统的背景而作调零处理，消除玻璃、液相介质等的影响，以此时的透射光强度作为入射光的强度。当有水合物的晶核形成时，由于水合物晶核对入射光的散射与吸收，透射光的强度减小。因此，通过遮光比的变化即可判断有无水合物晶核的形成。实验直接观测到的（$1-I/I_0$）值，称为遮光率。当水合

物还未生成时，此值理论上应为零。但由于气体的注入，体系中某些地方可能混入气泡，而气体的折射率比较小，使透射光的强度增加，因而所测遮光率的数值可能出现负值。当有水合物生成后，透射光强度将会降低，遮光率值将大于零，遮光比（或遮光率）数据将发生突变，由此即可判断水合物的成核诱导期。

（4）压降测量法　压降指循环管路装置上某测试段间流体流动时产生的压力差，主要取决于流体的流速及物性。在流体流量不变且无水合物生成时，测试段两测压点之间的压降应保持不变。当有水合物形成后，如果测压点之间的距离比较长，液-固混相流动的阻力较大，测压点之间的压降将增加。因此，可尝试通过观测压降的变化来确定诱导期。图 4-4 为 CH_4 $+C_4H_8O+H_2O$ 体系压降随时间的变化，可以看出一旦有水合物形成，体系压降有明显变化。

本实验室所提出的遮光比观测法和压降测量法与前述文献中的方法相比，诱导期的确定比较准确，可以直接通过遮光比数据或压降数据进行判定，排除了目测所带来的误差。另外，文献中一般是在间歇釜中测量水合物的成核诱导期，而本实验室中的诱导期数据是在流动情况下测得的，比较符合水合物相关研究中现场操作时多相流动的实际情况，测得的实验数据更有实际意义。

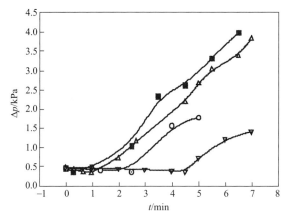

图 4-4　$CH_4+C_4H_8O+H_2O$ 体系压降随时间的变化（$Q=250L/h$）

操作压力：■ 0.80MPa；△ 0.64MPa；○ 0.50MPa；▽ 0.45MPa

4.1.4.4　诱导期计算模型

诱导期的理论模型还在初级阶段，Natarajan 等[17,29]对成核速率 J 采用了经验方程式描述，可由结晶研究[52]中得到：

$$J=k(S-1)^n \tag{4-33}$$

式中，k、n 为常数；S 为过饱和度。

诱导期 t_i 通过经验表达式与 J 相关联：

$$t_i=\alpha/J^r \tag{4-34}$$

式中，α、r 为未确定常数。式（4-33）和式（4-34）组合，则得到诱导期与过饱和度之间的关系：

$$t_i=\beta(S-1)^m \tag{4-35}$$

式中，$\beta=\alpha/k^r$，$m=nr$，未知常数 β 和 m 通过关联 t_i（S）实验数据得到。Natarajan 等通过成核速率表达式，确定了诱导期与过饱和度之间的函数关系。

Christiansen 和 Sloan[53]认为，与水合物结晶成核速率相比，诱导期对生长速率更敏感，并推导出了表达式。同时也提出了 t_i（S）的经验表达式。但认为该表达式不能应用于实验所关联的范围之外。

Kashchiev 和 Firoozabadi[54]分析了富水溶液中单组分气体水合物的成核动力学，并推导出了水合物成核速率表达式。对于单组分气体水合物，成核速率的普遍式为

$$J = A e^{\Delta\mu/kT} \exp(-4c^3 v_h^2 \sigma_{ef}^3/27kT\Delta\mu^2) \tag{4-36}$$

式中，A 为动力学参数；c 为形状参数；v_h 为水合物构造单元体积；σ_{ef} 为有效比表面能，$\Delta\mu$ 为成核推动力；k 为 Boltzmann 常数。

对于等温区域成核情况，成核速率与过饱和度之间的关系为

$$J = AS\exp(-B/\ln^2 S) \tag{4-37}$$

式中，B 为无因次热力学参数。

对于等压区域成核情况，成核速率与过冷度之间的关系为

$$J = A\exp(\Delta S_e \Delta T/kT)\exp(-B'/T\Delta T^2) \tag{4-38}$$

式中，B' 为热力学参数；ΔS_e 为平衡温度下水合物分解熵。

Kashchiev 和 Firoozabadi[1]还对单组分气体水合物结晶诱导期进行了理论分析，并推导出用于检验各参数影响的表达式。假定过饱和瞬间建立，也就是流体在等温或恒压下达到固定的压力和温度。同时假定只有单一的水合物形成组分。在上述假定的基础上，给出了水合物结晶体积、未消耗气体物质的量以及水合物结晶总速率与时间的关系表达式，这些表达式可用于分析乙烷水合物结晶数据，推导出诱导期表达式，揭示了诱导期与过饱和度之间存在的关系，并分析了环丙烷水合物结晶的诱导期实验数据，检验了添加剂对诱导期的影响。

对于体积和表面瞬时成核，气体水合物结晶诱导期由下式表示：

$$t_i = (\alpha_d V_s/bN_c)^{1/3m}/G \tag{4-39}$$

式中，α_d 为形成的新相的可探测比率；V_s 为溶液初始体积；b 为形状参数；N_c 为生长晶体数；m 为级数；G 为生长常数。

对于体积渐进成核

$$t_i = [(1+3m)\alpha_d/bG^{3m}J]^{1/(1+3m)} \tag{4-40}$$

对于表面渐进成核

$$t_i = [(1+3m)\alpha_d V_s/bA_s G^{3m}J]^{1/(1+3m)} \tag{4-41}$$

由式（4-40）和式（4-41）可见生长常数和成核参数都不能独立地控制诱导期。这表明在大规模结晶中，微晶成核和生长过程是相伴发生的。

以上三式适用于统计多核形成条件下的水合物结晶，即所谓的多核机理。单水合物核也可能触发该过程，即所谓的单核机理起作用。对于体积或表面成核，单核机理的诱导期为

$$t_i = 1/JV_s \text{ 或 } t_i = 1/JA_s \tag{4-42}$$

式中，A_s 为表面面积。单核机理的诱导期并不取决于水合物结晶的生长速率。

对于体积和表面瞬时成核，诱导期与 $\Delta\mu$ 之间的关系为

$$t_i = K(e^{\Delta\mu/kT} - 1)^{-1} \tag{4-43}$$

对于多核或单核机理的固定体积或表面渐进成核，经转换

$$t_i = Ke^{-\Delta\mu/kT}(1-e^{-\Delta\mu/kT})^{-3m/(1+3m)}\exp[4c^3 v_h^2 \sigma_{ef}^3/27(1+3m)kT\Delta\mu^2] \tag{4-44}$$

上两式中，水合物结晶发生在整个诱导期间 $\Delta\mu$ 保持为恒定的情况下。

当溶液在等温条件下过饱和时，体积和表面瞬时成核情况下水合物结晶诱导期为

$$t_i = K(S-1)^{-1} \tag{4-45}$$

等压条件下过饱和时

$$t_i = K[\exp(\Delta S_e \Delta T/kT)-1]^{-1} \tag{4-46}$$

类似地，当溶液在等温条件下过饱和时，体积和表面渐进成核情况下水合物结晶诱导期为

$$t_i = K[S(S-1)^{3m}]^{-1/(1+3m)} \times \exp[B/(1+3m)\ln^2 S] \tag{4-47}$$

等压条件下过饱和时

$$t_i = K\exp(-\Delta S_e \Delta T/kT) \times [1-\exp(-\Delta S_e \Delta T/kT)]^{-3m/(1+3m)}$$
$$\times \exp[B'/(1+3m)T\Delta T^2] \tag{4-48}$$

诱导期随着过饱和度的增加而急剧下降，主要是由于水合物成核速率对过饱和度的强烈依赖关系。

以上公式是对非流动系统导出的。本实验室针对流动体系中，采用遮光比观测法和压降测量法得到的诱导期不仅与压力有关，而且与液体流速有关，诱导期模型中需引入流量参数 (Q)。并建议采用以下方程计算流动体系的水合物成核诱导期[51]：

$$t_{ind} = K_H \left(\frac{f_g^V}{f^{eq}} \sqrt{Q/Q_0} - 1 \right)^{-m_H} \tag{4-49}$$

式中，Q/Q_0 为搅拌强度因子，其中 Q 为液体流量，Q_0 为基准流量。

4.1.5　水合物成核动力学的发展方向

① 目前的水合物成核机理模型，都需要对水合物成核过程做各种假设，成核机理尚需进一步完善。

② 一般假定水合物成核速率与成核推动力成正比，影响成核的变量还包括客体尺寸、组成、表面面积、水的状态以及搅拌程度等，如何在速率方程中考虑这些变量也是一个难题。

③ 成核时间是随机的，目前还不能准确预测水合物生成的起始时间。尽管有几种不同的水合物诱导时间关联式，但每一关联式都与装置有关，并且发散性大，因此，建立普遍适用的水合物诱导时间关联式是必要的。

④ 目前的成核方程都是只考虑水合物形成气的质量传递过程，而实际上水合物生成过程中，不仅有质量传递，也存在热量传递，需要建立热、质传递下的水合物成核方程。

⑤ 在水合物成核的测量中，临界直径尺寸的确定是亟待解决的难点。

⑥ 需进一步考察水合物成核数据的复验性、重复性。

⑦ 目前分子模拟已用于揭示水合物的成核机理，但多数分子模拟受计算限制，模拟环境与真实实验条件有差别，为进一步揭示真实条件下的水合物成核机理，今后的水合物成核分子模拟应在接近真实条件下开展。

4.2　水合物生长动力学

4.2.1　水合物晶体生长形态

水合物生成为通过可生成水合物的气体分子溶于水相生成固态水合物晶体的过程，因此

常认为水合物的生成类似于结晶过程。该过程包含成核（晶核的形成）和生长（晶核成长成水合物晶体）两个阶段。

晶核的形成是指在被气体过饱和的溶液中形成一种达到临界尺寸的稳定晶核。由于要产生一个新相（晶核）比较困难，因此晶核在过饱和溶液中的生成过程大多十分缓慢，所经历的时间称为诱导期。晶核形成时体系的 Gibbs 自由能达到最大值。晶核一旦形成，体系将自发地向 Gibbs 自由能减小的方向发展，从而进入生长阶段，在该阶段中，晶核将快速生长成具有宏观规模的水合物晶体。

实验研究发现，下列气-水界面在特定条件下水合物都可能生成：

① 液态水-气体或者液态水-液化气的自由接触表面；

② 气相中冷凝的水滴-水液膜的表面；

③ 鼓入水相中的气泡表面；

④ 当冷凝气挥发到饱和水蒸气的自由气相中，冷凝气滴-分散冷凝气的表面；

⑤ 有气体分子溶入水相的水-金属表面。

临界尺寸的水合物核生成以后，在其周围就会生成一层水合物膜，从而遮盖了自由界面。径向的生长速率和水合物膜的厚度取决于气体和水的组成以及体系的压力和过冷度。

水合物膜在整个气-水界面生成以后，表面接触过程就变成扩散过程，形成水合物的分子穿过已形成水合物膜的鳞隙，进入正在生长的结晶吸附表面。

吸附表面既可以在正在生长的晶体自由表面（块状水合物晶体），又可以在生长晶体的起点（须状水合物晶体）。因此，存在三种水合物晶体形态：块状晶体、须状晶体和凝胶状晶体[55]。

水合物晶核在自由气-水界面生成之后，围绕晶核水合物膜生长并封闭自由表面，这种水合物表面将形成块状水合物晶体。图 4-5 是压力为 7.7MPa 和温度为 276.7K 下，膜表面生成的独特的甲烷水合物晶体。块状水合物的特征就在于拥有多种多样的结晶形状，形成什么样的形状取决于气体和水的组成、压力以及温度等。在过冷度低于 3℃时，只会生成块状晶体，其增长取决于气体和水分子在生长晶体表面的吸附。块状结晶主要是在气相主体中生长，主要是因为气体分子和水分子的尺寸不同，以及穿越气-水界面水合物膜的扩散系数不同。块状水合物的生长速率取决于气体和水分子的扩散和吸附速率，以及形成的结晶表面的散热效率。

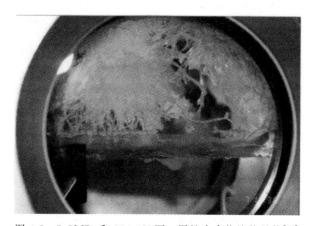

图 4-5　7.7MPa 和 276.7K 下，甲烷水合物块状晶体[55]

如果将存在水合物膜的体系的过冷度再提高 2.8～3.2℃，在有强毛细作用的区域须状水合物晶体开始生成。在该区域，由于毛细压的存在，水压低于蒸气压，因此为须状水合物的生成提供了合适的条件。

线形的须状晶体既能够在气相中生长又能在水相中生长，具有较高的稳定性和结晶压力。须状晶体的线性生长速率要比自由气-水表面的块状晶体生长速率低 3～4 个数量级。由于有着更小的吸附孔道，须状晶体的吸附活性要比块状水合物高得多。须状晶体的生长速率比没有自由气-水界面的块状晶体快得多。图 4-6 为 4.45MPa、273.3K 下 CO_2＋海水体系形成的须状水合物晶体。

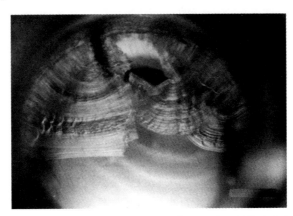

图 4-6   4.45MPa、273.3K 下 CO_2＋海水体系形成的须状水合物晶体[55]

在气-水接触界面，水和气体分子既能从气相中透过水合物膜向吸附表面扩散，水相中的水和溶解气分子也会通过该水合物膜扩散。在须状水合物晶体的生成过程中，生成水合物的分子通过扩散的方式达到正生长的须状晶体表面的吸附层。扩散通道尺寸比起生长晶体的外表面吸附通道小得多，可认为须状水合物晶体在封闭体积中生长。

块状晶体通常在气相中生长。须状晶体既能在气相生长又能在水相中生长。凝胶状水合物晶体在一定条件下的水相中生成。水合物的结晶动力学和形态学受很多因素的影响，例如水合物形成气组成、压力、温度、冷却速率、自由气-水界面的生成速率、扩散过程的强度等。

为了了解水合物结晶成核及生长动力学性质，Makogon[55]在 20 世纪 60 年代搭建了一系列的实验设备，研究自由体积和多孔介质等静态条件下水合物的形态学。发现水合物核的生成过程发生在气-水界面，即液态水与气相之间的边界层。在此阶段气体可以自由态存在，也可以冷凝气形式存在；有时是悬浮于水相中的气泡球形表面，或者气相中的水滴；也可以是容器（油气井、输送管道、分离器）壁冷凝的水膜；也可以是由于热力学条件的改变，水溶液中释放出或容器表面吸附的单分子或者多分子层。根据水合物膜界面接触方式的不同，分别介绍气/液界面、液/液界面和气-液-液体系水合物膜的生长形态。

4.2.1.1　气/液界面

气体水合物膜在气/液界面形成、生长最为常见，气/液界面一般包括气/液平界面、暴露于气相的水滴表面和悬浮于水相的气泡表面三种情况。

水相中饱和气体是否影响水合物晶体的形成位置。Ohmura 等[56]发现在被甲烷饱和的水溶液中，水合物晶体首先在容器内壁与水界面生成而不是在气液界面首先生成（如图 4-7

所示），生成的晶体浮动到甲烷/水界面变成多晶水合物膜并继续向水中生长。在合成天然气饱和的水溶液中，同样可观察到水合物晶体在水中形成和生长，形成的晶体向水合物膜浮动，和膜连接并继续向水中生长[57]。

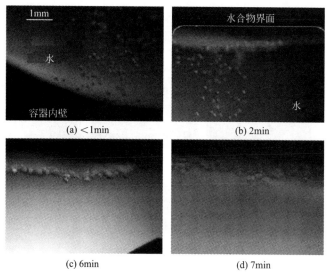

图 4-7　甲烷水合物在饱和甲烷的水相内部形成（6.1MPa，273.3K）[56]

水合物的生长形态同时受过冷度控制，诸多研究发现，水合物晶体形态和尺寸随过冷度变化而具有显著变化。在气液平界面，随过冷度升高，水合物晶体由骨架形和柱状变成枝状[56,57]，在水滴表面由三角形或剑形变成多边形[58,59]。随过冷度增加，晶体尺寸会明显变小，多晶的水合物膜将随之变得致密光滑。对于水中悬浮气泡表面形成的甲烷水合物膜[60~62]，图 4-8 为不同温度和过冷度条件下水合物膜的生长形态，可看出水合物膜的生长形态主要受过冷度影响，高过冷度下形成的水合物膜比低过冷度下形成的水合物膜更为光滑。从图中可看出，过冷度低于 1.0K 时，水合物膜表面非常粗糙，水合物膜表面的粗糙结构可能是组成水合物膜的晶体的自身生长造成的[62]。

图 4-9 和图 4-10 是较低过冷度下甲烷水合物多边形晶体的生长过程（过冷度分别为 0.8K 和 1.0K)[62]，水合物单晶在水合物膜前沿出现时呈多边形薄片，然后以一种奇特的方式生长：①晶体基础面（底面）边缘与气液同时接触，晶体底面不断延伸生长，且生长速率很快，而顶面由于失去与气相的接触，已经停止生长；②水合物晶体在底面横向生长的同时伴随一定程度的增厚生长，这是由于水合物的吸水作用会使晶体底部出现暂时的气/液界面，气液接触引起增厚生长。这种生长模式使水合物晶体变成典型的棱台形状[如图 4-9(a)～(d)，图 4-10(a)～(e)]。晶体的棱角结构使晶体之间存在很多间隙，这些间隙有助于水分子的传递，增加了水合物晶体与水的接触面，因此有助于水合物晶体的生长。另一个有趣的现象是当水合物晶体生长到一定尺寸后，在其前端会衍生出新的水合物晶体，如图 4-9（b）所示，新晶体的出现阻止了前面晶体前沿与气液的接触，会阻碍前面晶体的生长。这种生长方式使得单晶体不能无限生长，从而导致水合物膜的多晶结构以及多孔结构。由于只有水合物膜前沿的单晶体有机会与气液接触，且水合物膜前沿生长速率越小，接触时间越长，因此水合物单晶体的尺寸受水合物膜横向生长速率的控制。在较低过冷度时，水合物膜横向生长速率较慢，水合物膜前沿晶体有更充分时间生长，增厚生长更充分。而高过冷度时，由于水

合物膜横向生长速率较快，水合物膜前沿增厚生长不充分，因此，形成的水合物膜较薄。

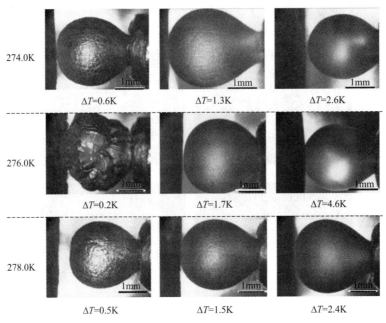

图 4-8　不同温度和过冷度下，水中悬浮气泡表面形成的甲烷水合物膜形态[62]

气体组成同样对水合物膜生长形态有重要影响。图 4-11 汇总了不同过冷度下不同组成的甲烷-乙烷混合气体水合物膜生长形态[63]，从图中可以看出，在低过冷度时，不同组成的气体水合物膜具有各自独特的形态，但在较高过冷度时，特征形态趋于消失。过冷度小于 1K 时，不同组成的气体（CH_4 摩尔分数小于 0.62 时）水合物膜沿横向生长方向具有显著的条状形态，这种形态相对于由晶体紧密堆积形成的水合物膜具有更好的传热效率。随着过冷度增大，条纹逐渐变短，当过冷度大于 3K 时，条纹特征消失，呈麦穗状，这是由于水合物膜生长前沿，新晶体出现会导致前面晶体生长的停止。若将单个晶体横向生长的时间称为晶体的生命周期，则随着过冷度增加，水合物膜横向生长速率加快，水合物成核速率加快，晶体的生命周期逐渐变短，因此晶体尺寸变小。CH_4 摩尔分数小于 0.62 时，混合气体水合物膜形态与乙烷水合物膜形态非常类似，而与甲烷水合物膜形态显著不同，因此可以推断 CH_4 摩尔分数小于 0.62 时，混合气体水合物膜的成核生长主要为乙烷水合物控制，可能是纯乙烷水合物形成压力较低，在实验条件下更容易成核，在乙烷水合物形成之后，甲烷水合物在乙烷水合物表面附着生长，但混合气体水合物的主体是乙烷水合物，因此乙烷水合物膜的形态决定着混合气体水合物膜的生长形态。但当混合气中甲烷含量较高时（CH_4 摩尔分数大于 0.834 时），水合物膜生长形态发生明显的变化，具有枝状特征，以过冷度小于 1K 时最为显著。

表面活性剂的存在也会改变水合物膜的生长形态。Yoslim 等[64]研究发现商用阴离子表面活性剂［十二烷基硫酸钠（SDS），十四烷基硫酸钠（STS），十六烷基硫酸钠（SHS）］存在时，甲烷-丙烷水合物膜生长形态从纯水时的枝状形态转变为线状形态，并且随表面活性剂浓度增加，大量水合物呈糊状附着在装置内壁上，如图 4-12 所示，水合物比表面积的改变使水合物形成过程中耗气量发生显著变化。

4.2.1.2　液/液界面

有些液态水合物客体，如 HFC-134a（CH_2FCF_3）、HFC-141b（CH_3CCl_2F）和环戊烷能在

图 4-9　CH_4＋水体系气泡表面水合物晶体的横向生长和增厚生长现象（276.0K，过冷度 0.8K）[62]

较温和的温度/压力条件下形成水合物，因此这类水合物常用于研究水合物膜增厚生长过程。此外，温室气体 CO_2 易于液化，利于对液态 CO_2/水界面水合物膜横向生长过程的形态研究。Sakemoto 等[65]观察了水或海水与客体界面形成的水合物晶体形态，发现环戊烷水合物晶体沿环戊烷和水界面形成多晶水合物膜层覆盖整个表面，相同过冷度下，在纯水和海水中，单个环戊烷水合物晶体形貌很相似，证实盐对水合物形态无明显影响，但随过冷度增加，水合物晶体形状由多边形转变为三角形或剑形。Karanjkar 等[66]研究了油溶性表面活性剂 Span80 对横向生长过程中环戊烷水合物晶体生长特征的影响，发现无 Span80 存在时形成平面多晶的水合物膜，而当 Span80 浓度低于临界胶束浓度时，形成的晶体为锥形，这可能是由于表面活性剂在水合物晶体表面聚集造成的，如图 4-13 所示。

　　在油气输送过程中，天然气大量溶于油相，管道内混有的水在油气流动过程中逐渐被分散、乳化，形成单个水滴悬浮于油相，在适宜条件下，油溶气与水可在水滴表面形成气体水合物。作者[67]开发了油相中悬浮水滴表面水合物膜的生长研究方法，可以直接观察水滴-油液界面形成水合物的形态演化过程。图 4-14 为 4.25MPa、275.2K 时，甲烷水合物膜包裹水滴后，水合物外表面形态随时间的变化。从图中可看出，当水合物膜刚覆盖水滴时，水合物

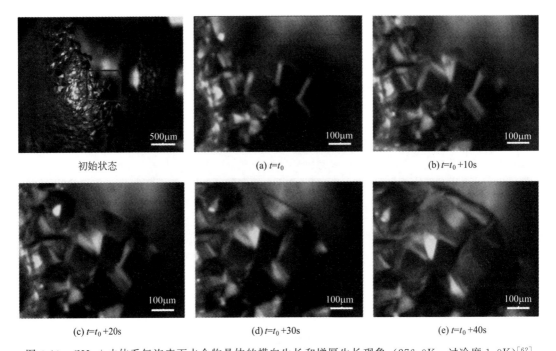

初始状态   (a) $t=t_0$ (b) $t=t_0+10s$

(c) $t=t_0+20s$ (d) $t=t_0+30s$ (e) $t=t_0+40s$

图 4-10 CH_4＋水体系气泡表面水合物晶体的横向生长和增厚生长现象（276.0K，过冷度 1.0K）[62]

膜的外表面比较光滑，仅有少量褶皱，但随着时间的推移，水合物膜外表面逐渐出现很多的凸起线条；随着时间的进一步延长，这些突起线的数量越来越多，越来越清晰，且可以看出凸起线是由大量的突起点组成的。这一现象说明，水合物膜形成后继续向油相增厚生长，且是水穿过水合物膜到达外表面与油相中溶解气继续反应形成水合物。水合物膜是具有多孔结构的物质，水合物膜的多孔结构为水的向外运动提供了大量的传质通道，因此，每一个水合物凸起点都代表水合物膜内的一个传质通道，且水合物的亲水性有助于水在通道内的快速运移。另外，由于这些通道都被水的运移占用，外部气体将很难穿过这些通道到达水合物壳的内表面，这样，随着水向外运移，内部水相压力会逐渐降低，而外部压力几乎保持不变，这将导致水合物壳的塌陷。

图 4-15 为 4.85MPa 和 275.2K 时，甲烷水合物膜包裹水滴后，水合物外表面形态随时间的变化。从图 4-15 可以看出，当水合物膜覆盖水滴 10h 后，水合物凸起点几乎完全布满水合物膜的外表面，且水合物凸起点开始合并在一起，这一现象证明水合物膜内部的传质通道全部被水占用，气体无法穿过水合物向内扩散。但延时达 70h 时，仍可观察到水合物膜上存在少量平滑的区域（如箭头所示），这些小区域可能是水合物生长过程中形成的单晶的位置。图 4-14 和图 4-15 充分证明水合物膜增厚生长过程是由水穿过水合物膜运移过程控制的，而不是由气体传质控制。

4.2.1.3   气-液-液界面

气-液-液体系形成的气体水合物一般为 H 型水合物或双客体的 Ⅱ 型水合物。Ohmura等[68]研究了 H 型水合物晶体形成的位置，水滴部分被大分子液相客体覆盖，部分暴露于甲烷气相中，实验中控制气相压力防止甲烷水合物的形成。结果发现，水合物晶体是在水滴与

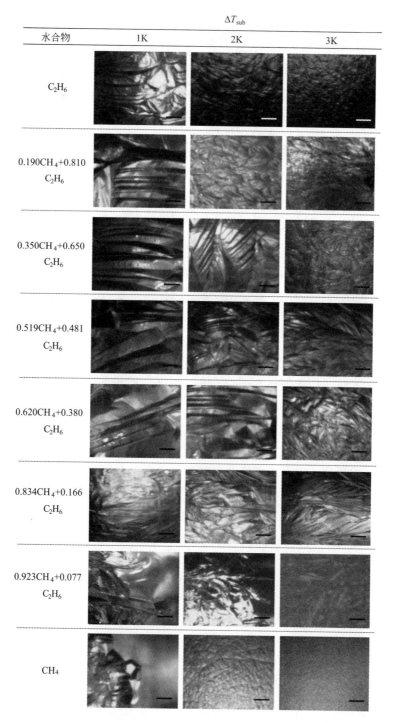

图 4-11　不同组成甲烷-乙烷混合气体水合物膜形态随过冷度的变化，标尺为 $100\mu m$[63]

甲烷气相的气液界面上形成，始终未能观察到水合物在气-液-液三相线上形成，水合物晶体形成后沿气液界面漂浮、集中于液滴顶部形成多晶的水合物膜。Jin 和 Nagao[69] 研究了 H 型水合物晶体形态与过冷度的关系（如图 4-16 所示），发现在过冷度为 4K 时，晶体由六边形平面生长转变为三维枝杈状生长，过冷度 4K 是这种晶体生长形态的转变点。对于 II 型水

图 4-12　甲烷-丙烷水合物在表面活性剂存在下的线状和糊状生长形态[64]

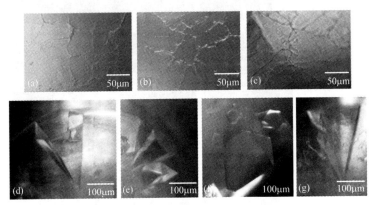

图 4-13　环戊烷水合物晶体横向生长形态（0.2℃）

（a）～（c）多晶壳层，无表面活性剂；

（d）～（g）锥形晶体［Span80 浓度为 0.1％（体积分数）］[66]

合物，Ishida 等实验研究了以环戊烷作液态客体并分别以 HFC-32 气体[70]和氙气[71]作气态客体的Ⅱ型水合物的生长方式，与 Ohmura 等[68]研究方式类似，水滴部分浸入液态客体、部分与气相客体接触。实验发现，随温度/压力条件的改变，此类Ⅱ型水合物展现出三种生长方式：覆盖生长、延伸生长和线状生长，如图 4-17 所示，覆盖生长为水合物首先在水滴表面形成并形成多晶水合物膜覆盖水滴表面；延伸生长与覆盖生长类似，水合物在水滴表面形成之后不仅沿水滴表面生长还向气相延伸生长；线状生长为水合物在气-液-液三相线上形成，并始终沿线生长，生长过程消耗水导致水滴中部发生凹陷。

4.2.2　宏观生长动力学

4.2.2.1　气＋水体系

水合物成核数据具有较大的随机性，而生长区的水合物动力学数据具有较高的复验性，因此，文献中水合物生长动力学数据较多。现有文献报道的气＋水体系的水合物动力学数据基本上全处于晶体生长区，裴俊红和郭天民[72]曾对此有相关综述。

因海水脱盐研究的需要，Koppers 公司的 Knox 等[73]于 20 世纪 60 年代初建立了一套比较完整可供水合物生成动力学研究的装置，并获得一些实验数据。他们认为，停留时间、热推动力及搅拌强度是影响水合物生成速率的主要因素。

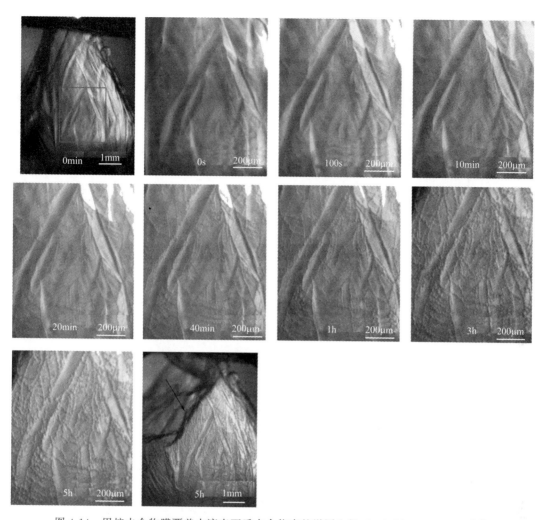

图 4-14　甲烷水合物膜覆盖水滴表面后水合物壳的增厚生长（4.25MPa，275.2K）[67]

氩、氪、氙、甲烷、乙烷、氧气、氮气等辅助气通过三氯甲烷或四氢呋喃和硫酸铯的混合溶液时，会形成复合水合物（double hydrates），Barrer 和 Ruzicka[74] 针对其中的动力学问题开展了相应的实验和理论工作。他们认为，随着晶体的生长，客体分子在晶体表面附近区域中的浓度由于晶体对它们的笼合作用而逐渐降低。因此，客体分子将从液相主体向这一区域扩散，扩散速率为

$$\frac{\mathrm{d}s}{\mathrm{d}t}=A_s D\,\frac{\Delta c}{\delta}\tag{4-50}$$

晶体生长消耗水合物形成气的速率为

$$R=\int_{i_c}^{i_1}N(i)r(i)\mathrm{d}i\tag{4-51}$$

遗憾的是，Barrer 和 Ruzicka 并没有继续深入探讨式（4-50）和式（4-51）之间的内在联系。

一些 20 世纪 80 年代以前的学者还使用水合物形成剂，如环醚、环氧乙烷、四氢呋喃等，研究水合物生成动力学中质量传递的影响。

Pinder[75] 在四氢呋喃水合物生成动力学研究时，提出水合物生成的控制步骤问题。选用可溶于水的四氢呋喃作为水合物形成剂，原意是为避免气-液体系中因水合物晶体而引起

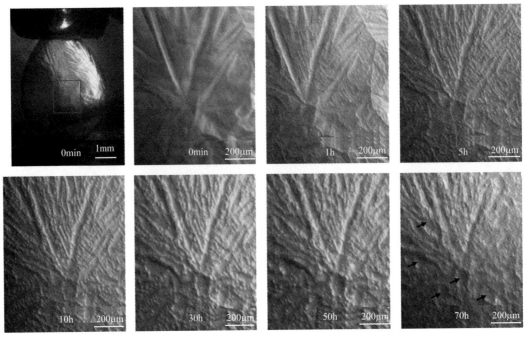

图 4-15　甲烷水合物膜覆盖水滴表面后水合物壳的增厚生长 （4.85MPa，275.2K)[67]

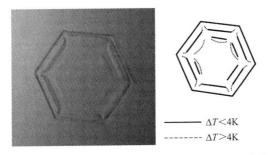

图 4-16　H 型水合物晶体生长形态与过冷度关系[69]

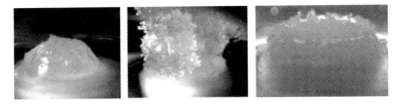

图 4-17　气-液-液体系 II 型水合物的三种生长方式[71]

的扩散膜问题，但结果表明，水合物生成速率仍受扩散控制，而不是热传递，但其实验结果不能被用于类推其他水合物的生成速率。

　　环氧乙烷（EO）和四氢呋喃具有类似的饱和环醚结构，与水完全互溶。Glew 和 Haggett[76,77]在研究环氧乙烷水合物的生成动力学时发现：在未搅拌的相合溶液中，水合物生成受热传递控制，当搅拌速率超过 100r/min 时，水合物生成的初始速率不受搅拌速率的影响。他们认为，环氧乙烷水合物的生成由下述 3 个连串反应组成：

$$EO + n_w H_2O \xrightarrow{k_1} EO \cdot n_w H_2O + Q_s \qquad (4\text{-}52)$$

$$Q_s \xrightarrow{k_2} Q_b \qquad (4\text{-}53)$$

$$Q_b \xrightarrow{k_3} Q_t \qquad (4\text{-}54)$$

式中，n_w 是指水合数；Q_s、Q_b、Q_t 分别为晶体表面、液相主体和恒温器的传热速率；k_1、k_2 和 k_3 分别表示三个反应的反应速率常数。式（4-52）表示水合物生成反应，式（4-53）为晶体表面向溶液主体的热传递，式（4-54）为溶液主体向恒温器的热传递。环氧乙烷水合物在具有磁力搅拌的不相合溶液（incongruent solution）中的生成速率受反应器壁热传导速率的限制，即式（4-54）为控制步骤。而在机械搅拌的相合溶液中晶体表面向溶液主体的热传递控制了水合物的生成速率，即式（4-53）为控制步骤。

Graauw 和 Rutten[78] 把水合物形成气在盐水中生成水合物的生长过程描述为：

① 气体溶于盐水相中；

② 气体从液相主体向晶体表面输送；

③ 气体和水在晶体表面形成水合物而使晶体生长；

④ 盐从晶体表面向液相主体输送。

基于上述考虑提出的动力学模型为

$$r_g = kA_b(c_i - c_e) \qquad (4\text{-}55)$$

式中，r_g 为气体消耗速率；k 为总反应速率常数；A_b 为单位结晶器体积的气泡表面积；c_i 和 c_e 分别为气-液界面处和晶体表面处气体的浓度。

由于盐的存在不影响水合物生成速率，他们在一外冷式结晶器中用纯水对氯气和丙烷进行水合物生成动力学实验，通过对 k 随时间变化规律的分析，认为水合物生成速率主要受气液界面间的质量传递控制；但在某些情况下，液相主体与晶体表面间的质量传递以及表面反应（特别是对一些高度可溶的水合物促进剂）都可成为速率的控制因素。

Pangborn 和 Barduhn[79] 从溴代甲烷水合物生成动力学研究中得出的结论是：当搅拌速率大于 500r/min 并且反应器中至少有 3%（体积分数）液态溴代甲烷存在时，水合物的生长速率主要受反应动力学的控制。他们还提出一个计算生长速率的经验公式，即

$$r_1 = K_1 r_n G^3 \theta^3 \qquad (4\text{-}56)$$

式中，K_1 为系数；θ 为名义停留时间；G 为反应器中水合物浆液体积和进料盐水体积流率之比。

Elwell 和 Scheel[80] 对水合物生成动力学做了如下假设：

① 水分子簇中的客体分子向正在生长的晶体表面传递，由于晶体表面 Gibbs 自由能较低，促使分子簇向表面移动；

② 分子簇吸附在晶体表面，并释放一些周围溶剂分子，晶体产生的力场，使分子簇黏附在晶体表面，由于吸附作用，一些水分子脱离分子簇，并向外扩散；

③ 分子簇通过表面向晶体阶（step）扩散，由于力场方向垂直于晶体表面，被吸附分子簇只能沿着表面方向扩散；

④ 分子簇黏附于一晶阶，并进一步释放溶剂分子；

⑤ 此时分子簇只能沿着晶阶方向移动，并扩散到晶阶上的结点或缺陷处；

⑥ 分子簇在结点处吸附，由于受到引力作用，分子簇无法移动；

⑦ 随着进入晶体表面的分子簇增加，分子簇重组，并进入适当空穴，同时释放过量的

溶剂分子；

⑧ 随着分子簇完全进入结点或缺陷处，则完成了水合物空穴的建立。

Makogon[26]曾对甲烷、乙烷和天然气水合物的生长动力学进行过研究，他们认为：在静态条件下（不搅拌），水合物的生长是一种临界现象，界面处高浓度的水合物形成介质有利于水合物的生长；水合物形成介质的状态、过冷度、压力和温度都是影响生长速率的重要因素。

20 世纪 80 年代初，Bishnoi 实验室在建立一套比较完整和先进的水合物动力学装置基础上，开始对水合物生成动力学进行系统的研究。

Vysnianskas 和 Bishnoi[15,81,82]发表了一批甲烷、乙烷水合物生成动力学实验数据。同时，提出一个比较简单的水合物生成机理，水合物生成晶体的机理被描述为包含三个三体加成的反应：

最初的成簇反应

$$M+H_2O+(H_2O)_{y-1} \Longrightarrow M \cdots (H_2O)_y \tag{4-57}$$

随后是临界尺寸簇（水合物晶核）的生成

$$M+H_2O+M(H_2O)_{c-1} \Longrightarrow M \cdot (H_2O)_c \tag{4-58}$$

最后是晶体的生长

$$M+H_2O+M(H_2O)_{n-1} \Longrightarrow M \cdot (H_2O)_n \tag{4-59}$$

式中，M 指气体分子；下标 y、c、n 指每个气体分子所需水分子数。

最初的成簇过程表示气体分子、水分子和水单体 $(H_2O)_{y-1}$（$y=2$）或小簇 $(H_2O)_{y-1}$（$y>2$）通过三体加成形成水簇(water cluster)$M \cdots (H_2O)_y$，水簇和邻近的水单体及气体分子相互作用进一步生长成临界尺寸簇 $M(H_2O)_c$。临界尺寸簇继续通过三体加成反应生长成热力学稳定的水合物晶体 $M(H_2O)_n$。生成晶核所需的时间依赖于临界尺寸的生成概率，此概率是水分子结构重整动力学和形成临界尺寸簇所需最小能量的函数。因此，诱导期时间的长短很大程度上依赖于过冷度和其他动力学参数。

根据上述机理，Vysniauskas 和 Bishnoi 提出如下的反应速率方程：

$$r=k_r A_{gl}[H_2O]^{l_1}[H_2O]_c^{l_2}[M]^{l_3} \tag{4-60}$$

式中，$[H_2O]$、$[H_2O]_c$ 和 $[M]$ 分别表示水单体、临界尺寸簇和气体的浓度；k 和 A 分别表示反应接触面积及反应速率常数。

他们还在分析水合物生成机理的基础上提出一个半经验动力学模型：

$$r=K_0 A_{gl}\exp\left(-\frac{E_a}{RT}\right)\exp\left(\frac{a}{\Delta T^b}\right)p^v \tag{4-61}$$

式中，a，b，v 为参数；ΔT 表示过冷度，$\Delta T = T_{eq} - T_{exp}$。

为获得自源性成核条件并使实验具有更好的重复性，Englezos 等[2,83]对 Vysniauskas 和 Bishnoi 的实验装置进行了改进。在恒温和恒压条件下，用新的装置重新测定了甲烷和乙烷水合物的生长动力学数据。研究结果表明，在他们的实验条件下，水合物的生长不是一种界面现象，可遍及整个液相区。水合物晶体的生长被描述成两个连续的步骤：

① 溶解气的扩散，即溶解气从液相主体穿过晶体周围的停滞扩散层到达晶-液界面；

② 界面反应（实质上是一个吸收过程），即气体分子被"吸收"于结构水之框架中。基于上述理解并运用结晶学原理和气-液相传质的双膜理论，他们导出了描述水合物晶体生长的本征动力学模型（仅含 1 个可调参数），模型由 5 个常微分方程和相应的初始条件所组成。

形成单个水合物粒子消耗的气体量为

$$\left(\frac{\mathrm{d}n_i}{\mathrm{d}t}\right)_P = K^* A_P (f_i^b - f_i^{eq}) \tag{4-62}$$

$$1/K^* = 1/k_r + 1/k_d \tag{4-63}$$

式中，$(\mathrm{d}n_i/\mathrm{d}t)_P$ 为每秒单个水合物粒子形成消耗的气体物质的量；f_i^b 为液相主体中组分 i 的逸度；f_i^{eq} 为水合物界面处液相中组分 i 的平衡逸度；k_r 为反应速率常数；k_d 为粒子周围穿过薄膜的传质系数；下标 P 指单个水合物粒子。

Englezos 使用粒子尺寸分布结晶函数 $\phi(r,t)$，代表半径 r 上的粒子数。表面面积上的总粒子数为

$$\mu_2 = \int_0^\infty r^2 \phi(r,t)\,\mathrm{d}r \tag{4-64}$$

总气体反应速率为式 (4-62) 对所有粒子尺寸分布的积分

$$R(t) = \int_0^\infty K^* A_P (f_i^b - f_i^{eq}) \phi(r,t)\,\mathrm{d}r = 4\pi K^* \mu_2 (f_i^b - f_i^{eq}) \tag{4-65}$$

式中，A_P 为单个粒子的表面积。

由此推出的模型由 5 个常微分方程和相应的初始条件所组成。

水合物形成气的消耗速率方程为

$$\frac{\mathrm{d}n}{\mathrm{d}t} = \frac{D^* \gamma A_{g-1} (f_i^g - f_i^{eq}) \cosh\gamma - (f_i^b - f_i^{eq})}{\sinh\gamma} \tag{4-66}$$

式中，f_i^g 为气相中组分 i 的逸度；γ 为 Hatta 数，表示相对于薄膜扩散的反应速率

$$\gamma = y_L \sqrt{\frac{4\pi K^* \mu_2}{D^*}} \tag{4-67}$$

式中，y_L 为气-液界面液体侧的薄膜厚度；D^* 为气体向液体的扩散系数。

水合物形成气在液相主体中组分 i 的逸度随时间变化方程为

$$\frac{\mathrm{d}f_i^b}{\mathrm{d}t} = \frac{HD^* \gamma a}{c_{w0} y_L \sinh\gamma} [(f_i^g - f_i^{eq}) - (f_i^b - f_i^{eq})\cosh\gamma] - \frac{4\pi K^* \mu_2 H (f_i^b - f_i^{eq})}{c_{w0}} \tag{4-68}$$

其他三个联立的常微分方程为

$$\frac{\mathrm{d}\mu_0}{\mathrm{d}t} = \alpha_2 \mu_2 \tag{4-69}$$

$$\frac{\mathrm{d}\mu_1}{\mathrm{d}t} = G\mu_0 \tag{4-70}$$

$$\frac{\mathrm{d}\mu_2}{\mathrm{d}t} = 2G\mu_1 \tag{4-71}$$

式中，μ_0 为粒子尺寸分布的零次矩（总粒子数）；μ_1 为粒子尺寸分布的一次矩（总尺寸）；μ_2 为粒子尺寸分布的二次矩（总面积）；α_2 为二次成核速率与二次矩（μ_2）的比值。

模型中仅存在一个未知参数，即水合物形成速率常数 K^*，由实验数据通过最小二乘法估计而得。据报道该模型的预测结果和他们的实验数据吻合良好。

Englezos 等[83] 还对三种甲烷和乙烷混合气的水合物生成动力学进行了研究。研究结果表明混合气的组成对生成速率有很大影响。混合气水合物的生成动力学也可用上述本征动力学模型予以描述。模型的预测结果和他们所测的实验数据基本吻合。

Dholabhai 等[84,85] 将 Englezos 模型用于描述电解质水溶液中甲烷水合物的生成行为。

他们认为液相中电解质的存在对生成速率有很强的影响，电解质将改变体系的三相平衡条件。电解质的影响在 Englezos 模型中的具体体现是一些模型参数（如平衡参数、亨利系数和扩散系数等）需要重新估计，据称经过上述修正后的模型具有良好的预测精度。

Skovborg 和 Rasmussen[16] 对 Englezos-Bishnoi 模型做了简化，他们认为，由于二次成核常数（α_2）非常小（10^{-3}），可以假定不存在二次成核，于是模型中只考虑质量传递影响，而不考虑结晶动力学的影响。另外，他们认为，由于液相薄膜传递系数 K_L 偏差的影响，致使 K^* 值偏大。基于以上假定，Englezos-Bishnoi 模型的 5 个微分方程简化为 1 个方程：

$$\frac{\mathrm{d}n}{\mathrm{d}t}=k_L A_{(g-l)} c_{w_0} (x_{int}-x_b) \tag{4-72}$$

式中，$A_{(g-l)}$ 为气液界面面积；c_{w_0} 为水的初始浓度；x_{int} 为形成水合物的界面液相摩尔分数；x_b 为组分的主体液相摩尔分数。

若含有多种水合物形成气，则式（4-72）化为

$$\frac{\mathrm{d}n}{\mathrm{d}t}=\sum_{i=1}^{N}\frac{\mathrm{d}n_i}{\mathrm{d}t}=\sum_{i=1}^{N}k_L A_{(g-l)} c_{w0} (x_{int}-x_b) \tag{4-73}$$

该简化模型不仅对甲烷、乙烷以及它们的混合气水合物的生成给出满意的预测结果，而且还能较好地描述真实石油流体水合物的生成动力学。

Lee 等[86] 测定了纯甲烷、纯二氧化碳、两组甲烷＋丙烷混合物（95％CH_4＋5％C_3H_8，97％CH_4＋3％C_3H_8）形成水合物的线性生长速率。考察了气体流率、气体组成、温度和压力的影响。认为气体流率增加有利于水合物形成速率的加快。高的气体流率驱散了相当部分水合物形成所释放的热量，同时提高了水相中水合物形成表面的传质。但气体流率的影响有一个极值，该值之上生长速率趋于稳定。对于含 95％甲烷和 97％甲烷混合物体系，生长速率的差别并不明显，但混合物以及纯二氧化碳的生长速率均快于纯甲烷。热力学推动力影响水合物形成速率，稳定水合物结构大孔的能力同样对水合物生长速率有重要影响。丙烷稳定结构 Ⅱ 的大孔能力优于甲烷，而二氧化碳稳定结构 Ⅰ 的大孔能力优于甲烷。因此，稳定大孔的能力可能在动力学中占重要角色。随着水合物形成气体组成的变化，水合物中丙烷的浓度高于其在气相中的浓度。随着更多的水合物形成，混合物中的丙烷含量可能低于 1％，将导致形成 Ⅰ 型和 Ⅱ 型共存的水合物。

Koh 等[87] 采用中子衍射调查了甲烷水合物形成时水分子围绕溶解的甲烷分子的结构。研究了 CH_4/D_2O，CD_4/D_2O 混合物在恒压（14.5MPa）下，不同温度时的水合物形成情况。发现当有甲烷水合物形成时，液体中典型的碳-氧对距离（约 3.5Å），增加为约 4.0Å。与液体中围绕甲烷的水合球相比，在结晶的水合物中围绕甲烷的水合球明显变大，水合壳变得不规则。

4.2.2.2　气＋冰体系

（1）CO_2　Stern 等[88] 报道了冰粒表面 CO_2 水合物形成的观测情况。发现随着水合物的形成，冰表面变得斑驳，但没有观测到粒子的碎裂发生。Henning 等[89] 在 230K，243K，253K，263K 下，通过 CO_2 加压，从含重氢的冰晶形成 CO_2 水合物，并采用中子粉末衍射调查了 CO_2 水合物的形成，同时应用收缩核模型[90,91] 的最简单形式分析了水合物形成反应动力学，该模型可成功描述氩从冰形成水合物以及氩水合物（sⅡ）向氩/CO_2 混合气水合物（sⅠ）的转变过程[92]。模型假定产物的初始层在固相暴露于运动相后很快形成，一旦产

物层在固相表面形成，反应变为扩散控制，即在经过了冰粒子表面的快速转化期后，过程主要由 CO_2 分子穿过积聚的水合物层的扩散速率控制[89,93]。某些情况下，表面成核生长可能需要一定的时间 t^*，之后水合物生长为扩散控制。下述方程描述了恒温下扩散控制阶段气体转化过程[89,94]：

$$(1-\alpha)^{1/3} = \left(\frac{-(2k)^{1/2}}{r_0}\right)(t-t^*)^{1/2} + (1-\alpha^*)^{1/3} \tag{4-74}$$

式中，k、r_0 分别为扩散常数及粒子的初始半径；α 和 α^* 分别为时间 t 及 t^* 时的反应程度；t^* 表示转化过程开始由 CO_2 分子扩散穿过水合物层控制的时间。

CO_2 水合物生长动力学研究一般在温度 $-10℃$ 以下或 $0℃$ 以上进行。在冰的融点附近（$-10\sim0℃$），相关研究报道较少。该温度区域 CO_2 水合物的生长速率增加显著[95]。冰融点温度下存在的似液态层[96,97]与 CO_2 水合物的形成机理有关。Kawamura 等[98]采取两种实验方法考察该温度区域从冰形成 CO_2 水合物的生长动力学，其一采用 Raman 光谱在线观测 CO_2 水合物形成；其二从气体消耗量确定 CO_2 水合物的生长速率。实验发现，在 -2 和 $-1℃$ 下，水合物连续形成，并快速线性生长直至约 70% 转化为水合物。对于 $-5℃$ 的情况，同样经过快速生长，约 $40\%\sim50\%$ 转化为水合物。但在 $-10℃$ 时，快速生长阶段消失，水合物形成处于相对缓慢的生长阶段。

传统的冰-水合物-气体系的水合物生长模型（I-H-V）参见图 4-18。水合物形成的作用表面随着时间而减小。CO_2 气体需要通过刚性的水合物层向冰表面扩散，以维持水合物的连续形成。换而言之，水合物形成速率由 CO_2 气体的扩散控制。随着水合物层变厚，水合物形成速率相应变慢。传统的 I-H-V 模型计算方程如下[95]：

$$3\left[1-\left(1-7.67\frac{n_H}{n_{w0}}\right)^{2/3}\right] - 2\times7.67\frac{n_H}{n_{w0}} = K\left(\frac{p_a-p_d}{p_d}\right)t \tag{4-75}$$

式中，n_H 为水合物中的客体物质的量；n_{w0} 为冰的初始物质的量；K 为拟合参数；p_a 为实验压力；p_d 为反应表面的压力。

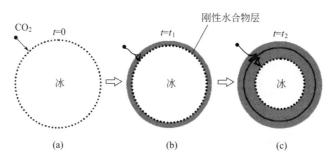

图 4-18　传统的冰-水合物-气体系的水合物生长模型

计算发现，I-H-V 模型在 $-10℃$ 时与观测的水合物形成结果符合良好。但该模型不能解释 $-1\sim-5℃$ 范围的水合物生长速率数据。

Kawamura 等[98]提出了 $-1\sim-5℃$ 时的水合物形成模型（参见图 4-19），主要基于液-水合物-气体系的水合物生长模型[2]建立。认为形成的水合物易于快速从冰粒子原位置移走，由此水合物反应过程中重新产生新鲜的冰表面。CO_2 客体分子将促进水笼子的重构[99]，形成的水合物离开原位置，由此水合物的快速生长得到延续，直至大多数的冰转化为水合物，此后水合物生长将突然减慢。

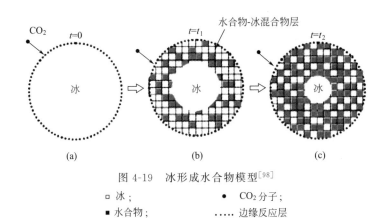

图 4-19 冰形成水合物模型[98]

   □ 冰；   ● CO_2分子；

   ■ 水合物；   ⋯⋯ 边缘反应层

（2）CH_4　对于甲烷水合物从冰形成时，Hwang 等[35]于静态条件下采用甲烷和附于规则表面上的薄冰作为水合物形成介质，认为水合物的生长是一种界面现象，水合物的生长速率取决于水合物形成介质向生长中的晶体表面输送的速率以及水合物生成热从晶体表面移去的速率，反比于水合物层的厚度。提出的动力学模型如下：

$$\frac{1}{A_{gt}}\frac{dN_b}{dt}=\frac{K_s}{(N_h/A_{gl})} \tag{4-76}$$

或

$$\left(\frac{N_h}{A_{gl}}\right)^2-\left(\frac{N_h}{A_{gl}}\right)_0^2=2k_s(t-t_n) \tag{4-77}$$

式中，A_{gt} 和 A_{gl} 为气泡接触面积和在液相中的表面积；k_s 为晶体生长速率常数；t 和 t_n 分别指时间和成核阶段的持续时间。

Stern 等[88,93,100]在受压下将样品加热到近 290K，使亚稳态的（过热的）冰粒向甲烷水合物完全转化，但这些报道没有包括反应动力学的分析。

Wang 等[101]采用高强度粉末衍射仪研究了多晶冰中甲烷水合物原位形成的反应动力学。

由前所述，冰粒形成水合物时收缩核模型被认为是主要机理，包括气体穿越水合物外壁与内部冰核的反应。由于收缩核模型假定反应过程发生在平面表面，当应用于甲烷水合物的形成反应时，在转化率较低区域，存在一定的系统偏差，需应用更复杂的气-固反应模型来分析甲烷水合物形成动力学，即除了扩散外，还应考虑球形表面和其他反应步骤。在更复杂的收缩核模型中[102~104]，甲烷与冰粒的全部反应由三个阶段组成：①甲烷与冰粒表面的初始反应；②水合物层生长以及甲烷气的内部扩散；③在未反应的冰核处甲烷气与冰的反应。如果三个步骤连续发生，则在反应时间 t 形成的甲烷水合物摩尔分数可表示为[103,104]：

$$t=\tau_1\left[1-(1-\alpha)^{2/3}\right]+\tau_2\left[1-3(1-\alpha)^{2/3}+2(1-\alpha)\right]+\tau_3\left[1-(1-\alpha)^{1/3}\right] \tag{4-78}$$

式中，τ_1、τ_2、τ_3 分别为三个阶段的时间常数；α 为已反应冰的摩尔分数。因此，冰粒向甲烷水合物完全转化所需的时间等于三个时间常数之和：

$$\tau_{total}=\tau_1+\tau_2+\tau_3 \tag{4-79}$$

动力学测量结果与甲烷分子与水合物层之间发生的扩散控制过程一致，并向着冰粒的内核生长。尽管冰向液态水的直接转化并不是先决条件，不能排除在水合物层和未反应的冰粒表面之间存在似液体层的可能性。似液体层被认为是一薄的水分子运动相，这些水分子具有介于液态水和冰晶之间的活动媒介的性质[105]。

（3）混合气体　Uchida 等[106]在 $CH_4+C_3H_8$ 结构Ⅱ型水合物形成实验时观测了气相组成变化，色谱分析表明 CH_4 和 C_3H_8 气体在水合物形成过程中同时消耗。随着水合物的不断形成，丙烷以较高速率消耗，直至丙烷完全反应，在气相中几乎只剩下纯甲烷。剩余的甲烷转化规律符合结构 I 型水合物的消耗曲线。

Kini 等[107]通过 $CH_4 + C_3H_8$ 水合物形成实验发现，水合物生成在某段时间之前为线性斜率生长，之后则进入缓慢生长阶段。在线性生长区域，甲烷和丙烷水合物峰强度线性增加，主要是由于冰和气相之间的界面反应导致水合物的形成。线性生长速率取决于冰粒的表面/体积比率以及气体的分压。由于水合物从新鲜冰粉末形成，最初存在众多表面成核位置，气体相对于冰是过量的，假定可以忽略气相传质对动力学的限制。气体在固体界面的不可逆反应为：①气体向表面的扩散；②气体吸附在表面；③化学反应形成产物。随后较慢的水合物生长速率可能是由于表面水合物层的出现，阻止了进一步反应所需的甲烷和丙烷向冰核的输送，随着粒子表面完全被水合物层覆盖，堵塞了冰和气之间的接触，表面反应完成。进一步的生长可能由气体通过水合物层的裂缝和缺陷向粒子核的扩散控制，生长速率较慢。在最初表面反应期间的水合物形成速率揭示了甲烷＋丙烷结构 II 型水合物的生长机理。水合物形成量数据表明，丙烷占据 $5^{12}6^4$ 空穴的形成速率是甲烷占据 5^{12} 空穴的两倍。

NMR 和 Raman 光谱已用于研究（氙气＋冰）[108]和（甲烷＋水）[109]结构 I 型水合物的孔穴形成速率。对于 I 型水合物，尽管大孔数量是小孔的 3 倍，但观测到小孔在早期形成较快。与之相比，Kini 等[107]对 $CH_4 + C_3H_8$ II 型水合物的 NMR 测量表明，尽管大孔的数量只是小孔数的一半，C_3H_8 填充大孔的速率比甲烷填充小孔的速率快 2 倍。这个结果与 Fleyfel 等[110]的结果不同，Fleyfel 等采用[13]CNMR 对 $CH_4 + C_3H_8$ 气体混合物在液态水中形成 II 型水合物的研究认为，小孔填充得更快。导致两种结果的原因可能是由于 Kini 等使用的是冰，或进气组成的不同，Fleyfel 等使用的 CH_4 浓度较高，为 96％。

客体直径与孔穴直径的比值（S）是一种粗略估计孔穴稳定性的参数，含丙烷分子的 $5^{12}6^4$ 孔穴（$S = 0.943$）比甲烷占据的 5^{12} 孔穴（$S = 0.855$）更稳定。含丙烷的大孔可能比含甲烷的小孔更易形成。因此，小孔的形成速率限制了 $CH_4 + C_3H_8$ II 型水合物的总生长速率。与此对照的是纯甲烷 I 型大孔的形成动力学，可以观测到大孔形成比小孔慢，大孔限制了 I 型水合物的形成速率[108,109]。甲烷 I 型结构水合物中，5^{12} 小孔的 S 值为 0.855，$5^{12}6^4$ 大孔的 S 值为 0.744，对于氙 I 型水合物，小孔的 S 值为 0.898，大孔为 0.782。基于简单的 S 值模型，对于甲烷和氙水合物，I 型结构中的小孔将首先形成。

4.2.2.3　H 型水合物体系

同一温度下，结构 H 型水合物比相应的结构 I 水合物在更低的压力下形成，人们由此产生了将 H 型水合物作为储存和输送天然气媒介的想法[111,112]。但文献中 H 型水合物的动力学信息很少报道。Hütz 和 Englezos[113]对 H 型水合物进行了间接的观察，发现 H 型甲烷水合物不仅在更低压力下形成，而且也展示了有趣的动力学行为。当使用叔丁基甲醚（TBME）作为大分子客体物质（LMGS）时，水合物晶体生长最快，2,2-二甲基丁烷（新己烷，NH）较慢，2-甲基丁烷最慢。Tohidi 等[114]针对甲烷-甲基环己烷（MCH）-水体系在过冷度为 4.8～6.8K 下进行了 H 型水合物动力学实验。Ohmura 等[112]通过向含甲烷气的高压腔喷雾，研究了甲烷和 MCH 形成 H 型水合物的情况。Tsuji 等[115]采用上述喷雾系统，发现在水合物形成速率方面，TBME 是形成速率最快的大分子客体物质。Servio 和 Englezos[116]研究了 NH-甲烷和水形成 H 型水合物的形貌。认为甲烷在 NH 相中的数量影响晶体生长。

气体以 H 型水合物的形式储存和输送的可行性不仅取决于相平衡，而且取决于水合物晶体生长速率和诱导期的长短[112]。Lee 等[117] 研究了三种不同的 LMGS 组分（NH，TBME，MCH）在不同推动力下 H 型水合物形成动力学，推动力范围在水合物平衡压力之上约 0.63～1.5MPa。实验发现，在成核后的前 30min，气体吸收曲线斜率几乎恒定，观察发现水合物粒子似乎很好地在液相中分散，气液界面面积不受停滞的水合物的影响。尽管 H 型水合物与 I 型水合物相比在更低的压力下形成，但诱导期更长，诱导期反比于推动力。同时检验了记忆效应的影响。采用具有记忆效应的液体时，对于甲烷-水-NH 体系，诱导期从 619min 减至 374min。对于甲烷-水-MCH 体系，诱导期从 4069min 减至 131.6min。尽管诱导期有所不同，但对于有/无记忆效应的体系，气体消耗曲线的模式非常相似。相同推动力和温度下 I 型和 H 型水合物形成实验对比表明，当 NH 和 MCH 用作 LMGS 时，诱导期较长，晶体生长开始阶段气体消耗速率明显低于甲烷-水体系。然而，当 TBME 作为 LMGS 时，气体消耗速率几乎比甲烷-水体系快三倍。因此，反应速率取决于 LMGS 的类型。TBME 的数量可能仅影响诱导期，而不影响水合物形成速率。从实际应用的观点，工业中可使用记忆水减少诱导期，而将所需 LMGS 的数量最小化。

4.2.2.4 油水分散体系

在海底油气输送管线中，伴随着流动剪切和胶质、沥青质的存在，水滴通常会分散在油相中形成油包水乳液，在低温高压的环境下向水合物颗粒转化。因此，需要研究油水分散体系中水合物生长动力学行为。

图 4-20 给出了温度 274.2K、甲烷初始压力 7.72MPa 和 300r/min 条件下，20％水＋80％柴油体系形成水合物前后典型的平均弦长变化[118]，其中添加了 3％（基于水量）阻聚剂[119]。当水合物成核时，平均弦长从 4.38μm 迅速升高到约 5.85μm。在随后的 2～4h 内，平均弦长的升高逐渐趋于缓慢，在成核后 5～6h 趋于稳定。在水合物初始成核时，该分散体系经历了显著的聚集和各相重新组合分布，此时颗粒与液滴间发生剧烈的碰撞与混合。在最初的几十分钟内，随着体系内自由水的消耗殆尽，液滴与颗粒尺寸的变化越来越小。在接下来的几个小时内，伴随水的转化与水合物的生长，颗粒尺寸略微变大并逐渐稳定。

图 4-21 给出了上述 20％水＋80％柴油体系在初始压力 7.72MPa 和 274.2K 下，水合物形成过程中典型的弦长分布变化[118]。水合物成核 20min 后，乳液中水滴的弦长分布从（a）

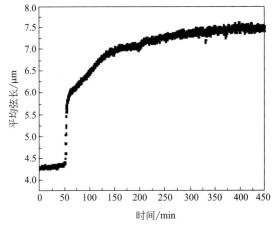

图 4-20　20％水＋80％柴油体系形成甲烷水合物前后平均弦长变化
（274.2K，初始压力 7.72MPa，300r/min，3％阻聚剂）

右移至（b）。在成核 6h 以后，由于持续的生长和聚集，弦长分布从（b）进一步右移至（c）。水合物的形成导致弦长分布总体更不集中，表明水合物颗粒的尺寸范围变宽。但由于阻聚剂的加入和持续的搅拌，水合物形成前后弦长分布总体比较稳定。

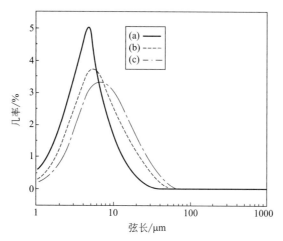

图 4-21 20％水＋80％柴油体系形成甲烷水合物过程中的弦长分布
（274.2K，初始压力 7.72MPa，300r/min，3％阻聚剂）
（a）水合物形成前的乳液；（b）成核 20min 后；（c）成核 6h 后

作者[118]提出了如图 4-22 所示的油包水乳液体系水合物的生长机理。在水合物成核前，水相以水滴的形式分散在油相中。成核时，一些水滴的表面形成水合物壳。在流动剪切条件下，体系中的分散相发生碰撞、聚集和破碎，这使得水相和水合物相重新分布。在这一过程中，多数的水合物壳难免会破裂，并且与其他水合物晶体或剩余的水滴结合成新的颗粒/团聚物。因此，在新形成的水合物颗粒/团聚物中，水合物相与水相会混合并存。如图 4-22 所示，一部分水会被束缚在水合物晶体中，成为"束缚水"或"间隙水"，而自由水则大多吸附到水合物颗粒的外表面。在体系各相分布稳定的前提下，水合物生长发生在颗粒的外表面，即自由水-水合物相界面处。

初始阶段，生长速率取决于甲烷从油相向水-水合物相界面处的传质以及结晶动力学。随着快速反应，水合物颗粒表面的自由水会变得越来越少，逐渐消耗殆尽，限制进一步的生

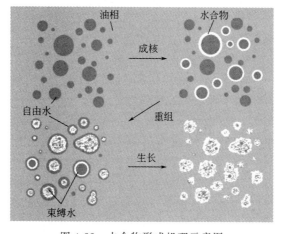

图 4-22 水合物形成机理示意图

长。此后，反应依赖于壳层内束缚水或间隙水的向外流动。流出的束缚水或间隙水占据了颗粒外表面的很小一部分，在这部分表面反应能够继续进行。当束缚水耗尽或者不再向外流动时，生长停止。由于持续的搅拌和循环冷浴下传热的阻力较小，模型建立过程中重点考虑了气体分子与水分子的传质和本征动力学因素。

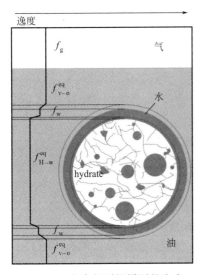

图 4-23 水合物颗粒周围的逸度
分布及推测的颗粒内部结构

Englezos 针对气-水体系提出的本征生长动力学理论模型[2,83]中，使用双膜理论描述气体在气-液相界面处的吸附过程。然而，针对油包水乳液体系的水合物形成过程，伴随着持续搅拌和水合物形成，与油-水相界面和水-水合物相界面处的传质阻力相比，气-油相界面处的传质阻力通常可以忽略[120]。因此，假定油相被气体饱和，即油相体相内甲烷的浓度均匀且等于气-油相界面处的平衡值。如图 4-23 所示，油相体相内甲烷的逸度因此等于甲烷在柴油中的饱和逸度 f_{v-o}^{eq}。水合物颗粒内部包含了大量的孔隙与通道[67,121,122]，这一多孔结构中毛细管力占主导作用，又因为水合物表面具有亲水性，颗粒内外的水分子在毛细管力作用下会流动占据所有的孔道。若假设油-水相界面面积与水-水合物相界面面积近似相等，在准稳态条件下，甲烷从油相体相向水相的传质速率可以表示为

$$r_{tran} = \pi k_{w-o} \mu_2(t)(f_{v-o}^{eq} - f_w) \tag{4-80}$$

式中，f_w 为水中溶解气的逸度；f_{v-o}^{eq} 为甲烷在柴油中的饱和逸度；$\mu_2(t)$ 为颗粒尺寸分布的二阶矩；k_{w-o} 为甲烷从油相体相向水相的传质系数。水合物的形成速率与甲烷从油相体相向水相的传质速率相等，结合 Englezos 本征生长动力学模型[2,83]，可得

$$r_{hyd} = \frac{\pi \mu_2(t)}{\dfrac{1}{k_{w-o}} + \dfrac{1}{K^*}}(f_{v-o}^{eq} - f_{h-w}^{eq}) \tag{4-81}$$

式中，f_{h-w}^{eq} 是气体在三相平衡时的逸度；K^* 是包含扩散与吸附过程的综合速率常数。式(4-81) 考虑了客体分子从油相向水-水合物相界面的传质及本征反应动力学。然而，伴随着水合物的生成，在油相为主体的体系中自由水将逐渐耗尽，剩余的水则会被束缚在颗粒内部。式中的 $\mu_2(t)$ 代表了颗粒的总表面积，但有效反应面积还应依赖于水相在体系内的分布。为了考虑这一限制，当各相在体系内的分布趋于稳定时，初始加入的水可以被分为"自由水"和"束缚水"两部分。将成核后自由水占体系内所有水的百分比设为 y，该值取决于不同含水与流动剪切条件下水合物成核后迅速发生的各相重新分布的过程。设初始的反应只消耗了自由水，则已转化成水合物的水占自由水的比率为

$$\phi_{fw} = \frac{n_{r,t} \times 6.0 \times M_w}{V_{liquid,0} \times \omega \times \rho_w \times y} \tag{4-82}$$

式中，$n_{r,t}$ 为水合物相中的总甲烷物质的量；ω 为实验开始时液相中水的体积分数（即含水率）；M_w 为水的摩尔质量；$V_{liquid,0}$ 为初始加入的液相的总体积；ρ_w 为水的密度。

当水合物颗粒外表面的一部分被自由水覆盖时，被覆盖的面积就构成了有效反应面积的

一部分。假设最初所有水合物颗粒的外表面都被自由水覆盖，当自由水不断反应消耗时，可近似认为对应自由水的有效反应面积正比于自由水中未转化的部分占所有自由水的比例，因此这部分有效反应面积可表示为

$$A_{e,fw} = \pi(1 - \phi_{fw})\mu_2(t) \tag{4-83}$$

相应地，所有水合物颗粒表面中未被自由水覆盖的部分的面积为

$$A_i = \pi\phi_{fw}\mu_2(t) \tag{4-84}$$

当水合物表面没有自由水存在时，水合物壳层会对主体水分子和客体分子的传质构成阻碍。水合物膜中气体分子受到显著的传质阻力[122,123]，而水分子则可以在水合物层中自由移动，因此水分子的运动控制了水合物的进一步生长。在微观上水合物具有多孔结构。根据气相或油相中水滴表面处水合物膜生长的研究，水分子能够穿过水滴表面的水合物膜[67,124]。水合物相中的一部分孔道会与外表面相连，在毛细力驱动下水分子可以穿过孔道发生传质[121,125]；然而，随着水合物膜的快速生长增厚，孔道会被水合物填充，连通性减弱[122]。目前文献中尚无孔道连通性的定量描述，但较弱的连通性会使相应的传质阻力较大，传质速率较小。束缚水传质应当只发生于颗粒总表面积中未被自由水覆盖的部分，根据孔道连通性较弱的猜测，可设这一部分有效反应面积只占未被自由水覆盖的表面积的1%，则这部分有效反应面积为

$$A_{e,ew} = 0.01A_i = 0.01 \times \pi\phi_{fw}\mu_2(t) \tag{4-85}$$

故总有效反应面积应该等于 $A_{e,fw}$ 与 $A_{e,ew}$ 之和。用表观动力学常数 k_{app} 代替 $1/(1/K^* + 1/k_{w-o})$，同时引入束缚水的存在和自由水的转化对反应面积的影响，可得

$$r_{hyd} = (1 - 0.99\phi_{fw})\pi\mu_2(t)k_{app}(f_{v-o}^{eq} - f_{h-w}^{eq}) \tag{4-86}$$

当 ϕ_{fw} 的计算值大于1.0时，所有的自由水都转化成了水合物，此时应设 ϕ_{fw} 等于1.0。为了求得表观动力学常数以及自由水所占的百分数，需对式（4-86）进行数值积分并与实验耗气摩尔曲线进行对比。f_{v-o}^{eq} 通过在实验温度和压力下进行热力学闪蒸计算得到。f_{h-w}^{eq} 由热力学模型根据实验温度和对应的三相平衡压力确定。ϕ_{fw} 通过在每一时步更新水合物相中的总甲烷摩尔数进行计算。二阶矩 $\mu_2(t)$ 由实验中获得的弦长分布确定。弦长分布的一阶矩 $\phi_1(t)$ 与颗粒尺寸分布的二阶矩 $\mu_2(t)$ 有如下的关系[126]：

$$\mu_2(t) = \frac{\phi_1(t)}{US_1\varepsilon} \tag{4-87}$$

式中，S_1 为仅依赖于颗粒形状的常数，当颗粒为球形时，该常数等于 $\pi/4$；U 为激光探头的扫描速度，设为 $2m/s$；ε 为扫描深度，量级为 $10^{-4}m$。$\phi_j(t)$ 与 $\mu_j(t)$ 的定义如下[126]：

$$\phi_j(t) \equiv \int_0^\infty f(C)C^j \, dC \tag{4-88}$$

$$\mu_j(t) \equiv \int_0^\infty N(D)D^j \, dD \tag{4-89}$$

式中，$f(C)$ 是 t 时刻弦速的分布函数；C 表示弦长；D 为颗粒尺寸；$N(D)$ 是颗粒尺寸分布的颗粒数密度。各个区间内的总弦速 $\{F_j\}$ 由激光探头确定：

$$F_j = \int_{L_i}^{L_{i+1}} f(C) \, dC \tag{4-90}$$

$\phi_j(t)$ 可通过离散的形式近似表达为

$$\phi_j(t) \cong \sum_{k=1}^{NC-1} F_k C^j \tag{4-91}$$

式中，NC 是颗粒尺寸分析仪所选范围内的通道数目。根据上述分析，体系中所有颗粒的二阶矩 $\mu_2(t)$ 可以通过激光粒度仪给出的弦长分布计算得到。

图 4-24 与图 4-25 分别给出了 400r/min 和 500r/min 下不同含水率油水体系水合物形成消耗的甲烷物质的量随时间的变化[118]，实线为上述模型计算结果，时间轴的零点对应于水合物生长的起始点。水合物的生长速率在最初的几十分钟内较大，随后随着传质阻力的增加而变小，该生长速率持续几个小时，最终水合物形成结束。在 400r/min 条件下，当含水率从 10% 增加到 30% 时，水合物的初始生长速率呈现出先增后减的趋势，但不同含水体系的表观动力学常数几乎相同，因此生长速率的不同主要体现在反应面积的差异。当含水率从 10% 增加到 20% 时，由于水合物所占体积分数增加，颗粒的二阶矩变大，有利于快速转化；当含水率进一步增大至 30% 时，尽管含水增加使最终的耗气量增加，但聚集的趋势更明显，二阶矩减小，致使反应速率降低。图 4-25 所示 500r/min 条件下的耗气曲线表明，不同含水体系的初始生长速率比较接近，呈现出相似的传质和反应特征，生长速率上的差异同样主要是由于不同含水体系反应面积的差异。针对 30% 含水率体系，在不同搅拌速率下获得的水合物形成过程中颗粒二阶矩的变化如图 4-26 所示，时间轴的零点对应于水合物生长的起始点。在不同搅拌速率下，颗粒的二阶矩在生长开始时都下降，过了一段时间后再上升，预示着伴随水合物形成出现乳液失稳和分相。而其它低含水率体系水合物生长开始时总是伴随着二阶矩的突然升高。

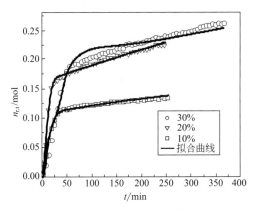

图 4-24　不同含水率（10%～30%）体系水合物形成过程中甲烷
物质的量随时间变化（初始压力 7.72MPa，400r/min）[118]

4.2.3　界面水合物生长动力学

按水合物膜生长方向可将水合物膜生长动力学研究分为两部分：一是研究水合物膜在垂直于气液界面上的纵向生长，即膜的增厚或变薄；另一是研究水合物膜沿气液界面的横向生长。

4.2.3.1　水合物膜的纵向生长

当气体水合物膜在客体/水界面横向生长时，客体与水被水合物膜隔开，此后客体分子或水分子扩散穿过水合物膜，两者重新接触发生水合反应，水合物膜开始增厚生长。

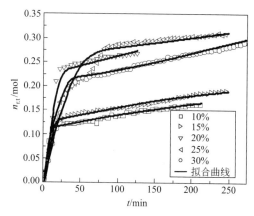

图 4-25　不同含水率（10％～30％）体系水合物形成过程中甲烷
物质的量随时间变化（初始压力 7.72MPa，500r/min)[118]

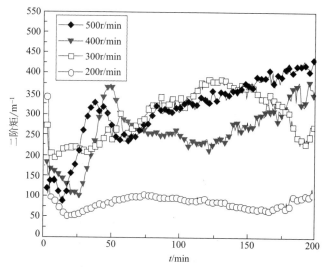

图 4-26　不同搅拌速率下 30％水＋70％柴油体系二
阶矩随时间的变化（初始压力 7.72MPa)[118]

　　为研究 CO_2 的处理方法，文献中有关 CO_2 液膜的研究较多，并提出了几种将 CO_2 注入海洋的方法。其中之一为将 CO_2 通过管线注入适当的海洋深度（1000～2000m），并使 CO_2 和海水界面形成水合物，减少 CO_2 在海洋中的溶解。在直接注入条件下，注入的 CO_2 以液滴的形式存在，并围绕 CO_2 液滴形成球形的 CO_2 水合物壳与海水隔离。稳定状态下，CO_2 穿过水合物的通量等于水合物/水界面的通量，形成恒定的水合物膜厚度。尽管水合物壳有隔离作用，但仍然有 CO_2 向海水的传质，CO_2 液滴直径随时间而减小。直径减小的速率与 CO_2 进入海水相的通量有关，同时与传质系数、水合物/海水界面的平衡性质、CO_2 在海水中的浓度有关。因此，需研究 CO_2 分子输送穿过水合物晶体相的机理，以解释观察到的实验现象。本书主要以 CO_2/水界面水合物膜为例，介绍水合物膜增厚生长机理及模型。目前提出的 CO_2 输送穿过水合物相的机理，可以分为以下几类[127]：扩散悬浮模型；微孔板模型；渗透固体板模型；沉积粒子聚集层模型等。以下结合 Mori[127] 的评述对各模型进行介绍。

（1）扩散悬浮层（suspension-layer）模型　Shindo 等[128,129]提出了 CO_2/水界面水合物膜形成模型。他们猜测水分子向液态 CO_2 相扩散，导致水合物以胶状粒子或簇的形式成核。把液态 CO_2 和水合物的过程描述为：

① 水溶于水-液态 CO_2 界面处的 CO_2 相中；

② 水由界面扩散至 CO_2 相主体并和 CO_2 反应形成水合物；

③ 水合物膜抑制水在 CO_2 相主体中的进一步溶解和扩散。

CO_2/水界面水合物膜形成示意图见图 4-27。

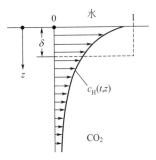

图 4-27　CO_2/水界面水合物膜形成示意图（Shindo 等[128,129]）

假定富水层从 $z=0$ 界面向 CO_2 相（$z \geqslant 0$）一维生长，可得到下述的控制方程：

$$\frac{\partial \tilde{c}_w^*}{\partial t} = D_{wg}\frac{\partial^2 \tilde{c}_w^*}{\partial z^2} - nk_f\tilde{c}_w^{*\alpha} \tag{4-92}$$

$$\frac{\partial \tilde{c}_h}{\partial t} = k_f\tilde{c}_w^{*\alpha} \tag{4-93}$$

式中，$\tilde{c}_w^*$ 和 $\tilde{c}_h$ 分别为 CO_2/水/水合物三元混合物中水和水合物的摩尔浓度；D_{wg} 为水在液态 CO_2 中的分子扩散系数；n 为水合数；k_f 为水合物形成的反应速率常数，认为是 α 次的拟化学反应。初始和边界条件为：

$$t=0,\ 0\leqslant z\leqslant\infty:\ \tilde{c}_w=0,\ \tilde{c}_h=0$$
$$t>0, z=0:\tilde{c}_w=\tilde{c}_{ws} \tag{4-94}$$
$$t>0,\ z=\infty:\ \frac{\partial \tilde{c}_w}{\partial z}=0,\ \frac{\partial \tilde{c}_h}{\partial z}=0$$

式中，$\tilde{c}_{ws}$ 为水在液态 CO_2 中的溶解度。

Shindo 等[128,129]认为，水合物簇一旦形成，慢慢溶入液态水相，导致 CO_2 向水相的净迁移。他们用此模型很好地解释了文献所报道的 CO_2 水合物生成过程的某些异常现象。

Lund 等[130]建立了双重（duplex）悬浮层模型，可看作是 Shindo 等[128,129]模型的直接延伸。模型中添加了液态水相中水合物簇的分解方程。假定水合物簇仅在（富水）液态 CO_2 相中（$z_i\leqslant z\leqslant\infty$）形成，仅溶解于液态水相（$-\infty\leqslant z\leqslant z_i$），不向各个液相扩散。水合物生成过程被描述成[130]：

① 水从海水相扩散入 CO_2 相并在界面上快速形成一层水合物薄膜（假定水合物生成速率远大于水的扩散速率）；

② 水合物膜将抑制液-液相际间的相互扩散；

③ 水合物膜在海水相中分解（假定海水未被 CO_2 饱和），膜的分解又允许相际扩散，水合物重新在 CO_2 相中生成，因此，水合物膜的空间位置将轻微地向 CO_2 相偏移；

④ 分解产生的 CO_2 扩散入海水相中，CO_2 的膜通量导致移动/拟稳态水合物膜的形成。

模型示意图见图 4-28。

Lund 等[130]的控制方程为

$$\frac{\partial \tilde{c}_w^*}{\partial t} = D_{wg}\frac{\partial^2 \tilde{c}_w^*}{\partial z^2} - n\frac{\partial \tilde{c}_h}{\partial t} \tag{4-95}$$

$$\frac{\partial \tilde{c}_g^*}{\partial t} = D_{gw}\frac{\partial^2 \tilde{c}_g^*}{\partial z^2} - \frac{\partial \tilde{c}_h}{\partial t} \tag{4-96}$$

$$\frac{\partial \tilde{c}_h}{\partial t} = k_f \tilde{c}_w^{*\alpha} - k_d \tilde{c}_h^\beta \left(1 - \frac{\tilde{c}_g^*}{\tilde{c}_{gs}}\right) \quad \begin{cases} k_f > 0, k_d = 0 \,(z_i < z \leqslant \infty) \\ k_f > 0, k_d > 0 \,(z = z_i) \\ k_f = 0, k_d > 0 \,(-\infty \leqslant z < z_i) \end{cases} \tag{4-97}$$

式中，$\tilde{c}_g^*$ 为 CO_2 在 CO_2/水/水合物三元混合物中的摩尔浓度；D_{gw} 为 CO_2 在液态水中的扩散系数；$\tilde{c}_{gs}$ 为 CO_2 在液态水中的溶解度；k_d 为水合物分解速率常数；β 为反应级数；z_i 表示液态 CO_2/液态水界面的 z 轴位置，沿着 z 轴正方向移动。初始和边界条件类似于 Shindo 等[128,129]。

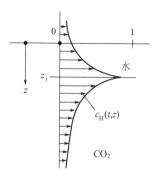

图 4-28　CO_2/水界面水合物膜形成示意图（Lund 等[130]）

　　水合物膜看作是液态 CO_2 和液态水之间的界面，液态 CO_2 和液态水均为连续相的形式。仅仅在 $z=z_i$ 的界面处水合物簇的形成和分解同时发生。Lund 等假定液态 CO_2 相中形成的水合物簇向液态水相的迁移是自动的和必然的。当与界面接触时，每个水合物簇承受一定的毛细作用力（由液/液界面张力引起），如果水合物簇与液态水更易附着，当与液态 CO_2/液态水界面接触时，将产生向液态水相牵引水合物簇的毛细力。相反，则产生作用于水合物簇使水合物簇保留在液态 CO_2 相的毛细力。Lund 等通过仿真实验认为，水合物膜的移动速率具有 10^{-7} m/s 数量级，膜的厚度为 $(2.5 \sim 3.5) \times 10^{-5}$ m。水合物膜将有效地抑制 CO_2 在海水中的扩散，从而减轻 CO_2 深海储藏对海洋环境的影响。

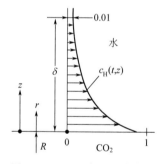

图 4-29　CO_2/水界面水合物膜形成示意图（Teng 等[131]）

　　Teng 等[131]建立的模型与 Shindo 等[128,129]的模型相反，认为水合物簇在液态水相中更容易形成，而不是液态 CO_2 相。在半径为 R 的球状 CO_2 液滴外的液态水区域 $r \geqslant R$，假定存在一个瞬时的扩散/反应过程，水合物膜形成示意图见图 4-29，建立如下的控制方程：

$$\frac{\partial \tilde{c}_g^*}{\partial t} = D_{gw}\frac{1}{r}\frac{\partial^2}{\partial r^2}(r\tilde{c}_g^*) - k_f \tilde{c}_g^* \tag{4-98}$$

$$\frac{\partial \tilde{c}_h}{\partial t} = k_f \tilde{c}_g^* \tag{4-99}$$

水合物形成假定为一级反应。初始和边界条件类似于 Shindo 等[128,129]。

　　以上三个模型存在的问题首先是胶状水合物扩散悬浮层概念的物理意义。CO_2/水界面形成的水合物膜拉伸强度据估计为 1.3 N/m[132]，而水合物扩散悬浮层却没有表现出如此的拉伸强度。另外，模型的扩散/反应过程的微分方程都是假定恒定扩散系数的一维扩散方程，扩散系数假定为 CO_2/水二元体系的普通分子扩散系数。Mori[133] 已指出，事实上扩散系数为 CO_2/水/水合物体系的有效扩散系数，取决于水合物簇的浓度，随着 z 和 t 变化而变化。

　　(2) 微孔板模型　在分析 CO_2 液滴收缩实验数据时，Hirai 等[134]提出了 CO_2 以拟稳定态迁移穿过水合物膜的观点，猜测围绕每个 CO_2 液滴的水合物膜是一个薄的固体平板，其上有微孔或间隙，液态 CO_2 通过这些孔或间隙泄漏出液滴。与水合物膜接触的液态水假定仅在孔或间隙的开口处与 CO_2 饱和，而在膜表面其他地方，如实际的水合物/水接触面，为欠饱和。该假定导致水相侧膜表面的 CO_2 质量浓度 $c_{g,\delta}$ 略微低于 CO_2 在水中的溶解度值 c_{gs}。示意图见图 4-30。因此，膜表面处 CO_2 的摩尔（质量）通量存在以下关系式：

$$\frac{\kappa\&_{gw}\big|_{z=\delta}}{\kappa\&\big|_{z=0,\delta=0}} = \frac{c_{g,\delta}-c_{g,\infty}}{c_{gs}-c_{g,\infty}} \approx \frac{c_{g,\delta}}{c_{gs}} \tag{4-100}$$

式中，$c_{g,\infty}$ 为 CO_2 在主体或流动水相中的浓度，通常可忽略。Hirai 等估计 $c_{g,\delta} \approx 0.5 c_{gs}$。该模型中没有解释液态 CO_2 由孔穿越水合物膜流动的推动力，水合物/水相边界不可能有如此大的欠饱和度，并很难解释水合物膜的自保护或新陈代谢。

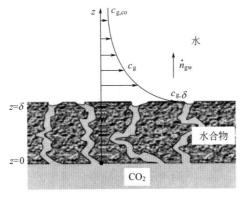

图 4-30　CO_2 渗透性微孔板示意图（Hirai 等[134]）

Mori 和 Mochizuki[125,135]基于碳氟/水界面形成的水合物膜表面形态变化，建立了水渗透性微孔板模型，该模型并不仅指 CO_2 水合物。假定水合物膜为均一的固体平板和恒定厚度，其上微孔均匀分布。微孔近似为具有恒定半径和相同长度的曲折毛细管。除了毛细管，水合物层对于水和 CO_2 都是不能渗透的。示意图见图 4-31。

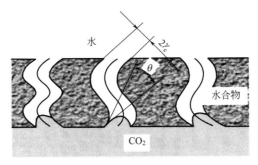

图 4-31　水渗透性微孔板示意图（Mori 和 Mochizuki[125,135]）

该模型主要假定是液态水而不是 CO_2，透过水合物膜，充满膜中的毛细管。吸入水（以及 CO_2 溶入水）的推动力为液态 CO_2/液态水界面引起的毛细压力，位于 CO_2 相侧附近的每个毛细管开口处，由于水合物表面的亲水特性，CO_2 凹入水合物相侧。水合物晶体在界面处连续形成，补偿了水合物膜水相侧的不断分解。该模型假定 CO_2 仅仅通过上述的水合物形成/分解过程迁移到水相，由 4 个传质过程控制水或 CO_2 穿越或离开水合物膜的摩尔通量。即：$\kappa\&_{wh}$ 为水通过水合物膜的通量；$\kappa\&_{wg}$ 为水在液态 CO_2 相中的通量；$\kappa\&_{gh}$ 为 CO_2 通过水合物膜的通量；$\kappa\&_{gw}$ 为 CO_2 在液态水相中的通量。假定稳定态下，水合物膜的质量守恒条件为：

$$\kappa \&_{\text{wh}} - \kappa \&_{\text{wg}}\big|_{z=0} = n\ (\kappa \&_{\text{gw}}\big|_{z=\delta} + \kappa \&_{\text{gh}}) \tag{4-101}$$

式中，n 为水合数。并得到水合物膜厚度的表达式：

$$\frac{\delta \tau^2}{r_c \varepsilon} = \frac{\sigma \cos\theta}{4\eta_{\text{w(g)}} n\alpha_{\text{D,gw}}} \frac{(1 - \tilde{x}_{\text{gs}})^2 + n\tilde{x}_{\text{gs}}^2}{\tilde{x}_{\text{gs}} - \tilde{x}_{\text{g},\infty}} \tag{4-102}$$

式中，ε 为水合物膜的孔隙度；σ 为液态 CO_2/液态水界面张力；θ 为毛细管壁水侧的接触角；$\eta_{\text{w(g)}}$ 为饱和 CO_2 的液态水黏度；$\alpha_{\text{D,gw}}$ 为 CO_2 从水合物膜表面向液态水相的对流或扩散系数；$\tilde{x}_{\text{gs}}$ 为 CO_2 在与水合物共存的液态水中的溶解度；$\tilde{x}_{\text{g},\infty}$ 为 CO_2 在主体液态水相中的摩尔分数。可见水合物膜的厚度是反比于水相侧表面的传质系数，取决于冲过膜表面的液态水流。

但 Mori 和 Mochizuki 模型过度简化了问题。多晶水合物膜的内在纹理比微孔平板要更复杂。由于膜的连续新陈代谢，已有的孔和形成的新孔经常相互妨碍，膜的内部组织参数只能看作是时间平均量而不是真实的恒量。

（3）渗透性固体板模型　假定水合物膜为固体平板，CO_2 通过分子扩散迁移穿过膜。Teng 等[136] 假定水合物膜有稳定的形貌，面对 CO_2 未饱和的液态水相，任何水合物膜均经历了膜厚度生长、突然塌陷成水合物簇、立刻重建的循环过程，水合物膜的生长被认为是由 CO_2 穿越膜、远离水相侧表面进入主体液态水相的传质控制，其中 CO_2 几乎不溶解。Teng 等[136] 将 CO_2 穿越水合物膜的摩尔通量写作：

$$\kappa \&_{\text{gh}} = D_{\text{gh}} \frac{\tilde{c}_g^0 - \tilde{c}_{\text{gs}}}{\delta} \tag{4-103}$$

式中，D_{gh} 为间隙扩散系数，Teng 等假定是由于 CO_2 分子移进、移出 $5^{12}6^2$ 水合物孔穴（没有破坏孔穴）造成的；$\tilde{c}_g^0$ 为纯 CO_2 的摩尔密度；$\tilde{c}_{\text{gs}}$ 为液态水中 CO_2 的溶解度。CO_2 离开膜表面进入液态水相的摩尔通量为：

$$\kappa \&_{\text{gw}}\big|_{z=\delta} = \beta_{\text{D,gw}}(f_g^h - f_{g,\infty}^w) \approx \beta_{\text{D,gw}} f_g^h = \beta_{\text{D,gw}} \gamma_g^h \tilde{x}_g^h f_g^0 \tag{4-104}$$

式中，f_g^h 和 $f_{g,\infty}^w$ 分别为 CO_2 在水合物膜中的逸度和主体水相中的逸度；$\beta_{\text{D,gw}}$ 为基于逸度差的水相侧传质系数；γ_g^h 和 $\tilde{x}_g^h$ 分别是 CO_2 在水合物膜中的活度系数和摩尔分数；f_g^0 为纯液态 CO_2 的逸度。

当 $\kappa \&_{\text{gh}} > \kappa \&_{\text{gw}}\big|_{z=\delta}$ 时，在 $z=\delta$ 处有一个净累积，因此水合物膜厚度连续生长。$\kappa \&_{\text{gh}}$ 随着水合物膜厚度的增加而降低，在预定的时间内达到通量平衡条件：$\kappa \&_{\text{gh}} = \kappa \&_{\text{gw}}\big|_{z=\delta}$。该时刻膜厚度由以上两个通量的平衡得到：

$$\delta_E = \frac{D_{\text{gh}}(\tilde{c}_g^0 - \tilde{c}_{\text{gs}})}{\beta_{\text{D,gw}} \gamma_g^h \tilde{x}_{\text{g,E}}^h f_g^0} \tag{4-105}$$

另外，Holder 和 Warzinski[137] 假定隔离的 CO_2 液滴悬浮于无限范围的静止液态水相中，所建立的模型由两部分组成：其一为球状液滴上水合物壳的初始形成；另一为表征 CO_2 通过或远离水合物壳的准稳态向外迁移（周围的水没有与 CO_2 饱和时），或水合物壳的准稳态生长（当水与 CO_2 达到饱和时）。Holder 和 Warzinski 假定存在 CO_2 离开半径为 R 的球滴的准稳态径向扩散，液态水相中 $(r \geqslant R)$ CO_2 径向浓度剖面表示为

$$c_g = c_{\text{gs}(0)} R / r \text{（水合物壳形成前）} \tag{4-106}$$

或

$$c_g = c_{gs(h)} R/r（水合物壳形成后）\qquad(4\text{-}107)$$

CO_2 液滴上水合物壳的初始形成假定由溶解的 CO_2 分子完全转化引起，因此形成厚度为 δ 的水合物壳，由 CO_2 质量守恒解得

$$\frac{\delta}{R} = \frac{c_{gs(h)}}{\rho_h}\frac{M_g + nM_w}{M_g}\left\{\frac{1}{2}\frac{c_{gs(0)}}{c_{gs(h)}}\left[\left(\frac{c_{gs(0)}}{c_{gs(h)}}\right)^2 - 1\right] - \frac{1}{3}\left[\left(\frac{c_{gs(0)}}{c_{gs(h)}}\right)^3 - 1\right]\right\}\qquad(4\text{-}108)$$

一旦水合物壳形成，只要水相中 CO_2 的浓度低于 $c_{gs(h)}$，CO_2 分子连续通过壳向外部表面扩散，然后从表面向周围的水相迁移，在 CO_2 穿越水合物的通量与 CO_2 离开水合物壳表面的通量达到平衡前，水合物壳厚度应随着时间而变化。

（4）沉积粒子聚集层模型　Inoue 等[138]假定膜状水合物层的形成是围绕两个液相初始接触水平面的水合物粒子的重力沉淀结果，两个液相为：一个为水平面下方较重的液态 CO_2，另一个为水平面之上较轻的液态水。仅考虑两个液相之间具有中间密度的 CO_2 水合物，Inoue 等[138]把相互接触的两个液相看作一个虚拟的单相，与水平水合物层厚度生长有关的平流或扩散过程均假定为一维。该模型专门适合于几千米深的海底处处理 CO_2 的场景。

对于 CO_2 形成水合物膜之外的其他体系，文献中也有所报道。Sugaya 和 Mori[139]基于对水/HFC-134a（CF_3CH_2F）相边界处水合物形成的观察，提出了与扩散层相反的观点。认为新形成的水合物膜，在水侧的表面表现为树叶堆积状的纹理，在碳氟烃侧表面也有些粗糙。只要水相没有被碳氟烃饱和，随着时间的延长表面变得十分光滑。这些观察表明水合物膜表面为锐利的固/液表面，而不是模糊的悬浮液态过渡层。认为水/客体相边界处形成的水合物膜形态及表观厚度取决于相对于边界的水流，并假定液态水穿过沿着颗粒边界的缝隙，不断渗透水合物膜，由此使膜客体相侧表面处水合物晶体连续形成。如果客体物质溶入水相的浓度没有达到平衡浓度，膜水相侧表面处已有的水合物晶体将分解。Mori 和 Mochizuki[125]扩展了 Sugaya 和 Mori[139]提出的水合物膜观点，并将水合物膜厚度与通过膜的传质关联。

鉴于 Sugaya 和 Mori[139]的观点仍然只是猜测，Ohmura 等[140,141]用激光干涉仪直接测定了 HFC-134a 水合物的膜厚度，对一些水合物膜形态的观察结果做了定性的解释。发现在过冷度较大时（7K），水合物膜厚度起初为 $10\mu m$，在 100h 后为 $30\mu m$，这说明水合物膜厚度随时间的延长变化非常不明显。但在过冷度较小时（2K），水合物膜厚度起初厚达 $80\mu m$，随后快速降到 $15\sim20\mu m$，然后缓慢增厚，直至 150h 后的 $30\sim40\mu m$。并测得 HFC-134a 水合物膜厚度范围为 $10\sim170\mu m$。

Kobayashi 等[142]采用高分辨率显微镜，观测液态水相和憎水的水合物形成相（HCFC-141b）之间界面形成的环形水合物膜横截面。发现水合物膜一旦暴露于水的剪切流，然后维持于静态水环境中，在周围的水流停止后，水合物膜在 20h 内厚度几乎增加了 10 倍。膜向内增厚，取代 HCFC 相，几乎不改变外部表面（水相侧）的位置，液态水渗入水合物膜，在客体-流体侧表面形成新水合物晶体。根据这一观测，证实水合物膜仅仅向 HCFC 相生长。Kobayashi 等[142]发现，与一直维持于静态环境中的水合物膜相比，有剪切流的体系以更高的速率增厚，膜表面纹理比静态环境中的膜更粗糙。当连续暴露于稳定水流时，水合物膜厚度保持恒定。引起水合物膜形态差异的唯一因素是水合物膜是否曾经暴露于水流，没有被水流冲过的水合物膜增厚很慢，保持细密的纹理；相比之下，如果水合物膜一旦被水流冲过，增厚较快，表现出粗糙的纹理。一旦形成的水合物膜有粗糙的内部组织在裂纹内，这种组织加快了穿过膜的液态水渗透速率，由此使水合物晶体在膜的客体-流体侧表面以较高的

速率形成。同时 Kobayashi 等[142]还观察到水的"记忆效应"对膜的形态有很大影响，在"记忆水"中生成的水合物膜粗糙，随时间增大而增厚较明显，但在原水中生成的水合物膜比较致密，随时间延长而增厚不明显。

水合物膜增厚生长过程中，客体分子或水分子在水合物膜中的扩散过程成为控制步骤，其中暗含的问题为究竟是客体分子还是水分子扩散穿过水合物膜。Hirai 和 Okazaki[134]、Teng 等[136]认为水合物膜增厚生长时客体分子扩散穿过膜层，而 Mori 和 Mochizuki[125,135]认为只有水能渗透通过水合物膜。Lee 等[124]观察了水滴表面 CH_4-C_2H_6 和 CH_4-C_3H_8 水合物膜的生长，认为水滴被水合物膜覆盖后，水合物继续在水合物膜内、外表面上形成，即气体和水同时穿过水合物膜维持反应的进一步进行。在 Servio 和 Englezos[143]的研究中，水滴在被水合物膜覆盖之后，随时间延长发生明显的凹陷现象，这说明水合物壳内水穿过水合物膜与外界气相继续反应；同时著者研究发现[60,62]，水中悬浮气泡表面被水合物膜覆盖后，发生凹陷，如图 4-32 所示，这说明水合物壳内气体被水合物膜增厚生长所消耗。

(a) $t=t_f$　　　　　　　　　　　　(b) $t=t_f+10\text{min}$

图 4-32　水合物壳增厚生长时发生凹陷[62]

近年来，研究者采用不同手段探究水合物膜中的传质问题。Liang 和 Kusalik[144]采用分子模拟的手段研究了水分子在水合物内部分子笼间的扩散速率，发现水分子笼同样可被水分子占用，造成水合物晶体中的间隙缺陷，并证实间隙扩散是水分子在水合物相运移的主要方式。但水合物膜一般为多孔结构，水分子或客体分子可以在孔道中扩散运移，因此实际传质速率较大。Davies 等[123]采用高压差热扫描法研究了多孔水合物膜中的传质问题，发现随水合物膜形成时间延长，传质阻力呈非线性增大，相对于气液界面，在液态烃类/水界面形成的水合物膜内传质阻力更大。Davies 等[122]还采用共聚焦 Raman 光谱仪原位研究了甲烷水合物膜内的传质问题，发现水分子比客体分子的扩散速率大，因此更容易在水合物膜内运移，水合物膜增厚生长受水分子在膜内运移过程的控制。作者[67]通过观察悬浮于油相中水滴表面水合物膜形态发现（图 4-14 和图 4-15），水合物膜增厚生长过程是由水穿过水合物膜运移过程控制的，而不是由气体传质控制。

4.2.3.2　水合物膜横向生长

Freer 等[145]研究了甲烷水合物膜沿气液界面的横向生长动力学，观察到水合物膜生长存在梯级生长（非连续生长）和连续生长两种方式，认为水合物膜生长速率与过冷度成正比，并提出了一维瞬时传热模型，采用移动边界来描述甲烷-水界面的水合物生长。水合物膜为平行于甲烷-水界面的移动面，x 方向垂直于移动边界 $X(t)$。气液界面水合物生长示意图见图 4-33。移动边界处的温度为系统压力下的水合物平衡温度，假定在水合物相没有温度梯度存在，水合物膜完全润湿，一维能量方程为

$$\frac{\partial T}{\partial t}+V_x\frac{\partial T}{\partial x}=\alpha_{\mathrm w}\frac{\partial^2 T}{\partial x^2} \tag{4-109}$$

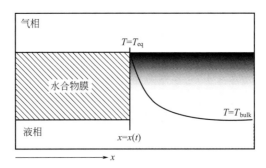

图 4-33　气液界面水合物生长示意图（Freer 等[145]）

初始和边界条件为

$$\begin{cases} T(0,x)=T_{\mathrm{bulk}} \\ T[t,X(t)]=T_{\mathrm{eq}} \\ -k_{\mathrm w}\dfrac{\partial T[t,X(t)]}{\partial x}=\rho_{\mathrm H}\lambda_{\mathrm H}\dfrac{\mathrm dX}{\mathrm dt} \end{cases} \tag{4-110}$$

式中，T 为主体水相的温度；V_x 为 x 方向流体的速度；$\alpha_{\mathrm w}$ 为水的热扩散系数；$\rho_{\mathrm H}$ 为水合物的密度；$\lambda_{\mathrm H}$ 为水合物分解热；$\mathrm dX/\mathrm dt$ 为移动界面的速度；$k_{\mathrm w}$ 为水的热导率。

　　计算表明存在对流引起的附加传热。水合物膜横向生长速率受传热和本征动力学共同控制，组合对流传热和界面生长动力学，得到总的速率常数：

$$\lambda_{\mathrm H}\rho_{\mathrm H}\frac{\mathrm dX}{\mathrm dt}=K(T_{\mathrm{eq}}-T_{\mathrm{bulk}}) \tag{4-111}$$

$$\frac{1}{K}=\frac{1}{k}+\frac{1}{h} \tag{4-112}$$

式中，K 为总阻力；h 为传热系数；k 为甲烷水合物动力学速率系数。

　　Freer 等[145]得到的膜厚度范围与 Makogon 等[146]报道的甲烷水合物膜为 $5\mu\mathrm m$ 相比符合较好。回归出的甲烷水合物膜生长表观活化能为 171kJ/mol。

　　Uchida 等[147]使用显微镜观察了压力 $1.8\sim7.2$MPa，温度 $268.2\sim288.2$K 下，CO_2 水合物膜的形成，并测量了液态 CO_2 水合物膜沿液-液界面的横向生长速率。他们发现沿着 CO_2-水界面的横向生长速率受过冷度的影响，并由于结晶过程是受热传递控制，且结晶过程和水合物生长有很多相似之处，认为沿着水和水合物形成相之间界面的水合物膜横向生长为扩散传热速率控制，传热产生于三相汇集的膜的前边缘，进入每个流体相的主体。假定沿着液态水和水合物形成气 CO_2 之间的平坦界面，平板水合物膜似稳态、一维生长，水合物膜横向生长速率为一维热传导控制（也就是假设水合物膜前沿温度为实验压力下的 CO_2 水合物分解温度，水合物生成过程放出的热量由一维热传导方式传递到水相）。水合物膜前沿温度、速率和厚度示意如图 4-34。

　　根据水合物膜生长前沿热量衡算推出的一维热传导模型如下：

$$v_{\mathrm f}L_{\mathrm h}\rho_{\mathrm h}h=\lambda\Delta T \tag{4-113}$$

$$\Delta T=T_{\mathrm{eq}}-T_{\mathrm B} \tag{4-114}$$

根据水合物膜生长数据回归出 v_f 与 ΔT 的关系如下：

$$v_f = (1.73 \pm 0.16)\Delta T \qquad (4\text{-}115)$$

式中，v_f 为 CO_2 水合物膜生长速率；L_h 为水合物生成热；ρ_h 为水合物密度；h 为水合物膜厚度；λ 为热导率。Uchida 等[147]根据以上假设和模型计算出 CO_2 水合物膜厚度为 $0.13 \pm 0.01\mu m$。

Hirai 等[148]观测了沿着矩形液态 CO_2 池界面水合物膜横向生长，液态水在其上，考核了三组压力：9.8MPa，24.5MPa，39.2MPa，测量了膜横向生长速率，认为生长速率数据可用 ΔG（Gibbs 自由能之差）关联：

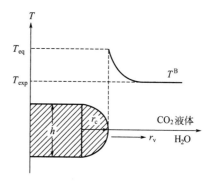

图 4-34　水合物膜前沿温度、
速率和厚度示意图
（Uchida 等[147]）

$$\Delta G = G_w + G_g - G_h \qquad (4\text{-}116)$$

式中，G_w、G_g、G_h 分别为体系压力和温度下，水、水合物形成物（CO_2）和水合物的摩尔 Gibbs 自由能。

Mori[149]基于水合物形成热从膜边缘向周围（如水和水合物形成相）的对流传递，利用 Uchida 等[147]和 Hirai 等[148]测定的 CO_2 水合物膜沿液-液界面横向生长速率，在假设水合物膜横向生长速率为对流传热控制的基础上（也就是假设水合物膜前沿温度为实验压力下的 CO_2 水合物分解温度，水合物生成过程放出的热量由对流热传导方式传递到水相），提出的一个对流传热模型如下：

$$v_f \delta = C\Delta T^{3/2} \qquad (4\text{-}117)$$

式中，v_f 为膜边缘横向生长在固定体系中的恒定速度；δ 为水合物膜厚度；C 为物性参数。Mori[149]根据以上假设和模型计算出 Uchida 等[147]所测 CO_2 水合物膜厚度约为 $0.3\mu m$，Hirai 等[148]所测 CO_2 水合物膜厚度约 $0.6\sim10\mu m$。

Uchida 等[150]将 CO_2-水合物膜实验扩展至 25MPa，并研究了 NaCl 对膜横向生长速率的影响。测得的水合物膜横向生长速率约为 $6\sim15mm/s$。高压下横向生长速率小于同样过冷条件下低压下的生长速率。认为 CO_2 水合物膜横向生长速率的控制因素是过冷度而不是过饱和度。他们估计高压下的 CO_2 水合物膜厚度为约 $1\mu m$，即高压下形成的膜更厚。为了形成更厚的水合物晶体，需要提供大量的 CO_2 和水分子。在较高的压力下液态 CO_2 和水之间的相互溶解度更大，可以从水溶液中提供更多的 CO_2，并向生长前沿提供更多的水。他们还认为添加 NaCl 将降低横向生长速率。NaCl 溶液中的水合物生长速率不仅由热传递控制，而且取决于界面处 NaCl 的质量传递。当水合物形成时，溶液中 NaCl 的浓度由于结晶的脱盐效应而增加，质量传递可能变为速率的控制步骤。

Mochizuki 和 Mori[151]提出了沿界面传热控制水合物膜横向生长分析模型，其一为平直水合物膜前沿瞬时热传导模型，假定水合物膜前沿表面为平直，并垂直于 x 轴，水合物膜沿着 x 轴生长，根据能量守恒和能量平衡方程，得到水合物膜沿水/客体界面的线性生长速率表达式。其二为半圆水合物膜前沿瞬时热传导模型，假定水合物膜的前沿表面为半圆。通过将预测的膜生长速率与 Uchida 等[147]测定的 CO_2 水合物膜沿液液界面横向生长速率进行对比，估算出在 5MPa 下 CO_2 水合物膜厚度为 $0.5\mu m$；与 Freer 等[145]测定的甲烷水合物膜沿气液界面横向生长速率进行对比，估算出在 9.06MPa 下，甲烷水合物膜厚度为 $10\sim20\mu m$。

Ohmura 课题组[152,153]提出一种用于描述气体水合物膜横向生长的传质动力学模型，模型保留传热模型对温度的认识，即认为水合物膜

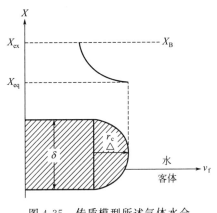

图 4-35 传质模型所述气体水合物膜横向生长示意图[152,153]

生长前沿温度为系统压力下水合物的平衡温度 T_{eq}，对应水合物膜前沿处客体与水合物处于平衡状态，其浓度为 X_{eq}，而水合物膜前沿附近温度与水主体相一致为 T_{ex}，客体的浓度为 X_{ex}，如图 4-35 所示，传质推动力为 $\Delta X = X_{ex} - X_{eq}$。根据实验结果，Saito 等[153]将文献中水合物膜横向生长速率实验数据与传质推动力关联得出如下表达式：

$$\nu_f = k\Delta X^\alpha \tag{4-118}$$

式中，k 和 α 与水合物结构有关，当水合物结构一定时，k 和 α 均为定值。式（4-118）并未考虑水合物组成对膜生长速率的影响，Kishimoto 和 Ohmura[152]对此模型做了进一步的改进，得出单位面积水合物体积生长速率与水合数和传质推动力之间的关系为

$$V_h \propto n\Delta X \tag{4-119}$$

式中，n 为水合物的水合数。该模型同时考虑了传热和传质因素的影响，也能给出较好的关联实验结果。

4.2.4 水合物生长动力学的悬浮气泡研究法

作者采用水中悬浮气泡法[60~63,154]即通过显微放大技术研究水溶液中单个微小气泡表面水合物的生长过程。实验中通过探针在悬滴室中鼓出一个气泡，使其顶点和气液界面处已存在的水合物相切，由于在切点处存在水合物结晶中心，水合物将从切点开始对称生长逐步覆盖气泡表面，该过程不受成核过程（诱导期）影响并由摄像仪拍摄下来，计算出气泡轮廓线长度及记录的水合物生长时间即可获得水合物膜在气泡表面的生长速率，示意图见图 4-36。

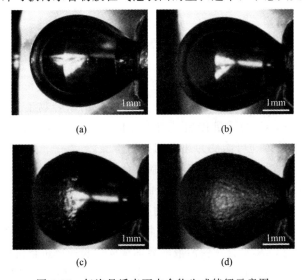

图 4-36 气泡悬浮表面水合物生成特征示意图

整个气泡表面被水合物覆盖的过程由摄像机记录并存于计算机中，形成的水合物泡的周边轮廓线长度（L_s）由图像处理软件计算，根据所测时间和轮廓线长度，水合物膜生长速率可由下式计算：

$$r_v = L_s / T_f \tag{4-120}$$

4.2.4.1　温度压力对水合物膜生长的影响

用上述方法测定了不同温度（273.35K、275.35K、277.35K 和 279.35K）和压力（3.50～12.90MPa）下 CH_4 水合物膜生长速率[61,155]，温度和压力的影响分别见图 4-37 和图 4-38；不同温度（273.35K、275.35K、277.35K 和 279.35K）和压力（0.80～4.38MPa）下 C_2H_4 水合物膜生长速率[61,155]，见图 4-39 和图 4-40；278.0K 时不同压力（0.91～1.64MPa）下 C_2H_6 水合物膜生长速率[63]，见图 4-41；3 种 $CH_4 + C_2H_4$ 混合气样在不同温度（273.35K、275.35K、277.35K 和 279.35K）和压力（1.00～7.50MPa）下水合物膜生长速率[61,155]，见图 4-42～图 4-47；2 种 $CH_4 + C_3H_8$ 混合气样在不同温度（273.35K、275.35K、277.35K 和 279.35K）和压力（1.10～11.90MPa）下水合物膜生长速率[61,155]，见图 4-48～图 4-50；6 种 $CH_4 + C_2H_6$ 混合气样在过冷度下水合物膜生长速率[63]，见图 4-51。

从图 4-37～图 4-51 中可看出，在压力相同时水合物膜生长速率随温度的升高几乎呈线性下降，而在温度相同时水合物膜生长速率随压力的增大几乎是线性增大。同时从图中还可

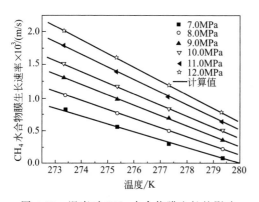

图 4-37　温度对 CH_4 水合物膜生长的影响

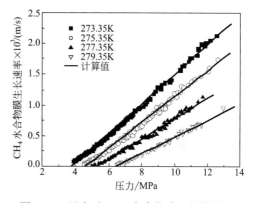

图 4-38　压力对 CH_4 水合物膜生长的影响

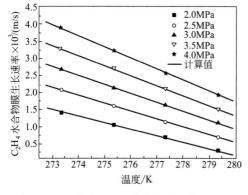

图 4-39　温度对 C_2H_4 水合物膜生长的影响

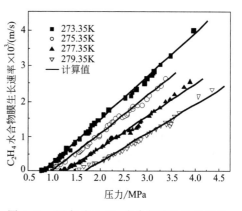

图 4-40　压力对 C_2H_4 水合物膜生长的影响

看出，温度对水合物膜生长的影响线性斜率绝对值随压力的增大而增大，说明在高压时温度

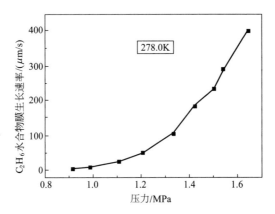

图 4-41 压力对 C_2H_6 水合物膜生长的影响

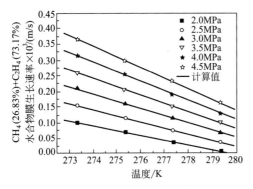

图 4-42 温度对 1# CH_4 （26.83%）＋C_2H_4（73.17%）混合气水合物膜生长的影响

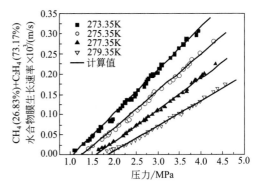

图 4-43 压力对 1# CH_4 （26.83%）＋C_2H_4（73.17%）混合气水合物膜生长的影响

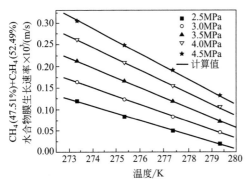

图 4-44 温度对 2# CH_4 （47.51%）＋C_2H_4（52.49%）混合气水合物膜生长的影响

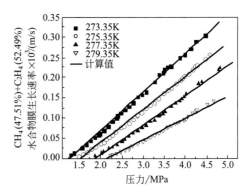

图 4-45 压力对 2# CH_4 （47.51%）＋C_2H_4（52.49%）混合气水合物膜生长的影响

对水合物膜生长的影响比低压时影响要大。压力对水合物膜生长的影响线性斜率随温度的降低而增大，说明温度越低压力对水合物膜生长速率影响越大。而混合气体体系，随组成的变化生成的水合物构型可能发生转变。对于 CH_4＋C_2H_6 混合气样，当甲烷摩尔分数小于 0.620 时，水合物膜生长速率受乙烷水合物成核和生长速率控制，随乙烷浓度的减小而减小；当甲烷摩尔分数大于 0.620 时，甲烷-乙烷水合物成核同时受甲烷和乙烷控制，水合物膜生长速率随甲烷浓度增加而增加。

从图4-50可看出，2# CH_4（98.93%）＋C_3H_8（1.07%）混合气水合物膜生长速率随压力

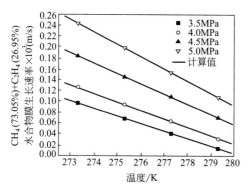

图 4-46　温度对 3# CH₄(73.05％)+C₂H₄
(26.95％)混合气水合物膜生长的影响

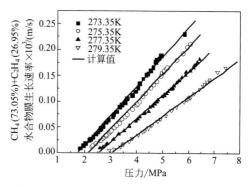

图 4-47　压力对 3# CH₄(73.05％)+C₂H₄
(26.95％)混合气水合物膜生长的影响

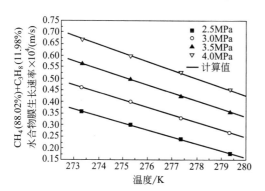

图 4-48　温度对 1# CH₄(88.02％)+C₃H₈
(11.98％)混合气水合物膜生长的影响

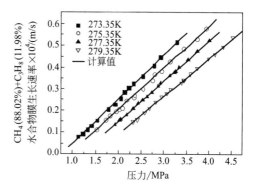

图 4-49　压力对 1# CH₄(88.02％)+C₃H₈
(11.98％)混合气水合物膜生长的影响

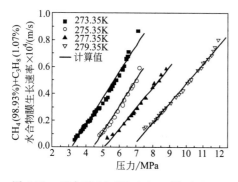

图 4-50　压力对 2# CH₄(98.93％)+C₃H₈
(1.07％)混合气水合物膜生长的影响

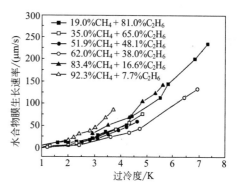

图 4-51　过冷度对 CH₄+C₂H₆ 混
合气水合物膜生长的影响

的增大几乎呈线性增大。但实验发现线性斜率随温度的下降变化没有规律。这是由于在此浓度时，生成的水合物是Ⅰ型和Ⅱ型的混合物，且Ⅰ型和Ⅱ型水合物的混合比例无法确定，所以线性斜率随温度的下降变化没有规律。

4.2.4.2　水合物膜生长动力学模型的建立

（1）水合物膜生长推动力的选择和计算　对于水合物生长推动力，不同的研究者给出了不同的定义，如：Vysniauskas 等[15]提出的 $(T_{eq}-T_{exp})$，Skovborg 等[28]提出的 $(\mu_{wH,exp}$

$-\mu_{wL,exp}$），Natarajan 等[17]提出的（$f_{i,exp}/f_{i,eq}-1$）及 Christiansen 和 Sloan[6]提出的 Gibbs 自由能差（ΔG）。此处选取 $T_{eq}-T_{exp}$（为了和传热联系起来）作为推动力，用于表征水合物膜生长动力学。

水合物膜生长推动力 $\Delta T=T_{eq}-T_{exp}$ 是在 Chen-Guo 模型[13,14]的基础上计算得到。

（2）水合物膜生长传热和本征动力学共同控制模型[61,155]　在当前的水合物膜生长动力学模型研究中，多数学者都假设水合物膜前沿温度为三相平衡温度（T_{eq}），但在水合物膜实际生长过程中膜前沿温度是无法测定的，因此为了分析传热和本征动力学对水合物膜生长的影响，假设膜前沿温度为 T_S，然后用实验数据计算出 T_S，看其接近三相平衡温度（T_{eq}）还是接近水相主体温度（T_B）。如果其接近 T_{eq}，则是传热控制，如果其接近 T_B，则是本征动力学控制。同时认为水合物膜生长情况如图 4-52 所示，即水合物在气液界面处的水相生成，虽然水合物和水有密度差，但较小，且水合物是固体，有一定的抗拉伸性，因此水合物膜不会上浮而是始终在水相。

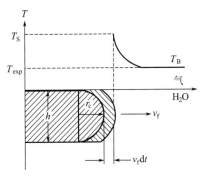

图 4-52　水合物膜在气液界面生长

对图 4-52 所示的水合物膜生长前沿微元进行热量衡算，可得下式：

$$v_f\rho_H L_H=k_1(T_S-T_B) \quad (4\text{-}121)$$

水合物膜生长本征动力学速率方程和一般的化学反应速率方程相同，即为

$$v_f=k_2(T_{eq}-T_S)^n \quad (4\text{-}122)$$

式中，v_f 为水合物膜生长速率；k_1 为传热系数；k_2 为膜生长速率常数；n 为反应级数。

将式（4-121）和式（4-122）合并可得下式：

$$\frac{\rho_H L_H}{k_1}v_f+\left(\frac{v_f}{k_2}\right)^{1/n}=T_{eq}-T_B=\Delta T \quad (4\text{-}123)$$

式（4-123）就是著者提出的水合物膜生长传热和本征动力学控制模型[61,155]。根据所测不同温度下的水合物膜生长 $r_v-\Delta T$ 数据，可以回归出不同温度下的传热系数（k_1）、反应速率常数（k_2）和反应级数 n。根据回归的不同温度下的传热系数（k_1）可计算出水合物膜前沿温度 T_S。

在用水合物膜生长传热和本征动力学控制模型计算水合物膜生长参数时，水合物生成热（L_H）必须是已知的。但有关 C_2H_4 水合物生成热或分解热尚未有文献报道，因此采用克劳修斯-克拉佩龙（Clausius-Clapeyron）[156]方程式（4-124）和式（4-125）来计算其生成热。

$$\frac{dp}{dT}=\frac{L_H}{T(V_H-V_D)} \quad (4\text{-}124)$$

$$V_H-V_D=V_H-V_L-\sum_{i=1}^{2}v_i\theta_i\frac{ZRT}{p} \quad (4\text{-}125)$$

式中，L_H 为水合物生成热；V_H 为水合物摩尔体积，cm³/mol；V_L 为水的摩尔体积，cm³/mol；v_i 为水合物晶格中孔数；θ_i 为水合物晶格中孔的占有率（1 表示小孔，2 表示大孔）；Z 为气相压缩因子。

4.2.4.3　纯气体水合物膜生长计算结果

采用 Chen-Guo 模型[13,14]计算水合物膜生长推动力 $\Delta T=T_{eq}-T_{exp}$。模型拟合是采用不同气体在不同温度压力下的实验数据利用式（4-123）回归求得参数 k_1、k_2 和 n，并将参

数代入式（4-121）计算出水合物膜生长前沿温度 T_S，由此判断水合物膜生长是传热控制还是本征动力学控制。

表 4-1、表 4-3 中分别列出了 CH_4 和 C_2H_4 水合物膜生长传热和本征动力学共同控制模型参数；表 4-2、表 4-4 中分别列出了 CH_4 和 C_2H_4 水合物膜前沿温度与水相主体温度之差的计算结果；CH_4 和 C_2H_4 水合物膜生长与推动力关系计算结果分别参见图 4-5(3)、图 4-5(4)。

表 4-1　CH_4 水合物膜生长传热和本征动力学共同控制模型参数

温度 /K	传热系数 /[kW/(m²·K)]	速率常数 /[m/(s·K²·⁵)]	反应级数	平均绝对偏差 /%[1]	相关系数[2]
273.35	247.75	$3.21×10^{-6}$		1.46	0.998
275.35	259.25	$3.83×10^{-6}$	2.5	1.61	0.997
277.35	267.20	$4.65×10^{-6}$		4.46	0.994
279.35	275.26	$5.59×10^{-6}$		1.51	0.996

① 平均绝对偏差（%）$= \dfrac{1}{N}\sum\limits_{j}^{N} |(\Delta T_{cal}-\Delta T_{exp})/\Delta T_{exp}|_j ×100$。

② 回归模型参数的相关系数。

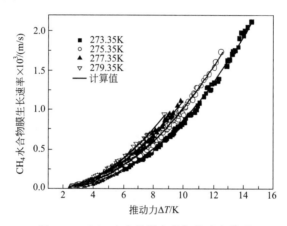

图 4-53　CH_4 水合物膜生长与推动力关系

表 4-2　CH_4 水合物膜前沿温度与水相主体温度之差

实验温度 T_B/K	CH_4 水合物膜前沿温度 T_S 与水相主体温度 T_B 之差(T_S-T_B)/K		
	推动力较小	推动力适中	推动力较大
273.35	0.16($\Delta T=4.0$)	0.84($\Delta T=8.0$)	2.17($\Delta T=12.0$)
275.35	0.18($\Delta T=4.0$)	0.95($\Delta T=8.0$)	2.39($\Delta T=12.0$)
277.35	0.21($\Delta T=4.0$)	1.04($\Delta T=8.0$)	2.46[1]($\Delta T=12.0$)
279.35	0.23($\Delta T=4.0$)	1.12($\Delta T=8.0$)	2.66[1]($\Delta T=12.0$)

① 表示此值为外延法计算。

表 4-3　C_2H_4 水合物膜生长传热和本征动力学共同控制模型参数

温度 /K	传热系数 /[kW/(m²·K)]	速率常数 /[m/(s·K²·⁵)]	反应级数	平均绝对偏差 /%	相关系数
273.35	299.42	$4.35×10^{-6}$		1.36	0.998
275.35	310.88	$5.06×10^{-6}$	2.5	0.78	0.999
277.35	324.34	$5.93×10^{-6}$		1.79	0.997
279.35	338.41	$6.93×10^{-6}$		2.15	0.993

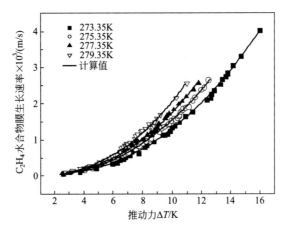

图 4-54　C_2H_4 水合物膜生长与推动力关系

表 4-4　C_2H_4 水合物膜前沿温度与水相主体温度之差

实验温度 T_B/K	C_2H_4 水合物膜前沿温度 T_S 与水相主体温度 T_B 之差 (T_S-T_B)/K		
	推动力较小	推动力适中	推动力较大
273.35	0.19(ΔT=4.0)	1.03(ΔT=8.0)	2.74(ΔT=12.0)
275.35	0.22(ΔT=4.0)	1.19(ΔT=8.0)	3.11(ΔT=12.0)
277.35	0.24(ΔT=4.0)	1.29(ΔT=8.0)	3.42[①](ΔT=12.0)
279.35	0.26(ΔT=4.0)	1.45(ΔT=8.0)	3.84[①](ΔT=12.0)

① 表示此值为外延法计算。

从图 4-53 和图 4-54、表 4-1 和表 4-3 中回归模型参数的平均绝对偏差及相关系数值可看出，用传热和本征动力学共同控制模型可很好地模拟 CH_4 和 C_2H_4 水合物膜生长动力学。回归得到不同温度下 CH_4 和 C_2H_4 水合物膜生长反应级数均为 2.5，说明 CH_4 和 C_2H_4 水合物膜生长为 2.5 级反应。

同时从表 4-2 和表 4-4 可看出，CH_4 和 C_2H_4 水合物膜前沿温度 T_S 与水相主体温度 T_B 之差在 0.16～3.84K 之间，即 T_S 远小于水合物平衡温度 T_{eq}，说明本征动力学对 CH_4 和 C_2H_4 水合物膜生长的影响是主要因素。特别是在推动力较小时，CH_4 和 C_2H_4 水合物膜前沿温度 T_S 与水相主体温度 T_B 之差在 0.16～0.26K 之间，更接近水相主体温度。因此，本征动力学对 CH_4 和 C_2H_4 水合物膜生长的影响占绝对主导地位。虽然随着推动力的增大，水合物膜生长速率加快，水合物膜前沿温度逐渐升高，但增大幅度不大，最大增加 3.84K 左右，这说明随着推动力的增大，传热的影响在增加，但传热的影响还是远小于本征动力学的影响。

从表 4-2 和表 4-4 还可看出，随着主体水相温度升高，CH_4 和 C_2H_4 水合物膜前沿温度的增加幅度有增大趋势，这也就是说随着主体水相温度升高，传热的影响在逐渐增大，说明主体水相温度升高不利于传热。但 CH_4 和 C_2H_4 水合物膜前沿温度的增加幅度不大，远小于本征动力学的影响。因此，从总体上看传热对纯气体水合物膜生长的影响远小于本征动力学的影响。

将表 4-2（CH_4）和表 4-4（C_2H_4）的膜生长前沿温度与水相温度差做比较发现，在相同实验温度时，C_2H_4 水合物膜生长前沿温度比 CH_4 的要高，这是由于在相同推动力时 C_2H_4 水合物膜生长速率比 CH_4 的要快（可从相同温度时的速率常数看出），水合物生成热不能及时传出造成的。CH_4 水合物膜比 C_2H_4 水合物膜生长的慢且温度对 CH_4 水合物膜生

长的影响比 C_2H_4 的要大。

4.2.4.4 混合气水合物膜生长计算结果

（1）$CH_4+C_2H_4$ 混合气水合物膜（Ⅰ型）　用传热和本征动力学共同控制模型式可很好地模拟 $CH_4+C_2H_4$ 混合气水合物膜生长动力学，图 4-55～图 4-57 分别为三组 $CH_4+C_2H_4$ 混合气水合物膜生长与推动力关系，此时形成Ⅰ型水合物，回归得到不同温度下 $CH_4+C_2H_4$ 混合气水合物膜生长反应级数均为 2.5，说明 $CH_4+C_2H_4$ 混合气水合物膜生长也为 2.5 级反应。

$CH_4+C_2H_4$ 混合气水合物膜前沿温度 T_S 与水相主体温度 T_B 之差在 0.03～0.65K 之间，说明本征动力学对 $CH_4+C_2H_4$ 混合气水合物膜生长的影响是主要因素。

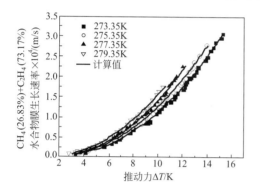

图 4-55 1# CH_4(26.83%)+C_2H_4(73.17%)混合气水合物膜生长与推动力关系

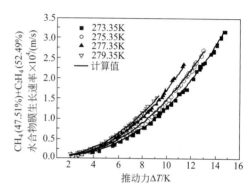

图 4-56 2# CH_4(47.51%)+C_2H_4(52.49%)混合气水合物膜生长与推动力关系

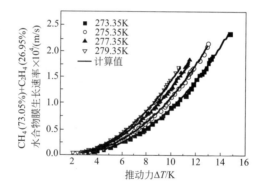

图 4-57 3# CH_4(73.05%)+C_2H_4(26.95%)混合气水合物膜生长与推动力关系

（2）$(CH_4+C_3H_8)$ 混合气水合物膜（Ⅱ型）　图 4-58、图 4-59 分别为不同组成下 $CH_4+C_3H_8$ 混合气水合物膜生长与推动力关系。从图 4-58 可看出，用传热和本征动力学共同控制模型可很好地模拟 1# $CH_4+C_3H_8$ 混合气水合物膜生长动力学，回归得到不同温度下 1# $CH_4+C_3H_8$ 混合气水合物膜生长反应级数均为 2.5，即 1# $CH_4+C_3H_8$ 混合气水合物膜生长也为 2.5 级反应。

从图 4-59 可看出，虽然在水相温度相同时，水合物膜生长速率随推动力的增大而增大，当推动力趋于零时水合物膜生长速率也趋于零，但规律性很差。这是由于 2# $CH_4+C_3H_8$ 混合气生成的是Ⅰ型水合物和Ⅱ型水合物的混合物造成的。由于 $CH_4+C_3H_8$ 混合气在生成水合物过程中，CH_4 既可以进大孔也可以进小孔，而 C_3H_8 只进大孔。在 1# 混合气中

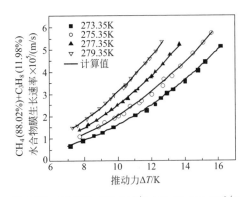

图 4-58 1#CH₄(88.02%)+C₃H₈(11.98%)
混合气水合物膜生长与推动力关系

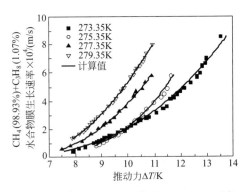

图 4-59 2#CH₄(98.93%)+C₃H₈(1.07%)
混合气水合物膜生长与推动力关系

C_3H_8 含量为 11.98%（摩尔），C_3H_8 虽然占据Ⅱ型水合物绝大多数大孔，但Ⅱ型水合物大小孔比例为 1:2 且混合气中 C_3H_8 含量较高，所以在水合物膜前沿附近局部混合气体中虽然由于水合物的生成导致 C_3H_8 局部浓度下降，但始终生成Ⅱ水合物。而 2#CH_4＋C_3H_8 混合气中 C_3H_8 摩尔分数较低为 1.07%（摩尔），在混合气生成Ⅱ型水合物的同时，CH_4 也同时生成Ⅰ型水合物，且Ⅰ型和Ⅱ型水合物的混合比例很难确定，因此无法确定水合物生成推动力 ΔT，图 4-59 中的推动力 ΔT 也是按Ⅱ型水合物计算的，导致图 4-59 中 2#CH_4＋C_3H_8 混合气水合物膜生长速率与推动力的关系没有规律性。

4.2.4.5 水合物膜厚度估算

由于水合物的生成过程和结晶过程很相似，且结晶速率由热传递控制，因此很多学者把水合物的膜生长过程也看成是热传递控制。但从以上不同气体水合物膜生长前沿温度的计算结果来看，热传递对水合物膜生长虽然有影响但不占主导地位，特别是在推动力较小时热传递的影响更小。因此，认为假设水合物膜前沿温度为该实验压力下的水合物生成平衡温度这一观点是缺乏依据的，在此基础上计算的水合物膜厚度是不可靠的。

从以上回归的不同气体水合物膜生长的传热系数可看出，共同的一个特点就是传热系数大且传热温差小，这和气体冷凝热传递过程比较相似。因此著者利用膜冷凝传热系数模型和计算出的实际膜前沿温度来估算水合物膜厚度[61]。

对图 4-52 所示的水合物膜生长前沿微元进行热量衡算可得下式：

$$v_f \rho_H L_H = k_1 (T_S - T_B) \tag{4-126}$$

根据冷凝膜传热系数模型[157]可得下式：

$$k_1 = 0.725 \left[\frac{\rho_w (\rho_w - \rho_v) g L_H \lambda_w^3}{\mu_w h (T_S - T_B)} \right]^{1/4} \tag{4-127}$$

将上两式合并得

$$h = \frac{0.725^4 (\rho_w - \rho_v) \rho_w g \lambda_w^3}{\mu_w \rho_H k_1^3 v_f} \tag{4-128}$$

式中，v_f 为水合物膜生长速率，m/s；ρ_H 为水合物密度，kg/m³；L_H 为水合物生成热，kJ/kg；k_1 为水合物膜传热系数；ρ_w 为水的密度，kg/m³；ρ_v 为气相密度，kg/m³；g 为重力常数，m/s²；λ_w 为水的热导率，W/(m·K)；μ_w 为水的黏度，mPa·s；h 为水合物膜厚度，m；T_S 为水合物膜前沿温度，K；T_B 为水相温度，K。

式（4-128）即为著者提出的水合物膜厚度计算模型[61]，根据回归的不同气体不同温度下的水合物膜传热系数 k_1 和 v_f，就可以计算出水合物膜前沿厚度。注意此时计算出的水合物膜厚度为水合物前沿瞬时膜厚度，这和水合物平衡膜厚度有很大区别。

（1）CH_4 水合物膜厚度计算结果　根据式（4-128）计算的 CH_4 水合物膜厚度见图 4-60。从图 4-60 可看出，在水相主体温度相同时，CH_4 水合物膜厚度随推动力的增大而减小，这和实验观察的现象相符。由于水合物覆盖在气泡表面使其透光率下降，从图 4-61～图 4-63 可看出，在高推动力时（如图 4-61），水合物泡透光性较好（发亮）反映出水合物膜较薄；在中等推动力时（如图 4-62），水合物泡透光性较差（发暗）反映出水合物膜变厚；在较低推动力时（如图 4-63），水合物泡透光性很差（发灰）反映出水合物膜较厚。同时从图 4-60 还可看出，在推动力相同时水合物膜厚度随水相主体温度的升高而减小。

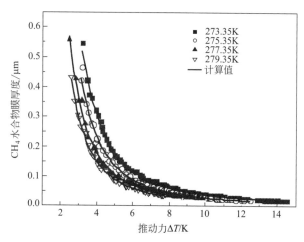

图 4-60　CH_4 水合物膜厚度与推动力关系

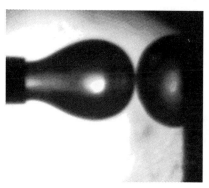

图 4-61　在水相温度 273.35K、推动力
$\Delta T = 13.23$K 时 CH_4 水合物膜生长

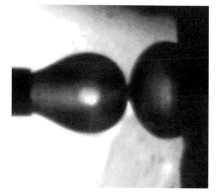

图 4-62　在水相温度 273.35K、推动力
$\Delta T = 9.27$K 时 CH_4 水合物膜生长

用膜冷凝传热系数模型计算出的 CH_4 水合物膜厚度范围在 $0.014 \sim 0.553 \mu m$ 之间，这比 Mochizuki 和 Mori[151] 的报道值 [$20 \mu m$（9.06MPa）和 $40 \mu m$（4.93MPa）] 和 Makogon 等[146] 的报道值（$2.0 \sim 5.0 \mu m$）要小。Mochizuki 和 Mori 是在假设水合物膜前沿温度为实验压力下的 CH_4 水合物平衡温度的条件下用三维热传导模型计算的，而此假设缺乏依据，也和 CH_4 膜前沿温度的计算结果相矛盾；Makogon 等没有说明他们使用的方法和实验条件范围。而著者是采用水合物膜前沿实际温度来计算水合物膜厚度，同时计算出的水合物膜厚

度为水合物前沿瞬时膜厚度，这和水合物平衡膜厚度有很大区别。

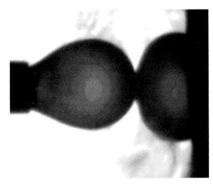

图 4-63 在水相温度 273.35K、推动力 $\Delta T = 3.44K$ 时 CH_4 水合物膜生长

从图 4-60 中还可看出，CH_4 水合物膜厚度与推动力（ΔT）的图形比较符合幂函数 $h = a (\Delta T)^m$，可较好地反映 h 与 ΔT 之间的关系。同时发现不同温度下参数 m 均为 -2.40 且参数 a 值随水相温度的升高而减小，说明在相同推动力时 CH_4 水合物膜厚度随水相温度的升高而减小。

（2）C_2H_4 水合物膜厚度计算结果 根据式（4-128）计算的 C_2H_4 水合物膜厚度见图 4-64。从图 4-64 可看出，在水相主体温度相同时，C_2H_4 水合物膜厚度随推动力变化关系和 CH_4 水合物的相似，也随推动力的增大而减小，在推动力相同时随主体水相的升高而减小。在相同实验温度和相同推动力时，C_2H_4 水合物膜厚度比 CH_4 水合物膜厚度要小，这是由于 C_2H_4 水合物膜生长速率比 CH_4 水合物膜生长速率要快，热传递过程对 C_2H_4 水合物膜厚度的影响比 CH_4 水合物膜厚度的影响要大造成的，同时这也和实验现象相符。

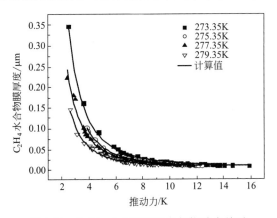

图 4-64 C_2H_4 水合物膜厚度与推动力关系

从图 4-64 中还可看出，C_2H_4 水合物膜厚度与推动力（ΔT）的图形也比较符合幂函数 $h = a(\Delta T)^m$，不同温度下参数 m 均为 -2.40。

（3）（$CH_4 + C_2H_4$）混合气水合物膜厚度计算结果 根据式（4-128）计算的 $CH_4 + C_2H_4$ 混合气水合物膜厚度列于图 4-65～图 4-67。

从图 4-65～图 4-67 可看出，在水相主体温度相同时，$CH_4 + C_2H_4$ 混合气水合物膜厚度随推动力变化关系和 CH_4、C_2H_4 水合物的相似，也随推动力的增大而减小，在推动力相同时随主体水相的升高而减小。在相同实验温度和相同推动力时，$CH_4 + C_2H_4$ 混合气膜厚度比 C_2H_4 和 CH_4 水合物膜厚度要厚（一个数量级左右），这是由于 $CH_4 + C_2H_4$ 混合气在生

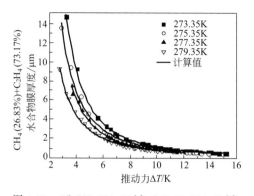

图 4-65　1#$CH_4(26.83\%)+C_2H_4(73.17\%)$
混合气水合物膜厚度与推动力关系

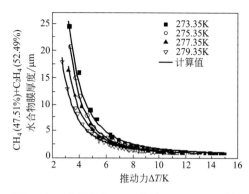

图 4-66　2#$CH_4(47.51\%)+C_2H_4(52.49\%)$
混合气水合物膜厚度与推动力关系

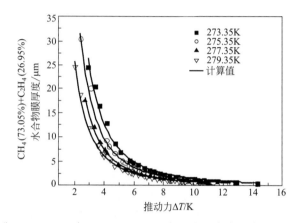

图 4-67　3#$CH_4(73.05\%)+C_2H_4(26.95\%)$混合气水合物膜厚度与推动力关系

成基础水合物的过程中存在竞争，使得水合物膜生长速率减慢（一个数量级左右），从而导致 $CH_4+C_2H_4$ 混合气膜厚度增大。

（4）（$CH_4+C_3H_8$）混合气水合物膜厚度计算结果　根据式（4-128）计算的 1#$CH_4+C_3H_8$ 混合气水合物膜厚度见图 4-68，由于 2#$CH_4+C_3H_8$ 混合气生成的水合物是 Ⅰ 型和 Ⅱ 型水合物的混合物，且混合比例无法确定，从而无法计算其推动力，所以不能准确计算其膜厚度。

从图 4-68 可看出，1#$CH_4+C_3H_8$ 混合气水合物膜厚度随推动力变化关系和 CH_4 水合物的相似。在相同实验温度和相同推动力时，1#$CH_4+C_3H_8$ 混合气水合物膜厚度比 CH_4 水合物膜厚度要厚（两个数量级左右），这是由于 1#$CH_4+C_3H_8$ 混合气生成的是 Ⅱ 型水合物而 CH_4 生成的是 Ⅰ 型水合物，同时 1#$CH_4+C_3H_8$ 混合气水合物膜生长速率比 CH_4 水合物膜生长速率要慢（两个数量级左右，可从速率常数看出），热传递过程对 1#$CH_4+C_3H_8$ 混合气水合物膜厚度的影响比 CH_4 水合物膜厚度的影响要小造成的。

4.2.4.6　水合物膜厚度测量

研究发现，气-水界面水合物膜在横向生长过程中完全处于水相[62]，水合物膜只是附着在气泡表面生长。根据这一发现，水合物膜的初始厚度等于气泡表面到水合物膜表面的距离。据此，在水合物膜生长过程中，采用显微镜实时观察实验现象，并通过在水合物膜生长图片上建立坐标系，测量水合物膜前沿处膜表面与气泡表面的距离确定水合物膜的初始厚

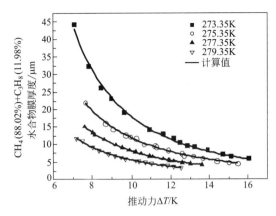

图 4-68 1#CH$_4$(88.02%)+C$_3$H$_8$(11.98%)混合气水合物膜厚度与推动力关系

度[62]。图 4-69 为所述水合物膜初始厚度的测量方法。根据该方法,著者测量了不同温度 (274.0K、276.0K 和 278.0K) 和过冷度下甲烷水合物膜的初始厚度,实验结果如图 4-70 所示。当过冷度小于 1K 时,水合物膜厚度值偏离拟合直线,这是由于水合物膜横向生长过程中存在增厚生长,导致水合物膜初始厚度测量中存在不确定性。由水合物膜初始厚度的测量结果发现,著者提出的模型[61]计算结果在总体上能够较好地估算甲烷水合物膜的初始厚度,并与文献数据[158]一致。

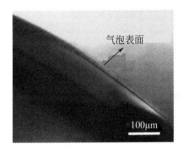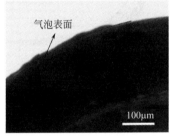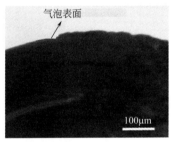

图 4-69 不同温度和过冷度下水合物膜在气泡表面形成位置图

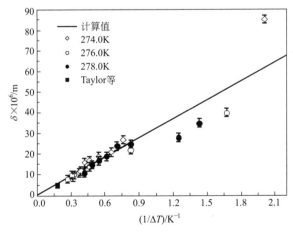

图 4-70 不同温度下甲烷水合物膜初始厚度随过冷度变化

4.3　水合物生成过程强化方法

利用水合物独特的化学物理特征可以开发一系列高新技术造福人类。目前国际上有很大一部分水合物研究工作者正在从事这一领域的工作，所开发的水合物应用技术涉及水资源、环保、气候、油气储运、石油化工、生化制药等诸多领域。其中典型的例子有水合物法淡化海水以弥补淡水资源的不足[159]；水合物法永久性地将温室气体 CO_2 存于海底以改善全球气候环境[160]；以水合物的形式储存、运输、集散天然气[161]；水合物法蓄冷[162]等。几乎所有水合物应用技术的开发均遇到一个技术瓶颈，那就是水合物的自然生成速率十分缓慢，远远不能满足工业应用的需要。因此所有基于水合物的技术都有一个共性问题，即如何对水合物的生成过程进行强化以达到快速形成水合物的目的。目前采用的强化方法包括机械强化和化学物理强化两种类型。常用的机械强化过程主要是通过增大气液接触面积来实现，如搅拌[2,15,16,82,83]、液体分散于气相（喷雾）[163,164]、气体分散于液相（鼓泡）等[165~167]，其中效果最好的是液体喷雾方法。

化学物理强化途径是通过在水中加入化学添加剂（如表面活性剂），改变液体微观结构（形成纳米尺度的胶束）、降低气液界面张力、增加气体在液相中的溶解度和扩散系数，从纳米尺度和分子尺度的层面上强化气液的接触、促进水合物的成核过程，并抑制水合物晶粒的聚并，减小水合物颗粒的尺度。

4.3.1　喷雾

水合物法应用技术的可行性不仅取决于相关的相平衡问题，而且取决于水合物快速形成是否可行。目前报道的水合物生成动力学实验数据大多是在搅拌釜中取得的，研究结果和实验所采用的反应器结构、尺寸、操作特性相关性很强，不能直接用于工业反应器的设计和模拟。而且搅拌方式是强化效果最差的一种形式，在工业中很少单独采用。在工业过程中气液反应多在反应塔中进行，通过气体鼓泡或液体喷雾使气液直接接触发生反应。

Rogers 等[168]提出了水以喷雾的形式进入气相以形成Ⅰ型水合物的方法。Fukumoto 等[164]注意到有效移走水合物形成位置的热量，对确保连续水合物形成操作十分重要，并演示了水向气相中的稳定固体平板喷雾以形成Ⅰ型水合物的情况。Nagamori 等[169]、Yoshikawa 等[170]则测试了移走水合物生成热的另一种方法，即水向反应器中的气相喷雾，水在反应器底部汇集，并连续排干，然后通过外部热交换器冷却，再一次喷雾进入反应器。

上述测试的水喷雾技术只是针对结构Ⅰ型水合物。Ohmura 等[112]、Tsuji 等[115]尝试连续、快速形成 H 型水合物，并在实际工程应用中放大。装置为高压喷雾室，水在喷雾室和外部热交换器中循环，从室顶部的喷嘴中喷雾后，水与甲烷和 LMGS（大分子客体物质，如甲基环己烷，MCH）混合，在水池中聚集，并流出喷雾室，在外部热交换器中冷却，然后用泵打回喷嘴，再一次喷雾。甲烷进入喷雾室补充由于水合物形成带来的消耗。

Ohmura 等[112]发现，水合物晶体首先在 MCH/水界面生成，与设想的水合物在甲烷/MCH 界面（水、甲烷、MCH 三相汇集的地方）形成相悖。水合物层形成于 MCH 层和下面的水之间，在开始的几十分钟，水合物层随时间而增厚。随着时间延长，MCH/水合物/水层总高度逐渐减少，表明气相甲烷中的水合物形成迟于 MCH/水界面的水合物形成。

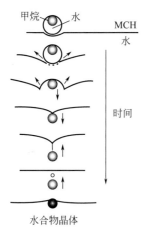

甲烷　水　MCH
水
时间
水合物晶体

图 4-71　喷雾时 H 型水
合物形成过程

MCH/水界面或界面之下水合物层形成和生长可由高速摄像机观察。实验表明水滴穿过甲烷下落，撞击 MCH 层表面，并相互结合，变成两相液滴，每个两相液滴由甲烷气泡（直径约 0.1～0.3mm）和较大体积的水壳组成。这些两相液滴下落进入 MCH 层，直到被 MCH/水界面捕获。停留在界面的 MCH 侧一段时间后（几秒至几十秒），每个两相液滴爆裂进入下面的液态水相，碎裂并释放甲烷气，同时一些微小的 MCH 液滴进入液态水相中。甲烷气和 MCH 液滴由此释放进入漂浮在 MCH/水界面的水相，并停留在水相侧。水合物晶体在这些捕获于界面下的甲烷气泡表面形成，从而将成团的甲烷气泡转变为水合物层。图 4-71 示出了一个两相液滴的爆裂，甲烷气体释放进入液态水相下方，水合物晶体在甲烷气泡表面形成的过程。

经过一段时间的乳化后，MCH 开始以水包 MCH 乳状液的形式在体系中循环，并再次喷雾，MCH 和水同时进入气相。

张世喜[171]为了配合水合物法分离技术的开发，设计组建了一套用于水合物生成动力学研究的喷雾塔，并在该装置上取得了一系列水合物生成动力学数据。

4.3.2　鼓泡

气体鼓泡和液体喷雾（淋）等外部强化方式可以达到一定的强化效果。与碰撞过程不同，气泡和水合物颗粒的脱附过程取决于颗粒和气泡表面的物理化学性质和脱附力。Maini 和 Bishnoi[165]的观测结果表明水合物最初只在气泡表面生成并伴随着水合物颗粒不断地从气泡表面脱落，气泡表面逐渐生成坚硬的水合物壳层，并迅速破碎。Gumerov 和 Chahine[172]的研究也表明气泡表面的水合物层是移动的。

作者[173]组建了一套用于水合物生长动力学研究的鼓泡塔，探讨甲烷气体水合物在含促进剂体系中的生长动力学。在反应体系处于恒温恒压的状态下，向塔内鼓入单个或多个不连续的甲烷气泡，观察气泡在上升过程中表面是否有水合物生成及气泡在上升过程中形状、大小的变化和水合物生长、存在的位置，并记录实验现象。

① 气泡在上升过程中表面逐渐变白，变得不透明，表面有如银粉浆状的水合物生成。由于气泡表面水合物的生成，气泡上升速度下降，使得后面的气泡在一定的高度与之碰撞，彼此结合成气泡团，而不是聚并成大气泡，如图 4-72（a）所示；带有水合物壳层的气泡和气泡团在床层的气液界面向下逐渐累积，并且能观测到气泡表面水合物壳层明显加厚而且变得较上升过程中粗糙，如图 4-72（b）所示；偶尔也能观测到气泡破碎现象，破碎的水合物壳层在体系中悬浮，随后崩溃，从破碎的气泡可以观测到气泡表面的水合物层具有一定的宏观厚度，如图 4-72（c）所示；停止鼓泡，消除鼓泡过程对体系的扰动，5h 之内，气液界面累积的带有水合物壳层的气泡在形状、状态和位置上没有明显的变化，仍然维持原有的气泡形状。

② 液位和实验温度不变的情况下，压力推动力（实验压力与平衡压力之差）不同，气泡上升过程中表面积累的水合物壳层厚度、气泡上升速度、表面颜色变化及缩小程度均不同；到达床层气液界面后的实验现象不同。

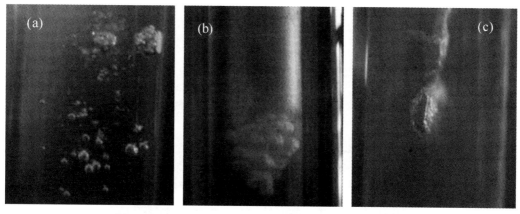

图 4-72　$T = 279.15K$，$p = 1.5MPa$ 时上升中气泡的变化

③ 气泡上升到液面所需要的时间为 5～6s，如果气泡到达床层液面后没有破碎，在同样的时间内，气泡表面累积的水合物比气泡上升过程中表面累积的水合物明显得多，并且气泡表面颜色也明显白得多，可以清楚地观测到气泡表面水合物的快速累积，气泡表面变得粗糙。

④ 反应液体循环与否，水合物的生成位置不同，如图 4-73 所示。反应液体不循环时，水合物主要在塔内液面和气泡表面生成；反应液体循环后，水合物主要在塔内液面、气泡表面、液面上方的管壁上生成。液面上方的管壁上有一层液膜，气、液直接接触。

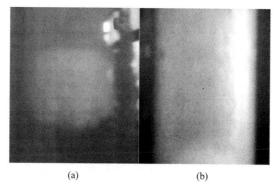

(a)　　　　　　(b)

图 4-73　水合物在塔内生长的位置
(a) 反应液体不循环　(b) 反应液体循环

⑤ 向塔内鼓入大量的小气泡时，能观测到水合物在气泡表面迅速生成并随气泡一起上升。由于水合物颗粒之间的黏附力作用，带有水合物壳层的气泡彼此黏附形成气泡团，一起上升，如图 4-74 (a) 所示；气泡从气/液界面向下逐渐累积，如图 4-74 (b) 所示，并且液位高度逐渐增加；几分钟后，整个反应体系变成一个由带有水合物壳层的气泡和反应液体组成的泡沫体系，如图 4-74 (c) 所示；继续鼓入气体，泡沫体系逐渐崩溃，形成水合物浆液，如图 4-74 (d) 所示，液位又基本回降到初始位置。因为水合物浆液的黏度较高、塔径较小等原因，小气泡在水合物浆液中难再形成。

以上实验现象均说明气、液直接接触有利于反应的进行，并且生成的水合物壳层会减缓或阻止气体与水溶液进一步接触发生反应。液体中的水合物主要以气泡表面水合物壳层的形式存在，鼓泡时间较长或鼓泡速率较快时，液相中也有水合物颗粒存在。对于单气泡，在上

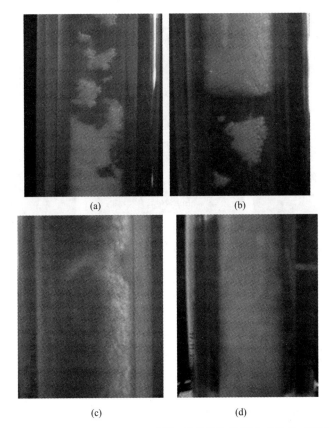

图 4-74 $T=278.15\mathrm{K}$，$p=0.80\mathrm{MPa}$ 时多气泡体系水合物生成过程图

升过程中气泡表面由透明变得不透明，只能说明气泡表面有水合物附着。这可能是水合物在气-液界面生成的结果，也可能是气泡在上升过程中与水合物颗粒碰撞黏附的结果，由于液体不循环或循环流量较小时，气泡与水合物颗粒碰撞不剧烈，彼此是否黏附观测不到。

Topham[174]、Nigmatulin 等[175] 和 Gumerov[166] 给出了水合物生成条件下气泡动力学的各种数学模型。通常认为气/液界面水合物的生成由结晶动力学、水合物生成组分和水在气/液/固三相中的双向扩散、传热等机理控制，并且施加在气/液界面上的力和上升气泡的水动力学强烈地改变着气泡表面水合物层的状态、存在的区域和水合物生成的控制机理。

Nigmatulin 等[175] 和 Gumerov[176] 从理论上分析了带有坚硬水合物壳气泡的破坏机理——蛋壳效应（eggy-effect）。机理认为由于水合物的不断生成，气体被消耗使气泡内压力降低，致密的水合物壳阻止气泡内外压力的平衡。另外，由于水合物的生成，水合物壳层不断增厚，如果溶液是不饱和的，水合物壳层又会因为化解变薄。因此在某一刻，当气泡内的压力达不到水合物壳层所能承受的强度时，水合物壳层破碎。

4.3.3 表面活性剂

表面活性剂作为水合物促进剂或抑制剂已被广泛地应用于水合物技术中。最初，人们想利用表面活性剂来防止天然气输送管道中分散的水合物晶粒聚结，避免水合物颗粒聚集堵塞输气管线，但发现有些表面活性剂能促进水合物生成（如十二烷基硫酸钠），这使一些基于水合物的新技术（如水合物法分离低沸点混合气和水合物法储气等）工业化应用成为可能，而这些技术一直受到储气密度低、生成速率慢、诱导时间长等因素的阻碍。近年来，人们又发现表面活性剂不仅可以抑制水合物的生成，还可以作为水合物生成促进剂应用到水合物研究的其他方面。因此，研究表面活性剂对水合物动力学的影响对这些技术的工业化应用具有一定的参考意义。

在水溶液中加入某些物质后，如在稀浓度时表面张力随溶液的浓度增加而急剧下降，下降到一定程度后不再下降，这类表面活性物质称为表面活性剂。表面活性剂具有以下基本性质[177]：

① 双亲媒性。表面活性剂的分子结构由疏水基团和亲水性离子基团构成，既有亲水性又有亲油性，称为双亲化合物。

② 形成胶束。表面活性剂形成胶束的最低浓度为临界胶束浓度（cmc）。表面活性剂的浓度低于或者高于临界胶束浓度时，水溶液的物理性质具有很大的差异。通常，表面活性剂的浓度高于临界胶束浓度时，才能充分发挥表面活性剂的功能。

③ 界面吸附定向排列。表面活性剂的表面吸附作用在气-液、液-液和液-固界面上选择性吸附，定向排列成分子层，水的表面张力下降较小。随着浓度的增大，表面活性剂分子聚集到气-液界面，使表面张力急剧下降。当表面活性剂分子增加到一定程度时（cmc），溶液表面积聚了足够表面活性剂分子而形成单分子膜，空气与水隔绝，水溶液的表面张力降低到最低点。

表面活性剂胶团对气体具有增溶作用。增溶作用不同于乳化作用，后者是不溶液体分散于水中或另一液体，形成热力学上不稳定的多相体系，而增溶作用形成的是热力学上稳定的均相体系。

气体增溶于表面活性剂胶束具有以下特征[178,179]。第一，对于特定的表面活性剂，随着气体的沸点增大，气体溶解度增大，这是因为溶解气体分子和胶束的分子之间主要是色散力起作用。第二，胶束溶解度随烷基链的增大而增加。例如，对于正六烷、正八烷、正十烷、正十二烷来说，乙烷气体的溶解度依次为 0.0036，0.0068，0.0094 和 0.011。第三，胶束的头基对胶束溶解度影响较小。第四，胶束周围的反离子层对溶解度没有影响。第五，含氟的表面活性剂的溶解度高于不含氟的表面活性剂。盐的浓度对溶解度的影响取决于溶解的非极性分子大小。以上表明，气体溶于胶束内部和气体溶于非极性、油性环境相似，但略微受胶束周围盐浓度的影响。

温度对增溶作用的影响因表面活性剂的不同而异，对于离子性表面活性剂，升高温度，一般会引起极性或非极性增溶程度的增加，其原因可能是因为热运动使胶束中能发生增溶的空间变大。

表面活性剂胶束对生成速率常数的影响随表面活性剂浓度变化，并在一定浓度时出现最大值。这是由于胶束不仅使反应物在胶束与溶液的界面上富集，而且还对反应体系有其他影响。这些影响也会改变反应速率。其中之一是将反应物加溶到胶束内部，会使反应物在溶液中的活度降低。因此表面活性剂在浓度太大时往往会引起反应速率的降低。相应地，在反应速率常数-表面活性剂浓度关系中就会出现最大值。

如前所述，表面活性剂最初是作为一种抑制剂应用到水合物技术中，在进行海上石油和天然气开采时，天然气或石油运输管线中悬浮在碳氢相中的小水滴在一定的条件下很容易生成水合物，导致输油、输气管道的堵塞，这给石油和天然气开采带来诸多的技术障碍和经济损失，表面活性剂最初就是作为一种反聚结剂应用到油气田中。反聚结技术即为加入一些浓度很低的表面活性剂或聚合物来防止水合物晶粒的聚结，能作为防聚剂的化合物大多是一些酰胺类化合物，特别是羟基酰胺、烷氧基二羟基羧酸酰胺和 N,N-二羟基酰胺等。水合物中表面活性剂的应用研究现状简述如下。

Kalogerakis 等[180]首次发现表面活性剂对甲烷水合物生成有促进作用，并研究了阴离子型、阳离子型和非离子型表面活性剂对甲烷水合物生成动力学的影响，发现溶液中低浓度的表面活性剂不影响水合物热力学，但提高了气体在溶液中的溶解度并加快了水合物的生成速率。

Link 等[181]系统地研究了一系列表面活性剂对水合物生成速率和储气量的影响，认为十二烷基硫酸钠（SDS）可能是促进水合物生成最适合的表面活性剂。

Karaaslan 等[182,183]研究了阴离子表面活性剂 LABSA（线形烷基磺酸钠）对 I 型和 II 型水合物生成速率的影响，结果表明加入少量 LABSA（0.01% 和 0.05%）可大大加快 I 型和 II 型水合物的生成速率，且 LABSA 对 I 型水合物的生成影响大于对 II 型水合物的影响。

Rogers 课题组[184,185]提出了利用表面活性剂 SDS 促进乙烷水合物的生成，并在随后几年考察了多种阴离子型表面活性剂对水合物的影响，发现 $C_{12} \sim C_{18}$ 的烷基硫酸盐和磺酸盐均能促进水合物生成。他们认为，当富水溶液中 SDS 的浓度为 242mg/L 及以上时，将加速乙烷水合物的形成，主要是由于形成胶束能够增溶乙烷气体，提高气体在水中的溶解度，促进水合物的形成。

Rogers 认为表面活性剂为水合物的工业化生产提供了一种新的可能的途径。利用表面活性剂来生成水合物具有以下优点：

① 不需要搅拌设备而同样能获得理想的水合物生成速率，避免了因搅拌所带来的一系列问题；

② 生成的水合物自动按一定顺序堆积在反应器壁上，这样可以使生成的水合物与反应体系中的水相自动分开，从而提供新的气液接触面使得水合反应继续快速进行；

③ 在实验中水合物的形成、储存和分离可在一个容器中完成，并且表面活性剂可以再次利用，当水合物分解后，水和表面活性剂仍然留在容器中，下一次的水合物生成只需要在容器中加压就可以了。

韩小辉等[186]研究了阴离子表面活性剂 SDS 对水合物生成速率的促进作用。章春笋等[187]、Sun 等[188]考察了非离子型表面活性剂烷基多苷（APG）和阴离子型表面活性剂十二烷基苯磺酸钠（SDBS）对天然气水合物的生成速率和储气量的影响。结果表明 APG 以及 SDBS 都不同程度地提高了天然气水合物的生成速率和储气量。

Han 和 Wang[189]在天然气水合物反应体系加入 SDS，得到了与 Rogers 等相似的结论，他们认为由于加入表面活性剂后溶液的表面张力大大减小，导致气体分子进入液相的速率大大加快，从而加快了水合物的生成速率。

Gnanendran 等[190]利用增溶剂对苯甲基硫酸钠促进甲烷水合物的生成，得到的实验现象和实验结果与表面活性剂相似，他们认为增溶剂（立体结构）较表面活性剂（线形结构）具有更大的增溶空间，所以更适合促进水合物的生成。

Irvin 等[191]研究了油包水的微乳液或反胶束中化学添加剂的作用。当提高水的比例时，胶束可膨胀数倍，胶束半径可达 4.5nm，胶束的表面积可提高至 $4 \times 10^4 m^2/L$（溶液），大大增大了气-水的接触面积。Nguyen 等[192,193]分析了胶束溶液的水合物生成机理。

然而，Profio 等[194]根据电导率研究了几种表面活性剂在水中的临界胶束浓度，发现在水合物促进影响强烈的表面活性剂浓度区域[184]，没有发现胶束的形成。Watanabe 等[195] 在静态 HFC-32＋水体系中考察了表面活性剂 SDS 对水合物形成的影响，指出在典型的水合物形成实验中，由于体系温度低于 SDS 的 Krafft 点[196~198]，不会有胶束形成，即达不到临界胶束浓度。添加 SDS 后导致在液体表面甚至表面上方的釜壁上形成更厚、多孔的水合物层，水合物形成速率峰值处的 SDS 浓度稍低于气体的溶解度值，在达到溶解度值后，继续添加 SDS 会引起水合物形成速率的降低，但总的水转化为水合物的比率增加。

　　作者课题组首先研究了 SDS 水溶液的表面张力变化规律，分别测定了 273.2K 和 278.8K，压力在 0.4~9.5MPa 范围内，CH_4/SDS 水溶液体系的界面张力数据[199]，如图 4-75 所示；以及 274.2K 和 278.2K，压力在 0.1~3.1MPa 范围内，C_2H_4/SDS 水溶液的界面张力数据[200]，如图 4-76 所示，SDS 的浓度范围为 0~1000mg/L。可以看出，在低 SDS 浓度时，CH_4 或 C_2H_4 与 SDS 水溶液间界面张力随 SDS 浓度的增大快速下降，但随 SDS 浓度的进一步增大，界面张力下降较缓，当 SDS 浓度接近 cmc 时，界面张力几乎不随 SDS 浓度增大而减小。高压气相 CH_4 或 C_2H_4 在 SDS 水溶液中的溶解改变了主体 SDS 水溶液结构，从而影响了气液界面特性。这些碳氢气体的存在，可显著降低 SDS 水溶液的 cmc，特别是在水合物生成区域影响更大。

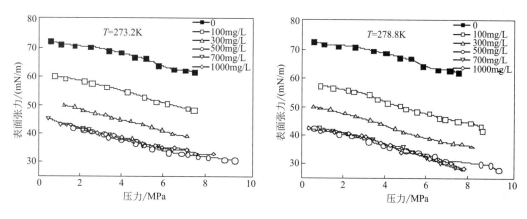

图 4-75　CH_4/SDS 水溶液体系界面张力数据

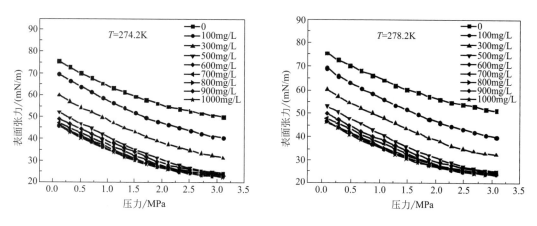

图 4-76　C_2H_4/SDS 水溶液体系界面张力数据

　　为考察胶束的增溶作用，著者课题组分别测定了温度为 298.2K，压力为 3.1MPa、6.1MPa 和 9.1MPa 时 CH_4 和压力为 1.1MPa、2.1MPa 和 3.1MPa 时 C_2H_4 在不同浓度

SDS 水溶液中的溶解度[201,202]，SDS 水溶液浓度范围为 $0.00 \sim 69.35$mmol/L，实验结果见图 4-77 和图 4-78。可以看出，在各压力下，CH_4 和 C_2H_4 在不同浓度 SDS 溶液中的溶解度曲线很相似，都分为三个阶段。当 SDS 浓度较小时，CH_4 和 C_2H_4 在 SDS 溶液中的溶解度随 SDS 浓度增大而增大直至极大值，随后 CH_4 和 C_2H_4 溶解度随 SDS 浓度增大而减小直至极小值，随 SDS 浓度的继续上升，CH_4 和 C_2H_4 溶解度则几乎呈线性增大，这主要归因于溶液中 SDS 分子聚集态结构变化造成的。在 CH_4 和 C_2H_4 溶解度第一个上升阶段，溶液中 SDS 分子主要以单体形式存在，溶液趋于憎水，因此 CH_4 或 C_2H_4 溶解度随 SDS 浓度的增大而增大。在随后的下降阶段，大量的 SDS 分子聚集成二聚体、三聚体和多聚体等，但聚集数远小于胶束的聚集数，这导致聚集体的内部空间较小，CH_4 和 C_2H_4 分子不能进入聚集体内部，同时 SDS 聚集体是亲水的，这些因素导致 CH_4 或 C_2H_4 溶解度随 SDS 浓度的进一步增大而减小。在最后的几乎线性上升阶段，SDS 分子聚集成胶束，CH_4 和 C_2H_4 分子可进入胶束内部，胶束增溶导致溶解度随 SDS 浓度的增大而增大。

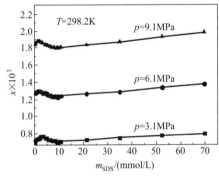

图 4-77　298.2K 不同压力时 CH_4
溶解度与 SDS 浓度关系

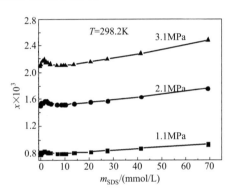

图 4-78　298.2K 不同压力时 C_2H_4
溶解度与 SDS 浓度关系

在近水合物生成区域 CH_4 和 C_2H_4 在不同浓度 SDS 水溶液中的溶解度[201,202]如图 4-79 和图 4-80 所示。可以看出，在近水合物生成区域溶解度曲线与室温时（298.2K）溶解度曲线有些不同，主要在于近水合物生成区域溶解度曲线的第三线性上升阶段更短且斜率更陡，这是由于随着温度的降低，SDS 在水中溶解度越来越小，而 CH_4 和 C_2H_4 在 SDS 溶液中的溶解度越来越大。在室温时 CH_4 和 C_2H_4 在 SDS 胶束中的溶解数量较小，但在近水合物生成区域时，CH_4 和 C_2H_4 在 SDS 胶束中的溶解数量很大。CH_4 和 C_2H_4 在胶束中的溶解使胶束更稳定、更容易生成，致使 SDS 溶液的 cmc 随温度降低而减小。由于气体分子在胶束中的溶解显著增大了气液接触面积，有益于提高水合物生成速率。

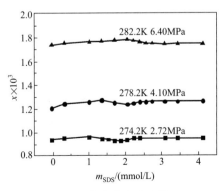

图 4-79　近水合物生成区域 CH_4
溶解度与 SDS 浓度关系

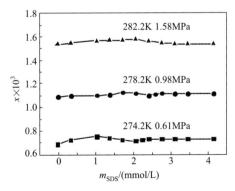

图 4-80　近水合物生成区域 C_2H_4
溶解度与 SDS 浓度关系

为考察 SDS 对水合物生成的促进作用，著者课题组采用水中悬浮气泡实验方法测定了不同温度（273.35K、275.35K、277.35K 和 279.35K）和压力（3.95～11.30MPa）下 CH_4 纯气体在不同浓度 SDS 水溶液中水合物膜生长速率[60,155]。图 4-81～图 4-84 分别是温度和压力对不同气体水合物膜生长速率的影响，从图中可看出，在压力相同时水合物膜生长速率随温度的升高几乎呈线性下降，而在温度相同时水合物膜生长速率随压力的增大几乎是线性增大。同时从图中还可看出，温度对水合物膜生长的影响线性斜率绝对值随压力的增大而增大，说明在高压时温度对水合物膜生长的影响比低压时影响要大。压力对水合物膜生长的影响线性斜率随温度的降低而增大，说明温度越低压力对水合物膜生长速率影响越大。

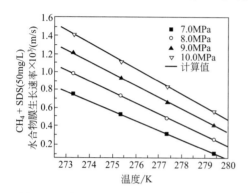

图 4-81　在 SDS 浓度为 50mg/L 时温度对 CH_4 水合物膜生长的影响

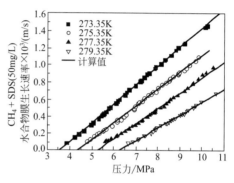

图 4-82　在 SDS 浓度为 50mg/L 时压力对 CH_4 水合物膜生长的影响

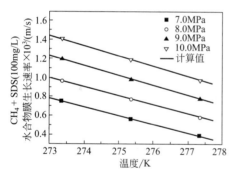

图 4-83　在 SDS 浓度为 100mg/L 时温度对 CH_4 水合物膜生长的影响

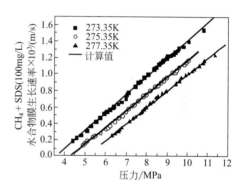

图 4-84　在 SDS 浓度为 100mg/L 时压力对 CH_4 水合物膜生长的影响

实验发现，在相同温度时 CH_4 水合物膜生长速率常数随 SDS 浓度的增加而增大，这说明 SDS 对 CH_4 水合物膜生长有促进作用，但在 SDS 浓度较高（如 300mg/L）时，CH_4 水合物膜生长与推动力的规律性很差，分析其原因可能如下：

① 由于水合物膜在 CH_4 气泡表面的水相沿气泡表面生长，SDS 的加入大大地降低了气液界面张力，使 CH_4 分子更容易穿过气液界面进入水相达到气液溶解平衡。同时，SDS 分子会在气液界面富集（定向排列降低表面能）导致表面过剩浓度，从而导致气液界面处的 SDS 浓度要大于水相 SDS 浓度，这使 CH_4 在气液界面处的溶解度增加了。这些会促进水合物膜生长。

② 由于水合物具有排盐效应，在水合物膜生长前沿由于水的消耗会导致 SDS 浓度局部升高，同时 SDS 分子会吸附在水合物颗粒表面阻碍水合物膜生长。

③ 由于水合物生成过程是放热反应，CH_4 水合物膜生长前沿温度随 SDS 浓度的增大而升高，水合物生成热对水合物膜生长的影响随 SDS 浓度的升高而逐渐增大，这也阻碍了水合物膜生长。

综合以上几点，当 SDS 浓度较低（50 或 100mg/L）时，SDS 降低气液界面张力和"界面增溶"占主导因素，而 SDS 分子在水合物颗粒表面的吸附较少（SDS 浓度较低）以及生成热影响占次要因素，从而水合物膜生长速率随 SDS 浓度的增大而增大。

当 SDS 浓度较高时（300mg/L），由于实验过程中悬滴室内的 SDS 水溶液是活化的，即结构水，这影响了初始生成水合物的状态。同时，在实验过程中还发现，随 SDS 浓度的升高能保持 CH_4 水合物膜连续生长的初始压力也升高，如温度在 273.35K 时纯水中 CH_4 水合物膜连续生长的初始压力为 3.50MPa、50mg/L 时为 3.95MPa、100mg/L 时为 4.30MPa 和 300mg/L 时为 5.10MPa，而此温度下甲烷水合物生成压力为 2.58MPa。当低于对应的压力时，CH_4 水合物的膜生长方式转变为非连续生长，这说明水合物生成的初始压力对水合物膜的状态有影响。而在实验过程中，水合物（在气液三相接触点处）生成的初始压力可能发生变化，导致了在相同压力时水合物的初始生成的水合物状态不同，初始生成压力低的水合物不密实，SDS 分子在其表面吸附量大对水合物的生长影响较大，而初始生成压力高的水合物较密实，这就导致了虽然在 SDS 浓度较高时，气液界面张力下降更多及"界面增溶"更大，但其影响没有 SDS 在水合物表面吸附的影响大。因此在 SDS 浓度较高时（300mg/L）CH_4 水合物膜生长随推动力的增大几乎没有规律性。

林微同时利用蓝宝石透明釜[177]，对乙烯水合物生成过程中，阴离子表面活性剂 SDS 对其促进作用进行了实验研究。测定了乙烯水合物在不同条件下的生成速率，考察了温度、压力、表面活性剂等因素对其生成速率的影响。

实验测定了静态体系中，纯水和 500mg/L 的 SDS 溶液中的乙烯水合物的累积消耗气体量随时间的变化。图 4-85 为 278.1K、4.1MPa 下加入 SDS 前后乙烯生成水合物时气体消耗量随时间的变化，可以看出，SDS 的加入不仅大大缩短了生成诱导时间，而且提高了反应速率，水合物生成在 2h 内基本完成。纯水体系中，水合物主要在液体表面生成，并且阻碍了气液的进一步接触，使得水合物生成速率很低。

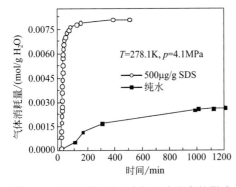

图 4-85　SDS 对乙烯水合物生成速率的影响

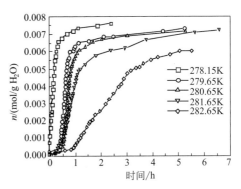

图 4-86　温度对乙烯水合物累积气体消耗量的影响（$p=3.6$MPa）

采用恒温恒压法，记录乙烯体积累积消耗随时间的变化（SDS 浓度为 500mg/L）。实验结果见图 4-86 和图 4-87。

由图 4-86 和图 4-87 中可以看出，水合物的生成曲线呈 S 形，与 Lederhos 和 Long[203]

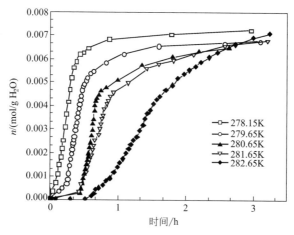

图 4-87　温度对乙烯水合物累积消耗气体量的影响（$p=4.1MPa$）

在等温等压条件下得到的水合物生成曲线相同。水合物生成分为三个阶段，初始阶段水合物生成速率随着时间的增加而增加，然后水合物生成速率逐渐变化为匀速，即水合物的气体消耗量随时间基本呈线性增长，在反应快结束的阶段，生成速率逐渐减慢。在整个反应过程中，由透明蓝宝石釜中可以看到，体相中的水源源不断向釜壁面的水合物中迁移，生成的水合物大部分吸附于壁面。

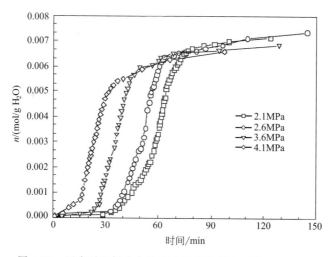

图 4-88　压力对乙烯水合物生成速率的影响（$T=279.6K$）

　　由图 4-86、图 4-87 中还可以看出，随着温度的降低，水合物的生成速率加快，因为水合物的生成是放热反应，反应温度越低，水合物生成的过冷度（$\Delta T=T_e-T$）越低，有利于反应进行。在相同的压力条件下，温度的升高降低反应速率，临界温度以上（282.6K）的水合物生成速率要大大低于临界温度以下的水合物生成速率。

　　压力对乙烯水合物生成速率的影响如图 4-88 所示。由图 4-88 可以看出，随着压力的增加，初始阶段水合物的生成速度加快，诱导时间缩短。压力增加，水合物的生成推动力（$\Delta f=f-f_{eq}$）增加。第二阶段，除了 2.1MPa，其余几条生成曲线的匀速生成阶段斜率基本相同，说明在该反应区域，水合物本征生成速率较快，生成主要受到水的迁移速率的控制，而迁移速率主要受到溶液中 SDS 浓度的影响，压力对迁移速率的影响很小。2.1MPa 条件下由于水合物本征生成速率较慢，所以反应速率受到表面反应和迁移速率的双重控制。

参考文献

[1] Kashchiev D, Firoozabadi A. Journal of Crystal Growth, 2003, 250: 499-515.

[2] Englezos P, Kalogerakis N, Dholabhai PD, Bishnoi PR. Chem Eng Sci, 1987, 42 (1): 2647-2658.

[3] Englezos P, Bishnoi P R. Fluid Phase Equil, 1988, 42: 129-140.

[4] Radhakrishnan R, Trout B L. J Chem Phys 2002, 117: 1786-1796.

[5] Sloan E D, Fleyfel F. AIChE J, 1991, 37 (9): 1281-1292.

[6] Christiansen R L, Sloan E D. Mechanisms and kinetics of hydrate formation. Sloan ED, Happel J, Hnatow MA eds. in (First) International Conference on Natural Gas Hydrates. Annals of New York Academy of Sciences, 1994, 715: 283-305.

[7] Long J P. Gas hydrate formation mechanism and kinetic inhibition. Ph. D. Thesis, T-4265, Colorado School of Mines, Golden, CO, 1994.

[8] Sloan E D. Clathrate Hydrates of Natural Gases. 2 ed, NY: Marcel Dekker. Inc. 1997.

[9] Jacobson L C, Hujo W, Molinero V. J Am Chem Soc, 2010, 132: 11806-11811.

[10] Jacobson L C, Hujo W, Molinero V. J Phys Chem B, 2010, 114: 13796-13807.

[11] Lauricella M, Meloni S, English NJ, et al. J Phys Chem C, 2014, 118: 22847-22857.

[12] Lekvam K, Ruoff P. J Am Chem Soc, 1993, 115 (19): 8565-8569.

[13] Chen GJ, Guo T M. Fluid Phase Equilib. , 1996, 122 (1-2): 43-65.

[14] Chen GJ, Guo T M. Chem Eng J, 1998, 71: 145-151.

[15] Vysniauskas A, Bishnoi P R. Chem Eng Sci, 1983, 38 (7): 1061-1072.

[16] Skovborg P, Rasmussen P. Chem Eng Sci, 1994, 49 (8): 1131-1143.

[17] Natarajan V, Bishnoi P R, Kalogerakis N. Chem Eng Sci, 1994, 49: 2075-2087.

[18] Kashchiev D, Firoozabadi A. J Crys Growth, 2002, 241: 220-230.

[19] van der Leeden M C, Verdoes D, Kashchiev D, van Rosmalen G M. In: J. Garside, R. J. Davey, A. G. Jones (Eds.), Advances in Industrial Crystallization, Butterworth-Heinemann, Oxford, 1991, 31.

[20] van der Leeden M C, Kashchiev D, van Rosmalen G M. J Colloid Interface Sci, 1992, 152: 338-350.

[21] van der Leeden M C, Kashchiev D, van Rosmalen G M. J Crystal Growth, 1993, 130: 221-232.

[22] Verdoes D, Kashchiev D, van Rosmalen G M. J Crystal Growth, 1992, 118: 401-413.

[23] Kashchiev D, Verdoes D, van Rosmalen G M. J Crystal Growth, 1991, 110: 373-380.

[24] Kashchiev D. Nucleation: Basic Theory with Applications, Butterworth - Heinemann, Oxford, 2000.

[25] Volmer M. Kinetik der Phasenbildung, Steinkopff, Dresden, 1939.

[26] Makogon Y F. Hydrates of Natural Gas, Moscow, Nedra, Izadatelstro, (1974 in Russian) Translated from Russian by W. J. Cieslesicz, PennWell Books, Tulsa, Oklahoma in Russian, (1981 in English) .

[27] Chen T S. A Molecular Dynamics Study of the Stability of Small Prenucleation Water Clusters, Dissertation, U. Missouri-Rolla, Univ. Microfilms No. 8108116, Ann Arbor, MI, 1980.

[28] Skovborg P. Rasmussen P, Mohn U. Chem Eng Sci, 1993, 48 (3): 445-453.

[29] Natarajan V. Thesis, University of Calgary, Calgary, 1993.

[30] Cingotti B, Sinquin A, Durand J P, Palermo T. Ann N Y Acad Sci, 2000, 912: 766.

[31] Kelland M A, Svartaas T M, Ovsthus J, Namba T. Ann N Y Acad Sci, 2000, 912: 281.

[32] Jiang H, Jordan K D. J Phys Chem C, 2010, 114 (12): 5555-5564.

[33] Jacobson L C, Hujo W, Molinero V. J Phys Chem B, 2010, 114 (43): 796-807.

[34] Bai D S, Liu B, Chen G J, Zhang X R, Wang W C. AIChE J, 2013, 59: 2621-2629.

[35] Hwang M J, Wright D A, Kapur A, Holder G D. J Inclusion Phenom, 1990, 8: 103-116.

[36] Sloan E D, Subramanian S, Matthews PN, Lederhos JP, Khokhar AA. Ind Eng Chem Res, 1998, 37: 3124-3132.

[37] Schroeter J P, Kobayashi R, Hidebrand M A. Ind. Eng Chem Fundam, 1983, 22: 361-364.

[38] Bai D S, Zhang X R, Chen G J, Wang W C. Energy Environ Sci, 2012, 5: 7033-7041.

［39］ Takeya S，Hori A，Hondoh T，Uchida T. J Phys Chem B，2000，104：4164-4168.

［40］ Zatsepina O Y，Buffett B A. Fluid Phase Equilib，2002，200：263-275.

［41］ Zhao J F，Lv Q，Li Y H，et al. Magnetic Resonance Imaging，2015，33（4）：485-490.

［42］ Siangsai A，Rangsunvigit P，Kitiyanan B，et al. Chem Eng Sci，2015，126（3）：383-389.

［43］ 裴俊红，郭天民. 甲烷水合物在纯水中的生成动力学. 化工学报，1998，49（3）：383-386.

［44］ Benmore C J，Soper A K. J Chem Phys，1998，108：6558.

［45］ Nerheim A R. Investigation of Gas Hydrate Formation Kinetics by Laser Light Scattering，D Ing thesis，Norwegian Institute of Technology，Trondheim，1993.

［46］ Nerheim A R，Svartaas T M，Samuelsen E K. Laser light scattering studies of gas hydrate formation kinetics. Proc. 4th（1994）Intl. Offshore & Polar Eng Conf，Osaka April，1994，323.

［47］ Yousif M H，Dorshow R B，Young D B. Testing of hydrate kinetic inhibitors using laser light scattering technique. in（First）International Conference on Natural Gas Hydrates，Annals of New York Academy of Sciences，Sloan，E. D.，Happel，J.，Hnatow，M. A.，eds.，1994，715：330-340.

［48］ Parent J S. Investigations into the Nucleation Behaviour of the Clathrate Hydrates of Natural Gas Components，M. Sc. thesis，U. Calgry，1993.

［49］ Daraboina N，Moudrakovski I L，Ripmeester J A，Walker V K，Englezos P. Fuel，2013，105：630-635.

［50］ Ohno H，Moudrakovski I，Gordienko R，Ripmeester J，Walker V K. J Phys Chem A，2012，116（5）：1337-1343.

［51］ Sun C Y，Chen G J，Yue G L. Chinese J Chem Eng，2004，12（4）：527-531.

［52］ Mullin J W. Crystallization，Butterworth-Heinemann，Oxford，1997.

［53］ Christiansen R L，Sloan E D. In：Proceedings of the 74th Gas Processors Association Annual Convention，San Antonio，1995.

［54］ Kashchiev D，Firoozabadi A. J. Crystal Growth，2002，243：476-489.

［55］ Makogon Y F. Hydrates of Hydrocarbons. PennWell Publishing Company，1997.

［56］ Ohmura R，Matsuda S，Uchida T，Ebinuma T，Narita H. Cryst Growth Des，2005，5（3）：953-957.

［57］ Watanabe S，Saito K，Ohmura R. Cryst Growth Des，2011，11（7）：3235-3242.

［58］ Saito K，Kishimoto M，Tanaka R，Ohmura R. Cryst Growth Des，2011，11（1）：295-301.

［59］ Tanaka R，Sakemoto R，Ohmura R. Cryst Growth Des，2009，9（5）：2529-2536.

［60］ Sun C Y，Chen G J，Ma C F，et al. J Crystal Growth，2007，306：491-499.

［61］ Peng B Z，Dandekar A，Sun C Y，et al. J Phys Chem，2007，111：12485-12493.

［62］ Li S L，Sun C Y，Liu B，et al. AlChE J，2013，59（6）：2145-2154.

［63］ Li S L，Sun C Y，Liu B，et al. Sci Reports，2014，4：4129（1-6）.

［64］ Yoslim J，Linga P，Englezos P. J. Cryst. Growth，2010，313（1）：68-80.

［65］ Sakemoto R，Sakamoto H，Shiraiwa K，et al. Cryst Growth Des，2010，10（3）：1296-1300.

［66］ Karanjkar P U，Lee J W，Morris J F. Cryst. Growth Des，2012，12（8）：3817-3824.

［67］ Li S L，Wang Y F，Sun C Y，et al. Chem Eng Sci，2015，135：412-420.

［68］ Ohmura R，Matsuda S，Itoh S，et al. Cryst Growth Des，2005，5（5）：1821-1824.

［69］ Jin Y，Nagao J. Cryst Growth Des，2011，11（7）：3149-3152.

［70］ Ishida Y，Sakemoto R，Ohmura R. Chemistry - A European Journal，2011，17（34）：9471-9477.

［71］ Ishida Y，Takahashi Y，Ohmura R. Cryst Growth Des，2012，12（6）：3271-3277.

［72］ 裴俊红，郭天民. 水合物生成和分解动力学研究现状. 化工学报，1995，46：741-756.

［73］ Knox W G，Hess M，Jones G E，et al. Chem Eng Prog，1961，57：66-71.

［74］ Barrer R M，Ruzicka D J Trans Faraday Soc，1962，58：2262-2271.

［75］ Pinder K L. Can J Chem Eng，1964，42：132-138.

［76］ Glew D N，Haggett M L. Can J Chem，1968，46：3857-3865.

［77］ Glew D N，Haggett M L. Can J Chem，1968，46：3867-3877.

［78］ Graauw J D，Rutten J J Proc Int Fresh Water Sea，1970，3：103-116.

［79］ Pangborn J B，Barduhn A J. Desalination，1970，8（1）：35-68.

［80］ Elwell D，Scheel H J. Crystal Growth from High Temperature Solution. London；Academic Press，1975.

［81］ Vysniauskas A，Bishnoi P R. In Natural Gas Hydrates：Properties Occurrence and Recovery，(J. L. Cox，ed.)，Butterworths，1983.

［82］ Vysniauskas A，Bishnoi P R. Chem Eng Sci，1985，40 (2)：299-303.

［83］ Englezos P，Kalogerakis N，Dholabhai P D，et al. Chem Eng Sci，1987，42 (1)：2659-2666.

［84］ Dholabhai P D，Englezos P，Kalogerakis N，et al. Can J Chem Eng，1991，69：800-805.

［85］ Dholabhai P D，Kalogerakis N，Bishnoi P R. SPE Prod & Facil，1993，8：185.

［86］ Lee S Y，McGregor E，Holder G D. Energy Fuels，1998，12：212-215.

［87］ Koh C A，Westacott R E，Zhang W，et al. Fluid Phase Equilib，2002，194-197：143-151.

［88］ Stern L A，Hogenboom D L，Durham W B，et al. J Phys Chem B，1998，102：2627-2632.

［89］ Henning R W，Schultz A J，Thieu V，et al. Phys Chem A，2000，104：5066-5071.

［90］ FitzGerald S A，Neumann D A，Rush J J，et al. Chem Mater，1998，10：397-402.

［91］ Berliner R，Popovici M，HerwigK W，et al. Cem Concr Res，1998，28：231-243.

［92］ Halpern Y，Thieu V，Henning R W，et al. J Am Chem Soc，2001，123：12826-12831.

［93］ Stern L A，Kirby S H. Energy Fuels，1998，12：201-211.

［94］ FujiiK，Kondo W J Am Ceram Soc，1974，57：492-497.

［95］ Takeya S，Hondoh T，Uchida T，et al. Acad Sci，2000，912：973.

［96］ Fletcher N H. Philos Mag，1968，18：1287-1300.

［97］ Furukawa Y，Yamamoto M，Kuroda T. J Crystal Growth，1987，82：665-677.

［98］ Kawamura T，Komai T，Yamamoto Y，et al. J Cryst Growth，2002，234：220-226.

［99］ Ratcliffe R I，Ripmeester J A. J Phys Chem，1986，90：1259-1263.

［100］ Stern L A，Kirby S H，Durham W B. J Phys Chem A，2001，105：1223-1224.

［101］ Wang X，Schultz A J，Halpern Y. J Phys Chem A，2002，106：7304-7309.

［102］ Rekoske J E，Barteau M A. Ind Eng Chem Res，1995，34：2931-2939.

［103］ Levenspiel O. Chemical Reaction Engineering；3rd ed. ；New York：Wiley & Sons，1999.

［104］ Froment G F，Bischoff K B. Chemical Reactor Analysis and Design；New York：Wiley & Sons，1990.

［105］ Mizuno Y，Hanafusa N. J Phys，Colloq. C1 Suppl. 1987，48：511-517.

［106］ Uchida T，Moriwaki M，Takeya S，et al. Proc Fourth Int Conf Gas Hydrates，2002，553.

［107］ Kini R A，Dec S F，Sloan E D. J Phys Chem，A，2004，108：9550-9556.

［108］ Pietrass T，Gaede H C，Bifone A，et al. J Am Chem Soc，1995，117：7520-7525.

［109］ Subramanian S. Measurements of clathrate hydrates containing methane and ethane using Raman spectroscopy［D］. Golden：Colorado School of Mines，CO，2000.

［110］ Fleyfel F，Song K Y，Kook A，et al. Proc Int Conf Natural Gas Hydrates，1994，212.

［111］ Khokhar A A，Gudmundson J S，Sloan E D. Fluid Phase Equilib，1998，150-151：383-392.

［112］ Ohmura R，Kashiwazaki S，Shiota S，et al. Energy Fuels，2002，16：1141-1147.

［113］ Hütz U，Englezos P. Fluid Phase Equilib. ，1996，117：178-185.

［114］ Tohidi B，Danesh A，OstergaardK，et al. In Proceedings of the 2nd International Conference on Natural Gas Hydrates，Toulouse，France，1996 6：229-236.

［115］ Tsuji H，Ohmura R，Mori Y H. Energy Fuels，2004，19：418-424.

［116］ Servio P，Englezos P. Cryst Growth Des，2003，3：61-66.

［117］ Lee J D，Susilo R，Englezos P. Energy Fuels，2005，19：1008-1015.

［118］ Lv Y N，Sun C Y，Liu B，et al. AIChE J，2017，63，1010-1023.

［119］ 陈光进，李文志，李清平等. 一种皂苷类植物提取型水合物防聚剂. 中国发明专利，2011100965792，2012-10-24.

［120］ Turner D J，Miller K T，Sloan E D. Chem Eng Sc，2009，64 (18)：3996-4004.

［121］ Shi B H，Gong J，Sun C Y，et al. Chem Eng J，2011，171 (3)：1308-1316.

［122］ Davies S R，Sloan E D，Sum A K，et al. J Phys Chem C，2010，114 (2)：1173-1180.

［123］ Davies S R，Lachance J W，Sloan E D，et al. Ind Eng Chem Res，2010，49 (23)：12319-12326.

［124］ Lee J D，Susilo R，Englezos P. Chem Eng Sci，2005，60 (15)：4203-4212.

［125］ Mori Y H，Mochizuki T. Chem Eng Sci，1997，52：3613-3616.

［126］ Wynn E. Powder Technology，2003，133 (1)：125-133.

［127］ Mori Y H. Energy Convers Manage，1998，39 (15)：1537-1557.

［128］ Shindo Y，Fujioka Y，Yanagishita Y，et al. Proceedings of the 2nd International Workshop on Interaction between CO₂ and Ocean，Tsukuba，Japan，June 1-2，1993，111；also in Direct Ocean Disposal of Carbon Dioxide，eds N. Handa and T. Ohsumi，Terrapub，Tokyo，1995，217.

［129］ ShindoY，Lund P C，Fujioka Y，et al. Int J Chem Kinet，1993，25：777-782.

［130］ Lund P C，Shindo Y，Fujioka Y，et al. Int J Chem Kinet，1994，26：289-297.

［131］ Teng H，Kinoshita C M，Masutani S M. Chem. Eng Sci，1995，50：559-564.

［132］ Aya I，Yamane K，Yamada N. in Fundamentals of Phase Change：Freezing，Melting，and Sublimation-1992 HTD vol. 215，ed. P. E. Kroeger and Y. Bayazitoglu. The American Society of Mechanical Engineers，New York，1992，17.

［133］ Mori Y H. Energy Convers Manage，1998，39：369-373.

［134］ Hirai S，Okazaki K，Araki N，et al. Energy Convers Manage，1996，37：1073-1078.

［135］ Mori Y H，Mochizuki T. in Proceedings of the 2nd International Conference on Natural Gas Hydrates，Toulouse，France，June 2-6 1996，267.

［136］ Teng H，Yamasaki A，Shindo Y. Chem Eng Sci，1996，51：4979-4986.

［137］ Holder G D，Warzinski R P. American Chemical Society，Division of Fuel Chemistry，Preprints 1997，41 (4)：1452.

［138］ Inoue Y，OhgakiK，Hirata Y，Kunugita E. J Chem Eng Japan，1996，29：648-655.

［139］ Sugaya M，Mori Y H. Chem Eng Sci，1996，51：3505-3517.

［140］ Ohmura R，Shigetomi T，Mori Y H. J Cryst Growth，1999，196：164-173.

［141］ Ohmura R，Kashiwazaki S，Mori Y H. J Cryst Growth，2000，218：372-380.

［142］ Kobayashi I，Ito Y，Mori Y H. Chem Eng Sci，2001，56：4331-4338.

［143］ Servio P，Englezos P. AIChE J，2003，49 (1)：269-276.

［144］ Liang S，Kusalik P G. J Am Chem Soc，2011，133 (6)：1870-1876.

［145］ Freer E M，Selim M S，Sloan E D. Fluid Phase Equilib，2001，185：65-75.

［146］ Makogon Y，Makogon T，Holditch S，in：Proceedings of the International Symposium on Methane Hydrate，Chiba，Japan，20-22 October 1998，Jpn. National Oil Corporation，Tokyo，1998. 259-267.

［147］ Uchida T，Ebinuma T，Kawabata J，et al. J Cryst Growth，1999，204：348-356.

［148］ Hirai S，Tabe Y，Kamijo S，et al. In：B. Eliasson，P. Riemer，A. Wokaun (Eds.)，Greenhouse Gas Control Technologies，Pergamon，Amsterdam，1999，1049-1051.

［149］ Mori Y H. J Cryst Growth，2001，223：206-212.

［150］ Uchida T，Ikeda IY，Takeya S，et al. J Cryst Growth，2002，237-239：383-387.

［151］ Mochizuki T，Mori Y H. J Cryst Growth，2006，290：642-652.

［152］ Kishimoto M，Ohmura R. Energies，2012，5 (1)：92-100.

［153］ Saito K，Sum A K，Ohmura R. Ind Eng Chem Res，2010，49 (15)：7102-7103.

［154］ 马昌峰，陈光进，郭天民. 水中悬浮气泡法研究水合物生长动力学. 中国科学 (B)，2002，32：90-96.

［155］ 罗虎. 水合物生长动力学实验及模型研究 [D]. 北京：中国石油大学，2006.

［156］ Davidson D W. Clathrate Hydrate in Water：A Comprehensive Treatise，2nd ed. Franks F. 1973，115.

［157］ Holman J P. Heat Transfer，9th ed.，New York：Wiley，2002，284-285.

［158］ Taylor C J，Miller K T，Koh C A，et al. Chem Eng Sci，2007，62 (23)：6524-6533.

［159］ Saji A，Yoshida H，Sakai M，et al. Energy Convers Manage，1992，33 (5-8)：643-649.

［160］ Khan A H. Freezing in Desalination Processes and Multistage Flash Distillation Practice. Elsevier，Amstersam，1986，55-68.

［161］ Gudmundsson J S，Parlaktuna M. Storage of natural gas at refrigerated conditions. AIChE Spring National Meeting，

New Orleans，March，1992.

[162] 郭开华，舒碧芬，蒙宗信，陈阵. 直接接触气体水合蓄冷槽及蓄冷空调系统. 中国发明专利，95107268.4.

[163] Ohmura R. Structure-I and Structure-H hydrate formation using water spraying. Proceeding of the 4th International Conference on Gas Hydrates. Yokohama，Japan，2002，1049.

[164] Fukumoto K，Tobe J，Ohmura R，Mori Y H. AIChE J，2001，47：1899-1904.

[165] Maini B B，Bishnoi P R. Chem Eng Sci，1981，36：183-189.

[166] Gumerov N A. Dynamics of spherical gas bubble in the thermal regime of hydrate formation. Nigmatulin，RI（ed）Transactions of TIMMS，Tyumen Institute of Mechanics of Multiphase Systems，USSR Academy of Sciences，Tyumen，1991，2：73-77.

[167] Takahashi M，Oonari H，Yamamoto Y. A novel manufacturing method of gas hydrate using the micro-bubble technology. Proceedings of the 4th international conference on gas hydrate，Yokohama，Japan，2002，825-828.

[168] Rogers R，Yevi G Y，Swalm M. Proceedings of the 2nd International Conference on Natural Gas Hydrates；Toulouse，France，1996，423-429.

[169] Nagamori S，Ono J，NagataK. Patent Abstracts of Japan，Publication No. 2000-264852. 1999.

[170] Yoshikawa K，Kondo Y，Kimura T，et al. Patent Abstracts of Japan，Publication No. 2000-256. 1999.

[171] 张世喜. 水合物生成动力学及水合物法分离气体混合物的研究 ［D］北京：中国石油大学，2003.

[172] Gumerov N A，Chahine G L. Dynamics of bubbles in conditions of gas hydrate formation. Fulton，Maryland，USA：Dynaflow，Inc. 1-7.

[173] Luo Y T，Zhu J H，Fan S S，et al. Chem Eng Sci，2007，62：1000-1009.

[174] Topham D R. Chem Eng Sci，1984，39（5）：821-828.

[175] Nigmatulin R I，Gumerov N A，Zuong N H. Transient heat and mass transfer near drops and bubbles. Hewitt G F，Mayinger F，Riznic J R（eds）Phase-Interface Phenomena in Multiphase Flow，Hemisphere Publishing Corporation，Washington，1991，525-542.

[176] Gumerov N A. Diffusional-strengthive mechanism of gas bubble destruction in the region of hydrate formation // Transactions of TDMMM，1990，1：61-64.

[177] 林微. 水合物生成动力学及水合物法储运气体的研究 ［D］. 北京：中国石油大学，2004.

[178] King A D. J Colloid Interf Sci，1990，137（2）：123-127.

[179] King A D. Solubilization of gases，New York：Marcel Dekker，1995，35-58.

[180] Kalogerakis N，Jamaluddin A K M，Dholabhai P D，et al. Effect of surfactants on hydrate formation kinetics//The SPE International Symposium on Oilfield Chemistry held In New Orleans，La，U. S. A，1993，25188.

[181] Link D D，Edward P L，Heather A E. Fluid Phase Equilib，2003，211：1-10.

[182] Karaaslan U，Evrim U. J Petrol Sci Eng，2002，35：49-57.

[183] Karaaslan U，Parlaktuna M. Effect of surfactants on hydrate formation rate. Annals of the New York Academy of Sciences. 2000，912：735-743.

[184] Zhong Y，Rogers R E. Chem Eng Sci，2000，55：4175-4187.

[185] Rogers R E. Chemical Engineering，6389820，US Patent，2002.

[186] 韩小辉等. 表面活性剂加速天然气水合物生成实验研究，天然气工业，2002；22（5），90-94.

[187] 章春笋，樊栓狮等. 不同类型表面活性剂对天然气水合物形成过程影响比较，天然气工业，2003，23（1）：91-95.

[188] Sun Z G，Wang R Z，Ma R S. Energy Convers Manage，2003，44：2733-2742.

[189] Han X H，Wang S J. Proceeding of the 4th International Conference on Gas Hydrates，Yokohama，2002，2：1036-1039.

[190] Gnanendran N，Amin R. J Petrol Sci Eng，2003，40：37-46.

[191] Irvin G，et al. Control of gas hydrate formation using surfactant systems. Annals New York academy of sciences，2000，515-526.

[192] Nguyen H，Reed W，John V T. J Phys Chem，1989，93：8123-8126.

[193] Nguyen H，Reed W，John V T. J Phys Chem，1991，95：1467.

［194］ Profio P D，Arca S，Germani R，Savelli G. Chem Eng Sci，2005，60：4141-4145.

［195］ Watanabe K，Imai S，Mori Y H. Chem Eng Sci，2005，60：4846 - 4857.

［196］ Shinoda K，Hutchinson E. J Phys Chem，1962，60：577-582.

［197］ Nakayama H，Shinoda K. The effect of added salts on the solubilities and Krafft points of sodium dodecyl sulfate and potassium perfluoro-octanoate. Bulletin of the Chemical Society of Japan，1967，40：1797-1799.

［198］ Lange H，Schwuger M J. Mizellbildung und Krafft-Punkte in der homologen Reiche der Natrium-n-alkyl-sulfate einschließlich der ungeradzahligen Glieder. Kolloid-Zeitschrift und Zeitschrift für Polymere，1968，223：145-149.

［199］ Sun C Y，Chen G J，Yang L Y. J Chem Eng Data，2004，49：1023-1025.

［200］ Luo H，Sun C Y，Huang Q，et al. J. Colloid Interf Sci，2006，297：266-270.

［201］ Peng B Z，Chen G J，Luo H，et al. J. Colloid Interf Sci，2006，304：558-561.

［202］ Luo H，Sun C Y，Peng B Z，et al. J. Colloid Interf Sci，2006，298：952-956.

［203］ Lederhos J P，Long J P. Chem Eng Sci，1996，51 (8)：1221-1229.

第5章 气体水合物分解动力学

5.1 引言

固体水合物在热刺激、减压或其他条件下可发生分解，产生气体和液体水（或冰），它是水合物生成过程的逆过程，即

$$M \cdot n_w H_2O \longrightarrow M(g) + n_w H_2O \tag{5-1}$$

气体水合物的分解过程涉及气相、液相和固相，是一种比熔化和升华过程更复杂的现象。气体水合物分解动力学主要包括本征动力学和宏观动力学两方面。目前，关于水合物本征分解动力学的研究相对较少，关于宏观动力学则有不少学者进行了研究。随着先进的实验设备和检测技术的应用，水合物本征分解动力学的研究逐渐增多，并取得了重大进展。

在世界永久冻土带和深海海底，存在着大量的天然气水合物。据估计，以水合物形式储存的碳含量约是传统能源（煤、石油、天然气）储量总和的 2 倍[1]。要开发储量巨大的天然气水合物资源，必须研究水合物的分解性质。另外，水合物法储存气体技术，由于具有储气能力高和安全等优势，受到工业界的普遍重视，而解决该技术的关键问题之一就是研究低压下水合物的可控分解。因此，气体水合物分解动力学的研究对于开发天然气水合物资源和水合物法储存气体技术具有重要的意义。

由于冰点以上和冰点以下水合物的分解过程具有不同的特点，本章分别介绍了冰点以上（$T > 0℃$）和冰点以下（$T < 0℃$）水合物的分解动力学特征、机理及数学模型，供读者参考。

5.2 冰点以上水合物的分解动力学特征

5.2.1 加热分解动力学

最初在实验室中进行的气体水合物分解实验，主要采用恒压加热法，并通过建立数学模型来描述水合物的热分解过程。采用恒压加热法主要考虑分解过程易于控制和模型化。许多学者进行的水合物热分解实验大多是在 0℃ 以上的温度下进行的。

水合物的加热分解实验首先是由 Kamath 和 Holder 等[2,3]完成的，他们测定了甲烷和丙烷水合物的热分解过程。分解温度范围分别为 $287\sim306K$ 和 $282\sim297K$，采用热水作为分解反应进行的介质。后来，Selim 和 Sloan[4] 研究了甲烷水合物的热分解，他们认为水合物的分解是由热传递控制的过程。Ullerich 等[5] 也对甲烷水合物的热分解过程进行过研究，他们假定分解过程产生的水直接被甲烷气体携带离开固体表面，提出水合物的分解过程是一个移动界面消融的过程。

5.2.2　降压分解动力学

对于工业规模的气体水合物来说，使用降压分解法比加热分解法更具有优势。因此，目前关于气体水合物的分解实验大多采用降压法来进行。降压分解法是指当水合物在较高压力和一定的温度下生成后，降低系统的压力至平衡压力之下，使水合物发生分解，从而考查体系的组成、温度、压力等对水合物分解速率的影响。

进行水合物的降压分解实验一般采用恒定压力法和恒容法来测定。恒定压力法是指当水合物生成以后，通过向外排气，使系统压力降至平衡压力以下，水合物开始进行分解，在分解的过程中，通过减少系统容积来维持系统压力不变；恒容法是指当水合物生成后，冷却至指定分解温度，在该温度下迅速打开减压阀，使体系压力快速降至大气压，水合物开始分解，关闭减压阀，保持体系容积不变。

许多学者通过采用降压分解法研究了水合物粒子表面积及推动力、温度、压力、水的转化率等对水合物分解过程的影响，下面分别予以介绍。

5.2.2.1　水合物粒子表面积及推动力对分解速率的影响

Kim 等[6] 使用降压法在半间歇式搅拌釜式反应器中研究了甲烷水合物的减压分解规律。分解实验温度为 $274\sim283K$，分解压力为 $0.17\sim6.97MPa$。他们通过测量固体颗粒的沉降时间，并应用了 Stokes 法则来确定固体颗粒的直径，从而得到总的水合物分解面积。他们提出水合物的分解是一个可以忽略质量传递控制的过程，并且假设水合物分解速率和粒子总表面积及推动力（三相平衡逸度和气相主体甲烷逸度之差）成正比，在此基础上，建立了水合物的本征分解动力学模型，并确立了分解反应速率常数。

Clarke 等[7~9] 在 Kim 等人工作的基础上消除了质量传递和热量传递对分解过程的影响，更准确地研究了甲烷、乙烷水合物的本征分解动力学。在实验过程中，使用了一台在线粒度分析仪，用来测量水合物粒子的直径。他们用提出的数学模型计算出了甲烷和乙烷水合物的本征分解速率常数及分解活化能，其值分别为 $3.6\times10^4 mol/(m^2\cdot Pa\cdot s)$ 和 $81kJ/mol$ 以及 $2.56\times10^8 mol/(m^2\cdot Pa\cdot s)$ 和 $104kJ/mol$，其中甲烷水合物的分解速率常数约为 Kim 等测得数据的近 $1/10$，可能是由于 Kim 对甲烷水合物分解前的粒径估算和 Clarke 等实验中采用的粒度分析仪所测值不同而引起的。采用模型预测混合气体生成的水合物分解速率时，要考虑水合物的结构类型，且 Ⅱ 型的分解活化能大于 Ⅰ 型。

著者所在实验室采用恒定压力法，测定了温度范围为 $273.8\sim279.0K$，压力范围为 $1.0\sim3.0MPa$ 下，CH_4 水合物分解气量随时间变化的分解动力学数据[10,11]。实验结果显示，分解速率与通过逸度差 Δf（三相平衡逸度和气体主体相甲烷逸度之差）表示的推动力有关，且推动力越大，分解反应速率越快。我们还发现，当实验温度高于 $0℃$ 时，CO_2 水合物的分解速率要高于 CH_4 水合物的分解速率。

5.2.2.2 温度和压力对水合物分解过程的影响

林微等[12,13]采用恒温恒压法，测定了 CH_4 水合物在温度范围为 $275.6\sim278.1K$，压力范围为 $0.2\sim3.5MPa$ 下分解气体体积随时间变化情况，部分实验结果绘于图 5-1，图中 n_H/n_0 表示某时刻水合物的分解剩余量。其研究结果显示，分解压力相同时，温度越高，CH_4 水合物分解速率越快；分解温度相同时，分解压力越小，分解速率越快。

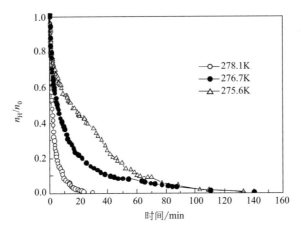

图 5-1　不同温度下 CH_4 水合物分解剩余量随时间的变化 ($p=1.9MPa$)

恒容法研究结果同样表明[10,11]，随着分解温度的增加，釜内压力上升加快，分解速率明显增加。

Jamaluddin 等[14]的研究结果显示，当水合物分解压力在平衡压力的 70% 以内时，水合物分解过程由热量传递控制，但是当分解压力是平衡压力的 28% 时，分解过程由热量传递和本征动力学同时控制。

5.2.2.3 水的转化率对分解速率的影响

林微等[12,13]测定了在相同的分解温度和压力下，生成水合物时水的转化率对 CH_4 水合物分解速率的影响，实验温度分别为 $275.6K$ 和 $276.7K$，分解压力为 $1.9MPa$，实验结果如图 5-2 所示。由图 5-2 可以看出，在相同的分解条件下，水的转化率越高，后期 CH_4 水合物

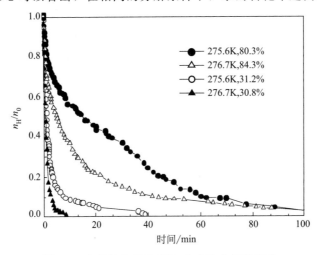

图 5-2　水的转化率对 CH_4 水合物分解的影响

分解速率就越慢。

5.2.2.4　油水乳液体系中的水合物分解

陈俊等[15]研究了水/油分散体系中水合物的分解过程。图 5-3 示出了 10％（体积）水＋90％（体积）柴油＋2％（质量）Span 20＋1％（质量）乙醇体系水合物的分解过程中平均弦长随时间的变化。体系的初始分解温度为 273.8K，并以 2K/min 的速率升至 303.2K。

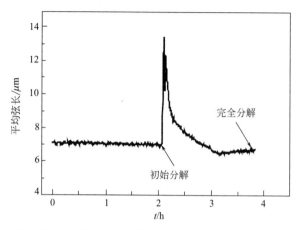

图 5-3　10％（体积）水＋90％（体积）柴油＋2％（质量）Span 20＋1％
（质量）乙醇体系水合物分解过程

如图 5-3 所示，平均弦长在水合物初始分解阶段有明显的增加，即该过程中出现聚积现象。随着水合物继续分解，平均弦长逐渐下降。水合物完全分解后，油水乳液中水滴的平均弦长由水合物形成前的 5μm 增至约 7μm，表明水合物的形成与分解对水/油分散体系的稳定性有一定的破坏作用。图 5-4 示出了 10％（体积）水＋90％（体积）柴油＋2％（质量）Span 20＋1％（质量）乙醇体系水合物分解过程中的形态变化。水合物分解过程中产生大量气泡［如图 5-4（b）所示］，同时能观察到分解过程中大的水合物颗粒［如图 5-4（c）与（d）所示］，这些水合物颗粒表面往往附有大量的气泡，因此，水合物可能从表面开始分解，随后进入油相中。当水合物基本分解完后，产生的气泡也逐渐消失［如图 5-4（f）所示］。

图 5-5 示出了（5％（体积）水＋95％（体积）柴油＋1％（质量）Span 20＋2％（质量）酯类聚合物体系水合物分解过程中的形态变化。体系从初始温度 274.2K 以 2K/min 的速率升至 293.2K。当水合物初始分解时，气泡开始出现，并发现吸附着气泡的类似葡萄状的水合物颗粒，即水合物及气泡出现了聚积，如图 5-5（d）所示。随着进一步分解，越来越多的水合物转化为水和气体，并随机观测到带有表面水的水合物，如图 5-5（e）所示。水合物分解过程中表面水的出现可能是导致水合物分解过程发生聚积的原因。水合物分解产生的气泡同时可能被包裹于水层与水合物层之间［图 5-5（e）］。当所有的水合物分解完全后，气泡溶解于水相或扩散至气相，气泡趋近于消失，如图 5-5（f）所示。

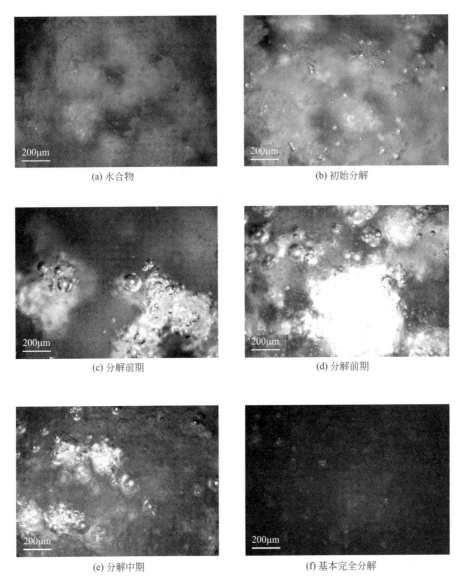

(a) 水合物   (b) 初始分解

(c) 分解前期   (d) 分解前期

(e) 分解中期   (f) 基本完全分解

图 5-4 （10％（体积）水＋90％（体积）柴油＋2％（质量）Span 20＋1％（质量）乙醇）水合物分解过程中的形态

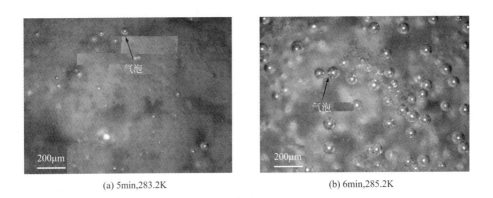

(a) 5min,283.2K   (b) 6min,285.2K

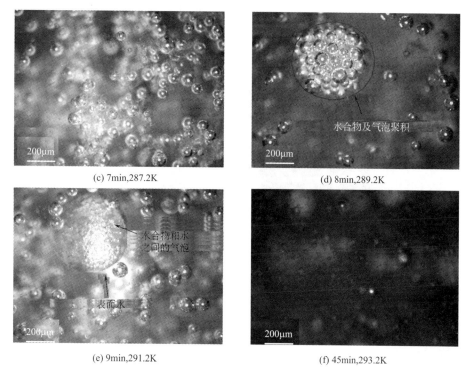

图 5-5　5％（体积）水＋95％（体积）柴油＋1％（质量）Span 20＋2％（质量）
酯类聚合物体系水合物分解过程中的形态

5.3 冰点以上水合物分解动力学机理及数学模型

5.3.1 分解机理

5.3.1.1 热分解机理

最初，人们采用恒压加热法来研究水合物的分解过程。因此，一些学者根据其研究成果提出了相应的水合物热分解机理。Selim[4] 和 Ullerich 等[5] 研究了甲烷水合物的热分解，他们假定水合物分解过程产生的水直接被甲烷气体携带离开固体表面，因此，水合物分解过程被认为是一个移动界面消融问题。根据一维半无限长平壁的热传导规律，提出了描述水合物分解过程传热规律的数学模型。Kamath 等[2,3] 研究了甲烷和丙烷水合物的分解速率，他们认为水合物分解是一个受界面（水合物分解产生的水膜）传热控制的过程，并且认为水合物的分解和流体的泡核沸腾（nucleate boiling）具有一定的相似性。

5.3.1.2 降压分解机理

Kim 等[6] 使用降压法在半间歇式搅拌釜反应器中研究了甲烷水合物的减压分解规律。分解实验温度为 274～283K。他们认为水合物的分解是一个可以忽略质量传递控制的本征动力学过程，这个过程包括：①水合物粒子表面笼型主体（水）晶格的破裂；②粒子收缩，客体（气体）分子从表面解吸逸出，如图 5-6 所示。在此机理基础上，他们提出了以逸度差表示的水合物分解动力学模型。

Clarke 和 Bishnoi 等[7~9]在 Kim 提出的分解机理基础上，进一步研究了甲烷和乙烷水合物的分解动力学，并建立了数学模型。

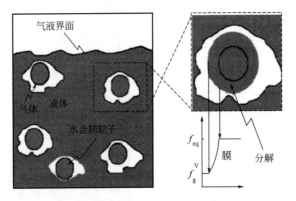

图 5-6　Kim 等提出的水合物分解机理

孙长宇等[10,11]研究了 CH_4、CO_2 等水合物的分解过程，也认为冰点以上水合物的分解过程包括粒子表面笼形格子结构的化解和气体分子通过表面的解吸两个过程，但要考虑分解过程分解面积的变化对分解速率的影响。

5.3.2　数学模型

5.3.2.1　热分解模型

Kamath[2,3]等研究了甲烷和丙烷水合物的热分解速率，他们认为水合物分解是一个受界面（水合物分解产生的水膜）传热控制的过程，和流体的泡核沸腾有一定的相似性。模型方程如下：

$$\frac{m_H}{\phi_H A} = 6.464 \times 10^{-4} (\Delta T)^{2.05} \tag{5-2}$$

式中，m_H 为气体水合物的稳态分解速率，mol/h；ϕ_H 为水合物的体积分数；A 为水合物与流体界面间的表面积，cm^2；ΔT 为流体和水合物界面的温度差。

Selim 和 Sloan 等[4,5]研究了甲烷水合物的热分解规律，他们假定分解过程产生的水直接被甲烷气体携带离开固体表面，则水合物分解可以被认为是一个移动界面消融过程。根据一维无限长平壁的热传导规律，提出了描述水合物分解过程传热规律的数学模型，模型方程如下：

$$X^* = \frac{St}{1+St}\left(\tau - \frac{1}{St}\right) \tag{5-3}$$

式中

$$\tau = \frac{5q_s^2 t}{4\rho\lambda k(T_s - T_i)} \tag{5-4}$$

$$X^* = \frac{5q_s X}{4k(T_s - T_i)} \tag{5-5}$$

$$St = \frac{\lambda}{c_p(T_s - T_i)} \tag{5-6}$$

式中，X 为水合物分解界面的位置，m；t 为时间，s；T_s 为系统压力下的平衡温度，K；

T_i 为系统初始温度，K；q_s 为水合物分解表面的热通量，kW/m^2；k 为水合物的热导率，$0.00039kW/(m^2 \cdot K)$；ρ 为水合物的摩尔密度，$7.04kmol(CH_4)/m^3$（水合物）；λ 为水合物的分解热，$3.31 \times 10^5 kJ/kmol(CH_4)$；$St$ 为常数，由式（5-6）确定；c_p 为定压热容。

在 Kim 模型的基础上，Jamaluddin 等[14]通过引入传质和传热速率方程，提出了同时考虑传质和传热的水合物分解动力学模型。通过模型分析，他们认为当反应活化能较小（$E/R = 7553K$）时，表面粗糙度 Ψ 对整个分解速率影响不大；当活化能较大（$E/R = 9400K$）时，Ψ 对分解速率有显著影响；当 $\Psi > 64$ 时，整个分解过程主要受传热控制。另外，随着系统压力的变化，分解过程可能从受热控制变为受传热和本征分解动力学共同控制。他们提出的模型方程如下：

传质方程：

$$\frac{dX}{dt} = -\Psi K_0 e^{\frac{-E}{RTs}}(f_s - f_\infty) \tag{5-7}$$

传热方程：

$$q_s = k\left[\frac{\partial T}{\partial x}\right] + \rho_H \lambda \Psi K_0 e^{\frac{-E}{RT}}(f_s - f_\infty) \tag{5-8}$$

式中，X 为空间位置，m；Ψ 为表面粗糙度；K_0 为常数，$1.56396 \times 10^7 m/(MPa \cdot s)$；$E$ 为甲烷水合物的活化能，$17776kJ/kmol$；f_s 为界面处甲烷的平衡逸度，MPa；f_∞ 为气相中甲烷的逸度，MPa。

5.3.2.2 Kim 等提出的分解动力学模型

Kim 等[6]使用降压法在半间歇式搅拌釜反应器中研究了甲烷水合物的减压分解规律。他们认为水合物的分解是一个可以忽略质量传递控制的动力学过程，这个过程包括：①水合物粒子表面笼型主体晶格的破裂；②粒子收缩，客体分子从表面解吸逸出。在高速搅拌的情况下，忽略气相主体到粒子表面的传质阻力和水相主体到粒子表面的传热阻力，在进一步假设水合物分解速率与粒子总表面积和推动力（三相平衡逸度和气相主体甲烷逸度之差）成正比的前提下，提出如下的分解速率方程：

$$-\frac{dn_H}{dt} = K_d A_s(f_e - f) \tag{5-9}$$

式中，$-\dfrac{dn_H}{dt}$ 为水合物的分解速率；K_d 为本征分解反应的速率常数，$mol/(MPa \cdot s \cdot m^2)$；$A_s$ 为甲烷水合物分解的总表面积，m^2；f_e 为三相平衡条件下甲烷气体逸度，MPa；f 为实验条件下甲烷气体逸度，MPa。

根据分解动力学实验数据，他们得到了甲烷水合物的分解反应活化能为 78.3kJ/mol，并拟合出甲烷水合物本征分解速率常数为 $1.24 \times 10^5 mol/(m^2 \cdot Pa \cdot s)$。本模型的缺点是没有给出分解面积随时间的变化关系，如果做常数处理，跟实际情况存在较大出入。

5.3.2.3 Clarke-Bishnoi 一维分解模型

基于 Kim 等[6]提出的水合物分解动力学模型及结晶理论，Clarke 和 Bishnoi 等[7~9]推导出了水合物分解的一维分解速率方程：

$$G = -\frac{K_d M(f_{eq} - f_{g,V})}{3\rho} \frac{\pi}{\phi_v \Psi} (\frac{6\phi_v}{\pi})^{2/3} \tag{5-10}$$

式中，G 为水合物的一维分解速率，m/s；K_d 为分解速率常数，mol/（m²·Pa·s）；M 为分子质量，kg/mol；f_{eq} 为平衡逸度，Pa；$f_{g,v}$ 为水合物在气相中的逸度，Pa；ρ 为密度，kg/m³；ϕ_v 为体积形状因数；Ψ 为球形度。

采用该分解模型，他们计算出甲烷水合物的本征分解速率常数及分解活化能分别为 3.6×10⁴ mol/（m²·Pa·s）和 81kJ/mol，乙烷水合物的本征分解速率常数及活化能分别为 2.56×10⁸ mol/（m²·Pa·s）和 104kJ/mol，其中甲烷水合物的分解速率常数是 Kim 测得的约 1/10，可能是由于 Kim 对甲烷水合物分解前的粒径估算和 Clarke 等实验采用的粒度分析仪所测不同而引起的。

他们随后又研究了甲烷和乙烷混合气体生成的水合物的分解过程，并假设，混合气体水合物中某一组分的分解速率并不影响其他组分的分解速率，因此，混合气体水合物总的分解速率是各个组分分解速率的总和。模型方程如下：

$$\left(\frac{dn_H}{dt}\right)_p = \sum_j \left(\frac{dn}{dt}\right)_j = -A_p \sum_j K_{dj}(f_{eq}-f_{g,v})_j \quad (j=1\cdots n) \tag{5-11}$$

$$n_H = \sum_{j=1}^n n_j \tag{5-12}$$

式中，n_H 为水合物中未分解的气体的物质的量，mol；$(f_{eq}-f_{g,v})_j$ 为 j 组分的分解推动力，Pa；K_{dj} 为 j 组分的本征分解速率常数，mol/（m²·Pa·s）。

经整理，得到下式：

$$\left(\frac{dn_H}{dt}\right) = -\frac{\pi}{\Psi}V\mu_2(t)\sum_j K_{dj}(f_{eq}-f_{g,v})_j \tag{5-13}$$

作者认为假定混合气体水合物总的分解速率是各个组分分解速率的总和存在较大问题，需要深入研究。

5.3.2.4 中国石油大学（北京）实验室建立的数学模型

著者研究了甲烷和二氧化碳水合物的分解性质，建立了冰点以上和冰点以下两种情况下的分解动力学模型[10,11]。本节将介绍冰点以上水合物分解动力学模型，冰点以下水合物分解动力学模型将在第 5.5.3.2 节中介绍。

我们认为水合物的分解过程包括粒子表面笼形格子结构的化解和气体分子通过表面的解吸两个过程，水合物的分解速率和剩余水合物的量成正比。水合物的分解速率方程可以写成：

$$-\frac{dn_H}{dt} = k'n_H \tag{5-14}$$

积分上式可得到

$$n_H/n_{H,0} = \exp(-k't) \tag{5-15}$$

参考 Kim 的分解动力学模型，式中的分解速率系数 k' 应与分解的化学推动力成正比：

$$k' = k_0'e^{-\Delta E/RT}(f_{eq}-f) \tag{5-16}$$

式中，$n_{H,0}$ 为初始水合物中气体总量，mol；k' 为表观分解速率常数，min⁻¹；f_{eq} 为水合物平衡压力下气体的逸度，MPa；f 为实验压力下气体逸度，MPa；k_0' 为水合物的本征分解速率常数，min⁻¹·MPa⁻¹；ΔE 为活化能，J/mol；T 为温度，K。

根据 CH₄ 分解量随时间的变化数据，由式（5-15）可拟合得到 CH₄ 水合物在不同温度和压力下的表观分解速率常数 k'。图 5-7 表示 CH₄ 水合物 k' 值与推动力的关系，拟合直线的斜率可得到速率常数 k_f' 为 $0.0865\text{min}^{-1}\cdot\text{MPa}^{-1}$。采用非线性最小二乘法拟合出冰点以上 CH_4 水合物的活化能 ΔE 为 73.3kJ/mol，与 Kim 等[6]得到的 ΔE 值 78.3kJ/mol 比较接近。

我们以相同的方法拟合定出 CO_2 水合物的活化能为 71.4kJ/mol，与 Long[16]算得的 CO_2 分解热 73kJ/mol 接近。由于 CO_2 水合物的活化能稍低于 CH_4 水合物的活化能，因而前者应较易分解，这与实验测得的 CO_2 水合物分解速率较快是一致的。

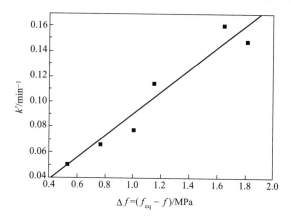

图 5-7　CH_4 水合物表观分解速率 k' 与推动力 Δf 的关系

■计算值；——拟合值

5.4　冰点以下水合物的分解动力学特征

目前，以水合物形式来储存天然气（主要成分为甲烷）的技术受到广泛关注。一些学者的研究表明，在冰点以下，水合物具有良好的稳定性，这种稳定性也为水合物法储存气体技术的开发提供了可能。因此，研究冰点以下水合物的分解动力学特征对于开发水合物法储存气体技术具有重要意义，越来越引起人们的关注。本节将重点介绍不同体系组成、温度、压力、不同介质（如表面活性剂及活性炭）等对水合物分解过程的影响。

5.4.1　纯水体系中 CH_4 水合物分解动力学特征

5.4.1.1　温度和压力对水合物分解过程的影响

Stern 等[17,18]研究了 0.1MPa 下甲烷水合物的分解动力学规律，温度范围为 $193\sim290\text{K}$。在实验过程中，他们用粒径为 $180\sim250\mu\text{m}$ 的球型冰粒来生成水合物。$204\sim270\text{K}$ 下水合物的分解百分率随时间变化曲线如图 5-8 所示。他们的实验结果表明，当温度为 $193\sim240\text{K}$ 以及 $272\sim290\text{K}$ 时，水合物分解速率随温度单调变化；当温度为 $242\sim271\text{K}$ 时，水合物的分解速率明显低于理论值（由 $190\sim240\text{K}$ 时的分解速率外延得到），表现出明显的自我封存效应（或称为自保护效应），如图 5-9 所示。

他们的研究还发现，当温度为 $(-5\pm1)℃$ 时，甲烷水合物的分解速率最低。如图 5-9 所示。在此图中，实心圆代表 0.1MPa 下甲烷水合物在不同温度下的平均分解速率；方形是甲烷水合物在 2MPa 下的平均分解速率。可以看出在相同的温度下，甲烷水合物在 2MPa 下的分解速率要小于 0.1MPa 下的分解速率，即在较高的压力下水合物具有更好的稳定性；菱形代表的是温度为 268K、压力为 0.1MPa 下甲烷和乙烷生成的 Ⅱ 型水合物的分解速率，与

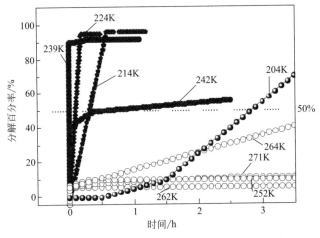

图 5-8   204～270K 下水合物的分解百分率随时间变化曲线

相同温度、相同压力条件下的甲烷水合物分解速率相比，Ⅱ型水合物的分解速率更快，大约在 3min 内就有 96%（体积分数）的水合物发生分解。

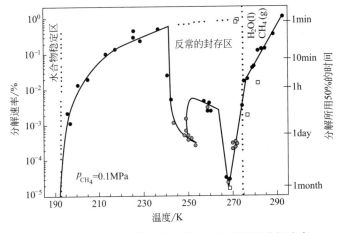

图 5-9   甲烷水合物样品在不同温度下的平均分解速率

Takeya 等[19~21]采用 X 射线衍射法研究了冰点以下甲烷水合物的分解动力学规律。实验中的水合物由球形冰粒和气体反应生成，水合物粒径为 20～50μm。其研究结果显示：在分解后的水合物粒子表面存在着冰层。并且发现，随着分解温度的变化，水合物表面的结构发生了变化。当温度在 180K 以下时，水合物表面没有发生变化。当温度达到 190K 以上时，随着分解反应的进行，在水合物表面开始出现小的冰粒。当分解温度达到 250K 时，随着分解反应的进行，水合物表面的冰粒逐渐增大，最终形成一层冰层覆盖在水合物表面。他们的研究也发现，甲烷水合物在 242～271K 要比 240K 时具有更好的稳定性[17]。这意味着可能存在其他的一些机理可以解释水合物的分解动力学行为。

Shirota 等[22]在 Stern 的基础上研究了甲烷水合物在常压、−7.5～0℃之间的分解速率，实验结果和 Stern 的研究相似，即−7.5～−3℃是甲烷水合物的自我封存区域，并且测得−5℃时水合物的分解速率最低。但他们测定的甲烷水合物的分解速率比 Stern 测得的高，可能是由于生成甲烷水合物采用的冰粒粒径大小不同引起的。实验表明，由大冰粒生成的水合物的分解速率相对较慢。

5.4.1.2　水量对水合物分解过程的影响

著者所在实验室的林微、梁敏艳等[12,13,23,24]也研究了纯水体系中甲烷水合物的分解过程，考查了不同水量对甲烷水合物分解动力学的影响。在恒温恒容条件下，他们分别测定了 10mL 和 5mL 水生成的 CH_4 水合物的分解动力学数据，其分解速率（以分解百分率表示）随时间变化曲线如图 5-10 和图 5-11 所示。

由图 5-10 可以看出，在 10mL 纯水体系中 CH_4 水合物的分解速率随温度单调变化，温度越低，水合物分解速率越慢。当温度为 266.4K 时，水合物在第 35 小时的分解百分率只有 6.6%。

而 5mL 水生成的水合物在分解过程中则表现出了不同的分解性质。由图 5-11 可以看出，当温度在 264.4K 时，水合物分解速率很快，几乎呈直线上升，最终达到分解平衡。而当温度为 267.4K 时，水合物分解速率缓慢，并很快达到分解平衡，在第 4 小时的分解百分率只有 10%。该实验结果和 Stern 等[17]的研究结果相似，他们发现甲烷水合物在 264K 时，水合物分解速率很快，在第 4 小时的分解百分率约为 45%。而在 267.5K 时，水合物分解很缓慢，在第 4 小时的分解百分率只有 7%。

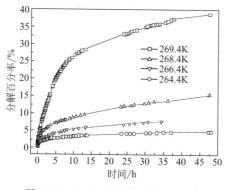

图 5-10　10mL 纯水体系中 CH_4 水合物分解百分率随时间变化

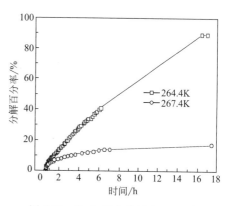

图 5-11　5mL 纯水体系中 CH_4 水合物分解百分率随时间变化

5.4.2　含 SDS 体系 CH_4 水合物分解动力学特征

林微、梁敏艳等[12,13,23,24]又在恒温恒容的条件下，分别测定了 10mL 和 5mL 含表面活性剂十二烷基硫酸钠（简称 SDS）体系中 CH_4 水合物的分解动力学数据，考查了 SDS、温度等对水合物分解过程的影响。实验中 SDS 溶液的浓度为 650mg/L。水合物分解速率（以分解百分率表示）随时间变化曲线如图 5-12 和图 5-13 所示。

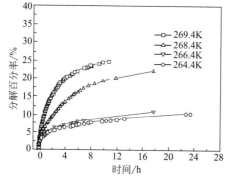

图 5-12　10mL 含 SDS 体系中 CH_4 水合物分解百分率随时间变化

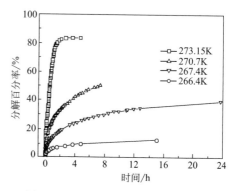

图 5-13　5mL 含 SDS 体系中 CH_4 水合物分解百分率随时间变化

由图 5-12 和图 5-13 可以看出，含 SDS 体系中 CH_4 水合物的分解速率均随温度单调变化，温度越低，水合物分解速率越慢。且当温度为 264.4K 时，无论对于 5mL 还是 10mL SDS 溶液与甲烷气体生成的水合物，其分解速率都很慢，在第 10 小时的分解百分率分别为 10％和 8％。

林微等[13]还采用恒定压力法测定了含 SDS 体系中 CH_4 水合物的分解气体体积随时间的变化数据，温度范围为 260.3～271.8K，压力为常压。将实验数据换算成分解百分率随时间的变化，结果如图 5-14 所示。由图可以看出，随着分解温度降低，水合物分解速率逐渐减慢。

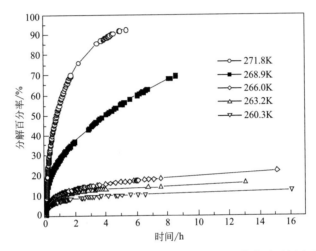

图 5-14　常压、不同温度下 CH_4 水合物分解百分率随时间变化

5.4.3　含活性炭体系中 CH_4 水合物分解动力学特征

在自然界中，天然气水合物一般存在于极地冻土带或者深海的多孔岩石中，所以研究多孔介质中的气体水合物分解动力学对于开发海底天然气水合物资源具有很大的实际应用价值。与非多孔介质的水合物分解相比，多孔介质中的气体水合物分解的研究报道较少，并且多集中在水合物的热力学性质和分解条件即相平衡研究方面。作者所在实验室的阎立军、刘犟等[25～27]考查了恒容状态下含活性炭体系中甲烷水合物的分解规律，温度范围为 264.4～270.4K。不同温度下水合物的分解速率（以体系压力的变化来表示）随时间变化如图 5-15 所示。

由图 5-15 可以看出，在含活性炭体系中，甲烷水合物的分解速率随温度单调变化，温度越低，水合物分解速率越慢。

Handa 等[28]详细研究了半径为 7nm 的硅胶孔内甲烷和丙烷水合物的热力学性质和分解条件，结果表明在水合物-冰-气和水合物-水-气两种体系中，三相平衡压力均比纯气体水合物提高 20％～100％。常压下将水合物从常压加热到室温时，发现水合物经初步分解生成冰和气后，在孔口处形成冰帽，从而使水合物被完全压缩在孔壁内，因此，水合物可以稳定存在于孔内，直到温度达到冰的熔点时才能分解。

Uchida 等[29]通过考查甲烷水合物在孔径 10～50nm 的多孔介质（石英玻璃）中的分解，观察到在特定的压力下，多孔介质中水合物的分解温度比纯水合物下降许多。

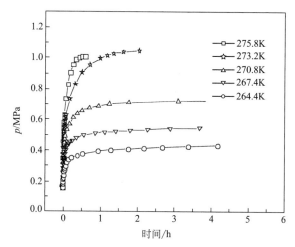

图 5-15　含活性炭体系中水合物分解压力随时间变化

5.4.4　不同体系中 CH_4 水合物分解动力学特征比较

梁敏艳等[23,24]将几种不同体系中甲烷水合物的分解情况进行了对比，如图 5-16 和图 5-17 所示。

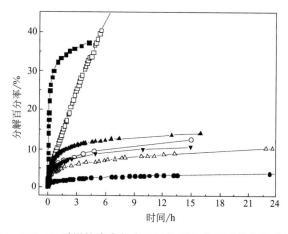

图 5-16　264.4K 时甲烷水合物在不同体系的分解百分率随时间变化

■含活性炭体系 CH_4 水合物在恒容条件下分解；□5mL 纯水体系 CH_4 水合物在恒容条件下分解；

▲10mL 含 SDS 体系 CH_4 水合物在常压下分解；○5mL 含 SDS 体系 CH_4 水合物在恒容条件下分解；

▼10mL 纯水体系 CH_4 水合物在常压下分解；△10mL 含 SDS 体系 CH_4 水合物在恒容条件下分解；

●10mL 纯水体系 CH_4 水合物在恒容条件下分解

通过对上面两图进行分析，可以得出下面几个结论：

（1）活性炭中 CH_4 水合物的分解速率要大于纯水和含 SDS 体系　由图 5-16 和图 5-17 可以看出，CH_4 水合物在活性炭中的分解速率大于纯水体系和含 SDS 体系，并在很短的时间内达到分解平衡。分析可能的原因如下：①多孔介质中的水合物相平衡压力要高于纯水体系[28]，而在含 SDS 体系中，SDS 的浓度很小，可忽略其对相平衡的影响，认为 SDS 体系水合物的相平衡压力和纯水体系相等。所以在相同的分解温度和初始分解压力条件下，活性炭体系的分解推动力 $\Delta f = f_{eq} - f$ 相对于纯水和含 SDS 体系的大，从而分解速率加快。

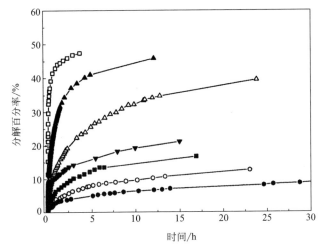

图 5-17　267.4K 时甲烷水合物在不同体系的分解百分率随时间变化
□含活性炭体系 CH_4 水合物在恒容条件下分解；▲10mL 含 SDS 体系 CH_4 水合物在常压下分解；
△5mL 含 SDS 体系 CH_4 水合物在恒容条件下分解；▼10mL 纯水体系 CH_4 水合物在常压下分解；
■5mL 纯水体系 CH_4 水合物在恒容条件下分解；○10mL 含 SDS 体系 CH_4 水合物在恒容条件下分解；
●10mL 纯水体系 CH_4 水合物在恒容条件下分解

②活性炭中存在大量微孔，反应生成的水合物粒子分布在微孔的外表面，增大了分解面积，提高了分解速率。③活性炭中微孔的毛细作用降低了水的活度，从而导致冰点的降低，抑制了冰层的生成，提高了分解速率。

（2）CH_4 水合物在常压下的分解速率大于在恒容下的分解速率　由图 5-16 和图 5-17 可以看出，当水量为 10mL 时，无论对于纯水还是含 SDS 体系，其在常压下的分解速率均大于在恒容条件下的分解速率。因为在恒容体系中，水合物分解压力逐渐增大，则分解推动力 $\Delta f = f_{eq} - f$ 逐渐减小，而在恒压条件下，$\Delta f = f_{eq} - f$ 保持不变，所以在相同温度和水量的条件下，CH_4 水合物在恒压下的分解速率要大于恒容条件下的分解速率。

（3）水量对 CH_4 水合物的分解速率有很大影响　由上面两图可以看出，水量对 CH_4 水合物的分解速率有很大影响。对于 10mL 纯水体系水合物恒容分解来说，CH_4 水合物的分解速率随温度增加而单调递增。对于 5mL 纯水体系水合物恒容分解来说，CH_4 水合物的分解速率并不随温度单调变化，表现出不同的分解性质。

而且在相同的分解温度和分解体积条件下，5mL 纯水体系 CH_4 水合物在恒容状态下的分解速率大于 10mL 纯水体系 CH_4 水合物的分解速率（以分解气体的摩尔分数表示）。对于含 SDS 体系的 CH_4 水合物也有相似的分解性质。这可能是因为在 10mL 体系中，有更多的以冰的形式存在的未反应水，覆盖在水合物表面，阻止水合物进一步分解，表现出比 5mL 体系具有更慢的分解速率。由此，也可以看出，若水合物中有一定量的冰存在将会抑制水合物分解，使水合物在低压下具有很慢的分解速率，这对于水合物法储存气体技术具有一定的指导意义。

（4）SDS 对 CH_4 水合物的分解速率也有很大影响　从上面的图中可以看出，当温度为 267.4K 和 264.4K，水量为 10mL 时，CH_4 水合物无论是在常压下分解，还是在恒定体积内进行变压分解，含 SDS 体系中 CH_4 水合物的分解速率都大于纯水体系。分析可能的原因如下：在含 SDS 体系中，水合物的颗粒更小，水合物粒子表面积更大，因此 SDS 体系水合物分解速率要快于纯水体系。

5.4.5　乙烯水合物分解动力学特征

林微等[12]采用恒容法测定了含 SDS 体系中 C_2H_4 水合物的分解压力随时间变化的数据，温度范围为 263.1～269.1K。实验过程维持恒温、恒容，生成温度和压力分别为 279.6K 和 3.1MPa，SDS 的初始浓度为 800mg/L，实验结果如图 5-18 所示。

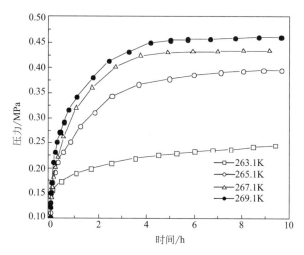

图 5-18　含 SDS 体系中 C_2H_4 水合物分解压力随时间变化

由图 5-18 可以看出，随温度增加，水合物分解速率加快，分解近 10h 后，釜内气体压力变化较小。由图还可以看出，由于 C_2H_4 水合物在实验温度范围内的平衡压力较低（低于 0.6MPa），因此反应釜内乙烯水合物分解趋于稳定时达到的压力均不是很高，其中 263K 时达到的气相压力为 0.244MPa。

林微、梁敏艳等[12,23]还采用恒压法研究了含 SDS 体系中乙烯水合物的分解动力学特征，主要考查了温度和压力对乙烯水合物分解过程的影响，实验中所用 SDS 的浓度为 800mg/L。部分实验结果分别如图 5-19 和图 5-20 所示。

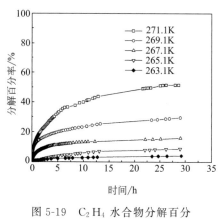

图 5-19　C_2H_4 水合物分解百分率随时间变化（$p=0.1$MPa）

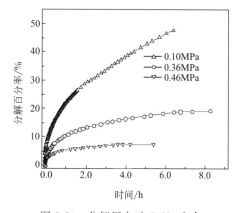

图 5-20　分解压力对 C_2H_4 水合物分解百分率影响（$T=271.1$K）

由图 5-19 可以看出，温度越低，C_2H_4 水合物的分解速率越慢。对于每条分解曲线，

C_2H_4 水合物初始阶段的分解速率较快，随着时间的推移，水合物分解速率逐渐降低。

由图 5-20 可以看出，分解压力对水合物分解速率有显著的影响。在相同的分解温度条件下，分解压力越大，分解推动力 $\Delta f = f_{eq} - f$ 越小，分解速率越慢。在 $p = 0.46\text{MPa}$ 时，由于分解压力接近实验温度的三相平衡压力，因此分解速率较慢。水合物分解 7% 后，反应基本停止。

他们的研究成果也显示，以水合物形式储存乙烯气体的较适宜的储存条件为 269.1K，0.36MPa 或者 267.1K，0.26MPa。

5.4.6　油水乳液体系 CH_4 水合物分解动力学特征

作者[30]对油水分散体系甲烷水合物分解动力学应进行了系列实验研究，考察了含水率，抑制剂加入量、抑制剂种类对自我封存效应影响。

5.4.6.1　低含水率体系含水率影响

首先考察了不加化学剂时含水率 10%（体积分数）、20%（体积分数）以及 30%（体积分数）的油水体系的水合物分解过程，表 5-1 列出了各含水率体系的水合物分解百分率、水合物体积百分率、水转化率、水合物颗粒平均尺寸等数据。可以发现，含水率 30%（体积分数）的体系水合物形成百分率达到 36.49% 以上，而分解 20h 以上的分解百分率仅为 30.55%，分解最终压力均远小于平衡压力。随着含水率增加，分解百分率减小，呈现出明显的自我封存效应。含水率增加，水合物颗粒平均尺寸增大，分解百分率降低，体系的自保护效应也越明显。

图 5-21 示出了低含水率体系中不同含水率水合物分解过程中分解百分率随时间的变化。最终分解百分率随着含水率的增加而降低，并且在分解初期会有一段分解停滞期。分解在零度以下，同时是吸热过程，在初始阶段需要一定的热量打破平衡态，因此初始阶段会出现停滞分解的情况。分解后留下的自由水会继续包裹在未分解的水合物表面形成一层冰膜。

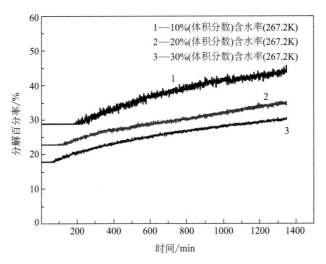

图 5-21　低含水率体系不同含水率对分解百分率的影响

5.4.6.2　低含水率体系表面活性剂类型及分解温度的影响

表 5-1 列出了不同含水率（体积分数）的油水体系加入表面活性剂 Lubrizol 以及 TBAB 时水合物的分解百分率、水合物形成百分率、水的转化率以及水合物颗粒平均尺寸。图 5-22 为含水率 20%（体积分数）的各体系分解百分率随时间的变化曲线。当温度为 267.2K 时，不加表面活性剂体系的分解百分率很低，20h 以后，只有 34.18% 分解；而加入表面活性剂的体系分解百分率均达到 90% 以上。相较而言，加入 Lubrizol 的体系开始阶段分解速率更快。而对于274.2K 下的不加剂含水率 20%（体积分数）体系，基本不存在自我封存效应。

表 5-1　油水乳液体系水合物分解实验条件及结果

序号	分解温度/K	化学抑制剂	含水率/%（体积分数）	分解百分率/%（摩尔分数）	水合物形成百分率/%（摩尔分数）	水转化率/%（摩尔分数）	平均粒径/μm
1	267.2	0	10	43.64	11.58	94.80	27.44
2	267.2	0	20	34.18	24.80	95.94	42.89
3	267.2	0	30	30.55	36.49	96.22	48.31
4	267.2	0.06%（质量分数）Lubrizol	20	97.18	19.40	80.77	33.70
5	267.2	0.06%（质量分数）TBAB	20	94.32	16.90	85.22	38.35
6	274.2	0	20	97.05	23.70	96.03	42.32
7	267.2	0	100	8.30	61.57	56.18	184.35
8	267.2	0	99	10.90	60.60	55.90	156.36
9	267.2	0	95	15.01	55.90	53.40	94.07
10	267.2	0.06%（质量分数）TBAB	99	8.90	42.63	37.26	127.06
11	267.2	0.06%（质量分数）Lubrizol	99	25.42	56.73	51.18	100.26
12	274.2	0	100	81.22	60.45	55.32	180.45

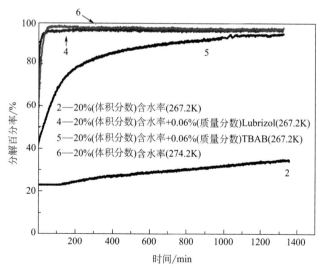

图 5-22　低含水率体系表面活性剂类型及分解温度的影响

5.4.6.3　高含水率体系含水率的影响

分别开展了含水率 100%（体积分数）、99%（体积分数）以及 95%（体积分数）体系在

267.2K 时的水合物分解实验，如图 5-23 所示。分解速率随水含量的增加而降低，自我封存效应增强。与低含水率体系相比，高含水率体系分解速率更低，而平均水合物颗粒尺寸更大（参见表 5-1）。当存在过量水时，水合物颗粒可以连续生长，结冰过程中形成的冰膜更为致密。

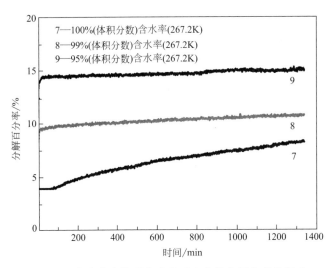

图 5-23　高含水率体系含水率对水合物分解比率的影响

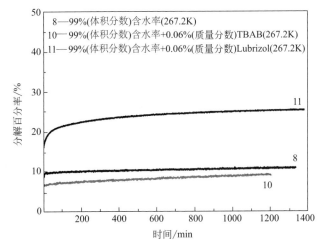

图 5-24　高含水率体系表面活性剂类型对分解速率的影响

5.4.6.4　高含水率体系表面活性剂类型的影响

图 5-24 示出了 267.2K 下含水率 99%（体积分数）油水体系加入不同类型表面活性剂时水合物分解压力随时间的变化趋势。与低含水率体系相比，加入表面活性剂后自我封存效应并没有消失，这与表面活性剂的量有关。对于含水率 99%（体积分数）的油水体系，尽管 TBAB 或 Lubrizol 的添加比例与低含水率体系均为 0.06%（质量分数），但总量远低于含水率为 20%（体积分数）体系，因此，表面活性剂的抗聚集特征相对受限，水合物颗粒有更高的聚集趋势。由于加入 Lubrizol 后形成的水合物颗粒尺寸较小，分解时水合物流动性强，每一个水合物小颗粒与周围水相以及气相接触充分，分解后留下的自由水液滴尺寸相应较小，会迅速滑落，不容易停留在未分解的水合物表面，较难形成"冰膜"，致使自我封存效应较弱。相对而言，高含水率体系加入 TBAB 后的自我封存效应更强。

5.5 冰点以下水合物的分解机理及数学模型

对于冰点以下水合物的分解过程，Handa 等[31]提出了两步分解机理。首先，水合物从表面快速分解；其次，分解出的水在水合物表面形成冰层覆盖在水合物表面，从而阻止水合物进一步分解，这一现象被称为水合物的自我封存效应。Stern 等的研究结果[17,18]则表明：水合物的分解速率随温度呈现出非线性变化的规律，无法用 Handa 等提出的自我封存效应的机理来解释，因此，应是一种新的机理在起作用。为检验这种假设，他们利用 SEM（扫描电子显微镜）观测了未发生分解及部分发生分解的水合物表面的微观结构。这些研究成果对于揭示水合物的分解机理起到了重要作用。

5.5.1 水合物分解后的微观结构

为了测定分解后的水合物表面的微观结构，Stern 等[18]采用 SEM 测定了水合物表面的微观结构，分别如图 5-25 和图 5-26 所示。

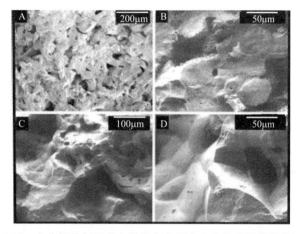

图 5-25　未分解的与已有少量发生分解的水合物的显微结构比较

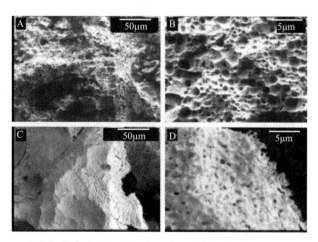

图 5-26　未分解的水合物与大部分已发生分解的水合物的显微结构比较

在图 5-25 中，A 和 B 表示的是未分解的完好的水合物，C 和 D 是在 268K 下分解了

24h，含有 83％的甲烷气体的水合物。由图可以看出，肉眼看上去，未分解的水合物有类似冰粒的结构（如图 A 所示），这反映了水合物是由球形冰粒生成的。但当从 $50\mu m$ 的尺度看时，却发现是一种致密的带有孔洞的晶体结构（如图 B 所示）。由图 C 和图 D 可以看出，分解后的水合物表面也显现出致密的结构，但是没有观察到类似球形的冰粒，也没有观察到在单个的水合物颗粒表面存在冰层。

因此，从以上可以看出，Stern 等的研究结果与 Handa 等提出的水合物两步分解机理相矛盾。

为了进一步考查冰对甲烷水合物封存效应的影响，他们又采用 SEM 观测了含冰的水合物样品，如图 5-26 所示。其中，图 A 和图 B 显示的是已有大部分发生分解，含冰量约为 96％的水合物的表面结构，图 C 和图 D 显示的是未分解的水合物逐渐加热到 195K，刚开始产生冰时的图像。这两个图都清楚地显示出了水合物分解后呈现出多孔的结构，而不是有冰层覆盖在固体表面。

Stern 等[18]认为，这些实验结果与冰层覆盖机理相矛盾。首先，当温度为 268K 时，甲烷与乙烷混合物生成的 Ⅱ 型水合物的分解速率要远远大于相同温度下的甲烷水合物的分解速率，如果是冰层覆盖机理在起作用，那么，Ⅱ 型水合物分解产生的气体分子直径要大于 Ⅰ 型水合物分解产生的气体分子直径，因此应该更难于穿过冰层，具有更慢的分解速率，可是却与事实相反；其次，SEM 也没有明显地观察到在单个水合物颗粒或者固体水合物表面存在冰层。基于这些实验结果，他们认为，冰层覆盖理论并不能很好地解释甲烷水合物自我封存行为随温度的非线性变化。

Takeya 等[19~21]采用 X 射线衍射法研究了冰点以下甲烷水合物的分解动力学规律。研究结果显示：随着水合物的分解，逐渐有冰生成；水合物分解速率是由气体在冰层中的扩散速率来控制的。但同时也指出，水合物的自我封存机理仍无法完全让人理解，例如甲烷水合物在 242~271K 要比 240K 时具有更好的稳定性，这也意味着不仅冰层覆盖机理，可能还存在其他的一些机理可以解释水合物的分解动力学行为。

后来，他们又采用 CSM（共焦扫描显微镜）来观察甲烷水合物分解后表面结构的变化情况[21]，并使用一台数码相机（Nikon Coolpix 4500）紧贴着 CSM 来观察颜色的变化。图 5-27 显示了甲烷水合物表面结构随分解温度变化情况。

由该图可以看出，在初始阶段，表面是几十微米的水合物颗粒，呈霜花状［图（a）～（b）］。当温度为 190K 时，水合物开始发生分解反应，表面被一些小冰粒覆盖，呈现出云雾状［图（c）］。图（d）～（f）呈现云雾状，这是因为随着分解温度的升高，有更多的水合物发生分解，从而表面被更多的小冰粒覆盖。

实验还发现，当分解温度达到 230K 以上时，水合物的分解速率开始减慢。他们解释这种现象是由于分解产生的冰粒逐渐增多，从而形成一种冰层覆盖在水合物表面，使得气体分子很难穿过冰层扩散到气体相，从而阻止水合物进一步分解。因此，他们的提法和 Handa 等[31]提出的水合物分解过程具有两步分解机理有相似之处。而且，他们发现的水合物在 230K 时分解速率减慢的现象和 Stern 等发现的在 242K 时水合物分解速率减慢也有相似之处。

5.5.2　分解机理

对于冰点以下水合物的分解，Handa[31]等提出了两步分解机理，认为存在水合物的自

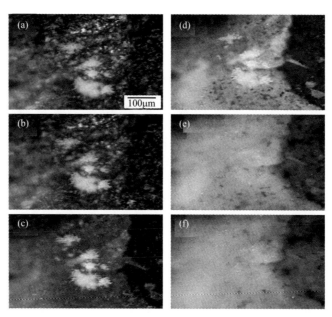

图 5-27　分解温度分别为 170K（a），180K（b），190K（c），
200K（d），210K（e），220K（f）时水合物表面的图像

我封存效应。这个机理的提出很好地解释了为什么水合物在非平衡状态下仍然保持比较高的稳定性。但是，证实这种动力学现象，并观察到覆盖在水合物表面的冰层是非常困难的。

Takeya[21]等通过 X 光衍射技术，证实了在分解后的水合物粒子表面存在着冰层。并且发现，随着分解温度的变化，水合物表面的结构发生了变化。当温度在 180K 以下时，水合物表面没有发生变化。当温度达到 190K 以上时，随着分解反应的进行，在水合物表面开始出现小的冰粒。当分解温度达到 250K 时，随着水合物分解的进行，水合物表面的冰粒逐渐增大，最终形成一层冰层覆盖在水合物的表面。根据这种实验现象，他们提出了 0.1MPa 下甲烷水合物的分解机理：当温度在 193K 以下时，甲烷水合物的分解压力要低于常压（0.1MPa），因此，处于稳定状态，不发生分解。当温度在 193～230K 时，甲烷水合物的分解速率是本征的分解速率，因为此时气体很容易穿透固体表面的冰粒。因此，在这一阶段，水合物的分解速率随温度线性变化。当分解温度在 230K 以上时，水合物表面微小的冰粒逐渐增大并形成冰层覆盖在水合物表面，这样，水合物的分解速率就会因此而减慢，水合物分解速率由气体分子在冰层中的扩散速率来控制。他们在这个机理的基础上，建立了单个球形水合物颗粒的分解动力学模型。林微等[12,13]也建立了相似的球形水合物分解动力学模型。

Kuhs 课题组[32,33]也赞成冰层覆盖的水合物分解机理，并建立了与 Takeya 提出的相似的水合物分解模型。Tse 和 Klug[34]等通过对氙气水合物进行分子动力学模拟研究，也支持冰层覆盖机理。Wilder 和 Smith[35]也认为，冰层覆盖机理能很好地解释封存效应现象。

Stern[17,18]等采用降压法研究了 0.1MPa 下甲烷水合物的分解情况。根据实验现象与结果，他们认为水合物分解过程的自我封存现象是一种未知的分解机理在起作用，而不是冰层覆盖导致的结果。并提出了三点理由：第一，冰层机理并不能很好地解释水合物分解速率随温度发生非单调变化的现象；第二，通过使用扫描电子显微镜，没有观测到分解后的水合物样品中存在冰层；第三，通过估计水合物中冰层承受的应力，他们发现，如果按照这个机理，需要让很薄的冰层（大约 $4\mu m$）来维持冰层内部大约 2MPa 压力的甲烷气体，而这几乎是不可能的。但在进行 CO_2 水合物分解实验时，并没有发现这一反常现象。因此，他们认为可能存在一种不同于冰层覆盖理论的机理在起作用，而这可能归因于甲烷气体本身所具有的性质。

Uchida 等[36]认为自我封存效应大体分为两个阶段，第一个阶段是快速分解过程，分解后的水合物产生了自由水，自由水在零度以下必然要结冰，水合物表面会包裹一层冰膜；第二阶段为快速分解以后，由于水合物和冰的传热性以及气体的渗透性等方面的因素，使得该阶段的水合物分解速率极其缓慢，而温度的不同也会对分解速率带来影响。如果在更低的温度下，"冰膜"表面呈现颗粒状，在较高温度下则呈现片状的结构。无论是水合物升温分解还是降压分解，都从水合物表面开始，这是由于水合物表面有成核点，同时水合物具有隔热性质，第一阶段的分解过程较快，但维持时间短，直到水合物整个表面覆盖"冰膜"以后，分解速率变得很慢，进入第二阶段。

另外，电解质溶液中也会发生自我封存效应。Sato 等[37]研究了共晶点以下的电解质溶液的水合物自我封存效应，由于电解液的存在，当温度低于共晶点温度时，自由水增加，形成的连续冰量增加，导致分解速率大幅度降低，一旦冰膜厚度急剧增厚，穿越"冰膜"的难度增加，因此低于共晶点温度下的分解压力增加不明显。该自我封存效应认为是由于自由水的存在形成了连续冰而不单单是由分解过程的自由水凝结导致的。但当温度高于或等于共晶温度时，则会出现压力突然增加的情况。

作者所在的实验室一直致力于气体水合物分解动力学的研究工作。关于冰点以下水合物的分解机理，孙长宇等[10,11]认为，当温度低于 0℃ 时，水合物分解形成的水会迅速在表面上转变为冰，但仍存在一些没有分解的水合物，致使水合物与水合物、水合物与冰之间存在着空隙，水合物分解产生的气体穿越这些空隙扩散；随着分解的继续进行，表面冰层的厚度逐渐增加，水合物层厚度则逐渐减少，冰-水合物边界向着水-冰相移动。由于冰的密度近似等于水合物的密度，因而假定气体-冰的界面保持不变。所以水合物在 0℃ 以下的分解过程于是可被描述为冰-水合物界面的移动边界问题。在此机理基础上，建立了冰点以下水合物分解动力学模型。

通过进一步的研究，阎立军等[25,27]提出，多孔介质（活性炭）中甲烷水合物的分解过程包括下面两个过程：①水合物表面笼型主体晶格破裂，甲烷分子从表面解吸逸出；②甲烷分子在水合物外层水膜或者冰层中扩散。梁敏艳等[23,24]在此机理基础上进一步指出，水合物分解产生的冰层和水合物内核并不完全分离，而是通过氢键紧紧联系在一起。因此，假设在水合物内核和冰层之间不存在自由气体相，或者与水合物内核接触的冰层中的气体分子处于饱和状态，这样就有足够高的逸度使水合物处于稳定状态，而不会出现 Stern 等[17,18]提出的很薄的冰层（大约 $4\mu m$）无法维持冰层内部大约 2MPa 的甲烷气体压力的情况。他们提出冰层的完好程度可能会影响水合物的分解速率；水合物分解速率随温度发生非单调变化，可能归因于冰层的完好程度随温度的非单调变化。基于这个机理，建立了水合物分解动力学模型。

林微等[12,13]把甲烷水合物分解生成的冰层想象成一个逐渐增厚的多孔球壳，提出了单颗粒水合物粒子的分解反应机理：首先，水合物颗粒表面的笼形晶格破裂，气体分子从表面解吸逸出；其次，释放出的气体分子通过冰层内的空穴向外扩散。在此机理基础上，建立了水合物分解动力学模型，实验值和模型计算值符合良好。

由上面可以看出，目前关于冰点以下水合物分解动力学机理的研究还存在很多争议，大家比较接受的是 Handa 等提出的冰层覆盖的两步分解机理，但其缺点是不能很好地解释水合物分解过程随温度的非单调变化的现象。

5.5.3　冰点以下水合物分解数学模型

许多学者在提出的水合物分解机理基础上，建立了相应的水合物分解数学模型。下面将重点介绍一些有代表性的分解动力学模型。

5.5.3.1　Takeya 等提出的球型模型

Takeya 等[19~21]研究了甲烷水合物的分解动力学过程，并且基于冰层覆盖理论，建立了扩散控制的单个球型水合物颗粒的分解动力学模型，模型机理如图 5-28 所示。

根据上述机理，建立的单个球形水合物颗粒的分解动力学模型方程如下：

$$3(1-R^2)+2(R^3-1)=\frac{6D}{r_{h,o}^2}\left[\frac{C_d(T)-C_a}{C_0-C_a}\right]t \tag{5-17}$$

式中，$R=r_h/r_{h,0}$；r_h 为水合物颗粒的半径，μm；$r_{h,o}$ 为水合物颗粒初始外径，μm；t 为分解时间，s；D 为甲烷水合物在冰层中的扩散系数，m^2/s；$C_d(T)$ 为当分解温度为 T 时气相中甲烷气体的密度，mol/m^3；C_0 为水合物中甲烷气体的密度，mol/m^3；C_a 为周围空气中甲烷的密度，mol/m^3。

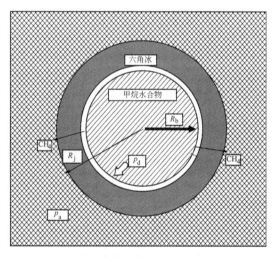

图 5-28　单个球形水合物的分解机理示意图

R_j—整个冰层颗粒半径；R_b—水合物颗粒半径；p_a—周围环境压力；p_d—甲烷水合物分解压力

根据上述模型，计算出 189K 时，气体的扩散系数为 $2.2\times10^{-11}\,m^2/s$；当温度为 168K 时，气体的扩散系数为 $9.6\times10^{-12}\,m^2/s$。因此，他们认为这个较高的扩散系数可能意味着甲烷气体并不是通过一层固体的冰层进行扩散，而是穿过颗粒之间的孔道或边界。

5.5.3.2　冰-水合物界面移动模型

孙长宇等[10,11]研究了冰点以下甲烷和二氧化碳水合物的分解性质，建立了冰点以下水合物的分解动力学模型。

该模型提出，冰点以下水合物分解产生的水迅速转变为冰，随着冰厚度的增加，水合物层厚度将减少。将水合物分解速率与水合物层厚度的减少（即冰层厚度的增加）相关联，得到水合物表面的质量平衡（假定冰相的摩尔体积近似等于水合物相的摩尔体积）：

$$-\frac{\mathrm{d}n}{\mathrm{d}t} = -A_{\text{geo}}\rho_{\text{hyd}}\frac{\mathrm{d}S}{\mathrm{d}t} \tag{5-18}$$

式中，A_{geo} 为水合物的几何表面积；S 为冰层的厚度；ρ_{hyd} 为水合物中气体的摩尔密度；n 为气体组分的物质的量。

图 5-29 显示了 $T<0℃$ 时水合物分解过程。初始时（$t=0$），水合物处于 $0<x<\infty$ 半无限区域，体系只存在气相和水合物相，气相维持在恒压，因此，水合物-气体界面处的气体浓度 C_0 等于气相中的浓度。分解开始后，分解形成的水会迅速在表面上转变为冰，但仍存在一些没有分解的水合物，致使水合物与水合物、水合物与冰之间存在着空隙，水合物分解产生的气体穿越这些空隙扩散；随着分解的继续进行，表面冰层的厚度逐渐增加，水合物层厚度则逐渐减少，冰-水合物边界向下移动。由于分解生成的水迅速在表面上转化为冰，而冰的密度近似等于水合物的密度，因而假定气体-冰的界面保持不变。水合物在 $0℃$ 以下的分解过程于是可被描述为冰-水合物界面的移动问题。

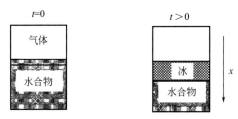

图 5-29　$T<0℃$ 时水合物分解过程示意图

假定水合物-水界面处的气体浓度 C^* 等于水合物的平衡浓度 C_{eq}。冰区中的一维气体浓度分布由 Fick 扩散第二定律控制。冰区的控制微分方程及相关的初始和边界条件为：

扩散方程：
$$\frac{\partial C}{\partial t} = D\frac{\partial^2 C}{\partial x^2} \tag{5-19}$$

初始条件：
$$C(x,t_0) = C_{\text{eq}}$$

边界条件：
$$C(0,t) = C_0$$
$$C[S(t),t] = C^*$$

由冰-水合物上界面处的质量平衡可得：

$$DA_0\frac{\partial C}{\partial x} = \rho_{\text{hyd}}A_0\frac{\mathrm{d}S}{\mathrm{d}t}, \qquad x=S(t), t>t_0 \tag{5-20}$$

式中，D 为气体穿过冰层的扩散系数，m^2/s；C 为气体的浓度，mol/m^3。

当控制步骤为扩散时，$C^*=C_{\text{eq}}$，偏微分方程的解为：

$$\frac{C-C_{\text{eq}}}{C_0-C_{\text{eq}}} = erf\left(\frac{x}{\sqrt{4Dt}}\right) \tag{5-21}$$

在分解开始阶段，分解产生的水转化为冰，所生成的冰并不是致密的，其间有空隙且空隙较大，气体在空隙中的扩散符合 Fick 扩散定律。随着分解的进行，冰层变厚，冰层的致密性也随之增加，空隙的表面积相应减小，导致不再完全遵守 Fick 扩散定律。Fick 扩散系数因而需要对空隙率进行校正，但空隙率不易确定，由于随着冰层厚度的增加，空隙的表面积相应减小，因此，有效扩散系数 D_{eff} 可通过冰层厚度的平方比表示：

$$D_{\text{eff}} = D\frac{S_0^2}{S_t^2} \tag{5-22}$$

式中，S_0 为基准厚度，此处取 $t=1$min 时的冰层厚度；S_t 为 t 时的冰层厚度。

因此，CH_4 水合物在 $T<0℃$ 时的分解动力学可按式（5-19）～式（5-23）来计算。其中，CH_4 的初始浓度 C_0、CH_4 在界面处的浓度 C^* 和 CH_4 在水相中的平衡浓度 C_{eq}（均以 mol/m^3 表示）均采用 PT 状态方程（Patel 和 Teja[38]）计算，而平衡压力由 Sloan 的水合物模型（Sloan[39]）计算。

图 5-30 表示不同温度下按该模型算出的气体分解体积与实测值的对比。由该图可看出，采用扩散理论可以明显提高拟合精度，亦即扩散理论可较好地描述 $T<0℃$ 时的 CH_4 分解动力学。

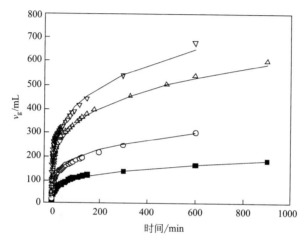

图 5-30　$T<0℃$ 时 CH_4 水合物分解气体积 v_g 随时间的变化

■264.0K；○267.0K；△268.8K；

▽270.7K；——计算值

5.5.3.3　多孔球壳扩散模型

林微等[12,13]研究了冰点以下甲烷水合物的分解过程，提出把水合物分解生成的冰层想象成一个逐渐增厚的多孔球壳。据此，提出了如下的分解机理：首先，水合物颗粒表面的笼形晶格破裂，气体分子从表面解吸逸出，水合物的表面转换成冰相。随着分解的进行，水合物-冰界面不断向圆心推移。其次，把 CH_4 水合物分解产生的冰层想象成一个逐渐增厚的多孔球壳，释放出的气体分子将通过冰层内的空穴向外扩散。

该模型基于下列两个假设：周围环境能够及时提供分解所需的热量，传热的影响可以忽略不计；所有水合物颗粒的初始直径相同，且在分解过程中，粒子的直径和形状不改变。由此，建立了单颗粒水合物分解受到化学反应控制和扩散步骤控制的数学模型，同时推导出了总反应模型方程。

（1）受界面反应控制的微分方程

$$\frac{dr_c}{dt}=k_d(C_g-C_{eq})/\rho_s \tag{5-23}$$

式中，k_d 为水合物的分解速率常数，cm/s；r_c 为未反应的水合物核半径，cm；C_g 为水合物表面的气体浓度，mol/cm^3；C_{eq} 为三相平衡条件下的气体浓度，mol/cm^3；t 为时间，s；ρ_s 为气体在水合物相中的密度，$0.0083mol/cm^3$。

（2）受气体扩散控制的微分方程

$$\frac{\mathrm{d}r_c}{\mathrm{d}t} = \frac{D_\infty/\rho_s}{(1-r_c/r_0)r_c}(C_0 - C_g) \tag{5-24}$$

式中，C_0 为气相主体的浓度，mol/cm^3；r_0 为某一时刻粒子的半径，cm；D_∞ 为扩散系数，cm^2/s。

（3）总反应模型方程　研究结果显示，在水合物分解初期，分解速率受界面反应控制，在分解中后期，分解速率受扩散过程控制。因此，通过考虑界面反应控制和扩散控制两个过程，推导出了总反应速率由界面反应和扩散共同确定的模型方程：

$$\frac{\mathrm{d}x}{\mathrm{d}t} = K\frac{C_0 - C_{eq}}{\left[\dfrac{1}{k_d} + \dfrac{r_0 x^{1/3}(1-x^{1/3})}{D}\right]x^{-2/3}} \tag{5-25}$$

式中，两个可调参数 K 和 k_d 可使用单纯形最优化方法拟合实验数据得到，微分方程的数值解采用欧拉方法计算。

采用式（5-25）计算的甲烷水合物在不同温度下分解压力随时间变化值与实验测定值符合良好（见图 5-31 和图 5-32），表明该模型能很好地预测甲烷水合物的分解动力学行为。通过对不同温度下的分解速率常数进行线性拟合，得到了纯水体系甲烷水合物的分解活化能为 84.7kJ/mol，含 SDS 体系甲烷水合物的分解活化能为 165.1kJ/mol。

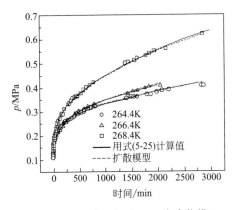

图 5-31　不同温度下 CH_4 水合物模型计算结果（纯水体系，恒容）

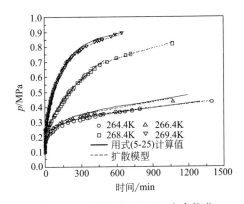

图 5-32　不同温度下 CH_4 水合物分解模型计算结果（含 SDS 体系，恒容）

5.5.3.4　多孔板扩散模型

阎立军等[25,27]研究了含活性炭体系中甲烷水合物的分解动力学过程，并在冰层覆盖理论基础上，建立了冰点以下水合物分解动力学模型。该模型认为在静态体系中水合物分解包括下面两个步骤：

① 水合物粒子表面主体晶格破坏，同时甲烷分子从水合物表面解吸出来；

② 甲烷气体分子从多孔的冰层中扩散出去，进入气体相。

其中，第一步采用 Kim 等提出的模型方程来描述：

$$\frac{\mathrm{d}n_d}{\mathrm{d}t} = k_d A_s(f_e - f_s) \tag{5-26}$$

第二步认为甲烷气体的逸度随冰层厚度而呈线性变化，用下面的方程来表示：

$$\frac{\mathrm{d}n_d}{\mathrm{d}t} = \frac{D}{L}A_s(f_s - f_g) \tag{5-27}$$

假设水合物分解是一个稳态的过程，即水合物表面分解产生的甲烷气体的速率与甲烷气体在多孔冰层中的扩散速率相等，联立上面 2 个方程，消去甲烷在水合物表面上的逸度 f_s，可得如下的甲烷水合物分解动力学模型：

$$\frac{\mathrm{d}n_\mathrm{d}}{\mathrm{d}t} = \left[\frac{1}{\dfrac{1}{K_\mathrm{d}A_\mathrm{s}} + \dfrac{L}{DA_\mathrm{s}}}\right](f_\mathrm{s} - f_\mathrm{g}) \tag{5-28}$$

在上式中，L 为分解机理中假设的多孔冰层的厚度，它是甲烷水合物分解的物质的量 n_d 的函数。同时，扩散系数 D 也是 n_d 的函数，当 $n_\mathrm{d} = 0$ 时，没有形成冰层，D 值很大。随着分解反应的进行，冰层逐渐增厚，D 值逐渐减小，L 值则逐渐增大，从而导致扩散阻力 L/DA_s 逐渐增大。因此，采用经验公式 $L/DA_\mathrm{s} = n_\mathrm{d}^b/D_\mathrm{s}$ 来描述扩散阻力与 n_d 的关系。所以式（5-28）可转化为下式：

$$\frac{\mathrm{d}n_\mathrm{d}}{\mathrm{d}t} = \left[\frac{1}{\dfrac{1}{K} + \dfrac{n_\mathrm{d}^b}{D_\mathrm{s}}}\right](f_\mathrm{e} - f_\mathrm{g}) \tag{5-29}$$

式中，$K = K_\mathrm{d}A_\mathrm{s}$。

由于当 $t = 0$ 时，$L = 0$，则式（5-29）可简化为：

$$\frac{\mathrm{d}n_\mathrm{d}}{\mathrm{d}t}\bigg|_{t=0} = K(f_\mathrm{e} - f_\mathrm{g}) \tag{5-30}$$

因此，K 可根据 n_d-t 关系曲线在 $t = 0$ 处的斜率计算得到。f_g 可由 P-R 方程计算得到。计算 f_e 所需的纯水体系的相平衡压力数据可由文献［28］查得。最终式（5-29）中只有两个可调参数 b 和 D_s。这两个参数可使用最小二乘方法拟合实验数据得到。其中微分方程（5-29）的数值解使用 Matlab 语言计算得到。

梁敏艳[23,24]采用该数学模型，分别计算了含活性炭体系、含 SDS 体系和纯水体系的甲烷水合物分解动力学数据，计算值和实验值符合良好。其中，在含 SDS 体系中，SDS 的浓度很小，为 650mg/L，可忽略其对相平衡的影响，因此，两种情况下，f_e 可视为相等。为了便于比较，K 值转化为单位水量的分解速率常数，$K' = K/m_\mathrm{w}$，其中，m_w 为实验中用的水量。各参数的计算结果列于表 5-2～表 5-4。

表 5-2 含活性炭体系甲烷水合物分解动力学模型参数

T/K	$f_\mathrm{e}/\mathrm{MPa}$	$K' \times 10^5$ /[mol/(MPa·s·g)]	b	$D_\mathrm{s} \times 10^{15}$ /[mol^{b+1}/(MPa·s)]
275.8	4.592	1.439	4.458	73.795
273.2	3.964	1.310	5.849	0.1483
270.8	3.443	1.050	6.569	2.479×10^{-4}
267.4	2.892	0.681	7.050	2.617×10^{-6}
264.4	2.558	0.403	6.320	4.577×10^{-6}

表 5-3 10mL 纯水体系甲烷水合物分解动力学模型参数

T/K	$f_\mathrm{e}/\mathrm{MPa}$	$K' \times 10^7$ /[mol/(MPa·s·g)]	b	$D_\mathrm{s} \times 10^{10}$ /[mol^{b+1}/(MPa·s)]
269.4	2.151	4.597	1.00	36.780
268.4	2.086	3.870	1.35	0.564
266.4	1.959	2.766	1.99	4.633×10^{-3}
264.4	1.840	2.044	2.32	1.297×10^{-4}

表 5-4   10mL 含 SDS 体系甲烷水合物分解动力学模型参数

T/K	f_e/MPa	$K' \times 10^7$ /[mol/(MPa·s·g)]	b	$D_s \times 10^{10}$ /[mol^{b+1}/(MPa·s)]
269.4	2.151	9.369	1.00	51.94
268.4	2.086	6.664	1.35	4.246
266.4	1.959	5.126	1.99	2.444×10^{-2}
264.4	1.840	3.946	2.32	3.413×10^{-3}

由表 5-2～表 5-4 可以看出，分解反应的速率常数 K 随温度降低而减小，且当分解温度相同时，含 SDS 体系中的 K 值要大于纯水体系。因为 $K = K_d A_s$，在相同的分解温度下，含 SDS 体系和纯水体系 CH_4 水合物的本征分解反应速率常数相同，即 K_d 相同，则可以看出含 SDS 体系水合物的分解表面积 A_s 要大于纯水体系。这也是 SDS 加快水合物分解的一个重要原因。由表中数据还可以看出，参数 b 随温度降低而增大，表现出随着水合物的分解冰层逐渐增厚的特征，而参数 D_s 则随着温度降低而减小。

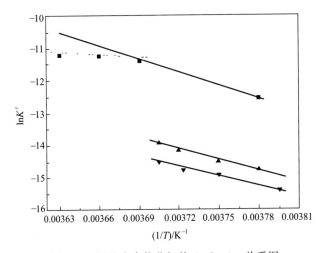

图 5-33   甲烷水合物分解的 Arrhenius 关系图

■含活性炭体系甲烷水合物；▲10mL 纯水体系甲烷水合物；▼10mL 含 SDS 体系甲烷水合物

图 5-33 显示了三种不同介质中 $\ln K'$ 与 $1/T$ 的线性关系，这比较符合 Arrhenius 关系式，即：

$$K' = K_0 \exp\left(-\frac{E_a}{RT}\right) \tag{5-31}$$

根据上式可计算出 K_0 和活化能 E_a，其计算结果见表 5-5。

表 5-5   甲烷水合物在不同条件下分解时的 K_0 和 E_a 值

分解条件	$K_0 \times 10^{-12}$/ [mol/(MPa·s·g)]	E_a/(kJ/mol)
冰点以上含活性炭体系	1.22	26.03
冰点以下含活性炭体系	1.53×10^{12}	88.98
含 SDS 体系	4.297×10^{12}	96.43
纯水体系	1.975×10^{12}	96.12

Kim 等[6]、Clarke 和 Bishnoi[7] 分别测定了冰点以上 Ⅰ 型和 Ⅱ 型水合物的分解活化能，其值分别为 78.3kJ/mol 和 77.33kJ/mol。与上面计算的冰点以下甲烷水合物分解的活化能相比较，可以看出冰点以下水合物的分解过程需要更大的活化能。由表 5-5 可知，含活性炭

体系甲烷水合物进行冰点以上分解时所需要的活化能为 26.03kJ/mol，远远低于 78.3kJ/mol，显示出该数学模型并不能很好地预测冰点以上水合物的分解动力学行为，而对冰点以下水合物的分解过程有很好的预测性。

图 5-34～图 5-36 分别给出了含活性炭体系、纯水体系和含 SDS 体系中甲烷水合物分解动力学模型计算值和实验值的比较结果。其中，模型计算值用实线表示，实验值用空心图形来表示。由图可以看出，模型计算值和实验值符合良好。

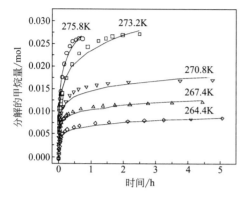

图 5-34　含活性炭体系 CH$_4$ 水合物分解动力学模型计算结果

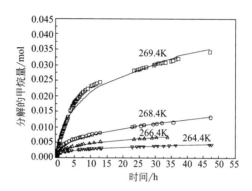

图 5-35　10mL 纯水体系 CH$_4$ 水合物分解动力学模型计算结果

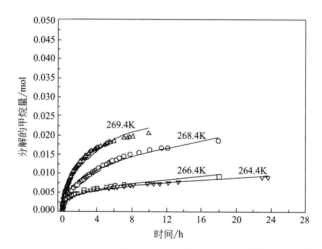

图 5-36　10mL SDS 体系 CH$_4$ 水合物分解动力学模型计算结果

参考文献

[1] Suess E，Bohrmann G，Greinert J，Lausch E. Flammable ice. Scientific American，1999，281（5）：76-83.

[2] Kamath V A，Holder G D，Angert P F. Chem. Eng. Sci.，1984，39（10）：1435-1442.

[3] Kamath V A，Holder G D. AIChE J.，1987，33（2）：347-350.

[4] Selim M S，Sloan E D. AIChE J.，1989，35（6）：1049-1052.

[5] Ullerich J W，Selim M S，Sloan E D. AIChE J，1987，33（5）：747-752.

[6] Kim H C，Bishnoi P R，Heidemann R A，et al. Chem. Eng. Sci.，1987，42（7）：1645-1653.

[7] Clarke M A，Bishnoi P R. Chem. Eng. Sci.，2001，56（16）：4715-4724.

[8] Clarke M A，Bishnoi P. R. Chem. Eng. Sci.，2000，55（21），4869-4883.

[9] Clarke M A，Bishnoi P R. Can. J. Chem. Eng.，2001，79（2）：143-147.

[10] 孙长宇. 水合物法分离气体混合物相关基础研究 [D]. 北京：中国石油大学，2001.

[11] Sun C Y，Chen G J. Fluid Phase Equilibria，2006，242：123-128.

[12] 林微. 水合物法分离气体混合物相关基础研究 [D]. 北京：中国石油大学，2005.

[13] Lin W，Chen G J，Sun C Y，et al. Chem Eng Sci，2004，59：4449-4455.

[14] Jamaluddin A K M，Kalogerakis N，Bishnoi P R. Can J Chem Eng，1989，67 (6)：948-954.

[15] Chen J，Liu J，Chen G J，et al. Energy Convers. Manage.，2014，86：886-891.

[16] Long J P. Gas Hydrate Formation Mechanism and Kinetic Inhibition. [D]，T-4265，Colorado School of Mines，Golden，CO：1994.

[17] Stern L A，Circone S，Kirby S H. J Phys Chem，2001，105 (9)：1756-1762.

[18] Stern L A，Circone S，Kirby S H，et al. Can J Phys，2003，81：271-283.

[19] Takeya S，Shimada W，Kamata Y，et al. J Phys Chem A，2001，105：9756-9759.

[20] Takeya S，Ebinuma T，Uchida T，et al. J Cryst Growth 2002，237-239：379-382.

[21] Takeya S，Uchida T，Nagao J，et al. Chem Eng Sci，2005，60：1383-1387.

[22] Shirota H，Aya I，Namie S，et al. Measurement of Methane Hydrate Dissociation for Application to Natural Gas Storage and Transportation. Proceedings of the Fourth International Conference on Gas Hydrates. Yokohama Symposia，Yokohama Japan：2002，972-977.

[23] 梁敏艳. 甲烷和乙烯水合物分解动力学研究 [D]. 北京：中国石油大学，2005.

[24] Liang M Y，Chen G J，Sun C Y，et al. J Phys Chem B，2005，109：19034-19041.

[25] 阎立军. 天然气水合物储运新技术的应用基础研究—活性炭中甲烷水合物的储气量、生成和分解动力学. 中国石油大学博士后研究工作报告 [R]. 北京：中国石油大学，2001.

[26] 刘犟，阎立军. 活性炭中甲烷水合物的分解动力学. 化学学报，2002，60：1385-1389.

[27] Yan L J，Chen G J，Pang W X，et al. J Phys Chem. B，2005，109：6025-6030.

[28] Handa Y P，Stupin D. J Phys Chem，1992，96 (21)：8599-8603.

[29] Uchida T，Ebinuma T，Ishizaki T. J Phys Chem. 1999，103 (18)：3659-3662.

[30] Lv Y N，Jia M L，Chen J，Sun C Y，et al. Energy Fuels，2015，29：5563-5572.

[31] Handa Y P. Ind Eng Chem Res，1998，27：872-874.

[32] Kuhs W F，Genov G，Staykova D K，Hansen T. Proceedings of the 5th International Conference on Gas Hydrates，Trondheim，Norway 2005，1，14.

[33] Genov G，Kuhs W F，Staykova D K. Proceedings of the 5th International Conference on Gas Hydrates，Trondheim，Norway 2005，1，310.

[34] Tse J S，Klug D D. Proceedings of the 4th International Conference on Gas Hydrates，Yokohama，Japan：2002，2：669.

[35] Wilder J W，Smith D H. J Phys Chem B，2002，106：226-227.

[36] Uchida T，Sakurai T，Hondoh T. J Chem. Eng. 2011，5：691-705.

[37] Sato H，Sakamoto H，Ogino S，Mimachi H，et al. Chem Eng Sci，2013，91：86-89.

[38] Patel N C，Teja A S. Chem Eng Sci，1982，37：463-473.

[39] Sloan E D. Clathrate Hydrates of Natural Gases. 2 ed. NY：Marcel Dekker. Inc，1998.

第6章
油/气输送管线水合物防控技术

因生成水合物导致天然气/原油生产装置和输送管线的堵塞是一个长期困扰油气生产和运输部门的棘手问题。对于海上油气田的开发和油气的深海管输，水合物问题尤为突出，因为海底的水温和压力条件都很适合水合物的生成。因此，如何防止水合物生成一直受到石油天然气行业的关注，相关防治技术的开发也得到了大力的支持。水合物防治方法有传统的热力学抑制方法和新型的动力学控制方法两种类型。热力学抑制方法比较成熟，但动力学控制方法是发展方向。本章将重点介绍动力学控制方法。

6.1 传统热力学抑制方法

热力学抑制方法的特点是通过脱水、加热、减压和加入热力学抑制剂，使体系不具备生成水合物的热力学条件，是比较保险的方法，因此目前仍被广泛使用。

6.1.1 脱水技术

脱水技术是通过除去引起水合物生成的水分来消除生成水合物的风险，是目前天然气输送前通常采用的预防措施。来自不同油气井的天然气都要先在联合站进行脱轻烃、脱水，然后才能进入输送管线。天然气脱水可以显著降低水露点，从热力学角度来说就是降低了水的分逸度或活度，使水合物的生成温度显著下降，从而消除管输过程中生成水合物的风险。脱水过程需要达到的露点降可根据天然气组成和管输温度/压力条件确定。脱水方法可以采用简单的三甘醇（TEG）吸收和分子筛吸附两种方式。三甘醇脱水简单，但效果差一些，水露点一般只能降到−30℃左右，而采用分子筛脱水，露点可降低到−80℃以下。联合站设计的水露点控制参数一般都是很富余的，但天然气输送过程还是可能出现水合物堵塞问题，如陕-京线就出现过这种事故，其原因是管线中因清管不彻底而留有自由水，而且局部位置可能还有较多积水，在温度较低时就会生成水合物。在夏天温度较高时，干燥的天然气可以蒸发管线中的水分，起到干管的作用，因此天然气管线的开工选在夏天比较合适。如选在冬天，风险就比较大。当然，联合站脱水装置运行失常，如分子筛再生不达标或失活，也可能导致水露点达不到设计值，从而导致水合物的生成堵塞。

6.1.2 管线加热技术

通过对管线加热，可使体系温度高于系统压力下的水合物生成温度，避免堵塞管线。英国一些公司和研究机构曾研究开发过多相海底管线的电加热技术，以防止在停车或减少流量时发生水合物堵塞。此种方法也可用于已经被水合物堵塞的管线解堵。但难点是很难确定水合物堵塞的位置，当找到水合物堵塞的位置开始加热时，必须从水合物块的两端向中间逐渐加热，以免由于水合物的分解而致使压力急剧升高，造成管线破裂。分解产生的自由水必须除去，否则由于水中包含大量的水合物剩余结构，水合物会很容易再次生成。另外，电加热中的电流变化还会引起腐蚀问题，需要对加热的管线进行牺牲阳极保护。

6.1.3 降压控制

为了保持一定的输送能力，管线的压力一般不能随意地降低，因此降压方法用于防治水合物的局限性很大，一般只用于管线发生水合物堵塞事故后的解堵。降压操作最好在水合物堵塞段两侧同时进行，以维持两侧的压力平衡。如果降压不慎造成水合物两侧产生较大的压差，会导致管线破裂等安全事故。另外，管线降压、水合物分解时，吸收大量的热量，造成管线温度降低，水合物分解产生的水易转化为冰，而冰因对压力不敏感更难融解，只能采用加热方法补救。因此，通过减压进行水合物解堵时，操作上要十分小心。

6.1.4 添加热力学抑制剂

实际生产中为达到有效的水合物抑制效果，常采用加入足量的热力学抑制剂（甲醇、乙醇、乙二醇、三甘醇等）的方法，使水合物的平衡生成压力高于管线的操作压力或使水合物的平衡生成温度低于管线的操作温度，从而避免水合物的生成。通过加入热力学抑制剂来抑制水合物的生成在油气生产中已得到了较为广泛的应用。但热力学抑制剂的加入量一般较多，在水溶液中的浓度（质量分数）一般需达到 $10\%\sim60\%$，成本较高，相应的储存、运输、注入成本也较高。另外，抑制剂的损失也较大，并带来环境污染等问题。在海上水合物控制操作中，乙二醇是最普遍使用的水合物抑制剂，甲醇为剧毒物质，已不大使用。

6.2 新型动力学控制方法

动力学控制方法是由动力学抑制方法发展而来，包括动力学抑制和动态控制两条途径。动力学抑制方法的特点是不改变体系生成水合物的热力学条件，而是大幅度降低水合物的生成速率，保证输送过程中不发生堵塞现象。动态控制则是通过控制水合物的生成形态和生成量，使其具有和流体相均匀混合并随其流动的特点，从而不会堵塞管线。动态控制方法的优点是可以发挥水合物高密度载气的特点，实现天然气的密相输送，对海上运行的油-气-水三相混输管线比较适合。更有人提出用这种方式，借助输油管线，实现天然气（或油田伴生气）的长距离输送。无论是动力学抑制方法还是动态控制方法，其关键均是开发合适的化学添加剂。前者称为动力学抑制剂（KHI 或 KI），后者称为防聚剂（AA），两者简称为LDHI，意即低剂量水合物抑制剂，与传统的热力学抑制剂如甲醇、乙二醇等区分开来。无论是 KI 还是 AA，和传统的热力学抑制剂相比，其用量均少得多，因此具有潜在的经济效益和环境效益。早在 20 世纪 70 年代，苏联 Kuliev 就开始了 LDHI 的研究[1]。由于气井中出现了水合物问题，发现通过向气井中添加表面活性剂，水合物问题消失，但表面活性剂的作用机理并不清楚，这是文献中报道的首次采用低剂量化学物来防止水合物堵塞的实例。Kelland[2] 对 LDHI 的研发历史进行了评述，本章的部分内容引自该文献。

KHI 尽管可以延迟水合物晶体的生长，但主要是作为气体水合物的抗成核剂（anti-nucleator），一般为水溶性的聚合物。许多非聚合物的水合物晶体生长抑制剂具有较差的抗成核能力，经常作为 KHI 的配合剂使用。添加 KHI 后，水合物在一段时间后才开始形成，流体可以在未形成水合物状况下输送。水合物晶体初次形成的这段时间称为诱导期。AA 则不同，允许水合物形成，但可以防止水合物聚积并成团。AA 的加入可使水合物作为可运动的非黏性浆液分散在液烃相中。一般情况下，添加 AA 时，流体中的水含量需在 50% 以下。一般用过冷度描述 LDHI 的使用效果，过冷度指给定压力下水合物平衡温度与操作温度之差，AA 可以在比 KHI 更高的过冷度下使用。KHI 的效果以及部分 AA 的效果与液烃相的实际成分也有关系，其他参数如压力、含盐量，以及其他添加剂等均对过冷度有影响。

6.2.1 动力学抑制剂（KHI）

动力学抑制剂可以使水合物晶粒生长缓慢甚至停止，推迟水合物成核和生长的时间，防止水合物晶粒长大。在水合物成核和生长的初期，动力学抑制剂吸附于水合物颗粒表面，活性剂的环状结构通过氢键与水合物晶体结合，从而防止和延缓水合物晶体的进一步生长。研究发现，少量动力学抑制剂的添加将改变结构 II 型水合物的生长习性，在结构 I 型中添加抑制剂则会引起晶体的迅速分枝。

从 20 世纪 90 年代开始研究动力学抑制剂，到目前为止，动力学抑制剂的研究发展经历了三个阶段：第一阶段（1991—1995 年），人们通过大量的评价实验，筛选出了一些对水合物生成速率有抑制效果的化学添加剂，其中以聚乙烯吡咯烷酮（PVP）最具代表性，被称为第一代动力学抑制剂。第二阶段（1995—1999 年），以 PVP 分子结构为基础，进行构效分析，对动态抑制剂分子结构特别是官能团进行设计改进，合成出一些具有较好的动力学抑制效果的化学添加剂，其中包括聚 N-乙烯基己内酰胺（PVCap）、乙烯基己内酰胺、乙烯吡咯烷酮以及甲基丙烯酸二甲氨基乙酯三聚物（VC-713）、乙烯吡咯烷酮和乙烯基己内酰胺共聚物〔poly（VP/VC）〕，被称为第二代动力学抑制剂。这些抑制剂受到广泛的评价并得到一定的实际应用。第三阶段（1999 年至今），借助计算机分子模拟与分子设计技术，开发了一些具有更强抑制效果的动力学抑制剂，被称为第三代动力学抑制剂。

6.2.1.1 第一代动力学抑制剂

1991 年 Muijs 等[3] 在其专利中首先采用烷基芳基磺酸及其盐类作为动力学抑制剂。其后，1993 年 Duncum 等[4] 采用酪氨酸及其衍生物作为水合物抑制剂，Duncum 等还申请了含乙烯基聚合物及配合剂的专利[5~7]。配合剂包括腐蚀性抑制剂，如氨基醇、氨基醚、内酯、氨基酸、醇醚等。1994 年 Long 等[8] 报道了聚乙烯吡咯烷酮（PVP）作为动力学抑制剂的测试结果。研究发现，PVP 可以延迟水合物的形成，同时发现羟乙基纤维素[8,9]（hydroxyethylcellulose，HEC）也有类似特性，但效果不如 PVP。1995 年 Kalbus 等[10] 实验得出了几种抑制效果较好的化学添加剂：BASF F-127，Mirawet ASC，Surfynol-465，十二烷基硫酸钠（SDS），Mirataine CBS+PVP，以及 SDS+PVP。以上这些抑制剂中最有代表性的是 PVP。该抑制剂的相对分子质量在 10000～350000 之间，其单体结构中含有 1 个五元内酰胺环，其结构如图 6-1 所示。

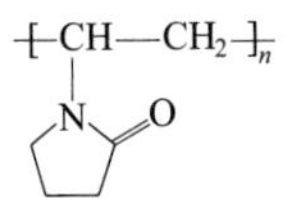

图 6-1　PVP 结构

Carver 等[11]对 PVP 在水合物表面的机理进行了初步分子模拟研究，结果表明吡咯烷酮环通过与氨基的氢键，以及环与水合物表面之间的 van del Waals 交互作用，与 I 型水合物表面结合，从而抑制水合物生长。Moon 等[12]对 PVP 的研究表明，吡咯烷酮主要通过环上的氧与水形成两个氢键，从而吸附到水合物晶体的表面。计算机模拟的结果也显示，吡咯烷酮环能结合到晶体的表面，成为笼形水合物的一部分。吸附到晶体表面上的若干环联合作用，就可以有效抑制水合物生长。

6.2.1.2　第二代动力学抑制剂

PVP 在相对较高的温度下才可发挥抑制作用，过冷度约为 5℃[13]。当温度较低时，反而还可能起到促进作用[14]。因此需要开发更有效的水合物动力学抑制剂。

美国科罗拉多矿业学院（CSM）研究表明，在防止水合物生成方面，Gaffix VC-713 聚合物性能比 PVP 要好。这种聚合物为七元环的乙烯基己内酰胺（vinylcaprolactam，VCap）、五元环的乙烯吡咯烷酮（vinyl pyrrolidone，VP），以及甲基丙烯酸二甲氨基乙酯（dimethylaminoethyl methacrylate，DMAEMA）的三元共聚物，在国际专利 WO-A-94 12761 和美国专利 No.5 432292 中有相关描述，结构如图 6-2 所示。

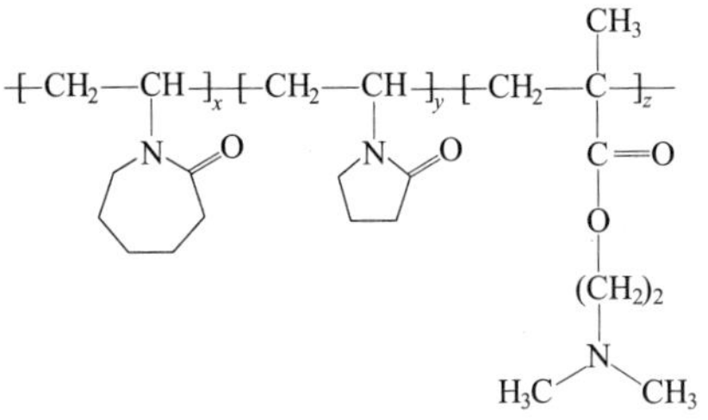

图 6-2　VC-713 结构

VCap 为 Gaffix VC-713 中的主要单体，均聚物聚乙烯基己内酰胺（PVCap）的性能与 Gaffix VC-713 相似，添加 0.5% 的这些高相对分子质量的 PVCap 或 Gaffix VC-713，在过冷度 8～9℃时，可以使水合物成核延迟 24h[15,16]。PVCap 结构如图 6-3 所示。

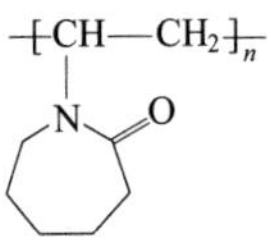

图 6-3　PVCap 结构

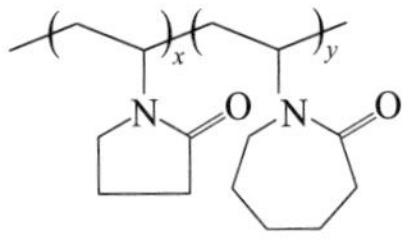

图 6-4　Poly（VP-VC）的结构

其他的聚合物也可以作为配合剂来提高聚乙烯内酰胺类，特别是 PVCap 的性能[17]。如聚合电解质、聚醚、聚乙烯胺（polyvinylamides）等均可以作为聚乙烯内酰胺类的配合剂。

由乙烯基吡咯烷酮（VP）和乙烯基己内酰胺（VCap）各以不同的比例聚合而成的共聚物，简称 Poly（VP-VC），也有较好的抑制效果，结构如图 6-4 所示。

由 RF 公司合成的 N-甲基-N-乙烯基乙酰胺（N-methyl-N-vinylacetamide）和 VCap 比例为 1∶1 的共聚物（VIMA∶VCap 为 1∶1），性能比 PVCap 好，在蓝宝石釜测试中过冷度可以提高 2～3℃。RF 还合成并测试了其他 VCap 共聚物的性能，如：VCap-乙烯基咪唑

(vinyl imidazole) 共聚物，也有较好的效果。VIMA-VCap 共聚物的结构如图 6-5 所示。

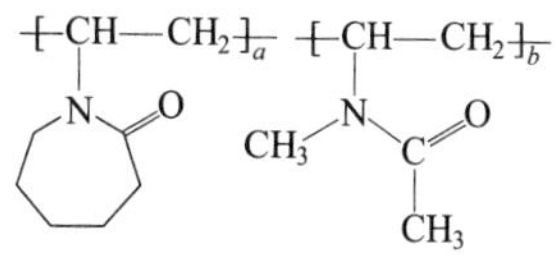

对 PVCap、PVP、VC-713 和 VP-VCap 共聚物的研究[14]发现，四种抑制剂的抑制能力与体系的压力、盐度以及抑制剂加入的质量分数密切相关。实验中还发现，当共聚物 VP 与 VCap 的摩尔比率为 25/75 时，VP/VCap 的抑制能力与 VC-713 或 PVCap 相当。实验室高压釜中得到的实验结果可以与现场环路试验相匹配[18,19]。实验同时表明，存在

图 6-5　VIMA-VCap
共聚物的结构

甲醇和低浓度的盐不利于发挥 PVCap 的性能[20,21]，而高的盐浓度（质量分数＞5.5%）却有益于 PVCap 的抑制效果的发挥。另外，相对分子质量对 PVCap 性能有一定影响[22]，当 PVCap 相对分子质量为 900 时，过冷度最高。Kvamme[23]采用分子动力学模拟，考查了四类水合物动态抑制剂对水合物表面的影响规律，并与以前发表的 PVP 结果做了讨论。发现与 PVP 相比，PVCap 与水合物水溶液有着更为适宜的交互性质，更适合于作为水合物动态抑制剂。PVP 单体环上添加一羟基改性后，可增加与水合物表面的附着性。VC-713 与水合物水溶液也有良好的交互性质。Habetinova 等[24]考查了低剂量动态抑制剂 PVP、PVCap、VC-713 对水合物分解的影响。结果表明抑制剂对水合物的分解影响十分明显，含 PVCap 的分解时间较长，为含 VC-713 体系的二倍。抑制剂的含量越低，分解时间越短。

对于不同类型的水合物结构，PVCap 也表现出不同的性能。对 THF 的 Ⅱ 型水合物结构和环氧乙烷的 Ⅰ 型水合物结构的研究表明[25]，在同样的 PVCap 加入量下，Ⅰ 型水合物的过冷度要低于 Ⅱ 型水合物，这与 Ⅰ 型水合物晶体的对称性较高有关[26]。另外对 THF 水合物单晶生长的研究表明，与静止溶液相比，搅拌溶液需较少的 KHI 剂量即可完全抑制晶体生长。这些研究成果可扩展至停工期间的管线，即停工条件下的抑制剂用量可能比流动条件下还要高。这是由于在静止条件下聚合物向水合物表面的扩散缓慢，同时表明活动性较高的低相对分子质量聚合物比大相对分子质量聚合物的性能要好。

Exxon 推断一些 KHI 聚合物中起作用的主要功能团为氨基，该氨基与憎水基的重复单元链节相连，水分子围绕憎水基形成水合物空穴，氨基的羟基氧原子与水分子之间形成氢键。聚合物或低聚物则可以提供这些交互作用，由此聚合物在水中的水合体积最大化，抑制剂因此可以阻止水合物在水相中成核。含氨基的聚合物类包括：聚二乙基丙烯酰胺 ［poly (N, N-diethy)］，聚异丙基丙烯酰胺 ［poly (iso-propy lacrylamides)］[27]（如图 6-6 所示），聚乙烯胺 （polyvinylamides)[28]，聚丙基胺 （polyallylamides)[29]，聚马来酰亚胺 (polymaleimides)[30]（如图 6-7 所示）等。

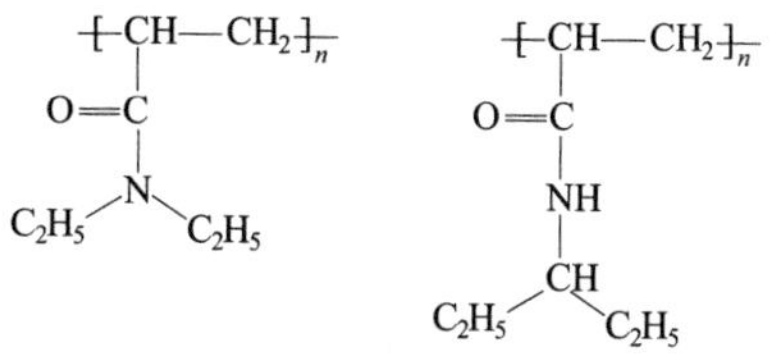

图 6-6　聚二乙基丙烯酰胺和聚异丙基丙烯酰胺的结构

其中丙烯酰胺聚合物有最好的 KHI 性能，可能是由于相较其他聚合物而言，丙烯酰胺聚合物具有最优尺寸的烷基。最好的丙烯酰胺均聚物为聚丙烯酰吡咯烷酮 （polyacryloylpyrrolidene，polyAP）、聚二乙基丙烯酰胺 （polydiethylacrylamide) 和聚异丙基丙烯酰胺 (polyisopropylacrylamide，polyIPAm）。发现向丙烯酰胺聚合物的主链 （backbone）上添加

一个甲基可提高性能[31]。例如，聚异丙基甲基丙烯酰胺（polyisopropylmethacrylamide）（polyIPMA）（图 6-8）的过冷度比 polyIPAm 高约 2℃。

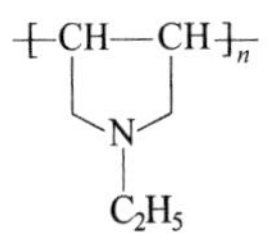

图 6-7 聚马来酰亚胺结构

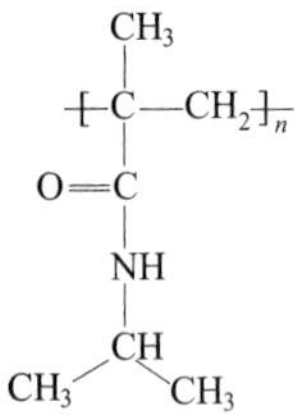

图 6-8 polyIPMA 结构

高性能的 polyIPMA 与 PVCap 相比具有竞争性。研究发现，丁基乙二醇（butyl glycol）合成的 polyIPMA 远远好于 2-丙醇合成的 polyIPMA 性能[32]，含羟基链端的 polyIPMA 比常规的 polyIPMA 的 KHI 性能要好[33]。另外，含双峰（bimodal）相对分子质量分布的 polyIPMA 相较单峰相对分子质量而言性能提高显著[34]。使用 0.5%的含双峰相对分子质量分布的 polyIPMA 可在 24.1℃ 过冷度下停留 20h 而不生成水合物，该聚合物主体的相对分子质量平均为 1000～3000。这是到目前为止 KHI 产品所具有的最高过冷度。KHI 性能的提高与不同相对分子质量样品的尺寸和活动性有关。低相对分子质量的样品，在溶液中可很快移动到水合物成核生长的位置，吸附在水合物表面，但附着力较弱；高相对分子质量的样品，移动缓慢，但可以因此取代表面的低相对分子质量样品，吸附更强烈，可在长时间内防止水合物核生长。因此，相对于低相对分子质量样品而言，高相对分子质量样品性能有所增加，这与 PVCap 的性质有所不同。

聚乙烯胺（polyvinylamide）类的聚合物中，polyVIMA 仅具有较弱的动力学抑制性质（KHI），然而，VIMA 与其他烷基胺（alkylamide）聚合物的共聚物却有很高的过冷度，类似于 RK 开发的 VIMA-VCap 共聚物。例如，与 polyIPMAM[35]相比，1∶1 VIMA-IPMA 共聚物（见图 6-9）的过冷度要高 4.2℃，过冷度达 17.5℃。

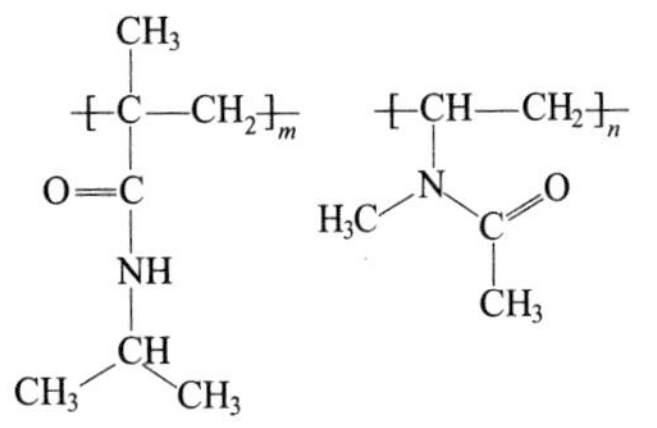

图 6-9 VIMA-IPMA 共聚物结构

Exxon 发现 VIMA-丁酸乙烯酯（vinyl butyrate）共聚物性能也很好，既可在高压小型环路中作为抗成核剂，也可作为 THF 水合物的水合物晶体生长抑制剂。在小型环路中，其性能优于 PVCap、polyIPMAM，以及 polyAP。很明显，起抑制作用的是 VIMA-丁酸乙烯酯共聚物中的丁酸盐基，而 polyVIMA 仅具有很弱的 KHI 性能。作为一种水合物晶体生长抑制剂，丁酸盐基中的丙基部分可能与结构Ⅱ型水合物表面的空的大孔发生相互作用，但还不清楚 VIMA 单元中的酯基和氨基是否与水合物表面形成氢键。也可能均形成氢键，但酯基形成的氢键可能弱于氨基。这可能是由于聚乙烯酯不是水溶性的（低亲水性），而聚乙烯胺是水溶性。VIMA-乙烯基丁酸盐共聚物亲水性的降低可能是导致 KHI 性能比 polyVIMA 上升的原因。

将聚乙烯内酰胺（polyvinyllactam）与小的四元化合物（quaternaries）如四丁基溴化铵（tetrabutylammonium bromide，TBAB）组合使用，有较好的 KHI 效果[36]，称之为 threshold 水合物抑制剂（THI）[37,38]。THI 已成功用于连接英国北海 Hyde-West Sole 气田与陆上 Easington 气站之间的气体管线中。气体管线的直径为 24in（1in＝0.0254m），输送气量为（50～180）10^6ft³/d（1ft³＝0.0283168m³）。当将传统的乙二醇转换为 THI 抑制剂

时，用量大大降低。

由于具有不同的几何形状，四戊基溴化铵（TPAB）或 TBAB 与 PVCap 可以相互促进增效，TPAB 和 PVCap 应连接在不同的水合物晶体表面位置。分子模拟表明，TPAB 渗入结构Ⅱ型水合物{1,1,1}表面的 $5^{12}6^4$ 孔穴，其他戊基中的两个处于水合物表面（新的 $5^{12}6^4$ 孔穴正常形成）的通道内，因此，这些孔穴可能部分形成，将戊基捕获或嵌入水合物表面。在临界成核尺寸之下，ΔG 为正值，核的生长是不利的，因此，TPAB 不会嵌入核的表面，但更易分离；在临界核尺寸之上，部分水合物空穴沿着戊基形成，TPAB 能嵌入水合物表面，但Ⅱ型结构的进一步生长被存在的戊基所阻止。

聚丙烯酰吡咯烷（polyacryloylpyrrolidine，polyAP）作为 KHI[39] 性能优于 Gaffix VC-713。性能最好的 polyAP 的相对分子质量为 1000～3000。在最短的聚合物链（低聚物）中只有 8 个单体 AP。单体的分子模拟表明它与结构Ⅱ型水合物{1,1,1}表面的深孔发生强烈的交互作用。PVCap 和 PVP 可以作为 polyAP 的配合剂使用。但制造 polyAP 的原始材料吡咯烷较贵，实际应用中受到限制。

6.2.1.3　第三代动力学抑制剂

采用分子模拟可演绎更好的抑制剂结构[12,40~44]，可发现与水合物结构表面有较强交互作用的功能基[45]，以设计更好的 LDHI，包括 KHI 和 AA。这些功能基植入水溶性聚合物中得到 KHI，植入表面活性剂中得到 AA。RF 公司采用分子模拟方法考查的功能基包括烷基氨化合物（alkylamides）、内酰胺以及其他一些杂环基、氨氧化物、季铵盐等。模拟发现，与结构Ⅱ型水合物有最强交互作用的烷基氨化合物为含 3～4 个碳原子的烷基。而且，当烷基有分支时交互作用最强（例如：异丙基和异丁基）。烷基氨化合物的聚合物：聚异丙基丙烯酰胺（polyisopropylacrylamides，polyIPA）证实了分子模拟的结果，但性能略差于 Gaffix VC-713。

专利 W001/77270[46] 公开了树状化合物作为水合物抑制剂的用途。树状化合物主要是三维多支链的低聚或聚合分子，其包括核、多代支链和由端基组成的外表面。支链代由放射性连接到核或连接到前代支链结构单元上并向外延伸的结构单元组成。结构单元具有至少两个活性单官能基团或至少一个单官能基团和一个多官能基团。壳牌公司专利 CN1685130A[47] 中提供了一种混合物，至少含一种在混合物中有效抑制水合物形成和/或凝聚的树状化合物，其相对分子质量至少为 1000；和至少含一种相对分子质量小于 1000 的小相对分子质量物质，所述小相对分子质量物质选择聚亚烷基亚胺、聚烯丙胺、淀粉、糖、乙烯醇或烯丙醇的聚合物或共聚物。另外还需要添加一种表面活性剂。据认为大、小相对分子质量组分充当水合物晶核或晶体增长抑制剂，而表面活性剂为溶剂或表面张力调节剂。三种组分共同协同控制水合物形成。小相对分子质量物质还可以改性为含有至少一个含 3～7 个碳原子的非环状或环状侧链基团，还包括含 N、O 或 S 杂原子的上述小分子物质。如改性聚亚烷基亚氨。表面活性剂可以是阳离子、阴离子或非离子型表面活性剂，如聚氧亚乙基醚、山梨聚糖、长链醇、硫酸盐、二醇、脂肪酸、烷基化铵及其混合物。

大相对分子质量数状化合物优选包括具有至少一个含 3～7 个碳原子的非环状或环状侧链基团的支链和交联聚合物，并且这些支链和交联聚合物含有至少一个 N、O 或 S 杂原子。如 ASTRAMOL 聚（丙烯亚氨）树状物，以及 HYBRANE 超支化聚酰胺酯。在主链上含有酯基和至少一个酰胺基的缩聚物，并具有至少一个羟烷基酰胺端基和至少 1000 的相对分子质量。可由环状酸酐与链烷醇胺反应生成。聚酰胺酯与早期的 KHI 如 PVCap，polyIPMA 之间具有明显的相似性。这三种 KHI 聚合物都有一个附于氨基上的憎水基。憎水基与水合物表面形成 van der Waals 交互作用力，而氨基在水合物表面与水分子之间有氢键，这可破坏水合物粒子的进一步生长。聚酰胺酯与其他 KHI 聚合物不同之处为其高分支的特性。而其他 KHI 聚合物是含聚乙烯主链的线形蛇状分子，如果将 KHI 与水合物表面的连接做比喻，聚酰胺酯像一只手抓住了一个水合物球，而其他 KHI 像一个单个长手指附着球。聚合物的相对分子质量也不必非常高。Shell 发现相对分子质量为 1500 的聚酰胺酯聚合物即可有好的 KHI 性能。另外，Baker Petrolite 公司发现基于聚酰胺酯的 KHI 与其他 KHI 如 PVCap 相比，对Ⅰ型结构水合物有更好的性能，有些油气田有很高的甲烷含量，形成Ⅰ型水合物，而不是Ⅱ型，聚酰胺酯更为适用。Baker Petrolite 在 2004 年对聚酰胺酯进行了两次现场试验，目前已开始现场应用。

Kuraray Specialties Europe 在 2002 年申请了一类聚合物 KHI 的专利[48]。聚合物基于聚乙烯醇（polyvinyl alcohol）与醛反应的衍生物。典型的产品结构见图 6-10。除了一些未反应的乙烯醇单体单元，还有乙烯乙缩醛酯（vinyl ester acetal）功能团，首选的醛为丁醛，拥有丙基。据称一些该类聚合物也可用作 AA。

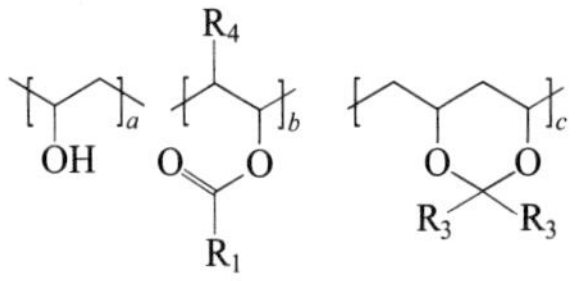

图 6-10　聚乙烯醇的结构
R_1 有 1~6 个碳原子；R_2 或 R_3
为 H，COOH，C_1~C_{10} 烷基或
C_6~C_{12} 芳基；R_4 为 H 或 CH_3

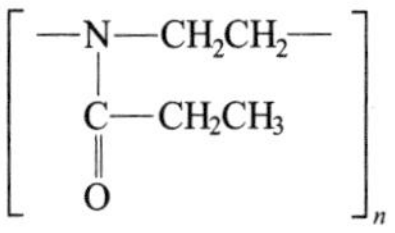

图 6-11　PEO 结构

Karaaslan 和 Parlaktuna[49,50] 认为 PEO（聚环氧乙烷）是一种较好的甲烷水合物抑制剂，当浓度仅为 0.1% 时即有较好的抑制效果，在搅拌的前 60min 可以防止水合物形成，60min 后水合物的形成速率与纯水相比仍然很慢。其结构见图 6-11。另外两种物质，如 HEC（图 6-12）和 HECE（图 6-13），尽管可以降低水合物生成速率，但抑制效果不如 PVP。当添加的浓度均为 1% 时，PEO 抑制效果较好。

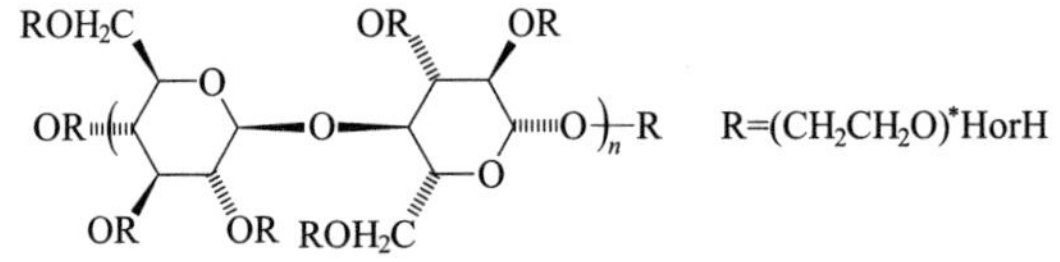

图 6-12　HEC 结构

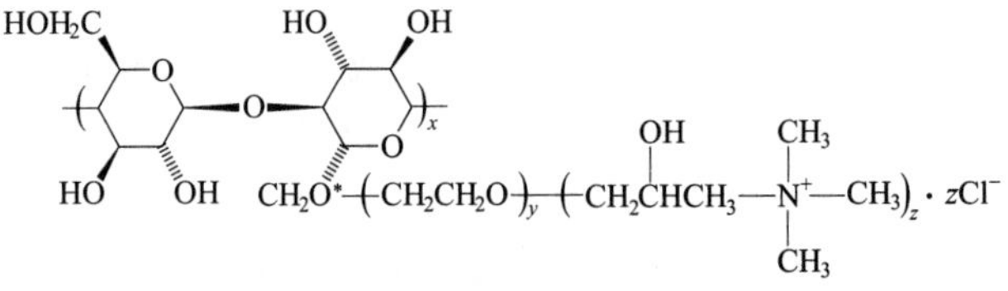

图 6-13　HECE 结构

2003 年，Akzo Nobel 公司申请了一种新的 LDHI 专利，名为聚烷氧基胺（polyalkoxylated amines)[51,52]，propylene oxide（PO）最适宜烷氧基化。制取 KHI 的首选胺为三乙醇胺（triethanolamine），但也可使用氨水和其他链烷醇胺（alkanolamines）。胺也可以季铵化，专利中给出的效果最好的为含 14.9 个 PO 单位的 triethanol（图 6-14），未添加聚烷氧基胺的空白试验中水合物开始形成温度为 5.6℃，当添加 1.0%的聚烷氧基胺时，温度为 0.5℃水合物才开始形成。

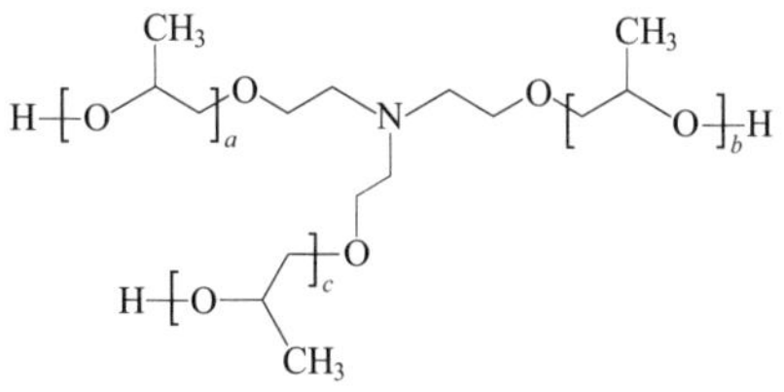

图 6-14　最适宜的聚烷氧基胺结构
$a+b+c=14.9$

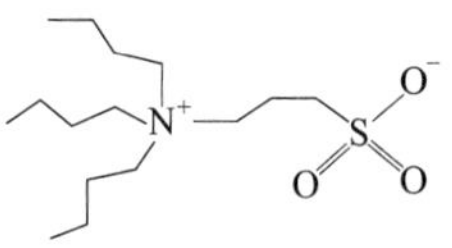

图 6-15　TBAPS 的结构

Storr 等采用分子模拟并结合水合物测试，得到了一种两性离子（zwitterionic）的 KHI 配合剂[53,54]。其中详细提到一种名为三丁基铵丙基磺酸（tributylammoniumpropylsulfonate，TBAPS）的化学剂（图 6-15），但实验结果表明仅比 PVP 稍好。TBAPS 及其有关化合物不是粘在水合物表面的空穴中，而是沿着表面展开，盖住了空穴。分子模拟没有考虑自由水-LDHI 的相互作用。分子模拟设计得到了另一种名为 J3 的产品，性能明显好于商业的 PVCap 混合物，对结构Ⅱ型水合物的诱导期超过 4000min[55]。

2004 年 Huang[56]研究了防冻剂蛋白质（AFP）作为水合物动态抑制剂的效果。AFPs 具有吸附冰晶体的能力，并降低溶剂的冰点低于其熔点，采用差示扫描量热法和 Raman 光谱法表明，AFP 与水之间有更强的交互作用。由于水合物拥有水的格子，AFP 也可能联合笼型水合物。Huang 通过测量诱导期和观测晶体形态，评估了 AFP 对 THF 水合物的初次成核和再次形成的抑制能力。与 PVP 相比，AFP 有较好的抑制效果，可以增加水合物形成滞后时间，降低富水溶液向甲烷水合物的转化速率，还可以防止水合物的再次形成，降低记忆效应。

BASF 公司专利[57]US6867262 中使用接枝（grafted）聚合物作为气体水合物抑制剂，使单独的聚合物组分例如基础聚合物（接枝基）和能接枝的单体匹配。整体接枝聚合物可以是水溶性的或者水分散的。接枝聚合物的接枝基可以是亲水聚合物或者憎水聚合物，最好为亲水聚合物。可以同时使用具有憎水和亲水组分的聚合物。接枝聚合物因此可与各式各样的溶剂以混合物形式用于合成气体水合物抑制剂。可以用作气体水合抑制剂的溶剂有醇类，例如甲醇、异丙醇或者丁基乙二醇以及醚类，特别是部分醚化的乙二醇等。可能用于单元接枝的单体可以是水溶性的或者不溶于水的。主链中的杂环原子帮助提高聚合物的生物降解能力。

6.2.2　防聚剂（AA）

防聚剂是一些聚合物和表面活性剂，在水和油同时存在时才可使用。它的加入可使油水相乳化，将油相中的水分散成水滴。加入的防聚剂和油相混在一起，能吸附到水合物颗粒表面，使水合物晶粒悬浮在冷凝相中，形成油包水的乳状液，乳化液滴油水相间的界面膜充当了一个阻碍扩散的壁垒，即减少了扩散到水相的水合物形成。分子末端有吸引水合物和油的性质，使水合物以很小的颗粒分散在油相中，在水合物形成时可以防止乳化液滴的聚积，从而阻止水合物结块，达到抑制水合物生成的作用。防聚剂的用量大大低于热力学抑制剂用量，0.5%～2%即可有效，1.0%的防聚剂相当于25%的甲醇用量。然而，表面活性剂起作用的最大的水油比为40%。

当未添加抑制剂时，水合物为聚积的块状；当添加了表面活性剂类的抑制剂后，水合物为悬浮的小颗粒。水合物在悬浮于液烃相中的小水滴内形成，随着气体的消耗，水滴转化为水合物，由于表面活性剂的存在，可阻止水合物粒子聚积形成大的块状水合物堵塞管线。因此，这种方法必须有液烃相的存在。

20世纪80年代末，法国石油研究院（IFP）申请了一系列有关使用表面活性剂作为LDHI的专利[58~60]。专利中列出了较宽范围的表面活性剂，并声称所有的表面活性化学剂均可作为水合物抑制剂使用。这些表面活性剂用来产生油包水乳状液，用量约0.8%（水基）。这种乳状液将水合物限制在水滴内形成，而且不积聚，成为液烃相中的水合物粒子浆液，具有AA的作用机理，IFP称之为分散添加剂。这些化合物是从羟基羧酸酯中筛选的非离子两性化合物，并含有一个酰亚胺基，特别是羟基羧酸酰胺（其中羧基碳原子数以3～36为好、8～20最佳）、烷氧基二羟基羧酸酰胺（或聚烷氧基二羟基酰胺）和N,N-二羟基羧酸酰胺。这些非离子型两性化合物能抑制输气管中气体水合物的形成。欧洲专利EP-A-0323775[60]描述了脂肪酸二乙醇氨、脂肪酸衍生物的应用。

1990年Muijs等[3]和1993年Reijnhout等[61]认为，烷基芳香族磺酸盐及烷基聚苷为可用作防聚剂的表面活性剂，其中烷基芳香族磺酸及其盐类的结构如图6-16所示。

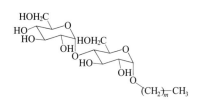

图 6-16 烷基芳香族磺酸及其盐类的结构   图 6-17 一种烷基聚苷的结构

一种烷基聚苷的结构如图6-17所示。

6.2.2.1 IFP开发的乳状液AA

IFP在20世纪90年代早期继续进行了AA测试，并申请了相关专利[62~67]。集中在聚合物乳化剂，如欧洲专利EP-A-0582507[63]描述了两性化合物，由至少一个琥珀酸衍生物和至少一个聚乙二醇一元醚反应得到，可以用于减少天然气水合物、石油气水合物或其他气体水合物的聚积的趋势。Pierrot等[68]描述了0.5%～2.0%分散剂添加剂的使用情况。IFP乳状液产品在高压釜中的测试表明，当剂量为2.0%时有较好的结果。

IFP经过近10年的实验室研究，将AA的候选化学剂范围缩小到几个产品，主要是聚合物表面活性剂。其中一种名为Emulfip 102b的为首选产品。Emulfip 102b比Shells开发的四元化合物AAs要绿色环保。IFP采用了小试规模的流动环路进一步测试Emulfip 102b的性能，分别在两组浓度下和不同的实验条件下进行测试[69]。当浓度为0.4%时，防聚效果并不好，但当浓度为0.8%时，测试获得了成功，水合物浆液可在最大过冷度为13℃下输送。但乳状液AA技术有两个缺点：首先，在达到水合物形成条件前，水相必须完全乳化，否则随后生成的水合物可能积聚和沉积，水相乳化能否在现场得到保证？其次，在层流或停工情况下，水合物容易在管壁上方的浓缩水中形成。尽管有上述问题，IFP 仍然在 20 世纪 90 年代后期进行了现场试验。

6.2.2.2 Shell 开发的四元（Quaternary）表面活性剂 AA

20 世纪 90 年代早期，Shell 发现某些鱼类含有抗冻蛋白质与糖蛋白（glycoproteins，AFPs 与 AFGPs）[70,71]，可以防止鱼中形成冰晶体，使鱼在零度以下温度中仍然可以存活。Shell 发现动力学抑制剂 KHI 不能用于深水工程的高过冷度条件下。使用标准成核理论计算得出，当过冷度超过 10℃后，添加 KHI 不能停止水合物的成核[72]。由于 Shell 更关心高过冷度深水环境下低剂量水合物抑制剂的应用，因此致力于开发 AA。该公司开发的第一类 AA 为烷基芳香族酸盐（alkylarylsulfonates），但效果一般。第二类专利产品为烷基聚苷（alkyl glucosides）[61]，但阻聚作用也有限。

Shell 认为四元铵（quaternary ammonium）表面活性剂是一种理想的 AA，他们注意到四丁基溴化铵（TBAB）和四戊基溴化铵（TPAB）具有与Ⅱ型水合物 $5^{12}6^4$ 空穴相同的笼型结构，大量四元铵测试结果表明，有两个或更多正丁基、正戊基或异戊基的铵盐具有较好的延迟水合物晶体生长的性能。图 6-18 列出了较好的四元铵结构。

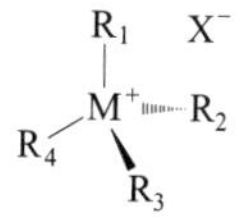

图 6-18 较好的四元铵结构
至少两个 R 基为正丁基、
正戊基或异戊基

采用长憎水链（hydrophobic tail）（8～18 个碳原子）取代 1～2 个小的烷基，所得的化学剂虽然没有抗成核性，但这些拥有 2 个或 3 个正丁基、正戊基或异戊基的四元表面活性剂盐具有很好的 AA 性能[73]，如图 6-19 所示。

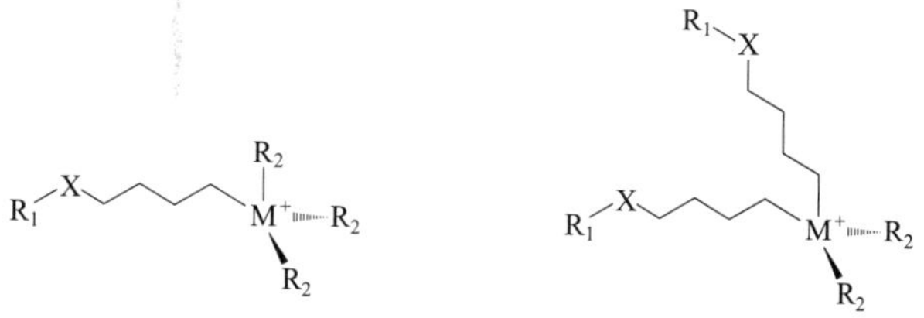

图 6-19 Shell 四元 AA 结构
R_1—长憎水链；R_2—正丁基、正戊基或异戊基；X—任意可选的间隔基团

Shell 公司的四元 AA 与 IFP 的油包水乳化 AA 的作用机理不同。Shell 的 AA 有一个亲水合物的首基（headgroup）和一个憎水链。作为表面活性剂，AA 将聚集在油水界面，该处为水合物开始形成的地方。亲水合物的首基（四元中心）约束水合物粒子，随着水合物沿着烷基组生长，丁基/戊基组渗入空的水合物表面的 $5^{12}6^4$ 空穴中，甚至嵌入水合物表面内。长的憎水链端则阻止水合物连续在该表面生长，憎水链端同时使表面进一步倾向烃相，一旦有几个 AA 分子附着在表面，水合物粒子很容易分散在液烃相中。四元 AA 也被吸引向管壁，憎水链端由此可以防止水合物生长，或黏附于管壁。四元 AA 有两类，一类为水溶性单链尾四元 AA，另一类为油溶性双链尾四元 AA，下面分别介绍。

（1）水溶性单链尾端四元 AA　Shell 美国分部负责开发单链尾四元 AA。首选的单链尾四元 AA 分子中含有一个 10～14 个碳原子的憎水链尾、一个三丁基胺或三戊基胺首基和一个平衡离子（三戊基胺首基有更好的水合物生长抑制性能，但三戊基胺的价格约为三丁基胺的两倍）。这种四元 AA 在处理过冷度超过 20℃的含盐体系时（盐度＞1.5%）性能很好。

然而，单链尾水溶性 AA 在淡水中性能并不好。这可能是由于淡水中电离度低，离子对强度降低。另外，0.6%～1.0%为 AA 可发挥最优性能的浓度范围。

单链尾水溶性四元 AA 现场应用的最大障碍是环境问题。四元铵表面活性剂化合物有毒性，四元 AA 也不例外。加入四元 AA 后，大多数四元 AA 分配在富水相中，并因此泄入海洋中。另外，作为四烷基 AA，生物降解能力较低。这意味着有毒分子在海洋中可存在相当长的时间，有可能发生生物积累。四元 AA 的环境问题使 Baker Petrolite 公司（该公司授权对四元 AA 进行全球的商业化）最初不能确定它的商业化前景。另外，作为一种新的分子，进入市场前需要评估其商业价值。最终 AA 获得生产和商业化的许可，但在 20 世纪 90 年代并没有有关单链尾水溶性四元 AA 现场试验的报道，表明从实验室到现场应用是一个相当长的过程。

Baker Petrolite 在 SPE 论坛上声称 1%的水溶性四元 AA 可以处理任何的过冷度[74]。已在实验室中成功测试到了 500bar 的压力，和 22℃的过冷度，并成功地在 14℃过冷度的油气田使用。结合 KHI，还可以在高酸性体系中使用[75]。另外与原料其他的产品化学剂如腐蚀性和蜡抑制剂，具有兼容性[76]。

Baker Petrolite 还申请了一种提高水溶性四元 AA 性能方法的专利[77]。水溶性四元 AA 和一种铵盐及任意一种溶剂混合使用，铵盐增加水相的离子强度，使 AA 比在淡水中性能好。最适宜的铵盐含 1～3 个碳原子的烷基或羟烷基。

对于如何增加四元 AA 的环境适应性，Shell 认为可以通过向水中添加足够的无机盐使四元 AA 分离，或使 AA 不溶。Baker Petrolite 则通过添加阴离子聚合物或阴离子表面活性剂使四元 AA 表面活性剂解毒[78～80]。2005 年 Baker Petrolite 申请的一个专利已公开[81]。他们发现四元表面活性剂 AA 的有效浓度可以通过添加一种少量的阴离子、非离子或两性组分而降低。因此在实际使用时，可以降低四元 AA 的浓度，减少了处理费用以及环境的影响。例如，在墨西哥湾凝析油中 AA 测试时，通过添加 0.12%的硫酸醇醚（alcohol ether sulfate，AES），可以将四元 AA 的浓度从 0.75%减少到 0.15%。在另一处墨西哥湾凝析油中测试时，添加 0.04%的十二烷基硫酸钠（SDS），可以将四元 AA 的有效浓度从 0.59%降为 0.30%。AES 和 SDS 都被认为很少或没有类似 AA 的抑制水合物形成的能力。

（2）油溶性双链尾四元 AA　双链尾（twin-tailed）四元 AA 的开发由 Shell 荷兰分部负责，并得到了 Akzo Nobel 化学公司的赞助。最初的双链尾四元 AA 为含两个较长链尾的四烷基铵盐[82]。这种四元 AA 在流动环路中性能表现良好，当添加浓度为 0.25%时，过冷度可达 14℃。与单链尾四元 AA 不同，双链尾四元 AA 可以在淡水中工作。四烷基铵盐的最大缺点是环境问题，这些四元 AA 在标准 OECD（Organization for Economic Cooperation and Development）测试中几乎是零生物降解，而且有毒性。相比单链尾四元 AA，双链尾四元 AA 更易发生生物积聚。

为了提高双链尾四元 AA 的生物降解能力，Akzo Nobel 合成了二酯四元 AA，为二丁基二乙醇卤化铵和长链烷基羧酸的二酯化物。这些产品在 28 天内 50%会生物降解。酯基在 5 天内降解，只留下少量表面活性物，少量有毒的四元铵盐。最适宜的羧酸为链长为 12～14 个碳原子的椰脂肪酸。这种二酯四元 AA 在过冷度为 15℃下性能良好，而且在盐水和淡水中均表现出良好性能，添加浓度仅为 0.25%（基于富水相）。另外，95%的二酯四元 AA 将分配在液烃相中，这意味着在主体水相中起作用的浓度仅约 125mg/L。但 AA 在液烃/水界面的浓度（水合物开始形成的地方）则较高。

　　与 KHI 相比，AA 进入现场应用的过程较缓慢。原因之一是由于 AA 都是新合成的化学剂，进入市场前必须通过评估。双链尾四元 AA 因此也必须进行重要改进。第一种改进后的 AA 从 N-丁基二乙醇胺制得，在酯基和氮原子之间有乙烯间隔基团（图 6-20 中的分子 A）。Shell 发现向间隔基团添加一个小的烷基分支（甲基或乙基）可提高 AA 的性能（分子 B），特别是可提高管路试验开车/停车阶段水合物浆液性能[83]。而长的间隔基团如丙烯（分子 C）则有较差的性能。双链尾四元 AA 含有一定数量的未季铵化胺，胺实际上提高了 AA 的性能，并帮助破乳。

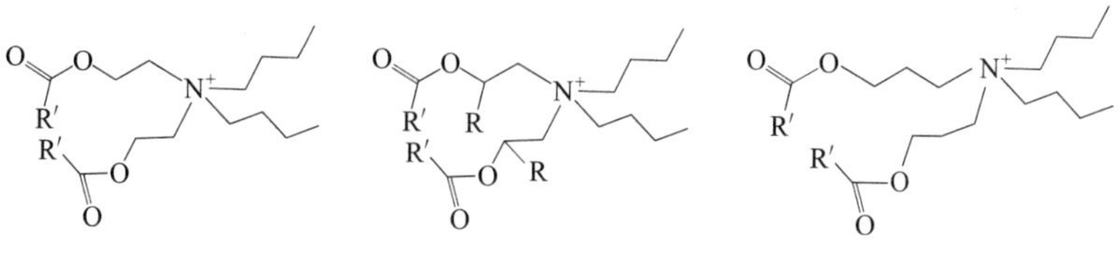

图 6-20　双链尾二酯四元 AA 的结构

分子 A—早期版本；分子 B—改进版本，R 为甲基或乙基；分子 C—含丙烯间隔基团的较差版本

6.2.2.3　RF 开发的 AA

　　RF 采用带搅拌的蓝宝石釜装置，在含 20％水的凝析油中筛选 AA。压力为 90bar，2h 内体系的温度从 20℃降至 4℃，搅拌速率为 700r/min。RF 测试了含不同首基、电离度和链尾长度的表面活性剂效果，结果发现含多个羟基或羧酸首基的表面活性剂有希望成为亲水合物的表面活性剂。一些中性和阳离子表面活性剂有 AA 的效果，但过冷度较小。RF 在寻找 AA 过程中发现，具有高的丙氧基化的化学剂有较好的性能，聚丙氧基化合物亲水性不如聚乙氧基化合物（有水分子围绕），也不像烷基链具有亲油性（趋于分配在非极性溶剂中）。由于这种两性分子的行为，聚丙氧基化合物经常位于富水相和非极性相的界面处，由此有利于消除泡沫和反乳化。最好的 AA 为一种聚烷氧基胺（amine polyalkoxylate），相对分子质量约为 6000。在过冷度低于 10～13℃时可使水合物很好地分散于液烃中。RF 在 20 世纪 90 年代早期为 Elf 完成了两个有关低剂量水合物抑制剂的开发项目[84~86]，第一个项目为寻找天然和可生物降解的表面活性剂作为潜在的 AA，最好的产品为 Plantaren 600 CPUS，一种烷基配糖物（glucoside），添加 0.5％即可在适当的过冷度下使用。第二个项目测试了采用单体表面活性剂制得的油包水乳状液，但没有取得较好的结果，可以有效形成油包水乳状液的组分并不一定有较好的 AA 性能。

　　RF 在 20 世纪 90 年代后期开始集中研究这类 AA，他们设置了寻找 AA 的目标，即 0.5％浓度下，在 3.6％盐水中性能与 Shell/Akzo Nobel 开发的油溶性四元 AA 一致，但需要更具有环境友好性。这意味着更低的毒性或更高的生物降解能力。几乎所有的潜在 AA 都是新合成的表面活性剂，RF 测试了一组有侧烷基和二烷基胺基的聚合表面活性剂，但效果较差。单体表面活性剂具有较好的性能。第一类值得注意的 AA 为三酯季铵盐，有长的链尾。在 10℃过冷度下性能良好，生物降解能力大于 60％。但此类 AA 的性能不能进一步提高。第二类表面活性剂为阳离子己内酰胺，有理想的 AA 效果。含有一个己内酰胺首基和一个四元氮间隔基团。在过冷度 10～11℃下运行良好，但有毒性。

　　RF 认为三丁基胺氧化物（tributylamine oxide）是一种极好的 THF 水合物生长抑制剂。因此，胺氧化物表面活性剂是否具有 AA 的性能引起了人们的很大兴趣。研究发现，从

Clariant 得到的含二甲基胺氧化物首基的商业表面活性剂有较差的结果。而 Clariant 合成的其他两种表面活性剂有较好的性能，第一种表面活性剂为十二烷基丁基甲基胺氧化物（dodecylbutylmethylamine oxide，DDBMAO）（见图 6-21）。在头部仅有一个丁基而不是两个，效果并不理想，在高压釜和轮式装置中有中等的防聚效果。第二种表面活性剂含有一个二乙基胺氧化物首基，也仅有中等的防聚效果，另外，该类表面活性剂有一定的毒性。

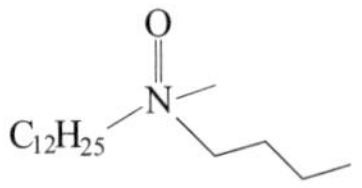

图 6-21　胺氧化物表面活性剂结构

1998—1999 年，RF 和 Nippon Shokubai 测试了头部含烷基胺或二烷基胺的单体表面活性剂，并申请了相关专利[87]，主要包括羰基吡咯烷（carbonylpyrrolidine）和异丙基胺基，已证明是很有效的 KHI 聚合物。这些表面活性剂中，有几类在高压釜中 AA 性能表现相当好，其中有两类的环境适用性好，见图 6-22。这两种表面活性剂都有支链的羧酸基，因此有较高的生物降解能力。而且 HLB 值越高（链尾越短），表面活性剂的毒性越小。过冷度为 13℃ 时，在高压釜和轮式装置中测试结果表明两种表面活性剂有很好的 AA 性能。Statoil 在自建的轮式装置中测试了异丙基胺表面活性剂的 AA 效果，结果相类似。但两类表面活性剂在过冷度为 15℃ 时失效，与 Shell 的四元 AAs 相比没有特别的优势。RF 认为 Shell 开发的在头部有两个或三个丁基或戊基的四元表面活性剂 AA 仍然是目前所开发的最好的 AA。

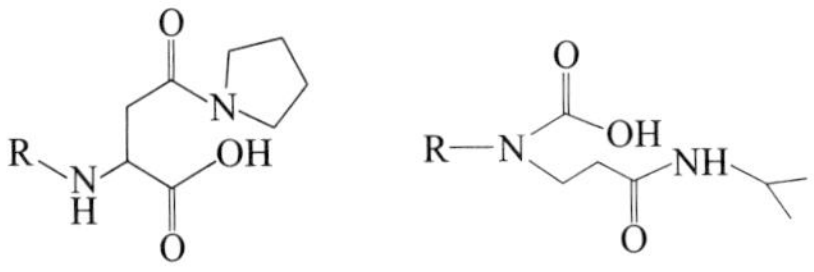

图 6-22　羰基吡咯烷和异丙基胺羧酸表面活性剂的结构（R＝$C_8 \sim C_{14}$）

6.2.2.4　BJ Unichem 开发的气井 AA（GWAAs）

BJ Unichem 化学服务公司采用直径 1mm、长 64m 的管线测试 LDHI 的性能，为 20 世纪 90 年代参与研究 LDHI 仅有的服务公司。液相为含盐 3.6% 的 THF，液体的流速很慢，低于 1mm/s。BJ Unichem 发现聚醚聚胺和聚醚二胺（参见图 6-23）可降低水合物发生堵塞的温度，比未添加化学剂时需更长的时间才能堵塞[88,89]。

BJ Unichem 申请了季铵化的聚醚聚胺专利，聚醚聚胺通过聚胺与长链烷基溴化物反应得到[90]。这些产品在 THF 水合物流动管线中比 PVCap、TBAB 和几种 Shell 的四元 AA 性能要好。在海上和陆上气井中，有多次现场应用的报道[91~94]。

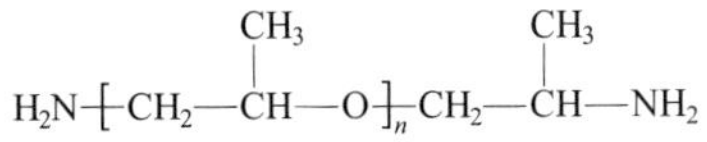

图 6-23　聚醚二胺结构

但这些产品并不是 KHI。BJ 对聚醚聚胺在高压釜中测试结果表明，为零诱导期（有报道认为一些聚醚胺有明显的抗成核性能，可以与聚合物类型的 KHI 配合使用[95]），另一方面，它们也不是真正意义上的 AA，不能工作于液烃相中水完全转化的情况。在聚醚聚胺的实验室研究和现场应用中，形成的气体水合物分散在未转化水中（或水相＋少量的液烃相中）。因此，最好称这些产品为气井 AA（GWAAs），以便与真正的 AA 区分开来（可以在水完全转化的液烃相中工作）。聚醚聚胺也是 KHI 聚合物如 PVCap 的配合剂[96]。聚醚聚胺可能通过胺首基与水合物表面的空穴发生作用，聚醚链可能与水合物表面发生较弱的相互作用，或作为屏障防止水合物核生长，因此可以作为配合剂使用。一些小分子的胺可形成笼型水合物，如乙胺，与聚醚聚胺的链端乙烯胺基有相同的尺寸。

6.2.2.5　CSM 开发的 AA

PVCap 低聚物不能很好地在高过冷度的深水应用，CSM 测试了一定范围的含不同首基和 HLB 值（亲水亲油平衡值）的商业表面活性剂，以及 70 种新合成的表面活性剂[97]，进行 AA 研究。商业表面活性剂中，性能最好的为 Span 山梨聚糖表面活性剂，当浓度为 3% 时可以在 11.5℃ 过冷度下防止聚积。但在较高的过冷度下（12.5℃）或较低的浓度时效果较差。合成的表面活性剂中，己内酰胺环是一种选择，研究表明它附于水合物晶体表面。最好的 AA 为含己内酰胺首基的单链尾表面活性剂以及基于乙烯己内酰胺低聚物或含烷基硫醚链尾的 N,N 二甲基丙烯酰胺聚合物表面活性剂。第一类具有抗聚积性能的合成活性剂为烷基-2-(2-己内酰胺)乙酸，烷基链的长度为 8～20 个碳原子，碳原子的数目可以调节 HLB 值以及性能，结构如图 6-24 所示。

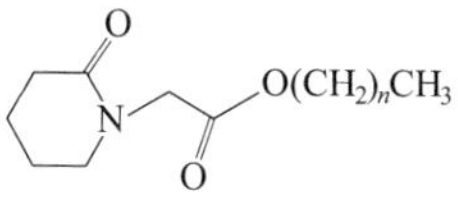

图 6-24　烷基-2-(2-己内酰胺)乙酸结构

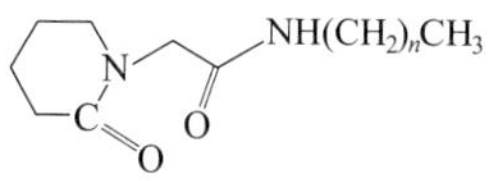

图 6-25　烷基-2-(2-己内酰胺)乙酰胺结构

为提高防聚性能，第二类化学剂对上述结构进行了改进，见图 6-25，称为烷基-2-(2-己内酰胺)乙酰胺，烷基链的长度同样可以从 8～16 个碳原子变化。

第三类化学剂为 N,N-二甲基烷基酰胺，也具有不同长度的烷基链，结构如图 6-26 所示。

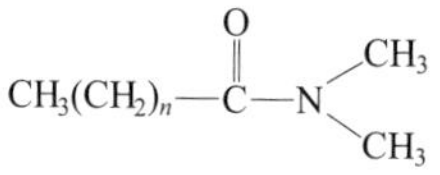

图 6-26　N,N-二甲基烷基酰胺结构

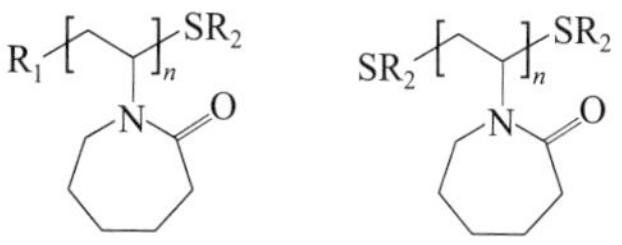

图 6-27　含烷基硫醚链尾的短链（乙烯基己内酰胺）结构

第四类化学剂为短链聚合物（乙烯基己内酰胺），并具有可控制的烷基链尾。烷基链尾的长度以及 PVCap 链的长度可以改进，以得到各种含有不同表面化学剂性质的化合物。通过链转移介质控制的乙烯基己内酰胺聚合反应，合成得到这些化合物（参见图 6-27）。

类似地，第五类化学剂为通过链转移介质控制的 N,N-二乙基丙烯酰胺聚合反应合成得到，如图 6-28 所示。

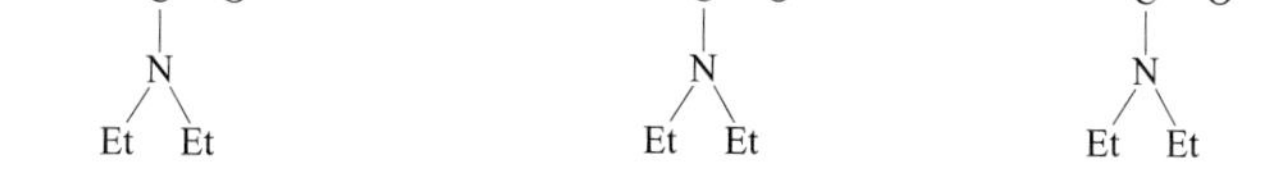

图 6-28　含烷基硫醚链尾的短链（N,N-二乙基丙烯酰胺）结构

合成的化学剂值最好的产品为十二烷基-2-(2-己内酰胺)乙醢胺，添加 0.75% 该 AA 可以防止 11.5℃ 过冷度下的水合物聚积，在 5 天内可以防止水合物堵塞，其中包括 3 天的启动/停止测试。烷基-2-(2-己内酰胺)乙酸及相似化学剂与 PVCap 混合，可以较好地防止静态装置中的水合物堵塞。

6.2.2.6 Nalco 和 Clariant 开发的四元 AA

Nalco 和 Clariant 分别申请了四元表面活性剂 AA 的专利,并得到了商业化的四元 AA,可以与 Shell 的四元 AA 相竞争(有较高 AA 性能的含 2 个或 3 个丁基或戊基的四元 AA)。Nalco 发现了一种绕过最初的 Shell 专利的方法,可以使用所需的含丁基或戊基的四元表面活性剂。经两年测试后,新开发的 AA 已在墨西哥湾进行了现场应用[98]。注入方式为连续注入,始于 2003 年。2005 年还报道了在其他油气田的应用情况[99]。

Clariant 开发了自己的四元 AA,已成功进行了现场试验并商业化,并申请了有关表面活性剂 AA 的专利[100]。其中一些产品也可以用作 KHI 聚合物如 PVCap 的配合剂。例如,在一专利中,据称烷基胺烷基单酯和二酯可以用作 AA,也可以用作 KHI 聚合物如 PVCap 的配合剂。同时展示出较好的腐蚀性抑制性能。例如,N,N'-dialkylaminoalkyl ether car-boxylates 可以作为腐蚀性和气体水合物抑制剂,溶解度和生物降解能力均有所改进。烷基胺烷基/烷氧基单酯,烷氧基胺醚羧酸及其季铵化产品,也有相似的腐蚀性抑制性能,可作为 AA,也可作为 KHI 聚合物如 PVCap 的配合剂使用。这些表面活性剂理论上含有二丁基胺首基,如同 Shell 的 AA 表面活性剂。烯基琥珀酰亚胺烷基胺(alkenylsuccinimidoalkyl-amines)也可作为配合剂和腐蚀性抑制剂,溶解度和生物降解能力均有改进。

早期的四元 AA,由于每桶需处理水的 AA 单位价格与甲醇几乎相同,相继开发的四元 AA 可以在更低的浓度下使用[81,101],相比更具竞争性。

6.3 作者实验室研究成果

6.3.1 KHI

6.3.1.1 水合物抑制剂评价

著者实验室近几年在水合物动力学抑制剂的开发上也做出了一定贡献。针对文献报道的 KHI 以及本实验室合成的 KHI,采用高压透明蓝宝石釜和循环管路装置对其进行了抑制效果评价实验[102,103]。所评价的化学剂如图 6-29 所示,实验结果见表 6-1。

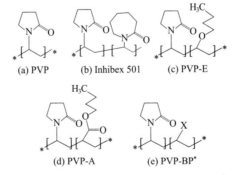

(a) PVP   (b) Inhibex 501   (c) PVP-E

(d) PVP-A   (e) PVP-BP*

图 6-29 实验所用抑制剂分子结构式

*:X 含有苯环基因。

表 6-1 不同过冷度下,以天然气作为水合物形成气时 0.5%KHIs+2.35%乙醇的效果

序号	物质	T_{exp}/K	P_{exp}/MPa	过冷度/K	TVO/min
1	PVP	279.16	4.640	6.04	18

序号	物质	T_{exp}/K	P_{exp}/MPa	过冷度/K	TVO/min
2	Inhibex501	279.08	4.616	5.82	>1440
		277.59	4.594	7.49	>1440
		275.60	4.902	9.74	42
3	PVP-E	275.60	5.024	10.17	19
4	PVP-A	279.16	4.582	5.94	>1440
		277.59	4.638	7.59	>1440
		276.60	4.618	8.55	>1440
		275.59	5.028	10.16	73
5	PVP-BP	279.16	4.632	6.02	>1440
		277.59	4.612	7.52	>1440
		276.60	4.582	8.51	>1440
		275.77	5.096	10.12	82

由表 6-1 中结果可知，在过冷度 6K 左右，Inhibex 501、PVP-A 和 PVP-BP 在 1440min 没有水合物的出现，说明这三种试剂的水合物抑制效果较好。随后将体系过冷度设置为 10K 左右，发现 PVP-A 与 PVP-BP 具有明显的水合物抑制效果，并且要优于商业化抑制剂 Inhibex 501。

为了进一步考察试剂在长周期流动状态下的效果，加入 0.5% PVP-BP 时不同过冷度下循环管路中形成的水合物形态如图 6-30 所示。

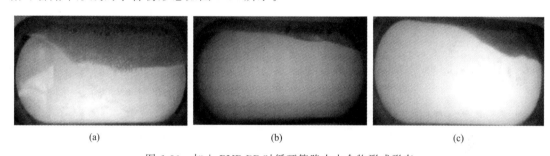

(a)　　　　　　　　　(b)　　　　　　　　　(c)

图 6-30　加入 PVP-BP 时循环管路中水合物形成形态
(a) t=30h，过冷度 8.4K；(b) t=22h，过冷度 10.2K；(c) t=30h，过冷度 12.2K

当过冷度较低、维持在 8.4K 左右时，流体在循环管路内连续运行 33h，结合图 6-30 (a) 的宏观照片，发现管路内进气后气泡有所增多，但在可视窗口并未发现有水合物形成的迹象。体系的压差及流量虽然有略微的波动现象，但仍然维持在恒定数值，体系始终保持着稳定流动的状态，而抑制剂对水合物的生成与生长均起到较好的抑制作用，KHIs 在该条件下能够保障体系稳定流动。当体系的过冷度提高至 10.2K 时，起初体系内存在少量气泡，随后气泡逐渐固化。22h 后可发现视窗右上角有少量水合物生成，并呈现出明显的边缘。但在此条件下，管路中的流体依然可以正常输送。同时，该条件下由于 KHIs 的存在水合物生长缓慢。当过冷度提高至 12.2K 时，体系很快便有水合物形成，但抑制剂对水合物的生长具有一定的阻止作用，水合物生长缓慢，管路中流体连续运行 30h 后，又出现新的粉末状的水合物生成，并逐渐堆积与固化，但仍然没有影响管路中流体的输送能力。

天然气与含水合物抑制剂的水溶液表面张力数据如图 6-31 所示[104]，可以看出，加入 KHIs 后表面张力下降，但不同 KHIs 表面张力下降的幅度有所不同。通常水合物抑制剂为水溶性聚合物，含有亲水和亲油基团，在溶液体系中一部分 KHIs 分子分散在溶液的内部，而另一部分 KHIs 分子则在气-水界面处定向排列。对于界面处的 KHIs 分子，溶液中水分子不仅对其亲水基团有引力作用，而且还对其亲油基团有斥力作用，因此 KHIs 能够在界面处定向排列。当界面处的 KHIs 分子达到足够多的数量时，原有的大部分气-液界面将被表面活性剂分子-气体分子界面所取代。形成这种新的界面比形成原来的界面所需要的能量小，这就是表面张力降低的原因。有理论认为水合物抑制剂的作用机理是通过空间位阻的作用来影响水合物的生长。若试剂对水合物的空间位阻越大，相应的憎水作用越强，其水溶液的界面张力也就越低。

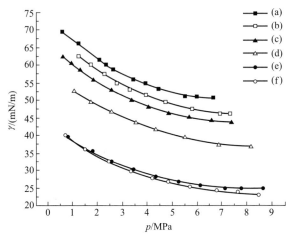

图 6-31　278.15K 下天然气与不同水溶液间的表面张力
(a) 2.35%乙醇；(b) 0.5%PVP+2.35%乙醇；(c) 0.5%PVP-E+2.35%乙醇；
(d) 0.5% Inbibex 501+2.35% 乙醇；(e) 0.5% PVP-A+2.35% 乙醇；
(f) 0.5% PVP-BP+2.35%乙醇

6.3.1.2　水合物抑制剂分子模拟

采用分子模拟技术对结构相似的水合物抑制剂 PVP、PVP-E、PVP-A 作用原理进行模拟[102,105]。在整个模拟过程中，选用 Lennard-Jones 势能来描述分子间相互作用。其中，水分子用 TIP4P-EW 模型表示，键长和键角采用 SHAKE 算法进行约束。甲烷分子采用 OPLS-AA 力场进行描述。不同类型的原子之间的交互作用力参数用标准的 Lorentz-Berthelot 混合规则进行计算，水分子中的氧原子和甲烷中的碳原子之间的作用参数为 $\sigma_{CO}=3.032\text{Å}$，$\varepsilon_{CO}=0.255\text{kcal/mol}$。动力学抑制剂采用 CVFF 力场及相应的电荷进行描述。

在整个模拟过程，采用分子动力学模拟方法来模拟水合物生长过程。模拟采用 LAMMPS 程序进行并行计算。首先对体系进行能量最小化，然后在 276K 下，对体系进行 400ps 的 NVT 动力学计算，该过程可以用来松弛固-液和气-液相界面。之后，在 15MPa、276K 的条件下，进行 40ns 的 NPT 分子动力学计算，采用 Nóse-Hoover 恒温恒压器来保持体系的温度和压力不变，其中，温度的阻尼常数为 0.2ps，压力的阻尼常数为 0.1ps。时间步长为 1fs，每 5000 步输出一次体系的结构及性质。计算过程中，截断半径设定为 9.5Å，长程静电力通过 Ewald 加和法进行计算。

首先模拟了纯的甲烷-水过饱和溶液在给定温度和压力下的动力学生长过程。甲烷水合物的增长过程如图 6-32 所示。

从图 6-32 中可以看出，在给定的温度和压力下，甲烷水合物可以较好地持续生长，而

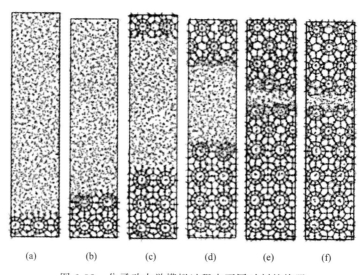

图 6-32 分子动力学模拟过程中不同时刻的快照

(a) 0ns；(b) 5ns；(c) 10ns；(d) 15ns；(e) 20ns；(f) 40ns

且在 20ns 的时间内模拟盒子中充满了甲烷水合物。甲烷水合物晶核首先将水溶液中的甲烷分子吸附在晶核表面，然后，周围的水分子再通过分子自组装行为进行有序排列，并通过水分子相互间的氢键作用连成笼型闭合网络结构，进而在甲烷水合物晶核上、下表面逐渐地连续生成新的甲烷水合物笼子。

含 KHIs 体系中的水合物生成情况模拟结果如图 6-33～图 6-35 所示。为了比较各个模拟体系中甲烷水合物生长速率的快慢，同时汇总了体系内甲烷水合物笼子数目随时间的变化曲线，如图 6-36 所示。可以看出，纯甲烷-水体系中的甲烷水合物生长速率最快，在 20ns 时间内体系可以充满水合物并达到平衡。PVP 及 PVP-E 动力学抑制剂的加入虽然可以减缓水合物的生长速率，但体系仍然可以在 40ns 内达到平衡状态。PVP-E 的水合物抑制效果要弱于 PVP 的水合物抑制效果，即在 PVP 聚合物分子中引入醚基反而会降低抑制剂的抑制效果。然而对于含有 PVP-A 的甲烷-水过饱和溶液体系，在 40ns 内没有达到平衡，而且体系内的甲烷水合物的生长速率十分缓慢，远小于含有 PVP 及 PVP-E 的甲烷-水过饱和溶液体系中的水合物生长速率。因此，通过分析各体系中甲烷水合物笼子数目随时间的变化曲线，可以得到三种动力学抑制剂的抑制效果为：PVP-A＞PVP＞PVP-E。由于不同体系内生成的 SⅡ型水合物数目不一定完全相同，对于纯甲烷-水体系及含有 PVP-E 及 PVP 的体系，在达到平衡状态时，体系内的水合物笼子数也会有轻微的差别。

6.3.2 AA

著者所在课题组分别通过自主合成以及对大量的单一组分和混合组分的试剂进行筛选的方式选择适宜的水合物防聚剂。在防聚剂评价实验过程中，发现了五种油水体系气体水合物形态[106]，分别是块状水合物、泥状水合物、絮状水合物、浆状水合物和粉状水合物，可用于初步判断水合物防聚剂的效果。其典型图片如图 6-37 所示。块状水合物为形成的水合物以块状沉积于釜低或黏于釜壁，此类水合物形成说明水合物阻聚剂失效；泥状水合物在评价商业添加剂中不是很常见，其具有一定的黏附力黏于釜壁或搅拌子；絮状水合物是蓬松如棉花状的水合物，它能分散于油相中；浆状水合物是具有一定的流动能力的、以浆液状存在的

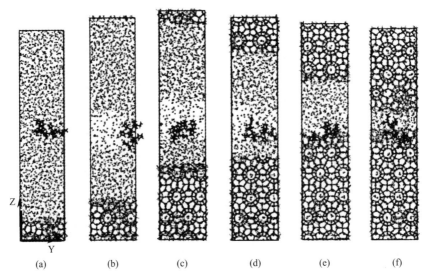

图 6-33   含有 PVP 体系的分子动力学模拟过程中，不同时刻的快照

(a) 0ns；(b) 5ns；(c) 10ns；(d) 20ns；(e) 30ns；(f) 40ns

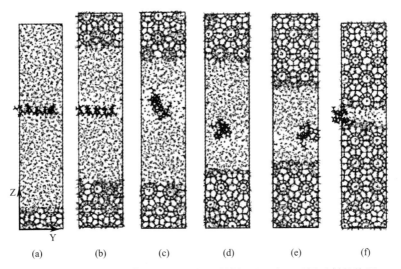

图 6-34   含有 PVP-E 体系的分子动力学模拟过程中，不同时刻的快照

(a) 0ns；(b) 5ns；(c) 10ns；(d) 20ns；(e) 30ns；(f) 40ns

水合物，它可以均一地分散在柴油相中；粉状水合物也是具有一定的流动能力以颗粒的形态分散在柴油相中。此外，即使形成泥状或者絮状水合物且在特定环境下能够流动，但是其最终都会转变成块状水合物。

经过大量水合物防聚合成及筛选评价实验，作者课题组得到效果较优的防聚剂配方 zjj1、CAA 和 ZS 等。

6.3.2.1　zjj1 效果评价

采用蓝宝石釜对文献中报道的部分 AA 乳化剂实验表明，尽管乳化剂初期能起到分散生成的水合物、阻止它结块的作用，但这些乳化剂形成乳状液之后，大多对气体有增溶作用，缩短了水合物的生成诱导期，加大了水合物的生成量，随着水合物的生成量越来越多，而乳化剂对水合物的分散效果又不好，溶液变得越来越黏稠或水合物开始在釜底/釜壁沉积，最

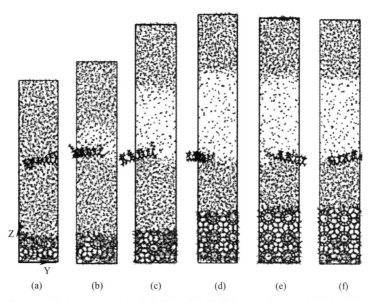

图 6-35 含有 PVP-A 体系的分子动力学模拟过程中，不同时刻的快照

（a）0ns；（b）5ns；（c）10ns；（d）20ns；（e）30ns；（f）40ns

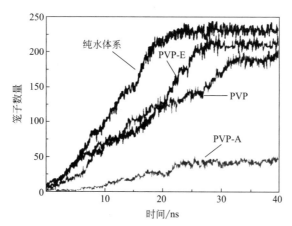

图 6-36 不同体系中，体系内甲烷水合物笼子数量随时间变化

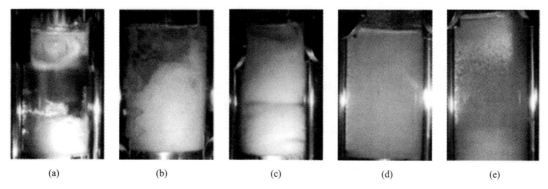

图 6-37 商业添加剂加入后（水＋油）体系形成水合物的形态

（a）块状水合物；（b）泥状水合物；（c）絮状水合物；（d）浆状水合物；（e）粉状水合物

终搅拌子都被陷在溶液中搅拌不动，见图 6-38。

图 6-38　文献报道 AA 效果

图 6-39　阻聚剂 zjj1 效果

大量的实验结果表明，单独使用一种化学添加剂不能起到理想的阻聚作用。通过对多种不同类型的化学剂进行复配，最后得到一种效果很好的阻聚剂配方——zjj1，在水合物体积分数达到 30% 以上，仍能取得很好的阻聚效果，生成的水合物均匀地分散在溶液中，28h 之后未出现任何聚结趋势（见图 6-39）。同时，加入 zjj1 后水合物的生成速率比较适中，对水合物的生成起到了很好的动态控制作用。因为水合物生成速率太快时它来不及分散就开始结块，生成速率太慢时效果相当于抑制剂，也不是所希望的结果。

为了评价阻聚剂对管道水合物的生成和流动的影响，在环型管道上进行了初步的评价实验研究。实验中选择的体系为水＋轻油＋甲烷，油/水体积比为 3：1，生成完成后的水合物体积分数（水合物最大体积分数）约 30%。共进行了 3 组评价实验，第一组实验中，阻聚剂采用文献中报道阻聚效果较好的 Span 20。第二、三组实验中，阻聚剂采用我们开发的配方，使用浓度有差异。第二组实验采用的浓度为 1.5%，第三组实验采用的浓度为 1.75%，评价实验结果如图 6-40、图 6-41 所示。三组实验的结果均显示实验开始阶段，随着时间的延续，流量减少，表观黏度增加，这主要是水合物的浓度不断在增加。但当实验进行到一定阶段后，流量和表观黏度逐渐趋于稳定，表明水合物的生成过程已基本完成，体系进入一种稳态流动。

第一组实验中（图中的 1#），流体的流量下降较为迅速，而表观黏度增加迅速，表明 Span20 增黏的副作用明显，导致浆液流动情况较差。

第二组实验中（图中的 2#），14h 的运行结果发现，该条件下流体的流动性较好些，但在 400min 后，压降有所上升，而流体的流量减小，流体在一个较小的流量下流动。

第三组实验中（图中的 3#），14h 的运行结果发现，该条件下的流体表观黏度与第二组实验相比稍大一些，但黏度的绝对值并不大，最大才 0.006Pa·s。在 14h 的运行过程中，流量比较稳定，维持在一个较高的水平，流动状况最好，说明 1.75% 添加浓度比较合适。

6.3.2.2　CAA 效果评价

利用透明蓝宝石釜，针对本实验室开发的 CAA 进行了测试[107]，图 6-42 示出了 10% 水＋90% 柴油体系加入 1% CAA 前后水合物的形态变化。

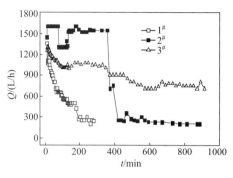

图 6-40　流量-时间曲线

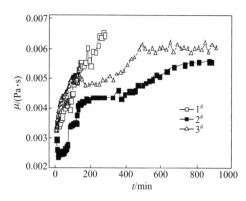

图 6-41　表观黏度-时间曲线

(a) 未加CAA,过冷度6.5K

(b) 加入1%CAA,过冷度14.8K

图 6-42　10％水＋90％柴油体系加入 1％ CAA 前后水合物的形态变化

由图 6-42 可知，未加入 CAA 的 10％水＋90％柴油体系在 6.5K 过冷度下形成的水合物很容易聚积成块状，并沉积于蓝宝石釜底部，水合物聚积在釜底，金属搅拌垫圈仅在水合物上方的油相中运动。当加入 CAA 时，即使过冷度为 14.8K，在阻聚剂的作用下形成的水合物为浆态水合物，并能均匀地分散在油相中，表明 1％CAA 能很好地抑制水合物的聚积。

图 6-43 与图 6-44 分别为水合物形成过程中的不同阶段典型的 PVM（particle video microscope）图片与对应的 FBRM（focused beam reflectance measurement）弦长分布曲线。

由图 6-43（a）可知，水合物形成前，水以小液滴形式分散于油相中；水合物初始形成时，可见大的白色的水合物颗粒出现于 PVM 中［见图 6-43（b）］；同时也可以从图 6-44（b）观察到弦长分布向右侧移动。这两者都能表明水合物形成时发生轻微的聚积现象。但由于聚积程度不是很大，通过高压蓝宝石釜很难被观察到。当大量水合物形成时，水合物颗粒分散于油相中，弦长分布［图 6-44（c）］接近水合物形成之前的状态，停止搅拌 9h 后也未发生太大变化［图 6-44（d）］。平均弦长仅有微小增加的趋势，表明加入阻聚剂后可以控制水合物的生长，流体能保持较好的流动状态。

6.3.2.3　ZS 效果评价

本实验室开发了一种高效植物提取型水合物阻聚剂 ZS[108]，并对其进行了大量评价实验。结果表明，该植物提取型水合物阻聚剂在柴油＋水＋天然气体系及凝析油＋水＋天然气体系中均能起到良好的阻聚效果[109]，最终均能形成均匀稳定的水合物浆液。并以体积分数

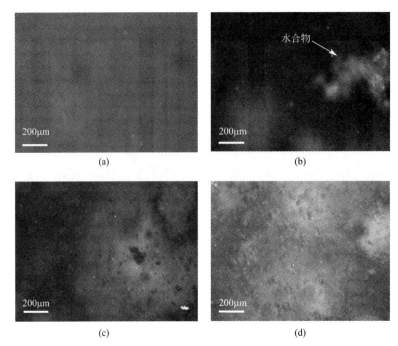

图 6-43　体系在过冷度为 11.1K 下四张典型的 PVM 图片

（a）水合物形成前；（b）初始水合物形成；（c）大多数水转化为水合物；

（d）停止搅拌 9h 后；图中白色线段长度为 200μm

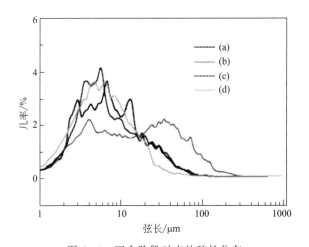

图 6-44　四个阶段对应的弦长分布

（a）水合物形成前；（b）初始水合物形成；（c）大多数水转化为水合物；（d）停止搅拌 9h 后

10％含水率的柴油＋水＋天然气体系为例，分析了含 3.0％阻聚剂 ZS 条件下，水合物浆液在形成过程中液滴/颗粒形态变化和水合物颗粒弦长分布变化规律。温度为 276.2K，天然气进气压力为 7.5MPa，搅拌速率为 300r/min。图 6-45 为由 FBRM 探头测得的实验过程中液滴/颗粒弦长分布随实验时间变化情况。随着水合物的形成，弦长分布曲线突然向右（大尺寸方向）偏移，表明体系中大颗粒数目开始增加，此阶段对应水合物形成初始阶段；随着实验的进行，在水合物阻聚剂和机械搅拌作用下，体系内颗粒弦长分布曲线逐渐向左（小尺寸方向）偏移并保持稳定，形成均匀的水合物浆液；停止搅拌后，由于水合物相与油相的密度差，水合物颗粒开始发生沉降，在此过程中可能发生水合物颗粒间的聚集，从而导致此阶段体系内颗粒弦长分布曲线极不稳定；重启搅拌后，水合物浆液中颗粒弦长分布曲线重新恢复并保持稳定。

图 6-46 为液滴/颗粒平均弦长随实验时间变化。在形成水合物以前，体系液滴平均弦长保持在 $3\mu m$ 左右，形成的液滴平均弦长较小。随着水合物的形成，平均弦长逐步增加至 $6\mu m$ 并保持稳定，停止搅拌 2h 后重启，水合物浆液平均弦长重新恢复至 $6\mu m$ 左右。由此可知，开发的水合物阻聚剂 ZS 具有良好的阻聚效果，并且容易控制水合物初始形成阶段时颗粒大小，最终形成的浆液内颗粒平均弦长也较小。

水合物阻聚剂 ZS 的配伍性实验表明，该阻聚剂与两类降凝剂具有良好配伍性，并可提高降凝剂的降凝效果；含阻聚剂 ZS 的水溶液生物降解性测试表明，植物提取型水合物具有较高的可生化性。

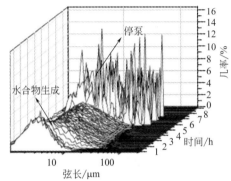

图 6-45　液滴/颗粒弦长分布随实验时间变化

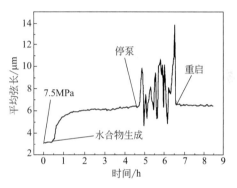

图 6-46　液滴/颗粒平均弦长随实验时间变化

水合物阻聚剂 ZS 同时具有水合物剥离作用，以体积分数 20.0% 含水率的柴油＋水体系为例，考察管路中的水合物沉积和注剂剥离过程[110]，实验采用由低压向高压阶段性进气的方式，进气压力由 0.5MPa 逐渐增至 2.0MPa，待管路内发生明显水合物沉积后，开始注入水合物阻聚剂 ZS，考察水合物沉积层在注剂后的剥离脱落过程。实验温度为 274.2K。实验过程中体系流量与压差随时间变化情况以及注剂实验过程中宏观形态变化情况如图 6-47所示。

由图 6-47 可知，在管路压力增至 1.5MPa 后，开始出现水合物颗粒，体系流量逐渐下降，而压差上升；当管路压力增至 2.0MPa 时，体系流量急剧降至 $0.4m^3/h$，首次注入 0.05% 水合物阻聚剂 ZS（加剂量以体系初始水量为基准），体系流量有所回升，但变化不明显；第二次注入 0.1% 水合物阻聚剂后，体系流量回升至 $1.8m^3/h$，但波动剧烈，随着体系内水合物的持续形成，流量又逐渐至 $0.6m^3/h$；第三次注剂 0.2%，体系流量开始有所回升，而后突然降至 $0.2m^3/h$，此阶段体系流量和压差变化较大，压差峰值可达 35kPa；第四次注剂 0.5% 后，体系流量逐渐回升 $1.3m^3/h$ 并趋于稳定，压差逐渐降至 7kPa 并保持稳定。

相应地，从管路内流体的宏观形态中可以发现，当发生明显的水合物沉积后［图 6-47（f）］，注入 0.05% 的阻聚剂 ZS，在流动剪切情况下，可发现水合物颗粒从沉积层表面逐渐剥离，分散于主体油相中［图 6-47（g）］；第二次注剂后，水合物的剥离现象更为明显，透过透明管，甚至可观测到水合物以块状整体从管壁上剥离脱落［图 6-47（h）］，因此，此阶段体系流量和压差变化剧烈；第三次注入 0.2% 阻聚剂后，由于水合物沉积物大范围的

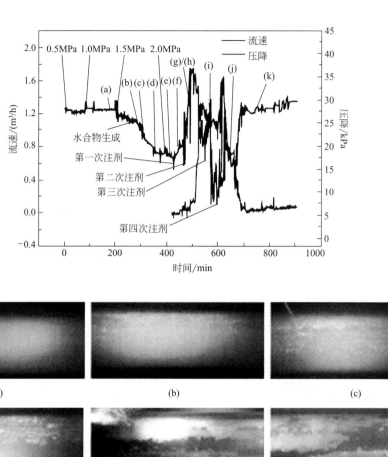

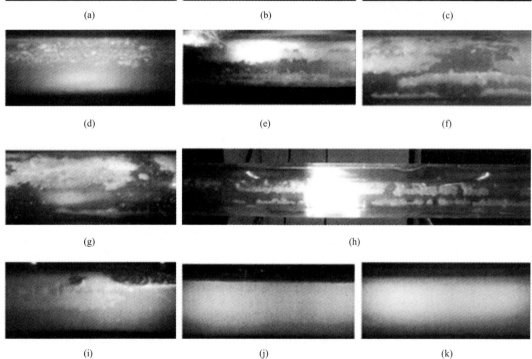

图 6-47 体积分数 20.0%含水率条件下注剂剥离实验过程中流量、压差和宏观形态变化情况

剥离 [图 6-47 (i)]，并分散于油相中，导致主体油相开始变得混浊，但此时局部仍有水合物沉积尚未剥离，另外，剥离脱落后的水合物可能在油相中发生二次聚积，因此，此阶段流量变化依旧剧烈，甚至降低至 0.2m³/h；第四次注入 0.5%阻聚剂后，水合物沉积物彻底剥离脱落 [图 6-47 (j)]，透明管中观测不到大块水合物沉积层，水合物以小颗粒分散于油相

中；体系最终呈水合物浆液稳定流动［图 6-47（k）］。该实验表明，通过注入水合物阻聚剂 ZS 的方式可有效实现水合物沉积物的剥离脱离，为多相流动安全保障技术的发展提供理论依据。

6.4 现场油气田应用

在大量的实验室和小试规模的成功实验基础上，一些动力学抑制剂 KHI 和防聚剂 AA 已经应用于现场油气生产与输送过程中。

6.4.1 KHI

KHI 现场试验的先驱者为 Arco[111]、Texaco[112] 和 BP[113]。Arco 于 1995 年在北海南部气田测试了 Gaffix VC-713 的应用情况，试验表明添加 0.5% 的聚合物可以处理过冷度为 8～9℃ 时的情况。Texaco（德士古）公司等在美国陆上油气田（Wyoming 和 Texas）采用动态抑制剂 PVP 进行了实验。试验表明 PVP 仅能在有限的过冷度下使用。BP 于 1995—1996 年间采用 KHI 混合剂（由 TR Oil Services 提供），在另一个北海南部气田（Ravens-burn-Cleeton）进行了 6 次现场试验，这种 KHI 混合剂为基于 TBAB 和 VCap 聚合物的混合物。TBAB 除了作为配合剂外，还有增加 VCap 聚合物雾点的额外效果。另外，TBAB 的价格约为 PVCap 的一半，现场试验在过冷度最大为 10℃ 下获得成功。现场试验的成功使 BP 于 1996 年在 West Sole/Hyde，69km 的湿气管线中使用 KHI 代替乙二醇，该气田的最大过冷度为 8℃[114,115]，动态抑制剂完全满足要求。

20 世纪 90 年代后期，BP 公司在北海英国部分的 Eastern Trough Area Project（ETAP）[116,117] 进行了 KHI 应用。ETAP 由几个油田和与之相连的中心处理单位组成，形成了第一个为 KHI 应用提供的海底纽带。ETAP 计划始于 20 世纪 90 年代早期，1998 年开始投产。两个油田中的流体在 6～8℃ 下进入水合物可能形成区域。这两个油田均为 KHI 应用的理想场所，并已在北海南部气田做了现场试验。与使用甲醇相比，使用 KHI 节省了 4 千万美元。资金的最大节省在于排除了甲醇再生厂和所需的平台空间。TROS（目前为 Clariant）得到 BP 的 KHI 生产许可，为 ETAP 合成 KHI 产品。他们必须克服组合使用腐蚀性抑制剂和防垢剂的兼容性问题。KHI 的现场注入始于 1998 年，此后操作平稳，没有发生水合物堵塞问题。起初的 KHI 基于 BP 的 PVCap/TBAB 配合混合剂工艺［Elf（现名 To-tal）使用了相似的产品，在陆上的多相传输管道中取代甲醇解决水合物问题[118]］。PVCap 由 BASF 提供，每年所需总量约 100～120t，使得 ETAP 成为全球 KHI 应用最大的场所。中东的卡塔尔有类似规模的 KHI 应用。2001 年，Nalco 代替 Clariant 为 ETAP 提供化学剂，Nalco 的 KHI 中也使用了 PVCap，但他们从 BASF 的竞争对手 ISP 中得到聚合物，使得 BASF 的 PVCap 销售量减半。

在北海英国部分的名为 Otter 的油气田，由 Total 运作，成为继 ETAP 后油气田开发中计划使用 KHI 的第二个油气田。于 2003 年开始生产[119,120]，计划在停工或短期低速流时注入 KHI。

2004 年，Clariant 和 Total 报道了在中东名叫 West Pars 的油气田中 KHI 的首次应用，经过 10 个月应用表明，KHI 的注入是成功的[121]。Nalco 也报道了他们在中东的 RasGas 进行 KHI 应用的情况。

油田服务公司在应用 KHI 时，需克服的另一个障碍为在单注入管线中 KHI 与其他化学剂的组合问题。在 ETAP 和北海南部气田，Clariant 已成功将 KHI 与防腐蚀剂和防垢剂组合使用，将 KHI 与石蜡抑制剂组合的成功使用也已报道[122,123]。Baker Petrolite 也报道了 KHI/腐蚀抑制剂混合的研究成果[124]。

KHI 的另一个应用领域为与热力学抑制剂组合使用。例如，油田开采后期含水量太高（＞50％）而不能使用 AA，过冷度太高也不能单独使用商业 KHI。那么通过组合 KHI 与甲醇或乙二醇以提高过冷度性能是可行的。BJ 化学服务公司发表了在墨西哥湾海底管线中 KHI 和甲醇组合使用的相关文章[125]。

在深水钻井中如果由于气体水合物形成而发生突漏将是个灾难。可以添加盐和乙二醇作为热力学抑制剂避免钻井液中水合物形成。然而，钻井液中的有些位置是不能进行热力学抑制剂控制的，例如，为了使流体的密度不超过压裂梯度，需限制添加盐的数量。另一方面，在深水钻井中，在水基的钻井液中不可避免地会有水合物生成。一些公司针对不能添加热力学抑制剂的钻井液中如何使用 KHI 进行了研究[126]，研究表明 PVCap 和其他低雾点的 KHI 聚合物不能在钻井液中使用，不能兼容最大循环温度（经常 40～50℃）下含较高盐量的钻井泥浆的环境。因此，必须设计在盐溶液中有高雾点的 KHI。Westport 为石油公司和泥浆公司的钻井液进行了 KHI 测试。他们认为 KHI 失去活性可能是由于 KHI 被钻井液中的黏土（泥浆）粒子所吸附引起的。RF 也注意到黏土粒子对一些 KHI 聚合物的影响。但他们证实两种聚合物对钻井液而言有较好的 KHI 效果，当聚合物的浓度为 0.6％时，可额外提供 8～10℃的过冷度保护，延迟 24h 成核。MI Swaco 发现一种 KHI 聚合物，当浓度为 1％时，可以提供额外 8℃的过冷度保护，延迟 10h 成核[126]。然而，在这些测试中没有使用黏土。BJ 化学服务公司在墨西哥使用热力学抑制剂、KHI 和 GW AA 的混合物用于钻井液流体中处理水合物问题[127]。

截至 2005 年，据估计全世界有约 40～50 处的 KHI 应用，由少数服务公司负责进行。在这些 KHI 应用中，低相对分子质量的基于 PVCap 的产品并添加配合剂，可能是目前市场上最好的抑制Ⅱ型水合物结构的 KHI。ISP 和 Nalco 报道有些 KHI 混合物可以在过冷度 13℃下抑制水合物形成达 48h[128]。自从基于 Vcap 的三元共聚物 Gaffix VC-713 发现以来，过冷度已提高约 5～6℃。ISP 和 Nalco 将他们的低相对分子质量的基于 PVCap 的 KHI 在 Statoil 的轮式环路中进行测试，结果表明他们开发的 KHI 效果最好[129,130]。在一种凝析油中，KHI 的过冷度为 17～19℃；而在另一种凝析油中，KHI 的过冷度仅为 8～12℃。在原油中最大过冷度为 13～16℃，而在气/水体系中最大过冷度为 11～12℃。表明不同的液烃相 KHI 的作用不同。因此，必须根据现场的实际流体进行 KHI 测试。确定凝析油、原油对 KHI 性能影响规律，然后再改进 KHI 性能是一种很好的尝试方法。

Nalco 同时认为 KHI 聚合物的雾点对现场应用而言并不是一个关键的因素[128]。早期研究认为聚合物在井流物的最高温度范围内必须是可溶的，最高温度通常在注入位置。若不可溶则会在管线中沉淀。因此很难应用 PVCap（它在淡水中的雾点约为 30～42℃）。Nalco 测试表明 PVCap 聚合物保留在液烃相中的溶剂液滴中，直至富水相温度下降到低于聚合物的雾点。在该点聚合物将溶解于富水相。

即使上述提到的效果最好的 KHI，Statoil 也不能在挪威油气田使用 PVCap。原因在于 Norwegian Pollution Authority（SFT）需要所有新开发的海上化学剂必须具有 60％以上的生物降解能力。Nalco 开发的基于 PVCap 的 KHI 仅有非常差的生物降解能力，尽管毒性比其他水溶性聚合物都低。另外，四元 AA 在挪威已禁止使用。Ringhorn 油气田过冷度相当低，ExxonMobil Norge 曾打算使用 KHI，然而，由于 SFT 不允许使用低生物降解能力的聚合物，计划被迫中止。

英国对新开发的海上化学剂仅要求 20％以上的生物降解能力。然而，即便如此，也高于正常 PVCap 的生物降解能力。这使得 BASF、Clariant 和 ISP 寻找具有更高生物降解能力的聚合物。迄今为止，BASF 报道已合成了低相对分子质量的基于内酰胺的聚合物，约有 20％的生物降解能力，与早期的基于 VCap 的 KHI 相当。

6.4.2　AA

相对于动力学抑制剂 KHI，防聚剂 AA 的应用较晚，起初并没有出现在公开文献中。AA 的首次深海应用是在 1999 年，AA 也可以用于陆上和浅海中，大多是应用在深海区域[131]。

作为 EUCHARIS 工程的一部分，IFP 在 1998—1999 年对乳状液 AA，Emulfip 102b 进行了两次现场试验。地点在阿根廷南部，3in、2.5km 的陆上管线，管线压力为 40bar，含水 20％，盐度为 10g/L。第一次现场试验的过冷度最大为 10～12℃。AA 用泵脉冲式注入而不是连续注入。IFP 认为第一次现场试验是成功的。

第二次现场应用是在 1999 年 6—7 月份，同样在阿根廷南部的 Canadon 油田。根据每天的早晚温度的不同，过冷度在 10～20℃之间变化。AA 仅在较短时间内起作用，然后失效，导致管线堵塞。试验发现，水合物粒子在管线中的聚积不一定在位置低的区域，水合物从浓缩水中沉积于上管壁。在现场应用过程中，流体的流动为层流，气相中没有 Emulfip 102b。这个结果同样可以在 IFP 的环路测试中体现，但在环路测试中没有发现沉积形成，Emulfip102b 还具有分散形成的水合物的作用。浓缩水的问题和浆液输送困难可以通过非层流流动克服（高的液体体积和流量）。

2000 年，Baker Petrolite 在文章中讨论了水溶性四元 AA 的首次现场试验[132]。首次试验实际上实施在 1999 年的墨西哥湾，并取得成功。Baker Petrolite 克服了墨西哥湾的环境限制，该处的环境法律不如北海限制严格。在墨西哥排放水和稀释物的毒性是主要的环境评测因素，而在北海，需要评估注入化学剂的毒性、生物降解能力和生物体内积累。英国要求新化学剂具有 20％的生物降解能力，有些单链尾四元 AA 不能达到，而双链端四元 AA 具备该能力。挪威则要求新化学剂具备 60％以上的生物降解能力，使 LDHI 技术无法商业化。在墨西哥湾成功使用后，AA 又应用于墨西哥湾减轻黑油系统开车/停车位置的水合物堵塞问题。连续注入 AA 的第一次现场应用是在 2002 年，Shell 的名为 Popeye 油气田，也位于墨西哥湾[133]。从此以后 AA 应用的案例尤其在墨西哥湾快速增加[134,135]。例如，Exxon Mobil 运营的 Diana 油气田输油管线在 2002—2003 年采用了 Baker Petrolite 的 AA，该管线一直延伸到高水含量的油区。另外，在墨西哥湾，一油井含水量约 21％，在 2003 年早期曾被水合物堵塞，当时停车和重启时没有抑制剂保护。其后在油井重启前，首先注入防聚剂，之后则没有再发生堵塞现象。在墨西哥湾的一条 6in 的海底管线中，从 2002 年 9 月开始将防聚剂连续注入，尽管在−3.9℃下操作，完全在水合物生成范围内，报告显示没有水合物问题出现，其中防聚剂的应用量比甲醇低 95％。

从 20 世纪 90 年代中期到后期，荷兰、英国、新西兰对油溶性双链尾四元 AA 进行了现场试验。第一次现场应用计划在 Sole Pit 地区英国北海凝析油气田进行[136]。然而，由于油气中水的盐度很高，不再需要水合物抑制剂，有关 AA 的现场应用中止。2003 年北海荷兰部分的 ShellK7-FB 油气田[137]采用油溶性的四元 AA 进行了现场应用，AA 由 Clariant Oil-field Services 提供。油气田井流物为凝析油气和淡水，过冷度最大为 8～9℃。油溶性双链端四元 AA 的缺点之一为在 20℃下的保存期限约 1 年。表面活性剂的一个链尾逐渐退化，剩下一个单链尾的表面活性剂，只有很差的 AA 性能。因此，运营商不得不事先确定四元 AA 的周转期，尤其在气候条件较热的地方，使运行周期保持在一年内，确保油溶性四元 AA 的效果。

目前，在气井和油气管线中使用 LDHI 已迅速地成为一种可接受的防止水合物堵塞的方法。LDHI 的现场应用[2]大多数与 KHI 有关，但 AA 应用的数量也在快速增加。更多的油气田在计划使用 LDHI。当过冷度低于 10℃时，KHI 继续在市场应用中占优势。一些商业 KHI 当剂量＞5000mg/L 时可用于过冷度至约 15℃的油气田。有些 KHI 据称可在更高的过冷度下工作，但还没有商业应用。有些油气田中出现了热力学抑制剂和 KHI 混合使用的情况。当水量低于 50％时，AA 也可用于低过冷度的情况，在某些情况下比 KHI 更经济。AA 更适于油气田或管线的过冷度较高的情况，而 KHI 不能使用。随着人们对 AA 的应用经验的增多，可以期待 AA 将可应用于更高的过冷度下。

LDHI 在应用中面临的问题是抑制活性不高，而且通用性差，受外界环境影响较大。KHI 的使用受到过冷度的限制，并且它是抑制水合物生成或者延缓水合物结块，由于实际油气田体系的组分比较复杂，体系中盐度或压力的不同都能影响抑制剂的抑制能力，因此现场使用效果往往跟实验室测试结果有较大出入。与动力学抑制剂相比，防聚剂 AA 在实际使用中的效果理论上并不取决于过冷度的大小，它并不是抑制水合物的生成，而是使水合物颗粒悬浮在油相中处于分散状态。但是，AA 的抑制效果与油相组成、盐度以及含水量等密切相关。

人们仍然没有完全了解 LDHI 的水合物抑制机理，在富水环境中水合物-水-聚合物交互作用方面需要做更多的工作，需进一步从分子模拟和实验方面研究水合物成核和聚积的机理，LDHI 测试也需要更好的实验程序以匹配真实的现场条件（不单单是单一的过冷度限制）。对于同一种低剂量抑制剂 LDHI，不同水合物研究机构有着不同的测试方法，测试结果并不总是一致，真实地模拟现场条件特别困难。不同的流体组成、压力的高低、流型的变化，均影响着 LDHI 的现场应用。因此，不仅仅是过冷度，压力、油相组成、盐度等对 LDHI 的影响也需要进一步考查。LDHI 在应用中需注意以下问题：

① 油气田中使用了多种抑制剂，如蜡抑制剂、腐蚀性抑制剂和沥青质抑制剂，需注意 LDHI 与其他化学剂一起使用的兼容性问题。有时 KHI 与腐蚀性抑制剂一起使用时有相反的效果。但也有现场应用表明 KHI 和腐蚀性抑制剂同时使用也有好的抑制结果，使用前必须对兼容性进行测试。

② 某些情况下将动力学抑制剂和防聚剂二者结合使用可以大大提高抑制效果，同时增强水合物颗粒的分散。防聚剂 AA 可以促进动力学抑制剂 KHI 的抑制能力，液态和非挥发性的活性防聚剂 AA 也可作为高分子动力学抑制剂 KHI 的载体溶剂。一般动力学抑制剂 KHI 在载体溶剂中的浓度超过 5％后，便会由于黏度太高而不易泵送，也不易在气体蒸气中分散，但是 AA/KHI 结合使用后，即使浓度增加 3 倍也不会引起这样的问题。

③ 尽管 LDHI 的用量明显低于传统的水合物热力学抑制剂，与其他化学剂相比，LDHI

仍然需要相对较高的量（1000～50000mg/L），LDHI 还会带来水污染问题，必要时需设计适当的处理计划，并开发更绿色环保的 LDHI。

④ 油的污染是一个重要问题。在一些钻探泥浆中的乳状液介质会干扰一些 AA 的性能，因此，一些受污染的油需要更高含量的 AA（有时接近正常用量的 5 倍）。

⑤ 水合物抑制剂的价格并不能准确地体现出整个系统的经济性。化学剂的费用仅是控制水合物的费用的一小部分，还存在储存、输送、后勤、处理等的费用。

参考文献

[1] Kuliev A M. Gazov D，1972，10：17-19.

[2] Kelland M A. Energy & Fuel，2006，20：825-847.

[3] Muijs H M，Beers N C，van Om N M，et al. Canadian Patent Application 2036084，1991.

[4] Duncum S N，et al. European Patent Nr. 0536950 A1，1993.

[5] Duncum S，Edwards A R，GordonK R，et al. WO Patent Application 94/25727，1994.

[6] Duncum S，Edwards A R，Lucy A R，Osborne C G. WO Patent Application 94/24413，1994.

[7] Duncum S，Edwards A R，Lucy A R，Osborne C G. WO Patent Application 95/19408，1995.

[8] Long J，Lederhos J，Sum A，et al. In Proceedings of the 73rd Annual GPA Convention，New Orleans，LA，1994，March 7-9.

[9] Sloan E D. U S Patent 5420370，May 30，1995.

[10] Kalbus J S，et al. Production Operations and Engineering/General Proceedings - SPE Annual Technical Conference and Exhibition v Pi 1995. Society of Petroleum Engineers（SPE），Richardson，TX，USA. 125-134 SPE 30642.

[11] Carver T J，Drew M G B，Rodger P M. J Chem Soc，Faraday Trans，1995，91（19）：3449-3460.

[12] Moon C，et al. Can J Phys，2003，81（1-2）：451-457.

[13] Kelland M A，Svartaas T M，Dybvik L A. In Proceedings of the SPE 69th Annual Technical Conference and Exhibition，New Orleans，LA，October 1994，SPE 28506.

[14] Lederhos J P，Long J P，Sum A，et al. Chem Eng Sci，1996，51（8）：1221-1229.

[15] Sloan E D. U. S. Patent 5432292，July 11，1995.

[16] Sloan E D，Christiansen R L，Lederhos J. et al. U S Patent 5639925，June 17，1997.

[17] Sloan E D. U S Patent 5880319，March 9，1999.

[18] Talley L D，Mitchell G F，Oelfke R H，Acad N Y. Science，2000，912：314-321.

[19] Lederhos J P，Sloan E D. In SPE Annual Technical Conference and Exhibition，October 5-9，1996，Denver；SPE 36588.

[20] Makogon T. Ph. D. Dissertation，Colorado School of Mines，1997.

[21] Sloan E D，Subramanian S，Matthews P N，et al. Ind. Eng. Chem. Res.，1998，37：3124-3132.

[22] Larsen R. Ph. D. Thesis，Norwegian University of Science and Technology，Trondheim，Norway，1997.

[23] Kvamme B. Proceedings of the International Offshore and Polar Engineering Conference，2001，（1）：517-527.

[24] Habetinova E，et al. Proceedings of the Fourth International Conference on Gas Hydrates，Yokohama，2002，5：19-23.

[25] Larsen R，Knight C A，Sloan E D. Fluid Phase Equilib，1998，150-151：353-360.

[26] Kelland M A，Svartaas T M，Øvsthus J. In Proceedings of the 3rd Natural Gas Hydrate Conference，Salt Lake City，July 1999.

[27] ColleK S，Costello C A，Talley L D，et al. WO Patent Application 96/08672，1996.

[28] ColleK S，Talley L D，Oelfke R H，et al. WO Patent Application 96/41784，1996.

[29] ColleK S，Costello C A，Talley L D，et al. WO Patent Application 96/41834，1996.

[30] ColleK S，Costello C A，Talley L D. Canadian Patent Application 96/2178371，1996.

[31] ColleK S，Costello C A，Talley L D，et al. WO Patent Application 96/41786，1996.

[32] Thieu V，BakeevK，Shih J S. U S Patent 6451891，2002.

［33］ Toyama M，Seye M. World Patent Application WO 02/10318，2002.

［34］ Colle K，Talley L D，Longo J M. World Patent Application WO 2005/005567，2005.

［35］ Talley L D，Oelfke R H. WO Patent Application 97/07320，1997.

［36］ Duncum S，Edwards A R，Osborne C G. WO Patent Application 96/04462，1996.

［37］ Duncum S，Edwards A R，JamesK，Osborne C G. WO Patent Application 96/29501，1996.

［38］ Duncum S，Edwards A R，JamesK，Osborne C G. WO Patent Application 96/29502，1996.

［39］ Namba T，Fujii Y，Saeki T，Kobayashi H. WO Patent Application 96/38492，1996.

［40］ Kvamme B. In Proceedings of the 13th Symposium on Thermophysical Properties，Boulder，CO，1997，6：22-27.

［41］ Kvamme B. In Proceedings of the 2nd International Conference on Natural Gas Hydrates，Toulouse，France，June 2-6，1999，131-146.

［42］ Hawtin R W，Moon C，Rodger P M. In 5th International Conference on Gas Hydrates，Trondheim，Norway，June 13-16，2005，118.

［43］ Grainger N，Hawtin R，Moon C，et al. In 5th International Conference on Gas Hydrates，Trondheim，Norway，June 13-16，2005，317.

［44］ Kvamme B，Huseby G，Førrisdahl O K. Mol. Phys.，1997，90（6）：979-991.

［45］ Phillips N J，Kelland M A. Industrial Applications of Surfactants IV；Karsa，D R，ed；Royal Society of Chemistry：London，1999，244-259.

［46］ Klomp U C. WO Patent Application 01/77270，2001.

［47］ 国际壳牌研究有限公司，CN 1685130A，2005，10.

［48］ Dahlmann U，Feustel M，Holtrup F，et al. WO Patent Application 02/084072，2002.

［49］ Karaaslan U，Parlaktuna M. Energy & Fuels，2002，16：1387-1391.

［50］ Karaaslan U，Parlaktuna M. Proceedings of the Fourth International Conference on Gas Hydrates，Yokohama，May 19-23，2002.

［51］ Burgazli C R. World Patent Application WO 2004/111161，2004.

［52］ Burgazli C R，Navarrete R C，Mead S L. Presented at the Petroleum Society's Canadian International Petroleum Conference，Calgary，Alberta，Canada，June 10-12，2003，2003-2070.

［53］ Storr M T，Montfort J P，Taylor P C，et al. In Proceedings of the 4th International Conference on Gas Hydrates，Yokohama，Japan，May 19-23，2002.

［54］ Storr M T，Taylor P C，Montfort J P，et al. JX. Am Chem Soc，2004，126：12569-12576.

［55］ Duffy D M，Moon C，Irwin J L，et al. Chemistry in the Oil Industry，Symposium Ⅷ，Manchester，England，2003.

［56］ Huang Z. Inhibition of clathrate hydrates by antifreeze proteins. QUEEN'S UNIVERSITY ATKINGSTON（CANADA），PhD，2004.

［57］ Maximilian A，NeubeckerK，Sanner A. U S patent 6867262，2005.

［58］ Sugier A，Bourgmayer P，Behar E，Freund E. European Patent Application 323307，1989.

［59］ Sugier A，Bourgmayer P，Behar E，Freund E. European Patent Application 323774，1989.

［60］ Sugier A，Bourgmayer P，Stern R. European Patent Application 323775，1989.

［61］ Reijnhout M J，Kind C E，Klomp U C. European Patent Application 0 526 929 A1，1993.

［62］ Sugier A，Durand J P. U S Patent 5244878，1993.

［63］ Sugier A，Durand J P. European Patent Application 582507，1994.

［64］ Durand J P，Delion A S，Gateau P，Velly M. European Patent Application 594479，1995.

［65］ Durand J P，Delion A S，Gateau P，Velly M. European Patent Application 740048，1995.

［66］ Rojey A. French Patent Application，Fr. 2735210，1996.

［67］ Rojey A. French Patent Application，Fr. 2735211，1996.

［68］ Pierrot A，Doerler N，Goodwin S. In Proceedings of the Offshore Northern Seas Conference，Stavanger，August 28，1992.

［69］ Palermo T，Sinquin A，Dhulesia H，et al. In Proceedings of Multiphase 1997；BHR Group：1997，133.

［70］ Yeh Y，Feeney R. Chem ReV，1996，601，96（2）and references therein.

[71] Edwards A. R. In Proceedings of the 1st International Conference on Natural Gas Hydrates，New York，1993，543.

[72] Klomp U C，Kruka V C，Reijnhart R. In Proceedings of Controlling Hydrates，Waxes and Asphaltenes，IBC Conference，Aberdeen，October 1997.

[73] Klomp U C，Kruka V C，Reijnhart R. WO Patent Application 95/17579，1995.

[74] Frostman L M，Crosby D. Poster presented at the SPE Forum on Gas Hydrates，St. Maxime，France，September 1999.

[75] Thieu V，Frostman L M. In Proceedings of the International Symposium on Oilfield Chemistry，Houston，TX，February 2-4，2005；SPE 93450.

[76] Frostman L M. In Proceedings of the SPE International Symposium on Oilfield Chemistry，Houston，February 13-16，2001；SPE 65006.

[77] Przybylinski J L，Rivers G T. U S Patent 6596911 B2，2003.

[78] Blytas G C，Kruka V R. International Patent Application WO 01/38695.

[79] Rivers G T，Downs H H. U S Patent Application 20040144732，2004.

[80] Rivers G T，Frostman L M，Pryzbyliski J L，et al. U S Patent Application 20030146173，2003.

[81] Crosby D L，Rivers G T，Frostman L M. U S Patent Application 2005/0261529，2005.

[82] Klomp U C，Reijnhart R. WO Patent Application 96/34177，1996.

[83] Klomp U C. WO Patent Application 99/13197，1999.

[84] Kelland M A，Svartaas T M，Dybvik L A. In Proceedings of the SPE Offshore European Conference，1995；SPE 30420.

[85] Kelland M A，Svartaas T M，LekvamK，et al. In Proceedings of the 2nd International Conference on Natural Gas Hydrates，Toulouse，France，June 7-9，1996.

[86] Kelland M A，Svartaas T M，Dybvik L A. In Proceedings of the SPE 70th Annual Technical Conference and Exhibition，Dallas，TX，October 1995；SPE 30695.

[87] Kelland M A，Namba T，Tomita T. Norwegian Patent Application 2278，1999.

[88] Pakulski M. U. S. Patent Application 6331508，2001.

[89] Pakulski M. U. S. Patent European Patent Application 5741758，1998.

[90] Pakulski M. U. S. Patent European Patent Application 6025302，2000.

[91] Pakulski M. In Proceedings of the SPE International Symposium on Oilfield Chemistry，Houston TX，February 18-21，1997；SPE 37285.

[92] Pakulski M，Prukop G，Mitchell C. In Proceedings of the SPE Annual Technical Conference，New Orleans，LA，September 27-30，1998；SPE 49210.

[93] Lovell D，Pakulski M. In Proceedings of the SPE Gas Technology Symposium，Alberta，Canada，2002；SPE 75668.

[94] Budd D，Hurd D，Pakulski M，Schaffer T D. In Proceedings of the SPE Annual Technical Conference and Exhibition，Houston，TX，September 26-29，2004；SPE 90422.

[95] Pakulski M，Hurd D. In 5th International Conference on Gas Hydrates，Trondheim，Norway，Norway，June 13-16，2005，1444.

[96] Pakulski M，Dawson J C. U S Patent Application，2004/ 0231848，2004.

[97] Huo Z，Freer E，Lamar M，et al. Chem Eng Sci，2001，56：4979-4991.

[98] Cowie L，Shero W，Singleton N，et al. Deepwater Technology；Gulf Publishing Co.；2003，39-41.

[99] Fu S F. In Proceedings of the 5th International Conference on Gas Hydrates，Trondheim，Norway，June 13-16，2005，4040.

[100] Dahlmann U，Feustel M. U. S. Patent Applications 2004/0163306，2004/0163307，2004/0164278，2004/0167040，2004/0159041，20050101495.

[101] Cowie L，Bollavaram P，Erdogmus M，et al. Offshore Technology Conference，2005；OTC 17328.

[102] 秦慧博. 水合物动力学抑制机理研究及高效水合物动力学抑制剂开发 [D]. 北京：中国石油大学，2016.

[103] Qin H B，Sun Z F，Wang X Q，et al. Energy Fuels，2015，29：7135-7141.

[104] Qin H B，Sun C Y，Sun Z F，et al. Chem Eng Sci，2016，148：182-189.

[105] Li Z，Jiang F，Qin H B，et al. Chem Eng Sci，2017，164：307-312.

[106] Chen J，Sun C Y，Peng B Z，et al. Energy Fuels，2013，27：2488-2496.

[107] Peng B Z，Chen J，Sun C Y，et al. Chem Eng Sci，2012，84：333-344.

[108] Wang X Q，Qin H B，Ma Q L，et al. Energy Fuels，2017，31：287-298.

[109] YanK L，Sun C Y，Cnen J. et al. Chem Eng Sci，2014，106：99-108.

[110] 闫柯乐. 油-气-水流动体系水合物防控机理研究 [D]，北京：中国石油大学，2014.

[111] Bloys B，Lacey C. In Proceedings of the 27th Annual Offshore Technology Conference，Houston，TX，1995；OTC 7772.

[112] Notz PK，Bumgartner S B，Schaneman B D，et al. In Proceedings of the 27th Annual Offshore Technology Conference，Houston，TX，1995；OTC 7777.

[113] Corrigan A，Duncan S，Edwards A R，et al. In Proceedings of the SPE 70th Annual Technical Conference，Dallas，TX，October 1995；SPE 30696.

[114] Philips N J. In Proceedings of the 8th International Oilfield Chemical Symposium，Geilo，Norway，March 1997.

[115] Argo C B，Blaine R A，Osborne C G，et al. In Proceedings of the SPE International Symposium on Oilfield Chemistry，Houston，TX，February 1997；SPE 37255.

[116] Phillips N J，Grainger M. In Proceedings of the Annual Gas Technology Symposium，Calgary，Alberta，Canada，March 15-18，1998；SPE 40030.

[117] Palermo T，Argo C B，Goodwin S P，et al. Acad Sci，2000，912.

[118] Leporcher E M，Fourest J M，Labes Carrier C，et al. In Proceedings of the 1998 SPE European Petroleum Conference，The Hague，The Netherlands，October 20-22，1998；SPE 50683.

[119] Frostman L M，Crosby D. In Proceedings of the Deep Offshore Technology Conference，Marseille，France，November 19-21，2003.

[120] Boyne K，Horn M，Bertrane D，et al. Arnott S. In Proceedings of the Offshore Europe Conference，Aberdeen，UK，September 2-5 2003；SPE 83975.

[121] Glenat P，Peytavy J L，Jones N H，et al. In Proceedings of SPE Middle East Conference，Abu Dhabi，U. A. E，2004；SPE 88751.

[122] Swanson T A，Petrie M，Sifferman T R. Flow Assurance Forum，Galveston，TX，2004.

[123] Swanson T A，Petrie M，Sifferman T R. In Proceedings of the SPE International Symposium on Oilfield Chemistry，Houston，TX，February 2-4，2005；SPE 93158.

[124] Clark L W，Anderson J. In 5th International Conference on Gas Hydrates，Trondheim，Norway，June 13-16，2005，1249.

[125] Szymczak S，SandersK，Pakulski M，Higgins T. SPE Annual Technical Conference and Exhibition，Dallas，October 9-12，2005；SPE 96418.

[126] Dzialowski A，Patel A，Nordbo K. In Proceedings of the Offshore Mediterranean Conference，Ravenna，Italy，March 28-30，2001.

[127] Pakulski M，Qu Q，Pearcy R. SPE International Symposium on Oilfield Chemistry，The Woodlands，TX，February 2-4，2005；SPE 92971.

[128] Fu B，Neff S，Mathur A，Bakeev K. SPE Production and Facilities，August 2002；SPE 78823.

[129] Rasch A，Mikalsen A，Austvik T，et al. In Proceedings of the 4th International Conference on Gas Hydrates，Yokohama，Japan，May 19-23，2002.

[130] Rasch A，Mikalsen A，Gjertsen L H，Fu B. In Proceedings of the 10th International Multiphase Conference，Cannes，France，June 13-15，2001.

[131] Frostman L M，Crosby D L. Flow Assurance using LDHIs：Deepwater Experience，Ultradeep Challenges. 2005

[132] Frostman L M，Downs H. In Proceedings of the 2nd International Conference on Petroleum and Gas-Phase BehaViour and Fouling，Copenhagen，Denmark，August 2000.

[133] Frostman L M. In Proceedings of the SPE Annual Technical Conference and Exhibition，Dallas，TX，October 1-4，2000；SPE 63122.

［134］ Frostman L M，Przybylinski J L. In Proceedings of the International Symposium on Oilfield Chemistry，Houston，TX，February 13-16，2001；SPE 65007.

［135］ Mehta A P，Herbert P B，Cadena E R，et al. In Proceedings of the Offshore Technology Conference，Houston TX，May 6-9，2002；OTC 14057.

［136］ Knott T. Holding hydrates at bay. Offshore Eng，February，2001.

［137］ Klomp U C，Le Clerq M，vanKins S. In Proceedings of the 2nd Petromin Deepwater Conference，Shangri-La，Kuala Lumpur，Malaysia，May 18-20，2004.

第**7**章 水合物法储运气体技术

天然气的储存和运输是天然气工业的重要组成部分，是实现天然气利用的重要前提。一般情况下由于大量用气的中心城市和工业企业距气源较远，需要通过一定的输送方式将天然气安全、连续地输送给用户，而采用什么样的输送方式，是天然气供应商需要谨慎考虑的一个重要问题。

自从水合物被发现以后，人们就一直尝试以水合物的方式来储存和运输天然气，因为 $1m^3$ 的水合物可以储存标准状态下约 $176m^3$ 的天然气。现已证实天然气水合物可在常压、$-15℃$ 的条件下稳定存在 15 天。水合物储运天然气技术简称 NGH 技术，和 ANG（吸附天然气）、CNG（压缩天然气）、LNG（液化天然气）技术相对应。目前，NGH 技术需要解决的关键技术问题是水合物的大规模快速生成、固化成型、集装和运输过程的安全问题。就当前国内外研究现状看，天然气水合物生产和储运工艺还远未成熟。由于我国西部和海洋的天然气储量非常丰富，开展对天然气水合物储存工艺的基础及应用研究具有现实意义。NGH 技术具有许多优势：

① 由于天然气水合物分解需要较多的能量，因此只要切断传热途径，即可使天然气水合物长期稳定存在。由于天然气水合物是固体，体积不可能在短时间内突然膨胀，保证了运输过程的安全性。

② 提高天然气储存的可操作性与灵活性，降低天然气储存的成本。对于零散气田，天然气水合物储存和运输技术和管输技术相比优势尤其明显。同时可以扩大天然气的消费群体，将天然气的消费推向广袤的农村和偏远乡镇，而靠铺设管网实现这一目的是无法想象的。该技术一旦开发成功必将带来新的经济增长点。

③ 天然气水合物固态储存以及用作车用燃料来代替汽油和危险性很大的压缩天然气，对推动环保型汽车的发展也是极具吸引力的，美国已在进行这项技术的研究开发。

④ 因为水廉价易得，而水合物化解后又几乎可以百分之百释放出天然气，NGH 技术可以提高天然气储存的规模、效率，可用于中心城市较大规模的天然气调峰。

7.1 不同天然气储运方式的对比

由于天然气的体积压力特性，其运输成本远远高于石油（每单位能源大约是石油的 10 倍），当前在陆地上主要是采用管道运输，而在海上则是采用 LNG 的输送方式。

7.1.1　管道运输

由于天然气呈气体状态，相对密度小，易散失，采用管道输送安全性高，输送产品质量有保证、经济性好、对环境污染小，所以目前在陆上天然气一般都采用管道的输送方式。但其初始投资成本很高，需要相当大的经济规模，对于一些中小油气田或是零散的用户来说，采用这种方式是极为不经济的。

7.1.2　LNG 储运

LNG 是常压或略高于常压、低温（−162℃）下的液化天然气，其体积约为气态体积的 1/600，能量密度已接近汽油。由于 LNG 体积小，适合于远洋运输和贸易，使得 LNG 运输成为天然气另一种重要的运输方式。但 LNG 存在以下问题：①天然气液化临界压力高，临界温度低，液化成本很高；②液化天然气在储存和运输过程中需要保持低温以维持液化状态，使得 LNG 储运的投资很大，运行费用也很高。

7.1.3　CNG 储运

CNG 是利用气体的可压缩性，将常规天然气以高压形式进行储存，其储存压力通常为 15～25MPa。在 25MPa 情况下，天然气可压缩至原来体积的 1/250，大大降低了储存容积，但由于储存压力的增大，也对 CNG 技术中的关键设备——储气瓶提出了很高的要求。

CNG 是一种理想的车用替代能源，在 0.135MPa 的释放压力下，其净储气量约为常压下 250 倍储罐体积的天然气。但 CNG 存在着一些难以克服的不足之处：①必须采用高压储存方式来增加气体的储存密度；②要建立专门的高压加气站，配备多级压缩系统，增加了建设投资和操作费用；③采用壁厚的高压储罐，增加了车辆的自重；④高压容器制造成本高，对材质要求严格，并需要定期进行检查；⑤能量密度低，仅为汽油的 30％左右。

7.1.4　ANG 储运

ANG 技术是在储罐中装入高比表面积的天然气专用吸附剂，利用其巨大的内表面积和丰富的微孔结构，在常温、中压（3.5 MPa）下将天然气吸附储存的一种技术。与压缩天然气相比，ANG 的投资和操作费用降低 50 ％，加气站建设只需要单级压缩机，储罐形状和材质选择余地大，并且具有质轻、低压、使用方便和安全可靠等优点，其技术关键是开发甲烷吸附量高的天然气吸附剂。

ANG 储存技术的经济可行性已经得到论证，但就目前的研究与开发进展情况来看，该技术还存在着以下几个需要解决的问题：①开发高效的天然气吸附剂，目前 ANG 储存技术的储存量为常压下 150 倍储罐体积左右；②天然气吸附与释放过程中的热效应影响尚未得到妥善的解决；③天然气中的重组分在释放过程中的滞留问题仍待更好地解决。

7.1.5　NGH 储运

NGH 技术是国内外近几年研究发展的一项新技术，每立方米水合物可储存常压下

176m³左右的天然气。NGH不仅有储存空间小的优点，而且它较气态、液态天然气更安全。因为水合物是固体，不易燃烧，在适当的储存条件下分解缓慢，不易爆炸，储存条件温和，水合物能够在温度-15～0℃和压力1～10atm下长时间保存而分解量很小。同其他天然气的储存方式相比，水合物法只需要较低的固定投资和运行费用。较低的成本、简单灵活的处理过程使得水合物法运输天然气值得研究推广。

7.1.6　其他储运技术

天然气的储运方式还包括：①转化为甲醇，在天然气转化为液体的处理过程中，天然气被转化为甲醇、氨等液体化合物然后运输；②转化为二甲醚（DME），用天然气生产二甲醚之类的超清洁运输燃料和添加剂的技术将开辟一个巨大的天然气产品公路运输市场；③以电能的形式输送天然气能源（GTW），即在产地将天然气转化为电能后再输送；④天然气容器储存，即用金属球罐储存天然气，按工作压力高低，可以分为低压储气罐和高压储气罐；⑤天然气在溶剂中储存，天然气可以通过溶解在丙烷、丁烷或其混合溶剂中储存；⑥低压气囊储气技术。

7.2　NGH技术经济性分析

NGH技术是国内外近几年研究发展的一项新技术，其核心思想是将气体转化为固体水合物，达到储存、运输的目的。天然气水合物（NGH）可以在4～6 MPa，0～10℃的条件下制备。

（1）NGH和液化天然气、压缩天然气以及液态燃料相比，具有安全性较高的优势。因为NGH是固体，在冷冻到-15～-5℃时，即可常压保存。而当其分解时需要吸收较大的热量，加之水合物的热导率小，通常状况下不可能在瞬间释放出大量的气体而造成爆炸等安全上的隐患。

（2）NGH以水为介质，生产工艺简单，对天然气的成分没有特殊要求，相比ANG成本要低而储气能力与其相当，且水合物分解后可以全部释放出所储存的气体，具有很大的经济价值。

（3）NGH技术给天然气用户和供应商之间提供了一种灵活方便的连接方式。目前天然气的管道和LNG运输方式基建投资大，对于零散、生产期短的气田来说很不经济，如果采用NGH方式用车、船来运输，则具有很高的经济性和灵活性，使之具有很大的开采价值。同样，对于广大分散的城镇、乡村来说，铺设连接它们和中心城市的天然气管线经济投入巨大，如果只是在城镇内部铺设局域管网，同时建立小型的水合物储气站，则投资可以大为减少。随着国家大力发展小城镇战略的出台，NGH技术的发展将具有战略意义。

由此可见，NGH技术在国民经济建设中可发挥重要作用，其较低的成本、简单灵活的处理过程使得水合物法运输天然气值得研究推广。这也使得它成为目前国际上的一项热点研发技术。而对于这项技术的经济可行性，许多科研工作者也从不同的角度作出了定量的分析与评价。几种常见天然气储运方式的工艺参数对比见表7-1[1]，天然气水合物和液化天然气的成本比较见表7-2。从中可以看出天然气水合物的成本比液化天然气的成本低26％，在安全性和可行性方面有很大的优势。

表 7-1　不同天然气储运方式工艺参数对比[1]

储运方式	LNG	CNG	NGH	DME	LPG
储运状态	液态	气态	固态	液态	液态
储运温度/℃	−162	10	−15	−25	−42
密度/(t/m³)	0.43	0.23	0.85～0.95	0.74	0.58
压力/at	常压	210	常压	常压	常压
低热值/(kcal/kg)	12000	12000	1000～2000	6900	11100

注：at，工程大气压，1at=98.0665 kPa；1kcal=4.1868kJ。

表 7-2　LNG 和 NGH 技术总的投资对比[1]

项目	LNG		NGH		费用差	
	成本/百万美元	占总额百分比/%	成本/百万美元	占总额百分比/%	成本/百万美元	占总额百分比/%
生产	1489	56	955	48	534	36
造船和船运	750	28	560	28	190	25
再汽化	438	16	478	24	−40	−9
总额	2677	100	1995	100	684	26

利用 NGH 技术主要包括生成、运输和应用三个环节，其中生成过程是一个最主要的环节，在整个工程费用中投资最大，其费用比例如表 7-3 所示[1]。

表 7-3　天然气水合物储运流程中工程费用比例[1]

费用项目	所占比例/%	费用项目	所占比例/%
生产费用	57.3	其他费用	0.5
运输费用	33.7	合计	100
再汽化费用	8.5		

挪威 Gudmundsson 等[2]对以天然气水合物形式和液化天然气形式来运输天然气进行了成本比较。在欧洲，假设处理天然气 $0.1132×10^8\,m^3$，天然气水合物在陆上生产，配有合适的大型油轮装载设施专门用来运输天然气水合物，固体水合物的再汽化部分设施置于靠近市场的接收站，图 7-1 为采用不同的天然气运输方式时运输距离与成本的关系图。图中，管线运输设定的条件为挪威海上 ϕ508mm 的管线，成本每公里为 100 万美元，运输天然气量大于 $0.1132×10^8\,m^3$。从图中可以看出，运输距离大于约 1000km 时，管线运输的成本大于天然气水合物，当运输距离大于 1760km 时，液化天然气运输的成本低于管线运输，从图中还能清楚地看出，天然气水合物的成本无论运输距离多远都低于液化天然气。

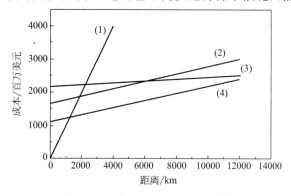

图 7-1　运输距离与成本的关系[2]

(1) 管道；(2) 液化天然气；(3) 合成原油；(4) 天然气水合物

对于图 7-1 中的合成原油线，绘制这条线的基本假设是：合成原油生产厂的成本比液化天然气（生产和再汽化）高 30 ％，合成原油的运输成本是液化天然气运输成本的 30 ％。从图中可以看出，当运输距离大于 6000km 时，合成原油的成本低于液化天然气。

Thomas 等[3]对管道、液化天然气、压缩天然气、天然气转化为电能、天然气转化为商品、天然气水合物法运输等各种天然气运输方式，从经济性、环境保护、国际政治变幻、恐怖活动和贸易壁垒等各个方面进行了全面分析，最终认为是在买方市场小或是油气田生产周期短，没有铺设管道的价值时，NGH 最有竞争优势。

Javanmardi 等[4]设计了一套处理能力为 $7.08 \times 10^6 \, m^3/d$ 的水合物生产工艺，在假定其使用年限为 20 年的基础上，对压缩机、冷凝器、热交换器、分离器、干燥剂、反应器、泵、水合物储存罐、操作和维护等所需费用，以及以伊朗南部的 Asaluyeh 港口为起点，对以水合物法运输天然气到不同的国家所需运输费用进行了全面衡算，表 7-4 为单位能量的天然气到达各目的地时所需总费用衡算结果。而以 LNG 运输天然气时单位能量的天然气所需费用为 0.00427 美元/MJ，由此可见，除了很好的安全性外，从经济性角度来说，NGH 也是一种很好的天然气运输方式。

其他一些科研工作者对 NGH 技术的可行性也都作出了正面的评价[5~7]，由此可见，虽然该技术目前还不完全成熟，正处于研究发展阶段，但与管道天然气运输或是液化天然气运输相比，天然气水合物较低的基础建设成本、运行耗费和简单灵活的处理过程使得 NGH 技术值得推广发展。

表 7-4　单位能量的天然气到达各目的地所需费用[4]

国家	费用/（美元/MJ）	国家	费用/（美元/MJ）
日本	0.002844	土耳其	0.002493
韩国	0.002806	西班牙	0.002635
中国	0.002711	比利时	0.002825
印度	0.002237		

7.3 NGH 生成过程强化方法

水合物法储运气体特别是水合物法储运天然气技术作为一项高新技术，国内外对此都十分关注，无论是民用方面还是军用方面都在投入力量积极地进行相关的研究开发，但技术上还远未成熟。目前有关 NGH 技术的研究主要分以下几个层面：

第一个层面，也是最重要的层面是提高储气密度的方法研究，虽然理论上每立方米水合物可以储存标况下 $176 \, m^3$ 的天然气，但是在实际操作过程中，由于受气体传递速率及大量夹带在水合物晶粒之间的未反应的"间隙水"的影响，水合物的实际储气量远远低于理论值。水合物在天然气储运技术领域的应用受到储气密度低、生成速度慢以及诱导时间长等因素的阻碍。但随着研究工作的进一步深入，这个问题目前已经取得一些突破性的进展。

第二个层面是水合物生产工艺和设备方面的研究。

第三个层面是关于水合物储运方案研究，由于第二个层面上的工作尚不是很成熟，这方面的工作也显得比较肤浅。

7.3.1　静态纯水体系中水合物生成状况

由于大多数水合物生成气难溶于水，在静态纯水体系中，水合物生成诱导期长。水合物生成反应首先发生在气液接触面上，形成一层水合物膜，阻碍了气体与水溶液的进一步接触，水合物生成过程由反应速率控制变为气体扩散速率控制，使得水合物的自然生成十分缓慢[8]，并且大部分的水不能参与反应，导致水合物实际储气量低于其理论值，Linga 等[9]测得水合物静态生成 91h 后水的转化率仅为 4.5％，远远不能满足工业应用的需要。因此水合物储气首先面临着的一个关键问题即如何快速形成水合物并达到理想的储气量。在如何强化水合物的生成过程，提高生成速度和储气量方面，国内外许多科研工作者进行了大量的研究并取得了一些突破性的进展。

7.3.2　水合物生成过程的物理强化

物理强化是通过机械或其他物理手段增大气液接触面积以加快水合物生成、增大实际储气量的促进方法，通常包括搅拌[10]、气体分散于液相（鼓泡）[11]、液体分散于气相（喷雾）[12]等，分别应用于宏观尺度、毫米尺度和微米尺度，其中效果最好的是对应于微米尺度的液体喷雾方法。

搅拌是促进主体水相中水合物生成最主要的物理强化方式，搅拌能增强气液界面扰动、增大气液接触面积，因而可在一定程度上促进水合物的生成。随着搅拌速率的增大，水合物成核诱导时间逐渐减小，甚至消除[9,13]，但以搅拌的方式强化水合物生成仍存在以下问题：①水合物生成动力学仍不理想，Linga 等[9]测得搅拌 67h 后水的转化率仅为 74.1％；②随着水转化率的提高，水合物浆液黏稠度增大，搅拌能耗将急剧上升。因此一些研究者认为搅拌不适用于水合物的生产[14]，在实验室研究中，搅拌也通常与化学添加剂联合使用。

为了强化水合物生成并避免搅拌过程能耗巨大的问题，著者所在研究室开发了一种新型往复冲击装置用于促进水合物生成[15]，图 7-2 为装置示意图。该装置的核心为一个往复冲击反应器：在反应器内安装有往复冲击器，反应釜外侧安装有一组强磁磁铁，磁铁通过装置顶部电机带动可实现往复运动，反应器内的冲击器在磁力驱动下同步对反应物进行往复冲击。图 7-3 为不同的冲击器形态照片。反应器底部可放置传统旋转搅拌子用于水合物生成强化的对比。

图 7-4 为采用不同冲击器时水合物的耗气量曲线。对比三种操作形式，即仅采用传统旋转搅拌、旋转搅拌一段时间后切换为往复冲击、仅采用往复冲击，可以发现传统旋转搅拌效率最低，水合物储气量仅为 47m³/m³ 水合物。采用旋转搅拌结合往复冲击的形式时，水合物储气量可达 140m³/m³ 水合物。仅使用往复冲击时，水合物储气量均较高，表明不同的冲击器形态均能有效地促进水合物生成。当采用半球板时，水合物储气量达到 144m³/m³ 水合物，且水合物在 6h 内即完成生成。

图 7-5 为不同温度下的水合物耗气量曲线。可以看出，实验温度越高，水合物初始耗气速率越低，但水合物储气量均较高，尤其当温度为 279.2 K 时，水合物储气量达到 152m³/m³ 水合物，略高于 SDS 溶液中的水合物储气量，在 274.7 K 时，水合物在 4h 内即生成完成。此外，通过计算发现该冲击装置的能耗最低只有 0.168 kW·h/m³。因此该装置用于水合物生成促进时具有储气量高、速度快、能耗低的特点，但用于水合物大规模生产前，还需

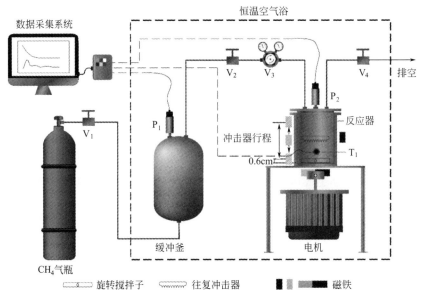

图 7-2　往复冲击反应装置示意图[15]

V_1、V_2、V_4—针阀；V_3—减压阀；P_1、P_2—压力传感器；T_1—温度传感器

图 7-3　搅拌子和不同的冲击器形态[15]

A—十字搅拌子；B—针板；C—齿板；D—半球板；E—孔板

进一步改进以提升冲击效率，同时还需克服放大效应的影响。

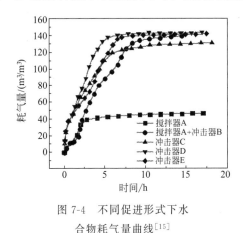

图 7-4　不同促进形式下水
合物耗气量曲线[15]

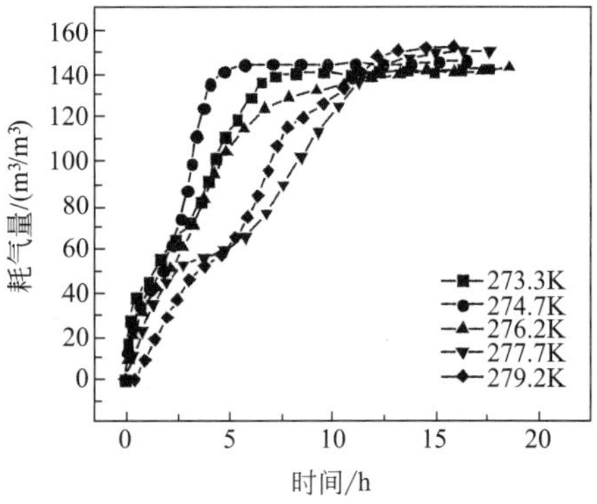

图 7-5　采用多孔板冲击器时不同
温度下水合物耗气量曲线[15]

　　虽然机械强化对于提高水合物的生成速率和储气量有一定的帮助，但是也带来一些不利因素。例如，搅拌使得能量消耗增大；为了维持一定的搅拌速率，反应器中水合物相和水相的质量比一般不能超过 50%；通过搅拌生成的水合物所含的间隙水数量增加，水合物总体储气密度降低。采用超声波雾化，增大气-水接触面积，可以提高水合物生成速率，但是系

统添加超声波雾化器不仅使投资费用增大，而且运行费用也增大。

其他物理方法如利用粉末冰代替纯水也能促进水合物生成。Stern 等[16] 于 1996 年发表在 Science 上的一篇文章中介绍了一种用冰末＋CH_4 静态方式生成水合物的方法，使用这种方法得到了很高的甲烷水合物储气量数据，其甲烷和水的摩尔比达到了 1：6.1，换算成标准状态下的甲烷和水合物体积比为 $166m^3/m^3$，而甲烷在 I 型水合物中的理论储气量约为 $176m^3/m^3$ 水合物，两者已经相当接近，但文章没有具体介绍储气量是如何测出来的。

7.3.3　水合物生成过程的物理化学强化

物理化学强化是目前研究得较多的一种强化水合物生成的方法，可以分为两类：一是直接添加化学剂的纯化学方法，化学添加剂可改变液体微观结构，降低气液界面张力、增加气体在液相中的溶解度和扩散系数，从纳米尺度和分子尺度的层面上强化气液的接触、促进水合物的成核生长过程，提高水合物的储气量，并通过控制水合物晶粒的聚并来控制水合物颗粒的尺度。二是向气-水反应体系中加入其他物质以改变气液分散结构的物理化学方法，常用物质包括孔隙介质及多孔介质、纳米颗粒等。

7.3.3.1　化学添加剂

一般情况下纯甲烷的水合物生成压力较高，反应条件苛刻，水合物生成诱导期长，不利于工业应用，研究者们[17~22] 发现向水合物形成体系中加入一些适当的添加剂，如四氢呋喃、1,4-二氧杂环己烷（水溶性）、THP（四氢吡喃）和丙酮等，可以大大降低水合物的生成压力，促进水合物的生成，提高水合物的生成速率和储气量，缓和反应条件，这类添加剂一般为热力学促进剂。

1996 年，Saito 等[17] 提出四氢呋喃和丙酮可以有效地降低甲烷气体水合物的生成压力，促进水合物的生成。研究结果表明气体生成 II 型水合物，四氢呋喃或丙酮进入大孔，甲烷气体主要进入小孔，水合物中甲烷气体的物质的量约为添加剂的两倍。实验结果同时也表明水合物的生成速率并不是很快，达不到实际应用的要求。

Deugd 等[18] 考察了四氢呋喃、四氢吡喃、丙酮和 1,3-二氧杂环己烷对水合物生成的影响，结果表明水溶性有机物的加入大大降低了水合物的相平衡生成压力，并且认为水中烃类的摩尔分数为 5％～6％时压降最大，水合物的生成压力最低，而与烃的类型及实验温度无关。同时也认为烃的加入使甲烷生成 II 型水合物。

Heuvel 等[22] 也在甲烷和水的反应体系中分别加入 5 种有机物 THP（四氢吡喃）、CB（环丁烷）、MCH（甲基环己烷）、CHF_3、CF_4，以生成不同类型的水合物（I 型，II 型，H 型），考察了添加剂对甲烷水合物的生成压力和孔穴占有率的影响。

但是理论研究表明，如果加入添加剂，甲烷一般生成 II 型水合物，添加剂进入大孔，气体只是进入小孔，这样使得单位体积水合物的储气能力有了很大的降低。表 7-5 为气体只进入小孔时单位体积水的最大理论储气量。从中可以看出，对于储存甲烷而言，H 型水合物是最好的选择，因为 H 型水合物中小孔与大孔的数量比为 5：1，它使得在标准的温度和压力条件下，每单位体积的 H 型水合物可以储约 $146m^3$ 的天然气。而如上所述，添加剂的加入一般使得甲烷生成 II 型水合物，因此，实际应用中添加剂的加入使得单位体积水合物的储气量并不高。

表 7-5　甲烷在三种类型水合物中只占小孔时最大储气量的理论计算值

甲烷只占据小孔	储气能力/(m³/m³)	能量密度/(kcal/m³)	小孔：大孔
Ⅰ型：5¹²	44	5.32×10^5	1:3
Ⅱ型：5¹²	118	1.43×10^6	2:1
H型：5¹²和4³5⁶6³	146	1.77×10^6	5:1
LNG：−160℃	600	6.00×10^6	

由以上研究可以看出，大部分添加剂作为一种水合物热力学促进剂，在水合物形成体系中，适当地加入一些可以大大降低水合物的生成平衡压力，促进水合物成核，提高水合物生长速率，特别是四氢呋喃，可以显著降低甲烷水合物的生成压力。但尽管能使水合物的生成速率加快，水合物的储气密度提高并不是很多，因此，探索研究新型的水合物促进剂，使之不仅能加快水合物的生成速率，而且能大大提高水合物的储气密度既具有理论意义，又具有现实意义，研究者们把眼光投向表面活性剂。

所谓表面活性剂是这样一种物质，在溶剂中加入少量时即能显著降低其表面张力，改变体系界面状态，从而产生润湿或反润湿、乳化或破乳、分散或凝集、起泡或消泡、增溶等一系列作用，以满足实际应用的要求。大量实验表明，作为一种动力学促进剂，在水中加入少量合适的表面活性剂可以极大地加快水合物的生成速率和储气能力。在这一强化过程中起核心作用的是由表面活性剂物质的疏水基团形成的具有纳米尺度的胶束。

Karaaslan 等[23]研究了阴离子、阳离子和非离子表面活性剂对水合物生成动力学的影响。他们发现表面活性剂不影响热力学，但对气体在水中的溶解性有很大影响而且加快了水合物的生成速率。随后他们又重点研究了阴离子表面活性剂 LABSA（线型烷基苯磺酸，linear alkyl benzene sulfonic acid）对于Ⅰ型和Ⅱ型水合物生成速率的影响[24]，分别加入0.01％和0.05％的 LABSA，大大加快了Ⅰ型和Ⅱ型水合物的生成速率，而且表面活性剂对水合物生成的影响和水合物生成的类型有关。实验表明，尽管 LABSA 提高了Ⅰ型和Ⅱ型水合物的生成速率，但它对Ⅰ型的影响要远远大于Ⅱ型。

2000 年 Zhong 和 Rogers[25]提出利用表面活性剂 SDS（十二烷基硫酸钠）来促进乙烷水合物的生成，取得了十分理想的效果。计算结果表明基本上所有的水都能参与反应生成水合物，储气量接近理论值。他们对表面活性剂促进水合物成核的机理作出了一定的解释，虽然目前在这一方面科研工作者们还存在着很大的分歧，但是他们观察到的一些现象和得出的一些结论对我们产生了很大的启迪作用，这一点下面将会有详细的论述。图 7-6 为他们在表面活性剂、静态体系中得到的水合物储气量与反应时间关系图。随后 Han 等[26]在天然气的反应系统中加入阴离子表面活性剂 SDS，也得到了与 Rogers 等人相似的结论，取得了较好的储气量。

Zhang 等[27]和 Sun 等[28]分别考察了非离子表面活性剂烷基多苷（APG）、阴离子表面活性剂十二烷基苯磺酸钠（SDBS）、一水合草酸钾（POM）和表面活性剂 SDS、DPG 等对天然气水合物的生成速率，诱导时间、储气密度以及虚拟水合物数等方面的影响。结果表明，不同类型的表面活性剂都不同程度地提高了水合物的生长速率和储气密度，水合物生成在较短的时间内就可以完成，储气密度也得到了很大的提高。

Lin 等[29]在这一领域进行的相关研究表明，在 SDS 的浓度为 650 mg/L 时，甲烷在水合物中的最大储气量可达 170m³/m³ 水合物，如图 7-7 所示。其他许多研究者也都在这一领域进行了相关研究[30~32]。

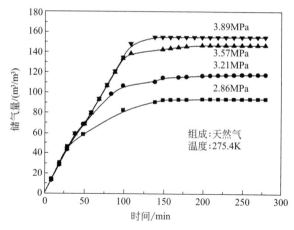

图 7-6　表面活性剂、静态体系中水合物储气量与时间关系图[25]

从上述实验结果可以看出，尽管所选用的表面活性剂不同，但研究者们得出的结论基本相同：表面活性剂特别是 SDS 的加入，可以大大缩短水合物成核的诱导期，加速水合物的生成，提高水合物的储气量，使水合物储气具有实际工业应用前景。

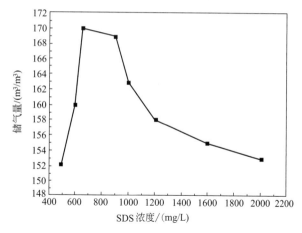

图 7-7　276.4K，6.6 MPa 时 SDS 浓度对水合物储气量的影响[29]

7.3.3.2　固定床

孔隙介质常用于天然水合物成藏和开采模拟研究，研究者们发现在孔隙介质体系中水合物的生成速率高于主体水相体系，因此孔隙介质也被用于水合物生成强化的研究。用于水合物生成强化的孔隙介质包括石英砂、玻璃微珠、硅胶、泡沫铝等。Linga 等[9]对比了石英砂体系和搅拌对水合物生成的促进作用，结果显示，在搅拌釜中反应 66.7h 后，水的转化率仅为 74.1%，而在石英砂体系中反应 34.7h 后，水的转化率达到 94.7%，表明石英砂体系对水合物生成有较好的促进作用。Prasad 等[33]使用空心二氧化硅促进甲烷水合物的生成，在 5.0 MPa 和 278 K 时水的转化率达到 90%，通过调整水和二氧化硅的质量比，水合物最高储气量达到 206m³/m³。Kang 等[34]考察了甲烷和二氧化碳水合物在硅胶中的生成动力学，发现硅胶中水合物生成动力学与推动力呈正相关，且优于搅拌促进下水合物的生成动力学。由于泡沫铝具有良好的多孔性和热传导性，因此也被用于水合物的生成促进。Yang 等[35]使用 0.03%（质量分数）的 SDS 溶液在泡沫铝中生成甲烷水合物，结果表明泡沫铝能加速水合物的诱导过程并且水合物的生成热能快速地移出。

利用多孔介质提高甲烷水合物的储气密度也是目前的一个研究热点，因为多孔介质具有巨大的比表面积，可以为水合物的生成提供良好的气液接触，而气液不充分接触是阻碍水合物快速生成，提高储气密度的主要因素。作为一种常见的多孔介质，活性炭具有可观的比表面积，且对甲烷有很好的吸附作用，因此目前大量研究采用活性炭考察固定床中水合物的储气量。

Perrin 等[36,37]进行了干燥活性炭及湿活性炭储存甲烷的对比实验研究。结果表明，在低压不利于水合物生成时，湿活性炭储存甲烷的能力不如干燥活性炭，因为甲烷不能有效地进入微孔之中。当压力高于活性炭中水合物生成的平衡压力时，活性炭的储气能力大大提高，此外，不同的活性炭储气能力也有所区别。在 2℃，8 MPa，水炭比为 1：1 时，湿活性炭最大储气能力为 227 倍体积。图 7-8 为不同性能的活性炭在 2℃，8 MPa 时的储气能力图。Zanota 等[38]在他们的活性炭储气实验中也得到了相似的结论，结果表明，只有当水炭比为 0.71：1，压力高于 6 MPa 时湿活性炭的储存能力才能比干燥的活性炭提高 10%～30 %。

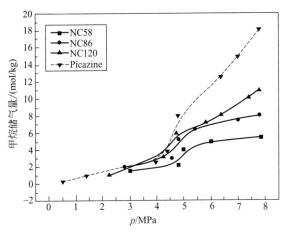

图 7-8　甲烷在不同性能的活性炭中的储气量[36]

在国内，Zhou[39]等在相同的实验条件下对日本的两个相关专利进行了重复实验，但未能重复得到他们的实验结果，随后改变实验条件，得到的实验结果表明甲烷在 2℃、10 MPa 的条件下，在湿的活性炭中最大的储气量为 200 倍体积[40]。

作者所在研究室对水炭比、活性炭的目数、初始生成压力及生成温度等对水合物的储气量影响也进行了相应的研究[41]，其结果如表 7-6 和表 7-7 所示，得到的最大储气量为 212m³/m³ 水。表中，R 代表水炭质量比；t 为反应时间；T 为温度；p_0 为反应体系初始压力；p_1 为水合反应结束时反应体系的压力；m_w 为湿炭中水的质量；V_g 为反应体系中气相的体积；V_b 为湿炭的堆积体积；S_w 为单位体积水对应的储气量；S_b 为单位堆体积湿炭的储气量。

从表 7-7 可以看出，湿炭的最大储气量为 140 m³/m³，明显低于其他文献报道结果，其原因在于我们的储气量是指湿炭在常压下的储气量，因此只包含了水合过程对储气量的贡献，不包含吸附部分，如果加上吸附储气量，总的储气量应该要比表 7-6 和表 7-7 中所列的值大得多。

表 7-6　不同活性炭目数及不同水炭比时活性炭中水合物储气量[41]

R	t/min	T/K	p_0/MPa	p_1/MPa	m_w/g	V_g/mL	V_b/mL	S_w/(m³/m³)	S_b/(m³/m³)
					20~40 目				
0.885	40	276.1	9.36	9.10	1.77	71	4.4	146	58.8
1.270	40	276.1	9.37	9.03	2.54	71	4.4	133	77.1
1.690	68	275.8	9.36	8.82	3.38	71	4.6	160	117
2.080	25	275.8	9.16	9.14	4.18	71	5.2	4.7	3.78
2.425	22	276.3	9.16	9.15	4.85	70	5.9	1.85	1.52
					40~60 目				
1.098	40	276	9.26	8.97	1.79	71	4.4	161	65.4
1.484	43	275.9	8.76	8.64	2.42	71	4.4	135	74.4
1.852	60	276.0	9.08	8.62	3.02	71	4.6	151	99.4
2.288	55	276.3	9.78	9.32	3.73	71	4.8	123	95.5
2.883	101	276.2	9.83	9.06	4.70	70	6.0	161	126
3.454	40	276.1	9.58	9.56	5.63	69	6.7	3.32	2.79

表 7-7　不同温度和压力下活性炭中水合物储气量[41]

（20~40 目，水碳比为 1.435）

t/min	T/K	p_0/MPa	p_1/MPa	S_w/(m³/m³)	S_b/(m³/m³)
311	275.8	5.68	5.42	71.0	46.8
321	275.8	6.71	6.22	139	91.7
90	275.8	7.55	7.05	145	95.7
90	275.8	8.20	7.54	195	129
180	277.8	5.62	5.46	43.0	28.3
164	277.8	6.65	6.07	161	106
90	277.8	7.49	6.92	163	107
93	277.8	8.02	7.36	191	126
90	277.8	8.43	7.78	190	125
90	277.8	9.45	8.78	199	131
390	280.0	7.24	6.76	135	89.2
230	280.0	8.04	7.30	210	138
107	280.0	9.49	8.76	212	140

　　在多孔材料固定床中，气体的消耗来源于气体吸附和水合物的生成。当床层含水率较低时，气体吸附量与总储气量比值较大，由于大量气体分子被范德华力束缚在多孔材料上，在降压储运的过程中，这部分吸附气极易脱附，因而不利于气体的储运。而当含水率较高时，多孔材料的吸附位点被水分子占据，同时气液接触面小导致水合物生成困难，造成床层储气量小。因此，提高床层储气密度的关键是降低填料在床层中的体积占比同时强化水合物的生成。作者所在研究室利用柴油对烃类气体的高溶解度，针对富含水活性炭床提出了通过柴油构建气体通道以促进水合物生成的方法[42]。由于水和柴油均对活性炭具有良好的润湿性，活性炭颗粒可对周围的水和柴油实现有效的吸附固定，从而防止水和柴油分层。加入柴油前后的床层储气密度对比如图 7-9 和图 7-10 所示。在不含柴油的高含水固定床中，床层储气密度随颗粒粒径减小而增大，但最大储气密度仅为 51 倍床层体积。在相同含水率的固定床中加入少量柴油后，床层储气密度得到巨大提升。在 100~400 目活性炭床中加入柴油后，床层储气密度最高可达 111.75 倍床层体积，远远高于不含柴油的固定床。同时，由于高含水率抑制了气体吸附过程，大部分气体均储存在水合物中，因此更利于降压储运过程。

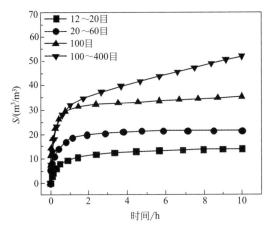

图 7-9　不同填料粒径的活性炭床储气密度（水炭比为 2.0)[42]

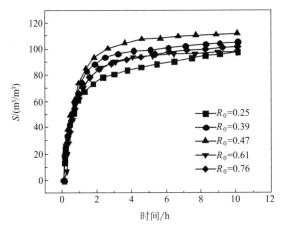

图 7-10　不同油炭比的活性炭床储气密度（水炭比为 2.0)[42]

金属有机骨架材料（metal organic frameworks，MOFs）是金属离子与多齿有机配体配位形成的多孔骨架型材料，其具有结构多样、热稳定性好、比表面积大等特点，因此也被用于水合物储气研究。作者所在研究室采用水稳定性良好的 ZIF-8 进行了吸附-水合耦合储气研究[43]，实验结果如图 7-11 和表 7-8 所示。图 7-11 中，x_w 为床层的含水率，S_v 为每体积

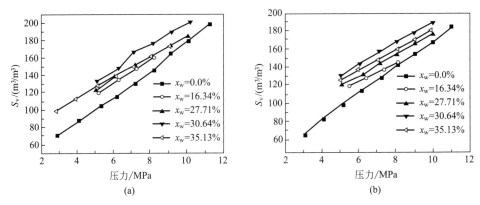

图 7-11　不同含水率的湿 ZIF-8 中甲烷体积储气密度随压力变化图
(a) 269.15K；(b) 274.15K[43]

湿 ZIF-8 所存储甲烷的标况体积。从图中可以看出，含水的 ZIF-8 体系在不同压力下的甲烷储量均高于干 ZIF-8 体系，且随着压力的增大，储气量也逐渐增大。但是，随着含水率的增大，床层储气密度存在一个最大值，当含水率为 30.64%（质量分数）时，床层储气密度最大，分析认为这主要是由于含水率为 30.64% 时，单位质量的床层体积最小引起的。

表 7-8 中 S_t 为每克干 ZIF-8 所存储甲烷的量，mmol/g；S_n 为除去床层颗粒间孔隙中的自由气后，每克干 ZIF-8 中所存储的甲烷量，mmol/g；S_{vc} 为每骨架体积 ZIF-8 中所存储的甲烷标况体积。从图 7-11 和表 7-8 中可看出，单位体积床层的储气量随着压力的升高而增大，当含水率为 30.64% 时，床层储气量最高达到 200.3 倍床层体积。

表 7-8　269.15K 和 274.15K 下含水率 35.13% 的湿 ZIF-8 中甲烷吸附量实验测定值[43]

T/K	p/MPa	S_t/(mmol/g)	S_v/(m³/m³)	S_n/(mmol/g)	S_{vc}/(m³/m³)
269.15	5.077	14.246	132.2	9.728	201.4
	6.267	15.857	147.1	10.077	208.7
	7.127	17.855	165.7	11.119	230.2
	8.222	19.132	177.5	11.132	230.5
	9.212	20.387	189.2	11.210	232.1
	10.202	21.583	200.3	11.211	232.2
274.15	5.054	13.989	129.8	9.622	199.3
	6.139	15.459	143.4	9.994	207.0
	7.260	16.743	155.3	10.091	209.0
	8.222	18.106	168.0	10.396	215.3
	9.162	19.166	177.8	10.397	215.3
	10.165	20.314	188.5	10.399	215.3

表 7-9 为不同含水率下湿 ZIF-8 微孔中水合物相的储气性能，S_H 为单位体积水合物所储存甲烷的标况体积，n_H/n_p 为水合物储气量与床层总储气量的比值。从表中可看出水合物相所储存的甲烷与床层总储气量的比值最高可达 45%。由于 ZIF-8 材料的疏水性，水很难进入其内孔中，水合物应该主要在 ZIF-8 颗粒表面及间隙形成。湿 ZIF-8 体系气体吸附及水合过程的机理，二者的相互影响及协同效应目前还不是很清楚，需要进一步研究。

表 7-9　不同含水率下湿 ZIF-8 微孔中甲烷水合物储气性能[43]

x_w/%	T/K	p/MPa	S_H/(m³/m³)	$n_H/n_p \times 100$/%
16.34	274.15	6.474	114.5	16
27.71	269.15	5.046	139.4	35
27.71	274.15	5.139	133.1	33
30.64	269.15	5.077	151.8	38
30.64	274.15	5.054	142.3	36
35.13	269.15	2.867	138.8	45
35.13	274.15	5.049	143.2	43

以上研究表明多孔介质可有效地促进水合物的生成，但是多孔介质用于水合物法储运天然气时存在以下问题：①多孔介质虽然能够提高水合物的实际储气量，但同时也提高了水合物的相平衡压力；②为了获得水在多孔介质中良好的分散性以增大气液接触面积，多孔材料用量一般较大，这将降低固定床体系的表观储气密度；③多孔材料对气体的吸附增大了床层的储气量，但是由于甲烷分子的吸附主要依靠分子间范德华力，当吸附平衡被打破时，气体将迅速解吸，这就要求运输过程中需要保持较高压力，导致水合物法气体储运技术的经济性降低。因此，多孔材料体系用于水合物法气体储运还需进一步研究以克服这些问题。

7.3.3.3 干水

Binks 等[44]发现在疏水硅胶颗粒及高速搅拌作用下，水可以在空气中呈现粉末状态，这种状态的水被称为"干水"。干水的实质是一种反相泡沫，是由于疏水硅胶颗粒在微小水滴表面附着，阻碍了水滴的聚并。由于粉末状态下的干水中水滴粒径非常小，在气液反应时能提供较大的气液接触面积，因此可用于强化气体水合物的生成。Wang 等[45]首次使用干水用于甲烷水合物的静态生成。结果表明，干水制备过程中的搅拌速率越高，干水的储气量越大，当搅拌速率为 19000r/min 时，干水储气量达到 175m³/m³。虽然干水的储气量较高，但是用于水合物法气体储运时仍然面临以下问题：①干水制备条件较苛刻，需要高速搅拌，不适合大规模制备；②生成缓慢，甲烷水合物在干水中生成时，至少需要 10h 才能基本完成生成；③重复性较差，当干水重复使用时，随着使用次数的增加，储气量迅速降低。Park 等[46]通过 Raman 光谱发现干水颗粒表面会形成一层水合物壳，在水合物分解后这部分水不能重新进入到干水颗粒中，因此再次生成水合物时，储气量将大大降低。Fan 等[47]和 Yang 等[48]采用 SDS 溶液制备干水用于甲烷水合物生成，得到比纯水制备的干水更高的储气量和水合物生成速率，但是干水循环使用时效率降低的问题仍未得到解决。

7.3.3.4 油水乳液

另一种可用于促进水合物生成的体系是油包水型乳液。油包水型乳液用于天然气水合物的储运具有以下优点：①当油相为柴油等石油炼制油时，油相对天然气具有良好的溶解度；②在油包水乳液中，水以微小液滴的形式分散在油相中，同时油相中溶解了大量气体，因此实质上能增大气液接触面积；③油水乳液中生成的水合物为浆态，保持了流动性，因此具有连续操作的可行性。作者所在研究室考察了甲烷水合物在柴油与水形成的油包水型乳液中的生成动力学及储气量[49~51]，通过考察乳液体系水合物生成的亚稳态区域，发现油包水乳液比主体水相更难形成水合物，并且形成难度随水滴尺寸减小而增加，但是油水乳液中水合物生成的亚稳态边界压力仅略高于纯水体系，因此乳液体系用于水合物储气时受亚稳态边界压力的影响较小。乳液体系水合物储气实验结果如图 7-12～图 7-14 所示。

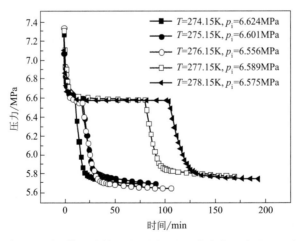

图 7-12　含水率 20.0%（体积分数）时不同温度下水合物生成过程压力变化曲线[49]

从图 7-12 可看出水合物在油包水型乳液中生成时，压力曲线有两个明显的降低过程，分别是气体溶解过程和水合物生成过程。反应釜充气完成后气体首先溶解在柴油中，从图中也可看出柴油对甲烷的溶解度较大。当柴油中溶解气达到水合物生成的饱和浓度且经历一定的诱导时间后，水合物开始生成。尽管水合物生成的诱导时间具有一定的随机性，但是其总体具有随着反应推动力的减小而增大的趋势。由于存在较大的气液接触面积，水合物在油水乳液中生成很快，在反应推动力最小的 278.15K 时，水合物开始生成后 30min 内即完成生成。

图 7-13 和图 7-14 是油水乳液中水合物生成过程的耗气量曲线，乳液体积为 10 mL，计算过程扣除了溶解气。随着乳液中含水率的增大，水合物耗气量逐渐增大，且初始耗气速率也逐渐增大，这主要是由于乳液中含水率增大时，气液接触面积同步增大造成的。含水率为 30%（体积分数）的油水乳液中水合物储气量约为 $194m^3/m^3$（气体标况体积/水体积），含水率为 20%（体积分数）时为 $197m^3/m^3$。从图 7-14 可看出当温度升高时，水合物生成速率降低，同时，水合物储气量也略微降低。因此，温度不仅影响乳液中水合物的生成速率，也从一定程度上影响了水合物的耗气量。

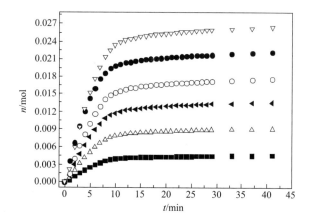

图 7-13 温度 277.15K 时不同含水率下水合物浆液生成过程耗气量实验值[49]
■5.0%（体积分数），7.619MPa；△10.0%（体积分数），7.595MPa；
◀15.0%（体积分数），7.642MPa；○20.0%（体积分数），7.504MPa；●25.0%（体积分数），
7.945MPa；▽30.0%（体积分数），7.707MPa

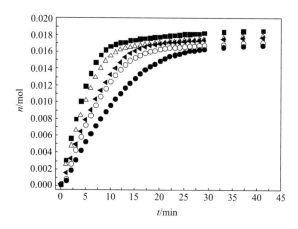

图 7-14 含水率 20.0%（体积分数）时不同温度下水合物浆液生成过程中耗气量实验值[49]
■274.15K，6.624MPa；△275.15K，6.601MPa；◀276.15K，6.556MPa；○277.15K，6.589MPa；●278.15K，6.575MPa

除了上述物理化学促进方法，金属也被发现对水合物生成具有促进作用。Zhong 和

图 7-15　水合物在金属表面生成

Rogers[25]首先在自己的文章中提到了金属对水合物成核生长的促进作用，随后其他研究者也对金属促进水合物生成进行了一些相关的研究[52,53]。

　　作者所在研究室也在实验过程中发现，在反应器中插入不锈钢的金属片有利于水合物的成核生长，如图 7-15 所示，水合物首先在金属表面生成。因此我们基本可以认定固体金属表面的存在有利于水合物的快速生成，这一点对水合物生成反应器的设计很有帮助。

　　以上研究表明，在各种因素的促进作用下，在实验室小试装置上，水合物能够快速生成并达到理想的储气量，已经初步满足了该技术工业化的必要条件之一——水合物能够快速、大量生成，这就为天然气水合物法储运走向工业化提供了进一步发展的保证。也正是在这一基础上，许多研究工作者提出了各自的水合物生产、储运工艺流程。

7.4 NGH 储运工艺

7.4.1　NGH 生产工艺

　　在水合物的生成过程中，由于生成气难溶于水，水合物在气液两相的界面生成，同时由于水合物的生成是一个放热反应，因此传热和传质都将影响水合物的生成。影响因素除压力、温度及搅拌速率外，反应过程中的生成热的移除速率也不容忽视。因此在目前的设计中，水合物的生成一般都采用鼓泡或喷淋的方式，同时反应器中还带有搅拌装置，在水中有时还需要添加一些表面活剂来加快反应速率。

　　水合物的生成根据不同用途可有不同的工艺，在 NGH 生产方面，许多科研工作者进行了大量的研究，提出了各自的生产流程。其中 Gudmundsson[54]根据自己的研究成果，首先提出了天然气水合物法储运的概念并给出了其工业化生产的概念流程。储罐中的水通过制冰装置，获得冰水比例为 1∶1 的混合物，在一定的温度和压力下，与天然气在三级反应器系统中生成水合物，离开最后一级反应器的混合物中水合物占 30 %（质量分数），然后进入分离器中将未反应的水分离掉后，置于储罐中等待装入容器中运输，整个运输过程保持常压、−15℃即可，到达目的地后分解水合物释放出天然气，整个过程处于可控状态，天然气水合物的生成过程如图 7-16 所示。

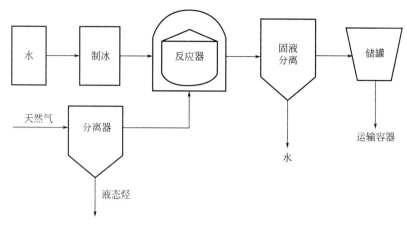

图 7-16　Gudmundsson 提出的水合物生成流程图[54]

水合物的再汽化分解在技术上不是很大的问题，目前主要是采用加热、降压、加入电解质或醇类抑制剂等方法进行水合物的分解，在分解过程中要消耗一定的热量。Gudmundsson 同时也研究设计了一套水合物分解方案，只要微温的水洒在水合物上，就可使其分解，释放的天然气经压缩后供用户使用，其流程如图 7-17 所示。

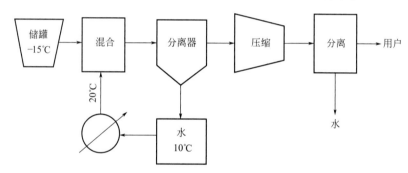

图 7-17　Gudmundsson 提出的水合物分解流程图[54]

挪威和日本的工作者[55]以东南亚天然气水合物法运输到日本为例，共同提出了一个水合物生产、运输和再汽化概念流程并作了相应的经济评估。如图 7-18 所示，经过预处理的天然气进入三级反应器后，在 65～70 bar、2～8℃的情况下生成水合物，然后经过气液分离器分离出未反应的气体，水合物浆液降温后通过旋风分离器，再在离心分离器中脱掉剩余的水，随后降温到 -15℃并减压到常压，在亚稳状态下直接用绝热船运到目的地，水合物生产工厂所在地不设置储存装置。到达目的地后水合物在运输船中直接再汽化，经过压缩、冷却、净化后进入用户管道，水合物再汽化装置如图 7-19 所示。该工艺设计的水合物储气量为 150 倍体积，相应的经济评估表明，在 6000km 以内，年产量为 3Mt 时，NGH 运输方式比 LNG 成本低 12 %。但这一概念流程目前还存在着许多需要解决的问题。

Rogers 等根据在实验室一个 3900mL 的反应釜中观察到的 SDS 溶液中水合物的生成现象[25]，建立了一个 5000 Nft³ 的水合物储气中试装置[56]。这些现象如下：①在反应器金属壁面及 SDS 的共同作用下，水合物生成速度很快；②生成的水合物自压实；③ "间隙水"均能参与反应，水合物储气量高。装置内部设置换热盘管并确保金属表面积与反应釜体积之比与实验室小反应釜中两者之比相等，水合物在静态条件下生成，整个过程保持恒温恒压。

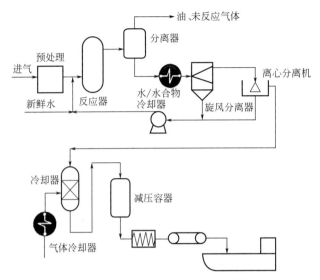

图 7-18　NGH 生产概念流程图[55]

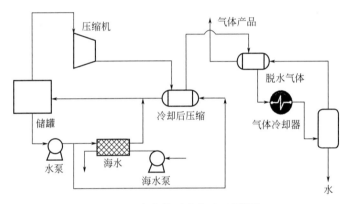

图 7-19　水合物再汽化流程图[55]

　　Veluswamy 等[57]发现 THF 可同时作为热力学促进剂和动力学促进剂，并提出了一个水合物储气工艺流程，图 7-20 为流程示意图。该流程分为四个单元：水合物生成、脱水、造粒以及存储。该工艺的特点是在生成阶段采用动力学促进剂并保持水合物静态生成。

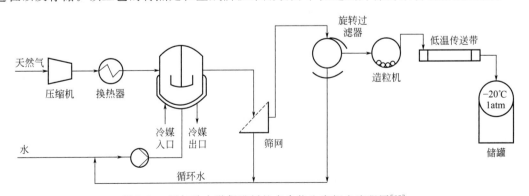

图 7-20　添加动力学促进剂的水合物生产概念流程图[57]

在 NGH 方面做得较有特色的则是日本的三井公司[6,58,59]，该公司 2001 年实现了水合物的快速生成，2002 年 1 月，建设完成了一个日产量为 0.6t 的水合物储气中试装置（process development unit，PDU），并在 2003 年补充了再汽化装置，该套装置已经开车成功并运行稳定。该流程共分为三个单元：水合物生成单元、水合物成球单元和水合物球储存及再汽化单元。水合物最终被加工成球形装船运输，其生产流程如图 7-21 所示。反应器分为两级，第一个反应器为鼓泡塔，内设搅拌装置及折流板，垂直放置，水在这里转化为水合物的比率为 30%～40%，反应热由冷却夹套中的冷液带走。第二个反应器水平放置，在这里水合物的最终转化率达到 90% 并被制成粉末状移走。随后水合物粉末被冷却到 253 K 并降至常压，送至造球机中制成不同大小的水合物球，最后球形水合物被加压到 3.5MPa，再在汽化塔中汽化。该公司的研究结果表明，球形水合物的稳定性比粉末状要好，并且认为并不是温度越低，水合物的储存效果越好，226～268 K 是最合适的水合物储存温度，其中又以 253 K 为最佳，球形水合物的分解量为每天 0.05%（质量分数）。该公司所做的经济评估则表明[7]，在 3500nmile（1nmile＝1852m）以内，天然气的运输量为 0.4～1Mt/a 时，NGH 运输方式成本比 LNG 低 18%～25%。2005 年，三井公司完成了第二阶段的水合物生产装置（bench scale unit，BSU），通过该装置，他们初步实现了混合天然气水合物的连续生产。在 2008 年，他们在柳井电厂建造了一个日产 5t 的水合物造粒中试装置。

目前三井公司正在进一步扩建该水合物储气技术的生产规模，并研究通过生成不同大小的水合物球来解决球形水合物在装船过程中存在的空隙率较大的问题，并设计建造了相应的水合物运输船。

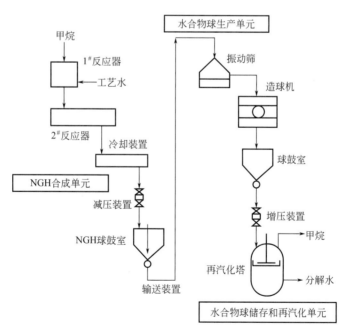

图 7-21　三井公司水合物储气中试流程图[59]

韩国在水合物连续生产方面也取得了较大的进展，Lee 等[60]发明了一个双螺旋反应器，可用于水合物连续生成。韩国工业技术研究所 2012 年搭建了一套日产 1t 的水合物生产装置，该装置主要包含五个部分：水合物生成、脱水、降温、降压和造粒。同时，他们还搭建了一个 5m³/d 的水合物储存和再汽化装置，用于考察天然气水合物生产供应链[61]。

综上所述，自 20 世纪 90 年代初 NGH 储运概念的提出，到目前部分中试实验取得了成功，该技术在国外正一步步接近工业化。

国内在 NGH 方面的研究起步较晚，目前都还只是停留在实验室阶段[27,28,52,53,62]。作者所在研究室也在这方面进行了长期的相关研究[29,41]。针对水合物的生成特性，提出了一种内置层式结构的水合物储罐，其结构如图 7-22 所示。储罐内采用相关介质强化传热，带走水合物生成时放出的热量，同时提供大量的水合物结晶中心。水合物储罐置于高压反应器中用于水合物生成反应，其层式结构使得水量倍增时反应时间与单层基本相同，并能确保取得满意的水合物储气密度，整个反应在静态下进行，不需要搅拌。反应结束后经过冷冻，再把整个储罐移出、运输到目的地。为了运输方便，工业应用的水合物储罐最好设计为方形。

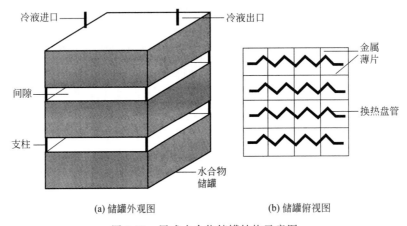

图 7-22 层式水合物储罐结构示意图

水合物法储气实验分别在单层和双层储罐中进行，其结果如图 7-23 和图 7-24 所示。其中水位高相同时双层储罐中的水量为单层中的两倍，从图中可以看出，相对于单层储罐来说，当水量加倍时，双层储罐可以有效地减少水合物的反应时间，而储气量变化较小。实验结果表明这种层式结构的水合物储罐反应器放大效应小，具有较好的工业应用前景。

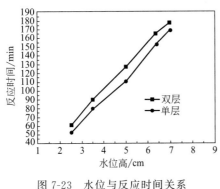

图 7-23 水位与反应时间关系

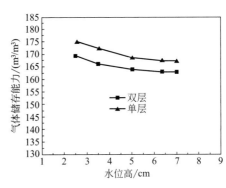

图 7-24 水位与储气量关系

根据层式结构的水合物储罐反应器特点，我们提出了一个相应的水合物法储气概念生产流程，如图 7-25 所示。为了确保工业生产时充气-冷冻集成式水合物储罐安装简单，反应器设计为卧式。其操作流程如下：先将储罐与反应器盖上的制冷液进出口对接安装好后，将配好的水溶液加入储罐中，然后把整个储罐系统连同反应器盖推入一个反应器中密封安装好；

此后该反应器开始抽真空并用温度较高的制冷液 2 降温，抽真空结束后通过压缩机从一低压气罐压入一定量的反应气体到该反应器，但保持其压力低于设定的反应温度下水合物生成的平衡压力，当整个溶液的温度降低到设定值并稳定后，继续向反应器中压入气体到设定的反应压力值，使水合物开始在静态条件下生成，整个反应过程中不断地向反应器中补充气体以保证其压力在一个较小的范围内波动，反应结束后将制冷系统切换到温度较低的制冷液 1，冷冻生成的水合物 1h 左右后将其取出储运；该反应器开盖取出水合物储罐之前里面的剩余气体放回低压气罐继续使用；低压气罐中的气体在通过压缩机压入反应器前先通过一干燥器干燥，从压缩机出来的气体在换热器中通过温度较高的制冷液 2 降温排凝，气罐中消耗的气体通过气源补充。为了保持操作系统的连续性，可采用多个反应器，系统通过在多个反应器之间的相互切换保持生产工艺的连续性。反应器的具体数目根据计划生产量、每个反应器中生成一次水合物所需要的相关操作时间、装卸一个反应器所需要的时间及每个反应器的体积而定。第二反应器的安装紧接着第一反应器进行，当第一反应器中的水合物反应结束并开始通过温度较低的制冷液 1 冷冻时，第二反应器开始抽真空并通过较高温度的制冷液 2 降温，进行水合物生成反应，整个反应如此循环进行。

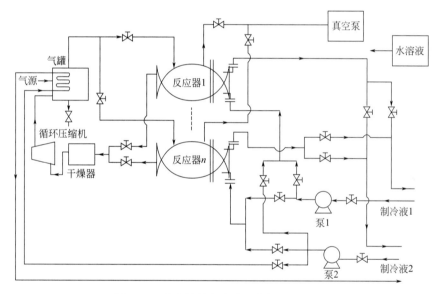

图 7-25　水合物储气生产工艺概念流程图

7.4.2　水合物的储存及运输工艺

水合物的储存运输形式目前还没有定论，不同的生产工艺会产生不同的形态。一般的生产工艺倾向于水合物生成后固液分离，最终水合物以固体的形式储存运输；有的工作者提出水合物生成后不需固液分离，直接制成水合物浆运输，到达目的地以后用浓浆泵打入储存罐；而日本三井公司的工作者则提出以水合物球的形式储运[59]。最佳的水合物储存运输形态需要结合其稳定性及经济性做进一步的研究分析。

对于水合物的储存运输形式，人们提出了两种方法：低温常压法和常温高压法。早期的研究者认为，在储存和运输过程中，利用高压防止水合物分解的设备费用过高，而常压下天然气水合物的大规模储运需要极低的温度（常压下天然气水合物的平衡温度一般为－76℃），在此温度下运输天然气水合物的成本太高，导致其在实际上不可行，因此这一技术一直未受到太多的重视。但随着近些年来对天然气水合物研究的不断深入，人们发现以水合物形式储存和运输天然气在技术和经济上都具有可行性。

1992 年，Gudmundsson 等[63]提出在大气压力下，天然气水合物的储存温度可以高于－15℃；1994 年，Gudmundsson 等[64]在常压下把水合物样品分别保存在－5℃、－10℃、－18℃的容器中，对 10 天内水合物的分解状况进行测试，发现水合物基本上不分解，当温度为－18℃时，这 10 天内水合物的气体释放量仅为其包含气体量的 0.85％。因此为 NGH 储存方式产业化提供了理论依据。Gudmundsson 对此的解释是：①天然气水合物分解成水和天然气是一种相变，需要大量的热量，当大量天然气水合物储存在几乎绝热的条件下时，只能得到很少的热量；②大规模储存和运输天然气水合物时，水合物分解需要的热量只能从邻近的水合物粒子中得到，这样就会形成一个温度梯度，而天然气水合物的热导率为 18.7 W/（m·K），比普通的隔热材料[约 27.7W/（m·K）]还低；③由于天然气水合物储存温度在水的冰点以下，当水合物分解时，分解出来的水形成一层冰，这层冰成为保护层阻止水合物进一步的分解。

1992 年，俄罗斯的 Ershov 和 Yakushev[65]通过实验也发现，NGH 在常压，272～255.1 K 时，有意想不到的稳定性，有一种样品在 267.1 K 下稳定储存达两年之久。

日本三井公司[59]在 173～268 K 温度范围内的研究表明，水合物球并不是温度越低其分解量越小，226～268 K 为较为合适的水合物储存温度，其中又以 253 K 为最佳，其结果如图 7-26 所示。

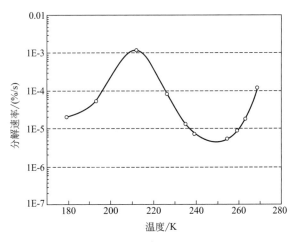

图 7-26　水合物球分解速率与储存稳定关系图[59]

Stern 等[66]研究了常压下 CH_4 水合物的分解动力学规律，温度范围 193～273 K。实验结果表明在 265～271 K 之间，水合物分解速率最慢，其 24h 和 1 个月的分解量分别为 7％和 50％。

Shirota 等[67]发现在 268.1 K 左右，CH_4 水合物分解速率最低，该温度下完全分解所有的水合物需要 120 天。他们推测 265～269 K 是 CH_4 水合物的自我保存区域。

而 Ebinuma 等[68]测定了 CH_4 水合物和 C_3H_8 水合物的常压分解速率，发现水合物的分解曲线存在拐点，拐点后的水合物分解速率大大降低。他们分析水合物的分解性质与覆盖在水合物表层的冰的机械性质相关。

Lin 等[29]的研究结果则表明，在 0.4MPa、266.4 K 条件下储存乙烯水合物较为适宜，进一步降低温度对储存结果没有什么影响；而其他几位研究者的结果则表明在 -5℃时甲烷水合物相当稳定，进一步的水合物储存合适温度范围还在实验研究过程中。

以上的研究结果虽然有些不同，但均表明水合物在 253～269 K 之间有一个稳定区，在这一区域内水合物分解速率较慢，完全能够满足 NGH 技术的工业应用要求并且具有较理想的经济性。

相对于其他气体储运技术而言，NGH 技术的安全性、灵活性等优点，使它受到了研究者们广泛的重视，特别是自 20 世纪 90 年代 NGH 技术的经济性得到论证以后，相关研发工作得到了许多研究机构和公司的重视，取得了长足的发展，许多学者纷纷提出了自己的NGH 概念生产流程，并有部分技术已经取得中试成功。但是，由于水合物是固体，生成过程需要高压，而天然气又属易燃易爆气体，使得天然气水合物的大规模连续生产还存在很多较难解决的工程问题。要实现 NGH 技术的工业化，还有一段路要走。

参考文献

[1] 樊栓狮. 天然气水合物储存与运输技术. 北京：化学工业出版社，2005.

[2] Gudmundsson J S, Andersson V, Levik O I, Parlaktuna M M. Natural gas hydrates：a new gas transportation form. Journal of Petroleum Technology, 1999, 51 (4)：66.

[3] Thomas S, Dawe R A. Review of ways to transport natural gas energy from countries which do not need the gas for domestic use. Energy, 2003, 28 (14)：1461-1477.

[4] Javanmardi J, Nasrifar K, Najibi S H, Moshfeghian M. Economic evaluation of natural gas hydrate as an alternative for natural gas transportation. Applied Thermal Engineering, 2005, 25 (11-12)：1708-1723.

[5] Sloan E D. Clathrate Hydrates：The Other Common Solid Water Phase. Industrial & Engineering Chemistry Research, 2000, 39 (9)：3123-3129.

[6] Takaoki T, Hirai K, Kamei M, Kanda H. Study of natural gas hydrate (NGH) carriers//Prodeeding of the Fifth International Conference on Gas Hydrates. Trondheim, Norway, 2005, 1258-1265.

[7] Kanda H, Uchida K, Jakamura K, Suzuki T. Economics and energy requirements on natural gas ocean transportation in form of natural gas hydrate (NGH) pellets//Proceeding of the Fifth International Conference on Gas Hydrates. Trondheim, Norway, 2005, 1275-1282.

[8] Skovborg P, Rasmussen P. A mass transport limited model for the growth of methane and ethane gas hydrates. Chemical Engineering Science, 1994, 49 (8)：1131-1143.

[9] Linga P, Daraboina N, Ripmeester J A, Englezos P. Enhanced rate of gas hydrate formation in a fixed bed column filled with sand compared to a stirred vessel. Chemical Engineering Science, 2012, 68 (1)：617-623.

[10] Hao W F, Wang J Q, Fan S S, Hao W B. Study on methane hydration process in a semi-continuous stirred tank reactor. Energy Conversion and Management, 2007, 48 (3)：954-960.

[11] Luo Y T, Zhu J H, Fan S S, Chen G J. Study on the kinetics of hydrate formation in a bubble column. Chemical Engineering Science, 2007, 62 (4)：1000-1009.

[12] Fukumoto K, Tobe J, Ohmura R, Mori Y H. Hydrate formation using water spraying in a hydrophobic gas：A preliminary study. AIChE Journal, 2001, 47 (8)：1899-1904.

[13] He Y Y, Rudolph E S J, Zitha P L J, Golombok M. Kinetics of CO_2 and methane hydrate formation：An experimental analysis in the bulk phase. Fuel, 2011, 90 (1)：272-279.

[14] Mori Y H. On the Scale-up of Gas-Hydrate-Forming Reactors：The Case of Gas-Dispersion-Type Reactors. Energies, 2015, 8 (2)：1317-1335.

[15] Xiao P, Yang X M, Sun C Y, Cui J L, Li N, Chen G J. Enhancing methane hydrate formation in bulk water using vertical reciprocating impact. Chemical Engineering Journal, 2018, 336：649-658.

[16] Stern L A，Kirby S H，Durham W B. Peculiarities of Methane Clathrate Hydrate Formation and Solid-State Deformation，Including Possible Superheating of Water Ice. Science，1996，273 (5283)：1843-1848.

[17] Saito Y，Kawasaki T，Okui T，Kondo T，Hiraoka R. Methane storage in hydrate phase with water soluble guests// Second International Conference on Natural Gas Hydrates. Toulouse，France，1996，459-465.

[18] Deugd R M D，Jager M D，Arons J D S. Mixed hydrates of methane and water - soluble hydrocarbons modeling of empirical results. AIChE Journal，2001，47 (3)：693-704.

[19] Tohidi B，Danesh A，Tabatabaei A R，Todd A C. Vapor-Hydrate Equilibrium Ratio Charts for Heavy Hydrocarbon Compounds. 1. Structure-II Hydrates：Benzene，Cyclopentane，Cyclohexane，and Neopentane. Industrial & Engineering Chemistry Research，1997，36 (7)：2871-2874.

[20] Tohidi B，Danesh A，Todd A C，Burgass R W，Østergaard K K. Equilibrium data and thermodynamic modelling of cyclopentane and neopentane hydrates. Fluid Phase Equilibria，1997，138 (1-2)：241-250.

[21] Jager M D，de Deugd R M，Peters C J，de Swaan Arons J，Sloan E D. Experimental determination and modeling of structure II hydrates in mixtures of methane + water + 1，4-dioxane. Fluid Phase Equilibria，1999，165 (2)：209-223.

[22] Mooijer-van den Heuvel M M，Peters C J，de Swaan Arons J. Influence of water-insoluble organic components on the gas hydrate equilibrium conditions of methane. Fluid Phase Equilibria，2000，172 (1)：73-91.

[23] Karaaslan U，Parlaktuna M. Surfactants as Hydrate Promoters? Energy & Fuels，2000，14 (5)：1103-1107.

[24] Karaaslan U，Uluneye E，Parlaktuna M. Effect of an anionic surfactant on different type of hydrate structures. Journal of Petroleum Science and Engineering，2002，35 (1-2)：49-57.

[25] Zhong Y，Rogers R E. Surfactant effects on gas hydrate formation. Chemical Engineering Science，2000，55 (19)：4175-4187.

[26] Han X H，Wang S J，Chen X Y，R. L F. Surfactant accelerates gas hydrate formation//Proceeding of the Fourth International Conference on Gas Hydrates. Yokohama，Japan，2002，1036-1039.

[27] Zhang C S，Fan S S，Liang D Q，Guo K H. Effect of additives on formation of natural gas hydrate. Fuel，2004，83 (16)：2115-2121.

[28] Sun Z G，Wang R Z，Ma R S，Guo K H，Fan S S. Natural gas storage in hydrates with the presence of promoters. Energy Conversion and Management，2003，44 (17)：2733-2742.

[29] Lin W，Chen G J，Sun C Y，Guo X Q，Wu Z K，Liang M Y，Chen L T，Yang L Y. Effect of surfactant on the formation and dissociation kinetic behavior of methane hydrate. Chemical Engineering Science，2004，59 (21)：4449-4455.

[30] Link D D，Ladner E P，Elsen H A，Taylor C E. Formation and dissociation studies for optimizing the uptake of methane by methane hydrates. Fluid Phase Equilibria，2003，211 (1)：1-10.

[31] Gnanendran N，Amin R. The effect of hydrotropes on gas hydrate formation. Journal of Petroleum Science and Engineering，2003，40 (1-2)：37-46.

[32] Karaaslan U，Parlaktuna M. Promotion effect of polymers and surfactants on hydrate formation rate. Energy & Fuels，2002，16 (6)：1413-1416.

[33] Prasad P S R，Sowjanya Y，Dhanunjana Chari V. Enhancement in Methane Storage Capacity in Gas Hydrates Formed in Hollow Silica. The Journal of Physical Chemistry C，2014，118 (15)：7759-7764.

[34] Kang S P，Seo Y，Jang W. Kinetics of Methane and Carbon Dioxide Hydrate Formation in Silica Gel Pores. Energy & Fuels，2009，23 (7)：3711-3715.

[35] Yang L，Fan S S，Wang Y H，Lang X M，Xie D L. Accelerated Formation of Methane Hydrate in Aluminum Foam. Industrial & Engineering Chemistry Research，2011，50 (20)：11563-11569.

[36] Perrin A，Celzard A，Mareche J F，Furdin G. Methane storage within dry and wet active carbons：A comparative study. Energy & Fuels，2003，17 (5)：1283-1291.

[37] Perrin A，Celzard A，Mareche J F，Furdin G. Improved methane storage capacities by sorption on wet active

carbons. Carbon，2004，42（7）：1249-1256.

［38］Zanota M L，Camby L P，Chauvy F，Burulle Y，Herri J M. Improvement of methane storage in activated carbon using methane hydrate//Proceeding of the Fifth International Conference on Gas Hydrates. Trondheim，Norway，2005，1349-1354.

［39］Zhou L，Li M，Sun Y，Zhou Y P. Effect of moisture in microporous activated carbon on the adsorption of methane. Carbon，2001，39（5）：773-776.

［40］Zhou L，Sun Y，Zhou Y P. Enhancement of the methane storage on activated carbon by preadsorbed water. AIChE Journal，2002，48（10）：2412-2416.

［41］Yan L J，Chen G J，Pang W X，Liu J. Experimental and modeling study on hydrate formation in wet activated carbon. Journal of Physical Chemistry B，2005，109（12）：6025-6030.

［42］Xiao P，Yang X M，Li W Z，Cui J L，Sun C Y，Chen G J，Chen J L. Improving methane hydrate formation in highly water-saturated fixed bed with diesel oil as gas channel. Chemical Engineering Journal，2019，368：299-309.

［43］Mu L，Liu B，Liu H，Yang Y T，Sun C Y，Chen G J. A novel method to improve the gas storage capacity of ZIF-8. Journal of Materials Chemistry，2012，22（24）：12246-12252.

［44］Binks B P，Murakami R. Phase inversion of particle-stabilized materials from foams to dry water. Nat Mater，2006，5（11）：865-869.

［45］Wang W，Bray C L，Adams D J，Cooper A I. Methane storage in dry water gas hydrates. Journal of the American Chemical Society，2008，130（35）：11608-11609.

［46］Park J，Shin K，Kim J，Lee H，Seo Y，Maeda N，Tian W，Wood C D. Effect of Hydrate Shell Formation on the Stability of Dry Water. Journal of Physical Chemistry C，2015，119（4）：1690-1699.

［47］Fan S S，Yang L，Wang Y H，Lang X M，Wen Y G，Lou X. Rapid and high capacity methane storage in clathrate hydrates using surfactant dry solution. Chemical Engineering Science，2014，106：53-59.

［48］Yang L，Cui G M，Liu D P，Fan S S，Xie Y M，Chen J. Rapid and repeatable methane storage in clathrate hydrates using gel-supported surfactant dry solution. Chemical Engineering Science，2016，146：10-18.

［49］Mu L，Li S，Ma Q L，Zhang K，Sun C Y，Chen G J，Liu B，Yang L Y. Experimental and modeling investigation of kinetics of methane gas hydrate formation in water-in-oil emulsion. Fluid Phase Equilibria，2014，362：28-34.

［50］Chen J，Sun C Y，Liu B，Peng B Z，Wang X L，Chen G J，Zuo J L Y，Ng H J. Metastable boundary conditions of water-in-oil emulsions in the hydrate formation region. AIChE Journal，2012，58（7）：2216-2225.

［51］Lv Y N，Sun C Y，Liu B，Chen G J，Gong J. A water droplet size distribution dependent modeling of hydrate formation in water/oil emulsion. AIChE Journal，2017，63（3）：1010-1023.

［52］Xie Y M，Guo K H，Liang D Q，Fan S S，Gu J M. Steady gas hydrate growth along vertical heat transfer tube without stirring. Chemical Engineering Science，2005，60（3）：777-786.

［53］Li J P，Liang D Q，Guo K H，Wang R Z. The influence of additives and metal rods on the nucleation and growth of gas hydrates. Journal of Colloid and Interface Science，2005，283（1）：223-230.

［54］Gudmundsson J S. Method for production of gas hydrat for transportation and storage，US5536893，1996.

［55］Sanden K，Rushfeldt P，Graff O F，Gudmundsson J S，Masuyama N，Nishii T. Long distance transport of natural gas hydrate to Japan//Proceeding of the Fifth International Conference on Gas Hydrates. Trondheim，Norway，2005，1355-1360.

［56］Rogers R E，Zhong Y，Etheridge J A. Micellar gas hydrate storage process//Proceedings of the Fifth International Conference on Gas Hydrates. Trondheim，Norway，2005，1361-1365.

［57］Veluswamy H P，Wong A J H，Babu P，et al. Rapid methane hydrate formation to develop a cost effective large scale energy storage system. Chemical Engineering Journal，2016，290：161-173.

［58］Watanabe S，Takahashi S，Mizubayashi H，Murata S，Murakami H. A demonstration project of NGH land transportation system//Proceedings of the 6th international conference on gas hydrates. British Columbia，Canada，2008.

[59] Iwasaki T，Katoh Y，Nagamori S，Takahashi S，Oya N. Continuous natural gas hydrate pellet production（NGHP）by process development unit（PDU）//Proceedings of the Fifth International Conference on Gas Hydrates. Trondheim，Norway，2005，1107-1115.

[60] Lee J D，Lee J，W.，Park K，N.，Kim J，H. Apparatus and method for continuously producing and pelletizing gas hydrates using dual cylinder，US2011064643，2013.

[61] Veluswamy H P，Kumar A，Seo Y，Lee J D，Linga P. A review of solidified natural gas（SNG）technology for gas storage via clathrate hydrates. Applied Energy，2018，216：262-285.

[62] Guo W K，Fan S S，Guo K H. Storage capacity of methane in hydrate using hypochlorite as additive//Proceeding of the Fourth International Conference on Gas Hydrates. Yokohama，Japan，2002，1040-1043.

[63] Gudmundsson J S，Parlaktuna M，Khokhar A A. Storage of natural gas as frozen hydrate. SPE24924，67th Annu SPE Tech Conf Proc，1992；699-707.

[64] Gudmundsson J S，Parlaktuna M，Khokhar A A. Storing natural gas as frozen hydrate. SPE Production & Facilities，1994，9（9）：69-73.

[65] Ershov E D，Yakushev V S. Experimental research on gas hydrate decomposition in frozen rocks. Cold Regions Science and Technology，1992，20（2）：147-156.

[66] Stern L A，Circone S，Kirby S H，Durham W B. Anomalous preservation of pure methane hydrate at 1 atm. Journal of Physical Chemistry B，2001，105（9）：1756-1762.

[67] Shirota H，Aya I，Namie S，Mori Y H. Measurement of methane hydrate dissociation for application to natural gas storage and transportation//Proceedings of the Fourth International Conference on Gas Hydrates. Yokohama，Japan，2002，972-977.

[68] Ebinuma T，Takeya S，Evgeny M. Dissociation behaviors of gas hydrates at low temperature//Proceedings of the Fourth International Conference on Gas Hydrates. Yokohama，Japan，2002，771-774.

第8章 水合法分离气体混合物技术

水合物是水和小分子气体（CH_4、C_2H_6、CO_2、N_2 等）在一定温度、压力条件下形成的一种笼型晶体物质。由于不同气体形成水合物的难易程度不一样，因此可通过生成水合物使易生成水合物的组分优先进入水合物相，从而实现气体混合物的分离。水合法分离气体混合物的原理和冷凝法类似。冷凝法是通过平衡的气-液两相组成的差异来分离混合物，而水合法是通过平衡的气-固两相的组成差异来实现气体混合物的分离。例如甲烷和乙烷混合物和水反应生成固体水合物后，水合物相中乙烷的摩尔分数（干基）会大于进料，而气相中甲烷的摩尔分数会大于其在进料中的摩尔分数。

本章重点介绍作者所领导的课题组在水合分离技术方面所取得的一些研究成果。

8.1 水合分离气体混合物技术研发进展

Hammerschimdt[1]首先发现从天然气管道中的水合物释放出的气体组成与原来的天然气组成不同，其中 C_3H_8 和 i-C_4H_{10} 的浓度增加了，表明生成水合物的过程可起到分离气体混合物的作用。此后，利用生成水合物来分离气体混合物逐渐受到人们的关注，陆续有一些专利和论文报道。早期国外关于水合法分离气体混合物技术的专利多是概念性的，技术深度不够。但近一两年来由于人们对工业废气中的 CO_2 加速全球温室效应的关注，特别是美国和日本等工业发达国家由于受到京都议定书的压力，对水合法分离和处理 CO_2 表现出了较大热情，这方面的专利不断增多。Spencer[2]开发了一种利用水合物的方法从气体混合物中分离二氧化碳的工艺，该工艺是将含有二氧化碳的气体混合物与 CO_2 活化水（CO_2 nucleated water）在反应器中充分接触，气相中的 CO_2 被活化水吸收，生成水合物，从而达到脱除气体混合物中的 CO_2 的目的。该工艺可以用于很多含 CO_2 的气体混合物中 CO_2 的脱除，如发电厂尾气、含 H_2 气体混合物等。所谓的 CO_2 活化水，就是含有少量 CO_2 水合物和 CO_2 的水，这种水是不稳定的，其中的 CO_2 摩尔分数在 0.01～0.04 之间，通常在 0.02～0.04 之间，反应器中所用活化水的温度在 -1.5～$10^{\circ}C$ 之间，通常在 -1.5～$0^{\circ}C$ 之间。活化水的制备过程如下，在足够低的温度和足够高的压力下，采用鼓泡的形式，将 CO_2 注入水中，使得 CO_2 和水充分混合搅拌，即可形成活化水。制备过程中所用的水可以是淡水，也可以是盐水，如海水。采用该方法，气相中的 CO_2 含量最少可以降低 50%，通常能够降低 70%，更好能够降低 90% 以上，有些情况下，可以将气相中 CO_2 的浓度降到

1％以下。

美国的 Bechtel 公司[3]开发了一种从煤转化气中分离 CO_2 的新技术。首先利用高压的 CO_2 使水成核，形成能包容外来 CO_2 分子的水分子簇（即形成由氢键连接的晶格），然后将水注入废气流中，在较高的压力和冰点附近形成 CO_2 水合物，这样不能生成水合物的 H_2 即从废气中分离出来，到透平中燃烧发电或者作为化工原料用于合成液体燃料或化学品。水合物被输送到另外的容器中，加热或者降压释放出 CO_2，水则循环利用。这种技术的分离效率可以达到 86 ％，而 H_2 的回收率则高达 99.8％。Elliott[4]开发了一种分离轻烃类气体的设备，通过此设备让水与烃类水合物接触，使水合物分解，水从设备中流出时将烃类气体以气泡的形式夹带出来。Elliot[5]通过控制操作条件稍高于 CO_2 的水合物生成突变点（Catastrophic point），在 20℃ 以下，利用水溶液吸收 CO_2，实现从天然气中分离 CO_2。据文献[6]介绍，苏联专利报道了利用水合法分离气体的方法：在 5℃、5.0MPa 下，使气体混合物通过含水合物促进剂的水溶液，一些轻质气体（如乙烯）与水形成固体水合物，从而达到分离气体的目的。美国专利[7]开发了一种分离轻烃类气体的设备，利用此设备，热水或热盐水与烃类水合物接触使其分解，水从设备中流出时将烃类气体以气泡的形式夹带出来。美国哥伦比亚大学 Happel 等[8]在 1994 年召开的第一届国际天然气水合物会议上，提出了一种新型气体分离装置，利用生成水合物可将氮气从甲烷中分离出来。美国专利[9]介绍了利用生成水合物的方法分离天然气：该方法基于气体混合物中各组分形成水合物的不同特性，通过气体在稍高于平衡压力下形成水合物（易形成水合物组分优先生成水合物），再分解得到不同组成的气体，尤其适于对轻烃和二氧化碳的分离，不必降低二氧化碳的压力，不必像吸附剂那样加热再生。

本书作者所在课题组近年来在水合分离方面取得了较大的进展[10~13]，提出了水合法从炼厂气、合成氨装置弛放气和天然气中富集回收氢气和乙烷、乙烯等具有较高经济价值的组分以及用水合法改造传统乙烯裂解气深冷分离流程的技术思想和工艺流程。为了进一步提高分离过程水的水合转化率，获得更高的分离效率，近年本课题组进一步开发了吸收-水合耦合分离技术，该技术采用水/油乳液在气体水合物生成条件下来分离气体混合物。针对所有这些技术开发，现已完成了一系列室内探索性研究，解决了部分机理性、基础性的科学问题[14~37]和一些关键技术问题[38~44]。

8.2　水合分离技术的潜在应用领域

水合分离技术的第一个应用点是从含有较高浓度氢气的炼厂干气（如加氢尾气、重整干气等）和合成氨装置弛放气中分离回收氢气，达到减少氢耗，降低制氢成本，提高企业效益的目的。目前氢气的回收通常采用变压吸附和膜分离法。但这两种分离方法用于高压加氢（6MPa 以上）和合成氨装置弛放气（压力达到 10MPa 以上）上并不经济。原因在于变压吸附操作压力低，需先将高压弛放气减压至变压吸附装置能承受的操作压力，而提浓后的氢气需再次大压缩比增压后才能返回反应器，这样必然造成能耗和设备投资的增加。膜分离方法虽然比较适合压力较高的气源，但由于得到的富氢产品在膜的低压侧，氢分压降低十分显著，也需要大压缩比增压后才能返回反应器，同样造成能耗的增加。而水合分离类似于反应吸收，操作压力越高越好，对压力没有上限要求。进水合分离装置前原料气无需减压，分离过程中气体的压降也很小，而氢分压则只会升高，不会降低。富氢产品可经低压缩比的循环压缩机返回反应器，压缩能耗和压缩机的投资均比较低。

　　水合分离技术的第二个具有潜在经济效益的应用点是从炼厂催化干气中分离回收氢气和 C_2 组分。催化干气是炼厂最为普遍也是产率[原料油的 5%（质量分数）左右]最大的一种含氢气体混合物，其特点是不仅含有一定量的氢气[15%～40%（体积分数）]，而且含有经济价值更高的乙烯、乙烷等 C_2 组分[共占 20%～30%（体积分数）]，如果能将其中的氢气和 C_2 组分回收利用，将可以给炼厂带来可观的经济效益（据估算，全国每年所产催化干气中所含乙烯的总量超过 1Mt，而总含量和乙烯相当的乙烷则是最好的裂解制乙烯的原料）。长期以来，催化干气大多没有得到很好的利用，而是作为瓦斯气烧掉了。原因在于其组成复杂，氢气和 C_2 组分各自的浓度都不高，采用现有的分离方法（如膜分离和变压吸附等）回收率低，经济上不合算。而深冷分离方法过程复杂，装备投资大，综合经济效益更低。水合法流程简单，可以得到较高的氢气回收率，为催化干气中氢气的回收提供了新的途径。特别是水合法不仅能回收氢气，而且能回收其中更有价值的 C_2 组分（乙烷和乙烯）。如果将氢气的回收和 C_2 的回收结合起来，无疑会相互增益，真正变废为宝，对提高整个炼油企业的经济效益具有重要意义。

　　水合分离技术的第三个应用点是改造乙烯裂解气深冷分离流程，去掉昂贵的冷箱、降低脱甲烷塔冷负荷或完全代替深冷分离流程。无论是新乙烯装置的建造、还是原有装置的扩能改造，深冷分离环节（主要是脱甲烷塔和冷箱）均是影响建造成本的瓶颈，也是能耗较大的部位。如果以适当方式嵌入水合分离过程，可以显著降低脱甲烷塔的冷负荷、减少低温冷箱，在降低新装置的建设成本、提高旧装置的产能以及降低能耗等方面均存在很大的潜力。

　　水合分离技术的第四个应用点是应用于沼气、煤气化（IGCC）混合气中 CO_2 的捕集。沼气（CO_2/CH_4）和煤气化混合气（CO_2/H_2）中均含有较高浓度的 CO_2，应用之前都需要进行脱碳处理。利用相同温度条件下 CO_2 水合物生成压力明显低于 CH_4 和 H_2 这一特性，可采用水合分离技术对沼气和煤气化混合气进行有效碳脱除。特别是采用吸收-水合耦合这一分离技术，利用水/油乳液、水合物/油浆液良好的流动性，在单一分离装置中可以实现多级连续的气体分离过程，从而有效、快速地实现原料气的净化。

8.3　水合分离气体混合物的模拟研究

8.3.1　水合分离含氢气体混合物

　　在各种气体混合物里，含氢气体混合物是最适合利用水合法进行分离的，因为 H_2 分子直径太小，不能单独生成水合物，但是 H_2 和轻烃（CH_4、C_2H_6 及 C_3H_8 等）的气体混合物却能生成水合物[42]。由于氢气很难在水合物晶格中稳定存在，因此含氢气体混合物所生成的水合物中几乎没有 H_2 存在，这样，只要压力足够高，用一个平衡级就可以实现氢气和其他组分的高度分离[43]。含氢气体混合物在工业生产中较为常见，其中典型的如表 8-1 所示。含氢气体混合物中常含有 CH_4、C_2H_6、C_2H_4、CO_2 和 N_2 等组分，它们均属可生成水合物的气体组分。如果在适当的温度、压力条件下使气体混合物和水接触，H_2 以外的组分会和水发生水合反应生成水合物，气相中 H_2 的浓度将被提高且具有很高的回收率（一般大于90%）。H_2 被浓缩的程度取决于温度和压力条件，一般而言，温度越低、压力越高则反应掉的杂质气体量也越多，H_2 被浓缩的程度也越大。

表 8-1　工业生产中典型的含氢气体混合物

气体种类	H_2/%（摩尔分数）	杂质
煤转化气	70～75	CO_2 和少量 CO、CH_4、N_2
炼厂催化重整装置排出气	65～92	带有少量 C_2～C_5 烃的 CH_4
乙烯装置脱甲烷塔顶排出气	50～95	CH_4

目前较成熟的氢气分离技术有变压吸附、膜分离、化学吸收和深冷分离等。其中化学吸收主要用于 CO_2 和 H_2 的分离，对于炼厂干气一般采用变压吸附和膜分离法。这些传统分离方法和水合法比较列于表 8-2。

表 8-2　不同氢气分离方法的比较

方法	使用范围	产品氢浓度/%	收率/%	主要能耗	主要物耗	操作条件
化学吸收	仅限 CO_2 和 H_2 分离	＞98	＞98	解吸与原料气压缩	吸收剂损耗	＞6MPa
膜分离	原料氢气浓度＞50%或更高	80～90	50～85	原料气与产品氢升压	膜	3～10MPa
深冷	和烯烃回收联合使用	＞90	约 90	压缩、制冷	无	约 3MPa 约−160℃
变压吸附	原料氢气浓度＞60%或更高	90～99	50～90	解吸，抽真空和产品氢升压	吸附剂损耗	约 1MPa
水合物	原料氢气浓度＞20%或更高	90～97	＞90	原料气压缩、制冷	促进剂	＞3MPa 1～10℃

水合法较变压吸附和膜分离技术的适用范围更广一些，如变压吸附和膜分离技术一般只适合于氢气浓度较高的原料气，对于低浓度的原料气，由于 H_2 的回收率太低而不宜采用。水合法则无论对低浓度还是对高浓度的情况都能得到较高的 H_2 回收率（一般都在 90% 以上）。当原料气（如中、高压加氢装置的尾气，即循环氢）的压力较高时，变压吸附法由于操作压力低，产品氢增压能耗高而不经济，但对水合法却特别适合。水合法可以连续操作，因此在操作的简便性方面较变压吸附也有明显优势。与膜分离法比较水合物在处理能力方面具有优势。水合法气体分离工艺与传统的分离工艺（如吸收、精馏和吸附等）也有许多相似之处，如均基于不同平衡相间组成的差别，根据分离难度和精度要求，可采用单级或多级平衡分离等。图 8-1 给出水合法单级分离氢气的示意流程。

图 8-1 中，含氢气体混合物首先进入水合反应器，在合适的操作条件下使混合气中易于生成水合物的组分生成水合物，被提浓的富氢气自反应器顶部引出。所生成的水合物随水转入水合物分解器中，采用加热或降压的方法使水合物分解，分解出的尾气主要含进料中可生成水合物的组分，分解后的活化水返回水合反应器。为改善水合法的分离条件，提高 H_2 的分离效果，可以在液相中加入水合物生成促进剂，常用的水合物促进剂有四氢呋喃、环戊烷、丙烷、异丁烷、环氧乙烷、丙酮等。由于含氢气体混合物中一般以甲烷最难生成水合物，所以氢气的提浓最终归结为甲烷和氢气两个关键组分的分离。作者所在的课题组在这方面做了大量的工作，下面做一简单介绍。

我们分别针对纯水和含四氢呋喃水溶液两种介质，对水合法分离（H_2＋CH_4）气体混合物进行了实验研究。纯水介质实验在一体积为 60mL 的蓝宝石釜中进行，主要通过测定达到气-水合物平衡后的气、固相组成，并与原料气的组成进行对比来评价分离效果。部分实验数据见表 8-3。

由表 8-3 及图 8-2 可以看出，对于（H_2 +CH_4）体系，在使用纯水情况下，实验所需压力较高且提浓效果不太明显，只能用于氢气的初步提浓。例如，在 5~6MPa、1℃的操作条件下，只能将 H_2 提浓到 50%（摩尔分数）左右。如果要将氢气浓度提高到 90%，估计需要 30MPa 以上的压力，这在工业应用上是难以接受的。

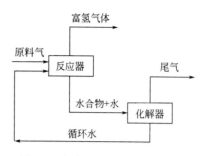

图 8-1　水合分离氢气的示意流程

表 8-3　（H_2 +CH_4）体系分离实验结果

实验序号	气体种类	温度/℃	压力/MPa	H_2/%（摩尔分数）	H_2 回收率/%
1	进气	17.7	6.37	14.40	98.5
	提纯气	1.2	3.82	23.98	
	分解气	16.5	1.85	1.07	
2	进气	3.8	8.11	22.59	98.8
	提纯气	1.1	4.74	38.61	
	分解气	8.0	1.68	1.46	
3	进气	8.0	7.22	31.09	99.6
	提纯气	1.2	5.14	43.62	
	分解气	6.8	1.89	3.25	
4	进气	12.4	6.90	39.95	99.8
	提纯气	1.1	5.57	49.38	
	分解气	11.5	1.79	3.41	

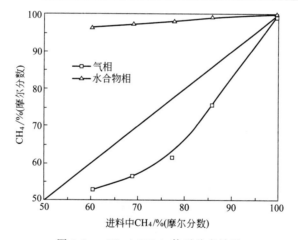

图 8-2　（H_2 +CH_4）体系分离效果

为改善水合法的分离条件，提高 H_2 的分离效果，关键是要在水相中加入热力学促进剂，以降低水合物的生成压力。表 8-4 所列为采用 THF 做促进剂，水合分离氢气和甲烷的模拟实验结果。实验在一体积为 10L 搅拌釜中进行，THF 浓度为 5.0%（摩尔分数）。

表 8-4　搅拌釜中水合法分离（H_2 +CH_4）混合气的实验结果

时间/min	压力/MPa	温度/℃	H_2/%（摩尔分数）	时间/min	压力/MPa	温度/℃	H_2/%（摩尔分数）
0	7.00	5.5	70.08	160	5.29	5.4	92.62
20	6.21	5.5	78.90	200	5.21	5.4	94.10
40	5.92	5.4	82.77	240	5.15	5.4	95.14
80	5.61	5.5	87.34	300	5.05	5.4	97.01
120	5.42	5.5	90.41	分解气	1.3	15.0	1.94

从表 8-4 可以看出，采用水合物促进剂后，能将 H_2 浓度提高至 97%（摩尔分数），而所需的平衡压力只需 5.0MPa，这在工业上不难实现。水合物相中氢气浓度只有 1.94%（摩尔分数），说明氢气的回收率也很高。可见，分离效果是很理想的。但反应速率不是很理想，气体要和液体进行 5h 的接触，浓度才能提高到 97%（摩尔分数），相当于气体在反应器的停留时间需要 5h，这样低的效率在工业上也难以被接受。

水合物的生成速率和反应器的类型选择关系很大。搅拌釜内气-液的接触状况不理想，是反应速率慢的主要原因。我们采用液相喷雾的方法来提高水合物的生成速率，取得了较理想的效果。下面对取得的结果做一简要介绍。

我们采用的实验装置如图 8-3 所示。该装置主要包括喷雾塔、高压液体泵、制冷系统、测量及显示仪表 4 部分。其中喷雾塔内径为 75mm，高度为 2m，最高操作压力为 10MPa，外衬保温层。塔内安装制冷盘管，外接制冷压缩机进行制冷。喷嘴的流量范围为 30～60 L/h。

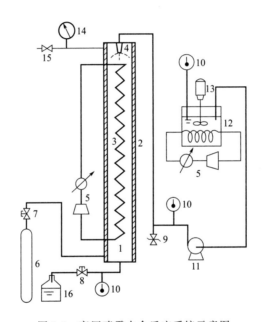

图 8-3   高压喷雾水合反应系统示意图

1—高压塔；2—保温层；3—冷却盘管；4—喷头；5—制冷系统；6—气体钢瓶；

7—气体调压阀；8—液体调压阀；9—安全阀；10—温度传感器；11—高压液体泵；12—液体储罐；

13—搅拌电机；14—压力表；15—放空阀；16—液体接收罐

实验中同样采用 THF 做促进剂，其在水溶液中的浓度为 6%（摩尔分数）。实验结果如图 8-4～图 8-7 所示。

图 8-4 和图 8-5 所反映的是在相同的压力和液体流量下，温度对分离效果的影响。分离效果主要体现在 H_2 浓度随时间的变化速度上。以上两图表明，随着反应的进行，气相中 H_2 浓度逐渐提高，这是因为水合反应主要消耗的是 CH_4，虽然 H_2 也能进入水合物相，并且液体夹带也会消耗一部分 H_2，但总体上 CH_4 的消耗速率大于 H_2 的消耗速率。从图中的 H_2 浓度-反应时间曲线可以看出，仅仅需要 15min 的时间，即可将气相中的 H_2 浓度提高 10 个百分点以上，说明水合法能够有效地实现 H_2 和 CH_4 的分离。但是，不同的水合反应温

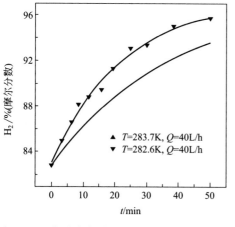

图 8-4　温度对分离效果的影响（$p=3.5\text{MPa}$）

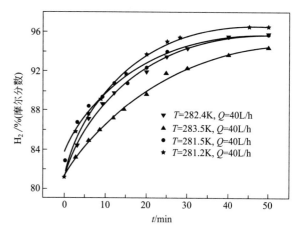

图 8-5　温度对分离效果的影响（$p=5.0\text{MPa}$）

度下，H_2 浓度达到同一水平的时间是不一样的，温度越低，H_2 浓度升高得越快，并且最终气相中的 H_2 浓度也越高。说明低温条件下，不仅分离效率较高，而且能够得到更好的分离效果。这是因为，温度对水合反应速率有比较明显的影响，温度越低，水合反应的速率越快，所以温度较低时分离效果较好。因此，在实际操作中，应该尽量采用较低的反应温度。但是，出于能耗的考虑，反应温度不宜过低，以 $1\sim10℃$ 为宜。

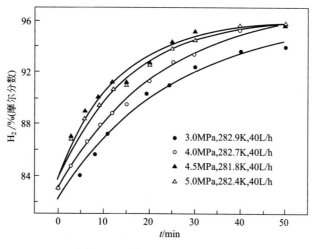

图 8-6　压力对分离效果的影响

图 8-6 显示的是反应压力对分离效果的影响。可以看出，在相同的反应温度和液体流量下，反应压力对分离效果也有比较明显的影响。反应压力越高，H_2 浓度提升得越快。这是因为，CH_4 水合反应的主要推动力是其在气相和水合物相的逸度差，温度一定时，反应压力越高，则气相的 CH_4 逸度越高，反应推动力就越大，CH_4 水合反应速率也越快，所以 H_2 浓度提升得越快。但是，从图中还可以看出，当 $p=4.5\text{MPa}$ 和 $p=5.0\text{MPa}$ 时，两条曲线几乎重合，这说明在较高的压力下，反应速率受压力的影响较小，所以，水合法分离气体混合物并不需要无限地提高反应压力。过高的反应压力只会增加操作成本，而对提高分离效果并没有实际意义。在实际操作中，只要选择一个适中的反应压力即可，根据实验数据，

一般选择 4.5～5.0MPa 为宜。

图 8-7 显示了液体喷淋流量对分离效果的影响，液体流量越大，分离效率越高。这说明液体流量是影响 CH_4 水合反应速率的主要因素之一。但是，液体会对气体产生一定程度的夹带，一般来说，液体流量越大，夹带量也越大，所以应该根据实际情况确定合适的液体流量。从图 8-7 可以看出，在喷雾流量较大时，气体在 20min 左右可以由 80% 左右提浓到 95%，这样的反应速率已经能够满足工业应用的要求。我们比较了搅拌、喷雾、喷淋、鼓泡等多种气-液接触模式，结果表明喷雾模式下水合反应效率最高。因此，我们推荐工业水合反应器的结构采用喷雾＋筛板的组合模式。喷雾区为水合反应的主要区域，筛板区主要承担抽提出水合物浆液所携带的氢气的作用，以提高氢气回收率。根据上述室内模拟实验结果，我们建立了世界上第一套水合法分离提浓氢气的中试实验装置，如图 8-8 所示。

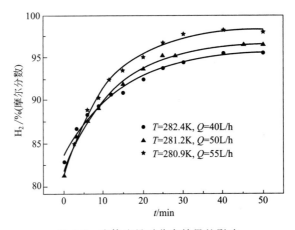

图 8-7　液体流量对分离效果的影响

该装置的主要设备为高 6m，内径为 200mm 的水合反应器。含氢气体混合物在水合反应器中和水接触，部分生成水合物，脱除大部分烃类杂质组分，得到提浓的氢气由反应器顶部排出，经循环压缩机返回原料气罐。未反应掉的水一部分从反应器底部排出，经液体循环泵返回反应器上部；一部分和水合物形成浆液进入化解器，在加热减压的条件下化解，释放出低压的杂质气体组分和水。杂质气体经气体增压泵增压后返回气体原料罐。化解水则进入冷液罐冷却，然后经液体增压泵返回反应器的顶部。实验过程中除取样分析外，不向外排气体和液体。设计用一台冷机既做制冷用，又做制热用，以节省动力消耗。该装置设计的气体处理量为 200m³/h（标态）。通过实验，结果表明，气体一次通过水合反应器，氢气浓度能提高 7 个百分点，考虑到实验中采用的水合塔的有效反应高度只有 4m，该结果是令人满意的。如果增加塔高，则还可显著提高氢气的提浓效果。

8.3.2　水合法分离 C_1、 C_2 关键组分

对于前面提到的水合分离法的第二、第三个应用点，关键是要解决 C_1 和 C_2 的分离，因为 H_2 在水合物中的选择性近似为零，很容易分离出来。但是经过实验发现，C_1 和 C_2 的混合气体进行直接水合时，分离效率并不高。本书作者[40] 通过分析水合物中的小孔穴对不同大小的客体分子所表现出来的显著的选择性，提出了选择性水合的技术思想，即在反应体系中加入一种特别容易生成水合物并且只能占据水合物晶格中的大孔的热力学促进剂，留下

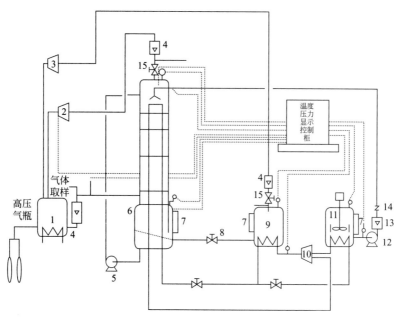

图 8-8　中试实验装置示意图

1—原料罐；2—氢气循环压缩机；3—气体增压机；4—气体流量计；5—高压液体磁力循环泵；6—高压水合反应器；
7—液面计；8—节流阀；9—水合物化解器；10—制冷系统；11—冷液罐；12—液体增压流量泵；
13—液体流量计；14—止逆阀；15—背压阀

小孔由甲烷来占据，而 C_2 因分子太大不能进入小孔，在大孔中又很难和加入的促进剂竞争，最终导致其在水合物中的含量很低。通过实验发现水溶性的四氢呋喃（THF）最适合作为这种热力学促进剂，由于它的存在能抑制 C_2 生成水合物、降低甲烷生成水合物所需的压力（将甲烷生成水合物的压力从 3MPa 左右降到接近常压），我们称其为选择性热力学促进剂。通过比较（$CH_4 + C_2H_4$）和（$CH_4 + C_2H_6$）气体混合物在无 THF 及含 THF 条件下的水合法分离效果，发现利用 THF 的这种选择性促进作用可以实现气体混合物中 C_2 的提浓。另外，作者还通过分析表面活性物质对 C_1、C_2 的选择性增溶作用（对 C_2 具有更大的增溶作用），推测加入表面活性物质可以增加水合物对 C_2 组分的选择性，从而提高水合分离效率。通过研究发现：加入表面活性物质[如十二烷基硫酸钠（SDS）]不仅可以大大提高水合物的生成速率，而且能够提高水合分离效率。由于 SDS 的加入量很低（500mg/L 左右），不足以改变体系生成水合物的热力学条件，文献中主要用它们作为水合物动力学促进剂，所以在本书中称其为选择性动力学促进剂。通过系统的研究表明，在水相中有 SDS 存在的条件下，水合法分离（$CH_4 + C_2H_6$）和（$CH_4 + C_2H_4$）体系的分离效果与纯水条件下的分离情况相比，液相中 SDS 的加入大大提高了水合分离效率，使得甲烷在气相中得到更好的提浓，而 C_2 则在水合物相中得到更好的富集。这样就为水合法分离 C_1 和 C_2 提供了两条途径，一条是 C_2 在水合物相的富集；一条是 C_2 在气相富集。前者我们称之为自然水合模式，因为在自然条件下，C_2 较甲烷更易生成水合物，因而在水合物相富集是很自然的；后者称之为逆水合模式，因为在这种模式下，通过采取人为的措施，使甲烷优先于 C_2 组分生成水合物而在水合物相富集，这和自然状态下是相反的。通过大量的研究发现，逆水合模式在混合气中甲烷浓度较低时更为适用，能有效地从气相中脱除 C_1，提纯 C_2；而自然水合模式在混合气中 C_2 浓度较低时比较适用，能使 C_2 组分在水合物中显著富集，从而有效浓缩、回收 C_2 组分。影响水合分离效果的关键是气-水合物相平衡特征，下面分别就逆水合模式和自然水合模式介绍气-水合物的相平衡特征。

8.3.2.1 逆水合模式下的 C_1、C_2 混合气-水合物相平衡特征

（1）（$CH_4 + C_2H_6$）体系　我们分别选用纯水和含四氢呋喃水溶液，对水合法分离（$CH_4 + C_2H_6$）体系进行了实验研究。实验在一个 60mL 的高压蓝宝石釜中进行，主要通过测定达到气-水合物平衡后的气、固相组成，并与原料气的组成进行对比来评价分离效果。部分实验数据列于表 8-5 和表 8-6 中，并展示在图 8-9、图 8-10 中。图、表中的 y_2、x_2、z_2 分别为平衡气相、水合物相（干基）、原料气中 C_2H_6 的摩尔分数，K_2 是 C_2H_6 的气-水合物相平衡常数：$K_2 = y_2/x_2$，S 是初始状态下的气-液体积比，R 为 C_2H_6 在富集相的回收率。

表 8-5　液相为纯水时的 CH_4（1）$+ C_2H_6$（2）体系相平衡实验结果

压力 /MPa	y_2/%（摩尔分数）	x_2/%（摩尔分数）	K_2	R_2/%
$T = 274.15K$，$z_2 = 60.11\%$（摩尔分数），$S = 200/(m^3/m^3)$				
2.5	58.25	65.92	0.88	47.69
3.0	57.73	65.67	0.88	51.38
4.0	57.48	62.53	0.92	55.72

由表 8-5 可以看出，在液相为纯水的条件下，利用生成水合物的方法对该气体混合物起到了一定的分离作用，但分离效果并不理想，例如在 4.0MPa、274.15K 的操作条件下，只能将 C_2H_6 由进料中的 60.11%（摩尔分数）降低到 57.48%（摩尔分数），在水合物相则仅增浓不到 3 个百分点。

表 8-6 所列为采用 THF 做选择性热力学促进剂、水合分离甲烷和乙烷的部分相平衡实验结果。表中实验数据对应的 THF 在水溶液中的浓度为 6.0%（摩尔分数）。由表 8-6 可以看出，采用选择性热力学促进剂 THF 后，可以很好地实现（$CH_4 + C_2H_6$）气体混合物的分离，能够将气相中 C_2H_6 的摩尔分数分别由进气时的 24.39% 和 56.20% 提浓至 66.80% 和 87.68%，分离效果显著。与在纯水中的实验结果相比，在液相中加入选择性热力学促进剂 THF 后，气-水合物相平衡常数发生了逆转（由原来的小于 1.0 转变到 1.0 以上），并且增加显著，表明分离效果大大提高。从表 8-6 可以看出，在温度恒定时，随着压力的增加，C_2H_6 在气相的增浓效果提高，但平衡常数有所降低；在压力恒定时，随着温度的增加，平衡常数是增加的。但对于 C_2H_6 在气相的增浓效果，当进料中 C_2H_6 浓度较低时，它随温度的增加而降低；当进料浓度较高 [>50%（摩尔分数）]，它随温度的增加先增加后降低，存在一个最优的温度。

表 8-6　不同温度和压力条件下的 CH_4（1）$+ C_2H_6$（2）体系相平衡实验结果

T/K	y_2/%（摩尔分数）	x_2/%（摩尔分数）	K_2	R_2/%
$p = 3.0MPa$，$z_2 = 24.39\%$（摩尔分数），$S = 100/(m^3/m^3)$				
276.15	66.80	14.92	4.48	73.43
278.15	66.66	13.18	5.06	75.59
280.15	65.45	11.08	5.91	78.28
282.15	51.72	8.48	6.10	80.36
284.15	44.33	6.77	6.55	83.21

续表

T/K	$y_2/\%$(摩尔分数)	$x_2/\%$(摩尔分数)	K_2	$R_2/\%$
$p=2.0$MPa，$z_2=24.39\%$(摩尔分数)，$S=100/(\text{m}^3/\text{m}^3)$				
278.15	57.44	9.95	5.77	77.29
280.15	53.26	9.17	5.81	81.61
282.15	45.92	7.48	6.14	84.27
284.15	39.63	5.13	7.73	88.35
$p=3.0$MPa，$z_2=56.20\%$(摩尔分数)，$S=100/(\text{m}^3/\text{m}^3)$				
274.15	72.61	27.03	2.68	72.77
276.15	74.90	26.77	2.80	77.53
278.15	79.71	25.46	3.13	80.70
280.15	87.07	23.44	3.71	82.68
282.15	80.74	19.55	4.13	86.04
$p=2.0$MPa，$z_2=56.20\%$(摩尔分数)，$S=100/(\text{m}^3/\text{m}^3)$				
274.15	68.36	29.33	2.69	74.00
276.15	73.73	28.89	2.55	79.90
278.15	87.68	27.80	3.15	82.63
280.15	85.49	21.37	4.00	87.26
282.15	80.23	14.74	5.44	90.35
$p=2.0$MPa，$z_2=92.91\%$(摩尔分数)，$S=100/(\text{m}^3/\text{m}^3)$				
276.15	95.19	84.14	1.13	88.91
278.15	96.75	73.33	1.32	83.27

由图 8-9 可见，在温度和压力均恒定而改变 THF 浓度时，平衡气相中 C_2H_6 的浓度随 THF 溶液浓度的升高而呈现先增加后减少的趋势，最佳的 THF 浓度为 12%（摩尔分数）。而从图 8-10 中可看出，C_2H_6 的相平衡常数也随着 THF 浓度的变化而呈现出非单调的变化趋势，因此，在选择合适的水合分离操作条件时，需综合考虑以上情况，方能确定最佳的分离操作条件。

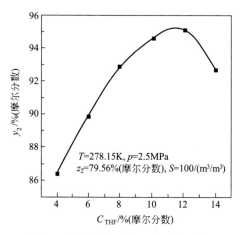

图 8-9 平衡气相中 C_2H_6 浓度随液
相 THF 浓度的变化情况

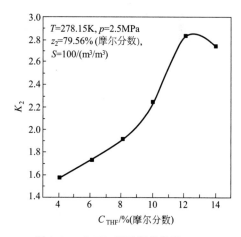

图 8-10 C_2H_6 相平衡常数随 THF
浓度的变化情况

图 8-11 为体现 $CH_4+C_2H_6$ 体系水合分离效果的拟 T-P-x-y 图，对应的平衡压力为 2.0MPa。从图 8-11 可以看出，相平衡曲线远离对角线，而且在对角线的上方，说明乙烷在气相中显著富集，而甲烷在水合物相显著富集。乙烷在气相和水合物相的组成差别最大可达到 60 个百分点，和表 8-5 所显示的分离效果相比，提高的幅度是十分明显的。

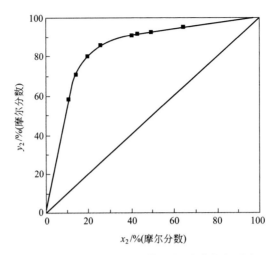

图 8-11　$CH_4(1)+C_2H_6(2)+THF$ 体系气-水合物相平衡 $T\text{-}P\text{-}x\text{-}y$ 图

（2）（$CH_4+C_2H_4$）体系　由于甲烷和乙烯两个关键组分的分离在催化干气和乙烯裂解气的分离中比甲烷和乙烷的分离更为重要，所以张凌伟等[13]对 $CH_4+C_2H_4$ 体系在 THF 存在下的水合分离效果进行了更细致的实验研究，取得了比较系统的气-固（水合物）平衡实验数据。实验在一容积为 256mL 的搅拌釜中进行。实验过程中，体系压力随着水合物的生成不断降低，直到稳定在平衡压力。下面对其取得的实验结果做一简单介绍。表 8-7 为不加 THF 时的气-固平衡实验数据，其中 p_0 为初始压力，p_E 为平衡压力。y_2、x_2、z_2 分别为气相、水合物相（干基）、原料气中 C_2H_4 的摩尔分数，K_2 是 C_2H_4 的气-水合物相平衡常数（干基），$K_2=y_2/x_2$，S 是初始条件下的气-液体积比，R 为 C_2H_4 在其富集相的回收率（下同）。

表 8-7　初始液相为纯水时的 $CH_4(1)+C_2H_4(2)$ 水合体系相平衡实验结果

p_0/MPa	p_E/MPa	S/(m³/m³)	y_2/%（摩尔分数）	x_2/%（摩尔分数）	K_2	R_2/%
			$T=274.15K, z_2=19.86\%$（摩尔分数）			
3.5	2.75	113	14.77	35.12	0.42	44.23
4.0	2.98	115	13.14	35.39	0.37	53.82
4.5	3.27	117	11.20	37.38	0.30	62.26
5.0	3.74	119	10.16	40.78	0.25	65.05

由表 8-7 中的实验结果可以看出，水相不加 THF 时，利用生成水合物的方法对（$CH_4+C_2H_4$）气体混合物起到了一定的分离作用，效果比（$CH_4+C_2H_6$）体系好（对比表 8-5）。乙烯在水合物相得到一定程度的富集，但在气相的脱除效果不理想。

表 8-8 和表 8-9 所列为初始水溶液中加入 6%（摩尔分数）THF 后的气-固相平衡实验结果。由表 8-8 可以看出，与（$CH_4+C_2H_6$）体系相似，在液相中加入 THF 之后，气-水合物相平衡常数也发生了逆转，C_2H_4 组分在平衡气相中得到明显的提浓。从分离效果看，对于每种原料气都存在一个较优的初始压力条件使得 C_2H_4 在气相中得到较好的提浓，而 C_2H_4 回收率则随着初始压力的升高而减小。分析其原因，主要是随着压力的增加，CH_4 进入水合物相的推动力增大，而 C_2H_4 分子进入水合物中的竞争性也逐渐增强，结果使得平衡气相中的 C_2H_4 组成随初始压力的升高而出现一个最大值。由于较高的压力下 C_2H_4 进入水合物相的可能性也提高了，因此在较低的压力条件下可望获得更高的 C_2H_4 回收率。从表 8-9

中可以看出，对于每组原料气同样存在一个较优的温度条件以使得 C_2H_4 在气相中得到最好的提浓。在较低的温度条件下，由于 C_2H_4 也较容易生成水合物，因此提浓效果不够好；随着体系温度的提高，C_2H_4 越来越难生成水合物，提浓效果逐渐变好；然而随着温度的进一步升高，水合物生成压力也逐渐提高，不利于水合物的生成，因而提浓效果随温度的进一步升高又逐渐变差，最终导致提浓气中 C_2H_4 的浓度出现先增加后降低的现象。C_2H_4 相平衡常数和回收率则都随着温度的升高而增加。

表 8-8 不同初始压力条件下的 $CH_4(1)+C_2H_4(2)$ 水合体系相平衡实验结果

p_0/MPa	p_E/MPa	S/(m³/m³)	y_2/%(摩尔分数)	x_2/%(摩尔分数)	K_2	R_2/%
		$T=274.15K, z_2=68.06\%$(摩尔分数)				
2.0	1.38	89	86.57	52.27	1.66	85.66
2.5	1.56	92	88.91	55.34	1.61	78.04
3.0	1.72	96	90.64	57.85	1.57	71.36
3.5	1.88	101	87.23	50.73	1.72	62.10
4.0	1.93	106	85.97	48.57	1.77	52.42
		$T=274.15K, z_2=34.79\%$(摩尔分数)				
2.0	1.12	85	56.61	21.97	2.58	88.92
2.5	1.29	87	59.27	23.31	2.54	84.85
3.0	1.46	89	60.05	24.19	2.48	80.04
3.5	1.57	92	57.29	22.38	2.56	68.97
4.0	1.74	94	55.03	20.57	2.68	63.12
4.5	1.89	96	52.15	19.42	2.69	56.54
		$T=274.15K, z_2=15.90\%$(摩尔分数)				
3.0	1.31	87	32.08	11.02	2.91	84.12
3.5	1.44	88	31.03	10.64	2.92	75.69
4.0	1.62	90	28.26	9.46	2.99	67.02
4.5	1.81	91	26.68	8.79	3.04	62.11

表 8-9 不同温度条件下的 $CH_4(1)+C_2H_4(2)$ 水合体系相平衡实验结果

T/K	p_E/MPa	S/(m³/m³)	y_2/%(摩尔分数)	x_2/%(摩尔分数)	K_2	R_2/%
		$p_0=3.0MPa, z_2=68.06\%$(摩尔分数)				
273.15	1.57	97	89.11	55.74	1.60	62.94
274.15	1.72	96	90.64	57.85	1.57	71.36
276.15	1.83	95	90.36	57.13	1.58	76.60
278.15	1.92	94	88.71	55.27	1.61	77.28
280.15	2.04	93	86.46	52.96	1.63	80.81
282.15	2.12	91	85.58	51.57	1.66	83.64
		$p_0=3.0MPa, z_2=34.79\%$(摩尔分数)				
273.15	1.37	90	58.87	22.74	2.59	73.10
274.15	1.46	89	60.05	24.19	2.48	80.04
276.15	1.68	88	57.96	21.58	2.69	89.99
278.15	1.80	87	55.92	20.48	2.73	93.56
		$p_0=3.0MPa, z_2=15.90\%$(摩尔分数)				
273.15	1.21	87	30.22	9.90	3.05	72.77
274.15	1.31	87	32.08	11.02	2.91	84.12
276.15	1.58	86	27.97	8.81	3.17	89.24
278.15	1.87	85	24.47	7.35	3.33	93.22

由图 8-12 和图 8-13 可见，随着 THF 浓度的增大，平衡气相中的 C_2H_4 的浓度存在着一个最大值，而 C_2H_4 回收率则随着 THF 浓度的增大而逐渐减小。

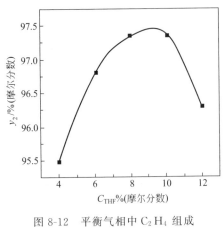 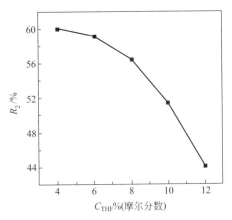

图 8-12　平衡气相中 C_2H_4 组成
随 THF 浓度的变化情况

图 8-13　C_2H_4 回收率随 THF
浓度的变化情况

综合以上实验结果可知：平衡气相中的 C_2H_4 浓度和 C_2H_4 相平衡常数均随着温度、压力及 THF 溶液浓度的变化而呈现出非单调的变化趋势。而 C_2H_4 的回收率则随着温度、压力以及 THF 浓度的变化而呈现出单调的变化趋势，因此，在实际操作过程中需综合考虑以上情况，通过权衡以确定最佳的分离操作条件。

图 8-14 为体现 $CH_4+C_2H_4$ 体系水合分离效果的拟 T-P-x-y 图，对应的平衡压力为 3.0MPa，THF 在水溶液中的初始浓度为 6%（摩尔分数）。从图 8-13 可以看出，相平衡曲线离对角线较远，而且在对角线的上方，说明乙烯在气相中得到富集，而甲烷在水合物相显著富集。和图 8-11 相比，$CH_4+C_2H_4$ 体系的水合分离效果较 $CH_4+C_2H_6$ 体系差一些，但还是有应用前景的，尤其应用于从高含乙烯的气体混合物中脱除甲烷时，会有较好的效果。

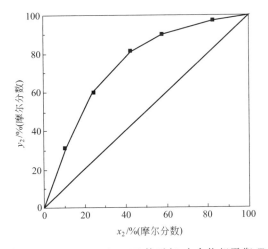

图 8-14　$CH_4(1)+C_2H_4(2)+THF$ 体系气-水合物相平衡 T-P-x-y 图

8.3.2.2　自然水合模式下的 C_1、C_2 混合物气-水合物相平衡特征

在自然条件下，C_2 较甲烷更易生成水合物，因而在水合物相富集，这种根据各组分生成水合物的天然难易程度不同并加以放大而实现其分离的方法，称之为自然水合分离法。如前所述，纯水体系中水合法分离 C_1 和 C_2 的效果比较差。但本书作者所在课题组通过尝试发现，水中加入动力学促进剂如十二烷基硫酸钠（SDS）后，C_1 和 C_2 的分离效果显著

提高。

我们在体积为 256mL 的高压搅拌釜中对 SDS 存在条件下水合法分离 C_1、C_2 关键组分进行了实验研究。实验中同样通过测定达到气-水合物平衡后的气、液相组成，并与原料气的组成进行对比来评价分离效果。下面分别就 $CH_4 + C_2H_6$ 体系和 $CH_4 + C_2H_4$ 体系对所取得的实验结果进行介绍。

（1）$CH_4 + C_2H_6$ 体系　针对该体系进行水合分离实验，取得的部分气-固平衡实验数据列于表 8-10 和表 8-11，其中 y_2、x_2、z_2 分别为平衡气相、水合物相（干基）、进料气中乙烷的摩尔分数，K_2 是乙烷的气-水合物相平衡常数：$K_2 = x_2/y_2$，S 是初始状态下的气-液体积比，R_2 为 C_2H_6 在水合物相的回收率，水相中 SDS 浓度均为 650mg/L。

表 8-10　初始压力对 $CH_4(1) + C_2H_6(2)$ 水合体系气-固相平衡行为的影响

p_0/MPa	p_E/MPa	S/(m³/m³)	y_2/%（摩尔分数）	x_2/%（摩尔分数）	K_2	R_2/%
		$T = 274.15K$，$z_2 = 12.05\%$（摩尔分数）				
3.0	1.95	108	2.32	27.31	11.77	88.24
3.5	2.13	110	2.20	24.66	11.21	89.75
4.0	2.43	112	2.17	24.27	11.18	90.04
4.5	2.89	114	2.23	25.63	11.49	89.26
5.0	3.43	116	2.41	27.61	11.46	87.65

表 8-11　温度对 $CH_4(1) + C_2H_6(2)$ 水合体系气-固相平衡行为的影响

T/K	p_E/MPa	S/(m³/m³)	y_2/%（摩尔分数）	x_2/%（摩尔分数）	K_2	R_2/%
		$p_0 = 4.0MPa$，$z_2 = 12.05\%$（摩尔分数）				
273.15	2.03	203	1.25	20.99	16.79	95.30
274.15	2.16	202	1.31	22.19	16.94	94.72
276.15	2.43	200	2.41	24.09	10.00	88.89
278.15	2.61	198	3.26	25.47	7.81	83.66
280.15	2.83	196	4.18	27.66	6.62	76.94

由表 8-10 可以看出，在选择性动力学促进剂 SDS 存在的条件下，采用生成水合物的方法可以获得很好的（$CH_4 + C_2H_6$）体系分离效果，C_2H_6 相平衡常数达到了 11.0 以上，而 C_2H_6 组分的回收率则达到了 90.0% 左右。另外，随着初始压力的升高，平衡气相中 C_2H_6 的组成先减少后增加，C_2H_6 回收率则先增加后减少，究其原因，主要是因为随着压力的升高，CH_4 也越来越容易生成水合物，并且在进入水合物小孔的同时还会抢占水合物的大孔，使得水合分离效率有所降低。但总的来说，压力对气-固平衡影响不明显。

由表 8-11 可见，在较低的温度条件下分离效果较好。随着温度的升高，平衡气、固相中的 C_2H_6 组成都在增加，C_2H_6 相平衡常数及回收率则随之快速降低，说明分离效果在逐渐变差。但温度最低只能到 273.15K，再低就会使水结冰，水合速率会很慢。

图 8-15 为 274.15K 条件下 $CH_4 + C_2H_6$ 水合体系的 T-p-x-y 相图。由图 8-15 可以看出，相平衡曲线远离对角线，而且在对角线的下方，说明甲烷在气相中显著富集，而乙烷在水合物相显著富集。乙烷在气相和水合物相的组成差别最大可达到 40 个百分点，和表 8-5 所显示的分离效果相比，提高的幅度是十分明显的。由图 8-15 还可以看出，SDS 存在时，水合分离效果在乙烷浓度较低时更好，而在高浓度区则要差一些。说明自然水合适合于从含乙烷较少的混合气中富集回收乙烷，但不易得到纯度很高的乙烷产品。

（2）$CH_4 + C_2H_4$ 气体混合物　正如前面说述，甲烷和乙烯的分离更为重要，所以我们

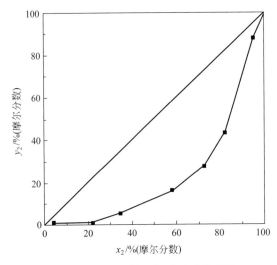

图 8-15　$CH_4(1)+C_2H_6(2)$体系气-水合物相平衡 T-P-x-y 图

对 $CH_4+C_2H_4$ 体系在有 SDS 存在条件下的水合分离相平衡特征进行了更细致的实验研究，部分实验结果见表 8-12 和表 8-13。

由表 8-12 可以看出，在初始压力为 5.0MPa 时，对于组成分别为 19.86%（摩尔分数）和 5.28%（摩尔分数）的原料气来说，平衡气相中 C_2H_4 的组成均达到最小值，亦即 CH_4 在气相中达到了最佳的提浓效果，其相平衡常数也分别达到了 5.54 和 13.22，而 C_2H_4 组分的回收率则分别为 87.81% 和 86.26%，分离效果十分显著。

表 8-12　初始压力对 $CH_4(1)+C_2H_4(2)$水合体系气-固相平衡行为的影响

p_0/MPa	p_E/MPa	S/(m³/m³)	y_2/%（摩尔分数）	x_2/%（摩尔分数）	K_2	R_2/%
$T=274.15K, z_2=19.86\%$（摩尔分数）						
2.5	2.00	151	9.39	55.44	5.90	63.47
3.0	2.08	154	7.95	42.37	5.33	73.82
3.5	2.24	157	7.39	37.93	5.13	77.98
4.0	2.28	160	7.12	33.31	4.68	81.59
4.5	2.32	163	6.27	31.07	4.96	85.73
5.0	2.53	166	5.57	30.85	5.54	87.81
5.5	2.90	170	6.15	30.96	5.03	86.15
$T=274.15K, z_2=5.28\%$（摩尔分数）						
3.0	2.72	151	2.52	28.28	11.22	57.39
3.5	2.87	153	2.03	17.86	8.80	69.45
4.0	3.02	155	1.63	14.65	8.99	77.78
4.5	3.28	158	1.10	14.43	13.12	85.70
5.0	3.63	160	1.07	14.15	13.22	86.26
5.5	4.12	162	1.22	14.68	12.03	83.87

由表 8-13 所示结果可以看出，分离效果随温度的降低而提高，当温度为 273.15K 时，对于 C_2H_4 组成分别为 19.86%（摩尔分数）和 5.28%（摩尔分数）的两种原料气，C_2H_4 在平衡气相中的组成分别降低到了 5.18%（摩尔分数）和 0.83%（摩尔分数），其相平衡常数也分别达到了 5.81 和 16.68，较在纯水中的分离效果相比有了显著的提高。同时，在该温度条件下，C_2H_4 的回收率也分别达到了 89.29% 和 89.66%，达到了最佳的分离效果。

表 8-13　温度对 $CH_4(1)+C_2H_4(2)$ 水合体系气-固相平衡行为的影响

T/K	p_E/MPa	$S/(m^3/m^3)$	$y_2/\%$(摩尔分数)	$x_2/\%$(摩尔分数)	K_2	$R_2/\%$
		$p_0=5.0MPa,z_2=19.86\%$(摩尔分数)				
273.15	2.41	167	5.18	30.08	5.81	89.29
274.15	2.53	166	5.57	30.85	5.54	87.81
276.15	3.83	164	8.68	46.27	5.33	69.29
278.15	4.07	162	10.59	49.12	4.64	59.51
		$p_0=5.0MPa,z_2=5.28\%$(摩尔分数)				
273.15	3.54	161	0.83	13.84	16.68	89.66
274.15	3.63	160	1.07	14.15	13.22	86.26
276.15	3.95	158	1.68	16.20	9.64	76.07
278.15	4.20	156	2.60	16.54	6.36	60.22

图 8-16 为 274.15K 下 $CH_4+C_2H_4$ 水合体系的 T-p-x-y 相图。由图 8-16 可以看出，相平衡曲线远离对角线，而且在对角线的下方，说明甲烷在气相中显著富集，而乙烯在水合物相显著富集。乙烯在气相和水合物相的组成差别最大可达到 50 个百分点，和表 8-7 所显示的分离效果相比，提高的幅度是十分明显的。说明在选择性动力学促进剂 SDS 存在的条件下，采用水合法能够获得很好的（$CH_4+C_2H_4$）气体混合物分离效果。和 $CH_4+C_2H_6$ 体系类似，分离效果在原料气中乙烯浓度较低时更为理想，说明采用 SDS 存在条件下的自然水合模式对含 C_2 较少的气体混合物（如催化干气、乙烯裂解气）分离更合适，能使 C_2 组分在水合物中显著富集，但不易得到高纯度的 C_2 产品。

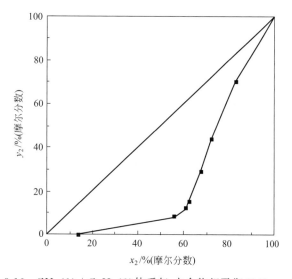

图 8-16　$CH_4(1)+C_2H_4(2)$ 体系气-水合物相平衡 T-P-x-y 图

综合以上实验结果可见，与纯水条件下的分离情况相比较，液相中选择性动力学促进剂 SDS 的加入不但加快了水合物的生成速率，而且还提高了水合分离的效率。与加入选择性热力学促进剂 THF 时所得到的相平衡实验结果相比，一方面，选择性动力学促进剂 SDS 的加入能够使得气体混合物中的 C_2 组分更多地进入到水合物相中，而 CH_4 组分则在气相中得到很好的提浓；另一方面，采用加入选择性动力学促进剂 SDS 的方法更适合于混合气中 C_2 浓度较低的情况，能使 C_2 组分在水合物中显著富集，水合分离效率也较高。

通过大量的研究发现，逆水合模式在混合气中甲烷浓度不是很高时更为适用，能有效地

从气相中脱除 C_1，提浓 C_2；而自然水合模式在混合气中 C_2 浓度较低时比较适用，能使 C_2 组分在水合物中显著富集，从而有效回收 C_2 组分。

8.4 水合法分离气体混合物的几个典型概念流程

8.4.1 水合法分离高压加氢装置循环氢

氢气是加氢裂化装置正常生产所不可缺少的原料，其氢气纯度的高低对加氢裂化装置的制造费用、操作费用以及目标产品产率和催化剂操作周期等反应性能参数有重要影响。传统高压加氢裂化的流程如图 8-17 所示。从图 8-17 可以看出，进入反应器的氢气纯度取决于新氢的纯度和循环氢的纯度。在加氢反应的过程中会产生甲烷等轻烃组分，由于它们在高压分离器中不能有效地从循环氢气中被分离出来，会逐渐累积从而降低循环氢的纯度。目前通行的方法是放掉一部分循环氢，同时补充一部分高纯度的新氢，以保持循环氢浓度稳定在 85％左右这样的基本水平。如果能有效地将高压分离器中得到的循环氢浓度提高到 95％以上，不仅可以避免弛放氢，而且可以改善加氢反应性能参数，由此带来显著的经济效益。对于新建装置而言，循环氢浓度提高，可以降低设备的设计压力。在反应所需氢分压一定的情况下，提高氢浓度意味着可以降低反应总压，从而降低整个反应系统的设备投资（反应器、加热炉、换热器、冷却器、高压分离器及管线）。反应部分的操作总压力降低后，选用泵的扬程降低，压缩机的压缩比小，可以降低设备的造价。对于已在运转的装置而言，循环氢的氢气浓度提高后，将使整个反应系统的生产能力提高，对欲提高生产能力的装置，是重要的扩建措施之一。另外氢分压的提高，能提高硫、氮的脱除率，提高原油转化率、增加轻质油品的收率。

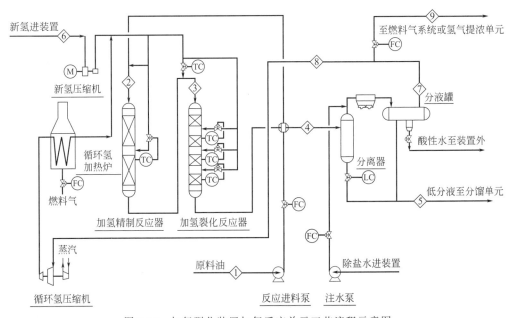

图 8-17 加氢裂化装置加氢反应单元工艺流程示意图

加氢裂化装置的循环氢压力一般很高，目前成熟的变压吸附技术由于操作压力低而不适用。另一种分离气体混合物的技术——膜分离技术虽适合分离高压气体，但得到的提浓氢的压力太低，需大量增压后才能循环进加氢反应器，因此能耗很高也不适用，而水合分离方法因其适合高压操作和不明显降低提浓氢压力的特点，很适合高压加氢装置循环氢的提浓。

作者提出的提浓高压加氢装置循环氢浓度的概念流程如图 8-18 所示。该流程的基本思路是在高压分离器和加氢裂化反应器之间增加一个包括有水合反应器、水合物分解器的水合分离单元（如图 8-19 所示），将从高压分离器出来的循环氢气的一部分物流温度降低到 1～10℃后进入水合分离单元，在这里与油包水型微乳液接触，通过生成水合物脱除其中包括甲烷的轻烃组分，使氢气浓度提高；离开水合分离单元的提浓氢和来自高压分离器的另一部分气体混合作为循环氢气，经循环压缩机返回加氢反应器，使反应器内的氢气浓度和分压保持在高水平。其中水合分离单元中的水合器的操作压力即为高压分离器来的压力，操作温度为 1～10℃；分解器的操作压力为 0.2～2.0MPa，操作温度为 5～25℃；水合反应器内含水循环液和气体的流率比为 1：50～1：200（标准状态下的体积比）。循环液和气体的流率比取决于气体压力，压力越高，循环液的量就越小；反之压力越低，循环液量就越大。进入水合提浓单元的气体流量占来自高压分离器的气体的总流量的分率根据循环氢一次通过加氢反应器后浓度下降的程度确定，浓度下降得越大，则进入水合分离单元的气体分率也高。虽然 100％的气体进入水合分离单元对提高循环氢浓度有利，但会显著提高水合分离单元的负荷（因为一般加氢反应的循环氢流率很大，达到（20～30）×10⁴m³/h，并不一定经济。只要进入水合分离单元提浓后的氢气和未进入水合分离单元提浓的气体混合后氢气摩尔分数能达到 93％～95％就可以了。

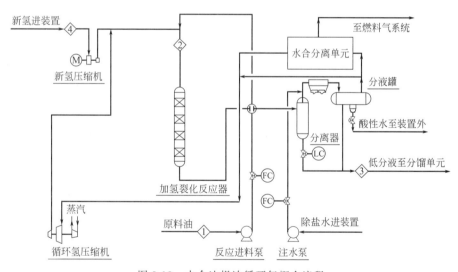

图 8-18　水合法提浓循环氢概念流程

8.4.2　水合法分离催化裂化干气

图 8-20 为作者提出的采用逆水合模式分离催化裂化干气的概念流程。该流程简述如下：

首先，原料气进入塔式水合反应器Ⅱ之前，先增压到 4～5MPa 和预冷却到 1～4℃。然后原料气从塔式水合反应器Ⅰ底部进入塔式水合反应器，在上行过程中与下行的含有热力学促进剂和动力学促进剂的水溶液连续接触并生成气体水合物；由于在水合物反应塔Ⅰ中加入

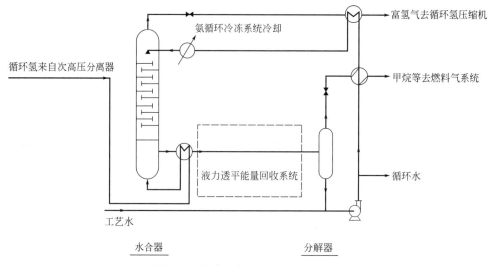

图 8-19 水合法氢提纯单元原理流程

选择性热力学促进剂如四氢呋喃等来降低水合物的生成压力，同时四氢呋喃等促进剂还可占据水合物晶格中的大孔，显著抑制乙烯、乙烷等较大分子生成水合物，从而实现甲烷和乙烯、乙烷的高度分离，同时在水溶液中还加入动力学促进剂来提高水合物生成速率和抑制水合物颗粒聚集以防止系统堵塞。从水合反应器Ⅰ得到两股物流，一股是由反应器顶部引出的基本由氢气和乙烷、乙烯组成的气态物流，它们将进入冷冻或吸收分离系统，实现氢气和 C_2 组分（乙烷、乙烯）的分离。另一股物流是由水合物和未反应的水溶液形成的浆液，它们将进入水合物分解器Ⅰ进行化解，释放出气体和水溶液。化解后得到的水溶液经冷却后返回塔式水合反应器Ⅰ顶部，循环利用。化解释放的气体含有少量的 C_2 组分，需要进一步回收。所以将水合物化解器Ⅰ出来的气体引入水合物反应塔Ⅱ。气体从下部进入塔式水合反应器Ⅱ，在其上行过程中，与该塔式水合反应器Ⅱ内下行的含动力学促进剂的水溶液逐级逆向接触并生成水合物；根据不同气体生成水合物的压力不同，将气体中的少量 C_2 组分与其他组分分离。气体中易于生成水合物的组分（C_2）转化为水合物并与水溶液混合成为固液混合物，剩余的气体（CH_4、N_2、CO_2）从塔式水合反应器Ⅱ顶部排出，离开分离系统；将固液混合物送入水合物化解器Ⅱ并分解为水溶液及含 C_2 组分较多的气体混合物，将该气体混合物加压后送回塔式水合反应器Ⅰ下部，回收 C_2 组分。而水溶液则经冷却后返回水合反应塔Ⅱ循环利用；对于氢气和 C_2 组分的混合物，可以采用冷冻分离或简单的吸收分离方法进行分离，也可直接并入乙烯车间的精细分离流程。水合塔Ⅰ的操作压力为 4～5MPa，操作温度为 3～10℃；水合塔Ⅱ的操作压力为 2～3MPa，操作温度为 -5～5℃。分解器Ⅰ的操作压力为 2～3MPa，操作温度为 15～20℃；分解器Ⅱ的操作压力为 4～5MPa，操作温度为 10～15℃。

该流程的优点是用于催化裂化干气的分离，可以同时回收氢气和 C_2 组分。缺点是 THF 具有一定的挥发性，存在二次分离和回收的问题。如果考虑仅回收 C_2 组分，可采用下面基于自然水合的概念流程，如图 8-21 所示。

在该流程中，催化裂化干气先增压、预冷到 4～5MPa 和 1～4℃，然后从下部进入水合反应塔，在上行的过程中逐次和下行的工艺水（含动力学促进剂和阻聚剂）接触，生成水合物，使大部分的 C_2 组分进入水合物相。剩余的气体中主要含 H_2、CH_4 和 N_2，从水合反应

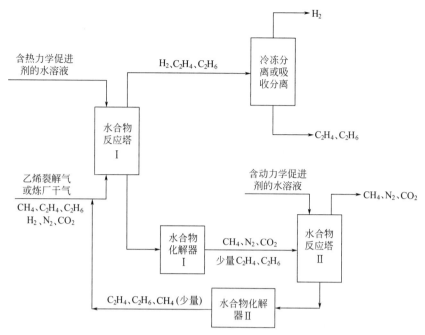

图 8-20　逆水合＋自然水合分离催化裂化干气的概念流程

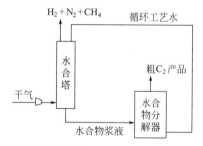

图 8-21　自然水合模式从催化干气中回收 C_2 组分的概念流程

塔顶排出。工艺水下行的过程中形成的水合物浆液从水合塔底部排出，经加热后进入水合物分解器，还原为工艺水和 C_2 气态粗产品。工艺水返回水合塔循环使用，C_2 粗产品（杂质含量小于 20 ％）进入乙烯裂解气分离流程，通过精细分离得到最后的 C_2 产品。水合反应塔的操作温度为 $-5 \sim 5$℃，操作压力为 $4 \sim 5$MPa；分解器的操作温度为 $15 \sim 20$℃，操作压力可根据下游分离流程的操作压力而定，尽量避免进入下游流程时使用增压设备。该流程的优点是流程短，过程中不使用挥发性添加剂，因而不存在二次分离或溶剂回收的问题。缺点是只能回收 C_2，不能得到足够纯度的氢气。

8.4.3　水合分离方法与深冷分离流程耦合改造传统乙烯分离流程

在本节将以前脱丙烷流程为例，讨论如何将水合分离与传统精馏等分离法组合起来构成新的裂解气分离流程。作者提出了三种组合流程，它们共同的特征是用水合法代替逐级冷凝过程，从进入深冷脱甲烷塔的物流中脱除大部分甲烷，减轻深冷分离负荷，提高装置处理能力、降低能量消耗。不同之处只是在甲烷和氢气的分离方法上，分别为水合法、膜分离法和变压吸附法。

8.4.3.1　二次水合+深冷脱甲烷流程

该流程示意图如图 8-22 所示，说明如下：从裂解产物中分离了 C_3 以上重组分后的轻质组分（氢气、甲烷、乙烷、乙烯等）组成的物流（即一级冷凝的气相物流）从下部进入塔式水合反应器 I（操作压力 5MPa，操作温度 1～5℃），在上行过程中与下行的含水液体连续接触生成气体水合物；混合气中的乙烷、乙烯优先生成水合物而进入固相，气相中氢气、甲烷得以提浓。从水合分离过程 I 中得到的水合物浆液在水合物化解器 I 中化解后产生含少量甲烷的乙烷、乙烯混合气，经脱水后进入深冷脱甲烷塔，实现甲烷与 C_2 组分的精细分离，并将得到的甲烷物流通过膨胀制冷，为脱甲烷塔提供冷量；另外，水合分离过程 I 中得到的气相物流进入水合反应器 II（操作压力 5MPa，操作温度 1～5℃）中，在上行过程中与下行的含水液体连续接触生成气体水合物，混合气中的甲烷生成水合物而被脱除，气相中氢气得以提浓。再将提浓后的氢气物流经脱水后通过预冷、膨胀后，为脱甲烷塔提供冷量；最后，从水合分离过程 II 中得到的水合物浆液在水合物化解器 II 中化解后产生甲烷物流。从水合物化解器 I、II 中化解得到的含水液体返回水合反应器，循环使用。需要特别指出的是本流程欲发挥优势，关键在于水合分离单元 I 中甲烷和 C_2 组分的分离效率以及水合分离单元 II 的分离效果。本流程的技术意图之一是在水合反应塔 I 内让 C_2 优先于甲烷生成水合物，因此反应体系中尽量不要含有有利于甲烷生成水合物的物质，如丙烷、丙烯、丁烷、环戊烷、四氢呋喃等。环戊烷、四氢呋喃因特别容易生成水合物，常被用来当作水合物热力学促进剂。但它们作为热力学促进剂时，具有一定的选择性，即促进甲烷生成水合物、抑制 C_2 生成水合物。这显然是和本流程的技术意图背道而驰的。因此，在本流程中不能用它们来做水合物促进剂。从裂解炉来的裂解产物中一般含有较多的 C_3（丙烷、丙烯）及以上组分，它们的存在对甲烷和 C_2 的分离效果有副作用，因此进入反应塔的物流应该是从裂解产物中分离了大部分 C_3 及其以上重组分后的轻质物流[主要含氢气、甲烷、乙烷、乙烯等，C_3 含量少于 2％（摩尔分数）]，C_3^+ 的含量应在 2％ 以下。

为提高水合过程中甲烷和 C_2 的分离效果，除避开上述不利因素外，作者还采取下述措施之一来增加水合过程对 C_2 组分的选择性：①含水液体采用含有对 C_2 具有增溶作用的阴离子表面活性物质，如十二烷基硫酸钠、十八烷基硫酸钠等；②含水液体采用由水和烃类液体形成的乳浊液，由于烃水乳浊液能优先溶解 C_2 组分，使其有更多机会优先和水接触而生成水合物。这里烃类液体为 C_6 以上的纯烷烃或混合烃，如汽油、煤油、柴油等。另外这两种措施均能起到显著提高水合物生成速率的效果。本流程的另一个技术关键是在水合反应塔 II 内能够使甲烷组分快速生成水合物，以提高分离效率和降低操作压力，所以在水合反应塔 II 中的循环水液体里加入热力学促进剂，使甲烷在较温和的工艺条件下快速生成水合物。可供选择的热力学促进剂包括四氢呋喃、环氧乙烷、环戊烷、丙酮等，其中以四氢呋喃为最佳选择，其在水溶液中的摩尔分数范围为 5％～15％。

本流程的不足是水合物化解器 II 产生的甲烷物流因压力较低，在膨胀制冷方面潜力不大，而氢气制冷量不大，因此脱甲烷塔顶需要补充的冷量较大。要减少冷量，需尽可能减少进入脱甲烷塔的甲烷流率。另外，采用水合法分离甲烷和氢气，本身需要消耗一部分制冷功耗。

8.4.3.2　水合+膜分离+深冷脱甲烷流程

该流程示意图如图 8-23 所示。从裂解产物中分离了 C_3 以上重组分后的轻质组分（氢

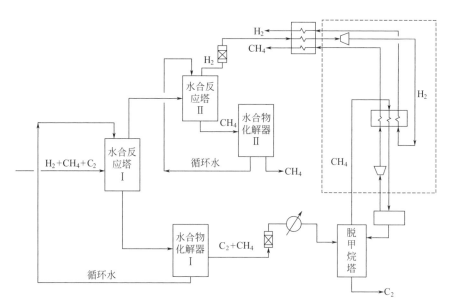

图 8-22　二次水合＋深冷脱甲烷流程

气、甲烷、乙烷、乙烯等）的物流从下部进入塔式水合反应器，在上行过程中与下行的含水液体连续接触生成气体水合物；混合气中的乙烷、乙烯优先生成水合物而进入固相，气相中氢气、甲烷得以提浓。从水合分离过程中得到的水合物浆液在水合物化解器中化解后产生含少量甲烷的乙烷、乙烯混合气，通过脱水后进入深冷脱甲烷塔，实现甲烷与 C_2 组分的精细分离，并将得到的甲烷物流通过膨胀制冷，为脱甲烷塔提供冷量，水合物化解器中化解得到的含水液体经降温后返回水合物反应器，循环使用。另外，水合分离过程中得到的气相物流经脱水后进入膜分离器中进行分离，得到氢气和甲烷气体。再将得到的甲烷物流通过膨胀制冷，为脱甲烷塔提供冷量。本流程和二次水合＋深冷脱甲烷流程的区别在于采用膜分离代替水合法来分离甲烷和氢气。其优点是充分利用水合分离产生的甲烷＋氢气物流所具有的较高压力（5MPa 左右）来进行膜分离。不仅装置简单，且分离过程中耗能低，还避免了水合分离所需要的制冷功耗。膜分离所产生的甲烷仍具有较高压力，用于膨胀制冷比二次水合＋深冷脱甲烷流程中的氢气膨胀制冷量更大一些，对减少脱甲烷塔顶冷负荷更为有效。缺点是氢气的压力低，需要增压才能并入输送管线。

8.4.3.3　水合＋变压吸附＋深冷脱甲烷流程

该流程示意图如图 8-24 所示，说明如下：从裂解产物中分离了 C_3 以上重组分后的轻质组分（氢气、甲烷、乙烷、乙烯等）的物流从下部进入塔式水合反应器，在上行过程中与下行的含水液体连续接触生成气体水合物；混合气中的乙烷、乙烯优先生成水合物而进入固相，气相中氢气、甲烷得以提浓。从水合分离过程中得到的水合物浆液在水合物化解器中化解后产生含少量甲烷的乙烷、乙烯混合气，通过脱水后进入深冷脱甲烷塔，实现甲烷与 C_2 组分的精细分离，并将得到的甲烷物流通过膨胀制冷，为脱甲烷塔提供冷量，水合物化解器中化解得到的含水液体经降温后返回水合物反应器，循环使用。另外，水合分离过程中得到的气相物流经脱水后膨胀制冷，为脱甲烷塔提供冷量后，进入变压吸附分离器中进行分离，得到纯净的氢气和甲烷气体。

本流程和二次水合＋深冷脱甲烷流程的区别在于采用变压吸附代替水合法来分离甲烷和

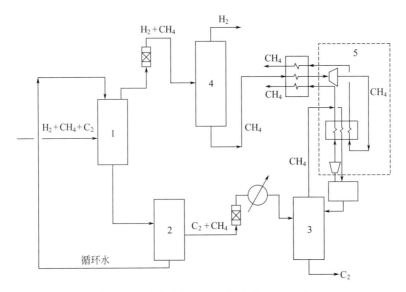

图 8-23　水合＋膜分离＋深冷脱甲烷流程
1—塔式水合反应器；2—水合物化解器；3—脱甲烷塔；4—膜分离器；5—膨胀制冷

氢气。其优点是充分利用水合分离所产生的甲烷＋氢气物流所具有的较高压力（5MPa 左右）和变压吸附较低的操作压力之间的差值，用甲烷＋氢气物流来膨胀制冷，由于物流量大，制冷量比前面两个流程中的氢气单独制冷或甲烷单独制冷所得的冷量更大，对减少脱甲烷塔顶冷负荷最为有效。缺点是变压吸附装置规模较大，投资高，另外氢气的压力也比较低，需要增压才能并入输送管线。

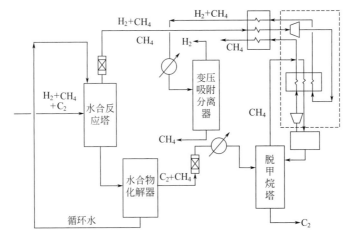

图 8-24　水合＋变压吸附＋深冷脱甲烷流程图

8.5　吸收-水合耦合分离技术

　　如前面所述，水合分离技术在气体分离领域已经取得了很大的研究进展，针对多种不同类型的混合气分离均表现出了一定的选择分离特性，但到目前为止所有的研究均只局限于理论和室内实验评价。主要原因归结于以下两个方面：第一，采用单独水合分离技术时，生成的水合物呈现固体冰状，一方面固体水合物容易堵塞设备，另一方面固体水合物没有流动特性，而无法实现连续的气体分离，使得整个分离过程效率较低；第二，由于水合物的快速聚结，被水合物包裹的液体水很难与气体分子进一步结合，因此整个分离过程的水合速率很慢、水转化率较低，即使有水合物促进剂的促进作用，效果也不是太理想。因此单独的气体水合分离技术要实现产业化应用，必须解决水合速率慢、水合分离效率低和水合物聚集堵塞三大主要技术难题。对此，基于前期的研究积累，作者所在课题组近期又提出了一种基于水合物生成的新型气体分离技术：吸收-水合耦合分离法。本节主要对吸收-水合耦合分离技术进行简单的介绍。

8.5.1　吸收-水合耦合法分离原理

吸收-水合耦合法是吸收分离技术与水合分离技术的结合体，该分离方法的技术要点是采用水/柴油乳液体系在水合物生成条件下来分离气体混合物，其中乳液中添加了一定剂量的水合物阻聚剂用以分散水滴和防止水合物聚集。在分离过程中混合气首先与柴油接触，得益于不同气体组分在柴油中溶解度不同（如 CH_4 在柴油中的溶解度远大于 H_2 的溶解度），因此柴油首先对混合气进行一次吸收分离，随后利用气体组分的水合生成压力不同，柴油中溶解气再选择性生成水合物，这就意味着一个单独的平衡分离级包括一个吸收分离和一个水合分离两个过程，从而分离能力远优于单独水合分离过程。其次，由于液体水是以水滴的形态分散于柴油中，水滴粒径达到了微米级（$<10\mu m$），这种情况下水滴的水合转化率非常高，甚至能够完全转化为水合物。更重要的是得益于水合物阻聚剂的作用，水滴转化为水合物后会均匀分散在柴油中，不会发生水合物的聚集，这样一方面不会发生分离设备堵塞，另一方面可以利用柴油/水合物浆液良好的流动特性促使分离介质在分离塔和解吸塔之间流动而实现一个分离-解吸-分离的连续气体分离过程。

乳液中水合物阻聚剂的存在对实现整个吸收-水合耦合分离过程非常重要。阻聚剂是一种表面活性剂，只有在油和水共同存在时才能起作用。当把阻聚剂加到水-柴油混合体系中时，其会分散在柴油和水的接触面上，这样大幅降低了水-油的界面张力，使得水能以水滴的形式均匀分散在油相中。当水滴转化为水合物后，阻聚剂同样会覆盖在水合物表面，阻止水合物聚集，使得水合物以颗粒状态均匀分散在油相中形成具有良好流动特性的水合物/柴油混合浆液。经过一系列的研究我们发现 Span20 是一种优秀的水/柴油乳液体系的水合物阻聚剂，少量的 Span20 即能有效分散柴油中的水和水合物，保障整个吸收-水合耦合分离过程的进行。

8.5.2　吸收-水合耦合法分离沼气（CH_4/CO_2）

CO_2 与 CH_4 相比具有更温和的水合生成条件，以及 CO_2 在柴油中的溶解度要远高于 CH_4，利用这一特性，作者所在课题组采用水/柴油乳液体系对吸收-水合耦合法分离 CH_4/CO_2 气体混合物（沼气代表气）进行了较系统研究，考察了实验温度、初始推动力、乳液中含水率和原料气组成等对乳液体系分离性能的影响[44]。为了给吸收-水合耦合法提供对比分析，我们首先考察了纯柴油体系对两组沼气混合气 M_1[69.11%（摩尔分数）CH_4 + 30.89%（摩尔分数）CO_2]，M_2[80.78%（摩尔分数）CH_4 + 19.22%（摩尔分数）CO_2]的吸收分离效果。实验结果列于表 8-14～8-17 和图 8-25、图 8-26 中。其中 p_0 和 p_E 分别为体系的初始压力和分离平衡压力，Φ 为初始气-液体积比，T 为实验温度，y_2、x_2、z_2 分别为分离平衡气相、液相、原料气中 CO_2 浓度，W 为乳液含水率，S 为 CO_2 相对 CH_4 的分离因子，R_1 为浆液相对 CO_2 的捕集率。

表 8-14　纯柴油吸收分离沼气混合气实验结果

p_0/MPa	Φ	p_E/MPa	y_2/%（摩尔分数）	x_2/%（摩尔分数）	S	R_1/%
M_1[69.11%（摩尔分数）CH_4＋30.89%（摩尔分数）CO_2]，T＝272.15K						
3.22	113	2.59	24.35	51.14	3.25	40.4

由表 8-14 可以看出，在温度（T）和初始推动力（p_0）分别为 272.15K 和 3.22MPa 时，经过单级吸收分离，气相中 CO_2 的浓度降低了不到 7 个百分点，对应的 CO_2 相对 CH_4 的分离因子 S 和柴油对 CO_2 的吸收率 R_1 分别为 3.25% 和 40.4%，说明仍有大量的 CO_2 残留在气相中。

表 8-15 所列为不同温度下水/柴油乳液体系分离 M_1、M_2 混合气实验结果。在这部分实验中，其中初始进气压力 p_0 为 3.22MPa，乳液中含水率（W）定为 30%（体积分数）。采用 Span20 作为阻聚剂，Span20 在乳液中的含量定为乳液中水量的 1.0%（质量分数）。可以看出，相似实验条件下，与表 8-14 所列单独的吸收分离过程相比，虽然分离因子 S 变化不大，但采用耦合分离法后气相中 CO_2 浓度（y_2）更小，浆液相对 CO_2 的捕集率（R）显著提高，体现了后者的优越性。同时乳液体系分离能力随着温度降低而增强（y_2 减小，S 变大），其原因是相对较低的温度更有利于乳液中水滴转化为水合物，促进了水合分离过程的进行。但当温度降到 268.15K 时，体系的分离能力反而急剧变差，甚至低于单独的吸收分离过程效果，这是由于在该温度下分离前乳液中的水滴已大部分转化成了冰粒，而冰粒的水合速度和水合转化率都很低。而当温度太高时（如 274.15K），在所选操作压力下，分离平衡后乳液中水滴没有转化成水合物，水合分离能力没能得到有效体现，因而分离效果接近于单独的吸收分离过程。

表 8-15　不同温度下水/柴油乳液体系分离沼气混合气实验结果

T/K	Φ	p_E/MPa	y_2/%（摩尔分数）	x_2/%（摩尔分数）	S	R_1/%
M_1[69.11%（摩尔分数）CH_4＋30.89%（摩尔分数）CO_2]						
274.15	80	2.47	23.87	48.84	3.05	44.5
272.15		1.99	20.15	45.04	3.25	62.9
270.15		1.75	17.24	43.10	3.64	73.6
268.15		2.85	28.02	48.01	2.37	22.3
M_2[80.78%（摩尔分数）CH_4＋19.22%（摩尔分数）CO_2]						
272.15	81	2.16	12.08	30.49	3.19	61.5
270.15		1.81	10.26	28.67	3.52	72.6

相对于温度，表 8-15 中同样列出了原料气组成对水/柴油乳液分离能力的影响，可以看出原料气组成对体系的分离能力影响不大。由于 M_2 混合气组成 [CO_2＝19.22%（摩尔分数），CH_4＝80.78%（摩尔分数）] 与 270.15～272.15K 范围内乳液体系分离 M_1 原料气后的平衡气相组成 [CO_2＝30.89%（摩尔分数），CH_4＝69.11%（摩尔分数）] 相近，因此对 M_2 混合气的分离可以当作是对 M_1 原料气的二级分离。经过两级连续分离，气相中 CO_2 浓度能从 30.98%（摩尔分数）降到近 10%（摩尔分数），计算表明超过 87%（摩尔分数）（270.15K 条件下）的 CO_2 被浆液相捕集，大幅提高了沼气的热值。考虑到浆液体系良好的流动特性，有望在单个分离装置中实现多级分离，使整体分离效果显著提高。

图 8-25 为纯柴油、水/柴油乳液分离 M_1 原料气过程动力学变化图。可以看出，适宜条

件下吸收-水合耦合分离过程气体吸着量远远大于单独的吸收分离过程（前者压降更大）。274.15K 下由于水合推动力过低而没有水合物生成，因此乳液分离能力与单独吸收分离过程相当（压降相差不大）。当温度降到 272.15K 时，整个吸收-水合过程在 1.5h 左右即可基本完成，其气体吸着量是单独吸收分离过程的两倍多并且没有明显的水合诱导期，说明在乳液体系分离 CO_2/CH_4 混合气过程中水合诱导期对温度的敏感性较高。而当温度降到 268.15K 时，由于乳液中水滴转化成了冰粒，可以看出乳液的气体吸着量和分离速度均显著降低，这与表 8-15 中所示分离结果相一致。

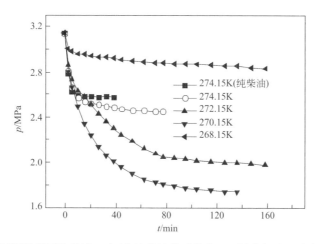

图 8-25　不同温度下纯柴油、水/柴油乳液体系分离 M_1 混合气过程动力学变化图

图 8-26 给出了 272.15K 下、含水率为 30%（体积分数）的水/柴油乳液分离 M_1 原料气前后体系状态图，可以看出分离前后乳液和水合物浆液体系均分散良好，没有出现水合物聚集现象。综合上述实验结果可以得出当采用吸收-水合耦合分离法捕集沼气中 CO_2 时，270.15～272.15K 是比较适宜的分离温度。

　　　　　　　(a)　　　　　　　　　　　　　　(b)

图 8-26　272.15K 下乳液和浆液体系形态图

（a）柴油/水乳液；（b）含水率 30%（体积分数）

乳液分离 M_1 混合气后柴油/水合物浆液

表 8-16 为不同初始推动力（p_0）下水/柴油乳液体系对 M_1 原料气的分离结果。实验中温度和初始气-液体积比率分别定为 272.15K 和 80。从表 8-16 可以看出乳液体系分离能力随着 p_0 的增加而增强（y_2 减小，R 增大），原因是随着水合推动力 p_0 的增大，乳液中更

多的水滴转化成了水合物,由于 CO_2 相对于 CH_4 更容易生成水合物,从而相对更多的 CO_2 在水合物相中得到富集,提高了乳液体系的分离能力。但需要注意的是,p_0 越大对应的操作费用也会同步增加,且分离平衡后水合物浆液的黏度也会增大。

表 8-16 不同初始推动力 (p_0) 下柴油/水乳液分离沼气混合气实验结果

p_0/MPa	p_E/MPa	y_2/%(摩尔分数)	x_2/%(摩尔分数)	S	R_1/%
M_1[69.11%(摩尔分数)CH_4+30.89%(摩尔分数)CO_2]					
3.22	1.99	20.15	45.04	3.25	62.9
3.71	2.19	17.95	44.06	3.60	70.7
4.69	2.11	15.53	39.94	3.62	81.3
5.43	2.23	14.65	38.94	3.71	84.3

相对于温度和压力,含水率同样对整个耦合分离过程具有重要影响,在足够大的水合推动力下,含水率决定了分离平衡后浆液相中水合物的含量,从而也决定了乳液体系的分离能力。表 8-17 给出了四个不同含水率(W)条件下水/柴油乳液对 M_1 原料气的分离结果,其中温度和宝石釜中初始压力分别定为 272.15K 和 3.22MPa。可以看出在相同的实验温度和初始推动力下,乳液体系分离能力对含水率不敏感。但浆液中水合物的增多同时会增大其黏度。为了保证分离平衡后浆液具有良好的流动性,在实际应用过程中乳液合适的含水率范围为 20%~25%(体积分数)。

表 8-17 272.15K、不同含水率条件下柴油/水乳液体系分离沼气混合气实验结果

W/%(体积分数)	p_E/MPa	y_2/%(摩尔分数)	x_2/%(摩尔分数)	S	R_1/%
M_1[69.11%(摩尔分数)CH_4+30.89%(摩尔分数)CO_2]					
10	2.47	21.60	53.44	4.16	50.5
20	2.18	20.56	46.81	3.40	59.6
25	2.03	20.42	46.19	3.35	60.7
30	1.99	20.15	45.04	3.25	62.9

8.5.3 吸收-水合耦合法分离 IGCC 混合气(CO_2/H_2)

与传统的粉煤发电相比,整体煤气化联合循环发电系统(IGCC)由于发电效率高、污染低等优势正越来越受到关注。IGCC 过程首先要将煤气化,并进行净化处理。与沼气体系(CH_4/CO_2)不同,IGCC 混合气主要由 CO_2 和 H_2 组成,其中 CO_2 的浓度约为 40%(摩尔分数),H_2 的浓度高达 60%(摩尔分数),这就意味着如果采用单独的水合分离技术进行脱 CO_2 作业,即使在 0℃ 左右,分离操作压力也将超过 10MPa。同样当采用吸收-水合耦合法(水/柴油乳液体系)分离 CO_2/H_2 时,由于 CO_2 在柴油中的溶解度远远大于 H_2,因此水合物生成前气相中 H_2 浓度较在原料气中更高,使得混合气的水合生成压力相对于采用纯水体系时会更大。因此需要往乳液中加入水合物促进剂来促进整个吸收-水合耦合分离过程的进行。已有研究发现,环戊烷(CP)和四丁基溴化铵(TBAB)在以水为主体相的介质中同时存在时能起到一个协同促进作用[45]:一方面能大幅降低整体煤气化联合循环发电系统(IGCC)混合气的水合生成压力,另一方面能显著提高整个水基体系的水合转化率和对 CO_2 的捕集能力,但 CP 在对应体系中的用量很低[5%(体积分数)],因此 CP 主要起水合物热力学促进剂的作用而不是吸收分离作用。

本书作者所在的课题组采用水/柴油-CP、水(TBAB)/柴油-CP 乳液对两组 IGCC 代表

气 M_3[46.82%(摩尔分数)CO_2＋53.18%(摩尔分数)H_2]，M_4[15.63%(摩尔分数)CO_2＋84.37%(摩尔分数)H_2]进行了分离研究[46]。CP 和 TBAB 作为水合物热力学促进剂。采用 Span20 作为乳化剂和水合物阻聚剂加入乳液体系中，其含量为乳液中水量的 2%（质量分数）。与分离 CO_2/CH_4 混合气不同的是，在采用吸收-水合耦合法捕集 IGCC 混合气中 CO_2 时，同时采用 CO_2 相对于 H_2 的分离因子 S、浆液相对 CO_2 的捕集率 R_1 和分离平衡气相中 H_2 的回收率 R_2 来表征吸收-水合耦合分离法的分离能力。

8.5.3.1　TBAB 和含水率对乳液分离能力的影响

考虑到 CP 的易挥发性，当采用含 CP 乳液体系作为分离介质时，在保证足够水合物生成量的前提下，乳液中 CP 的含量应越少越好。经过前期一系列的研究发现对于 M_3 和 M_4 混合气的分离，乳液中合适的 CP 体积分数（相对于柴油）分别为 30% 和 50%，其原因是 M_4 中 CO_2 的浓度较 M_3 中低，相应混合气的水合生成压力要高，从而需要更多的 CP 来达到水合物生成促进作用。与 CP 一样，TBAB 同样是一种良好的水合物热力学促进剂，首先考察了 TBAB 含量对乳液体系分离能力的影响。表 8-18 给出了 6 组含不同 TBAB 浓度的水 (TBAB)/柴油-CP 乳液对 M_3、M_4 混合气的分离结果。在实验温度、初始压力和体系含水率分别为 272.15K，4.3MPa 和 35%（体积分数）的条件下，乳液中 CP 体积分数（相对于柴油）为 30%。y_2、x_2 分别为分离平衡气相、浆液相中 H_2 浓度，p_E 为分离平衡后体系压力，C_{TBAB} 为乳液中 TBAB 的浓度（相对于乳液中的水量），R_1 为平衡浆液相 CO_2 的捕集率，R_2 为平衡气相中 H_2 的回收率，S 为 CO_2 相对 H_2 的分离因子。

表 8-18　含不同 TBAB 浓度的水 (TBAB)/柴油-CP 乳液体系分离 IGCC 混合气实验结果

p_E/MPa	C_{TBAB}/%(摩尔分数)	y_2/%(摩尔分数)	x_2/%(摩尔分数)	R_2/%	R_1/%	S
M_3[46.82%(摩尔分数)CO_2+53.18%(摩尔分数)H_2]						
2.85	0.10	84.0	7.6	94.2	79.2	64
2.92	0.20	83.6	7.2	95.1	78.3	66
2.91	0.29	84.5	5.6	95.8	80.1	91
2.93	0.40	84.0	7.0	95.2	78.1	69
2.95	0.60	81.0	7.1	95.0	75.7	56
2.99	1.0	78.7	9.6	92.9	73.3	35

从表 8-18 可以看出，随着乳液中 TBAB 浓度的增加，体系分离能力先增强后减弱（R_2 和 S 先增大后减小），当 TBAB 在水中浓度为 0.29%（摩尔分数）时体系分离能力最强，这与 Li[45] 所获得的实验结果一致。其原因是当体系中 TBAB 浓度达到 0.6%（摩尔分数）时，在所选实验温度（272.15K）下，进气前乳液中水滴已经部分转化成 TBAB 水合物，这种现象在 TBAB 浓度增大到 1.0%（摩尔分数）时更为明显。Darbouret 等[47] 的研究表明纯水体系中当 TBAB 的浓度分别为 0.29%（摩尔分数）、0.6%（摩尔分数）和 1.0%（摩尔分数）时，常压下其所对应的 TBAB 水合物生成温度分别为 272.85 K、279.95 K 和 279.85 K。由于乳液体系中水合物的生成压力相对纯水体系要高，因此这里当乳液中 TBAB 浓度为 0.29%（摩尔分数）时，即使在相对更低的温度下（272.15K＜272.85 K），在常压下乳液中 TBAB 也没有转化为水合物。当乳液中水滴提前转化为 TBAB 水合物后，分离过程中气体分子很难进入到这些水合物晶格中，使得整个过程的水合气体量大幅减小，乳液分离能力变差。而当乳液中 TBAB 浓度在 0~0.29%（摩尔分数）范围内变化时，实验现象表明随着 TBAB 浓度的降低，分离平衡后水合物浆液相表观黏度逐渐变大，且当 C_{TBAB} 小于 0.2%

（摩尔分数）或更小时，分离平衡后宝石釜底部出现了水合物聚集现象，水合物的聚集会大幅降低气体在浆液中的传质速率和水的水合转化率，进一步降低了乳液体系的 CO_2 捕集能力。所得实验结果和实验现象表明在采用水（TBAB）/柴油-CP 乳液分离 CO_2/H_2 混合气时，TBAB 在水中合适的含量为 0.29%（摩尔分数），其中 TBAB 不仅是一种合适的水合物生成热力学促进剂，同时也表现出了水合阻聚的效果。

　　图 8-27 给出了几组不同含水率条件下水/柴油-CP 和水（TBAB）/柴油-CP 乳液分离 M_3 混合气过程体系状态图。可以看出在乳化剂 Span20 的作用下，水滴在 CP-柴油混合溶液中分散均匀[图 8-27(a)]。对于水/柴油-CP 乳液，当含水率为 20%（体积分数）时，分离平衡后水合物浆液分散均匀[图 8-27(b)]，但当含水率升高到 30%（体积分数）时，浆液体系下层出现大块水合物沉积现象[图 8-27(c)]，这与对应含水率条件下水/柴油乳液体系捕集沼气中 CO_2 不同（后者没有出现水合物聚集），其原因是 CP-CO_2-H_2 水合物生成速率远快于 CO_2-CH_4 水合物生成速率，弱化了 Span20 的阻聚效果。但当体系中含有 0.29%（摩尔分数）的 TBAB 时[水（TBAB）/柴油-CP 乳液]，即使乳液含水率达到 35%（体积分数），分离平衡后水合物浆液分散均匀，流动性良好[图 8-27(e)]。所得实验现象再次表明 TBAB 在整个水合过程中起到了水合阻聚的效果。由于形成稳定、均匀的乳液和水合物浆液体系对吸收-水合耦合分离方法非常重要，而文献中所报道的大部分水合物阻聚剂在乳液含水率超过30%（体积分数）时阻聚效果显著变差，实验结果表明选用合适剂量的 Span20 和 TBAB 可配位成一种优秀的水合物阻聚剂。

(a)　　　　　　　　(b)　　　　　　　　(c)

(d)　　　　　　　　(e)

图 8-27　分离 M_3 混合气过程水/柴油-CP、水（TBAB）/柴油-CP 乳液和对应水合物浆液状态图
(a) 含水率 20%（体积分数）水/柴油-CP 乳液；
(b) 含水率 20%（体积分数）水/柴油-CP 乳液生成水合物后水合物/柴油浆液；
(c) 含水率 30%（体积分数）水/柴油-CP 乳液生成水合物后水合物/柴油浆液；
(d) 含水率 20%（体积分数）水（TBAB）/柴油-CP 乳液生成水合物后水合物/柴油浆液；
(e) 含水率 35%（体积分数）水（TBAB）/柴油-CP 乳液生成水合物后水合物/柴油浆液

从以上的研究结果可以看出，TBAB 的存在能显著提高耦合分离过程中水/柴油-CP 乳液的可操作含水率，而含水率的高低对整个分离过程能力具有很大影响，一般含水率越高对应的水合分离在整个耦合分离过程中起的作用也会更大。表 8-19 给出了几组不同含水率条件下水（TBAB）/柴油-CP 乳液体系对 M_3 混合气的分离结果。可以看出随着体系含水率的增加，分离能力逐渐增强（x_2 减小，R_2 和 S 变大），其原因是随着含水率的增加，分离平衡后浆液中水合物量更多[图 8-27（d）和图 8-27（e）]，增大了耦合分离过程中水合分离的作用。当体系含水率从 20%（体积分数）提高到 35%（体积分数）时，H_2 在平衡气相中的浓度从 77.3%（摩尔分数）提高到了 84.6%（摩尔分数），同时对应的 CO_2 相对 H_2 分离因子 S 从 54 提高到 99，远大于文献中所报道的单独的水合分离过程所示分离结果。更可喜的是随着水合物量的增加，H_2 在气相中的回收率却没有多大变化[均大于 96%（摩尔分数）]，说明相对于 CO_2，H_2 在水合物晶格中占有率非常低，这也反过来印证了 S 随着体系含水率增加快速增大的现象。

为了进一步探究 CP 和 TBAB 的共同存在对乳液体系分离能力的促进作用，表 8-19 中同时提供了一组采用水/柴油-CP 乳液体系对 M_3 混合气的分离结果，同时表 8-20 和表 8-21 对比了吸收-水合耦合分离技术与文献中所报道的基于单独水合分离技术捕集 IGCC 混合气中 CO_2 过程水合物的气体捕集量（M）。M 为分离过程单位质量水的水合气体量。

表 8-19　不同含水率下水/柴油-CP、水（TBAB）/柴油-CP 乳液分离 IGCC 混合气实验结果

p_E/MPa	含水率/%（体积分数）	y_2/%（摩尔分数）	x_2/%（摩尔分数）	R_2/%	R_1/%	S
M_3[46.82%（摩尔分数）CO_2＋53.18%（摩尔分数）H_2]						
3.19[1]	20	74.5	7.2	95.7	63.4	37
3.11	20	77.3	5.9	96.3	68.7	54
3.00	25	79.8	5.8	96.1	72.1	65
2.96	30	82.4	5.6	96.1	76.1	78
2.87	35	84.6	5.2	96.1	80.2	99

[1] 这组实验的乳液体系中没有添加 TBAB 促进剂。

表 8-20　本节中所用乳液体系分离 M_3 混合气过程的水合气体量

液体介质	p_0/MPa	p_E/MPa	T/K	含水率/%（体积分数）	M/(mmol/g)
柴油/CP/水	4.3	3.19	274.15	20	4.63
柴油/CP/TBAB/水[1]		3.11		20	5.38
柴油/CP/TBAB/水[1]		2.87		35	4.38

[1] TBAB 在水溶液中的浓度定为 0.29%（摩尔分数）。

表 8-21　文献中报道的不同分离介质分离 IGCC 混合气过程的水合气体量

液体介质	p/MPa	T/K	含水率/%（体积分数）	M/(mmol/g)
Li[45] CO_2/H_2(38.6%/61.4%)				
水	4.0	274.65	100	0.09
CP/水	4.0	274.65	95	0.12
TBAB/水	4.0	274.65	100	0.70
CP/TBAB/水	4.0	274.65	95	1.19
Lee[48] CO_2/H_2(40%/60%)				
THF/水	4.12	279.6	100	0.44

从表 8-19 所列结果可以看出，在相近的实验条件下，TBAB 的存在能大幅降低平衡气相中 H_2 的浓度和提高 CO_2 相对于 H_2 的分离因子，这是由于相对于 H_2，更多 CO_2 与 CP、TBAB 和水结合生成了水合物，这从表 8-20 中的 M 值对比同样可以看出。对比表 8-20 和表 8-21 中所列实验结果可以看出，当采用吸收-水合耦合分离法时，乳液中单位质量水的水合气体量远远高于文献中所报道的基于单独的水合分离过程所得实验结果，同时 TBAB 的存在进一步提高了水/柴油-CP 乳液中水的水合气体量。如采用含水率为 35% （体积分数）的水（TBAB）/柴油-CP 乳液体系所得 M 值是采用纯水体系时的约 49 倍，是 CP/水体系的约 36 倍，是 TBAB/水体系的约 6 倍，是 CP/TBAB/水体系的约 4 倍，是 THF/水体系的约 10 倍。更有意思的是没有 TBAB 存在的水/柴油-CP 乳液体系的 M 值同样远远大于 CP/水体系所得结果，这是因为对于 CP/水体系，由于 CP 能在常压条件下生成 II 型水合物，而 CO_2 和 H_2 分子又很难进入预先生成的 CP 水合物晶格中，因此整个分离过程大部分的水转化为了纯 CP 水合物，只有少部分水生成了 CO_2-H_2 水合物。但对于水/柴油-CP 乳液体系，柴油的存在大幅降低了 CP 在分离介质中的势能，再加上阻聚剂 Span20 的作用，此时在所选实验条件下 CP 水合物的生成需要气体分子（CO_2 和 H_2）的协助，这样在 CP 水合物生成过程中，一方面 CO_2 分子会和 CP 共同竞争 II 型水合物中的大孔（$5^{12}6^4$），另一方面 CO_2 分子和 H_2 分子同时会占据水合物的小孔（5^{12}），极大地提高了乳液体系中水的水合气体量。

从以上分离结果可以得出，对于水（TBAB）/柴油-CP 乳液体系，TBAB 主要起两个作用。第一是前面所说的起水合阻聚作用，使得浆液中水合物颗粒度更小，分散更均匀，水合物颗粒越小越有利于提高水滴的水合转化率。Link 等[49]曾经报道采用纯水体系作为分离介质时气体水合量小的原因是由于水合物壳在水滴表面首先生成并阻止了气体的扩散，使得水合物壳内大量的水没有转化成水合物。第二是 TBAB 很容易生成一种半笼型水合物，一个理想的 TBAB 水合物晶胞包括 6 个 5^{12} 小孔穴，2 个 $5^{12}6^2$ 大孔穴和 2 个 $5^{12}6^3$ 大孔穴[50,51]。因此在生成水合物过程中，与 CP 水合物相比，TBAB 水合物会为 CO_2 分子提供更多的存储空间（大孔穴更多），同时 H_2 分子由于分子直径太小在大孔穴中无法稳定存在，从而水（TBAB）/柴油-CP 乳液体系较水/柴油-CP 乳液体系表现出了更大的 CO_2 分离因子和水合气体量。

8.5.3.2　温度、原料气组成、压力和气-液体积比率的影响

表 8-22 给出了不同温度下水（TBAB）/柴油-CP 乳液体系对两组 CO_2/H_2 混合气的分离结果。可以看出，在 270.15～276.15K 范围内，平衡气相中 H_2 的浓度（y_2）、浆液相中 CO_2 的捕集分率（R_1）和 CO_2 相对于 H_2 的分离因子（S）均随着温度的降低先急剧增长后缓慢减小，在 272.15～274.15K 范围内分离效果最佳。这是因为随着温度的降低，乳液中水合物量逐渐增多，但当温度降到一定程度时，在所选操作压力下，乳液中水滴已几乎全部转化为了水合物，此时进一步降低操作温度对水合分离效果影响不明显。相对于实验温度，乳液体系分离能力随着原料气中 CO_2 浓度的降低而减弱，这是因为 CO_2 浓度越低，相应 H_2 在气相中分压（推动力）更大，提高了 H_2 在柴油中的溶解度和在水合物晶格中的占有率。由于 M_4 混合气的组成 [CO_2＝15.63% （摩尔分数），H_2＝84.37% （摩尔分数）] 与操作温度和压力分别为 272.15K、4.3MPa 条件下乳液体系分离 M_3 混合气（CO_2＝46.82% （摩尔分数），H_2＝53.18% （摩尔分数）] 后所得的平衡气相组成相近，因此对 M_4 混合气的分离同样可以看作是对 M_3 混合气的二级分离。可以看出经过两级模拟连续分

离，气相中 H_2 的浓度能从 53.2%（摩尔分数）提高到 97.8%（摩尔分数），含如此高浓度 H_2 的混合气可以作为氢源直接使用，更可喜的是此时超过 88% 的氢气可以从气相中得到回收。相对于气相，浆液相中 CO_2 浓度从原料气中的 46.8%（摩尔分数）提高到了 94.4%（摩尔分数），含如此高浓度 CO_2 的混合气同样可直接作为工业原料使用。

表 8-22　不同温度下水（TBAB）/柴油-CP 乳液体系分离 IGCC 混合气实验结果

T/K	p_E/MPa	$y_2/\%$（摩尔分数）	$x_2/\%$（摩尔分数）	$R_2/\%$	$R_1/\%$	S
M_3[46.82%（摩尔分数）CO_2＋53.18%（摩尔分数）H_2]，C_{CP}＝30%（体积分数）						
276.15	3.11	78.4	5.8	96.2	70.2	58
274.15	2.87	84.6	5.2	96.1	80.5	99
272.15	2.91	84.5	5.6	95.8	80.3	91
270.15	2.88	84.1	6.3	95.3	79.1	79
M_4[15.63%（摩尔分数）CO_2＋84.37%（摩尔分数）H_2]，C_{CP}＝50%（体积分数）						
274.15	3.82	93.3	22.9	96.6	62.2	47
272.15	3.52	97.8	33.3	91.8	89.6	87
270.15	3.67	95.6	27.9	94.5	77.3	57

图 8-28 为 4 个不同温度下水（TBAB）/柴油-CP 乳液体系分离 M_3 混合气过程动力学变化图。可以明显看出一个单独的吸收-水合耦合分离过程包括 3 个阶段：混合气在柴油中的溶解、水合物生成诱导期和水合物的生长。以 276.15K 条件下分离过程为例，体系压力开始快速下降阶段归功于气体在柴油中的快速溶解，10～55min 阶段为水合物的诱导期过程，55min 以后为水合物的生长过程。随着温度的降低，水合诱导期快速变短同时水合物生成速率急剧增快，当温度降到 270.15K 时，水合诱导过程消失，这是因为，温度越低，对应压力条件下气体水合物生成的推动力越大，从而水合物越容易生成。在实际的分离过程中，快速的水合物生成速率意味着分离过程的更高效性以及对分离设备尺寸的更低要求，考虑到 270.15～272.15K 范围内温度对乳液分离能力影响不大，因此实际应用过程中 272.15K 是一个更合适的操作温度。

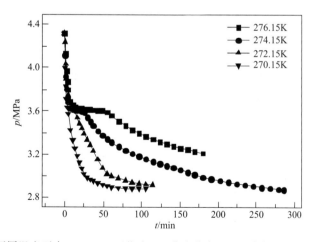

图 8-28　不同温度下水（TBAB）/柴油-CP 乳液分离 M_3 混合气过程动力学变化图

表 8-23 为 274.15K，不同初压（p_0）条件下乳液体系对 M_3 混合气的分离结果。一般情况下，初压相对越大，乳液中水的水合转化率也会更高，从而分离能力会更佳。从表8-23可以看出随着 p_0 的增加，浆液相对 CO_2 的捕集率（R_1）逐渐增大，但高的操作压力同样

也意味着更多的 H_2 溶解在柴油中和被水合物晶格包裹，因此这里所得的分离因子(S)随着 p_0 的增加反而减小，但需要说明的是即使 p_0 增至 7.5MPa，S 仍然高达 64，远远高于采用单独水合分离过程所得结果[52]。鉴于 IGCC 混合气的出口压力范围为 3～5MPa，因此对于采用吸收-水合耦合分离技术所选压力可视原料气压力而定。

表 8-23　不同压力下水（TBAB）/柴油-CP 乳液分离 IGCC 混合气分离结果

p_0/MPa	p_E/MPa	y_2/%（摩尔分数）	x_2/%（摩尔分数）	R_2/%	R_1/%	S
$M_3[46.82\%（摩尔分数）CO_2+53.18\%（摩尔分数）H_2]$						
4.3	2.87	84.6	5.2	96.1	80.3	99
5.3	3.51	86.2	7.0	94.6	83.8	83
6.3	4.14	89.1	9.9	91.6	87.2	75
7.5	4.90	89.6	11.9	89.6	88.1	64

相对于温度和压力，初始气-液体积比率（Φ）同样是评估吸收-水合耦合分离技术分离能力的一个重要指标，更高的气-液体积比率意味着单位体积乳液更大的气体处理量，从而在气体连续分离过程中实现相同的分离目的所需要的介质循环能耗会更少。表 8-24 给出了 272.15K、5 组不同 Φ 下水（TBAB）/柴油-CP 乳液体系对 M_3（CO_2+H_2）混合气的分离结果。可以看出，平衡气相中 H_2 浓度和浆液相对 CO_2 的捕集率均随着 Φ 的减小而增大，但分离因子 S 的变化却不是单调的，在 Φ 为 84 左右时取得最大值（$S=103$），其原因是 $\Phi=84$ 可能刚好是气-柴油-水合物三相和气-柴油-水合物-水四相平衡的互变点。当 Φ 大于 84 时，分离平衡后，乳液中水滴完全转化成了水合物，整个体系处于气-柴油-水合物三相平衡状态。在这种情况下，体系中水合物的量将不会随着 Φ 的增大而增加，但此时 Φ 的变大却能进一步促进柴油的吸收分离过程。由于单独的吸收分离过程所得分离因子低于水合分离所得分离因子[52]，因此随着 Φ 的进一步增加，整个吸收-水合耦合分离过程所得 S 反而减小。而当 Φ 小于 84 时，在所选操作条件下，水不能完全转化为水合物，分离平衡后整个体系处于气-油-水合物-水四相平衡状态，此时随着 Φ 的减小，平衡浆液相中水合物量会逐渐减少，水合分离对整个耦合分离过程的作用越来越弱，使得 S 减小。

表 8-24　不同初始气-液体积比率（Φ）下水（TBAB）/柴油-CP 乳液分离 IGCC 混合气分离结果

Φ	p_E/MPa	y_2/%（摩尔分数）	x_2/%（摩尔分数）	R_2/%	R_1/%	S
$M_3[46.82\%（摩尔分数）CO_2+53.18\%（摩尔分数）H_2]$						
138	3.12	78.8	6.3	95.9	70.2	55
118	3.00	81.2	5.1	96.4	75.5	80
100	2.91	84.5	5.6	95.8	80.1	91
84	2.83	86.6	5.9	95.4	83.8	103
55	2.60	89.8	9.5	92.0	88.4	84

图 8-29 为不同初始气-液体积比（Φ）下水（TBAB）/柴油-CP 乳液分离 M_3 混合气过程动力学变化图。可以看出随着 Φ 的增加，水合诱导期逐渐变短同时水合物生长速率变快，这是因为当 Φ 大于 84 时，分离平衡后整个体系处于气-油-水合物三相平衡，此时体系的压力高于气-柴油-水合物三相所对应的相平衡压力，也就是说对应条件下水合生成推动力没有变为 0，这种情况下 Φ 越大，分离所用时间越短。而当 Φ 小于 84 时，分离平衡后整个体系处于气-柴油-水合物-水四相平衡，说明此时达到分离平衡后水合推动力已经变为 0，乳液中剩下的水不能进一步转化为水合物，低的水合推动力意味着更长的分离平衡时间。因此，从动力学角度来看，实际应用过程中 Φ 应大于 84，也就是说最后的平衡体系应该是气-柴油-

水合物三相平衡以确保足够多的水合物生成。当然，除了气-液体积比率，相平衡的建立同样与实验温度和压力有紧密的联系。综合考虑，实际应用过程中合适的气-液体积比率范围为 80～100。

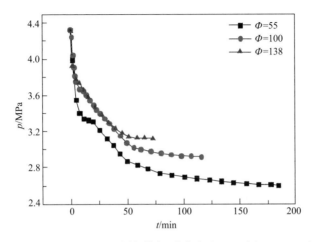

图 8-29　272.15K、不同初始气-液体积比(Φ)下水(TBAB)/
柴油-CP 乳液分离 M_3 混合气动力学变化图

8.5.4　吸收-水合耦合法分离裂解干气（$CH_4/C_2H_4/N_2/H_2$）

与水/柴油-水合物促进剂乳液体系捕集 IGCC 混合气（CO_2/H_2）中 CO_2 不同，由于 C_2H_6 和 C_2H_4 与大部分的水合物促进剂（CP、TBAB、THF）一样主要占据水合物晶格中的大笼子，所以应该用单独的水/柴油乳液体系对裂解干气（$CH_4/C_2H_4/N_2/H_2$）进行分离。研究经验表明，C_2H_6 和 C_2H_4 在水合物/柴油浆液中的富集效果非常接近[53]，因此可采用吸收-水合耦合法（油/水乳液）捕集裂解干气（$CH_4/C_2H_4/N_2/H_2$）中的 C_2 组分[54]。

表 8-25 给出了 263.15～272.15K 温度范围内水/柴油乳液体系对两组裂解干气 M_5 [32.37%（摩尔分数）CH_4＋24.45%（摩尔分数）C_2H_4＋19.15%（摩尔分数）N_2＋24.03%（摩尔分数）H_2]与 M_6 [29.90%（摩尔分数）CH_4＋8.10%（摩尔分数）C_2H_4＋31.55%（摩尔分数）N_2＋30.45%（摩尔分数）H_2]的分离结果。乳化剂和水合物阻聚剂选用 Span20，Span20 的含量为乳液中含水质量的 1%。乳液中含水率定为 20%（体积分数），同时针对两组气中 H_2 和 N_2 浓度的不同，对两种混合气的初始分离压力分别定为 4.9MPa 和 7.4MPa，对应的气-液体积比分别为 105 和 95。采用 C_2H_4 相对于其余组分（CH_4＋N_2＋H_2）的分离选择性系数 β 和 C_2H_4 在水合物浆液相中的吸收率 R 来表征吸收-水合耦合分离法的分离能力，y_1、y_2、y_3、y_4 分别为 CH_4、C_2H_4、N_2 和 H_2 在平衡气相中的摩尔分数，对应 x_1、x_2、x_3、x_4 为 CH_4、C_2H_4、N_2 和 H_2 在平衡水合物浆液相中摩尔分数，p_E 为平衡分离压力。

表 8-25　不同温度下水/柴油乳液体系分离裂解干气混合气实验结果

T/K	p_E/MPa	平衡气相/%（摩尔分数）				浆液相/%（摩尔分数）				β	R/%
		y_1	y_2	y_3	y_4	x_1	x_2	x_3	x_4		
M$_5$[32.37%（摩尔分数）CH$_4$＋24.45%（摩尔分数）C$_2$H$_4$＋19.15%（摩尔分数）N$_2$＋24.03%（摩尔分数）H$_2$]											
272.15	3.46	30.77	8.94	27.56	32.73	36.51	55.05	2.56	5.87	12.5	75.7
271.15	3.39	30.81	8.58	27.09	33.52	35.57	55.92	2.91	4.59	13.8	76.4
270.15	3.38	31.06	8.11	26.93	33.90	35.00	57.4	3.47	4.13	15.3	77.8
269.15	3.32	31.77	7.81	26.60	33.82	33.68	57.85	4.13	4.34	16.2	78.7
268.15	3.50	30.95	8.28	27.22	33.54	35.26	57.7	2.56	4.47	15.1	77.2
263.15	3.63	31.10	9.77	26.10	33.03	35.49	60.79	1.96	1.76	14.3	71.5
M$_6$[29.90%（摩尔分数）CH$_4$＋8.10%（摩尔分数）C$_2$H$_4$＋31.55%（摩尔分数）N$_2$＋30.45%（摩尔分数）H$_2$]											
272.15	5.87	28.06	2.59	33.67	35.68	37.72	31.56	22.56	8.17	17.3	74.17
269.15	5.60	25.80	1.94	34.34	37.92	45.80	31.5	20.75	1.44	23.4	80.96
263.15	5.98	28.84	2.96	33.61	34.59	35.96	37.58	19.77	6.69	19.7	68.93

　　从表 8-25 可以看出，对于 M$_5$ 混合气的分离，随着温度的降低乳液体系分离能力逐渐增强（y_2+y_3 减小，β 和 R 增大），当温度降到 269.15K 时，乳液体系分离能力最强，对应条件下经过单级分离，气相中 C$_2$H$_4$ 浓度能从 24.45 降到 7.81%（摩尔分数），浆液相中 C$_2$H$_4$ 浓度能提高到近 58%（摩尔分数），此时分离选择性系数 β 和乙烯在浆液相中的回收率 R 分别达到 16.2% 和 78.75%。但随着温度的进一步降低浆液体系分离能力反而变差。这种现象在采用吸收-水合耦合法捕集 CO$_2$ 过程同样出现过，其原因是当温度降到一定程度时乳液中水滴在进气前已经转化为了冰粒，与水滴相比，冰粒的气体传质速率和水合转化率都会大大降低，从而体系的分离能力也变差。相对于温度，M$_6$ 混合气的组成与 270.15K 下分离 M$_5$ 混合气后平衡气相组成基本相同，因此对 M$_6$ 的分离可以看作是对 M$_5$ 混合气的二级分离。实验结果表明随着原料气中 C$_2$H$_4$ 浓度的降低，C$_2$H$_4$ 相对于其余组分的分离选择性系数 β 变大，269.15K 下，经过两级分离，气相中 C$_2$H$_4$ 浓度能从高于 24%（摩尔分数）降到 2%（摩尔分数）以下，超过 92%（摩尔分数）的 C$_2$H$_4$ 可以从浆液相中得到回收。

　　从水（TBAB）/柴油-CP 乳液捕集 IGCC 混合气中 CO$_2$ 过程来看，一定范围内，乳液的分离能力随着含水率的增加而逐渐增强，且含水率达到 35%（体积分数）时仍没有出现水合物聚集。因此我们同样接着考察了含水率对水/柴油乳液体系分离裂解干气分离能力的影响，相关实验结果列于表 8-26 中。其中实验温度定为 269.15K，目标原料气为 M$_5$ 混合气，宝石釜中初始进气压力和气-液体积比率分别定为 4.9MPa 和 105。

表 8-26　269.15K、相同初始气-液体积比（105）下水/柴油乳液体系分离裂解干气混合气实验结果

含水率	p_E/MPa	平衡气相/%（摩尔分数）				浆液相/%（摩尔分数）				β	R/%
		y_1	y_2	y_3	y_4	x_1	x_2	x_3	x_4		
M$_5$[32.37%（摩尔分数）CH$_4$＋24.45%（摩尔分数）C$_2$H$_4$＋19.15%（摩尔分数）N$_2$＋24.03%（摩尔分数）H$_2$]											
0.15	3.52	32.16	10.04	25.76	32.04	32.50	60.44	3.53	3.53	13.7	70.5
0.20	3.32	31.77	7.81	26.60	33.82	33.68	57.85	4.13	4.34	16.2	78.7
0.30	3.28	31.10	7.32	27.02	34.55	34.84	58.72	3.02	3.41	18.0	80.2
0.35	3.30	30.78	7.08	27.50	34.65	36.03	58.30	2.60	3.07	18.3	80.7

从表 8-26 可以看出吸收-水合耦合法捕集 C_2 与捕集 CO_2 过程相似，气体分离选择性系数 β 和 C_2H_4 回收率 R 均随着乳液中含水率的增加而变大，说明相对较高含水率更有利于吸收-水合耦合法对裂解干气中 C_2 组分的捕集，其原因是分离平衡后水合物浆液中水合物量随着乳液体系含水率的增加而增多，水合分离作用更显著从而体系分离能力更强。但分离过程实验现象表明，平衡水合物浆液的黏度同样随着水合物量的增加而变大，与水（TBAB）/柴油-CP 乳液体系分离 CO_2 过程不同，由于没有 TBAB 的作用，这里所得水合物浆液表观黏度远大于前者。同时从分离结果来看，当乳液中含水率从 30%（体积分数）提高到 35%（体积分数）时，分离选择性系数 β 和 C_2H_4 回收率 R 均没有显著增加。因此综合考虑乳液体系分离能力和水合物浆液体系流动特性，在实际的分离过程中采用吸收-水合耦合法捕集裂解干气中 C_2 组分时，水/柴油乳液中含水率不应超过 30%（体积分数）。

图 8-30 给出了 263.15K、269.15K 和 272.15K 下水/柴油乳液体系分离 M_5 混合气过程动力学变化图。可以看出，由于 263.15K 下水滴已经完全转化成了冰粒，对应条件下整个耦合分离过程所用时间远远长于 272.15K 条件下所用时间，其原因是冰的水合速率要远慢于水的水合速率。相对于分离速率，263.15K 下整个耦合分离过程的气体压降要远远低于 272.15K 条件下的气体压降，说明 263.15K 条件下冰的水合转化率同样远远低于 272.15K 下水的水合转化率，这与表 8-25 中所示分离结果相一致。而在 269.15K 下，虽然浆液体系分布状态同样表明分离前乳液中已经出现了冰粒，但冰粒可能只在水滴表面存在，即此时水转化为冰粒的转化率很低，因此冰粒的存在对整个水滴的水合转化率几乎没有影响，只是迟滞了分离过程的进行，图 8-30 中所示的气体压降和分离时间很好地说明了这一点。尽管 269.15K 温度下仍然获得了很高的水合转化率且分离效果最好，但综合考虑整个分离过程的热力学和动力学行为，在实际过程中采用吸收-水合耦合分离法捕集裂解干气中 C_2 组分时最合适的温度应选 272.15K。

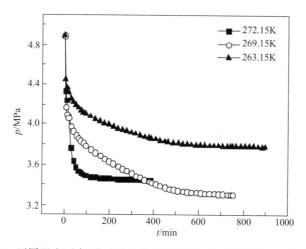

图 8-30　不同温度下水/柴油乳液体系分离 M_5 混合气过程动力学变化图

8.6 水合分离技术的研发与应用前景展望

关于气体混合物分离，已经有许多成熟的技术，包括精馏、吸收、变压吸附以及膜分离等。对于低沸点气体混合物的分离，水合物方法与这些传统分离方法相比，有其独特的优点。首先，水合法对于那些用精馏法需在低温下分离的低沸点气体混合物可在零度以上进行分离，大大提高了分离的操作温度，可节省能耗和设备投资。如甲烷和氢气如采用水合法分离，可在 0℃ 以上进行，而精馏法则需在 −160℃ 左右这样低的温度下进行。与变压吸附和膜分离相比，水合法具有压力损失小，分离效率高等优点，在特定背景下具有竞争优势。由于水合物分离气体混合物技术具有节能、高效、无污染等优点，使得采用水合法从含有较高浓度氢气的炼厂干气（如加氢尾气、重整干气等）和合成氨装置弛放气中分离回收氢气、从炼厂催化干气中分离回收氢气和 C_2 组分以及改造乙烯裂解气深冷分离流程，去掉昂贵的冷箱、降低脱甲烷塔冷负荷或完全代替深冷分离流程方面具有很好的工业应用前景。但由于水合法分离技术是一种全新的技术，而且是一种高压操作，并且存在水合物自然生成速率十分缓慢、容易聚集堵塞等缺点，因此，现在的实验研究主要在实验阶段，真正将水合物分离技术发展到工业化水平，还有许多工作要做。近期最有望取得突破的应用点应该在两个方面：一是高压加氢或合成氨装置弛放气中氢气的回收，因为水合法和传统分离法相比，优势很明显，而且由于气源压力高，无需增压，也使得工业试验流程短，只需要一个水合塔和一个分解装置，投资不大，对正常生产也无影响；二是吸收-水合耦合法捕集混合气中 CO_2，特别是针对 IGCC 混合气的碳脱除，由于水/柴油乳液、水合物/柴油浆液具有较好的流动性，可以实现分离-解吸-分离的连续操作过程，使得分离流程较简单，设备投资不大。一旦在这两方面取得工业实验的成功，水合分离技术的推广应用的前景就会明朗起来。我们相信水合分离技术一定会作为一种新的分离方法在气体分离领域占有一席之地。

参考文献

[1] Hammerschmidt E G. Formation of Gas Hydrate in Natural Gas Transmission Lines [J]. Ind Eng Chem，1934，26 (8)：851-855.

[2] Spencer D F. Methods of selectively separating CO_2 from a multicomponent gaseous stream [P]. US 700311，USA，1997.

[3] DOE Fossil Energy Techline：Bechtel Project Rids CO_2 From Coal Gas Streams By Converting It To 'Ice'. U. S. Department of Energy. Issued on October 19，1999.

[4] Elliott R B，Barraclough B L，Vaoderborgh N E，et al. Apparatus for recovering gaseous hydrocarbons from hydrocarbon containing solid hydrates [P]. US4424858，USA，1984.

[5] Elliot D G，Chen J J. Process for separating selected components from multi-component natural gas streams [P]. US 5660603，USA，1997.

[6] 樊拴狮，程宏远，陈光进，等. 水合法分离技术研究 [J]. 现代化工，1999，19 (2)：11 - 14.

[7] Elliott R B，Barraclough B L，Vaoderborgh N E，et al. Apparatus for recovering gaseous hydrocarbons from hydrocar-bon - containing solid hydrates [P]. US4424858，1984.

[8] Happel J，Hnatow M A，Meyer H. The study of separation nitrogen from methane by hydrate formation using a novel apparatus [J]. Annals of the New York Academy of Sciences，1994，715：412.

[9] Douglas G，Elliot H. Process for separating selected components from multi‐component natural gas streams [P]. US5660603，1997.

[10] 马昌峰. 水合物技术应用于气体混合物分离的研究 [D]，北京：中国石油大学，2001.

[11] 孙长宇. 水合法分离气体混合物相关基础研究 [D]，北京：中国石油大学，2001.

[12] 张世喜. 水合物生成动力学及水合法分离气体混合物的研究 [D]，北京：中国石油大学，2003.

[13] 张凌伟. 水合法分离裂解气的实验及模拟研究 [D]，北京：中国石油大学，2005.

[14] Liang M Y，Chen G J，Sun C Y，Yan L J，Liu J，Ma Q L. Experimental and Modeling Study on Decomposition Kinetics of Methane Hydrates in Different Media. J Phys Chem B，2005，109：19034-19041.

[15] Sun C Y，Chen G J. Modelling the hydrate formation condition for sour gas and mixtures. Chem Eng Sci，2005，60：4879-4885.

[16] Zhang L W，Chen G J，Sun C Y，et al. The partition coefficients of ethylene between hydrate and vapor for methane + ethylene + water and methane + ethylene + SDS + water systems. Chemical Engineering Science，2005，60：5356-5362.

[17] Zhang Q，Chen G J，Huang Q，et al. Hydrate formation conditions of hydrogen + methane gas mixture in Tetrahydrofuran + Water. J Chem Eng Data，2005，50 (1)：234-236.

[18] Sun C Y，Chen G J. Kinetics study on methane hydrate formation with low dose of ion using single gas bubble method. The Proceeding of the 5th International Conference on Gas hydrate，Norway，June，2005.

[19] 马庆兰，陈光进，孙长宇，郭天民. 气-液-液-水合物多相平衡闪蒸的新算法. 化工学报，2005，56 (9)：1600-1605.

[20] 冯英明，陈光进，王可. 水合法分离 H_2+CH_4 体系的非平衡级模拟. 化工学报，2005，56 (2)：11-16.

[21] Zhang L W，Chen G J，Sun C Y，et al. The partition coefficients of ethylene between vapor and hydrate phase for methane + ethylene + THF + water systems. Fluid Phase Equilibria，2006，245：134-139.

[22] Sun C Y，Ma C F，Chen G J，et al. Experimental and simulation of single equilibrium stage separation of (methane + hydrogen) mixtures via forming hydrate. Fluid Phase Equilibria，2007，261：85-91.

[23] Lin W，Chen G J，Sun C Y，et al. Effect of surfactant on the formation and dissociation kinetic behavior of methane hydrate. Chem Eng Sci，2004，59：4449-4455.

[24] Zhang L W，Chen G J，Guo X Q，et al. The partition coefficients of ethane between vapor and hydrate phase for methane + ethane + water and methane + ethane + THF + water systems. Fluid Phase Equilibria，2004，225：141-144.

[25] Sun C Y，Chen G J，Yang L Y. Interfacial Tension of Methane + Water with Surfactant near the Hydrate Formation Conditions. J Chem Eng Data，2004，49 (4)：1023-1025.

[26] Sun C Y，Chen G J，Yue G L. The induction period of hydrate formation in a flow system. Chinese J Chem Eng，2004，12 (4)：527-531.

[27] 冯英明，陈光进，马庆兰. 水合法分离 H_2+CH_4 体系的模拟计算. 化工学报，2004，55 (9)：1541-1545.

[28] Mu L，Li S，Ma Q L，et al. Experimental and modeling investigation of kinetics of methane gas hydrate formation in water-in-oil emulsion. Fluid Phase Equilibria，2014，362：28-34.

[29] Sun C Y，Chen G J，Guo T M. Hydrate formation conditions of sour Natural gases. J of Chem & Eng Data，2003，48：600-602.

[30] Sun C Y，Chen G J，Guo T M. R12 hydrate formation kinetics based on laser light scattering technique. Science in

China（Series B），2003，46：487-494.

[31] Ma Q L，Wang X L，Chen G J，et al. Gas-hydrate phase equilibria for the high-pressure recycled-hydrogen gas mixtures. J Chem Eng Data，2010，55：4406-4411.

[32] Ma C F，Chen G J，Guo T M. Kinetics of hydrate formation using gas bubble suspended in water. Science in China（Series B），2002，45：208-215

[33] Chen G J，Sun C Y，Guo T M. A New Technique for Separating（Hydrate＋Methane）Gas mixtures using Hydrate Technology. The Proceeding of the 4th International Conference on Gas hydrate，Japan，May，2002

[34] Chen G J，Sun C Y，Ma C F，et al. A study on the recovery of hydrogen from refinery（hydrogen ＋ methane）gas mixtures using hydrates technology. 17th World Petroleum Congress，Rio De Janeiro，Brazil，September，2002.

[35] 马昌峰，王峰，孙长宇，陈光进，郭天民. 水合物氢气分离技术及相关动力学研究. 中国石油大学学报（自然科学版），2002，26（2）：76-78.

[36] Ma C F，Chen G J，Guo T M. Hydrate formation for（CH_4＋C_2H_4）and（CH_4＋C_3H_6）gas mixtures. Fluid Phase Equilibria，2001，191：41-47.

[37] 马昌峰，陈光进，孙长宇. 一种分离提纯含氢气体的新技术 —— 水合物分离技术，化工学报，2001：52（12）

[38] Chen G J，Guo X Q，Wu G J，et al. A combined process for recovering hydrogen，ethylene，ethane or separating ethylene cracked gas from dry gas of refinery plants. 美国发明专利，申请号：P-7478-US（2005）.

[39] 陈光进，马昌峰，张世喜，阎炜. 利用生成水合物或其前身物对含氢混合气中的氢气分离提浓的方法. ZL 00100279.1（2001）.

[40] 陈光进，孙长宇，马庆兰. 使甲烷和碳2组分分离的方法. 中国发明专利，ZL02129611.1（2002）.

[41] 陈光进，郭绪强，孙长宇，马庆兰. 利用水合法分离低沸点气体混合物方法及其设备. 中国发明专利，ZL03121832.6（2003）.

[42] Zhang S X，Chen G J，Ma C F，et al. Hydrate Formation of Hydrogen ＋ Hydrocarbon Gas Mixtures，Journal of Chemical and Engineering Data，2000，45：908-911.

[43] 马昌峰，陈光进，张世喜，王峰，郭天民. 一种从含氢气体分离浓缩氢的新技术—水合物分离技术，化工学报，2001，52（12）：1113-1116.

[44] 刘煌，吴雨晴，陈光进，等. 油水乳液分离沼气实验研究，化工学报，2014；65（5）：1743-1749.

[45] Li X S，Xu C G，Chen Z Y，et al. Synergic effect of cyclopentane and tetra-n-butyl ammonium bromide on hydrate-based carbon dioxide separation from fuel gas mixture by measurements of gas uptake and X-ray diffraction patterns. Int. J. Hydrogen Energy，2012，37（1）：720-727.

[46] Liu H，Wang J，Chen G J，et al. High-efficiency separation of a CO_2/H_2 mixture via hydrate formation in W/O emulsions in the presence of cyclopentane and TBAB［J］. Int J Hydrogen Energy，2014，39（15）：7910-7918.

[47] Darbouret M，Cournil M，Herri J M. Rheological study of TBAB hydrate slurries as secondary two-phase refrigerants. Int J Refrig，2005，28（5）：663-671.

[48] Lee H J，Lee J D，Linga P，et al. Gas hydrate formation process for pre-combustion capture of carbon dioxide. Energy，2010，35（6）：2729-2733.

[49] Link D D，Ladner E P，Elsen H A，et al. Formation and dissociation studies for optimizing the uptake of methane hydrates. Fluid Phase Equilib，2003，211（1）：1-10.

[50] Strobel T A，Koh C A，Sloan E D. Hydrogen storage properties of clathrate hydrate materials. Fluid Phase Equilib，2007，261（1-2）：382-389.

[51] Shimada W，Shiro M，Kondo H，et al. Tetra-n-butylammonium bromide-water（1/38）. Acta Cryst C，2005，61（2）：61-65.

[52] Li X S，Xu C G，Chen Z Y，et al. Tetra-n-butyl ammonium bromide semi-clathrate hydrate process for post-combus-

tion capture of carbon dioxide in the presence of dodecyl trimethyl ammonium chloride. Energy, 2010, 35 (9): 3902-3908.

[53] Liu H, Mu L, Liu B, et al. Experimental studies of the separation of C_2 compounds from $CH_4 + C_2H_4 + C_2H_6 + N_2$ gas mixtures by an absorption-hydration hybrid method. Ind Eng Chem Res, 2013, 52 (7): 2707-2713.

[54] Liu H, Mu L, Wang B, et al. Separation of ethylene from refinery dry gas via forming hydrate in w/o dispersion system. Separation and Purification Technology, 2013, 116 (37): 342-350.

第9章 天然气水合物资源分布

要深入认识天然气水合物的能源潜力和对环境的影响，并在此基础上研究天然气水合物资源的勘探开发技术，首先要了解天然气水合物在地层的储量及其基本分布特征。本章将简单介绍地球上天然气水合物的基本成藏模式和分布特征。

9.1 天然气水合物成藏模式

目前普遍认为，形成水合物的气体有两种来源，一种是生物成因气，即有机质释放的二氧化碳在自养产甲烷菌的作用下还原成甲烷；另一种就是热解成因气，即地层深部的烃类在高温高压下裂解产生甲烷。早在 20 世纪 70 年代，Bernard 等[1]就提出利用烃类气体中甲烷所占的比例[$R=C_1/(C_2+C_3)$]和 $\delta^{13}C$ 来确定甲烷气体的成因。当 $R>1000$，且 $\delta^{13}C$ 的值在 $-90‰\sim-55‰$ 之间，甲烷为生物成因气；$R<100$，且 $\delta^{13}C>-55‰$，甲烷为热解成因气；介于二者之间的为混合成因气。根据这种方法，可以将水合物按照甲烷气的成因类型划分为生物成因甲烷和热解成因甲烷。在目前已经探测到的水合物藏里，大部分是生物成因甲烷水合物。

关于气体在地层中的运移方式，水合物研究者提出了不同的观点[2,3]。据报道[2]，在 Caspian 泥火山和墨西哥湾经常见到裂缝和断层的地壳。他们认为这些地区形成水合物的热解成因气体是通过裂缝和断层进行运移的。当甲烷气运移到水合物稳定区时，就会和水结合形成水合物。对于生物成因气，一般在地表浅层生成，随着沉积物被压实，气体被滤出，然后沿着沉积物的孔隙向上运移到水合物稳定区；另一种观点认为，生物成因气生成后就位于水合物稳定区。当温度、压力条件满足水合物生成的条件时，气体就直接在原地形成水合物而不需要运移。

9.1.1 海洋水合物成藏模式

研究表明，全球有利于天然气水合物生成和分布的地域在海洋中的面积远远大于在陆地中的面积[4]，其中海域天然气水合物资源占据量可达 99%，陆地天然气水合物仅占 1% 左右[5]。因此，以下主要探讨海洋中水合物成藏机理。

影响水合物成藏的其中两个最重要的因素是：①气源条件；②温度/压力条件。充足的气源是水合物形成的必备条件。只有当气体的浓度足够大，并且在合适的温度/压力条件下，水合物才会形成并聚集成藏。除了以上两个条件外，沉积物介质特征[6]和气体运移通道[7,8]还会对水合物成藏的富集程度造成很大影响。

9.1.1.1　海洋中水合物形成的气源条件

海洋中甲烷气体的来源不外乎两种，即生物成因气和热解成因气。在海洋的沉积物中，大量的有机质腐烂，消耗了氧气，生成了CO_2。缺氧的环境中，CO_2与自养产甲烷菌作用，被还原成甲烷。生物成因气主要形成Ⅰ型水合物[9]。大西洋西部的 Blake Ridge（布莱克海台）的水合物就是典型的生物成因气甲烷水合物[10]，其他的地方还有 California 北部海域、Oregon 海域、日本 Nankai 海槽、黑海等[11,12]。

热解成因气的来源与地表深层的油气藏有关。位于地表深层的常规油气藏，由于地质构造的变化，引起油气藏的温度、压力的升高。地表深层的烃类在高温、高压下裂解，产生甲烷气体。热解成因气主要生成Ⅱ型水合物和 H 型水合物[13,14]。在 Mexico 湾、Caspian Sea、加拿大 Mallik 等地区，主要是热解成因气水合物区域[12,15]。

还有一种情形就是海底火山的喷发，释放出CO_2气体。CO_2气体在自养产甲烷菌作用下被还原，生成甲烷。普遍认为，这种气源属于无机成因气源。而前面的生物成因气源和热解成因气源都属于有机成因气源的类型。

9.1.1.2　海洋中水合物形成的温度/压力条件

天然气水合物在合适的温度/压力条件下是可以稳定存在的，其能够稳定存在的沉积层区域即为水合物稳定域，而稳定域的范围又由水合物形成所需温度/压力条件和地温梯度共同决定。天然气水合物在海洋中的稳定域范围如图 9-1 所示。通常，天然气水合物的形成需要低温高压条件，其中一部分压力由水压产生。在海底以下，随着地层深度的增加，地层温度也会逐渐升高，当到达一定地层深度后，水合物将无法稳定存在。天然气水合物稳定域的厚度通常为 300～500m，但在深水区或者地温梯度变化较缓的地区，其厚度可以达 1000m 左右[16]。有意思的是，实际水合物埋存在靠近稳定带底界区域，而不是靠近热力学上最稳定的海底区域，说明水合物的形成和聚积与沉积过程关系密切。除了甲烷水合物外，自然界中的许多天然气水合物还以混合型存在（如甲烷-乙烷水合物、甲烷-乙烷-丙烷水合物），这些混合型水合物往往比甲烷水合物更稳定。因此当甲烷水合物无法生成时，这些混合型水合物也能稳定存在。

9.1.1.3　水合物形成的运移通道和沉积物介质

关于气体运移通道，如气烟囱、断层等，其主要起到了输送流体、辅助水合物成藏的作用。断层通常被认为是聚集流体迁移的最基本的传输通道[17]，其为深层气源迁移到上部并在稳定区域中积聚提供了通路。除大规模断层外，断层系统中的大多数裂缝不仅可以为流体迁移提供大量弯曲的复杂通道，而且同时可以作为储层空间[18]。

不同的沉积物介质，由于其孔隙大小造成的渗透性差异，会对气体运移产生很大影响。同时，沉积物介质的孔隙空间也会直接影响水合物的富集程度。不同形态的水合物如图 9-2 所示。对于砂等沉积物介质，水合物主要以分散型填充在这类介质中。其相对较高的孔隙度有利于水合物形成所需的气体和水的流动，而通常具有很高的水合物饱和度，甚至可以高达 90%[19,20]。而对于富含黏土或泥土的沉积物，其孔隙度和渗透率都很小，阻挡了气体和水的迁移。对于这些泥土中的分散型水合物，其饱和度一般仅有 1% 或 2%，较高的也只到

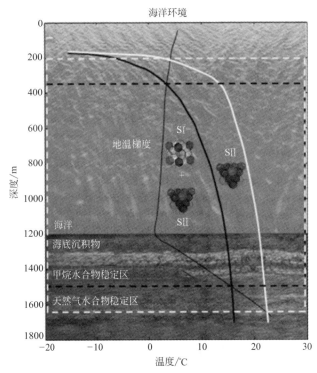

图 9-1 海洋中的天然气水合物稳定域

该图表示的稳定域范围不具有绝对性，需要根据每个区域的实际情况而定。

此处仅用 SⅡ 表示除了甲烷水合物以外更稳定的混合天然气水合物

12%[21]。然而，当富含黏土的沉积层中存在通畅的气体运移通道，气体流量较强时，水合物将可能在沉积物中积累到更高的饱和度[22]。

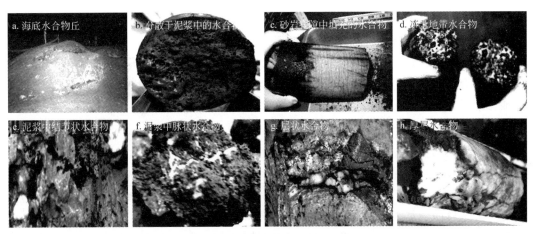

图 9-2 不同形态的天然气水合物

9.1.1.4 海洋中水合物的形成模式

沉积层中天然气水合物的成藏和分布富集规律主要与气源供给、稳定带条件、运移方式、储层特性有关，其成藏模式也通常按照这些条件被进行分类。

根据气源和运移方式的不同，海洋中水合物形成模式主要有三种：①通过生物成因甲烷形成水合物；②通过向上运移的水释放出气体形成水合物；③通过游离的气体向上运移形成水合物[23]。

（1）通过生物成因甲烷形成水合物　在水合物稳定区，生物成因甲烷生成后，在合适的温度/压力条件下，与沉积物孔隙里的水结合，形成水合物，填充在孔隙中。随着甲烷气体的聚集，水合物逐渐在沉积物中形成封盖层。同时，这些封盖层为后来的气体提供了空穴，气体在这些空穴里继续生成水合物并聚集成藏。海水的深度、海底的温度以及沉积物的厚度都会影响水合物藏的稳定。

（2）通过向上运移的水释放出气体形成水合物　有研究者认为，在海底深层，甲烷气体溶解在海水里并达到饱和状态。在外界的影响下，海底深层流体向上运移。在此过程中，温度的升高和压力的降低，使得甲烷气体在海水里的溶解度降低，气体从海水里析出。析出的气体到达水合物稳定区，就会形成水合物。

（3）通过游离的气体向上运移形成水合物　在海底，沉积物里或地表深层通常会释放出许多气体，这些气体可能是生物成因气，可能是热解成因气，或者是两者的混合气。因为游离气体的密度比水和沉积物的密度小，因此，在水合物稳定区，游离气体将向上运移。向上运移的气体有可能被不能透过的沉积层封盖。封盖层可能是永冻层或水合物本身。这些封盖层能够为游离气体提供空穴，然后游离气体在空穴里生成水合物。

Milkov 等[24]根据水合物稳定带内流体运移模式和水合物浓度，提出了三种天然气水合物聚集方式，如图 9-3 所示。第一类为结构型成藏，主要发生在断层系统，泥火山和其他地质结构中，这些运移通道的存在促进了流体从地层深部快速运输至水合物稳定带。第二类是地层型成藏，天然气水合物由原位产生或从地层深部缓慢供应的生物成因气获得气源供给，并在渗透性相对较高的地层中成藏。第三类则是由结构型和地层型共同控制的联合型成藏。

可以发现以上总结的两大类成藏模式具有一定的相似性，虽然其对应的位置区域有所不同，但是成藏模式的分类都离不开影响成藏的几种控制因素。

9.1.1.5　海洋中水合物的成因类型

海洋中水合物的成因类型取决于水合物中气体的成因类型。目前，一般采用 20 世纪 70 年代 Bernard 等[1]提出的方法来确定气体的成因。即利用烃类气体中甲烷所占的比例[$R = C_1/(C_2 + C_3)$]和 $\delta^{13}C$ 来确定甲烷气体的成因。

不管是生物成因甲烷气还是热解成因甲烷气，它们与水在合适的温度/压力条件下都能形成水合物。据报道，在墨西哥湾北部的 Brooks 发现，两种成因类型的水合物的数量大约相等，表明此水合物属于混合成因类型。水合物地球化学最新的观点认为[10]，在阿拉斯加、俄罗斯和墨西哥湾，以生物成因甲烷为主，还有少数的生物成因和热解成因甲烷的混合物。对热解成因气水合物来说，热解需要高温，而高温不利于水合物生成，因此热解气必须从气源的高温带迁移到水合物稳定区[23]。一般认为热解气通过地壳的裂缝和断层进行运移。在 Caspian 的泥火山和墨西哥湾经常见到裂缝和断层的地壳[25]，因此，在 Caspian 和墨西哥湾的水合物应该是热解成因水合物。还有一类就是由于海底火山的喷发，带来大量的 CO_2 气体，CO_2 气体在自养产甲烷菌的作用下转化为甲烷气体，最终在水合物稳定带生成水合物。这种类型的水合物被认为是无机成因水合物。虽然根据仅有的报道，世界上还没有找到无机成因的水合物矿点[26]，但并不能说无机成因的天然气水合物少或没有，主要原因是人们对无机成因水合物的认识不够深入。

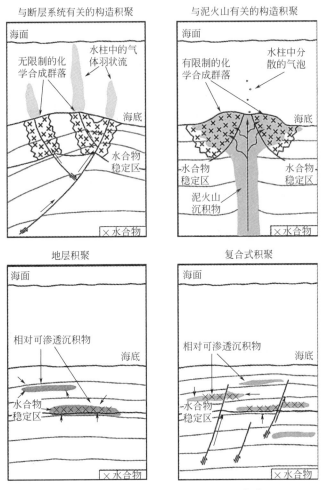

图 9-3　气体水合物成藏的三种模式[24]

9.1.2　我国南海潜在水合物成藏模式

水合物成藏需要的条件：丰富的气源、合适的温度和压力、流体运移的通道以及运移所需的推动力。在南海海域，存在着很厚的中、新生代沉积物，一般都有几千米厚，其中含有丰富的有机质。这些有机质经热裂解或微生物作用产生大量的甲烷气体，为水合物成藏提供充足的气源。海水的深度和沉积物的厚度直接决定海域的温度和压力。在南海海域，具备了水合物生成所需的温度和压力条件[27]。南海海域存在着多种类型的大陆边缘断裂，这些断裂为水合物形成过程中流体的运移提供足够的通道。此外，南海整体热流值高，地温梯度大，巨厚的沉积物能产生巨大的压力，还有沉积物的垂向和侧向的压实挤压作用，为流体的运移提供推动力。在我国的南海也存在大面积适合天然气水合物矿体成藏的海域。

在整个南海海域，气源成因非常复杂，既有生物成因气，也有热解成因气，还有混合成因气[27]。在南海南部以生物成因气和混合成因气为主，在北部陆坡以热解成因气和混合成因气为主。在南海南部，以生物成因气为主的水合物带，生物成因气沿着断层或大陆边缘断裂处进行运移，当到达水合物稳定区时，与水结合形成水合物。在南海北部陆坡，地层深部的热解成因气，在各种推动力的作用下，沿着通道向上运移，运移的气体有可能被不能穿过的沉积层封盖，当处于水合物稳定区时，气体就在沉积物中形成水合物。

何家雄等[28]调查了南海琼东南盆地深水区基本油气地质条件，综合分析了气源供给系统、水合物稳定带形成条件及其空间展布范围、运聚通道系统及运聚方式的差异，在此基础上总结和建立了该区生物气源自生自储型、热解气源断层裂隙下生上储型和底辟及气烟囱下生上储型 3 种类型的水合物成矿成藏模式。梁金强等[29]根据气体的疏导方式将南海北部陆坡的水合物成藏模式划分为扩散型、渗漏型及其复合型。扩散型水合物甲烷主要来源于稳定带下部，甲烷通量较小，在孔隙水中以溶解态存在。气体在浓度差、压力、毛细管力等驱动下以通过沉积物孔隙、微裂缝及层间断层以扩散方式运移，并在稳定带析出成藏，水合物充填在沉积物孔隙中。渗漏成因水合物呈块状、脉状、结核状形式充填在沉积物裂隙或裂缝中，在稳定域不同部位形成矿体。其主要由高通量甲烷以游离态渗漏方式沿断层体系向海底运移，部分在稳定域内转化为水合物。其中深水区海底自养生物群及冷泉碳酸盐岩是渗漏型水合物形成环境的重要标志。复合型由扩散和渗漏型共同构成复式成藏系统，其兼具该两者的成藏特征，在稳定域底部发育扩散型水合物矿层而在稳定域上部发育渗漏型水合物体。

9.2 全球天然气水合物的储量

随着世界石油资源的枯竭，与人类生活息息相关的能源问题急待解决。越来越多的人认为水合物极有可能成为石油的替代能源，国外对水合物的实验室研究和实地勘探的投入也越来越多。最典型的就是以美国为首的大洋钻探计划（ocean drilling program，ODP）的启动。估算全球水合物的总量成为水合物研究工作者的首要问题。天然气水合物资源量的评价在后续出现了较多种新方法，如地球物理法、地球化学法、有机质热分解气评估等，但在国际上较为流行的估算方法仍主要为"体积法"[30]和"概率统计法"[31]两种。"体积法"是在实地勘探程度较低的条件下计算水合物资源量的主要方法，其原理简单表述就是综合考虑水深、稳定带厚度、有利构造区带、有利沉积区带和有利地球化学异常区分布等因素后，用水合物可能存在的区域体积乘以孔隙中水合物的饱和度及产气因子，其所得到的值就是区域水合物内气体资源量。"概率统计法"又称为蒙特卡罗法，在该方法中一个水合物资源区的总资源量被表示为多个局部地质单元水合物资源量的累加，而局部资源量可以是具有统计性质的随机变量，也可是是常数或经验系数。其实该方法不仅仅是适用于水合物资源量评价的特定方法，早在 20 世纪 70 年代其就用于油气资源的评价。但不论何种方法，在如今对全球水合物资源量勘探还比较低的程度下，其都带有较大的推测性。对天然气水合物资源的综合评价方法仍有待完善。

在过去的 40 多年里，有很多学者发表过关于估算海底天然气水合物储量的文章，如表9-1 所示。

表 9-1 全球海洋水合物储量的估算结果[32]

水合物储量(近似值或平均值,以 CH_4 计)/10^{15} m^3 (标准温度和压力)	资料来源	水合物储量(近似值或平均值,以 CH_4 计)/10^{15} m^3 (标准温度和压力)	资料来源
3053	Trofimuk 等(1973)[30]	约 1550	Nesterov 和 Salmanov(1981)[35]
1135	Trofimuk 等(1975)[33]	>0.016	Trofimuk 等(1977)[36]
1573	Cherskiy 和 Tsarev(1977)[34]	约 120	Trofimuk 等(1979)[37]

水合物储量(近似值或平均值,以 CH_4 计)/$10^{15}m^3$(标准温度和压力)	资料来源	水合物储量(近似值或平均值,以 CH_4 计)/$10^{15}m^3$(标准温度和压力)	资料来源
3.1	Mclver(1981)[38]	>0.2	Soloviev(2002)[51]
15	Makogon(1981)[39]	4	Milkov 等(2003)[25]
15	Trofimuk 等(1981,1983)[40,41] Trofimuk 等(1983)[42]	2.5	Milkov(2004)[16]
40	Kvenvolden 和 Claypool(1988)[43]	5.7	Buffett 等(2004)[52]
约20	Kvenvolden(1988)[44]	115.4	Klauda 等(2005)[53]
20	MacDonald(1990)[45]	76.2	Wood(2008)[54]
26.4	Gornitz 和 Fung(1994)[46]	3.05~3.81	Archer(2009)[55]
约45.4	Harvey 和 Huang(1995)[47]	0.0082~2.1	Burwicz(2011)[56]
1	Ginsburg 和 Soloviev(1995)[48]	3	Boswell(2011)[57]
约6.8	Holbrook 等(1996)[49]	≥0.87	Wallmann(2012)[58]
15	Makogon(1997)[50]	1.05	Pinero(2013)[59]

从表 9-1 可以看出,对于全球天然气水合物资源量的评价,不同研究人员得到的估算值有很大差别,甚至相差了几个数量级。其差别可能主要源于评价方法及使用参数的不同。丛晓荣等[32]将各研究人员对全球水合物资源量的评价分成了三个阶段。其中第一阶段为初始阶段(1970—1980 年),这一阶段全球水合物资源量的估算值普遍在 10^{17}~$10^{18}m^3$,估值较大。因为这一时期,人们对天然气水合物的成藏、分布规律等并不是很了解,而且缺少相应数据和资料,只能基于假设面积和稳定带厚度进行估算。第二阶段为发展阶段(1980—2000 年),相对于前一时期估算值降低了 1~2 个数量级。因为 DSDP 和 ODP 计划的启动使人们对天然气水合物的认识有了进一步提高。第三阶段为理性阶段(2000 年至今),更多的水合物钻探计划使估算参数的确定有了更多数据支持,这一时期的估算值普遍集中于(1~3)× $10^{15}m^3$ 范围内,也是目前比较合理的水合物资源量数量级。

由于气体水合物在全球的分布情况没有完全掌握,导致对全球气体水合物的储量的估算工作变得非常复杂和困难,以至于说法不一,或者过高地估算了全球气体水合物的资源总量,但可以肯定的是,与常规天然气气田的储量相比,气体水合物中的潜在天然气资源量显然对未来的能源结构影响巨大[60]。

9.3 全球天然气水合物资源的分布及其特征

天然气水合物在全球的分布范围非常广泛,主要分布在大陆永久冻土层、岛屿的斜坡地带、活动和被动大陆边缘的隆起处、极地大陆架以及海洋和一些内陆湖的深水环境[61]。环绕北美洲有 11 个巨大的天然气水合物矿区,如美国大西洋布莱克海台(Blake Ridge),墨西哥湾(Gulf of Mexico)盆地等,俄罗斯天然气水合物资源也十分丰富,主要分布在黑海、巴伦支海(Barents Sea)、鄂霍次克海(Okhotsk)等区域。日本、印度、韩国的天然气水合物资源量也较为可观,如日本南海海槽,印度克里希纳-戈达瓦里(Krishna-Godavari,KG)盆地,韩国郁陵(Ulleung)盆地。我国的天然气水合物资源量虽未完全探明,但南海为主的海域具备天然气水合物形成的地质构造条件和物源条件,具有良好的找矿前景。并且近几年来,我国不仅在海域,而且在高原冻土地带取得了高纯度天然气水合物实物样品。探究天然气水合物在全球的分布及其特征是研究天然气水合物的第一步,也是估算水合物的储量，指导后续的天然气水合物的勘探和开采工作的重要步骤。

9.3.1　天然气水合物资源的分布地点

自 20 世纪 80 年代以来，世界上各国对天然气水合物的研究越来越多。到目前为止，水合物已成为国际地质学、海洋地质学、地球科学与资源、矿产资源勘探等学科研究的一个热点及前沿领域。苏联通过海底表层取样和地震调查等方法相继在黑海、里海（Caspian Sea）、贝加尔湖（Baikal）、鄂霍次克海（Okhotsk）[62]等水域发现了天然气体水合物，并进行了初步的区域评价。以美国 National Science Foundation（NSF）为首的深海钻探计划（Deep Sea Drilling Project，DSDP）以及之后的大洋钻探（Ocean Drilling Program，ODP）很早前就已有了重要发现，后续又开展了更深入、广泛、系统的研究。此后，其他各国的钻探计划也开始实施，如南海海槽"日本甲烷水合物开发计划"（Japan's Methane Hydrate Exploitation Program，JMHEP）[63]、"郁龙盆地水合物勘探计划"（Ulleung Basin Gas Hydrate Expedition，UBGHE）[46]、"印度国家水合物计划"（India National Gas Hydrate Program，INGHP）[47]以及中国南海神狐的 GMGS 计划。表 9-2 为以美国早期钻探计划为基础列出的全球主要天然气水合物分布带。

表 9-2　全球主要水合物分布带

分类	地理位置	水合物分布特点	资料来源
陆地水合物带	麦索雅哈河流域到俄罗斯北部和东北部	水合物分布面积 $1.7 \times 10^7 km^2$，水合物层厚度：地下 $300 \sim 1000m$	史斗等（1999）[64]
	普拉德霍湾到阿拉斯加北部斜坡	水合物层厚度地下 $210 \sim 950m$，阿拉斯加北部斜坡区气体水合物甲烷体积为 $1.0 \times 10^{12} \sim 1.2 \times 10^{12} m^3$	史斗等（1999）[64]，Collett（1993）[14]
	马更歇三角洲到北美北极圈	水合物层厚度地下 200m 以下	Dallimore 等（1995）[65]
	青藏高原永冻土区	主要分布在喀喇昆仑山、西昆仑山等地区，稳定带一般小于 300m	祝有海等（2011）[66]
海洋水合物带	北冰洋气体水合物形成带	推断北极大陆架约从海水 90m 等深线一直向大陆方向为永冻区，其水合物分布规律与陆地永冻区相似	史斗等（1999）[64]
	大西洋气体水合物形成带	布莱克海台，墨西哥湾，武灵角，黑海，北海	史斗等（1999）[64]
	太平洋气体水合物形成带	哥斯达黎加外的中美海沟内斜坡，危地马拉，尼加拉瓜，巴拿马外的中美海沟内斜坡，日本海沟内斜坡，新西兰东部，鄂霍次克海，白令海	史斗等（1999）[64]
	印度洋气体水合物形成带	尼尔蒂汶，阿拉伯海，阿曼湾	史斗等（1999）[64]
	内海气体水合物形成带	黑海，里海，亚速海盆地	史斗等（1999）[64]

以美国为首的钻探，如深海钻探（DSDP）、大洋钻探（Ocean Drilling Program，ODP）和综合大洋钻探（Integrative Ocean Drilling Program，IODP）发现的天然气水合物的分布地点主要有[67]：

① Cascadia（卡斯卡底古陆）水合物海脊（ODP：Leg146 Site892A、D、E，Leg204 Site1244～1252）；

② Off California（加利福尼亚近海）（IODP：Leg301）；

③ Middle America Trench（中美洲海槽）Mexico（墨西哥区域）DSDP：Leg66 Site490、491、492；Guatemala（危地马拉区域）DSDP：Leg67 Site497、498、Leg84 Site568、570；Costarica（哥斯达黎加区域）DSDP：Leg84 Site565，ODP：Leg170 Site1041、Leg205 Site1253，IODP：Leg301）；

④ Peru-Chile Trench（秘鲁-智利海槽）（ODP：Leg112Site685、688），智利中部近海卡内基海脊（Leg202 Site1234、1235），智利（Chile TripleJunction）近海区（ODP：Leg141 Site859-861）；

⑤ Japan Sea（日本海）（ODP：Leg127 Site798）；

⑥ Nankai Trench off Japan（南海海槽）（日本 ODP：Leg131 Site808）；

⑦ Southern China Sea（中国南海）（ODP：Leg184 Site1144）；

⑧ Tasmania（塔斯马尼亚）（ODP：Leg189 Site1168）；

⑨ Gulf of Mexico（墨西哥湾）（Texas 得克萨斯和 Louisiana 路易斯安娜 DSDP：Leg96 Site618，IODP：Leg308）；

⑩ Blake Ridge（布莱克海脊）（美国东南部 DSDP：Leg76 Site533，ODP：Leg164 Site994、996、997，Leg172 Site1253）；

⑪ Svalbard Continent Slope of the North Atlantic（北大西洋的斯瓦尔巴陆坡）（ODP：Leg162 Site986）；

⑫ Amazon Fan off the Northeast Brazil（巴西东北部近海亚马逊海扇）（ODP：Leg155 Site935）等区域。

在这些地区中，通过钻孔取样，直接找到天然气体水合物存在证据的站位有 23 个，共计钻孔数 39 个。其他地区则主要是通过分析水合物存在时的似海底反射（BSR）标志性特征而进行的预测。下面将人们研究最多的、最有代表性的几处水合物分布点进行介绍。

Blake Ridge 位于北美洲东南部的被动大陆边缘，沿着东南方向延伸大约 400km。因 Blake Ridge 的沉积层里富含气体，因而引起了人们的注意，后来研究者们在此发现了大量水合物存在的 BSR 证据。Markl 等及 Ewing 和 Hollister 于 1970 年和 1972 年先后通过 Blake Ridge 的地震资料，发现天然气水合物存在的标志性 BSR 证据，而发现这一地区存在天然气水合物。Blake Ridge 的水合物藏位于 Carolina（卡罗莱纳州）的北部、Cape Fear 的东部和南部陆坡及高地边缘的沉积物中。这一地区的地理位置位于被动大陆边缘，由薄的陆地、过渡期的漂移物和中生代以及新生代的海洋沉积物组成[68~70]。沉积物里丰富的有机物质和微生物细菌的作用，产生了大量的甲烷气体。当温度和压力条件达到水合物生成条件时，甲烷气体与海水作用生成水合物。在水合物稳定区，生成的水合物在沉积层不断聚集，最终形成了水合物藏并保存下来。

据估计，Blake Ridge 区域水合物含有大约 24×10^{15} g 甲烷气体，并以生物成因气水合物为主。水合物在 Blake Ridge 的分布主要由 DSDP 第 11 和第 76 航次、ODP 第 164 和第 172 航次，通过岩芯取样并结合 BSR 分布及孔隙水异常圈定[71]。其中 BSR 最强的地方大约有 26000km²。

Cascadia 的水合物脊存在气体水合物的证据也通过 BSR 得到。调查发现，在 Cascadia 边缘 600~1500m 的范围是水合物的稳定存在区。据估计，Cascadia 北部的水合物藏甲烷气体含量大约为 6.4×10^{10} m³。Cascadia 水合物脊高出周围盆地 1.6km，南北长 25km，东西宽 15km，北部的最高点的水深是 600m，南部的最高点水深是 800m。在 Cascadia 水合物脊发现了两种结构类型的水合物——Ⅰ型水合物和Ⅱ型水合物[72]。

Nankai 海槽是上新世以来菲律宾海板块向欧亚板块俯冲形成的年轻海沟。在水深 800m 以下，有几处上第三系沉积充填的弧前沉积盆地。科学工作者在 Nankai 海槽发现了大面积的 BSR，推断此处存在天然气水合物；经进一步探明，发现水合物通常分布在 Nankai 海槽北部的弧前盆地内，且气体水合物为典型的生物成因甲烷水合物。1995 年，日本通产省资源能源厅石油公司（JNOC）联合石油天然气私营企业对日本周边海域，特别是 Nankai 海槽进行了调查，初步评价，日本 Nankai 海槽的天然气水合物甲烷储量为 $7.4 \times 10^{12} m^3$，可满足日本 100 年的能源需求。从文献 [73] 中的 Nankai 海槽的 BSR 分布可以推断 Nankai 海槽的水合物分布。

墨西哥湾位于美洲大陆边缘，与 Blake Ridge 一样，属于被动大陆边缘。墨西哥湾气体水合物分布也引起了众多研究者的注意。墨西哥湾既有生物成因气甲烷水合物，也有热解成因水合物甲烷，其中以热解成因气水合物为主。除了甲烷水合物以外，还有相当数量的乙烷、丙烷、丁烷和少量戊烷的水合物。该处水合物沉积层在海底的分布很浅且分布点多（深层的水合物数据很少）。水合物层的厚度从 450～1150m 不等。墨西哥湾水合物主要集中在盐脊、盐消退的盆地和 Singsbee 陡坡的边缘附近[9]。

以上所述均为 BSR 勘探技术在水合物分布上的应用。似海底反射层的确是海域天然气水合物最重要的识别标志之一，具有与海底大体平行，与海底反射波极性相反、强振幅的特点。目前对天然气水合物的勘探主要也是基于 BSR 技术，但其实 BSR 信号的强弱和是否存在水合物并非一一对应的。当地区构造沉积较复杂时，BSR 信号就会变得很弱而不易识别。因此，除了 BSR 勘探技术，还有其他地球物理、地球化学及测井取芯等技术，用于进一步识别水合物的存在。表 9-3 列出了各种勘探技术在确认天然气水合物在全球分布的实际应用。

表 9-3　天然气水合物在全球的分布点及其识别证据（部分取自 Sloan[23]）

序号	天然气水合物分布点	水合物证据	资料来源
1	Pacific Ocean off Panama(太平洋巴拉马区域外)	BSR	Shipley 等[74]
2	Mexico(Gulf of California,Guaymas Basin)(墨西哥加利福尼亚海湾)	BSR	Lonsdale[75]
3	Vancouver Island(Cascadia Basin)(范库弗峰岛卡斯卡底古陆盆地)	BSR	Davis 等[76] Hyndman 和 Spence[77]
4	MAT off Nicaragua(美洲中部尼加拉瓜滨海带)	BSR	Shipley 等[74]
5	E. Aleutian Trench off Alaska(阿拉斯加州外缘阿留申群岛海槽)	BSR	Kvenvolden 和 von Huene[78]
6	Beringian margin off Alaska(美国阿拉斯加州外缘白令海)	BSR	Carlson 等[79]
7	Qiongdongnan Basin,South China Sea(中国南海琼东南盆地)	BSR	Wang 等[80]
8	Shirshov Ridge(Russia)(俄罗斯的 Shirshov 山脊)	BSR	Saltykova 等[81]
9	Xisha Trough of the South China Sea(中国南海西沙海槽)	BSR	He 等[82]
10	Peru-Chile Trench off Chile(智利外秘鲁-智利海槽)	BSR	Cande 等[83]
11	Hikurangi Trough off New Zealand(新西兰 Hikurangi 海槽)	BSR	Katz[84]
12	Argentina(Central Argentine Basin)(阿根廷盆地中部)	BSR	Manley 和 Flood[85]
13	Carolina Rise(卡罗莱纳州高地)	BSR	Dillon 等[86]
14	Continental Rise off E. USA(美国东部陆坡)	BSR	Tucholke 等[87]
15	Labrador Shelf off Newfoundland(纽芬兰外拉布拉多大陆架)	BSR	Taylor 等[88]
16	Brazil(Amazon Fan)(巴西亚马逊河扇形区域)	BSR	Manley 和 Flood[85]
17	The Storegga Slide and at the southern edge of the Vøring Plateau(Vøring 板块边缘的 Storegga 滑坡)	BSR	Bouriak[89]

序号	天然气水合物分布点	水合物证据	资料来源
18	The Makran continental margin（Makran 大陆边缘）	BSR	Sain[90]
19	Isla Mocha across the southern Chile margin（智利南部的 Isla Mocha）	BSR	Grevemeyer 等[91]
20	The northwestern Sea of Okhotsk（鄂霍次克海西北部海域）	BSR	Ludmann 和 Wong[62]
21	Barbados Ridge Complex off Barbados（巴巴多斯岛山脉）	BSR	Ladd 等[92]
22	Caucasus，Russia Black Sea[高加索地区，黑海（俄罗斯）]	BSR	Nomokonov 和 Stupak[93]
23	Svalbard（Fram Strait）（斯瓦尔巴特群岛）	BSR	Eiken 和 Hinz[94] Andreassen[95]
24	Wilkes Land Margin off Antarctica（南极洲威尔克斯岛边缘）	BSR	Kvenvolden 等[96]
25	Lake Baikal，Russia（俄罗斯贝加尔湖）	BSR	Hutchinson 等[97] Vanneste 等[98]
26	Makran Margin，Gulf of Oman（阿曼海湾）	BSR	White[99]
27	Weddell Sea off Antarctica（南极洲边缘威德尔海）	BSR	Lonsdale[100]
28	Beaufort Sea off Alaska（阿拉斯加波弗特海）	BSR	Grantz 和 Dinter[101] Andreassen[95]
29	S. Caribbean Sea（加勒比海）	BSR	Ladd 等[102]
30	Colombia Basin off Panama & Colombia（巴拿马和哥伦比亚外的哥伦比亚盆地）	BSR	Shipley 等[74]
31	Norway（Barents Sea）（挪威巴伦支海）	BSR	Andreassen 等[103]
32	W. Gulf of Mexico off Mexico（墨西哥外缘的墨西哥海湾）	BSR	Shipley 等[74] Hedberg[104]
33	The Ormen Lange area of the Storegga Slide（Ormen Lange 滑坡）	BSR	Mienert 等[105]
34	Bering Sea Alaska（阿拉斯加州白令海）	BSR	Scholl 和 Cooper[106]
35	Okinawa trough，east China sea（中国东海冲绳海槽南部）	BSR	Ning 等[107]
36	Japan（Japan Trench）（日本海槽）	氯元素异常	Moore 和 Gieskes[108]
37	Manon site at the outer edge of the Barbados（巴巴多斯岛外部的 Manon）	氯元素异常	Godon 等[109]
38	Barkley Canyon（巴克利峡谷）	碳和氘同位素异常	Pohlman 等[110]
39	Qiongdongnan Basin，northern South China Sea（中国南海北部琼东南盆地）	氯等元素异常	Yang 等[111]
40	Xisha Trough，northern South China Sea（中国南海北部西沙海槽）	氯等元素异常	Jiang 等[112]
41	Atwater Valley and Keathley Canyon，northern Gulf of Mexico（墨西哥湾北部 Atwater 山谷及 Keathley 峡谷）	元素，pH 值等化学异常	Kastner 等[113]
42	Timan-Pechora Province，USSR（苏联伯朝拉河省）	气体	Cherskiy 等[114]
43	E. Siberian Craton，USSR（苏联西伯利亚稳定地块）	气体	Cherskiy 等[114]
44	NE Siberia，USSR（苏联西伯利亚东北部）	气体	Cherskiy 等[114]
45	Kamchatka，USSR（苏联堪察加半岛）	气体	Cherskiy 等[114]
46	Santa Barbara Basin（Santa 巴巴拉盆地）	气体	Hill 等[115]
47	W. Ross Sea off Antarctica（南极洲罗斯海）	气体	Mclver[116]
		氯元素异常	Lonsdale[100]
48	the volcanoes in the eastern Mediterranean Sea（地中海东部的泥火山）	气体	Charlou 等[117]
		氧同位素（$\delta^{18}O$）	Charlou 等[117]
49	Beaufort Sea off Canada（加拿大波弗特海）	测井	Weaver 和 Stewart[118]
50	Green Canyon in Gulf of Mexico（墨西哥绿色峡谷）	测井	Lee 等[119]
51	Gulf of Mexico（墨西哥湾）	测井	Collett 等[120]
52	Svedrup Basin off Canada（加拿大 Svedrup 盆地）	测井	Judge[121]
53	Arctic Island，Canada（加拿大北极岛）	测井	Davidson 等[122]
54	MAT off Mexico（美洲中部墨西哥滨海槽）	岩芯取样	Shipley 和 Didyk[123]

续表

序号	天然气水合物分布点	水合物证据	资料来源
55	Paramushir Island(Okhotsk Sea)(鄂霍次克海 Paramushir 岛)	岩芯取样	Zonenshayn 等[124]
56	Japan(Japan Sea)(日本海)	岩芯取样	Tamake 等[125]
57	Shenhu Area,the South China Sea(中国南海神狐海域)	岩芯取样	Liu 等[126]
58	Sahkalin Island(Russia)(Okhotsk Sea)(俄罗斯鄂霍次克海 Sahkalin 岛)	岩芯取样	Ginsburg 等[127]
59	Congo-Angola(刚果—安哥拉)	岩芯取样	Charlou 等[128]
60	Hakon Mosby mud volcano in the Norwegiian Sea(挪威海中的 Hakon Mosby 泥火山)	岩芯取样	Milkov 等[129]
61	Gulf of Mexico off S. USA(美国外缘的墨西哥海湾)	岩芯取样	Brooks 等[130] Brooks 等[12] Pflaum 等[131]
62	Crimea,Ukraine Black Sea(Russia)[克里米亚(半岛)、乌克兰、黑海(俄罗斯)]	岩芯取样	Kremlev 和 Ginsburg 等[132] Konyukhov 等[133]
63	Caspian Sea , Azerbaijan (阿塞拜疆里海)	岩芯取样	Ginsburg 等[134]
64	Messokayha Field，USSR (苏联麦索雅哈气田)	岩芯取样	Makogon 等[135]
65	Costa Rica forearc (Costa Rica 前弧)	岩芯取样	Schmidt 等[136]
66	Congo Basin，offshore southwesternAfrica (非洲西南部的刚果盆地)	岩芯取样	Gay[137]
67	The Makassar Strait ， between the islands of Borneo and Sulawesi ， offshore Indonesia (印尼近海、婆罗洲岛和 Sulawesi 岛中间的 Makassar 海峡)	岩芯取样	Sassen 等[138]
68	Sado Island in the eastern Japan Sea (日本东海的 Sado 岛)	岩芯取样	Tomaru[139]
69	Mid Aleutian Trench (阿留申群岛中部海槽)	BSR	McCarthy 等[140]
		氯元素异常	Hesse 和 Harrison[141]
70	Norway (Cont. Slope) (挪威陆坡)	BSR	Bugge 等[142]
		氯元素异常	Hesse 和 Harrison[141]
71	Keathley Canyon，Gulf of Mexico (墨西哥湾 Keathley 峡谷)	BSR	Lee 等[143]
		测井	Lee 等[143]
72	South of China Sea (中国南海)	BSR	Yang 等[144]
		测井	Yang 等[144]
73	Alaminos Canyon Block in Northern Gulf of Mexico (墨西哥湾北部 Alaminos 峡谷块)	BSR	Boswell 等[145]
		测井	Boswell 等[145]
74	Middle America Trench (MAT) (美洲中部、哥斯达黎加区域外海槽)	BSR	Shipley 等[74]
		岩芯取样	Kvenvolden 和 McDonald[146]
75	中国南海北部的西沙海槽、东沙高地、Manila 边缘	BSR	Wu 等[147]
		岩芯取样	Wu 等[147]
76	Nankai Trough off Japan (日本 Nankai 海槽)	BSR	Aoki 等[148] Kastner 等[149]
		岩芯取样	Yamamoto 等[150]
77	Eel River basin off California (加利福尼亚边缘 Eel 河盆地)	BSR	Field 和 Kvenvolden[151]
		岩芯取样	Brooks 等[152]
78	Oregon USA (Cascadia Basin) (美国俄勒冈州卡斯卡底古陆盆地)	BSR	Moore 等[153]Yuan 等[154]
		岩芯取样	Westbrook 等[155]
79	Peru-Chile Trench off Peru (秘鲁外秘鲁-智利海槽)	BSR	Miller 等[156]
		岩芯取样	Kvenvolden 和 Kastner[157]
80	Volcanic Ash Beds of the Andaman Arc in India (印度安达曼弧的火山灰层)	BSR	Rose 等[158]
		岩芯取样	Rose 等[158]
81	Bay of Bengal in offshore，India (印度孟加拉湾)	测井	Holland[159]
		岩芯取样	Holland[159]

续表

序号	天然气水合物分布点	水合物证据	资料来源
82	North slope，Alaska(阿拉斯加北部的陆坡)	测井	Collett[160]
		岩芯取样	Collett 和 Kvenvolden[161]
83	Mackenzie Delta,Canada(加拿大马更歇三角洲)	测井	Bily 和 Dick[162]
		岩芯取样	Dallimore 等[163]
84	Andaman Accretionary Wedge in India(印度安达曼增生契)	测井	Rose 等[164]
		岩芯取样	Rose 等[164]
85	MAT off Guatemala(美洲中部危地马拉滨海区)	BSR	Shipley 等[74]
		氯元素异常	Hesse 和 Harrison[141] Harrison 和 Curiale[165]
		岩芯取样	Harrison 和 Curiale[165] Kvenvolden 和 McDonald[146]
86	Blake Outer Ridge off SE USA(美国东南部以外的布莱克海台)	BSR	Shipley 等[74] Dillon 等[166]
		氯元素异常	Jenden 和 Gieskes[167]
		岩芯取样	Kvenvolden 和 Barnard[168] Dickens[169]
87	Taixinan Basin,South China Sea(中国南海台西南盆地)	BSR	Wang 等[170]
		测井	Wang 等[170] Gong 等[171]
		岩芯取样	Gong 等[171]
88	Mahanadi Basin and Krishna-Godavari Basin,India(印度 Mahanadi 盆地及 Krishna-Godavari 盆地)	BSR	Singh 等[172]
		测井	Singh 等[172]
		岩芯取样	Singh 等[172]
89	Ulleung Basin,East Sea of Korea(韩国东海郁陵海盆)	BSR	Ryu 等[173]
		测井	Bahk 等[174] Ryu 等[173]
		岩芯取样	Bahk 等[174] Ryu 等[173]
90	East Part of the Pearl River Mouth Basin,South China Sea(中国南海珠江口盆地东部)	BSR	Zhang 等[175]
		氯元素异常	Zhang 等[175]
		测井	Zhang 等[175]
		岩芯取样	Zhang 等[175]
91	Krishna-Godavari Basin,India(印度 Krishna-Godavari 盆地)	BSR	Ramana 等[176]
		化学元素异常	Ramana 等[176]
		测井	Lee 等[177]
		岩芯取样	Lee 等[177] Ramana 等[176]

9.3.2　天然气水合物的分布特征

从目前海洋钻探直接得到的天然气水合物样品及其存在的 BSR 地震数据所代表的区域来看，气体水合物在海洋中的分布地域具有一定的规律[67]：主要分布在大洋边缘的陆坡和陆隆区域，并且它的分布规律与特定的海洋地质特征之间存在着极其密切的关系。在主动大陆边缘（主要在太平洋两岸），天然气水合物主要存在于俯冲带边缘的增生楔中；在被动大陆边缘，天然气水合物主要存在于沉积物供应充足、海水有机质含量丰富的近海区域。此外，在海底泥火山出现的地方常常发现天然气水合物的痕迹。勘探还发现，天然气水合物存在的地方与地球化学异常紧密相关。

9.3.2.1 与水合物分布有关的地质构造特征

根据以上气体水合物的分布规律，按其分布区域的地质构造特征概括划分为以下几个部分[67]。

（1）太平洋边缘的板块会聚带　天然气水合物在海洋中主要分布区域之一为太平洋板块和美洲板块俯冲会聚边缘，即主要分布在太平洋东部边缘地带，包括 Cascadia、中美洲海槽、秘鲁-智利海槽等。太平洋边缘的板块会聚带的共同特征就是：具有厚沉积盖层的盆地区、新生代沉积高速区、俯冲带和增生楔等地区。在这一条带的北段，大洋板块不断向北美洲板块俯冲，形成厚厚的沉积物。随着洋壳向下俯冲，其上覆的沉积物逐渐堆积在俯冲带大陆板块一侧的前缘增生楔。由于增生楔的厚度巨大，足以提供水合物稳定存在所需的压力。此外，增生楔内有机质丰富，为水合物提供充足的气源，故而成为气体水合物生成和储存的最佳场所。中美洲海槽区域气体水合物的赋存区域也具有同样的特征。科科斯板块以 70～90mm/a 的速度向美洲板块俯冲，形成厚的沉积层并聚集在大陆边缘。在太平洋板块会聚带南线，这一特征也非常明显。目前，在会聚带边缘分布的增生楔形堆积物中，已经探明蕴藏着相当丰富的气体水合物。太平洋西部边缘也具有同样的特征，气体水合物存储丰富的日本南海海槽地区，是太平洋板块向欧亚大陆俯冲形成的巨大增生堆积体的分布区域。印度洋的北部和东北部，气体水合物存在的两个典型代表区域巴基斯坦近海和印度尼西亚爪哇岛南部近海，已经证实气体水合物存在于由印度-澳大利亚板块向亚欧板块俯冲形成的增生楔中。增生楔的形成，同时伴随着增生楔内水合物的生成。在大洋板块向下俯冲的过程中，沉积层内的丰富的有机质被覆盖在地表深层，由于向下俯冲时温度不断升高，沉积层中的有机质高温热解形成甲烷气体。大量的甲烷气体在沉积层的间隙中运移，当遇到合适的温度和压力时，就形成水合物。

俄罗斯大洋地质与矿产资源研究所 Soloviev 教授认为[51]，在海洋中，具有厚沉积盖层的盆地区、新生代沉积高速区、俯冲带和增生楔等地区，都是天然气水合物的潜在分布区，并与含油气区带密切相关。这样的区域约有 $3.57\times10^7km^2$（占海洋总面积的 10%），其中，北冰洋海区、南极洲、大西洋、太平洋和印度洋分别占 12.3%、19.7%、38.2%、15.4% 和 14.4%。

（2）被动大陆边缘　被动大陆边缘气体水合物的分布地点相对较少，主要在大西洋两侧陆坡区域，除研究比较集中的美国东南部边缘的 Blake Ridge、墨西哥湾区域外，其他地区如挪威西部陆坡、Svalbard 陆坡、Barents 西部和刚果、安哥拉近海区域的气体水合物分布区的研究相对较薄弱。在对气体水合物的分布和成因方面的研究，以 Blake Ridge 区域为比较突出的代表，在该地区共进行了 3 个航次 11 个站位的研究。

（3）海底泥火山活动区　泥火山分布区域是气体水合物生成和储存的重要地区。已经发现的泥火山区域有：Barbados 近海、墨西哥湾、Nigerian 近海、挪威海、地中海、黑海、Caspian Sea 等，形成了 9 个不同的海底泥火山区域。地中海的泥火山/底辟形成了连续的泥底辟带。气体水合物和泥火山之间存在一定的关系。沉积物中气体水合物含量在体积上从 1%～35% 不等，并且在不同的区域的泥火山、不同的深度，水合物的含量不同。

世界上许多泥火山活动区都发现存在气体水合物的踪迹，如墨西哥湾、黑海、东地中海等海区。泥火山内通常喷出含有大量甲烷气体的泥流，当温度、压力条件合适时，就形成了气体水合物。这些区域气体水合物的存在形式具有相同的特点，泥火山作用下的天然气水合物明显地赋存于经受过快速坳陷的、含有巨厚年轻沉积层内，埋藏深度不大。对墨西哥湾和黑海区域的研究主要集中在 DSDP 阶段，除与其他地区的泥火山具有相同特征外，墨西哥湾还发现有气体水合物储存的盐构造模式。在该区域，来自密西西比河携带大量富含有机质的陆源沉积物，在地热作用下形成丰富的甲烷气体，存储在泥浆和底辟中。泥火山和盐构造模式在黑海和墨西哥湾体现得比较突出[67]。目前在 Caspian Sea 已发现 50 多个泥火山，其中 Buzday 泥火山高出海底 170～180m（水深约 480m），在泥火山顶部发现了天然气水合物，经测试分析水合物所含的天然气中 C_2～C_6 的含量最大可达 40%，$\delta^{13}C$ 达 38‰，表明水合物中的气体为热成因气。在挪威海的 HaokoMosky 泥火山，水深约 1260m，泥火山直径达 1000m，水合物含量可达沉积物的 12%～20%，泥火山口没有发现水合物，水合物分布在泥火山口的外圈，并往外逐渐减少。气体水合物聚集具有同心带状结构，并且由上升的热流控制。来自泥火山流体里的水和最近的沉积物里的水参与了气体水合物的形成。

以上研究表明，深水海底泥火山和泥底辟是天然气水合物形成分布的有利局部构造，调查、识别、寻找并圈定泥火山和泥底辟对天然气水合物资源调查具有重要意义。泥火山既可存在于陆上，也可能存在于海底[178]。相对而言，海底泥火山可能出现的地方很多，在浅水的地方可能出现泥火山。也有些没有预测存在泥火山的地方，如 Baltic 海，沉积层只有 10m 厚，但却发现了泥火山/底辟（直径 1.5m，高出海底 30cm）[179,180]。

海底泥火山比它的地表同类分布更广泛，这是因为海洋面积约为陆地面积的 2.4 倍。此外，由于对海洋的调查没有陆地充分，可以预料将来会发现更多的海底泥火山。所有发现存在泥火山或证明存在泥火山的地区都是位于大陆架、陆坡和内陆海（黑海和 Caspian Sea）的深海处[179]。

在内陆海的深海地区，已经在黑海和 Caspian Sea 发现了泥火山。这些地区的沉积盖层非常厚（10～20km）。沉积物大多是陆源沉积物，并且是在第三世纪和新近时期，以很高的沉积速率和堆积速率形成的。页岩底辟和一些断层结构使得很多沉积次序改变。丰富的陆源物质和高的沉降速率为气体水合物的形成创造了条件。

在被动大陆斜坡边缘，也发现了海底泥火山，如在挪威海，Nigerian 近海和墨西哥湾。挪威海、Nigerian 近海海底泥火山的活动在由第三世纪的陆源沉积物以很高的沉积速率沉积形成的海底扇形区。在 Niger Delta 存在许多底辟和障碍物[181]。墨西哥陆坡是一个非常复杂的地区，那里有快的沉积流、断层结构和底辟构造的特征[182]。

在一些近海的活动边缘，也已经发现了海底泥火山，如在地中海和 Barbados 近海。这些地区的地质和构造背景各异。在地中海，由许多逆冲断层组成的增生楔内发现了泥火山[183]。Barbados 近海泥火山也存在于增生楔内以及沉积物厚度只有 2.3km 的棱形楔前缘[184]。已报道的海底泥火山的证据大多数位于近海的活动边缘。

从所有发现的泥火山来看，并不是所有的泥火山都存在天然气水合物。在 Barbados 近海，在 5 个泥火山钻孔中只发现一个泥火山——Atalante 泥火山存在水合物[185,186]。在黑海深海处，8 个泥火山样品中只发现 2 个泥火山——MSU 和 Tredmar 存在水合物[133,187]。在地中海的 Olimpi 地区[187]，在 23 个泥火山和底辟钻孔中均没有发现水合物。在地中海的 Anaximander 地区，6 个泥火山钻孔中只在 Kula 发现水合物[188]。所以，存在水合物的泥火山也许只有总的泥火山数目的 10%，即只有 $10^2 \sim 10^4$ 个泥火山存在水合物。

9.3.2.2　与水合物分布有关的地球化学特征

（1）硫酸盐离子浓度变化特征　Borowski 等[189]提出：与气体水合物相关的甲烷气体浓度的增加大大促进了硫酸盐和甲烷气体的相互反应，导致了硫酸盐浓度的变化。因此，在气体水合物藏的上方，会发现孔隙水里硫酸盐浓度存在明显的梯度变化。换句话说，如果发现在深水沉积物孔隙水里硫酸盐浓度存在显著的梯度变化，那么此沉积物下面就有可能存在甲烷气体水合物。

在海洋里，硫酸盐非常丰富。在海底沉积物里，几乎没有氧气，由微生物细菌诱导引起硫酸盐发生两种化学反应。反应后，沉积层微孔里的水中硫酸盐被耗尽。硫酸盐浓度随着沉积层深度的增加而减小。第一种反应[190]中硫酸盐作为氧化剂，将沉积层中的有机物质氧化，反应式如下：

$$2(CH_2O) + SO_4^{2-} \longrightarrow 2HCO_3^- + H_2S \tag{9-1}$$

第二种反应发生在硫酸盐和甲烷的界面（sulfate-methane interface，SMI），硫酸盐和甲烷都被消耗，反应式如下：

$$CH_4 + SO_4^{2-} \longrightarrow HCO_3^- + HS^- + H_2O \tag{9-2}$$

在这个过程中，甲烷被氧化[191]。

在硫酸盐的消耗区和 SMI 下方，甲烷立即生成；在沉积物孔隙里，甲烷在微生物细菌作用下生成，并且甲烷（至少在初始时）的浓度随着沉积物的深度的增加而增加。甲烷的生成通常是经过两个截然不同的方式产生的：二氧化碳生成（$CO_2 + 4H_2 \longrightarrow CH_4 + 2H_2O$）和醋酸纤维的发酵生成（$CH_3COOH \longrightarrow CH_4 + CO_2$）[192]。大量的甲烷的出现，在适当的温度和压力下，气体水合物就会在沉积物孔里生成。沿着沉积层向下的某一区域，由于地热的影响，温度会升高，难以达到水合物的稳定存在的条件，甲烷气体以游离态存在于水合物层的下面。这一点与 BSR 技术检测结果相吻合。

大多数情况下，海洋水合物存在区域表面沉积物中的有机碳非常丰富（total organic carbon，TOC $\geqslant 1\%$）[46]。但也并不是说沉积物里的有机物质、甲烷的生成以及气体水合物的出现这三者之间存在着直接的关系。

在陆坡上，气体水合物出现的位置与浅的 SMI（$<50m$ below seafloor，mbsf）有很大关系。因此，硫酸盐的浓度梯度对推测水合物存在的地点有很大作用。通常 SMI 浅的地方就可能有气体水合物出现，在已经发现的水合物的地方都验证了这一点[193]。如在美国的 Carolina（卡罗莱纳州）陆坡和 Blake Ridge（布莱克海台）就发现硫酸盐浓度梯度是线性变化的，其 SMI 都很浅（$<50mbsf$）。

由于大量的有机沉积物促进了硫酸盐的迅速消耗和甲烷的产生，沉积物里硫酸盐减少，甲烷增多，甲烷从沉积物底向上逸出，遇到硫酸盐就反应，这样 SMI 就越来越浅。当温度、压力满足水合物生成条件时，水合物就会产生。所以水合物的出现与浅的 SMI 相关联。然而，也有证据显示，在沉积物孔里硫酸盐的浓度梯度、甲烷的浓度和甲烷向上的流量之间存在着一定关系，甲烷的流量影响硫酸盐的消耗。

浅的 SMI 预示水合物可能存在的沉积层区域，由此会增加全世界水合物的潜在区域[189]。对于硫酸盐存在明显梯度的地点，并且有浅的 SMI 出现，推断可能存在水合物，但尚需岩芯取样或利用地球物理技术证实水合物是否存在。

（2）Cl⁻浓度变化特征　从水合物带取回的样品分析发现，在水合物带沉积物的孔隙水中，Cl⁻浓度异常。分析结果显示，孔隙水中的Cl⁻浓度沿着水合物层向下浓度逐渐降低。ODP164航次Blake Ridge就发现[194]从水合物表层到稳定区Cl⁻浓度随深度的增加而降低的现象（图9-4）。Hesse认为[195]，在水合物形成的过程中，水合物晶体与冰类似，排斥盐离子进入晶体中，海水的盐随着水合物的形成而被析出，"埋葬"在沉积物的孔中，水合物周围的Cl⁻浓度增加。随着沉积深度的增加，沉积物被压实，固体和流体分离，流体向上扩散，水合物周围的Cl⁻浓度降低。在水合物层的底部，部分水合物分解，释放出纯水。纯水与孔里的海水混合后，盐浓度降低；在取样的时候，也有部分水合物融解，所以得到的样品里，Cl⁻的浓度低。在世界许多水合物地带的钻孔中得到的孔隙水中的Cl⁻浓度大大低于海水中的Cl⁻浓度。因此，孔隙水中的Cl⁻浓度特征可以作为判断水合物是否存在的一个重要证据。

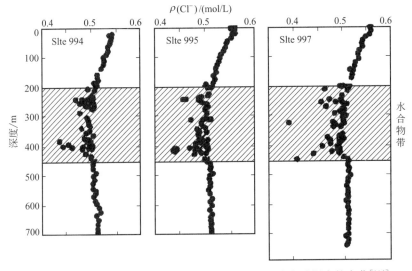

图9-4　ODP164航次994，995，997站位Cl离子浓度随深度的变化[196]

（3）δ¹⁸O（氧同位素）变化特征　除了上述的海底沉积物孔隙水中离子浓度变化特征以外，水合物出现的地方常常出现同位素地球化学异常现象。在海洋水合物带，对钻井取样得到的样品进行分析，发现了δ¹⁸O的含量升高的现象。Hesse[195]认为，天然气水合物的结晶会引起同位素的分离。在水合物形成的过程中，δ¹⁸O主要聚集在固相水合物中。因此，在水合物的生成过程中，实现了氧同位素的分离，使得水合物中含δ¹⁸O较多。水合物周围的含δ¹⁸O较少的水随着沉积物被压实向下扩散，固液相分离。在钻井取样的时候，部分水合物分解，释放出水和气体。释放出的水含δ¹⁸O较多，与孔隙中少量的海水混合，这样在检测中就会发现δ¹⁸O多的异常现象。因此，根据存在水合物的沉积物中孔隙水氧同位素异常现象，可以判断水合物的分布情况。如果在某一海域钻井取样发现样品中δ¹⁸O增多的现象，那么这一海域就很有可能存在水合物。通常，氧同位素的异常现象与Cl⁻浓度的异常是相关联的。如果能把Cl⁻浓度、δ¹⁸O的含量与水合物的储量关联起来，就可以计算出整个水合物藏的储量。

9.3.2.3 与水合物分布有关的其他特征

除了上述的与水合物分布有关的地质构造特征和地球化学特征以外，研究者还发现了海底天然气水合物富集区往往与海底流体逸出密切相关，这些海区海水相对较浅（大于480m），水合物聚集在紧靠海底之下，水合物含量相当高（可达沉积物的35%），全球有不少于70处海底具有这样的流体逸出迹象，它们都是含天然气水合物的有利远景区[30]。

由于等深流沉积具有颗粒较粗、储集物性好、气源充足和流体运移条件优越等特点，对天然气水合物的形成相当有利，因此等深流沉积作用强烈的海区往往是天然水合物的有利富集区。世界海洋中等深流沉积作用强烈的海区有 6 大区域，分别为西北太平洋、东太平洋、南大洋、西北大西洋、西大西洋-北冰洋和东北大西洋。深海钻探（DSDP）和大洋钻探（ODP）已在上述区域陆续发现了等深流沉积和流体迁移迹象。据估计，在被动大陆边缘由于重力流活动每年可释放差不多 100km³ 的流体；而洋中脊及其两侧每年释放的流体约为584km³，增生楔地区为 1km³/a。现已证实，Blake Ridge 含水合物沉积物与海底等深流沉积密切相关，是由具有高沉积速率等深流活动形成的[60]。

9.4 我国的水合物资源

9.4.1 海洋水合物资源

近几年来的海洋地质、地球物理和地球化学等学科的资料显示在中国近海也存在着丰富的天然气水合物资源。例如，在南海和东海发现有似海底反射层（BSR）和阻抗空白带，并且这已经在发现的水合物区得到了验证；卫星热红外扫描发现中国近海海面异常，这可能与天然气水合物或天然气苗有关。此外，ODP184 航次 1146 站位中发现显示天然气水合物存在的沉积物中甲烷含量异常和孔隙水里氯离子浓度异常，还发现南海浅层沉积物的烃类气体含量异常和放射性异常。这所有的发现表明了中国近海极有可能存在天然气水合物藏，如南海北部陆坡区、南海南部陆坡区和东海的冲绳海槽及其两翼陆坡。在南海西部陆坡和台湾东部近海也很有可能存在水合物[197~200]。

虽然我国对天然气水合物的调查勘探起步较晚，但发展却很迅速。从 1995 年开始中国近海天然气水合物找矿远景、探查关键技术等研究课题，至 2007 年已经在南海北坡发现了天然气水合物，成了继美国、日本、印度之后第四个通过国家级研发计划在海底钻获天然气水合物实物样品的国家。随后我国又继续了 GMGS 系列的水合物钻探调查计划，进一步证实了沉睡的天然气水合物在我国巨大的资源潜力。

9.4.1.1 我国南海及邻近海域可能的水合物资源分布

南海地处亚欧板块、澳大利亚板块和太平洋板块的交汇区域，地质构造复杂，具有天然气水合物形成的有利条件。目前，已有多处报道中国南海大片区域存在天然气水合物 BSR信号，并且发现了其他水合物存在的地球物理及地球化学标志。一些研究者通过对南海北部陆缘珠江口和琼东南盆地气田的天然气形成水合物的地球化学进行计算模拟，对水合物的形成条件进行分析后认为，中国南海北部陆缘琼东南和珠江口盆地是天然气水合物形成的有利区域。盆地内的断裂带为天然气向海底渗漏提供了通道，盆地内大面积的、厚的第四纪的丰富的有机沉积物层为天然气水合物提供了充足的物源。研究认为珠江口盆地在 230m 水深以上的海区不能形成天然气水合物；在 230~760m 水深的海区可能形成天然气水合物；在 860m 水深以下的深水区应该是天然气水合物的稳定存在区。而在琼东南盆地，在 320m 水深以上的海区不能形成天然气水合物；在 320~650m 水深之间的海区可能形成水合物；在 650m 水深以下的海区应该是气体水合物的稳定分布区[201]。虽然这些研究的结论还未得到证实，但为我国水合物资源的勘察和总体规划以及水合物储量的估算提供了有价值的参考。也许正是由于南海存在着潜在的水合物资源，中国和日本在南海的海域边界划分上争论不休。还有研究者估算南海天然气水合物的总资源量达（64315~77212）×10[8] t 油当量[197,202]。总之，从地形地貌、地质构造、水合物的生成温度/压力条件以及物源来看，我国南海及邻近海域都是天然气水合物的有利远景区。

9.4.1.2　我国东海及邻近海域可能的水合物资源分布[203]

温度、热流以及温度/压力条件是控制气体水合物稳定存在的一个重要条件。了解东海及邻近海域气体水合物的分布范围，首先应该分析海域的温度分布。

海底的温度分布明显和海底的深度相关，海底深度较浅，温度较高，海底的深度较大，则温度较低。整体来看，整个东海陆架，海底的温度较高，如水深在 250m 以内，海底温度一般都在 12~16℃。冲绳海槽区域水深较大，平均水深在 1000m 以上，相对的海底温度较低，更有利于水合物赋存。如北部冲绳海槽的 Y137（30°25.32′N，128°15.37′E）站位，水深 550m，海底沉积物的温度为 5℃；南部冲绳海槽 E064（25°48.75′N，125°14.03′E）站位，水深为 2056m，海底温度为 4℃。最低温度为 E068（25°43.97′N，125°06.42′E）站位，位于南部冲绳海槽，水深为 2127m，海底温度为 3℃。海底的温度还与地热梯度变化有关。一般是沿着海底向下，地热温度越来越高。所以通常水合物的稳定分布是有一定的范围的。确定水合物的稳定分布区域还应该考虑海底构造以及压力的变化。

经过粗略的温度/压力条件分析，在冲绳海槽、琉球海沟和菲律宾海盆的浅部（30℃以上）所具有的温度/压力条件都能使气体水合物稳定存在。这些区域有可能存在气体水合物。对于东海陆架，还不能简单得出东海陆架不可能存在气体水合物的结论。东海陆架的水深浅于 250m，海底温度一般在 15℃，海底沉积物的温度受上层海水的温度变化影响较大，15℃的海底温度用于分析气体水合物是否存在有些偏高。平湖 5 井在 1645m 的温度为 60℃，2850m 的温度为 104.4℃，3730m 的温度为 140℃，温度梯度为 33.36℃/km，由此推算到海底的温度应该是 5.13℃，比实测的海底温度要低很多，这可能在海底以下接近海底部分温度并不是递增的，而是递减的，所以最低温度不出现在海底。如果这个最低温度足够低，并且深度足够大，有可能也满足气体水合物稳定存在的条件，从而在东海陆架区也存在满足气体水合物稳定存在的区域。总之，所有的这些分析都需要在今后的勘探工作中去验证。

东海是由中国、日本岛、朝鲜半岛和琉球群岛围绕的海域。与其他的海域相似，东海海域也可以划分为三个部分：陆架区、陆坡区和冲绳海槽区。其中，陆坡区和冲绳海槽区是欧亚陆壳与太平洋陆壳的过渡地带，由倾斜带、海槽、岛弧和弧前斜坡组成[204]。冲绳海槽盆地为新近纪沉积盆地，盆地西部陆架前缘坳陷，盆地东部海槽坳陷，盆地的北部和中部隆起。东海海域的地质构造，经历晚中生代拉张期，古近纪拉张期和第四世纪快速沉降期，形成了现在的割裂的几个盆地。这种构造的特点是盆地面积大、沉积厚度深、构造规模大、局部构造多、发育时间长，这种构造使得东海具备了生油、聚集油气、成矿的条件。

9.4.2　天然冻土带水合物资源

除了海洋中的水合物资源外，我国青藏高原多年冻土区也有可能赋存相当可观的气体水合物。有关资料表明，青藏高原的地理位置、地质结构和气候环境具备了气体水合物形成的条件，青藏高原很有可能成为我国未来的能源的战略基地。

据介绍[205]，青藏高原地处中纬度地区，区内气温受经、纬度和海拔高度的控制。高原温度东、南高，西、北低。有3个低温中心，分别是中部羌塘-可可西里低温中心、东部巴颜喀拉中心、南部喜马拉雅中心。前两个中心，特别是羌塘-可可西里中心，气温低，全年霜冻时间长，中心大部分地区的霜冻期在330天以上。

青藏高原冻土的空间分布基本与气温分布相吻合，并受地形变化和山脉走向的控制。高原冻土区内的盆地可分为陆相盆地和海相盆地。海相盆地规模一般较大，主要包括羌塘-昌都盆地、奇林错-比如盆地和定日-岗巴盆地；陆相盆地规模相对较小、成群分布，主要包括伦坡拉盆地群、可可西里盆地群。从地质资料来看，这些地方都曾发生过石油的生成和运移。

从大地构造的角度来看，青藏高原地处世界著名油气聚集带——特提斯构造域东段，高原以西为著名的波斯湾、高加索含油气区；以东为东南亚和西南亚油气聚集区；地层方面高原广泛发育了良好的中、新生代海相地层，并形成了数目众多、大小各异、不同类型的沉积盆地。因此，青藏高原无论是从全球构造位置、地层时代，还是烃源岩类型、盆地特征等方面，都具有形成油气藏的有利条件。

西藏地区具有多年冻土带分布广泛、有油气生成条件等特征，具备天然气水合物形成的必要条件。根据陆上水合物形成、保存条件，结合高原地质条件，黄朋等[205]认为，在西藏的海相盆地中，羌塘盆地是天然气水合物形成的有利部位。首先，羌塘地区物源丰富，生油层分布广、厚度大，为水合物的形成提供了必要的物质来源。其次，羌塘位于西藏北部，是青藏高原3个低温中心中温度最低的一个中心的所在地，年平均气温低于-6℃，为水合物形成提供了温度条件。另外，羌塘地势平坦，基本上处于永久冻土区的范围，多年冻土带连续成片，是中国规模最大、厚度最大的冻土分布区之一，为水合物形成提供了遮挡层和所需的压力。羌塘盆地中，水合物最有利的赋存部位是储集层出露区及断层通过部位，这些部位盖层破坏所造成的油气泄漏，直接为水合物形成提供烃类气源。当其上覆盖了一定厚度的多年冻土层之后，由于其本身的自重、低温和强度，就会在冻土层深部、下伏基岩中形成一个相对稳定的低温、高压区域，当有适当的物质供应时就会在此区域，特别是冻土层和下伏基岩交界面附近形成天然气水合物层。此外，青藏高原多年冻土区还包括阿尔金山-祁连山高山多年冻土区，青南山原和东部岛状多年冻土区，念青唐古拉山和喜马拉雅山高山岛状多年冻土区，它们都有可能赋存天然气水合物。

9.4.3 我国的天然气水合物远景资源评价

由于对天然气水合物储量进行相应的估算研究具有重要意义，国内众多学者也在讨论我国水合物的资源储量，其估算方法主要也采用了体积法和蒙特卡罗法。姚伯初[202]较早就结合对南海北部陆缘地震资料的分析，用"体积法"对南海天然气水合物资源总量进行了估算，表明其天然气资源量为 $64.35\times10^{12}\sim77.22\times10^{12}\,\mathrm{m^3}$。随后，梁金强[31]等根据所掌握的勘探资料，用"概率统计法"对南海天然气水合物资源进行了初步预测，表明在50%概率条件下水合物的资源量为 $64.968\times10^{12}\,\mathrm{m^3}$，与姚伯初"体积法"所预测的南海水合物量基本相当。毕海波[206]等根据 SO-177 中德合作航次南海北部陆坡天然气水合物地质的调查资料，结合天然气水合物的相平衡条件和相应的压力-温度方程，讨论了水合物稳定带厚度的分布特征，并对水合物中甲烷资源量进行了初步预测，认为该地天然气水合物资源量为 $2.30\times10^{12}\sim13.85\times10^{12}\,\mathrm{m^3}$。随着我国天然气水合物实物样品的钻井采出，Wu[207]等结合地震、钻孔、电线测井、地球化学数据对神狐海域的水合物资源量进行了预测。在他们的预测中，所取天然气水合物存在有效面积为 $15\mathrm{km^2}$，水合物区域的厚度为 $20\sim40\mathrm{m}$，沉积物孔隙度为 $55\%\sim65\%$，水合物饱和度为 $20\%\sim48\%$，$1\mathrm{m^3}$ 的水合物在标准温度/压力下所能产出的自由气体积为 $164\mathrm{m^3}$。最后得出，在50%概率条件下，在该有效面积内神狐海域水合物资源量为 $1.6\times10^{10}\,\mathrm{m^3}$。2000年9—10月广州海洋地质调查局"探宝号""海洋四号"船采用高分辨率地震调查、海底表层地质和地球化学取样调查以及多波束调查等多种手段，在西沙海槽区开展天然气水合物资源多学科综合调查，并采用体积法和蒙特卡罗法估算西沙海槽区天然气水合物远景资源量约 $45.4\times10^8\,\mathrm{t}$ 油当量[208]。我国国土自然资源部也对国内海域天然气水合物资源量进行了初步估算，预计为 $800\times10^8\,\mathrm{t}$ 油当量[209]。

除了对我国海域天然气水合物资源量进行预测外，对青藏高原等冻土区存在的水合物进行资源估算也十分必要。陈多福[210]等首先对青藏高原冻土带水合物天然气资源储量进行了初步计算，表明其天然气资源储量为 $0.12\times10^{12}\sim240\times10^{12}\,\mathrm{m^3}$，藏北羌塘高原水合物天然气资源为 $3.4\times10^{10}\sim69\times10^{12}\,\mathrm{m^3}$。他们认为在冻土层越厚、冻土层和冻土层之下沉积层低温梯度越小的区域，越利于天然气水合物的发育。然而在全球变暖的背景下，最终可能导致水合物稳定区失稳，分布区和厚度都会逐渐缩小，最终将会全部分解消失。随后库新勃[211]等也对青藏高原冻土区天然气水合物的可能分布特征及资源储量进行了模型计算和回归统计分析，认为青藏高原冻土区的天然气水合物主要分布在羌塘盆地西北区，青藏高原天然气水合物总量为 $45\times10^{12}\sim298\times10^{12}\,\mathrm{m^3}$。祝有海[212]等以钻孔附近的年平均地表低温、冻土层厚度、平均地温梯度和实测气体组分作为参数，综合使用体积法和蒙特卡罗法对青藏高原及漠河冻土区的天然气水合物资源潜力进行了估算，计算结果表明青藏高原冻土带的水合物资源量为 $35\times10^{12}\,\mathrm{m^3}$，漠河水合物资源量为 $3\times10^{12}\,\mathrm{m^3}$，其对青藏高原冻土带水合物资源量的计算在陈多福[210]和库新勃[211]计算的区间内。综合考虑了水合物潜在分布区温度/压力、气源、储层条件等因素后，祝有海[66]等认为，青藏高原天然气水合物形成条件和找矿前景最好的地区是羌塘盆地，其次是祁连山地区、风火山-乌丽地区，再其次是昆仑山垭口盆地、唐古拉山-土门地区、喀喇昆仑地区、西昆仑-可可西里盆地等。表9-4列出了我国天然气水合物主要分布区及其资源潜力估算。

表 9-4 我国天然气水合物主要分布区及其资源潜力估算

我国天然气水合物资源	分布地区	资源量/(m³ 天然气)	估算法及参考文献
海洋天然气水合物资源	台西南盆地	$2.30 \times 10^{12} \sim 13.85 \times 10^{12}$	体积法[206]
		20.237×10^{12}	体积法[213]
	琼东南盆地	1.6×10^{12}	体积法[214]
	西沙海槽区	4.55×10^{12}	体积法及概率法[208]
	珠江口盆地白云凹陷及周边	8.7×10^{12}	体积法[215]
	南海北部陆坡	15×10^{12}	体积法[147]
	南海南部	23.2×10^{12}	体积法[216]
		$17.29 \times 10^{12} \sim 21.69 \times 10^{12}$	体积法[217]
	南海	64.968×10^{12}	50%概率[31]
		$64.35 \times 10^{12} \sim 77.22 \times 10^{12}$	体积法[202]
	东海冲绳海槽	24.13×10^{12}	体积法[218]
	东海陆坡区	5.9×10^{12}	体积法[219]
	我国总海域	80×10^{12}	初步估算[209]
冻土带天然气水合物资源	青海木里煤田	$2.71 \times 10^{11} \sim 2.99 \times 10^{11}$	体积法[220]
	藏北羌塘高原	$3.4 \times 10^{10} \sim 69 \times 10^{12}$	体积法[210]
	青藏高原冻土区	$0.12 \times 10^{12} \sim 240 \times 10^{12}$	体积法[210]
		$45 \times 10^{12} \sim 298 \times 10^{12}$	体积法[211]
		35×10^{12}	体积法及50%概率[212]
	东北漠河盆地	3×10^{12}	体积法及50%概率[212]

9.5 小结

① 水合物成藏模式主要有三种：a. 通过生物成因甲烷形成水合物；b. 通过向上运移的水释放出甲烷气体形成水合物；c. 通过游离的气体向上运移形成水合物。形成水合物的甲烷气成因分为有机成因气和非有机成因气。其中，有机成因气包括生物成因气和热解成因气。在不同的水合物区，由于水合物气源成因等情况可能不一样，水合物成藏机理也不一样。目前已经发现的水合物藏大多以生物成因甲烷水合物居多。

② 由于气体水合物在全球的分布情况没有完全掌握，导致对全球气体水合物的储量的估算工作变得非常复杂和困难，说法不一，但大体上呈现逐渐减少的趋势。目前对海洋内水合物资源量的估计普遍集中于$(1 \sim 3) \times 10^{15} \ \mathrm{m}^3$ 范围内，也是目前比较合理的水合物资源量数量级。与常规天然气气田的储量相比，气体水合物中的潜在天然气资源量显然对未来的能源结构影响巨大。

③ 天然气水合物在全球的分布范围非常广泛。全球有利于天然气水合物生成和分布的地域在海洋中的面积远远大于在陆地中的面积，其中海域天然气水合物资源占据量可达99%，陆地天然气水合物仅占1%左右。环绕北美洲有11个巨大的天然气水合物区，如美国大西洋布莱克台（Blake Ridge），墨西哥湾（Gulf of Mexico）盆地等。俄罗斯天然气水合物资源也十分丰富，主要分布在黑海、巴伦支海（Barents Sea）、鄂霍次克海（Okhotsk）等区域。日本、印度、韩国等国的天然气水合物资源量也较为可观。我国海域也具备天然气

水合物形成的地质构造条件和物源条件，具有良好的找矿前景。

④ 天然气水合物在海洋中的分布地域具有一定的规律，主要分布在大洋边缘的陆坡和陆隆区域，并且它的分布规律与特定的海洋地质特征之间存在着极其密切的关系。在主动大陆边缘（主要在太平洋两岸），气体水合物主要存在于俯冲带边缘的增生楔中；在被动大陆边缘，气体水合物主要存在于沉积物供应充足、海水有机质含量丰富的近海区域。此外，在海底泥火山出现的地方常常发现天然气水合物的痕迹。勘探还发现，天然气水合物存在的地方与地球化学异常紧密相关。

参考文献

[1] Bernard B，Brooks J M，Sackett W M A. geochemical mode for characterization of hydrocarbon gas source in marin sediments. Proceeding 9th Annual Offshore Technology Conference. Houston：Offshore Technology Conference 1977，435-438.

[2] Ginsburg G D. Soloviev V A. Bull Geol Soc of Denmark，Copenhagen，1994，41：95.

[3] Collett T S，Bird K J，Kvenvolden K A，et al. Geologic Interrelations Relative to Gas Hydrates Within the North Slope of Alaska，Final Report DE-AI21-83MC20422，U S Department of Energy，1988.

[4] 孙成权．朱岳年．21世纪能源与环境的前沿问题——天然气水合物．地球科学进展，1994，（9）6：49-52.

[5] Ruppel C. Permafrost-Associated Gas Hydrate：Is It Really Approximately 1% of the Global System? Journal of Chemical & Engineering Data，2014，60（2）：429-436.

[6] Boswell R. Collett T. The Gas Hydrates Resource Pyramid. Natural Gas & Oil，2006，Fall，1-4.

[7] Sun Y，Wu S，Dong D，et al. Gas hydrates associated with gas chimneys in fine-grained sediments of the northern South China Sea Mar Geol，2012，311：32-40.

[8] Kim G Y，Narantsetseg B，Ryu B J，et al. Fracture orientation and induced anisotropy of gas hydrate-bearing sediments in seismic chimney-like-structures of the Ulleung Basin，East Sea. Mar Petrol Geol，2013，47：182-194.

[9] Sassen R，Sweet S T，Milkov A V，et al. Geology and geochemistry of gas hydrates，central gulf of Mexico continental slope . Transactions gulf coast association of geological societies，1999，49：462-468.

[10] Kvenvolden K A. A review of geochemistry of methane in nature gas hydrate. Organic Geochemistry，1995，23：997-1008.

[11] Ginsburg G D. Soloviev V A. Methane migration within the submarine gas hydrate stability zone under deep-water conditions. Marine geology，1997，137：49-57.

[12] Brooks J M，Cox B H，Bryant W R，et al. Association of gas hydrates and oil seepage in the Gulf of Mexico. Organic Geochemistry，1986，10：221- 234.

[13] Ginsburg G D，Soloviev V A. Submarine Gas Hydrate. St Petersburg：Vniiokeangeologia Norma，1998.

[14] Collett T S. Natural-gas hydrates of the Prudhoe Bay and Kuparuk River area，North Slope，Alaska. A A P G Bull，1993，77（5）：793-812.

[15] Dallimore S R，Collett T S. Scientific results from the Mallik 2002 gas hydrate production research well program，Mackenzie Delta，Northwest Territories，Canada. Geological Survey of Canada Bulletin，2005，585.

[16] Milkov A V. Global estimates of hydrate-bound gas in marine sediments：how much is really out there. Earth-science Reviews，2004，66：183-197.

[17] Ingram G M，Chisholm T J，Grant C J，et al. Deepwater North West Borneo：hydrocarbon accumulation in an active fold and thrust belt. Marine and Petroleum Geology. Chem Eng J 2004，21：879-887.

[18] Ryu B J，Collett T S，Riedel M，et al. Scientific results of the second gas hydrate drilling expedition in the Ulleung basin（UBGH2）. Mar Petrol Geol，2013，47：1-20.

[19] Fujii T，Saeki T，Kobayashi T，et al. Resource assessment of methane hydrate in the eastern Nankai Trough，Japan. In Offshore technology conference. 2008.

[20] Yoneda J，Oshima M，Kida M，et al. Tenma，N. Permeability variation and anisotropy of gas hydrate-bearing pressure-core sediments recovered from the Krishna-Godavari Basin，offshore India. Mar Petrol，Geol，2018.

［21］ Boswell R. Is gas hydrate energy within reach? Science，2009，325：957-958.

［22］ Collett T S，Riedel M，Cochran J R，et al. Indian continental margin gas hydrate prospects，Results of the Indian National Gas Hydrate Program（NGHP）expedition 01. International Conference on Gas Hydrates. 2008.

［23］ Sloan E D. Clathrate Hydrates of Natural Gas［M］. New York：Dekker，1998.

［24］ Milkov A V，Sassen. R. Economic geology of offshore gas hydrate accumulations and provinces. Mar Petrol Geol，2002，19：1-11.

［25］ Milkov A V，Claypool G E，Lee Y J，et al. In situ methane concentrations at Hydrate Ridge offshore Oregon：new constraints on the global gas hydrate inventory from an active margin. Geology，2003，31：833-836.

［26］ 樊栓狮，刘锋．陈多福．海洋天然气水合物的形成机理探讨，天然气地球科学，2004，15（5）：524-530.

［27］ 卢振权，吴必豪．祝有海．南海潜在天然气水合物藏的成因及形成模式初探，矿产地质，2002，21（3）：232-239.

［28］ 何家雄，苏丕波，卢振权，等．南海北部琼东南盆地天然气水合物气源及运聚成藏模式预测，天然气工业，2015，35（8）.

［29］ 梁金强，张光学，陆敬安，等．南海东北部陆坡天然气水合物富集特征及成因模式，天然气工业，2016，36（10）：157-162.

［30］ Trofimuk A A，Cherskiy N V. Tsarev V P. Accumulation of natural gases in zones of hydrate—formation in the hydro-sphere. Doklady Akademii Nauk SSSR，1973，212：931-934（in Russian）.

［31］ 梁金强，吴能友，杨木壮，等．天然气水合物资源量估算方法及应用［J］，地质通报，2006，25（Z2）：1205-1210.

［32］ 丛晓荣，吴能友，苏明，等．天然气水合物资源量估算研究进展及展望［J］，新能源进展，2014，2（6）：462-470.

［33］ Trofimuk A A，Cherskiy N V. Tsarev V P. The reserves of biogenic methane in the ocean. Doklady Akademii Nauk SSSR，1975，225：936-939（in Russian）.

［34］ Cherskiy N V，Tsarev V P. Evaluation of the reserves in the light of search and prospecting of natural gases from the bottom sediments of the world's ocean. Geologiya i Geofizika，1977，5：21-31（in Russian）.

［35］ Nesterov I I，Salmanov F K. Present and future hydrocarbonresources of the Earth's crust. In：Meyer，R.G.，Olson，J.C.（Eds.），Long-term Energy Resources. Pitman，Boston，MA，1981.185-192.

［36］ Trofimuk A A，Cherskiy N V. Tsarev V P. The role of continental glaciation and hydrate formation on petroleum oc-currences. In：Meyer，R.F.（Ed.），Future Supply of Nature-made Petroleum and Gas. Pergamon，New York，1977，919-926.

［37］ Trofimuk A A，Cherskiy N V，Tsarev V P. Gas hydrates-new sources of hydrocarbons. Priroda，1979，1：18-27（in Russian）.

［38］ Mclver R D. Gas hydrates. In：Meyer，R.G.，Olson，J.C.（Eds.），Long-Term Energy Resources. Pitman，Boston，MA，1981，713-726.

［39］ Makogon Y F. Perspectives of development of gas hydrate accumulations. Gasovaya Promyshlennost，1981，3：16-18（in Russian）.

［40］ Trofimuk A A，Makogon Y F，Tolkachev M V. Gas hydrate accumulations—new reserve of energy sources. Geologiya Nefti i Gaza，1981，10：15-22（in Russian）.

［41］ Trofimuk A A，Makogon Y F，Tolkachev M V. On the role of gas hydrates in the accumulation of hydrocarbons and the formation of their pools. Geologiya i Geofizika，1983，6：3-15（in Russian）.

［42］ Trofimuk A A，Tchersky N V，Makogon U F，et al. Possible gas reserves in continental and marine deposits and prospecting and development methods. In：Delahaye，Ch.，Grenon，M.（Eds.），Conventional and Unconventional World Natural Gas Resources. Proceedings of the Fifth IIASA Conference on Energy Resources. International Institute for Applied Systems Analysis，Laxenburg，1983，459-468.

［43］ Kvenvolden K A，Claypool G E. Gas hydrates in oceanic sediment. USGS Open-File Report 88-216，1988，50.

［44］ Kvenvolden K A. Mehtane hydrate—a major reservoir of carbon in the shallow geosphere? Chemical Geology，1988，7：41-51.

［45］ MacDonald G J. The future of methane as an energy resource. Annual Review of Energy，1990，15：53-83.

［46］ Gornitz V，Fung I. Potential distribution of methane hydrates in the world's oceans. Global Biogeochemical Cycles，

1994，8：335-347.

[47] Harvey L D D，Huang Z. Evaluation of potential impact of methane clathrate destabilization on future global warming. Journal of Geophysical Research，1995，100：2905-2926.

[48] Ginsburg G D，Soloviev V A. Submarine gas hydrate estimation：theoretical and empirical approaches. Proceedings of Offshore Technology Conference，Houston，TX，1995，1：513-518.

[49] Holbrook W S，Hoskins H，Wood W T，et al. Methane hydrate and free gas on the Blake Ridge from vertical seismic profiling. Science，1996，273：1840-1843.

[50] Makogon Y F. Hydrates of Hydrocarbons. Penn Well，Tulsa，OK. 1997，504

[51] Soloviev V A. Global estimation of gas content in submarine gas hydrate accumulations. Russian Geology and Geophysics，2002，43：609-624.

[52] Buffett B. Archer D. Global inventory of methane clathrate：sensitivity to changes in the deep ocean. Earth and Planetary Science Letters，2004，227（3）：185-199.

[53] Klauda J B. Sandler S I. Global distribution of methane hydrate in ocean sediment. Energy & Fuels，2005，19（2）：459-470.

[54] Wood W T，Jung W Y. Modeling the extent of Earth's marine methane hydrate cryosphere [C] //Proceedings of the 6th International Conference on Gas Hydrates（ICGH 2008）. 2008，6-10.

[55] Archer D，Buffett B，Brovkin V. Ocean methane hydrates as a slow tipping point in the global carbon cycle [J]. Proceedings of the National Academy of Sciences，2009，106（49）：20596-20601.

[56] Burwicz E B，Rüpke L H，Wallmann K. Estimation of the global amount of submarine gas hydrates formed via microbial methane formation based on numerical reaction-transport modeling and a novel parameterization of Holocene sedimentation. Geochimica et Cosmochimica Acta，2011，75（16）：4562-4576.

[57] Boswell R，Collett T S. Current perspectives on gas hydrate resources. Energy & environmental science，2011，4（4）：1206-1215.

[58] Wallmann K，Pinero E. Burwicz E，et al. The global inventory of methane hydrate in marine sediments：a theoretical approach. Energies，2012，5（7）：2449-2498.

[59] Pinero E，Marquardt M，Hensen C，et al. Estimation of the global inventory of methane hydrates in marine sediments using transfer functions [J]. Biogeosciences，2013，10（2）：959-975.

[60] 杨木壮，吴琳，何朝雄，等. 国际海洋矿产研究新进展. 海洋地质动态，2002，18（9）：17-21.

[61] Carolyn D R. Gas Hydrate in Nature.（published in 2018）.

[62] Ludmann T，Wong H K. Characteristics of Gas Hydrate Occurrence Associated with Mud Diapirismand Gas Escape Structures in the North-western Sea of Okhotsk. Marine Geology，2003，（201）B：269-286.

[63] Tsuji Y，Ishida H. Nakamizu M，et al. Overview of the MITI Nankai Trough Wells：A Milestone in the Evaluation of Methane Hydrate Resources. Resource Geology，2004，54（1）：3-10.

[64] 史斗，郑军卫. 世界天然气水合物研究开发现状和前景. 地球科学进展，1999，14：330-339.

[65] Dallimore S R，Collett T S. Intrapermafrost gas hydrates from a deep core hole in the Mackenzie Delta，Northwest Teritories，Canada. Geology，1995，23：527-530.

[66] 祝有海，卢振权，谢锡林. 青藏高原天然气水合物潜在分布区预测. 地质通报，2011，30（12）：1918-1926.

[67] 张振国，方念乔，高莲凤，等. 气体水合物在海洋中的分布及其赋存区域的海洋地质特征. 资源开发与市场，2006，22（4）：337-340.

[68] Grow J A. Markl R G. IPOD-USGS multichannel seismic reflection profile from Cape Hatteras to the Mid-Atlantic Ridge. Geology，1977，5：625-630.

[69] Schlee J S，Dillon W P，Grow J A. Structure of the continental slope off the eastern United States. In：Doyle，LJ，Pilkey，O H（Eds），Geology of Continental Slopes，SEPM Special Publication NO. 27. Sociey of Economical Paleontologists and Mineralogists，Tulsa，1979，95-117.

[70] Hunchinson D R，Grow J A，Klitgord K D，et al. Deep structure and evolution of the Carolina Trough. In：Watkins，J S，Drake，C L（Eds），Studies in Continental Margin Geology，AAPG Meoir NO. 34. American Association of Petroleum Geologists，Tulsa，1982，129-152.

［71］ Walter S，Borowski A. review of methane and gas hydrates in the dynamic，stratified system of the Black Ridge region，offshore southeastern North America. Chemical Geology，2004，205：311-346.

［72］ Antje B. Erwin S. Hydrate Ridge：a natural laboratory for the study of microbial life fueled by methane form near-surface gas hydrates. Chemical Geology，2004，205：291-310.

［73］ Juichiro A，Hidekazu T，Asahiko T. Distribution of methane hydrate BSRs and its implication for the prism growth in the Nankai Trough. Marine Geology，2002，187：177-191.

［74］ Shipley T H，Houston M H，Buffler R T，et al. Amer Assn Petrl Geol Bull，1979，63：2004.

［75］ Lonsdale H L. Proc. Roy. Soc. Ser. A，（1985），247：424.

［76］ Davis E E，Hyndman R D. Villinger H. J Geophys Res，（1990），95B6：8869.

［77］ Hyndman R D，Spence G D. J Geophys Res，（1992），97B5：6683.

［78］ Kvenvolden K A，von Huene R. Tectonostratigraphic Terranes of the Circum Pacific Region，（D. G. Howell，ed.），Circum-Pacific Council for Energy and Minerals，Earth Sciences Series，（1985），1：31.

［79］ Carlson P R，Golan-Bac M，Karl H A，et al. AAPG Bull，（1985），69：422.

［80］ Wang X，Wu S，Yuan S，et al. Geophysical signatures associated with fluid flow and gas hydrate occurrence in a tectonically quiescent sequence，Qiongdongnan Basin，South China Sea. Geofluids，2010，10（3）：351-368.

［81］ Saltykova N A，Soloviev V A. Pavlenkin A D. Sevmorgeologia，Leningrad，（1987），119.

［82］ He L，Wang J，Xu X，et al. Disparity between measured and BSR heat flow in the Xisha Trough of the South China Sea and its implications for the methane hydrate. Journal of Asian Earth Sciences，2009，34（6）：771-780.

［83］ Cande S C，Leslie R B，Parra J C，et al. Geophys Res，（1987），92（B1）：495.

［84］ Katz H R. J Petrol Geol，（1981），3：315.

［85］ Manley P L，Flood R D. AAPG Bull，（1988），72：912.

［86］ Dillon W P，Paull C K. in Natural Gas Hydrates：Properties Occurrence and Recovery，（J. L. Cox，ed.），（1983），73.

［87］ Tucholke B F，Bryan G M，Ewing J I. Amer Assn of Petrol Geol Bull，（1977），61：698.

［88］ Taylor A E，Wehmiller R J，Judge A S. Svmposium on Research in the Laborador Coastal and Offshore Recrion，（W. Denver，ed.），Memorial University of Newfound，（1979），91.

［89］ Bouriak S，Volkonskaia A，Galaktionov V. 'Split' strata-bounded gas hydrate BSR below deposits of the Storegga Slide and at the southern edge of the Vøring Plateau［J］. Marine Geology，2003，195（1）：301-318.

［90］ Sain K，Minshull T A，Singh S C，et al. Evidence for a thick free gas layer beneath the bottom simulating reflector in the Makran accretionary prism. Marine Geology，2000，164：3-12.

［91］ Ingo G，Juan L，Diaz N，et al. Ocean Drilling Program Leg 202 Scientific Party. Heat folw over the descending Nazca plate in central Chile，32°S to 41°S：ob servations from ODP Leg 202 and the occurrence of natural gas hydrates. Earth and PLANETARY Science Letters，2003，213：285-298.

［92］ Ladd J，Wwstbrook G，Lewis S. Lamont-Doherty Geological Observatory Yearbook 1981-1982，（1982），8：17.

［93］ Nomokonov V P，Stupak S N. Geologia I Razvedka，（1988），3：72.

［94］ Eiken O. Hinz K. Contourites in the Fram Strait in Eiken，O.，Aspekter ved Refleksjons-seismikk，Doctoral thesis，University of Bergen，Bergen，Norway，（1989），93-121.

［95］ Andreassen K. Seismic Reflections Associated with Submarine Gas Hydrates，D Sci Thesis，U. Tromso，Norway，1995.

［96］ Kvenvolden K A，Golan-Bac M，Rapp J B. The Antarctic Continental Margin Geology and Geophysics of Offshore Wilkes Land and the Western Ross Sea，S. L. Eittreim M. A.，Hampton，A. K. Cooper，and F. J，Davey，（eds.），Circum-Pacific Council for Energy and Mineral Resources，Earth Science Series，（1987），5A：205.

［97］ Hutchinson D R，Golmshtok A J，Sholz C A，et al. Trans Am Geophys Union，（1991），72（17 Suppl）：307.

［98］ Vanneste M. Gas hydrate stability and destabilization processes in lacustrine and marine environments：Results from theoretical analyses and multi-frequency seismic investigations. PhD thesis. RCMG，University of Gent，2000，255.

［99］ White R S. Earth and Planetary Science Letters，（1979），42：114.

［100］ Lonsdale H K. Proc Ocean Drilling Program，Scientific Results，（Barker，P. F.，Kennett，J. P.，et al.，eds.），

College Station，TX，1990，113：27-37.

[101] Grantz A，Dinter D A. Oil & Gas，(1980)，78：304.

[102] Ladd J W，Truchan M，Talwqni M，et al. in The Geological Society of America Memoir 162，(Bonini W. E.，Hargraves，R. B.，Shagam，R.，eds.)，(1984)，153.

[103] Andreassen K，Hogstad K. Berteussen K A. First Break，1990，8：235.

[104] Hedberg H D. Problems of Petroleum Migration，Amer Assn. of Petrol Geol. Studies in Geology No. 10，(W. H. Roberts and R. J. Cordell，eds.)，(1980)，179.

[105] Mienert J，Bunz S，Guidard S，et al. Ocean bottom seismometer investigations in the Ormen Lange area offshore mid-Norway provide evidence for shallow gas layers in subsurface sediments. Marine and Petroleum Geology，2005，22：287-297.

[106] Scholl D W，Cooper A K. AAPG Bull，1978，62：2481.

[107] Ning X，Shiguo W，Buqing S，et al. Gas hydrate associated with mud diapirs in southern Okinawa Trough. Marine and Petroleum Geology，2009，26 (8)：1413-1418.

[108] Moore G W，Gieskes J M. in Initial Reports Deep Sea Drilling Project，Washington，D. C.，U. S. Gov Printing Office 56，57，1269，1980.

[109] Godon A，Jendrzejewski N，Castrec-Rouelle M，et al. Geochimica et Cosmochimica Acta，2004，68 (9)：2153-2165.

[110] Pohlman J W，Canuel E A，Chapman N R，et al. The origin of thermogenic gas hydrates on the northern Cascadia Margin as inferred from isotopic (13C/12C and D/H) and molecular composition of hydrate and vent gas. Organic，Geochemistry，2005，36：703-716.

[111] Yang T，Jiang S，Ge L，et al. Geochemistry of pore waters from HQ-1PC of the Qiongdongnan Basin，northern South China Sea，and its implications for gas hydrate exploration. Science China Earth Sciences，2013，56 (4)：521-529.

[112] Jiang S Y，Yang T，Ge L，et al. Geochemistry of pore waters from the Xisha Trough，northern South China Sea and their implications for gas hydrates. Journal of oceanography，2008，64 (3)：459-470.

[113] Kastner M，Claypool G，Robertson G. Geochemical constraints on the origin of the pore fluids and gas hydrate distribution at Atwater Valley and Keathley Canyon，northern Gulf of Mexico [J]. Marine and Petroleum Geology，2008，25 (9)：860-872. .

[114] Cherskiy N V，Tsarwv V P，Nikitin S P. Petrol Geol.，1985，21：65.

[115] Hill T M，Kennett J P，Spero H J. High-resolution records of methane hydrate dissociation：ODP Site 893，Santa Barbara Basin. Earth and Planetary Science Letters，2004，223：127-140.

[116] Mclver R D. Initial Reports of the Deep Sea Drilling Project，(Hayes，D. E.，Frakes，L. A.，eds.)，U. S. Government Printing Office，Washington，D C，1975，28：815.

[117] Charlou J L，Donval J P，Zitter T，et al. MEDINAUT Scientific Party. Evidence of methane venting and geochemistry of brines on mud volcanoes of the western Mediterranean Sea. Deep-Sea Research I，2003，50：941-958.

[118] Weaver J S，Stewart J M. Proc Fourth Canadian Permafrost Conf，(HM French ed.) National Research Council of Canada，(1982)，312.

[119] Lee M W，Collett T S. Pore-and fracture-filling gas hydrate reservoirs in the Gulf of Mexico gas hydrate joint industry project leg II Green Canyon 955 H well [J]. Marine and Petroleum Geology，2012，34 (1)：62-71.

[120] Collett T S，Lee M W，Zyrianova M V，et al. Gulf of Mexico Gas Hydrate Joint Industry Project Leg II logging while drilling data acquisition and analysis [J]. Marine and Petroleum Geology，2012，34 (1)：41-61.

[121] Judge A S. Proc. Fourth Can Permafrost Conf，(H. M. French ed.)，National Research Council of Canada，(1982)，320.

[122] Davidson D W，Ripmeester J A. J. Glaciology，1978，21：33.

[123] Shipley T H，Didyk B M. Init. Rpts. Deep Sea Drill. Proj.，US Govt Prntg Office，1982，66：547.

[124] Zonenshayn L P，Murdmaa I O，Baranov B V，et al. Oceanology，1987，27：795.

[125] Tamake I K，Pisciotto K，Allan J，et al. Ocean Drilling Program Initial Reports，College Station，Texas，1990. 127：247.

[126] Liu C，Ye Y，Meng Q，et al. The characteristics of gas hydrates recovered from Shenhu Area in the South China Sea. Marine Geology，2012，307：22-27.

[127] Ginsburg G D，Soloviev V A，Cranston R E，et al. Geo-Marine Lett，1993，13：41.

[128] Charlou J L，Donval J P，Fouquet Y，et al. The ZAIROV Leg 2 Scientific Party. Physical and chemical characteriza-tion of gas hydrates and associated methane plumes in the Congo-Angola Basin. Chemical Geology，2004，205：405-425.

[129] Mlkov A V，Vogt P R，Crane K，et al. Geological，geochemical，and microbial processes at the hydrate-bearing Hakon Mosby mud volcano：a review. Chemical Geology，2004，205：347-366.

[130] Brooks J M，Kennicutt M C，Fay R R，et al. Sassen，Science，1984，225：409.

[131] Pflaum R C，Brllks J M，Cox H B，et al. Initial Reports. Deep Sea Drilling Project Leg 96，（Bouma，A. H.，Cole-man，J. M.，Meyer A. W.，et al.，eds.），U. S. Gov. Print Office，1986，96：781.

[132] Kremlev A N，Ginsburg G D. Geologia I Geofizika，1989，4：110.

[133] Konyukhov A I，Ivanov M K，Kulnytskiy L M. Lithologia I Polezniye Iskopayemiye，1990，3：12.

[134] Ginsburg G D，Guseinov R A，Dadashev A A，et al. Izvestiya Akademii Nauk Seriva Geologisheskaya，1992，7：5.

[135] Makogon Y F，Koblova I L. E. I. Gas Prom，1972，22：3.

[136] Schmidt M，Hensen C，Morz T，et al. Methane hydrate accumulation in "Mound 11" mud volcano，Costa Rica forearc，2005，216：83-100.

[137] Gay A，Lopez M，Cochonat P，et al. Isolated seafloor pockmarks linked to BSRs，fluid chimneys，polygonal faults and stacked Oligocene-Miocene trubiditic palaeochannels in the Lower Congo Basin. Marine Geology，2006，226：25-40.

[138] Sassen R，Curiale J A. Microbial methane and ethane from gas hydrate nodules of the Makassar Strait，Indone-sia. Organic Geochemistry，2006，37：977-980.

[139] Tomaru H，Lu Z，Snyder G T，et al. Origin and age of pore waters in an actively venting gas hydrate field near Saso Island，Japan Sea：Interpretation of halogen and 129I distributions. Chemical Geology，2007，236：350-366.

[140] McCarthy J，Stevenson A J，Scholl D W，et al. Marine and Petrol Geology，1984，1：151.

[141] Hesse R. Harrison W E. AAPG Bull，1981，65：937.

[142] Bugge T，Befring S，Belderson R H，et al. Geo-Marine Letters，1987，7：191.

[143] Lee M W，Collett T S. Integrated analysis of well logs and seismic data to estimate gas hydrate concentrations at Keathley Canyon，Gulf of Mexico ［J］. Marine and Petroleum Geology，2008，25（9）：924-931.

[144] Yang S，Zhang M，Liang J，et al. Preliminary results of Chinas third gas hydrate drilling expedition：A critical step from discovery to development in the South China Sea ［J］. Fire in the Ice，2015，15（2）：1-5.

[145] Boswell R，Shelander D，Lee M，et al. Occurrence of gas hydrate in Oligocene Frio sand：Alaminos Canyon Block 818：Northern Gulf of Mexico. Marine and Petroleum Geology，2009，26（8）：1499-1512.

[146] Kvenvolden K A，McDonald T J. Initial Reports of The Deep Sea Drilling Project. U. S. Government Printing Office，Washington，D. C. 1985：841：667.

[147] Wu S，Zhang G，Huang Y，et al. Gas hydrate occurrence on the continental slope of the northern South China Sea. Marine and Petroleum Geology，2005，22：403-412.

[148] Aoki Y，Tamano T，Kato S. Studies in Continental Margin Geology，（J. S. Watkings and C. L. Drake，eds），Amer Assn. of Petrol. Geol. Men，1983，4：309.

[149] Kastner M，Elderfield H，Jenkins W J，et al. Proc. Ocean Drill. Program. Sci. Results，1993，131：397

[150] Yamamoto K，Inada N，Kubo S，et al. A pressure coring operation and on-board analyses of methane hydrate-bear-ing samples ［C］. Offshore Technology Conference，Houston Texas，U. S. A.，2014：9.

[151] Field M E，Kvenvolden K A. Geology，1985，13：517.

[152] Brooks J M，Field M E，Kennicutt M C. Marine Geology，1991，96：103.

[153] Moore J C，Brown K M，Horath F，et al. Roy Soc London，Ser A，1992，335：275.

[154] Yuan T，Hyndman R D，Spence G D，et al. Geophys. Res，1996，101：13655.

[155] Westbrook G K，Carson B，Musgrave R J，et al. Proc Ocean Drill Prog Leg 146，144Pt1，301，1994.

[156] Miller J J，Lee M W，von Huene R. AAPG Bull，1991，75：910.

[157] Kvenvolden K A，Kastner M. Initial Reports Ocean Drilling Program Leg 112，U. S. Government Printing Office，Washington，D C，1990，11213：517.

[158] Rose K，Johnson J，Torres M，et al. Preferential accumulation of gas hydrate in porous-permeable volcanic ash beds of the Andaman Arc. Mar Pet Geol，2014.

[159] Holland M E，Schultheiss P J，Roberts J A. Gas hydrate saturation and morphology from analysis of pressure cores acquired in the Bay of Bengal during expedition NGHP-02，offshore India. Marine and Petroleum Geology，2018.

[160] Collett T S. Detection and Evaluation of Natural Gas Hydrates from Well Logs，Prudhoe Bay，Alaska，M. S. Thesis，U. Alaska，1983.

[161] Collett T S，Kvenvolden K A. U. S. Geol. Survey Open File Report，1987，87-225.

[162] Bily C，Dick J W L. Bull. Can. Petr. Geol，1974，22：340.

[163] Dallimore S，Chuvillin E，Yakushev V，et al. in Proc 2nd Intnl. Conf. on Natural Gas Hydrates，1996，2-6：525.

[164] Rose K K，Johnson J E，Torres M E，et al. Anomalous porosity preservation and preferential accumulation of gas hydrate in the andaman accretionary wedge，nghp-01 site 17a. Marine and Petroleum Geology，2014，58：99-116.

[165] Harrison W E，Curiale J A. Initial Reports DSDP，1982，67：591.

[166] Dillon W P，Grow J A，Paull C K. Oil & Gas J，1980，78：124.

[167] Jenden P D，Gieskes J M. Initial Report Deep Sea Drilling Project Vol. 76，（Sheridan，R. E.，Gradstein，F.，et al.，eds.），U. S. Gov Print Office，1983，76：453.

[168] Kvenvolden K A，Barnard L A. Initial Reports DSDP U. S. Government Printing Office，Washington，D C，1983，76：353.

[169] Dickens G R. Sulfate profiles and barium fronts in sediment on the Blake Ridge：present and past methane fluxes through a large gas hydrate reservoir. Geochimica et Cosmochimica Acta，2001，65（4）：529-543.

[170] Wang X，Liu B，Qian J，et al. Geophysical evidence for gas hydrate accumulation related to methane seepage in the Taixinan Basin，South China Sea. Journal of Asian Earth Sciences，2018，168：27-37.

[171] Gong J，Sun X，Xu L，et al. Contribution of thermogenic organic matter to the formation of biogenic gas hydrate：Evidence from geochemical and microbial characteristics of hydrate-containing sediments in the Taixinan Basin，South China Sea. Marine and Petroleum Geology，2017，80：432-449.

[172] Singh J，Kumar P，Shukla K M，et al.. Logging While Drilling Data Acquisition Challenges in Gas Hydrate Wells-India's Gas Hydrate Expedition-02［C］//Offshore Technology Conference Asia. Offshore Technology Conference，2018.

[173] Ryu B J，Riedel M，Kim J H，et al. Gas Hydrates in the Western Deep-Water Ulleung Basin，East Sea of Korea［J］. Marine and Petroleum Geology，2009，26（8）：1483-1498.

[174] Bahk J J，Kim G Y，Chun J H，et al.. Characterization of gas hydrate reservoirs by integration of core and log data in the Ulleung Basin，East Sea［J］. Marine and Petroleum Geology. 2013，47：30-42.

[175] Zhang G，Liang J，Lu J，et al. Geological features，controlling factors and potential prospects of the gas hydrate occurrence in the east part of the Pearl River Mouth Basin，South China Sea. Mar Petrol Geol，2015，67：356-367.

[176] Ramana M，Ramprasad T，Paropkari A，et al. Multidisciplinary investigations exploring indicators of gas hydrate occurrence in the Krishna-Godavari Basin Offshore，East Coast of India［J］. Geo-Marine Letters，2009，29（1）：25-38.

[177] Lee M W，Collett T S. Gas hydrate saturations estimated from fractured reservoir at Site NGHP-01-10，Krishna-Godavari Basin，India. Journal of Geophysical Research：Solid Earth. 2009，B7：114.

[178] Milkov A V. Worldwide distribution of submarine mud volcanoes and associated gas hydrates. Marine Geology，2000，167：29-42.

[179] Soderberg P，Folden T. Pockmark developments along a deep crustal structure in the northern Stockholm Archipelago，Baltic Sea. Beitr Meereskd，1991，62：79-100.

[180] Soderberg P，Folden T. Gas seepages，gas eruptions and degassing structures in the seafloor along the Stromma tec-

tonic lineament in the crystalline Stockholm Archipelago，east Sweden Cont. Shelf Res，1992，12：1157-1171.

[181] Cohen H A，McClay K. Sedimentation and shale tectonics of the northwestern Niger Delta front. Mar Pet Geol，1996，13：313-328.

[182] Bouma A H. Northern Gulf of Mexico continental slope. Geo-Mar Lett，1990，10：177-181.

[183] Limonov A F，Woodside J M，Cita M B，et al. The Mediterranean Ridge and related mud diapirism：a background. Mainer. Geology，1996，132：7-19.

[184] Langseth M G，Westbrook G K，Hobart A. Geophisical survey of mud volcano seaward of the Barbados Ridge Complex. Geophys Res，1988，93：1049.

[185] Martin J B，Kastner M，Henry P，et al. Chemical and isotopic evidence for sources of fluid in a mud volcano field seaward of the Barbados accretionary wedge Geophys Res，1996，101：20325-20345.

[186] Lance S，Henry P，Le Pichon X，et al. Submersible study of mud volcanoes seaward of the Barbados accretionary wedge：sedimentology，structure and rheology. Mar Geol，1998，145：255-292.

[187] Limonov A F，Woodside J M.K.I M.（Eds），1994. Mud volcanism in the Mediterranean and Black Seas and shallow structure of the Eratosthenes Seamount. Initial results of the geological and geophysical investigations during the Third UNESCO-ESF 'Training Through Research' Cruise of RV Gelendzhik，June-July 1993. UNESCO Rep Mar Sci 64，1993.

[188] Woodside J M，Ivanov M K. Limonov A F.（Eds），Neotechnotics and fluid flow through seafloor sediments in the Eastern Mediterranean and Black Seas-Parts Ⅰ and Ⅱ. IOC Tech. Ser. 48. 1997.

[189] Borowski W S，Paull C K，Ussler W. Global and local variations of interstitial sulfate gradients in deep-water，continental margin sediments：Sensitivity to underlying methane and gas hydrates. Marine Geology，1999，159：131-154.

[190] Berner R A. Early diagenesis：A theoretical approach 0. Princeton University Press，Princeton，NJ，1980，241.

[191] Reeburgh W S. Methane consumption in Cariaco trench waters and sediments. Earth Planetary Science Letters，1976，28：337-344.

[192] Claypool G E，Kaplan I R. The origin and distribution of methane in sediments. In Kaplan，I R.（Ed），Natural Gases in Marine Sediments. Plenum，New York，1974，99-139.

[193] Borowski W S. Pore-water sulfate concentration gradients，isotopic compositions，and diagenetic processes overlying continental margin methane-rich sediments associated with gas hydrates. Dissertation，University of North Carolina，Chapel Hill，1998，351.

[194] Charles，Paull，Ryo Matsumoto. LEG164 overview. Proceedings of the Ocean Drilling Program. Scientific Results，2000，164：3-10.

[195] Hesse R. Pore water anomalies of submarine gas-hydrate zones as tool to assess hydrate abundance and distribution in the subsurface. What have we learned in the past decade. Earth-Science Reviews，2003，61：149-179.

[196] 蒋少涌，凌洪飞，杨竞红，等. 海洋浅表层沉积物和孔隙水的天然气水合物地球化学异常识别标志. 海洋地质与第四纪地质，2003，23（1）：87-92.

[197] 朱秋格. 天然气水合物——21 世纪的潜在能源. 特种油气藏，2004，11（1）：5-8.

[198] 祝有海，吴必豪. 卢振权. 中国近海天然气水合物找矿前景. 矿床地质，2001，（2）：174-180.

[199] 杨文达，陆文才. 东海陆坡—冲绳海槽天然气水合物初探. 海洋石油，2000，（4）：23-28.

[200] Tan Z，Pan G，Liu P. Focus on the Development of Natural Gas Hydrate in China［J］. Sustainability，2016，8（6）：520.

[201] 陈多福，姚伯初，赵振华，等. 珠江口和琼东南盆地天然气水合物形成和稳定分布的地球化学边界条件及其分布区. 海洋地质与第四纪地质，2001，（4）：73-78.

[202] 姚伯初. 南海的天然气水合物矿藏. 热带海洋学报，2001，（2）：20-28.

[203] 栾锡武，初凤友，赵一阳，等. 我国东海及邻近海域气体水合物可能的分布范围. 沉积学报，2001，19（2）：315-319.

[204] 栾锡武. 琉球沟弧盆系的海底热流分布特征及冲绳海槽热演化的数值模拟. 海洋与湖沼，1997，28（1）：44～48.

[205] 黄朋，潘桂棠，王立全，等. 青藏高原天然气水合物资源预测. 地质通报，2002，21（11）：794-798.

[206] 毕海波，马立杰，黄海军，等 . 台西南盆地天然气水合物甲烷量估算 . 海洋地质与第四纪地质，2010，30（4）：179-186.

[207] Wu N，Yang S，Zhang H，et al. . Gas Hydrate System of Shenhu Area，Northern South China Sea；Wireline Logging，Geochemical Results and Preliminary Resources Estimates. Offshore Thchnology Conference，2010.

[208] 中国国土资源报 . 广州海洋地调局估算西沙海槽天然气水合物远景资源量约四十五点五亿吨油当量 [DB/OL]，[2004-06-25] . http：//www.mlr.gov.cn/xwdt/jrxw/200406/t20040625_615974. htm. [J] .

[209] 中国自然资源报 . 《中国矿产资源报告（2018）》五大亮点 [DB/OL]，[2018-10-18] .

[210] 陈多福，王茂春，夏斌 . 青藏高原冻土带天然气水合物的形成条件与分布预测 . 地球物理学报，2005，48（1）：165-172.

[211] 库新勃，吴青柏，蒋观利 . 青藏高原多年冻土区天然气水合物可能分布范围研究 . 天然气地球科学，2007，18（4）：588-592.

[212] 祝有海，赵省民，卢振权 . 中国冻土区天然气水合物的找矿选区及其资源潜力 . 天然气工业，2011，31（1）：13-19.

[213] 吴时国，姚伯初 . 天然气水合物赋存地质构造分析与资源评价 . 北京：科学出版社，2008.

[214] 陈多福，李绪宣，夏斌 . 南海琼东南盆地天然气水合物稳定域分布特征及资源预测 . 地球物理学报，2004，47（3）：483-489.

[215] 张树林 . 珠江口盆地白云凹陷天然气水合物成藏条件及资源量前景 . 中国石油勘探，2007，12（6）：23-27.

[216] 王淑红，宋海斌，颜文 等 . 南海南部天然气水合物稳定带厚度及资源量估算 . 天然气工业，2005，25（8）：24-27.

[217] 曾维平，周蒂 . GIS辅助估算南海南部天然气水合物资源量 . 热带海洋学报，2003，22（6）：35-45.

[218] 方银霞，黎明碧，金翔龙 . 东海冲绳海槽天然气水合物的资源前景 . 天然气地球科学，2001，12（6）：32-37.

[219] 杨文达，曾久岭，王振宇 . 东海陆坡天然气水合物成矿远景 . 海洋石油，2004，24（2）：1-8.

[220] 徐水师，王佟，刘天绩 等 . 青海省木里煤田天然气水合物资源量估算 . 中国煤炭地质，2009，21（9）：1-2.

第10章 天然气水合物勘探技术

自从 20 世纪 80～90 年代天然气水合物在海底沉积层和陆地永久冻土带被广泛发现后，天然气水合物作为一种能源资源的勘探和开发就受到世界各国政府和研究机构的高度重视，并取得了重大的进展。本章就目前已经形成的一些水合物勘探与开发技术做简要介绍。

10.1 天然气水合物地球物理探测技术

10.1.1 地震反演技术

20 世纪初，地震波开始被用作研究地球内部构造的工具。地震波分为体波及面波，体波有纵波（P 波）和横波（S 波），面波有 love 波及 rayleigh 波，地质调查主要利用体波。声波 P 波和 S 波对于含水合物的沉积物都很灵敏，对于沉积物中少量的水合物而言，S 波可能比 P 波更灵敏。地震调查正是利用了水合物的这一声学特征。地震探测包括高频共深点法地震探测和高频地震剖面探测。高频地震剖面探测是天然气水合物的主要探测手段。地震地球物理探查可以有多种技术方法，如船载深水高分辨率数字地震方法、船载单道地震方法、大孔径海底地震检波法、垂直地震剖面法等。这些方法的理论依据与声纳技术基本相同[1]。

多道地震方法是利用强脉冲声源（如气枪排阵）和多道接受器探测来自海底、次海底地质界面的反射信号。这种方法的特点是数字记录、分辨率高、费用高、探测埋深不大，是探测深海天然气水合物的常用技术方法，也是目前最有效的技术方法。单道地震反射法是利用强脉冲声源（如气枪）和单道接受器探测来自海底、次海底地质界面的反射信号。这种方法的特点是探测深、分辨率低、费用少，是美国、加拿大探测深海天然气水合物的技术方法之一。海底地震检波法是在海底安置大孔径地震检波器，接受来自次海底地质界面的反射信号。垂直地震剖面法是在钻井的不同深度安置地震检波器。这些方法的分辨率很高，费用也很高，主要用来估算天然气水合物的富集度和评价天然气水合物资源量[1]。

Markl 等[2] 1970 在 Blake 海域的单道地震剖面上发现一与海底平行的异常强反射层，认为是天然气水合物稳定带的底界。因反射面与海底大致平行故被称为似海底反射层（bottom simulating reflectors，BSR）。这一认识后来在多次大洋钻探与深海钻探中得到证实，地震方法成为海洋天然气水合物研究的重要工具。Blake 地区也成为世界上进行水合物研究最多的海域。

地震剖面上的似海底反射层 BSR 通常具有与海底大体平行、负极性、高振幅、与沉积层理斜交的特点，指示为含水合物沉积层与含游离气沉积层或含水沉积层的相边界。在一些地区，BSR 上方振幅极小，呈现空白带的特征[3]。BSR 表示的是海底沉积物中天然气水合物稳定带的底层边界，BSR 以上天然气以水合物的形式存在，以下以游离气形式存在[4]。因此，BSR 不是一个岩性边界，而是一个相边界。

BSR 能被最近似地反演成极值密度，由此反演出地震波从水合物沉积层穿越含游离气的沉积物时地震波的走向和极性。在地质构造上未被扰动的沉积层，BSR 顺层延展，因此 S 波更灵敏。

10.1.1.1 BSR 对不同水合物矿藏勘探的适用性

随着水合物勘探工作的深入进行，人们对 BSR 与天然气水合物的关系有了更加全面的认识。尽管很多 BSR 分布区域都满足天然气水合物的稳定条件，但是这些区域并不一定有天然气水合物存在。与此对应，在实际发现天然气水合物的地区也未必有 BSR 显示。有 BSR 显示不是水合物存在的充要条件。深海钻探计划（DSDP）84 航次在中美海沟 490、498、565 和 570 处钻遇了天然气水合物，但这些位置的地震剖面上未出现 BSR 反射；而地震剖面上有明显的 BSR 反射的钻孔 496 和 569 处，在 200m 长的岩芯中却未发现水合物[5]。大洋钻探计划（ODP）在澳大利亚南部海域的大陆边缘无 BSR 显示的区域也发现了天然气水合物[6]。

从 BSR 的形成原理看，BSR 是由于地震波在天然气水合物带和下方的游离气层中的传播速率不同造成的。因此，在水合物带下方有游离气存在时 BSR 可作为天然气水合物存在的证据，而当天然气水合物带下方没有游离气层时，一般没有 BSR，个别显示 BSR 的地区可能是与之相似的另类地质结构造成的反射假象。对于天然气水合物资源的定量评价，BSR 只能反映水合物层和下方游离气层的大致厚度，不能用于水合物资源量的准确评价[3]。

由于地震波在水合物层中的传播速度与在冰冻层中的传播速率相当，所以 BSR 技术不适用于永久冻土区的天然气水合物的勘探，仅适用于海洋天然气水合物的地球物理勘探；而各种测井技术如自然电位测井、电阻率测井、井径测井、自然伽马测井等在永久冻土区和海洋水合物资源的勘探中都适用。人们在近数十年的水合物勘探研究中，逐步将地震资料、测井资料和综合地质资料相结合进行综合研究，在海洋水合物资源的勘探中已取得良好效果[3]。

10.1.1.2 利用地震波速度预测水合物的饱和度

水合物的存在会导致地层沉积物中地震波速度的增加，因此可以利用含水合物沉积层的地震波速度估算地层中水合物的饱和度。目前对纵波的研究较多，对横波的研究很少[7]。已建立的纵波速度与水合物饱和度的关系模型很多，如孔隙度降低模型[8]、时间平均方程[9]、时间平均-Wood 三相加权方程[10]、Kuster-Toksjz（K-T）方程[11]、考虑黏土的四项加权模型[12]、弹性模量模型[13]及三相介质波传播模型[14]等。下面介绍两种简单实用的模型[7]。

（1）孔隙度降低模型 天然气水合物是一种固体，占据一定的地层孔隙空间，所以，天然气水合物饱和度可以用饱和水沉积层的孔隙度减去含水合物沉积层的孔隙度得到，孔隙度降低模型假设含水合物地层的孔隙度的降低是地震波速度增加的唯一原因，测得地震波速度数据和波速与孔隙度的对应关系就可得到水合物饱和度数据。因此，建立地震波速度-孔隙度曲线可以方便地"读出"与测出的速度相对应的孔隙度，进而计算水合物的饱和度。利用 Hyndman 等[14]根据 Nankai 海槽的垂直地震剖面、测井和岩芯分析数据求得的速度-孔隙度曲线和在 ODP 889 站位获得的声波测井速度、垂直地震剖面（VSP）和多道地震速度（MCS）数据，Yuan 等[15]对北美 Vancouver 外海 Cascadia 边缘盆地中的水合物饱和度进行了计算，假定含水合物沉积层在不含水合物时的地震波速度可用相邻地层的地震波速的线性内插获得，得到其水合物平均饱和度为 20%，与利用孔隙水氯离子浓度计算得到的结果相似。因为沉积颗粒的复杂性等诸多不确定性，孔隙度降低模型被称为半定量水合物饱和度预测模型[7]。

（2）时间平均方程模型　在时间平均方程中假定固相介质中的地震波速度是由其中各种不同组分的波速加权平均确定。根据这一假定，重复利用地震波在纯水合物中的速度、在沉积物中的速度、沉积物的孔隙度数据和实际地层地震波速度就可计算得到地层中的水合物饱和度。计算步骤可分为两步，首先计算当沉积物中的孔隙完全被水合物填满时的地震波速度：

$$\frac{1}{V_{hydsed}} = \frac{\Phi}{V_{hyd}} + \frac{1-\Phi}{V_m} \tag{10-1}$$

式中，V_{hydsed} 为沉积物孔隙被水合物填满时的地震波速度；V_{hyd} 为纯水合物的地震波速度；V_m 为沉积物骨架的地震波速度；Φ 为孔隙度。

第二步利用饱和水沉积物和饱和水合物沉积物中速度加权平均计算得到沉积物中水合物的饱和度：

$$\frac{1}{V_P} = \frac{S_h}{V_{hydsed}} + \frac{1-S_h}{V_{sed}} \tag{10-2}$$

式中，V_P 为含水合物沉积物中的地震波速度；V_{hydsed} 为沉积物孔隙被水合物填满时的地震波速度；V_{sed} 为饱和水沉积物中的地震波速度；S_h 为沉积地层中的水合物饱和度。

取纯水合物中的地震波速度为 3730m/s，沉积物骨架中的地震波速度为 4500m/s；孔隙度为 45% 和 55% 的沉积物被水合物填满时的地震波速度分别为 4120m/s 和 4040m/s，饱和水沉积物的地震波速度分别取 1600m/s 和 1700m/s，Yuan 等求得了 Cascadia 边缘盆地中的水合物的饱和度为 10%～25%，这一结果与利用孔隙度降低模型得出的饱和度具有可比性[7]。

10.1.2　测井法

测井是天然气水合物勘探中除地震反射之外的另一种重要的地球物理方法。固态的天然气水合物存在于岩石的粒间孔隙或岩石裂缝中，将沉积物黏结在一起从而使沉积物更加致密。因此，天然气水合物不仅在地震剖面上有明显的异常，而且在测井曲线上也有明显的反映。目前的测井方法主要包括：电阻率测井、自然电位测井、微差井径测井、地震波速测井、密度测井、放射性测井等。表 10-1 给出了水合物藏测井性质的大致范围及其和其他沉积物测井性质的对比，可以供读者参考。

表 10-1　水合物藏和其他沉积物测井性质的对比[16]

测井项目	块状水合物	含水合物沉积物	水饱和沉积物	含气沉积物
V_P/(km/s)	3.2～3.6	1.7～3.5	1.5～2.0	1.4～1.6
V_S/(km/s)	1.6～1.7	0.4～1.6	0.75～1.0	0.4～0.7
R/($\Omega \cdot m$)	150～200	1.5～1.75	1.0～3.0	1.5～3.5
ρ/(g/cm^3)	1.04～1.06	1.7～2.0	1.7～2.0	1.1～1.5
Φ/%	20～50	35～70	35～70	50～90
γ(API)	10～30	30～70	50～80	30～80

10.1.2.1　主要测井方法介绍

（1）电阻率测井　含天然气水合物的地层中岩石的粒间孔隙和岩石裂隙被固体天然气水合物占据，地层岩石颗粒粘结为一个整体，造成地层致密，渗透性差。根据物质的导电原理，自由电子或离子的浓度是影响物质导电性能的主要因素。一般认为干燥的岩石的电导率为零，所以，地层的导电能力决定于地层水和其中离子的浓度。对于含天然气水合物的地层，由于地层水被全部或部分转化为固态水合物，使得地层水含量减少和离子的移动能力大大减弱，从而使地层导电性降低，表现为电阻率增加。干燥的天然气水合物的电阻率是固定值，所以天然气水合物地层的电阻率实际取决于地层中天然气水合物的含量及其饱和度。实验测定的干燥的甲烷水合物的电阻率为 5 k$\Omega \cdot$m。

地层孔隙水由于溶解岩石中的盐而含有导电的离子，地层中发生水合反应时，水分子与气体分子生成水合物，由水的化学位平衡可知孔隙水不能全部转化为水合物相，少量地层水吸附在多孔的水合物中，其中的离子也吸附在水合物中，因此使得地层天然气水合物可以导电。生成水合物的地层孔隙水的矿化度决定了吸附在水合物中的离子的浓度，从而决定了地层水合物和水合物地层的电阻率。但由于地层水含量大大减少和离子移动能力大大减弱，与不含水合物地层的导电性相比，含天然气水合物地层的电阻率迅速升高。这是电阻率测井用于天然气水合物勘探的理论基础。

（2）自然电位　与含气地层、含水地层相比，含水合物地层的自然极化电位很小，这是因为天然气水合物填充于地层孔隙中，将地层粘结为一个致密的整体，降低了扩散过程和过滤过程的速率。含有天然气水合物地层的自然电场异常不大。在测井曲线上，含气地层微电位测井对梯度测井的幅差值比含天然气水合物地层微电位测井对梯度测井的幅差值小得多。

（3）井径测井　由于钻井过程中钻井液的温度高于地层压力下天然气水合物的平衡温度，天然气水合物分解为水和天然气，不再对岩石颗粒具有黏结作用，造成井壁垮塌，使得含水合物地层井径扩大。井径测井就是利用含天然气水合物地层的这一特性。另外，水合物分解产生的大量天然气使得局部地层压力升高，也是井径扩大的原因，同时危害钻井设备安全。

图 10-1 为上述三种测井方法的一组典型结果对比。从图中可以看出，仅含游离气的岩层的电阻率最大，而含水合物岩层的电阻率虽显著大于含水岩层，但和仅含游离气的岩层差别不大。而含水合物岩层的自然电位曲线和井径曲线和仅含气的岩层差别很大，作为识别标志似乎更合适一些。

（4）地震波速测井　地震波速测井利用声波在不同地层中传播速度不同来区分不同的地层。含水合物地层中地层的孔隙度减小，天然气水合物将地层粘结为一个整体，地震波的传播速度增加。

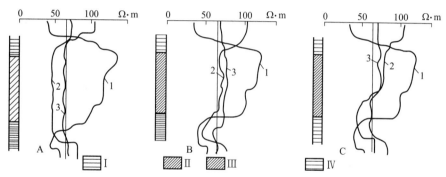

图 10-1　含游离气和含水合物地层的测井曲线对比[17]

A—含游离气岩层；B—含水合物岩层；C—含水合物和游离气岩层

1—电阻曲线；2—自然电位曲线；3—井径曲线

Ⅰ—泥岩；Ⅱ—含气砂岩；Ⅲ—含水合物砂岩；Ⅳ—含水砂岩

（5）密度测井　密度测井是利用岩层对 γ 射线的吸收性质，研究钻井剖面上岩层密度的变化，进而研究岩层地质特点的测井方法。由于天然气水合物的密度略小于水的密度，所以含天然气水合物层位与饱和水的层位相比密度略有降低。

（6）放射性测井　放射性测井即是在钻孔中测量放射性的方法，在天然气水合物勘探中有两类方法：中子测井与伽马能谱测井。

① 中子测井　中子测井是用中子源向地层中发射连续的快中子流，快中子与地层中的原子核发生弹性散射、非弹性散射，最后被俘获，这些中子与地层中的原子核碰撞而损失一部分能量，用探测器（计数器）测定这些能量用以计算地层的孔隙度并辨别其中流体性质。探测器记录的低能中子的数量与地层对中子的减速、吸收性质有关。氢是最强的中子减速剂，中子测井结果将反映地层的含氢量。液态烃的含氢浓度与淡水接近，而天然气的氢浓度很低，并且随温度和压力变化。含有天然气水合物的地层与含水或含游离气沉积层相比，含水合物层处的中子孔隙度略有增大。1982 年位于危地马拉岸外中美海沟的 DSDP 84 航次570 站位采获了长达 1.05m 的块状天然气水合物。其埋深位于海底以下 247.4～251.4m，测井曲线指示块状水合物的厚度为 3～4m。测井响应为高电阻率（约 155 Ωm）、高声速（约 3.6km/s）、高中子孔隙度（67%）和低表观密度（约 1.05 g/cm^3）[18]。

② 伽马能谱测井　伽马能谱测井可分为自然伽马测井和中子伽马测井。自然伽马测井是测量地层和流体中不稳定元素的自然放射出的伽马射线，用以判断岩石性质的方法，特别适用于泥岩和黏土岩。中子与地层中的每一种元素相互作用时都会放出不同的伽马射线，通过伽马能谱分析就能判断出某一元素的丰度。中子伽马能谱测井就是通过放置人工放射源和能谱仪进行伽马能谱分析，从而判断某种元素的丰度的方法。具有代表性的是碳氧比能谱测井。碳氧比能谱测井是一种新型的脉冲中子测井方法，提供了一种定量评价地层中含天然气水合物饱和度的方法[19]。

含有天然气水合物的地层必然具备以下测井特征：

a. 较高的电阻率偏移，钻井过程中有明显的气体排放；

b. 中子孔隙度略微增加，地震波速增加；

c. 自然电位测井曲线负偏移相对较小；

d. 井径曲线有特大的井眼尺寸显示；

e. 与饱和水的地层相比密度略有降低。

如上所述，测井方法有很多种，必须对电阻率、井径、中子孔隙度、地震波速、自然电位等结果进行综合分析，才能准确地识别含天然气水合物地层。

10.1.2.2 测井资料的定量解释

(1) 沉积物孔隙度计算方法　沉积物孔隙度是水合物饱和度计算的重要参数。孔隙度是岩石最重要的特性之一，它用来度量岩石中用以储存流体物质的有效空间。孔隙度定义为岩石内的孔隙体积占岩石总体积的百分率。沉积物的孔隙度既可由地震波速计算得到，也可通过测井资料分析和钻探取芯分析获得。钻探取芯分析得到的孔隙度数据由实验测定，通常作为验证和校正地震波速法和测井资料法得到的结果的依据。例如，大洋钻探计划（ODP）Leg 164 航次的 994、995 和 997 站位就是利用电阻率、中子孔隙度和密度测井资料计算得到沉积物的孔隙度，并用岩芯分析得到的孔隙度数据对测井求得的孔隙度进行校正[19]。

① 岩芯分析孔隙度　岩芯孔隙度是指饱和含水岩芯中含水总体积与岩芯总体积的比值，岩芯含水包括层间水、束缚水和自由水。多数测井资料测量的是沉积物中的总含水量，因此，由测井资料计算得到的孔隙度与岩芯分析取得的孔隙度基本一致[19]。

② 密度测井确定孔隙度　岩石中常见矿物的密度在 2.0 g/cm^3 以上，而孔隙中流体密度一般小于或在 1.0 g/cm^3 左右。当岩石孔隙度增大时，岩石的密度会因流体所占比例增加而降低，因此可利用密度计算岩石的孔隙度。需要注意的是，密度孔隙度是岩石的总孔隙度，包括不连通的孔隙体积。

由密度计算孔隙度的公式为：

$$\Phi = (\rho_m - \rho_b)/(\rho_m - \rho_f) \tag{10-3}$$

式中，Φ 为孔隙度；ρ_m 为地层骨架密度，g/cm^3；ρ_b 为测井密度，g/cm^3；ρ_f 为地层水的密度，取 $\rho_f = 1.05 \text{ g/cm}^3$。其中，骨架密度 ρ_m 随深度的不同而变化，一般取值范围为 $2.69 \sim 2.72 \text{ g/cm}^3$。

密度测井数据受井径扩大的影响很大，对于含水合物的地层必须对密度测井曲线进行井径校正，用校正后的测井密度计算孔隙度。大洋钻探计划（ODP）164 航次 994D、995B 和 997C 井采用上述方法计算得到的孔隙度范围为 $50\% \sim 70\%$。通常密度测井求得的孔隙度比岩芯分析孔隙度偏高[19]。

③ 用电阻率计算孔隙度　Archie 公式给出了电阻率和孔隙度之间的关系：

$$R_t/R_w = a\Phi^{-m} \tag{10-4}$$

式中，R_t 为测井电阻率，$\Omega \cdot \text{m}$；R_w 为地层水电阻率，$\Omega \cdot \text{m}$；a、m 为待定常数。

R_w 是地层水的矿化度和温度的函数，可以通过岩芯水分析矿化度资料和测量的地温用 Archie 公式计算。需要注意的是，天然气水合物层位岩芯水分析矿化度资料可能会受天然气水合物分解时释放的淡水影响。

Serra 等[20]1984 年提出了计算 a 和 m 的方法。为避免天然气水合物的影响，在计算 a、m 的过程中一般不采用含天然气水合物层段的电阻率。在 ODP 164 航次上述 3 个站位的孔隙度解释中采用 $a=1.05$，$m = 2.56$。

与密度法相比，电阻率法求得的孔隙度更接近于岩芯分析孔隙度。密度测井孔隙度通常大于岩芯孔隙度，这是由于扩径对其的影响。由于天然气水合物的特殊性质使得计算得到的电阻率不是绝对可靠，最好采用岩芯孔隙度进行校正。

（2）天然气水合物饱和度的计算方法　天然气水合物的饱和度是指地层孔隙中的水合物体积与地层沉积物孔隙总体积的比值。假设地层沉积物孔隙被孔隙水和水合物完全占据，含水饱和度（S_w）和天然气水合物饱和度（S_h）存在以下关系：$S_h = 1 - S_w$。含水饱和度（S_w）一般采用 Archie 公式计算得到，其中用到电阻率数据。有两种形式的 Archie 公式，分别介绍如下。

第一种形式即标准 Archie 公式：

$$S_w = \left(\frac{aR_w}{\Phi^m R_t} \right)^{1/n} \tag{10-5}$$

式中，R_w 为原位孔隙水的电阻率，是孔隙水的矿化度和温度的函数，$\Omega \cdot m$；R_t 为含水合物地层的电阻率，$\Omega \cdot m$；Φ 为沉积物孔隙度；a 为弯曲系数；m 为胶结系数；n 为经验系数，对含水合物的碎屑沉积物，取 1.9386；对含气体的碎屑沉积物，取 1.62。

a、m 的计算可参考相关文献[20,21]。大洋钻探计划（ODP）164 航次 994D、995B、997C 三个站位的水饱和度计算中 Archie 常数 a 和 m 分别采用 $a = 1.05$，$m = 2.56$，经验系数 $n = 1.9386$，R_w 采用 UNIT1 层位和 UNIT3 层位的岩芯分析计算的地层水电阻率。孔隙度 Φ 采用岩芯孔隙度分析点之间的线性内插或者利用每口井岩芯分析的孔隙度数据回归的趋势线计算得到。在 994D、995B、997B 三口井中，用标准 Archie 公式求得的含水饱和度介于 80%～100% 之间，即水合物饱和度 S_h 不高于 20%。计算结果对比表明，采用标准 Archie 公式，孔隙度用岩芯分析的绝对值计算得到的含水饱和度变化剧烈，而采用统计平均的孔隙度计算得到的含水饱和度更稳定[19]。

第二种形式的 Archie 方程是基于修正的快速直观 Archie 分析技术，该方法利用饱和含水的沉积层和含天然气水合物地层的电阻率比值计算含水饱和度，计算公式为：

$$S_w = (R_0/R_t)^{1/n} \tag{10-6}$$

式中，R_0 为饱和含水地层的电阻率，$\Omega \cdot m$；R_t 为含天然气水合物段地层的电阻率，$\Omega \cdot m$；n 为经验系数。

该方法基于以下假设：若孔隙空间全部被水占据，电阻率测井器将测到饱和含水地层的电阻率，饱和含水地层的电阻率 R_0 被认为是一个相对的基线，其邻层的天然气水合物饱和度可通过 R_0 求得。在实际计算中，常用与含水合物地层相邻的两个非含水合物地层的电阻率推算含水合物地层的饱和含水电阻率 R_0。实验室分析求得 n 的估计值为 1.9386[19]。

海底沉积物中水合物的饱和度对天然气水合物的资源量评价意义重大。目前地震波速度、电阻率和碳氧比能谱测井、孔隙水氯离子浓度是较为普遍采用的方法。地震波速度法最为经济，模型较多，其中孔隙度降低模型是半定量的预测模型，时间平均方程方法假定海底含水合物沉积物全部为固态，而地层中的孔隙并未完全固结；电阻率法假设水合物的存在使沉积物孔隙度降低是电阻率增加的唯一原因，实际上黏土成分等也可能对沉积物电阻率的增加有影响；碳氧比能谱测井对井眼条件的依赖程度较高，目前尚处于试验阶段；孔隙水氯离子浓度法概念上比较简单，但由于影响原地氯离子浓度的因素较多，并且用海水氯离子浓度或拟合出的"背景浓度"代替原位沉积物中的氯离子浓度，所以会导致预测值过高。

实际上海底含水合物的沉积物是一个复杂的系统，任何一种饱和度的预测方法为了简化都必须做出各种假设，而这些假设往往会导致预测结果不准确。因此应用中应根据实际情况选择合适的方法，尽量用一种以上的方法做多方法校正，以提高预测的准确度。由于含天然气水合物储层的不稳定性，各种测井方法由于井眼条件较差而影响测井质量，所以，各种测井方法的井眼校正研究也是亟待解决的问题[19]。

10.2 地球化学探测技术

地球化学提供了多种有效的天然气水合物识别方法，可以与地球物理方法互为补充。在寻找水合物以及研究水合物相关特征性质等方面，地球化学探测技术有不可替代的作用。

天然气水合物具有亚稳定性，其存在状态极易受温度压力变化的影响，所以，在含水合物的海底浅层沉积物中常常发现天然气地球化学异常。地球化学异常不仅可指示天然气水合物存在的可能位置，而且利用烃类组分比值（C_1/C_2^+）及同位素成分等数据可判断其天然气成因。例如，研究发现，在水合物形成时 $H_2^{18}O$ 和 $H_2^{16}O$ 将发生分馏，水合物中 $^{18}O/^{16}O$ 值与冰中的 $^{18}O/^{16}O$ 值相近，由此造成水的同位素异常，异常程度用 A 表示，即

$$A = \frac{(^{18}O/^{16}O)_{固体}}{(^{18}O/^{16}O)_{液体}} \qquad (10\text{-}7)$$

Davidson 测得的 $A = 1.0026$[22]。

10.2.1 与天然气水合物相关的气体特征

10.2.1.1 天然气水合物中甲烷的成因及来源

目前，天然气水合物中的甲烷气体主要分为热成因气和生物成因气两种类型。热成因甲烷气是由盆地深处的有机质热降解生成，通过盆地卤水向上迁移至浅层。生物成因甲烷气主要由二氧化碳还原及乙酸发酵形成：

$$CO_2 + 4H_2 \longrightarrow CH_4 + 2H_2O$$

$$CH_3COOH \longrightarrow CH_4 + CO_2$$

一般用 $C_1/(C_2+C_3)$ 的值作为辨别生物成因气和热成因气的条件，其标准为

$$\frac{CH_4}{C_2H_6+C_3H_6} \geqslant 100 \qquad 生物成因气$$

$$\frac{CH_4}{C_2H_6+C_3H_6} \leqslant 80 \qquad 热成因气$$

$C_1/(C_2+C_3)$ 值介于 $80\sim100$ 之间则表明为混合成因。也可由天然气的 C 同位素组成 $\delta^{13}C \equiv [(^{13}C/^{12}C)_{sample}/(^{13}C/^{12}C)_{PDB} - 1] \times 10^3$ 确定，式中 $(^{13}C/^{12}C)_{PDB}$ 为箭石（belemnite）样品中的碳同位素比值。具体的判断标准为[23]

$$\delta^{13}C \equiv \left[\frac{(^{13}C/^{12}C)_{sample}}{(^{13}C/^{12}C)_{PDB}} - 1\right] \times 10^3 > -55 \qquad 热成因气$$

$$\delta^{13}C \equiv \left[\frac{(^{13}C/^{12}C)_{sample}}{(^{13}C/^{12}C)_{PDB}} - 1\right] \times 10^3 < -55 \qquad 生物成因气$$

另外，应用天然气水合物中甲烷的氢同位素组成 δD 还可以初步判断生物成因气的生成方式。通过 CO_2 还原形成的甲烷气体 δD 值一般大于-250 ‰（SMOW 标准），典型值为（-191 ± 19）‰；由乙酸根发酵形成的甲烷气体 δD 值通常小于 $-250‰$，典型取值范围为 -355 ‰ ～ -290 ‰[24]。

Kvenvolden[25]统计了世界各地的天然气水合物样品，认为大部分地区天然气水合物中的烃类由微生物还原沉积物有机质中的 CO_2 得到，即生物成因，甲烷含量大于 99%，甲烷中的 $\delta^{13}C_{PDB}$ 范围为 -73 ‰ ～ -57 ‰。仅有少数地区，如 Mexico 湾和 Caspian 海的水合物中的烃类是热成因气，其 $\delta^{13}C_{PDB}$ 范围为 21 ‰ ～ 97 ‰。另有少量地区是生物成因占主导的混合成因气。对美国 Alaska 地区 Prdhoe Bay-Kuparuk 河流域和俄罗斯西西伯利亚 Messoyakha 气田等陆地水合物藏的气体分析发现，其中甲烷含量大于 99%，$\delta^{13}C_{PDB}$ 范围为 -49 ‰ ～ -41 ‰，这些地区也属热成因占主导的混合成因气。

10.2.1.2　天然气水合物冷泉附近底层海水中气体的特征

在水合物分布区域，含水合物地层由于地质运动引起的温度升高会造成地层内天然气水合物分解，产生的大量天然气在有限空间内会形成局部高压，当局部压力高于静水压力和岩层压力时，上层覆盖的岩层将被冲开而形成冷泉或冷火山，通称为冷泉（cold vent）。在水合物海岭（Hydrate Ridge）洋底喷溢的流体中甲烷的含量高达 74000 nL/L，并且在底层海水的柱状剖面中，越接近海底，甲烷的含量越高。非水合物分布区域的底层海水中甲烷的含量一般小于 20nL/L[26]。

冷泉内天然气水合物分解产生的甲烷在底层海水中局部氧化产生 CO_2，使底层海水中溶解的总 CO_2 的浓度升高。由于甲烷氧化释放出富^{12}C 的 CO_2，因此底层海水中溶解的二氧化碳中的 $\delta^{13}C$ 值相对降低[26]，引起底层海水中 C 同位素含量异常。

He 是一种惰性气体，放射成因^{4}He 一般来源于沉积物的放射性衰变。冷泉将深部地层中高^{4}He 含量的地层水带到底层海水，从而造成^{4}He 含量异常。在水合物脊中的冷泉喷溢口附近的海水显示明显的^{4}He 同位素异常。底层海水中高^{4}He 含量与高 CO_2 含量同时出现，可作为一个判别水合物存在的地球化学指标[26,27]。

在水合物分布区域，由于水合物分解释放出的天然气的影响，底层海水中 CH_4、CO_2 及 He 等气体的含量和同位素等特征会发生变化。上述底层海水中气体异常，通常仅出现于冷泉附近。从冷泉中喷溢出的地层水及气体被迅速地稀释、溶解和氧化，随着与冷泉距离的增加地化异常逐渐减弱。因此，在水深较深的水合物分布区对冷泉的探测和寻找比较困难[28]。

10.2.2　天然气水合物地层孔隙水的地球化学特征

10.2.2.1　沉积物孔隙水氯度和氧同位素及其变化

由于气体水合物的笼型结构尺寸的限制，地层水中的盐离子不能进入笼形包腔。因此，含盐的地层水与天然气形成水合物时将使盐离子析出，从而使周围的地层水盐度增高；反之，天然气水合物分解时将会得到纯净淡水，对其周围的地层水有稀释作用，使其盐度低于海水，这两种情况都可造成水化学异常。基于以上原理，在沉积物岩芯中，将 Cl^- 浓度的降低作为识别地层天然气水合物主要的化学标志。

1979 年深海钻探计划（DSDP）67 航次在中美洲大陆边缘危地马拉外的太平洋陆坡上

钻遇了天然气水合物。天然气水合物出现在更新世-中新世富含有机质的沉积物中[29]。DS-DP67航次危地马拉陆坡上496、497站位的孔隙水中氯离子浓度和氧同位素变化曲线如图10-2所示[29]，由图可以看出：

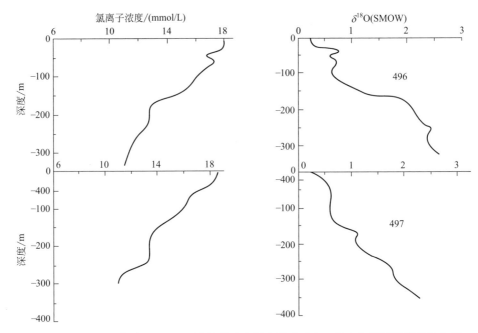

图 10-2　DSDP 67 航次 496、497 站位孔隙水氯离子浓度和 $\delta^{18}O$ 含量随深度变化曲线

① 两个站位孔隙水内氯离子浓度变化趋势相似，$\delta^{18}O$ 变化趋势也基本相似；

② 海底以下数十米内开始，含天然气水合物带的孔隙水氯离子浓度随深度增加持续降低，至钻孔底部约380m时，孔隙水氯离子浓度降至 9mmol/L，约为底层海水氯离子浓度的一半；

③ 随深度增加，氧同位素 $\delta^{18}O$ 含量升高，孔底含量达到 2.5（SMOW）。

水合物区域氯离子浓度剖面发生变化可做如下解释：由于天然气水合物笼型结构尺寸的限制，盐离子无法进入笼型包腔，使地层孔隙水的盐度增加。随着沉积埋深的增加地层压力增加，使得沉积物被压缩，空隙度降低，富氢同位素和高盐度的地层流体逐层向上排升。因此，只要沉积层可以渗透，不断的沉积将使固液分离过程持续进行，特殊的氯离子浓度剖面即可持续延长。在取样过程中天然气水合物分解释放出淡水，对周围的孔隙水进行稀释，使得实际测得的孔隙水氯离子浓度偏低[31,32]。

大洋钻探计划（ODP）112 航次在太平洋秘鲁大陆边缘的 685、688 站位发现了天然气水合物，其孔隙水的氯离子浓度随深度降低。值得注意的是，在海洋沉积物中，蛋白石、失水或渗滤、黏土矿物的自生成作用等也可引起 Cl^- 浓度的变化，因此，不能将 Cl^- 浓度降低作为天然气水合物存在的唯一证据。另外，盐度的变化可引起水合物平衡条件的改变，这对于天然气水合物的资源量评价影响也较大[29]。

10.2.2.2　利用孔隙水氯离子浓度变化计算水合物饱和度的方法

岩芯中的水合物分解时会释放出淡水，岩芯孔隙水氯离子浓度变化可用于计算地层中水合物的饱和度。该方法假设地层水合物分解出淡水是地层孔隙水氯离子浓度降低的唯一原因，利用地层孔隙水的淡化程度即可估算水合物的饱和度。利用孔隙水氯离子浓度计算水合物饱和度的经验公式如下式所示[7,15,30]：

$$S_h = \frac{1}{\rho_h} \left(1 - \frac{c_{Cl,pw}}{c_{Cl,sw}} \right) \tag{10-8}$$

式中，S_h 为天然气水合物的饱和度；ρ_h 为纯天然气水合物的密度，一般取 0.9 g/cm³；$c_{Cl,pw}$ 为实测的岩芯孔隙水中氯离子浓度；$c_{Cl,sw}$ 为原地孔隙水中氯离子浓度。

采用上式计算时需首先建立水合物分解前的原地孔隙水氯离子浓度剖面，再与岩芯孔隙水氯离子浓度剖面相结合就可定量描述由于水合物分解造成的稀释程度。通过常规的地球化学测量方法建立原地孔隙水氯离子浓度剖面比较困难，采用水取样温度探针（WSTP）获得的原地孔隙水样十分有限且成本较高，因此研究者们通常用理论数据近似代替原地孔隙水氯离子剖面，主要有以下两种方法：

① 最简单的方法就是假定原地孔隙水氯离子浓度与底层海水氯离子浓度近似。这种处理方法最为简单，计算结果与其他方法预测的水合物饱和度相差较大，一般高于其他方法的预测结果。如 Yuan[15] 等采用当地海水中氯离子浓度代替原地孔隙水氯离子浓度对大洋钻探计划（ODP）533 站位的水合物饱和度进行计算，得出水合物的平均饱和度高于 8%，明显高于该地区使用其他方法计算得到的结果。这一结果也说明，实际原地孔隙水氯离子浓度低于海水中的氯离子浓度。

② 测定水合物稳定带相邻地层的地层孔隙水氯离子浓度剖面，利用一个低阶多项式拟合上、下地层的氯离子浓度变化趋势，用拟合曲线中含水合物地层的氯离子浓度近似作为实际原地孔隙水中氯离子的浓度。Paull[31] 等采用三阶多项式拟合对大洋钻探计划（ODP）164 航次 997 站位计算得到的水合物饱和度为 4.8%。

实际上，水合物稳定带是一个开放系统，孔隙水的氯离子浓度易受对流、扩散以及冰期-间冰期海水盐度波动等的影响而变化，因此，采用多项式拟合也不能准确地表示含水合物地层的原地孔隙水氯离子浓度剖面。Egeberg[32] 等利用大洋钻探计划（ODP）164 航次 997 站位孔隙水化学数据，开发出一个耦合氯离子-水合物模型以考虑这些因素对孔隙水氯离子浓度的影响，从理论上模拟出原地氯离子浓度剖面。模型比较复杂，且仅适用于 997 站位[7]。

综上所述，引起天然气水合物区域地球化学异常的原因主要有以下方面：①地层水合物分解出的甲烷气在向上扩散的过程中引起沉积物和附近海水中甲烷含量和同位素组成异常，或者甲烷被其他物质氧化引起一系列的地球化学异常。②由于水合物笼型尺寸的限制，水合物的生成过程是排盐过程，由此造成地层孔隙水盐离子浓度异常。③在水-水合物的液-固转化过程中，由于同位素的选择性造成的同位素异常。目前对天然气水合物地球化学特征方面的研究主要集中在以下几个方面：①天然气水合物中甲烷的地球化学特征；②含天然气水合物地层孔隙水地球化学特征；③沉积物全岩地球化学特征；④沉积物中自生矿物地球化学特征等[28]。

10.3　保真取芯技术

地质取样是天然气水合物勘探最直接的方法，可以验证地球物理和地球化学等间接勘探方法的有效性。从取样深度上分，天然气水合物地质取样可分为海底浅地层取样和深海钻探取样。从对样品的保真处理方面天然气水合物地质取样可分为常压取样和保真取样。海底浅地层取样方法主要有抓斗取样、重力取样（柱样）、大型重力活塞密封取样等。地质取样的目的有：确认天然气水合物的存在；分析天然气水合物的产状（层状、团块状、结核状、星点状）及赋存方式；测定含水合物地层的孔隙率和计算水合物的饱和度；测定含水合物地层的电阻率、地震波速度、中子密度等物理性质；测定地层水的 Cl^-、SO_4^{2-} 等离子的浓度；测定地层水合物中气体成分及 C、S 等元素的同位素测定等。

随着水合物勘探技术研究的深入，人们对有 BSR 显示与天然气水合物的关系有了更加全面的认识。尽管很多 BSR 分布区域都满足天然气水合物的稳定条件，但是这些区域并不一定有天然气水合物存在。同时，在实际发现天然气水合物的地区也未必有 BSR 显示。因此，采集海底岩芯成为验证天然气水合物是否存在最直接的方法。由于气体水合物特殊的物理性质，在不保压的条件下，岩芯被提至海面时其中的天然气水合物就会部分或全部分解。为了获取在保持原始压力下的沉积物岩芯，国内外研究者开始研制保压取芯器（pressure core sampler，PCS）。1995 年大洋钻探计划（ODP）第 164 航次 991~997 站位在 Blake 海岭和 Carolina 隆起首次进行了保压取芯器取样实验并取得了部分成功[6]。目前，国内外使用的保压取芯器参见表 10-2[33]。

表 10-2　国内外几种主要的保压取芯器

取芯器	主要技术指标	取芯历史
ODP-PCS	①自由下落式展开，液压驱动，绳索提取；②可取到长 86cm，直径为 42mm 的芯样；③可与 APCXCBBHA 联合使用；④岩芯室长为 1.8m，直径为 92.2mm；⑤保持压力 70MPa；⑥工作温度为 $-17.78\sim+26.67℃$	在 ODP Leg 124,139,141,146,164,196 等航次中使用，取样长度 0~0.86m，保持压力 0~50MPa
日本 PTCS	①绳索下放、回收式内岩芯管；②岩芯直径为 66mm；③钻头直径为 66.7mm；④取芯长度为 3m；⑤保压系统为 30MPa，利用氮气蓄压器控制压力；⑥保温系统；⑦采用绝热型内管和热电式内管冷却方式；⑦采用 219.1mm 钻铤和 168.3mm 钻杆	在马更歇三角洲、石油公司柏崎试验场、"南海海槽"海洋探井（采芯率 37%~47%）等中使用
DSDP-PCB	①在同一回次中可取几段岩芯；②可取长 6m，直径 57.8mm 的保压岩芯；③工作压力不大于 35MPa；④机械室驱动，绳索提取；⑤只能与 RCBBHA 联合使用；⑥工作水深小于 6100m；⑦不打开岩芯筒可测量岩样的压力和温度；⑧PCB 使用频率受球阀的限制（调整需 2~5h）	在 DSDP Leg 42、62、76 等航次中使用
活塞取样器 APC	①可为振动式和液压式活塞取样器；②工作温度为 $-20\sim+100℃$；③在取活塞式岩芯的同时，就开始测量温度，除了取芯必需的时间外，需要的时间很少；④受到深度的限制，一般为 120~150m；⑤主要用于海底沉积土样，非专门的水合物取样；⑥ODP-APC，取芯深度为 250m，取芯外管的内径为 86mm，取芯长度最大为 9.5m，取芯压力最高为 14.4MPa	ODP 必备取样器，各航次都有使用，曾回收到水合物样品
ESSO-PCB	①钻具外径 152.4mm；②岩芯直径为 66mm；③总长为 5.82m；④可适当补偿岩芯管的体积和容积	未见水合物取芯报道
Christensen-PCB	①岩芯直径 63.5mm；②保持压力 70MPa；③取芯长度 10m	未见水合物取芯报道
美国 PCBBL	①岩芯直径 63.5mm；②保持压力 53MPa；③取芯长度 6m	未见水合物取芯报道
大庆 MY-215	①岩芯直径 70mm；②保持压力 25MPa；③取芯长度 4.5m	未见水合物取芯报道

参考文献

[1] Max M D. Natural gas hydrate in oceanic and permafrost environments，Kluwer Academic Publishers，2000，12.

[2] Markl R G，Bryan G M，Ewing J I，J Geophys Res，1970，75：4539.

［3］宋海斌，江为为，张文生，郝天珧. 天然气水合物的海洋地球物理研究进展，地球物理学进展.2002，17（2）：224-229.

［4］美国地质调查所网站.

［5］陈建文，闫桂京，吴志强，龚建明，张银国. 天然气水合物的地球物理识别标志，海洋地质动态，2004，20（6）：9-12.

［6］大洋钻探计划网站.

［7］甘华阳，王家生，陈建文，龚建明. 海底天然气水合物的饱和度预测技术. 海相油气地质，2004（9）：111～115.

［8］Hyndman R D，Spence G D. A seismic study of methane hydrate marine bottom simulation reflectors. Journal of Geophysical Research，1992，97：6683-6698.

［9］Wyllie M R J，Gregory A R，Gardner G H F. An experimental investigation of factors affecting elastic wave velocities in porous media. Geophysics，1958，23：459-493.

［10］Lee N W，Hutchinson D S，Collett T S，et al. Seismic velocities for hydrate-bearing sediments using weight equation. Journal of Geophysical Research，1996，101：20347-20358.

［11］Kuster G T，Toks M N. Velocity and attenuation of seismic waves in two-phase media，1. Theoretical formulation. Geophysics，1974，39：587-606.

［12］Lee N W，Hutchinson D S，Collett T S，et al. Seismic velocities for hydrate-bearing sediments using weight equation. Journal of Geophysical Research，1996，101：20347-20358.

［13］Ecker C，Dvokin J，Nur A M. Estimation the amount of gas hydrate and free gas from marine seismic data. Geophysics. 2000，65：565-573.

［14］Hyndman R D，Moore G F，Moran K. Velocity，porosity and pore-fluid loss from the Nankai subduction zone accretionary prism. Processing of Drilling Program Results，1993，131：211-220.

［15］Yuan T，Hyndman R D，Spence G D，et al. Seismic velocity increase and deep-sea gas hydrate concentration above a bottom -simulation reflector on the northern Cascadia continental slope. Journal of Geophysical Research，1996，101：13655-13671.

［16］Goldberg D S，Collett T S，Hyndman R D. Ground truth：in-situ properties of hydrate［A］. In：Max，M. D. （ed）. Natural gas hydrate in oceanic and permafrost environments［C］. Kluwer Acad. Publ. Dordrecht.，2000，295-310.

［17］陈建文. 天然气水合物及其实测的地球物理测井特征，海洋地质动态，2002，18（9）：28-29.

［18］Mathews M. Logging Characteristics of Methane Hydrate［J］. The Log Analyst，1986，27（3）：26-63.

［19］高兴军，于兴河，李胜利，段鸿彦. 地球物理测井在天然气水合物勘探中的应用. 地球科学进展.2003，18（2）：305-311.

［20］Serra O. Fundamentals of Well-log Interpretation（Vol. 1）：The Acquisition of Logging Data；Developments in Petroleum Science，15A［C］. Amsterdam：Elservier，1984.

［21］Collett T S，Ladd J. Detection of gas hydrate with downhole logs and assessment of gas hydrate concentrations（saturations）and gas volumes on the Blake ridge with electrical resistivity log data，In：Paull C K，Matsumoto R，Wallace P J，et al. Proceeding of Ocean Drilling Program，Scientific Results. College Station，TX，2000，164：199-212.

［22］Davidson W，Leaist D G，Hesse R. $\delta^{18}O$ enrichment in the water of a clathrate hydrate. Geochim. Cosmochim. Acta，1983，47：2293-2295.

［23］Yuri F. Hydrates of hydrocarbons［C］，Russian Academy of Natural Sciences. pp340，IPNG，RAN，Texas A&M University，Wayne Dunlap（editor）. Tulsa Oklahoma：Pennwell Publishing Company，1997.

［24］Matsumoto T U，Waseda A. Occurrence，structure，and composition of nature gas hydrate from the Blake Ridge Northwest Atlantic［A］. Paull C K，Matsumoto R，Wallace P J，et al. Proceedings of the Ocean Drilling Program，Scientific Results［C］. College Station，Texas：Texas A&M Uuversity（Ocean Drilling Program），2000.164：15-28.

［25］Kvenvolden K A. A review if the geochemistry of methane in natural gas hydrate. Organic Geochemistry，1995，23：997-1008.

［26］蒋少涌，凌洪飞，杨竞红，等. 海洋浅表层沉积物和孔隙水的天然气水合物地球化学异常识别标志. 海洋地质与第

四纪地质，2003，23（1）：87-94.

[27] Suess E，Torres M E，Bohrmann G，et al. Gas hydrate destabilization: enhancement dewatering，benthic material turnover，and large methane plumes at the Cascadia convergent margin. Earth Planet Sci. Lett，1999，170：1-15.

[28] 蒲晓强，钟少军. 天然气水合物地球化学特征. 海洋科学. 2006，30（3）：73～78.

[29] 凌洪飞，蒋少涌，倪培，杨竞红. 沉积物孔隙水地球化学异常：天然气水合物存在的指标. 海洋地质动态. 2001，7（7）：34～37.

[30] Lu S，McMechan G A. Estimation of hydrate and free gas saturation，concentration，and distribution from seismic data，Geophysics，2002，67（2）：582-593.

[31] Paull C K，Matsumoto R，Wallace P J，et al. Proceeding of Ocean Drilling Program，Scientific Results. College Station，TX，2000，164：623.

[32] Egeberg P，Dickens G R. Thermodynamic and pore water halogen concentrations on gas hydrate distribution at ODP Site 997 Blake ridge，Chemical Geology，1999，153：53-79.

[33] 汤凤林，张时忠，蒋国盛，刘晓阳，窦斌. 天然气水合物钻探取样技术介绍. 地质科技情报，2002，21（2）：97-99.

第11章 天然气水合物资源开发技术

天然气水合物的开发实际上就是开采水合物中所包含的天然气——水合天然气。目前水合天然气开采的技术成熟度还比较低，全球范围内水合天然气的试开采实例也比较有限。本章主要介绍水合物开采的基本方法和原理，水合物开采的实验模拟和数值模拟技术，水合物的野外试开采进展，水合物商业开采的前景及面临的挑战。

11.1 水合天然气开采的基本方法和原理

水合天然气的开采目前有两种基本思路，一种是将天然气水合物在储层原位分解为水和天然气，然后采用类似如常规天然气开采的技术途径将天然气采出。另一种类似如采矿，先将沉积物水合物机械破碎，然后将其和海水混合，通过管道泵送到平台，在专门装置中分解出天然气、水和沉积物再送回储层[1]。前一种是目前国际上比较主流的思路，本书主要针对该技术思路进行阐述。该开采模式的关键是如何快速、低成本地将天然气水合物在储层原位分解为水和天然气。水合天然气开采的分类也主要是基于分解水合物的方法不同而进行的。常规的水合物分解方法有降压法、升温法、注热力学抑制剂融解法以及它们同时采用时的组合法。这些方法主要是改变储层的热力学条件（压力、温度、组成等），使原来热力学稳定的固体水合物不再稳定，进入气-水两相稳定区，这可以统一地用图 11-1 来说明。随着研究的深入，目前人们又提出了注气吹扫-置换法，包括注 CO_2 或含有氮气和氢气等惰性气体的 CO_2 混合气。气体的注入可以在不改变总压的情况下降低气相中甲烷的分压，从而激发甲烷水合物的分解，分解出的水可以和 CO_2 生成水合物，并释放热量。所以注气法和降压-加热组合法效果上类似。下面分别就这些方法进行更详细的介绍。

11.1.1 降压法

自然界的天然气水合物主要赋存于海底，其上有厚度不一的泥质沉积覆盖层。由于覆盖层对海水没有封盖能力，除了在热力学稳定边界上，水合物沉积层一般没有自由气。要降低水合物储层的压力，需要排水作业才能将近井区域储层的压力降到水合物的分解压力之下，如图 11-2 所示。随着离开排水井距离的增加，透水面积增大，压力梯度逐渐减小；随着排水时间的延长，降压区域的体积逐渐增大，但当增大到一定量后，排水体积流率和透水量相

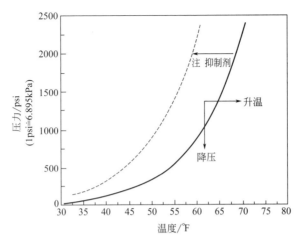

图 11-1 水合物开采方法的作用机理示意图

图中的曲线为水合物的稳定边界线，
其左上方为水合物稳定区，其右下为气、水两相稳定区

等，近井区域的压力梯度剖面也就固定下来，有效的降压区域（即压力小于水合物分解压力的区域）的体积也不再增加[如图 11-3(a)所示]。而如果存在一个封盖层防止在降压过程中海水透入，则有效降压区域的体积可随着时间的延长不断扩大。因此在原始状态下，排水降压开采的时效性是很低的，要提高单井产量和产气周期，需要有一个封盖层的存在。这也是著者强调构建人工盖层的重要性和必要性的原因。对于排水降压法，由于不断有外部的水透入提供显热，储层温度不会有显著降低，即无需加热。但数值模拟结果显示产出的气-水体积比一般比较低，在 10 左右，离水合物的理想气-水比 160 有很大的差距。

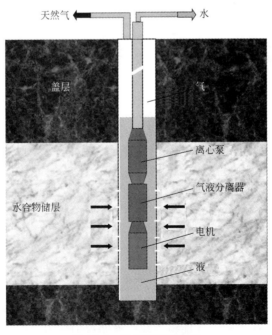

图 11-2 排水降压示意图

对于如图 11-4 所示的上有封盖层、下有游离气的理想水合物储层，降压和采气完全是

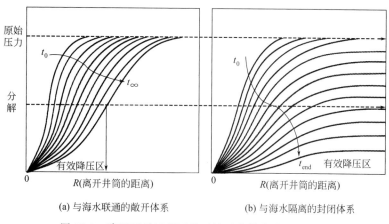

图 11-3　降压开采过程近井区域压力梯度演化趋势图

同一个过程。合理的开采方案是钻穿水合物层至下伏游离气层，先采出常规天然气，待产量降低后降低开采压力，使上方的天然气水合物分解，实现天然气的连续开采。这类水合物储层往往本身也含有游离气，而自由水的饱和度则比较低，是最适合简单降压开采的水合物储层。

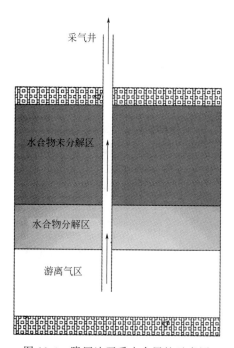

图 11-4　降压法开采水合甲烷示意图

对于这类储层的排气降压开采法通常可以分为三个阶段：自由气采出阶段、储层显热维持水合物分解阶段、外界热量输入维持水合物分解阶段[2]。第一、二阶段的生产过程主要受降压速率快慢的影响，而从环境向水合物储层的传热速率快慢是影响第三阶段水合物开采的主要因素，此时水合物的分解速率非常慢。研究发现，最后 40% 水合物的分解时间占整个水合物分解时间的 70%[3]。目前有一种新的观点，并在室内模拟实验中得到证实，即通过大幅度降压，将储层温度降到零度以下，水合物分解产生冰而不是液态水，需要的潜热显著降低，此时无需外界热量的输入，水合物也能持续分解释放气体[4,5]。当然，对于这种开采思路，温度的控制很关键。如果温度能控制在 272 K 附近，水合物分解速率比较快，而温度降到 268 K 左右，水合物自保护效应会比较显著，分解速率很慢[6~9]。此类水合物储层在永久冻土带比较容易出现，如苏联的 Messoyakha 气田上的水合物储层。但当时采用的是降压和注热力学抑制剂结合的方法。目前室内模拟研究基本都是针对这类储层，很少有针对和海水联通的储层进行开采模拟研究。所以在阅读相关文献时要特别注意模拟结论的适用性。

11.1.2 升温法

提高储层温度是激发水合物分解的可行办法，此类方法一般也称为热激法。目前文献报道的使储层温度升高的方法包括注热水[10~26]、井底微波加热[27]、太阳能加热[28]、井底电磁加热[29]、井底燃烧[23]等。但除了注热水外，其他方法基本都不具备大规模商业应用的可行性。从热力学角度分析，微波和电磁加热消耗的是电功这种高级能量，而热水所含的热量是一种低级能量，用热水加热储层，有效能利用率高，例如，通过热泵技术，获取 1kJ 的热量所需的电功可以远小于 1kJ。实际上，海水积蓄着巨大的热能，采用热泵技术可以方便地将海面上的海水升温，获取热能。因此，本书只介绍注热水法。目前野外水合物试开采大多采用降压法，注热水法应用较少。但关于它的室内实验模拟研究有不少报道，相关研究结论有一定参考作用，下面做简单介绍。

（1）单井吞吐注热水法 首先将热水通过井筒注入地层中，然后关闭井口，让热水的热量充分发挥加热水合物储层的作用，并使水合物分解。最后打开井口，将天然气-水混合物通过井筒中采出。这种开采模式的优点是仅需要一口井进行水合物开采，节省了钻井的成本；缺点是单次注入量有限、波及区域小，需要多次注入-焖井-开采循环，而且越往后，热水的能量利用率越低。影响单井吞吐法开采效率的因素包括：注水速率、注水温度、关井时间。研究发现，热水的能量效率随水合物饱和度的升高而升高，而随着注入速率和注入温度的升高而降低[10]，而受热水初始温度的影响不大[11]，热量的作用范围随吞吐次数的增加而增大，并具有最大值；其后，继续增加注热水次数，热量作用范围不再增加；同时发现，关井过程有利于热量发挥作用，如果没有关井阶段，则热量主要集中在井周围，导致热水的能量效率比较低[12~16]。

（2）连续注热水法 在水合物储层中钻多口井，其中 1 口井连续注入热水，同时，从采出井中采出天然气的开采模式，也称为多井注热水法。该开采模式的优点是热水能效相对较高，热水的辐射范围比较大；缺点是需要的井数较多，前期打井成本较高。影响连续注热水开采法的影响因素包括：热水注入温度、注入速率，注入井的位置等。研究发现，当温度小于 313 K 时，热水温度对产气量的影响较大，例如，313 K 时的产气量是 293 K 时产气量的 5.16 倍[17]；而温度大于 313 K 时，产气量随热水温度的增幅较小，例如，当温度从 313 K 升高至 353 K 时，产气量的增幅仅为 5.4%；同样，注入速率对产气量的影响也存在最大值。然而，研究发现[21,22]，开采前期，由于热水热量能够快速输送至水合物未分解区，因此水合物分解速率较快；开采后期，由于流动过程中热损失比较大，输送至水合物未分解区的热量减少，水合物的分解速率明显变慢，说明热水的高效作用区域是近井区域，另外，热流体在输送管线中热量损失也不容忽视[23]。提高能量效率的主要措施包括：优化注入温度、优化注入速率、减小井距等。综合考虑产气速率和能量效率两方面因素，发现热水的注入温度不应超过 39℃，超过此温度后，热水能量效率与温度成反比[18,24]。提高热水注入速率、提高注入温度、减小井距都有利于提高水合天然气的开采速率和整体开采效果[25]。优化开采井的类型和井距也能提高水合天然气的开采效果，例如，水平井的产气速率、传热速率和水合天然气的累积开采率都高于直井[22]，减小开采井之间的距离可增加开采速率，最佳井距应等于热量的最大作用距离[26]。

注热法是研究较早、较多的开采方法，其最主要目的是减少降压开采过程中地层降温幅度，单纯采用注热法进行水合物开采不具有经济性。在室内开发的过程中，由于模拟开采的实验装置较小，注热法一般能够取得较好的开采效果，与降压法合用的效果更佳。

目前针对热激法的研究主要集中在注水温度、注水速率、注水方式等方面对开采效率的影响，今后的研究除了继续关注注热工艺条件对采气效率的影响外，还应当进行以下两方面的研究：

① 结合地质条件，仔细研究注热水对储层状态和性质的影响规律，例如由于注水导致的黏土膨胀、颗粒运移等对储层渗透率的影响，并研究抑制这些作用的技术方法。

② 由于热激法还没有完全解决作用范围有限的问题，导致热激法的应用效果十分有限，因此应该深入研究提高热激作用范围的新方法，例如，通过将产热液体打入储层然后放出热量促进水合物分解是一种值得探讨的技术思路。

11.1.3 注抑制剂法

水合物抑制剂可以分为两种：热力学抑制剂（改变水合物的相平衡条件）和动力学抑制剂（降低水合物的生成速率），水合物开采过程主要采用热力学抑制剂。在油气输送管线水合物灾害防治中水合物抑制剂主要用来抑制水合物的形成，而在水合天然气的开采中，其主要作用是促进水合物的分解。常用的热力学抑制剂包括甲醇、乙二醇等醇类抑制剂以及氯化钠、硫酸钠等盐类抑制剂。对于注抑制剂法，影响水合物分解速率的因素包括：抑制剂种类、浓度、注入速率、水合物-抑制剂的接触面积等。研究发现，醇类抑制剂的促进效果随挥发度的增加而增强[30]。同时，不同种类盐对水合物分解的促进作用也不同，例如，$NaCl$ 溶液的促进作用高于 Na_2SO_4；$NaCl$、KCl、$MgCl_2$ 对水合物分解促进作用的大小顺序为：$MgCl_2 > KCl > NaCl$[31]。

水合物的分解速率随醇类抑制剂浓度的增加而增大[32]；与醇类抑制剂不同，盐浓度对水合物分解的促进作用具有最佳浓度值。研究发现，低浓度的盐溶液（3.45%）能够促进水合物的分解并明显提高水合物的产气量，然而，超高浓度的盐溶液（20%）却降低了水合物的分解速率，这是由于高浓度盐溶液会析出 $NaCl$ 晶体并堵塞沉积层的渗透通道，因此 $NaCl$ 对水合物的分解具有最佳浓度值[33]。另外，水合物和抑制剂的接触面积也会影响水合物的分解速率，例如，袁青等研究发现[17]，在连续注抑制剂开采过程中，由于在沉积物中 $NaCl$ 溶液传输速率比乙二醇溶液快，导致 $NaCl$ 溶液与水合物的接触面积大于乙二醇，因此注 $NaCl$ 的水合物产气量大于乙二醇。

相对而言，醇类抑制剂的水合物开采效果高于盐类抑制剂，然而，就应用前景而言，盐类抑制剂更具有应用前景，这是由于醇类抑制剂具有如下问题：①醇类抑制剂的价格比较高；②醇类抑制剂对环境存在危害。如果将海水淡化和水合物开采结合起来，可以提高综合效益。海水淡化产生的浓盐水是一种对海洋生态有害的物质，不能直接排海。而如果将其注入海床以下 200m 左右的水合物储层，不仅可以激化水合物分解，也可以解决浓盐水的埋存问题。将盐水加热后注入地层中，可以集合注热和抑制剂的双重作用，具有较好的应用前景。

11.1.4　注气吹扫-置换法

11.1.4.1　注 CO_2 吹扫-置换法

最初科学家提出 CO_2 置换甲烷法开采水合天然气是基于图 11-5 所示的 CO_2（气、液）-甲烷-水（液、固）-水合物（甲烷水合物、CO_2 水合物）的相图。从相图可以看出，在区域 A、B，甲烷水合物处于热力学不稳定状态，而 CO_2 水合物能够稳定存在。一般认为，将温度、压力控制在此区域，注入 CO_2 可以置换甲烷水合物中的甲烷。CO_2 置换法的主要优点是甲烷水合物分解所需的能量可由 CO_2 水合物生成热提供。CO_2 水合物的生成热为 57.98kJ/mol，而甲烷水合物分解热为 54.49kJ/mol[34]。实际上注入 CO_2 后首先产生的是吹扫效果，因为大量 CO_2 的注入会显著降低流体相中甲烷的分逸度，从而激化水合物分解。分子模拟的结果也证实了这一点。图 11-6 展示的是分子动力学模拟揭示的 CO_2 置换水合甲烷的机理[35]。许多学者认为在图 11-5 中的 C 区，由于 CO_2 的生成压力大于甲烷，不适合采用 CO_2 置换法。这其实是一种不正确的认识。事实上在 C 区域，CO_2 的注入仍会起到吹扫作用，激发甲烷水合物的分解，产生的甲烷中的一部分会和 CO_2 一起再次生成水合物，而 CO_2 还是会在水合物中富集，从而起到一定的置换效果。虽然在 C 区 CO_2（液态）的生成压力比甲烷（气态）高，但甲烷和 CO_2 的混合气生成水合物时，水合物相中 CO_2 的摩尔分数还是会比原料气高。即使在 E 区，有限的吹扫作用仍然存在，当然也还是有一部分水合甲烷被置换。

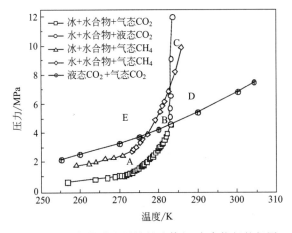

图 11-5　二氧化碳和甲烷的流体相-水合物相的相图

注 CO_2 吹扫-置换开采甲烷水合物的效率和 CO_2 的相态及储层的特点有一定的关系。一般认为含游离气的储层，注气态 CO_2 比较合适[17]；而对于含自由水的储层，注液态 CO_2 比较合适[36]。室内模拟结果表明，注 CO_2 开采甲烷水合物的技术瓶颈是速率太慢[37]。如上所述，其主要原因是 CO_2 和水合物分解产生的水快速生成水合物并包裹未分解的甲烷水

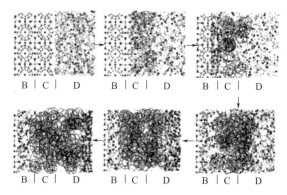

图 11-6　分子动力学模拟给出的 CO_2 置换水合甲烷机理图

合物，从而阻止甲烷水合物进一步分解，整个分解过程受传质控制。考虑到这一点，有学者提出用 CO_2/水乳液代替纯 CO_2 作为注入介质，提高 CO_2 的渗透性，从而提高置换效率[38]。初步的研究结果表明注 CO_2/水乳液的效果的确优于注纯 CO_2，但著者认为产生这种效果的主要原因不是那些研究者所声称的"提高了 CO_2 的渗透性"，而是因为 CO_2/水乳液中的 CO_2 和水高度混合，在储层条件下易于生成大量的水合物，放出较大的热量从而促进甲烷水合物分解。另外，由于水为连续相，乳液对沉积物中的孔隙流体驱替比较彻底，流体相中甲烷的化学势下降到很低的值，也导致甲烷水合物分解较快。有关注 CO_2/水乳液的开采方法研究还不成熟，需要进一步开展系统深入研究。

　　另一种强化 CO_2 置换开采过程的思路是采用超临界 CO_2。即在 CO_2 注入水合物层之前，先将 CO_2 加热至其临界温度之上。研究指出，超临界 CO_2 可以充分地激活 CH_4 水合物储层，克服常规置换过程中存在的质量传递过程，同时分解产生的 CH_4 更容易从储层中流出，该方法的 CH_4 产量确实较高，但主要贡献也许来自热激作用[38]。

11.1.4.2　注含 CO_2 混合气吹扫-置换法

　　由于 CO_2 容易形成水合物，所以它发挥的吹扫作用很有限，CO_2 水合物的形成还会对甲烷水合物的分解构成传质阻力，使得纯 CO_2 置换开采水合甲烷的时效性很低。为了克服这一缺点，人们提出了加入惰性气体组分（不易形成水合物的组分，如 N_2），增加吹扫作用的思想。采用纯氮气或氢气等惰性气体，甲烷水合物可以完全分解，效果和降压开采类似，不同的是储层的静压力并不需要下降，这对保持储层力学稳定性有利，要优于简单降压开采方法。但需要增加后续的采出气分离成本，尤其是对于氮气和甲烷的分离，目前还没有比较经济有效的分离方法。注入纯 CO_2 和纯惰性气体，是两种极端情形，前者主要是置换，后者则主要是吹扫。要兼顾吹扫和置换两方面的作用，应该注入 CO_2 和惰性气体的混合气。

　　考虑到后续气体的分离问题，作者所在的课题组建议优先考虑注 $CO_2 + H_2$ 的混合气，因为这种混合气可以通过甲烷的水蒸气重整方便获得，并提出了如图 11-7 所示的全绿色的水合物开采概念流程。由于后续的气体分离由 $H_2 + CH_4 + CO_2$ 三元体系转变为 $H_2 + CO_2$ 二元体系，而且该二元体系的分离方法多且成熟，气体分离问题得到很好的解决。该开采方法最后得到的是纯绿色的氢能，实现 CO_2 的负排放。室内模拟研究显示，通过调整注入气的组成，可以调控吹扫和置换的贡献比率[39]。由图 11-8 可见，CO_2 浓度较高时，以置换为主，CO_2 埋存率高，但甲烷采出率不高（大的温升表明 CO_2 水合物的生成量大于甲烷水合物的分解量）。当氢气浓度较高时，吹扫作用为主，甲烷采出率高（大的温降指示甲烷水合物大量分解），但CO_2埋存率低。从图11-8可以推知，当CO_2和氢气的比率控制在1:1左右时，储层温度变化小，CO_2水合物的生成量和甲烷水合物的生成量相当，放热和吸热能基本平衡，即能兼顾置换和吹扫，取得最佳的开采效果[39]。

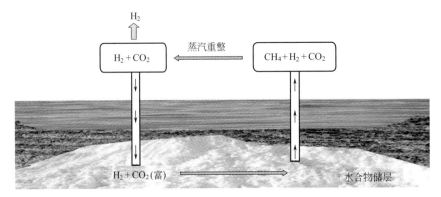

图 11-7 $CO_2 + H_2$ 吹扫-置换耦合甲烷水蒸气重整
绿色开采甲烷水合物概念流程

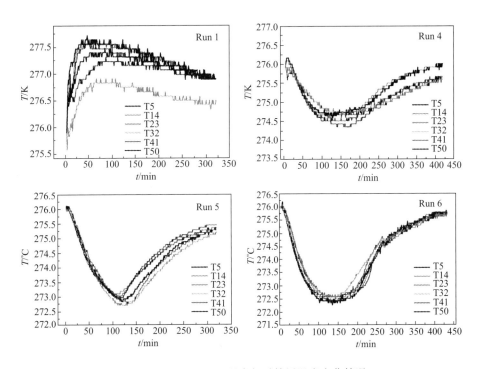

图 11-8 注 $CO_2 + H_2$ 混合气时储层温度变化情况
注入气中 CO_2 和 H_2 的摩尔比：
Run 1，74:25；Run 4，43:57；Run 5，20:80；Run 6，0:100

11.1.5 组合开采法

降压开采是一种操作最为简单的开采方法，可以单独实施。注热或注剂开采单独实施的可能性不大。但它们可以作为一种降压开采的辅助强化方法，即和降压开采联合实施，可取得比单独降压更高的采气效率。注热和注剂联合实际上相当于注温度比原始储层温度更高的抑制剂，谈不上组合开采。注热抑制剂和降压开采联合，如注热盐水辅助降压开采，在实际开采过程中值得考虑。注 CO_2 开采也可以和降压开采联合，但 CO_2 的埋存率比单独进行注 CO_2 开采要低，而且对保持地质稳定性不利。但如果在联合方式上进行一些优化，如先降压开采，再注 CO_2 补压，吹扫-置换开采剩余的水合物，则会达到增加甲烷开采率和保持地质稳定性的效果。注惰性气体和 CO_2 的混合气，由于其中已有降压开采的效果，宜进行保压开采，以保持储层原有的压力梯度，对保持地质稳定性有利。当然，也可以先用混合气在储层原始压力之下吹扫-置换充分开采甲烷，再注 CO_2 补压、生成水合物并修复储层的地质稳定性。

注热 CO_2 相当于是注热和注 CO_2 的组合。对于具体实施方法，Liu 等[40]新近提出一种技术思路，值得推荐。如图 11-9 所示，他们设想的井组是由位于水合物层底部的水平井生产井、深入地热层的用于 CO_2 热交换的直井、与生产井平行的 CO_2 注入水平井三部分组成。CO_2 的流程如图 11-9（b）所示，首先在水平井顶部安装一个封隔器，常温 CO_2 气体首先缓慢地从油管中注入高温地热储层进行 CO_2 加热，然后 CO_2 通过顶部的水平井中的射孔口进入水合物储层，然后 CO_2 将热量输送给水合物层，完成水合物分解和 CO_2 置换。但著者认为水平采气井置于 CO_2 水平注入井上方，更为合理，这样可以减少产水率。

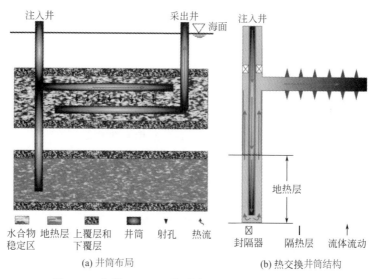

图 11-9　热激＋CO_2 置换联合法的注入井结构示意图

可以预期在未来实际开采过程中，必然会通过不同开采方式的优化组合，以实现最大的开采效率。因此开展相关的基础研究就显得十分必要。

11. 2　天然气水合物开采的实验和数值模拟方法

开采过程实验模拟研究对评价现有开采技术、开发新的开采技术以及制定合理的开采方案具有重要作用。通过实验模拟，可以帮助人们认识开采过程中水合物储层状态及其特性参数的变化规律、水合物的分解动力学规律及其影响因素、沉积物中多相流体的渗流规律等，最终给出影响产气速率和环境安全性的主控因素和调控方法。实验模拟除了可直接指导天然气水合物开采外，还可为数值模拟提供参数和基础数据。物理模拟和数值模拟的有机结合可为天然气水合物的开采提供更加坚实的支撑。模拟实验装置是开展室内水合物开采方法研究的基础条件，通过研发不同种类的实验装置可开展不同需求的开采模拟实验研究。由于水合物的形成和稳定需要高压低温环境，且需要实时对水合物储层的温度、压力、声波速率、电阻率及应力等参数进行监测，因此在实验室内研究天然气水合物需要苛刻的高技术含量的实验设备，其技术水平也相应代表了水合物研究水平。

11.2.1 天然气水合物开采模拟装置及实验研究

天然气水合物开采实验模拟装置是一套集天然气水合物生成、模拟开采、参数测量等多功能于一体的高度集成系统，一般由高压反应釜、气液供给、压力控制、温度控制、物性测量和数据采集等子系统组成。温度控制子系统由恒温浴槽或恒温室、温度控制模块组成；物性测量子系统一般由压力、温度、声波、电阻率、应力、骨架结构、气/液流量等测量模块组成，用来监测水合物分解过程中各物理参数的变化；数据采集系统一般由信号传输/转换模块和装有数据采集软件的计算机组成，达到对实验数据的实时采集和处理，便于科研工作者对实验情况的实时监测。

国内外相关研究机构依据自身需求分别搭建了不同形状、尺寸、技术指标和主要功能的模拟开采装置。这些装置经历了从几百毫升体积到几百升体积、从一维到三维、从小型室内实验模拟到中试规模实验模拟的发展阶段，其测试技术也由最初单一物理参数向多物理参数联合监测发展，能满足开展不同水合物开采方法的实验研究。国内外具有代表性的天然气水合物实验模拟装置主要集中在：中国石油大学（北京）、中国科学院广州能源所、大连理工大学、中国石油大学（华东）、青岛海洋地质研究所、美国橡树岭国家实验室、美国哥伦比亚大学、美国地质调查局、加拿大英属哥伦比亚大学、新加坡国立大学等。近年来，一批较大尺度的、中试规模的天然气水合物三维开采实验模拟系统相继建立和报道，主要有中国石油大学（北京）、中国科学院广州能源所、日本先进工业科学技术研究所和德国地球科学研究中心等。这些大尺寸的实验装置在一定程度上地消除了由于反应釜体积太小引起的边界效应，使实验条件更接近真实成藏和开采工况。

11.2.1.1 天然气水合物一维开采模拟装置及实验研究

最初，天然气水合物开采的实验模拟装置是从一维反应器开始建立的。这类反应器普遍高径比大，模拟空间呈管状，能够独立在单向维度上对天然气水合物模拟开采过程的规律进行考察，例如考察开采过程中纵向上海水下渗的情况，置换开采过程中纵向上二氧化碳水合物层的生成和置换规律；考察开采过程中径向上热量和流体流动的规律，混合气体吹扫开采过程中径向的吹扫和置换开采效果等。天然气水合物一维开采模拟装置主要技术指标见表11-1。

表 11-1　国内外天然气水合物一维开采模拟实验装置主要技术指标

国别	机构名称	实验装置功能	尺寸/有效容积
美国	地质调查局	一维综合实验装置	$\phi 70mm \times 130mm$
美国	康菲石油公司	水合物沉积层MRI测定	$\phi 37.5mm \times 60mm$
德国	亥姆霍兹海洋研究中心	临界 CO_2 置换开采	2L
韩国	汉阳大学	一维综合实验装置	$\phi 38mm \times 250mm$

续表

国别	机构名称	实验装置功能	尺寸/有效容积
日本	爱媛大学	微波刺激和等离子体刺激开采	$\phi 60mm \times 140mm$
土耳其	中东技术大学	CO_2 置换开采	0.67L
中国	中国石油大学(北京)	一维可视综合实验装置	$\phi 25.4mm \times 1000mm$
中国	中国石油大学(华东)	降压和热激开采	$\phi 80mm \times 800mm$
中国	中国科学院广州能源所	一维综合实验装置	$\phi 38mm \times 500mm$
中国	中国科学院广州能源所	一维综合实验装置	$\phi 36mm \times 200mm$

美国是全球的科学技术强国，其在天然气水合物领域的研究起步早，且在很长一段时间走在世界的前沿。有 6 个政府机构（能源部、矿产管理服务中心、国家大洋和大气管理局、国家科学基金、海军调查研究实验室和美国地质调查局）和一些大学及工业企业合作进行水合物研究，并根据各自研究内容建立了先进的实验系统。在一维实验模拟反应器中，有代表性的是美国地质调查局 Winters 等[41]搭建的气体水合物与沉积层实验装置（GHASTLI）。该装置主体为内径 70 mm、高 130 mm 的高压反应釜，主要探测手段为纵波波速、剪切强度和热敏电阻。基于该装置，Winters 等[41~43]测定了不同条件下甲烷水合物、合成水合物沉积层和天然水合物沉积层样品的剪切强度、波速、热导率和温度等基本物性参数。随后，美国康菲石油公司的 Stevens 等[44]搭建了一套水合物沉积层高压模拟反应釜。其测试在内径 37.5 mm、长 60 mm 的聚合物料桶内进行，主要测试手段为 MRI 成像，并研究了天然气水合物沉积层被气态 CO_2 置换过程中磁共振成像的变化。

德国、韩国、日本等国相关研究机构也都陆续建立了各种水合物一维实验模拟设备。德国亥姆霍兹海洋研究中心的 Deusner 等[38]搭建了一套海底自然环境模拟器（NESSI），该装置主体为容积 2 L 的高压反应釜，其主要探测手段为温度、压力及质量流量计。研究人员通过该装置探测了临界 CO_2 置换开采天然气水合物过程中温度、压力的变化情况。韩国汉阳大学的 Sung 等[45]搭建了一套水合物沉积层岩芯夹持器，其主体为内径 38 mm、长 250 mm 的高压反应釜，探测手段主要有 3 个电阻率测量系统、3 个温度传感器和 2 个压力传感器。通过该装置，Sung 等研究了降压法和注甲醇法开采甲烷水合物过程中沉积层电阻率、温度及压力的变化规律。另外，日本爱媛大学的 Putra 等[46]搭建了水合物沉积层实验装置，其主体为 0.5 L 的高压反应釜，该釜内径 60mm、高 140mm，主要探测手段包括温度、压力和气相色谱。基于该装置，Putra 等[46]和 Rahim 等[47]探究微波刺激法和等离子体刺激法下天然气水合物沉积层分解过程中温度、压力和气相组成的变化过程。此外，土耳其中东技术大学的 Ors 等[48]搭建了一套容积为 0.67 L 的水合物沉积层实验装置，主体为柱形高压反应釜，主要探测手段为 2 个温度传感器和 2 个压力传感器。通过该装置 Ors 等采用气态 CO_2 置换开采法探究了甲烷水合物沉积层分解过程中温度、压力的变化规律。

我国天然气水合物研究起步比较晚，20 世纪 90 年代后期才开始进入海上实地区域调查和实验模拟阶段，相关科研院所和高校逐步建立了相应的天然气水合物模拟实验装置。国内天然气水合物一维实验模拟装置中具有代表性的有中国石油大学（北京）搭建的高压一维可视化模拟装置，如图 11-10 所示。该装置主要由 3 段蓝宝石管和 4 段不锈钢管组合而成，高度为 1000mm，内径为 25.4mm，承压能力为 40MPa，探测手段包括 4 个温度传感器、4 个压力传感器和含有 12 个电阻率探测点的电极柱。基于该套实验装置，Chen 等[49]研究了甲烷自由气在不同孔隙介质沉积物中生成水合物的过程，通过压力、温度和电阻率探讨成藏规律。后续还有二氧化碳置换开采和二氧化碳盖层的相关研究在不断跟进。另外，中国石油大学（华东）的李淑霞等[50]搭建了一套一维管状填砂模型，主体为 $\phi80mm\times800mm$ 的管状高压反应釜，主要探测手段为 11 个测温探头和 11 个电阻率探头以及压力传感器和压差传感器。该单位研究人员[50~53]研究了采用降压法和不同热激开采情况下甲烷水合物沉积层温度、压力及电阻的变化规律。国内另外一家在天然气水合物相关研究中做得很出色的单位是中国科学院广州能源所。据报道，该所近几年分别搭建了两套气体水合物一维高压反应釜实验模拟装置，尺寸分别为 $\phi38mm\times500mm$[10,54~56] 和 $\phi36mm\times200mm$[57]，主要探测手段包括热电偶探测器、电阻率电极柱、压力传感器和压差传感器。Tang[10,56]和李刚等[55]探测了天然气体水合物沉积层合成及注热分解、降压分解及注乙醇分解等过程中的温度和压力变化情况。另外，Li 等[54]研究了天然气水合物沉积层降压分解和注盐水分解情况下的物理参数变化规律。

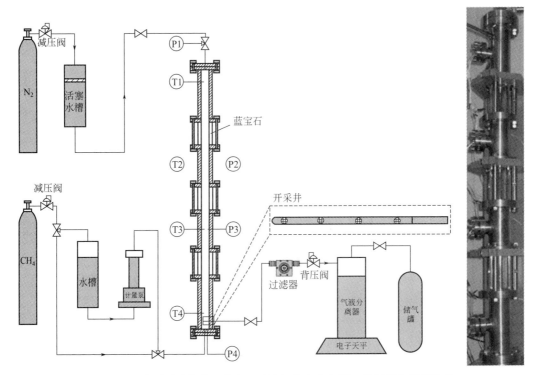

图 11-10　中国石油大学（北京）天然气水合物高压一维可视化模拟装置

11.2.1.2　天然气水合物二维开采模拟装置及实验研究

　　天然气水合物二维实验模拟指的是在一个平面尺度上对天然气水合物的生成和开采分解过程进行监测分析。鉴于此类模拟器的模拟空间呈平面板状，电容传感探测手段可以应用其中。据文献报道，目前开展此类研究的单位主要集中在国内。

　　中国科学院广州能源所[58~60]根据自身需求研制了一套天然气水合物二维开采模拟系统，采用电容、压力和温度探测作为监测手段，用于水合物生成与分解过程中温度场、压力场、分布状态、分解前沿推进速率等动态特性的研究。如图 11-11 所示，该模拟系统主要由供液供气、温度控制、1444cm² 的二维高压平板、计量及数据采集等几部分构成，装置主体为尺寸 380mm×380mm×18mm、耐压 15MPa 的高压不锈钢反应釜。釜体上板均匀布置 25 个温度测点，下板对应位置布置 25 个电容测点。实验研究结果证明电容测试方法在水合物实验方面有一定的可行性，尤其对于研究多孔介质中水合物生成分解过程中各相的流动特性有很大意义。此外，中国石油大学（华东）[61]也自行设计并搭建了一套天然气水合物二维实验模拟装置，模拟多孔介质中天然气水合物生成和开采环境。该装置的主体是一个由两块正方形平板构成的板状模型，两块平板尺寸均为380mm×380mm，实验过程中要求平行放置。两平板间距20mm，填充石英砂、水和天然气等介质。上盖板均匀放置25支温度传感器，用来测量平板内不同区域的温度，下盖板均匀布置25支电容探针，用来测量平板内不同区域的电容。

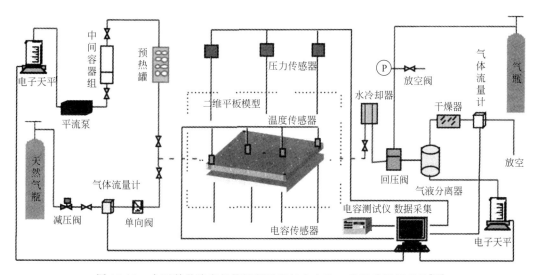

图 11-11　中国科学院广州能源所天然气水合物二维开采模拟系统[58]

11.2.1.3　天然气水合物三维开采模拟装置及实验研究

通常一维和二维实验设备用来研究水合物藏在一维线性和二维平面空间上的合成与分解的规律，尺寸相对较小。由于受边界效应的影响，此类设备不能全维度地反映天然气水合物成藏和开采过程中储层状态的时空演化规律。因此诸多实验室依次分别搭建了尺寸较大、中等规模或大规模的三维实验模拟装置，以此研究天然气水合物藏在三维立体空间内的合成与开采的规律以及空间放大规律等。国内外现有天然气水合物三维开采模拟装置主要技术指标见表 11-2。

表 11-2　国内外天然气水合物三维开采模拟实验装置主要技术指标

国别	机构名称	实验装置类别	尺寸/有效容积
中等规模三维实验模拟装置			
美国	橡树岭国家实验室	气体水合物海底过程模拟器	ϕ317.5mm×911.4mm　72L
美国	哥伦比亚大学	水合物沉积层合成分解实验装置	ϕ305mm×813mm　59.3L
新加坡	新加坡国立大学	三维综合实验装置	ϕ180mm×220mm　5.6L
加拿大	英属哥伦比亚大学	变容积三维综合实验装置	1.236L
中国	中国石油大学（北京）	三维综合实验装置	ϕ300mm×100mm　7L
中国	大连理工大学	三维综合实验装置	ϕ300mm×70mm　5L
中国	中国科学院广州能源所	三维立方形综合实验装置	180mm×180mm×180mm　5.8L
大尺度、中试规模三维实验模拟装置			
中国	中国石油大学（北京）	天然气水合物三维成藏及开采高压模拟装置	ϕ500mm×1000mm　196L
中国	中国科学院广州能源所	半工业规模天然气水合物模拟器	ϕ500mm×600mm　117.8L
德国	德国地球科学研究中心	大型水合物储层模拟器	ϕ600mm×1500mm　425L
日本	日本先进工业科学技术研究所	大型三维水合物分析单元实验装置	外径1400mm,外高3200mm　1710L

在中等规模的三维实验模拟装置中最具有代表性的为美国橡树岭国家实验室 Phelps 等[62]搭建的气体水合物模拟器（SPS）。该模拟器采用不锈钢制成，体积达 72 L，工作压力 21MPa，容器上面开有 40 个端口，装有蓝宝石透明观察窗、显微视像系统（分辨率 10 mm）、Raman 光谱仪、温度和压力传感器等。可研究与水合物相关的耦合动力学、热物理、力学、生物地球化学性质。通过该装置，Phelps 等和 Ulrich 等[62,63]研究了天然气水合物生成过程温度和压力的变化，以及不同水合物沉积层介质对此过程温度和压力的影响情况。此外，隶属于美国哥伦比亚大学的 Zhou 等[64]搭建了一套主釜体容积为 59.3 L 的水合物沉积层合成分解实验装置，并进行了多种开采策略的实验研究。主要探测手段为 16 个热电偶、1 个压力传感器、气体流量计。在采用降压法、单点电热刺激法和井内热源-CO$_2$ 置换联合等开采模式下[64~66]，研究了天然气水合物沉积层成藏及开采过程中温度、压力及气体产率等变化规律。

加拿大、新加坡等国家的研究机构也根据自身需求搭建了特定的天然气水合物三维实验模拟装置。这其中，新加坡国立大学的 Falser 等[67]搭建的气体水合物沉积层三维实验装置具有代表性。该装置主体为 5.6 L 的高压反应釜，配备有竖直可移动活塞模拟覆盖层，布置有温度传感器、压力传感器、γ 射线透射率测量和气体流量计。Falser 和 Loh 等[67~69]通过该装置采用单井降压法、单井降压联合电加热法、双井电加热联合降压法分别进行了气体水合物沉积层的开采实验模拟，测定了气体水合物沉积层成藏过程中径向密度的变化及开采过程中温度、压力分布及气体收率等参数。加拿大英属哥伦比亚大学 Linga 等[70]建立了一套可变体积的水合物生成及开采模拟装置，主体为 1.236 L 的高压反应釜。其主要探测手段为 5 个温度传感器和 2 个压力传感器。研究人员[70,71]通过 Raman 光谱和电子扫描显微镜分析水合物生成过程，并利用该装置进行了降压开采水合物的研究。

我国天然气水合物研究起步较晚，但在水合物开采实验模拟方面进展较快。目前国内多家研究机构都相继建立起了不同规模的三维实验模拟装置。小尺度的三维模拟装置建立中具有代表性的是中国石油大学（北京）、中国科学院广州能源所和大连理工大学。中国石油大学（北京）的 Yang 等[11]进行了天然气水合物模拟开采实验研究，搭建了一套水合物三维模拟开采实验装置，如图 11-12 所示。装置主体为容积 7L 的高压反应釜，主要探测手段为 16 个热电偶、2 个压力传感器、质量流量计和气相色谱。目前，围绕此设备，实验室工作人员 Yang、Yuan 和 Wang 等[8,11,72~74]进行了天然气水合物生成、降压法开采、热循环法开采、注乙二醇法开采、CO$_2$ 置换法开采和注混合气驱替开采实验研究。随后，大连理工大学的 Zhao 等[75]搭建了水合物沉积层合成三维实验装置，其主体为 5L 的高压釜，釜底有可移动活塞，釜体有效容积可变。探测手段主要有 16 个铂电阻温度探测器和 3 个压力传感器。基于该设备，Zhao、Song 和 Cheng 等[2,75,76]采用注热法、降压法、注热-降压联合开采法，探测了天然气水合物沉积层合成和分解过程中温度、压力的参数变化情况，并分析了釜体内热量传递的规律。近年来，中国科学院广州能源所在水合物开采的实验模拟方面取得了很大的进展。该单位搭建了一套三维立方形水合物模拟实验装置（CHS），其主体为 5.8 L 高压反应釜，由三个水平层分成等体积的四个区域。该反应釜包含了一个 27 点的竖直井和 3 个水平井，其探测手段主要为 75 个测温点、2 个压力传感器和 2 个气体流量计。Li 和 Wang 等[13~15,77~81]用蒸汽吞吐法、单井降压法、五点热激法、热激-五点降压联合法、五点蒸汽吞吐-降压联合法、热激-五点降压联合法等，探究了天然气水合物沉积层开采过程中的温度、压力及产气量等变化情况。

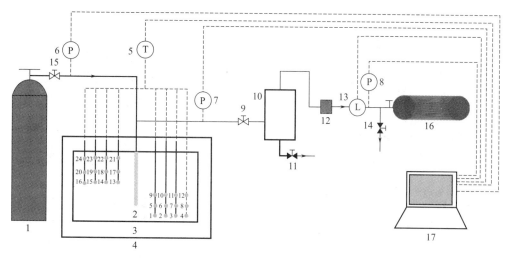

图 11-12　中国石油大学（北京）7L 水合物三维实验模拟装置

1—进气瓶；2—产气井；3—反应釜；4—水浴；5—温度传感器；

6～8—压力传感器；9—排气阀；10—气液分离器；11—排液阀；12—背压阀；

13—气体流量计；14—阀门；15—进气阀；16—集气瓶；17—计算机

　　近年来，一批大尺度的、中试规模的天然气水合物三维开采实验模拟系统相继建立并被报道，主要有中国石油大学（北京）、中国科学院广州能源所、日本先进工业科学技术研究所和德国地球科学研究中心。这些大尺寸的实验装置有效地消除了由于反应釜体积太小引起的边界效应，使实验条件更接近真实成藏和开采工况。国内典型的设备为中国石油大学（北京）所搭建的一套主体容积为 196 L 的天然气水合物三维成藏及开采高压模拟装置[82]，如图 11-13 所示。此装置尺寸为 $\phi500mm\times1000mm$，内置 16 个 Pt100 温度传感器、24 个电阻率探测电极、16 对声偶极子、4 个压力传感器以及气体流量计，通过多种手段布置成点阵对水合物的生成和分解行为进行监测。基于该装置，Su 和 Li 等[82～84]测定了游离气动态成藏模式和溶解气运移模式下天然气水合物成藏过程中温度、压力、声速及电阻率等参数的变化规律，并进行了降压开采的实验模拟研究。后续的注二氧化碳联合降压开采、注混合气驱替开采以及开采井布设等相关实验研究在不断跟进。此外，中国科学院广州能源研究所也搭建了一套大尺度的天然气水合物模拟器（PHS），其主体为 117.8 L 的高压反应釜，被三个水平层将其分成了等体积的四个区域。该反应釜尺寸为 $\phi500mm\times600mm$，包含了一个 27 点的竖直井和 3 个水平井，其探测手段主要为每水平层 49 个电阻率测量点和每水平层 49 个测温点、2 个压力传感器和气体流量计。Li、Wang 等[3,4,12,16,85～90]通过该装置，用蒸汽吞吐法、降压法、双水平井蒸汽辅助重力泄油法和双水平井蒸汽辅助反重力排水法等探究了天然气水合物沉积层开采过程中电阻率、温度、压力及产气量等参数的变化规律。

　　另外两个大型的天然气水合物三维实验模拟装置分别建设在德国和日本。其中，德国地球科学研究中心所搭建的大型水合物储层模拟器的主体高压反应釜有效容积为 425L，内径为 600mm，内高为 1500mm。该装置的特点是内置有自热式催化反应器加热管，可进行原位催化分解热激开采。其主要探测手段为电阻率层析成像、13 个热电偶、2 个压力传感器以及气体流量计。通过该装置，Heeschen、Priegnitz 和 Schicks 等[91～93]用电加热法、自催化产热法和多级降压法探究了天然气水合物生成和分解过程的电阻率、温度及压力等参数变化。日本先进工业科学技术研究所搭建了目前世界上尺寸最大的水合物分析单元实验装置，

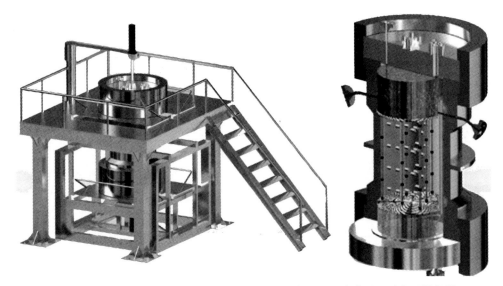

图 11-13　中国石油大学（北京）196L天然气水合物三维成藏及开采高压模拟器

其主体为1710L的高压反应釜，外径为1400mm，外高为3200mm。该装置布设了10个热电偶、2个压力传感器和2个气体流量计，同时反应器中心还插入了3个可以同时测量温度压力的光纤传感器。基于该装置，Konno和Oyama等[5,94]用单步降压分解法、多步降压分解法和四相点下降压分解法，探究了天然气水合物沉积层在降压分解过程中温度、压力及气体流率的变化。

11.2.1.4　天然气水合物开采模拟装置及实验研究分析

通过分析目前在用的天然气水合物模拟开采装置及其实验结果，可以发现一些普遍存在的共性问题。第一，海洋天然气水合物资源中有近85%的部分是深水浅层非成岩特性的。这类水合物藏区别于常规油气藏，没有完整的圈闭构造和致密盖层，因此在实地开采过程中必然存在上层海水下渗和沉积层运移等问题。而目前实验室反应装置中生成的水合物藏实际上是属于具有良好圈闭的水合物藏，且没有上层海水覆盖层，与真实海底水合物地质工况相差很大。第二，总体来说，目前在用的实验模拟装置的规模仍然偏小，即使位于日本的最大实验模拟装置的径向距离也不超过两米。因此，这些设备无法模拟天然气水合物开采过程中的空间效应和气液运移等情况。例如，实际降压开采过程中，由于沉积层是低渗的，必然会出现一定的降压波及范围和压力梯度，而目前所发表的实验模拟相关论文中没有关于此方面的报道。第三，实验装置的尺寸和探测手段不一，不同研究内容之间的相通性差，实验难以建立有效的空间放大准则。也就是说，实验模拟开采的结果和规律对实际水合物开采过程中的指导作用小，且不符合实际工况。因此，目前要想获取空间效应和可靠的空间放大规律，需要对反应装置的设计建设进行创新。

11.2.2　天然气水合物数值模拟

长期以来数值模拟在常规油气藏开发中发挥着重要作用。无疑，数值模拟对天然气水合物的开发也具有特别重要的作用和意义，它可用来在接近实际工况下评价和比较各种开采模式的产能、开采能效、环境安全效应等，包括对新型开采技术进行评估、对开采方案进行优化设计。数值模拟就是要帮助人们认识水合物开采过程中作业区储层内水合物的相变和气、水、固体流动或迁移的行为特征，分析影响这些动态行为的因素，如压力场、温度场、浓度场、应力场以及沉积层的各种特性参数（如空隙率，孔尺寸，气、水、水合物饱和度等）。实际模拟过程中需要求解复杂的传热、传质、传动（流体流动）方程和水合物分解动力学方程，这些方程往往是相互耦合的，需要采用现代数学方法，如有限元方法进行求解。现有的水合物开采模拟软件基本还是基于常规油气开发的数值模拟方法，尤其是在多相渗流方面。由于水合物沉积物大多未成岩，水合物是固相骨架的一部分，因此水合物开采过程中孔渗参数是动态变化的，这与常规油气藏有很大的差别。因此开发出完全适合水合物开采的数值模拟软件还有很长的路要走。限于模拟器体积的限制，物理模拟是无法完全模拟实际工况的，时效性也比较差，而数值模拟刚好在这两方面具有优势。因此数值模拟和物理模拟具有重要的互补性，都是水合物开采技术研发和生产方案设计中不可缺少的手段。本节主要针对现有天然气水合物数值模拟做一些介绍。

目前国际上比较知名的天然气水合物数值模拟器有 MH21-HYDRES（Japan-Kurihara et al.，2005）、CMG-STARS、STOMP-HYD（PNNL-White et al.，2006）、HydrSim（Hong and Pooladi-Darvish，2005）、TOUGH + HYDRATE（LBNL-Moridis et al.，2005）等。

MH21-HYDRES 是日本甲烷水合物资源开发研究联盟（MH21 联盟）[95]研发的大型模拟器，能够处理三维坐标、5 种相态（气相、液相、冰相、水合物相、盐）、4 种组分（甲烷、水、甲醇和盐分）的问题，适用于模拟降压法、热激发法以及各种方法相互结合的方法开采甲烷的过程。

CMG-STARS 是由加拿大 CMG 公司（Computer Modelling Group Ltd）[95]研发而成的一款大型工业应用油藏数值模拟软件，可用于石油热采、化学驱、微生物采油、水合物开采等过程的数值模拟，具有完善的地质建模、结果显示等前后处理功能，能够模拟水合物的热激、注化学剂等开采过程。

STOMP 是由西北太平洋国家实验室（PNNL）[96]于 1996 年在美国能源部支持下研发而成的数值模拟程序，主要用于二氧化碳地质封存、污染物迁移、驱油等过程。其水合物版本 STOMP-HYD 包含了平衡模型和动力学模型，能够模拟水、甲烷、二氧化碳、水溶性抑制剂的迁移转化过程。该程序除能够模拟降压、热激、注化学剂等常规开采方法外，还能模拟 CO_2 注入后的气体置换过程，但相关文献报道较少。

TOUGH 是美国伯克利国家实验室（LBNL）[97]研发的数值模拟程序，能够用于一维、二维和三维多孔或裂隙介质中，多相流、多组分及非等温的流体流动和传热等的数值模拟。TOUGH 家族中，从前期的 MULKOM 程序到 TOUGH2 的发布，这些程序重点在于研究气液在地层的渗流状况、质量和热量的传递等问题，并不能用于模拟天然气水合物的开发。一直到 1998 年，Moridis[98]在 TOUGH2 的基础上发展了模拟水合物的 EOSHYDR 模块，这才可以对海洋地层和冻土层中游离甲烷水合物的开采进行简单的模拟。再到 2003 年，Moridis[99]在 EOSHYD 基础上发布了加强版的 EOSHYD2，并不断改进和完善，终于在 2008 年研发了一套比较完整的水合物藏开采模拟软件 TOUGH＋HYDRATE。

TOUGH＋HYDRATE 继承了 TOUGH2 系列代码，可用于模拟多孔介质或裂隙介质的多相流和热流，成了新一代的通用模拟器。它可通过求解物质和能量守恒方程，模拟各种复杂地层情况下天然气水合物藏的气体不等温释放、相特征、流体流动和热量传递，并提供了水合物形成和分解的平衡和动力学模型，对天然气水合物、水、天然气、可溶性的抑制剂等 4 个质量组分，以及气相、冰相、液相和水合物相等 4 种可能相态进行模拟，同时还考虑了平流和分子扩散引起的水溶性的气体与抑制剂的运移以及水溶性的抑制剂对水合物分解行为的影响等。TOUGH＋HYDRATE 可描述水合物分解的机理，包括降压、注热、加入抑制剂和促进剂的效应以及它们之间的组合效应，能够比较准确地描述温度、压力、饱和度等多重参数动态演变时水合物在地层中的转化过程。其在形式上采用了标准的 FORTRAN95 语言和面向对象的编程技术，并利用了动态内存分布，建立了全新的数据结构，有效地减少了对内存空间的需求，大大缩短了计算时间，提高了效率。

与 TOUGH 相比，TOUGH＋HYDRATE 放弃了原有的单独追踪先前存在的游离气体或水合物分解产生的气体的功能。因为在现代的科学基础上，还并不能清楚地区分气体的来源，强行执行此功能，只会导致模拟的不可收敛。同时 TOUGH＋HYDRATE 也放弃了描述多元水合物的强大功能。在模拟开采过程中，多元水合物之间是会互相影响的，水合物的行为不仅仅是温度与压力的函数，还是浓度的函数，但是在现有的数值模拟技术上，暂时还没有支持性的基础知识。这两点虽然现在不能实现，但是可以作为未来版本的改进。

除此两点外，TOUGH＋HYDRATE 还有一些有待改善的地方。第一，此版本中假设水合物和沙是静止不动的，忽略了地质力学因素的影响。在实际场地水合物开采过程中，常规的降压、热激发等开采方法以及钻井过程中钻井液的入侵等都有可能改变水合物沉积层的力学性质，造成水合物沉积介质的变形和失稳，轻则引起水合物和砂在一定程度上的迁移，重则可能会引发生产事故。因此，对水合物沉积层介质的力学性质和力学行为进行研究具有重大意义。到目前为止，TOUGH＋HYDRATE 软件中只运用了热、流耦合模型，忽略了水合物储层的沉积物骨架在开采过程中受到的扰动。在未来的版本中值得在热、流耦合模型中耦合力学模型，考虑水合物分解对水合物沉积层的应力-应变关系和剪切关系的影响。第二，TOUGH＋HYDRATE 不能描述注气开采的机理。随着传统天然气水合物开采技术的日益成熟，"CO_2 置换开采 CH_4" 作为一种既能生产 CH_4 还可以减少 CO_2 排放量的新型方法，已得到了广泛、深入的研究，这不仅仅在于实验技术，还在于数值模拟技术。而 TOUGH＋HYDRATE 作为最新的模拟软件，在 CO_2 置换开采这方面需考虑更多的组分和相态，如液态、气态和超临界 CO_2、CO_2 水合物以及 CO_2-CH_4 水合物，还需了解和考虑更多的过程和机理，如气体水合物中客体分子（如 CH_4 和 CO_2）的动力学置换机理，尤其是大笼和小笼的不同，以及注入 CO_2 和产出 CH_4 在水合物藏中以液态、气态和超临界态的空间分布（即多相流和质量运移过程）和热运移[100]等。第三，TOUGH＋HYDRATE 模拟器的网格划分类型比较单一，目前还不能实现非规则剖分。这是该模拟器所存在的不足之处。

下面将基于 TOUGH＋HYDRATE 软件，主要介绍一下天然气水合物的反应动力学和流体渗流行为。

TOUGH＋HYDRATE 提供了水合物形成和分解的平衡和动力学模型，模型考虑了 4 相（气相、液相、冰相和水合物相）、5 组分（水合物、水、CH_4、水溶性抑制剂和热）。其中，水合物在动力学模型中既是组分又是相态，而在平衡模型中只属于相态。在动力学方面，采用了 Kim 等[101]的分解动力学模型，天然气水合物的分解与形成速率描述如下：

$$\frac{dn}{dt} = K_0 \exp\left(-\frac{\Delta E_a}{RT}\right) F_A A (f_{eq} - f) \tag{11-1}$$

式中，f 和 f_{eq} 分别为特定温度下的气体逸度和平衡态下的气体逸度；K_0 为本征分解反应的速率常数；ΔE_a 为水合物的活化能；A 为反应面积；F_A 是反应面积的调整因子。

甲烷水合物的相图被用来描述水合物形成和分解产生的温度、压力条件。如图 11-14 所示。在相图中，当温度为 273.16 K，压力达到 2.3MPa 时，会出现四相点，即图中的 Q_1 点。

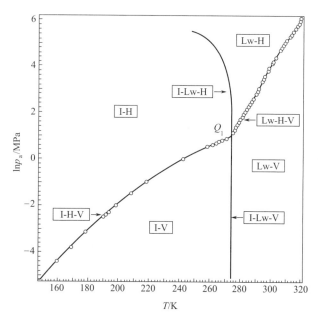

图 11-14　甲烷水合物相态图

通过求解物质和能量守恒方程，TOUGH＋HYDRATE 能够模拟出天然气水合物开采过程中的能量的变化和气液两相流动。对于热传递，TOUGH＋HYDRATE 软件采用的是两相混合物模型，结合孔隙流体的导热特性和沉积物颗粒来进行描述。在水合物的形成与分解以及气液运输过程中，热传递包括了热传导、热对流、热辐射以及水合物层的显热等几个因素。它是一个极其复杂的过程，不仅关系到沉积层中温度、压力的分布，还影响水合物的形成与分解，甚至对水合物沉积层的稳定性起着至关重要的作用。因此，对于热传导的研究也是必要的。而对于气液两相流动，TOUGH＋HYDRATE 模拟软件采用了达西定律来描述这一渗流行为。渗透行为是多孔介质最为重要的行为特征之一，对热传递、质量传递以及化学反应起着重要的作用。绝大多数的渗流行为，包括砂土或一般黏土，均属于层流范围，即符合达西定律。但是在水合物开采过程中，随着气液两相的渗流，其渗透力逐步地改变土体内部的有效应力，会对土体的强度、变形等产生重要的影响，可能在一定范围内会导致土骨架的变形和失稳，从而造成渗透破坏，此时达西定律不再适用。所以，应在深入开采实验模拟和理论研究的基础上，进一步完善水合物数值模拟软件的研发，使其能模拟真实的水合物开采过程。

11.3 天然气水合物开采的野外试开采进展

天然气水合物广泛存在于海底和陆地永久冻土带,其中90%以上天然气水合物赋存于海底沉积物中。作为储量巨大的"绿色能源",天然气水合物自被发现以来,许多国家都相继制定了其研究和开发计划,如美国、日本、韩国等。20世纪80年代到21世纪初,野外天然气水合物研发的重点在资源勘查,其代表是多国合作实施的大洋钻探计划(ODP),在全球大陆边沿海域发现了大量的天然气水合物赋存区。自21世纪初以来,天然气水合物的重点逐渐转向试采。野外水合物试采主要在冻土区展开,主要在加拿大的Mallik地区和美国阿拉斯加北部陆坡,只是在最近几年才转向海底,由日本首先实施。虽然天然气水合物的大规模商业开采被认为是比较远的事情,但由于某种偶然的机巧,冻土带水合物的商业开采已经有了一个成功的案例,那就是俄罗斯麦索亚哈气田的天然气水合物商业开采。麦索亚哈气田本身是一个常规天然气田,但其上部赋存有天然气水合物,在气田开发的后期,比较成功地实施了天然气水合物的规模开采。我国天然气水合物野外调查起步于21世纪初,但得力于国家的大力支持和投入,大有后来居上的势头,已在冻土带和南海海域探明多块天然气水合物有利赋存区、钻获大量天然气水合物实物样品,并成功实施海域天然气水合物试开采,累计产量和试采时间均创世界纪录。表11-3列举了世界范围内野外天然气水合物勘察和试采主要里程碑事件。

表 11-3　世界范围内天然气水合物资源探测与开发大事记

年份/年	事件
1963	苏联在雅库特西北部的马尔哈河(Mapxa)流域首次发现水合物矿藏[102]
1967	苏联发现另一个天然气水合物矿床——麦索亚哈气田[103]
1969	苏联在麦索亚哈气田进行了世界上唯一一次商业水合物开采,至2011年,累计产气 $12.9 \times 10^9 m^3$[104]
1979	美国国际深海钻探计划(DSDP)在墨西哥湾实施深海钻探,首次证明了海底天然气水合物矿藏的存在[105]
1982—1986	DSDP在太平洋大陆边缘,南墨西哥湾滨海地带发现水合物[105]
1983	美国能源部与地质调查局实施阿拉斯加北坡水合物研究项目[106]
1985	大洋钻探计划(ODP)正式实施[105]
1993	加拿大地质调查局在马更歇三角洲地区发现永冻层水合物[107]
1995	日本开始实施水合物研究与开发计划[108]
1997	印度石油和天然气部发起实施印度国家天然气水合物计划(NGHP)
1998	加拿大发起了国际大陆钻探项目,来自多个国家的研究机构、工程公司的300多人参加; 中国正式加入大洋钻探计划,并召开了以"中国天然气水合物的研究开发前景"为主题的21世纪能源战略研讨会
1999	由日本政府资助的项目在东部Nankai海槽成功钻穿了一个拟海底反射层,通过测井数据分析和常规压力岩芯测试确认浊积砂岩颗粒孔隙间天然气水合物的存在[109]; 中国广州海洋地质调查局对南海西沙海槽开展试验性的地球物理调查[110]
2000	由美国能源部牵头组织的国家级甲烷水合物研发计划正式启动,对美国阿拉斯加北坡和墨西哥湾开展了大规模的地质与地球物理调查、资源潜力评价、钻探调查等工作
2001	雪佛龙公司和美国能源部启动一项联合行业项目(JIP),并在墨西哥湾进行了多次天然气水合物钻井和取芯[111]; 日本甲烷水合物开发计划开始部署实施,共分为三个阶段,第一阶段(2001—2008)——推进基础研究(勘探技术等);第二阶段(2009—2015)——推进基础研究(生产技术等);第三阶段(2016—2018)——开发相关技术,实现商业化开发,开展经济和环境影响评价等
2002	加拿大Mallik水合物陆地钻井开始实施,利用注热+降压联合开采,5天累计产气约500m³,因严重出砂中断测试[112]

续表

年份/年	事件
2005	韩国国家天然气水合物计划正式实施； 美国 JIP 项目一期，第一次钻井取芯评价水合物对钻井安全和井孔稳定性的影响，考察了水合物作为天然气供应来源的长期潜力[113]
2006	印度完成了 NGHP 第一航次，并在安达曼岛近海的 01-017 井，海底以下 600m 深处发现了富含天然气水合物的火山灰层[114]
2007	中国广州海洋地质调查局实施了南海水合物首次钻探[115]； 韩国完成了郁龙盆地天然气水合物第一（UBGH1）钻探航次[116]； 加拿大 Mallik 水合物陆地钻井第二阶段结束，利用降压开采，产气约 800m³，因出砂严重中断测试[117]
2008	加拿大 Mallik 水合物陆地钻井第三阶段结束，利用降压法，产气 139h，累计产气量约为 1.3×10^4 m³，因严重出砂中断测试[117]
2009	美国 JIP 项目二期，主要利用随钻测井技术来探测砂质储层中天然气水合物的赋存，并发现两处高饱和度的天然气水合物藏[118]
2010	韩国进行 UBGH2 的第二次调查，在 10 个站位进行了取芯作业，发现了水合物的主要类型包括不连续的砂岩层中的孔隙充填，未固结泥岩中的裂缝脉状、结核状和分散状分布[119]
2012	美国 Nordic-Calista Drilling 公司在阿拉斯加北坡采用 CO_2/N_2（23/77%）混合气体开采水合物，产气时间 30 天，累计产气量约为 28300m³[120]
2013	中国在珠江口盆地东部海域实施水合物钻探，获取了大量块状、脉状、分散状等多种类型的水合物样品[121]； 日本在东部 Nankai 海槽利用简单降压法对深海水合物进行试采，6 天产气 11.9×10^4 m³，产水 1245m³，因出砂问题而被迫中止[122]
2015	中国广州海洋地质调查局再次在神狐海域实施钻探，并圈出规模较大的矿体 10 个，为海域天然气水合物试采提供了重要参考靶区； 印度完成了 NGPH-02 航次，圈定了高饱和度的砂岩型水合物[123]
2017	中国第一口试采井在神狐海域开钻，并成功在水深 1266m 海底以下 203～277m 的天然气水合物矿藏开采出天然气，产气周期为 60 天，累计产气量约为 3×10^5 m³[124]； 5 月中旬，中国海洋石油首次针对海洋弱胶结、非成岩水合物进行了固态流化法试采并成功点火[125]； 日本在东部 Nankai 海槽进行第二次试采，第一口实验井连续生产 12 天，产气 3.5×10^4 m³，因出砂停产。第二口实验井生产周期为 24 天，无出砂现象，累计产气量约为 2×10^5 m³[126]

11.4　天然气水合物商业化开采面临的挑战和对策

　　天然气水合物作为一种后石油天然气自然资源，虽然储量巨大，但开采利用难度大、安全风险高。造成这种状况的主要原因在于天然气水合物储层不同于常规天然气藏，其上大多没有封闭的盖层，其本身一般也不成岩，主要赋存于陆坡且埋存浅、渗透率低、连通性差，开采过程易于发生滑塌，钻完井和固井的难度大、海底滑坡等地质风险高。水合物储层本身含水，水合物分解过程中还要产生大量的水，这造成开采过程伴随大量的水迁移，从而导致出砂严重，防砂面临很大的挑战。从目前已实施的野外试开采结果来看，普遍存在单井产量低、产气周期短等瓶颈问题，离商业开采所需的经济性还存在很大的距离。由于目前的试开采规模均比较小，对海底地质稳定性的影响尚未体现出来，但在未来大规模开采中，这种风险仍不能轻视。可以预见，在今后一个相当长的时间内，如何提高水合物开采的经济性和安全性将是水合物界重点关注的热点。

　　如何提高天然气水合物开采的单井产量和产气周期，可以从两方面考虑。首先，应通过井场配置方式和开采工艺条件的优化，合理调控水合物开采过程的温度场和压力场，并进而调控气、液流场，最大限度地实现气、水分流，控水控砂，充分挖掘水合物储层本源的产能。其次，要对水合物储层进行改造，包括人造水合物封盖层，增加储层的联通性和渗透率，防止海水向水合物采空区的渗透，从而达到降低产水率、增加降压等为激发水合物分解而进行的作业的波及区域、抑制流砂的形成和迁移的目的，增加产量，降低防砂的难度。在提高水合物开采安全性方面，应开发储层修复技术，保持水合物采空区的地质稳定性。

要实现天然气水合物的商业开采，一方面要优选开采模式、着力锚定和攻克制约开采经济性和安全性的技术瓶颈；另一方面要注意和其他可再生能源开发和节能减排事业协同发展，以实现最大的经济效益和社会效益。天然气水合物资源主要赋存于海底，和目前我国大力推进的海洋能开发协同发展存在显著可行性。在水合物开发的附近区域进行风力等海洋能源发电，既可为水合物开采提供廉价能源又可解决海洋能离岸、输送费用高的问题。CO_2海底封存在国内外备受关注，和其协同发展可在碳减排方面产生经济和社会效益。此外，天然气水合物的开发利用还可以和海水淡化、氢能、海上移动核电站等找到协同点。也就是说，我们应倡导多向协同、绿色发展的理念，将天然气水合物的开发利用和建设海洋强国的伟大目标结合起来。基于这一理念，本书作者建议应面向大幅度提高天然气水合物开采的经济性和安全性，重点开展以下关键技术攻关。

（1）海洋能发电和热力供应技术和装备　海洋能源十分丰富，可用于水合物开采的海洋能包括风能、温差能和太阳能等。利用海洋能发电和供热可为水合物开采提供绿色低成本的能源保障，提高水合物开发的综合效益。海上风能十分丰富，我国风电技术发展水平很高，实现海上风力全天候发电是可能的。以往海上风力发电未能大规模产业化的主要原因之一是输送和并网困难。如果在水合物开发附近区域进行浮式风力发电，可很好地解决这一问题。海洋温差能不仅可用于发电，也可通过热泵技术给水合物开采提供热能。海上丰富的太阳能和海底地热资源也可为水合物开采提供重要的能源补充。国家和相关沿海地方政府对海洋能的开发利用高度重视，已制定一系列发展规划。从长远的角度来说，天然气水合物开发要主动和海洋能开发利用对接，确保长期稳定的低成本热电供给。另一方面也可以促进海洋能源和矿产资源的开发利用，和我国发展海洋强国的远大目标十分吻合，实现海洋能利用和天然气水合物开发的相互促进、协同发展。

（2）高效海水淡化和浓盐水强化水合物开采组合技术　近年来，随着我国在南海岛礁建设方面取得重大进展，对淡水供应问题的关注度越来越高。未来大规模的水合物开发同样面临淡水供应问题。以往海水淡化伴生一个严重的环境生态问题，即浓盐水的排放问题。而目前的研究表明，浓盐水对强化水合物开采具有显著效果。所以海水淡化产生的浓盐水可注入海床以下 $100\sim200m$ 深的水合物储层，激发水合物分解，提高采气效率，同时避免了浓盐水直接排海对海洋生态的破坏。近年来，世界各国在膜法淡化海水方面取得了很大的进展，已初步具备产业化的条件。考虑到多效蒸发技术的装备规模大和流程复杂，这方面可以重点考虑膜分离方法。

（3）低成本海底钻机与智能作业技术　考虑到目前水合物试开采中单井产量较低、产气周期比较短，即使未来通过技术进步有所提升，预期仍难以和常规天然气相比。因此较高的布井密度应在预期之内，如何降低钻井成本就成为制约水合物开采效益的瓶颈。实现在海床上钻井、采气和管汇作业，是降低钻井和生产成本的重要途径。大规模深海作业对人工智能和装备具有重大需求。发展深海人工智能作业，符合国家的产业发展政策取向。

（4）CO_2 海底封存和人造水合物盖层技术　CO_2 捕集和减排也是世界各国的重要行动计划之一，我国也不例外。近年来我国政府和相关企业及研究机构为此投入巨大，其热度应超过天然气水合物。CO_2 海底封存是应考虑的减排方案之一。所幸的是，CO_2 水合法海底封存同时也可用于人造水合物盖层，提高天然气水合物开采的经济性和安全性。制约天然气水合物开采效率的一个关键因素是水合物储层上方无封盖层，和海水具有一定联通性。海水向水合物采空区的渗入，不仅显著降低气-水比，提高排水功耗，而且制约降压波及的有效区域，缩短产气周期。人造水合物封盖层有望解决这一问题。

(5) 水合物储层改造增产技术　页岩气革命的到来缘于储层改造技术的突破。可以预期，天然气水合物能源革命的真正到来，也将缘于储层改造技术的突破。由于水合物储层的塑性，以及水合物分解可以导致裂隙闭合，传统的压裂技术也许不能直接应用。因此水合物储层改造增产技术的研发需要更宽阔的思路，需要脑洞大开。

(6) 水合物产后储层修复技术　水合物开采作业完成后，原来的胶结状态不复存在，力学稳定性显著降低，潜在的地质风险增加。回避这些风险的根本途径是恢复原来的水合胶结状态。在水合物采空区注入 CO_2，是再造水合物储层、修复其力学稳定的可行途径。利用注入 CO_2 生成水合物的方法来修复储层，其工艺和技术细节和利用 CO_2 水合物人造封盖层类似。

参考文献

[1] 周守为，陈伟，李清平. 深水浅层天然气水合物固态流化绿色开采技术. 中国海上油气，2014，26（5）：1-7.

[2] Zhao J，Zhu Z，Song Y，et al. Analyzing the process of gas production for natural gas hydrate using depressurization. Applied Energy，2015，142：125-134.

[3] Li X S，Yang B，Zhang Y，et al. Experimental investigation into gas production from methane hydrate in sediment by depressurization in a novel pilot-scale hydrate simulator. Applied Energy，2012，93：722-732.

[4] Wang Y，Feng J C，LI X S，et al. Large scale experimental evaluation to methane hydrate dissociation below quadruple point in sandy sediment. Applied Energy，2016，162：372-381.

[5] Konno Y，Jjn Y，Shinjou K，et al. Experimental evaluation of the gas recovery factor of methane hydrate in sandy sediment. RSC Adv，2014，4（93）：51666-51675.

[6] Chong Z R，Yin Z，Tan J H C，et al. Experimental investigations on energy recovery from water-saturated hydrate bearing sediments via depressurization approach. Applied Energy，2017，204：1513-1525.

[7] Sun C Y，Chen G J. Methane hydrate dissociation above 0℃ and below 0℃. Fluid Phase Equilibria，2006，242（2）：123-128.

[8] Yang X，Sun C Y，Su K H，et al. A three-dimensional study on the formation and dissociation of methane hydrate in porous sediment by depressurization. Energy Conversion and Management，2012，56：1-7.

[9] Lee J，Park S，Sung W. An experimental study on the productivity of dissociated gas from gas hydrate by depressurization scheme. Energy Conversion and Management，2010，51（12）：2510-2515.

[10] Tang L G，Xiao，R，Huang C，et al. Experimental investigation of production behavior of gas hydrate under thermal stimulation in unconsolidated sediment. Energy & Fuels，2005，19（6）：2402-2407.

[11] Yang X，Sun C Y，Yuan Q，et al. Experimental Study on Gas Production from Methane Hydrate-Bearing Sand by Hot-Water Cyclic Injection. Energy & Fuels，2010，24（11）：5912-5920.

[12] Li B，Li G，Li X S，et al. Gas Production from Methane Hydrate in a Pilot-Scale Hydrate Simulator Using the Huff and Puff Method by Experimental and Numerical Studies. Energy & Fuels，2012，26（12）：7183-7194.

[13] Li G，Li X S，Wang Y，et al. Production behavior of methane hydrate in porous media using huff and puff method in a novel three-dimensional simulator. Energy，2011，36（5）：3170-3178.

[14] Li X S，Wang Y，Duan L P，et al. Experimental investigation into methane hydrate production during three-dimensional thermal huff and puff. Applied Energy，2012，94：48-57.

[15] Li X S，Wang Y，Li G，et al. Experimental Investigation into Methane Hydrate Decomposition during Three-Dimen-

sional Thermal Huff and Puff. Energy & Fuels，2011，25（4）：1650-1658.

[16] Li X S，Yang B，Li G，et al. Experimental study on gas production from methane hydrate in porous media by huff and puff method in Pilot-Scale Hydrate Simulator. Fuel，2012，94：486-494.

[17] 袁青. 多孔介质中 CH_4 水合物开采三维实验模拟研究 [D]，北京：中国石油大学，2012.

[18] Li S，Zheng R，Xu X，et al. Energy efficiency analysis of hydrate dissociation by thermal stimulation [J]. Journal of Natural Gas Science and Engineering，2016，30：148-55.

[19] Wang Y，Feng J C，Li X S，et al. Fluid flow mechanisms and heat transfer characteristics of gas recovery from gas-saturated and water-saturated hydrate reservoirs. International Journal of Heat and Mass Transfer，2018，118：1115-1127.

[20] 张卫东 刘永军，任韶然，王瑞和. 天然气水合物注热开采能量分析. 天然气工业，2008，28（5）：77-79.

[21] Yuan Q，Sun C Y，Wang X H，et al. Experimental study of gas production from hydrate dissociation with continuous injection mode using a three-dimensional quiescent reactor. Fuel，2013，106：417-424.

[22] Feng J C，Wang Y，Li X S，et al. Effect of horizontal and vertical well patterns on methane hydrate dissociation behaviors in pilot-scale hydrate simulator. Applied Energy，2015，145：69-79.

[23] Cranganu C. In-situ thermal stimulation of gas hydrates. Journal of Petroleum Science and Engineering，2009，65（1-2）：76-80.

[24] Feng J C，Wang Y，Li X S，et al. Investigation into optimization condition of thermal stimulation for hydrate dissociation in the sandy reservoir. Applied Energy，2015，154：995-1003.

[25] Jin G，Xu T，Xin X，et al. Numerical evaluation of the methane production from unconfined gas hydrate-bearing sediment by thermal stimulation and depressurization in Shenhu area，South China Sea. Journal of Natural Gas Science and Engineering，2016，33：497-508.

[26] Wang Y，Feng J C，Li X S，et al. Experimental investigation of optimization of well spacing for gas recovery from methane hydrate reservoir in sandy sediment by heat stimulation. Applied Energy，2017，207：562-572.

[27] Zhao J，Fan Z，Wang B，et al. Simulation of microwave stimulation for the production of gas from methane hydrate sediment. Applied Energy，2016，168：25-37.

[28] 宋永臣，李红梅，穆海林，刘瑜，刘卫国. 利用太阳能加热开采天然气水合物的方法和装置：中国发明专利. CN 200710011137.

[29] Li B，Liu S D，Liang Y P，et al. The use of electrical heating for the enhancement of gas recovery from methane hydrate in porous media. Applied Energy，2018，227：694-702.

[30] Katz D L V E. Handbook of natural gas engineering [M]. McGraw-Hill，1959.

[31] Chong Z R，Koh J W，Linga P. Effect of KCl and $MgCl_2$ on the kinetics of methane hydrate formation and dissociation in sandy sediments. Energy，2017，137：518-529.

[32] Fan S S. Technology of NGH storage and transportation. Beijing：Chemical Industrial Press，2005

[33] Lee J. Experimental Study on the Dissociation Behavior and Productivity of Gas Hydrate by Brine Injection Scheme in Porous Rock. Energy & Fuels，2010，24（1）：456-463.

[34] Sivaraman R. The potential role of hydrate technology in sequestering carbon dioxide. Gas Tips，2003，9（4）：4-7.

[35] Bai D，Zhang X，Chen G，et al. Replacement mechanism of methane hydrate with carbon dioxide from microsecond molecular dynamics simulations. Energy & Environmental Science，2012，5（5）：7033-7041.

[36] Uchida T，Takeya S，Ebinuma T，et al. Replacing methane with CO_2 in clathrate hydrate：observations using Raman spectroscopy；proceedings of the Proceedings of the fifth international conference on greenhouse gas control technologies，Cairns，Austrian，F，2001 [C].

[37] Mcgrail B P，Zhu，T，Hunter R B，et al. A new method for enhanced production of gas hydrates with CO_2. Gas hydrates：energy resource potential and associated geologic hazards，2004，12.

[38] Deusner C，Bigalke N，Kossel E，et al. Methane Production from Gas Hydrate Deposits through Injection of Supercritical CO_2. Energy，2012，5（7）：2112-2140.

[39] Sun Y F，Zhong J R，Li R，et al. Natural gas hydrate exploitation by CO_2/H_2 continuous Injection-Production mode. Applied Energy，2018，226：10-21.

[40]　Liu Y，Hou J，Zhao H，et al. A method to recover natural gas hydrates with geothermal energy conveyed by CO_2. Energy，2018，144：265-278.

[41]　Winters W J. Properties of samples containing natural gas hydrate from the JAPEX/JNOC/GSC Mallik 2L-38 gas hydrate research well，determined using Gas Hydrate And Sediment Test Laboratory Instrument（GHASTLI）. Bulletin of the geological survey of Canada，1999，544：241-250.

[42]　Winters W J，Waite W F，Mason D H，et al. Methane gas hydrate effect on sediment acoustic and strength properties. Journal of Petroleum Science and Engineering，2007，56（1-3）：127-135.

[43]　Winters W J，Pecher I A，Waite W F，et al. Physical properties and rock physics models of sediment containing natural and laboratory-formed methane gas hydrate. American Mineralogist，2004，89（8-9）：1221-1227.

[44]　Stevens J C，Howard J J，Baldwin B A，et al. Experimental hydrate formation and gas production scenarios based on CO_2 sequestration. Proceedings of the 6th International Conference on Gas Hydrates. 2008，6-10.

[45]　Sung W，Kang H. Experimental Investigation of Production Behaviors of Methane Hydrate Saturated in Porous Rock. Energy Sources，2003，25（8）：845-856.

[46]　Putra A E E，Nomura S，Mukasa S，et al. Hydrogen production by radio frequency plasma stimulation in methane hydrate at atmospheric pressure. International Journal of Hydrogen Energy，2012，37（21）：16000-16005.

[47]　Rahim I，Nomura S，Mukasa S，et al. Decomposition of methane hydrate for hydrogen production using microwave and radio frequency in-liquid plasma methods. Applied Thermal Engineering，2015，90：120-126.

[48]　Ors O，Sinayuc C. An experimental study on the CO_2-CH_4 swap process between gaseous CO_2 and CH_4 hydrate in porous media. Journal of Petroleum Science and Engineering，2014，119：156-162.

[49]　Chen L T，Li N，Sun C Y，et al. Hydrate formation in sediments from free gas using a one-dimensional visual simulator. Fuel，2017，197：298-309.

[50]　李淑霞，陈月明，王瑞和，李清平. 初始压力对多孔介质中气体水合物生成的影响. 实验力学，2009，24（4）：313-319.

[51]　李淑霞，李杰，徐新华，李小森. 天然气水合物藏注热水开采敏感因素试验研究. 中国石油大学学报（自然科学版），2014，38（2）：99-102.

[52]　李淑霞，徐新华，吴锦谨，李小森. 不同注热水温度下水合物开采实验研究. 现代地质，2013，27（6）：1379-1383.

[53]　李淑霞，张孟琴，李杰. 不同水合物饱和度下注热水开采实验研究. 实验力学，2012，27（4）：448-453.

[54]　Li X S，Wan L H，Li G，et al. Experimental investigation into the production behavior of methane hydrate in porous sediment with hot brine stimulation. Industrial & Engineering Chemistry Research，2008，47（23）：9696-9702.

[55]　李刚，李小森，唐良广，张郁，冯自平，樊栓狮. 注乙二醇溶液分解甲烷水合物的实验研究. 化工学报，2007，58（8）：2067-2074.

[56]　Tang L G，Li X S，Feng Z P，Li G，Fan S S. Control mechanisms for gas hydrate production by depressurization in different scale hydrate reservoirs. Energy & Fuels，2007，21（1）：227-233.

[57]　Zhou X，Fan S，Liang D，Du J. Replacement of methane from quartz sand-bearing hydrate with carbon dioxide-in-water emulsion. Energy & Fuels，2008，22（3）：1759-1764.

[58]　杜燕，何世辉，黄冲，冯自平. 水合物合成电容特性与降压开采二维实验研究. 西南石油大学学报（自然科学版），2009，31（4）：107-111.

[59]　杜燕，何世辉，黄冲，冯自平. 多孔介质中水合物生成与分解二维实验研究. 化工学报，2008，59（3）：673-680.

[60]　Bai Y，Li Q，Zhao Y，et al. The Experimental and Numerical Studies on Gas Production from Hydrate Reservoir by Depressurization. Transport in Porous Media，2009，79（3）：443-468.

[61]　赵仕俊，徐建辉，陈琳. 多孔介质中天然气水合物二维模拟实验装置. 自动化技术与应用，2006，25（9）：65-67.

[62]　Phelps T J，Peters D J，Marshall S L，et al. A new experimental facility for investigating the formation and properties of gas hydrates under simulated seafloor conditions. Review of Scientific Instruments，2001，72（2）：1514-1521.

[63]　Ulrich S M，Elwood-Madden M E，Rawn C J，et al. Application of fiber optic temperature and strain sensing technology to gas hydrates. Proceedings of the 6th International Conference on Gas Hydrates. Vancouver，Canada. 2008.

[64]　Zhou Y，Castaldi M J，Yegulalp T M. Experimental investigation of methane gas production from methane hy-

drate. Industrial & Engineering Chemistry Research，2009，48（6）：3142-3149.

[65] Tupsakhare S S，Fitzgerald G C，Castaldi M J. Thermally Assisted Dissociation of Methane Hydrates and the Impact of CO_2 Injection. Industrial & Engineering Chemistry Research，2016，55（39）：10465-10476.

[66] Fitzgerald G C，Castaldi M J. Thermal Stimulation Based Methane Production from Hydrate Bearing Quartz Sediment. Industrial & Engineering Chemistry Research，2013，52（19）：6571-6581.

[67] Falser S，Uchida S，Palmer A C，et al. Increased Gas Production from Hydrates by Combining Depressurization with Heating of the Wellbore. Energy & Fuels，2012，26（10）：6259-6267.

[68] Loh M，Too J L，Falser S，et al. Gas Production from Methane Hydrates in a Dual Wellbore System. Energy & Fuels，2015，29（1）：35-42.

[69] Loh M，Falser S，Babu P，et al. Dissociation of Fresh- And Seawater Hydrates along the Phase Boundaries between 2. 3 and 17MPa. Energy & Fuels，2012，26（10）：6240-6246.

[70] Linga P，Haligva C，Nam S C，et al. Gas Hydrate Formation in a Variable Volume Bed of Silica Sand Particles. Energy & Fuels，2009，23（11）：5496-5507.

[71] Haligva C，Linga P，Ripmeester J A，et al. Recovery of Methane from a Variable-Volume Bed of Silica Sand/Hydrate by Depressurization. Energy & Fuels，2010，24（5）：2947-2955.

[72] Wang X H，Sun C Y，Chen G J，et al. Influence of gas sweep on methane recovery from hydrate-bearing sediments. Chemical Engineering Science，2015，134：727-736.

[73] Yuan Q，Sun C Y，Liu B，et al. Methane recovery from natural gas hydrate in porous sediment using pressurized liquid CO_2. Energy Conversion and Management，2013，67：257-264.

[74] Yuan Q，Sun C Y，Yang X，et al. Recovery of methane from hydrate reservoir with gaseous carbon dioxide using a three-dimensional middle-size reactor. Energy，2012，40（1）：47-58.

[75] Cheng C，Zhao J，Yang M，et al. Evaluation of Gas Production from Methane Hydrate Sediments with Heat Transfer from Over-Underburden Layers. Energy & Fuels，2015，29（2）：1028-1039.

[76] Song Y，Cheng C，Zhao J，et al. Evaluation of gas production from methane hydrates using depressurization，thermal stimulation and combined methods. Applied Energy，2015，145：265-277.

[77] Wang Y，Li X S，Li G，et al. Experimental study on the hydrate dissociation in porous media by five-spot thermal huff and puff method. Fuel，2014，117：688-796.

[78] Wang Y，Li X S，Li G，et al. A three-dimensional study on methane hydrate decomposition with different methods using five-spot well. Applied Energy，2013，112：83-92.

[79] Wang Y，Li X S，Li G，et al. Experimental investigation into methane hydrate production during three-dimensional thermal stimulation with five-spot well system. Applied Energy，2013，110：90-97.

[80] Li X S，Zhang Y，Li G，et al. Experimental Investigation into the Production Behavior of Methane Hydrate in Porous Sediment by Depressurization with a Novel Three-Dimensional Cubic Hydrate Simulator. Energy & Fuels，2011，25（10）：4497-4505.

[81] Li X S，Wang Y，Li G，et al. Experimental Investigations into Gas Production Behaviors from Methane Hydrate with Different Methods in a Cubic Hydrate Simulator. Energy & Fuels，2011，26（2）：1124-1134.

[82] Su K，Sun C，Yang X，et al. Experimental investigation of methane hydrate decomposition by depressurizing in porous media with 3-Dimension device. Journal of Natural Gas Chemistry，2010，19（3）：210-216.

[83] Li N，Sun Z F，Sun C Y，et al. Simulating natural hydrate formation and accumulation in sediments from dissolved methane using a large three-dimensional simulator. Fuel，2018，216：612-620.

[84] Su K H，Sun C Y，Dandekar A，et al. Experimental investigation of hydrate accumulation distribution in gas seeping system using a large scale three-dimensional simulation device. Chemical Engineering Science，2012，82：246-259.

[85] Wang Y，Feng J C，Li X S，et al. Experimental and modeling analyses of scaling criteria for methane hydrate dissociation in sediment by depressurization. Applied Energy，2016，181：299-309.

[86] Wang Y，Li X S，Li G，et al. Experimental investigation into scaling models of methane hydrate reservoir. Applied Energy，2014，115：47-56.

[87] Li B，Li X S，Li G，et al. Depressurization induced gas production from hydrate deposits with low gas saturation in a

pilot-scale hydrate simulator. Applied Energy，2014，129：274-286.

［88］ Li X S，Yang B，Duan L P，et al. Experimental study on gas production from methane hydrate in porous media by SAGD method. Applied Energy，2013，112：1233-1240.

［89］ Li G，Li X S，Yang B，et al. The use of dual horizontal wells in gas production from hydrate accumulations. Applied Energy，2013，112：1303-1310.

［90］ Li G，Li B，Li X S，et al. Experimental and Numerical Studies on Gas Production from Methane Hydrate in Porous Media by Depressurization in Pilot-Scale Hydrate Simulator. Energy & Fuels，2012，26 (10)：6300-6310.

［91］ Heeschen K U，Abendroth S，Priegnitz M，et al. Gas Production from Methane Hydrate：A Laboratory Simulation of the Multistage Depressurization Test in Mallik，Northwest Territories，Canada. Energy & Fuels，2016，30 (8)：6210-6219.

［92］ Priegnitz M，Thaler J，Spangenberg E，et al. A cylindrical electrical resistivity tomography array for three-dimensional monitoring of hydrate formation and dissociation. The Review of scientific instruments，2013，84 (10)：104502.

［93］ Schicks J M，Spangenberg E，Giese R，et al. New Approaches for the Production of Hydrocarbons from Hydrate Bearing Sediments. Energies，2011，4 (1)：151-172.

［94］ Oyama H，Konno Y，Masuda Y，et al. Dependence of Depressurization-Induced Dissociation of Methane Hydrate Bearing Laboratory Cores on Heat Transfer. Energy & Fuels，2009，23 (10)：4995-5002.

［95］ 郭朝斌，张可霓，凌璐璐. 天然气水合物数值模拟方法及其应用. 上海国土资源，2013，34 (2)：71-75.

［96］ White M D，Oostrom，M. Subsurface transport over multiple phases：Version 2.0；Theory Guide ［M］. 2000.

［97］ Moridis G J，Kowalsky M B，Pruess K. Tough+Hydrate v1.0 user's manual：a code for the simulation of system behavior in hydrate-bearing geologic media ［M］. 2008.

［98］ Moridis G J，Pruess K. T2SOLV：An enhanced package of solvers for the TOUGH2 family of reservoir simulation codes. Geothermics，1998，27 (4)：415-444.

［99］ Moridis G J. Numerical studies of gas production from methane hydrate. SPE Journal，2003，8 (4)：359-370.

［100］ 张炜，刘伟，谢黎. 天然气水合物开采技术-CO_2-CH_4 置换法最新研究进展. 中外能源，2014，19 (04)：23-27.

［101］ Kim H C，Bishnoi P R，Heidemann R A，et al. Kinetics of methane hydrate decomposition. Chemical Engineering Science，1987，42 (7)：1645-1653.

［102］ Koptyug V A. Strategy of the Siberian Science in Studying the Russian North. Technology and Human Resources Policy in the Arctic (The North) Dordrecht：Springer. 1996，33-44.

［103］ 史斗，尹相英. 麦索亚哈气田气水合物藏的地质和矿场地球物理特征. 国外天然气水合物研究进展，1992，125-130.

［104］ Grover T，Holditch S A，Moridis G. Analysis of reservoir performance of Messoyakha Gas hydrate Field. The eighteenth international offshore and polar engineering conference. International Society of Offshore and Polar Engineers. 2008.

［105］ Paull C K，Ussler W. History and significance of gas sampling during DSDP and ODP drilling associated with gas hydrates. Natural gas hydrates：occurrence，distribution，and detection，2001，53-65.

［106］ Collett T S. Gas hydrate resources of northern AlaskaGas hydrate resources of northern Alaska. Bulletin of Canadian Petroleum Geology，1997，45 (3)：317-338.

［107］ Ajay P M，Ulfert C K. An industry perspective on the state of the art of hydrate management：proceedings of the Proceedings of the fifth international conference on gas hydrates，Norway，F，2005.

［108］ Yamazaki A. MITI's plan of R & D for technology of methane hydrate development as domestic gas resources. Production，Treatment and Underground Storage of Natural Gas，Intern Gas Union，20th World Gas Conf，1997，335-370.

［109］ Takahashi H，Yonezawa T，Takedomi Y. Exploration for natural hydrate in Nankai-Trough wells offshore Japan. Offshore Technology Conference. 2001.

［110］ 马在田，耿建华，董良国，宋海斌. 海洋天然气水合物的地震识别方法研究. 海洋地质与第四纪地质，2002，22 (1)：1-8.

[111] Lorenson T D, Winters W J, Hart P E, et al. Gas hydrate occurrence in the northern Gulf of Mexico studied with giant piston cores. Eos, Transactions American Geophysical Union, 2002, 83 (51): 601-608.

[112] Dallimore S R, Collett T S. Summary and implications of the Mallik 2002 gas hydrate production research well program. Scientific results from the Mallik, 2002, 1-36.

[113] Ruppel C, Boswell R, Jones E. Scientific results from Gulf of Mexico gas hydrates Joint Industry Project Leg 1 drilling: introduction and overview. Marine and Petroleum Geology, 2008, 25 (9): 819-829.

[114] Collett T S, Riedel M, Cochran J R, et al. Indian continental margin gas hydrate prospects: results of the Indian National Gas Hydrate Program (NGHP) expedition 01. Proc 6 th Int Conf Gas Hydrates. Vancouver. 2008.

[115] 张树林. 中国海域天然气水合物勘探研究新进展. 天然气工业, 2008, 28 (1): 154-158.

[116] Park K P, Bahk J J, Kwon Y, et al. Korean national Program expedition confirms rich gas hydrate deposit in the Ulleung Basin, East Sea. Fire in the Ice: Methane Hydrate Newsletter, 2008, 8 (2): 6-9.

[117] Yamamoto K, Wright J F, Bellefleur G. Scientific Results from the JOGMEC/NCRCan/Aurora Mallik 2007-2008 Gas Hydrate Production Research Well Program, Mackenzie Delta, Northwest Territories, Canada. Natural Resources Canada, Earth Sciences Sector, Geological Survey of Canada: Natural Resources Canada, Earth Sciences Sector, Geological Survey of Canada, 2012.

[118] Collett T S, Boswell R. Resource and hazard implications of gas hydrates in the Northern Gulf of Mexico: Results of the 2009 Joint Industry Project Leg II Drilling Expedition. Marine and Petroleum Geology, 2012, 34 (1): 1-3.

[119] Horozal S, Kim G Y, Bahk J J, et al. Core and sediment physical property correlation of the second Ulleung Basin Gas Hydrate Drilling Expedition (UBGH2) results in the East Sea (Japan Sea). Marine and Petroleum Geology, 2015, 59: 535-562.

[120] Schoderbek D, Martin K L, Howard J, et al. North slope hydrate fieldtrial: CO_2/CH_4 exchange. OTC Arctic Technology Conference. Offshore Technology Conference. 2012.

[121] 黄昌武. 中国首次钻获可燃冰, 天然气储量约 $1500 \times 10^8 m^3$. 石油勘探与开发, 2014, 41 (1): 120.

[122] Terao Y, Lay K, Yamamoto K. Design of the surface flow test system for 1st offshore production test of methane hydrate. Offshore Technology Conference-Asia. Offshore Technology Conference. 2014.

[123] Kumar P, Collett T S, Vishwanath K, et al. Gas-hydrate-bearing sand reservoir systems in the offshore of India: Results of the India National Gas Hydrate Program Expedition 02. Fire in the Ice, 2016, 16 (1): 1-8.

[124] 吴能友, 黄丽, 胡高伟, 李彦龙, 陈强, 刘昌岭. 海域天然气水合物开采的地质控制因素和科学挑战. 海洋地质与第四纪地质, 2017, 37 (5): 1-11.

[125] 周守为, 陈伟, 李清平, 周建良, 施和生. 深水浅层非成岩天然气水合物固态流化试采技术研究与进展. 中国海上油气, 2017, 29 (4): 1-8.

[126] 张炜, 邵明娟, 田黔宁. 日本海域天然气水合物开发技术进展. 石油钻探技术, 2017, 45 (5): 101-105.

气体水合物和气候环境

天然气水合物中的甲烷总量约是大气中甲烷量的 3000 倍，天然气水合物作为一个重要的潜在能源，人们在关注其具有巨大资源潜力的同时，往往忽视了天然气水合物带来的负面环境效应和灾害性影响。作为大气中甲烷的一种重要来源，天然气水合物在控制全球长期气候变化方面起着重要的作用。

水合物分解所释放出来的甲烷是一种重要的温室气体，其温室效应（greenhouse warming potential，GWP）大约是二氧化碳的 20 多倍，并具有反应快速、短期内有效的特点。因此一旦水合物大规模的分解将会对全球环境带来灾难。现在全球温度变暖的趋势可能引起冻土带和海底天然气水合物分解，而天然气水合物分解释放出的大量甲烷又将导致大气温度的进一步升高，从而加快全球气候变暖的进程。

天然气水合物的分解对全球气候变化的影响最早在 20 多年前由 Macdonald 和 Chamberlain 等提出[1,2]，他们认为一方面，在地质历史时期，极地表面温度的升高，海底底层水温的升高或者海平面下降引起的压力变化以及快速沉积作用等都可改变海洋沉积物的温度和压力，导致海底天然气水合物的失稳分解，释放出甲烷以及甲烷氧化后生成的二氧化碳，从而造成地质历史上的全球气候变化。另一方面，全球气候变化反过来又将影响甲烷从海底逸出速率的变化，并且海底天然气水合物分解，甲烷气体的释放还对全球碳循环系统的碳总量和碳同位素特征产生影响[3]。因此当前天然气水合物中甲烷的逸出对全球气候变化的影响已经引起了全球的高度重视，但由于缺乏海洋沉积物和海水中甲烷传输的恰当模式，它对大气中甲烷和二氧化碳浓度变化的具体影响程度还不是很清楚，且目前对于海底喷口的甲烷气体流量的定量研究也还很少。

埋藏于海底天然气水合物中的甲烷气体由于目前已经出现的全球变暖趋势或者一些试验性开发而释放出来，加拿大福特斯洛普天然气水合物层正在融化就是一个例证。从工业革命前到现在，大气中二氧化碳的浓度提高了 25%，而甲烷浓度则翻了一番，平均年增长率 0.9%。这说明甲烷浓度提高得更快，因此它对温室效应的相对贡献今后还会增大。

天然气水合物对全球气候变化的影响还有许多待证实之处，前人的研究都认识到天然气水合物的分解会释放出大量的甲烷气，但大多都忽略了逸出的甲烷大部分会被氧化以及甲烷在海水中的溶解都会显著降低实际释放到大气中的甲烷气量。因此，有些学者对甲烷水合物分解造成的全球气候变化的评估可能有些夸大了。海底天然气水合物对全球变化的影响的合理评估还有待于大量的观测与研究。本章对国内外学者在水合物和气候环境关系方面的研究成果进行简要介绍。

12.1 天然气水合物的稳定性与分解[4~7]

  天然气水合物的稳定性是由压力、温度、气体的组成和水相的组成共同决定的，而自然界的水合物往往处于水-水合物-气体三相平衡的边界条件处。处于这个条件的天然气水合物对于温度和压力的变化非常敏感，自然界中温度/压力条件的微小变化都会引起天然气水合物的分解，并向大气中释放出大量气体。深海水合物的稳定区域如图 12-1 所示。图中的深度和压力是成正比的，相边界曲线内侧为水合物的相稳定区域。曲线 AB 表示海水的温度梯度，曲线 AC 表示海底之下地层的温度梯度。两条温度梯度曲线和相边界曲线交会形成的区域是水合物实际存在的区域。由于水合物的密度比海水轻，而且海水中的溶解甲烷很难达到维持水合物稳定的浓度，因此海水中实际难有水合物存在。有些地方在海底发现露头的水合物丘，其下的地层中必然有水合物和水合物丘相连接，并有充足的甲烷气供应。这些条件较苛刻，所以水合物一般只存在于地层中。C 点对应的地层深度常被称为水合物的底界。海底和底界之间的距离为理论上的水合物稳定带厚度。实际水合物的厚度一般要小于此稳定带厚度。进行地震探测时，在水合物的底界常发现似海底反射，简称 BSR。

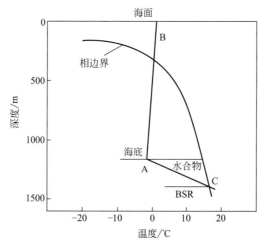

图 12-1 深海水合物平衡示意图[4]

  天然气在冻土带沉积物中的特定温度和压力条件下也可形成水合物，其稳定性受孔隙流体盐度、天然气组成等因素的影响。冻土带天然气水合物稳定的深度和温度的关系如图 12-2 所示。在图中，由冻土层地温梯度曲线、冻土层之下沉积层地温梯度曲线与天然气水合物相平衡边界所限定的区域为水合物热力学稳定区域。冻土层地温梯度与冻土层之下沉积物层的地温梯度与相平衡边界的上交点为水合物层埋藏顶界，下交点为水合物层埋藏底界，二交点之间的距离为水合物稳定带厚度。在我国的青藏高原，其永久冻土层实测厚度为 10～175m，计算厚度最大值可达 700m。

  大量有关气体水合物的实验研究以及现场考察观测结果表明，在极地冻土带以及海底都有不断向海水或空气中逸出的甲烷。科学考察中经常会在海底观察到气体和液相羽状物沿着切开的沉积物和气体水合物断层逸出。亚洲东岸 Okhotsk（鄂霍次克海）大约相当于北海和

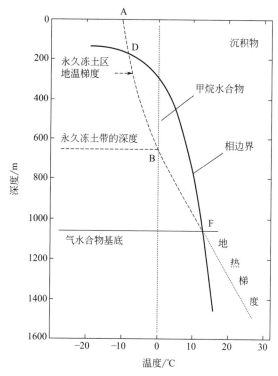

图 12-2　冻土带天然气水合物稳定的深度和温度带示意图[5]

Baltic Sea（波罗的海）的总面积，通常 1 年中有 7 个月都被冰层覆盖着，海底常年不断地有甲烷气体逸出。有科考队在 1991 年的探测中测到鄂霍次克海的冰层之下的甲烷浓度高达65mL/L，然而在第二年夏季冰融之后的探测中甲烷的浓度仅为 0.13mL/L。这说明有大量的海底分解出来的甲烷进入了大气中，是大气中甲烷的重要来源[6]。1998 年，一支由德国和俄国科学家组成的联合科考队利用探鱼声纳探测到了一个从海底甲烷水合物矿床中冒出来形成的高达 500m 的甲烷柱状物。挪威牵头领导的一个国际小组发现在巴伦支海海底有许多类似弹坑的巨大凹陷，最大坑宽 700m，深 300m，这种大小不等的弹坑密布于天然气水合物矿床的附近处，清楚地表明了这里曾发生过大量的甲烷逸出事件。

德国科考人员还发现，虽然分解出来的甲烷形成了巨大石灰质块覆盖了断层产生的裂口，但还是有相当惊人数量的甲烷进入了周围的海水中。测得的浓度相当于与空气中甲烷含量处于平衡状态时的水中甲烷含量的 1300 倍。科学家认为，这些大量甲烷气体的逸出以及巨大的柱状物的形成很可能是因为板块构造活动挤压沉积物致使水合物发生失稳造成的。现有研究结果表明，失稳现象的发生与气体水合物所存在的环境条件的变化之间有着复杂的互相作用的关系。

除了强烈的甲烷突然释放事件，甲烷通常也以海底渗漏或喷口的方式连续不断地逸出到海水中，在高强度渗漏口，甲烷甚至是以游离气的方式大量进入到海水中的。这种方式逸出的甲烷对气候变化也有一定程度的影响。一般低渗漏量的甲烷大部分溶解入海水中，并有少量的被细菌等微生物消耗或被固定在海底碳酸盐结壳中，实际上能进入大气中的甲烷量很少。而高强度渗漏口的气泡的浓度、大小以及上升速率等都相对较大，密集的气泡或羽状气流在水柱中可到达 200m 高以上甚至直达海面进入大气中。

其实甲烷气体逸散现象在海底是比较普遍的，有些在喷口处还形成水合物丘，如墨西哥湾海底就在几处有气体喷口的地方形成水合物丘。而在同样有甲烷逸出喷口的布莱克海台海底却未发现天然气水合物丘，尽管此处温度/压力条件也适合水合物的形成，其原因可能是由于上覆底层水的甲烷未达到饱和，但在喷口处的碳酸岩盐下面却分布有水合物。"阿尔文"深潜器 2001 年在布莱克海台的深潜中发现了形成于碳酸岩盐露头之下的水合物，尽管此处甲烷浓度不是很高，但由于碳酸岩盐矿层的隔离使得这里的局部海水独立于整个大系统，从而产生小范围的甲烷饱和。由于这种局部饱和现象，有些从甲烷喷口释放的气泡仍保留未溶解状态，因此羽状气流本身的甲烷浓度也不高。围绕气泡（代表最小能量界面）开始的天然气水合物形成过程在许多实验室研究中都观察到，在海水中有气体逸散的地方也观察到。含水合物的气泡由于比周围海水的浮力要大，所以它们仍能继续上升，有些甚至直达海面。位于美国-加拿大西岸外的水合物海岭就观察到大块的水合物周期性地从海底上浮至海面，并在海底留下形状不规则的、起伏达 1m 的凸起和洼地[7]。

除了因气候变化、构造活动、地震、火山引起的自然分解造成水合物失稳分解之外，水合物钻探开发对水合物稳定性的影响也不可忽视。面对越来越严重的能源危机，各国都已将天然气水合物列入战略性矿产资源，加大天然气水合物的勘探、开发研究力度，美国、日本、加拿大等国均做出了详尽的天然气水合物的勘探开发计划。

在水合物钻采过程中，不可避免地发生水合物分解，钻井过程中由于作业层内局部温度、压力的改变，使水合物处于不稳定状态。在此过程中引起水合物分解的可能性有很多种，如当地面泥浆温度明显高于作业层时，会引起水合物的分解；当需要钻入深部地层时，泥浆循环会将地热带至上部，这也可能引起水合物分解；当固井时靠近水合物的水泥固化时，由于水泥反应散发出的热量引起水合物分解。此外，在开采过程中也极易引发水合物分解。

气体水合物作为一种特殊的盖层有利于向上运动的烃类化合物进行聚集，但是钻井时如果钻到天然气水合物近旁形成的这种气体储集库就有可能出现爆炸式的压力释放，也就是所谓的 "blow outs"。另外，天然气水合物的失稳也会对海底管道、电缆等工程设施及其施工造成威胁，甚至引发灾难性的后果。

12.2　天然气水合物的环境效应[8,9]

在本节中，将从水合物与全球气候变化、海底地质灾害及海洋生态环境等三方面对水合物的环境效应进行阐述。Koch 等[10]对天然气水合物的综合环境效应进行了分析，并示意性地用图 12-3 来进行描述。

12.2.1　天然气水合物与全球气候变化

已经有研究结果表明，大气圈中的甲烷含量在近 20 万年里与地球的温度是紧密耦合的。天然气水合物存在于 2000m 以上的地壳浅层，储量巨大，当遇到环境变化时，温度的升降、压力的变化、海平面变化、沉积盆地的升降、上覆沉积物的增厚、构造活动、流体活动等都会影响天然气水合物层的稳定性，甚至导致天然气水合物层的破坏，释放出天然气，并最终进入大气圈。甲烷水合物的分解可能产生气态甲烷并增加海水中溶解态甲烷的浓度，甲烷将从过饱和的海水逸出进入大气，使大气中的甲烷浓度随甲烷水合物的分解而增加。因此，存在于地壳浅表层的天然气水合物稳定与否，对全球大气组分变化造成巨大的冲击，影响到全

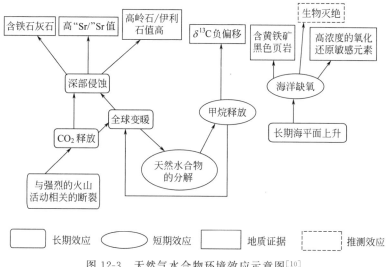

图 12-3 天然气水合物环境效应示意图[10]

球气候变化的走势。从 1960 年到 1983 年的测定表明，大气中的甲烷浓度正以每年 1% 的速率增长[11]。冰芯中的气体分析表明，在最后一次冰期、间冰期的转换过程中，空气中的甲烷浓度变化接近两倍[12]。

自从 MacDonald 与 Chamberlain 等专家提出天然气水合物的分解对全球气候变化的影响以来，目前已在始新世末、早白垩世、晚侏罗世、早侏罗世等时段发现了天然气水合物的大量分解释放出甲烷气体导致全球升温的确切证据[13~15]。也有研究人员用甲烷水合物快速释放产生甲烷来解释早侏罗世沉积、晚侏罗世沉积及古新世海洋和大陆碳酸盐成分中 $\delta^{13}C$ 的负偏移现象[15~17]。在对古新世末增温事件（Late Paleocene Thermal Maximum，LPTM）、寒武纪大爆发等重大地质事件研究中，科学家们都把气体水合物作为全球环境变化的重要因子加以考虑，做了很多研究工作。LPTM 事件是指发生在大约 5500 万年前深海水体温度在 1 万年内升高 4~6℃，大量富 ^{12}C 注入表生碳循环，导致 $\delta^{13}C$ 值负偏 2.5‰~3.0‰ 的地质事件。目前对此事件最好的解释是海洋底水变暖导致大量水合物分解，游离状的 CH_4 气泡进入水体与海水中的溶解氧发生化学反应生成 CO_2，导致海水中氧浓度降低和海底碳酸盐矿物溶解。水体温度增高，溶解氧降低及海水中发生的其他变化，致使许多深海物种死亡或暂时消失。

微观生物的碳同位素成为解释温度迅速升高的关键原因。LPTM 事件中所表现出的大气中甲烷浓度的突然升高与气候急剧变化相一致的特征已经在海底沉积物岩芯中找到了证据。在许多深海和浅海的沉积物碳氧同位素剖面中都发现了 $\delta^{13}C$ 负偏移现象。而且地震地层学研究显示在晚古新世沉积物中也发现有大量的甲烷释放的痕迹。根据碳循环模式估计，在现代海洋状况下，产生 LPTM 事件中显示的同位素特征需要 10^{18} g 的甲烷，即便如此，该甲烷量也仍然只占目前所估计的天然气水合物中甲烷含量的 8%。

Nisbet[18]将现今的全球变暖与 13500 年前最近的一个主要冰期结束时天然气水合物中甲烷的释放相联系，指出在全球温暖期，极地天然气水合物分解并释放出甲烷进入大气圈，导致全球环境进一步变暖。

全球气候变化与天然气水合物释放甲烷的有关证据还有海平面的变化。在冰期，由于海水静压力减小，引起外大陆边缘沉积物中天然气水合物释放出甲烷，并逐渐引发冰川消退现象。随着气温上升，全球转暖，冰川和两极冰盖融化，大洋也受热膨胀，这些综合因素导致海平面上升。由于消融的冰盖压力降低和温度的增高，引起永冻带的天然气水合物分解，释放甲烷，有助于结束冰期。

虽然水合物沉积物释放出甲烷能引起全球气候的变化，但反之亦然，即气候的变化也可能引起水合物中甲烷的释放。目前大多数学者认为，水合物释放甲烷与全球气候的变化是一个反馈过程，并且这种反馈过程在极地和中低纬度的陆架地区是不同的。水合物释放甲烷与气候变化之间的反馈方式可用图 12-4 来描述。在间冰期，全球变暖，冰川和冰盖融化，永久冻土带地层中的天然气水合物由于温度升高和压力降低而不稳定，释放甲烷，产生温室效应，对全球变暖产生正反馈，如图 12-4（a）所示。而在中低纬度的陆缘海，一方面海水温度上升可使天然气水合物不稳定；另一方面由于海平面上升，海底静压力增大，又使天然气水合物的稳定性增高，如图 12-4（b）所示。由于海水的热容量大，底层海水的升温不会很显著，静水压力的影响可能占主导地位，因此总的效应可能是使天然气水合物的稳定性增高，对全球变暖产生负反馈。在全球冷旋回期间，整个系统的变化与上述相反。总的来说，极地的天然气水合物对气候变化有正反馈，而中低纬度陆缘海的天然气水合物对全球气候变化可能有负反馈，因此全球气候的变化与这两种相反作用反馈的总和有关，但目前对它们的影响还缺乏定量估计。

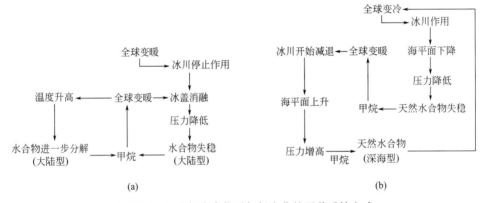

图 12-4　天然气水合物对气候变化的两种反馈方式

从区域尺度定量模拟天然气水合物分解可能输入大气的甲烷通量的工作，目前还很少。因此为了全面探讨天然气水合物在全球气候变化中的作用与贡献，不仅要研究天然气水合物这个巨大碳源的分布赋存状况及其不稳定性等，还要研究水合物分解甲烷在海底的释放量和水柱各层以及海-气界面的甲烷浓度，甲烷在水柱中垂直运输过程中的变化，缺氧-含氧水界面的变化等，尤其是海底高强度甲烷喷流经水柱传输到大气的过程及其引起的气候突变。因此现场监测研究非常重要，实验室模拟研究也是必不可少的。目前实验室研究中的一个热点就是沉积物-水界面处微生物对甲烷的厌氧分解和再聚集，此外由于水-气系统中的氧碳稳定同位素分馏特征与气温变化密切相关，故而研究水-气界面处甲烷-二氧化碳-水系统中的氧碳同位素交换也是一个较重要的实验室研究内容。

尽管天然气水合物的分解会导致大量甲烷释放，但目前有多少由水合物分解产生的甲烷进入大气则并不确定，统计显示每年进入大气圈的甲烷为 500Mt，其中来自自然界的只有 160Mt，其余的则与人类活动有关，而海洋每年向大气圈提供的甲烷仅为 10Mt[19]。因此天然气水合物分解释放气对全球气候的影响，也许并不如预期严重。首先是因为，海底温度、压力的改变对甲烷逸出率的影响并没有原来想象的那样显著。根据模拟实验研究发现海底压力变化对甲烷逸出率的影响是可忽略的，温度变化的作用相对较强，尽管 4℃ 的温度变化对于海底环境而言是显著的，但它造成海底甲烷逸出率的最大变化却小于 10%，这么微小的变动可能在大气甲烷量波动很大的观测数据中显示不出来。而且温度变化与甲烷逸出率变化并不同步，因此与海洋沉积物中甲烷水合物堆积和崩解有关的甲烷逸出对全球气候变化的影响可能是有限的。此外，分解出的甲烷进入海水后会被大量溶解，未溶解甲烷还要经过强烈的氧化作用。而且在水深大于 200m 的深海底（透光带之下）和一定的温度与压力条件下会形成自生生物系统，处于该系统内的甲烷被以其为养料的厌氧细菌氧化生成重碳酸根与海水中的钙结合，形成碳酸盐岩沉积。

因此天然气水合物似乎更应该是海底甲烷迁移的缓冲器，缓和海底甲烷气的释出。同进入海洋中的其他物质一样，水合物分解释放出的甲烷在沉积物-海水-大气系统中也会发生一系列的迁移和转化作用，这一过程还有待于进一步深入地研究。

12.2.2　天然气水合物与海底地质灾害

天然气水合物可能是引起地质灾害的主要因素之一。在海底沉积物中，气体水合物在形成时能够在孔隙中产生一种胶结作用，可在全球范围内使大陆斜坡带处于明显较为稳定的状态。自然界的或者开发过程中导致的温度或压力的微小变化都将影响沉积物的强度，进而引起海底滑坡及浅层构造变动，诱发海啸、地震等地质灾害。

近年来的研究表明，因海底天然气水合物的分解而导致沉积物胶结强度和坡体稳定性的降低，是海底滑坡产生的重要原因之一。当海底发生滑坡时，可引发海啸，对海岸环境和生命财产造成巨大的破坏。地质历史时期天然气水合物大规模的分解直接导致了某些物种，特别是海底单细胞生物的灭绝。

海底滑坡是一种常见的地质灾害。甘华阳和王家生[8]用图 12-5 来形象地描述海底天然气水合物分解诱发海底滑坡的情景。海洋调查表明，与水合物有联系的海底滑坡通常具有以下三个特征[8]：①可发生于坡度小于或等于 5° 的海底斜坡上；②滑坡体的顶部深度接近于天然气水合物分布带的顶部深度；③在滑坡体下面的沉积物层中几乎没有天然气水合物。

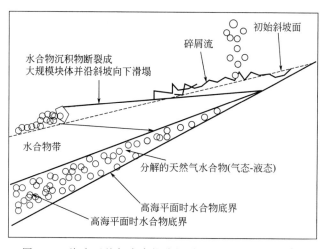

图 12-5　海底天然气水合物分解诱发海底滑坡示意图[8]

已知最大的海底滑坡是挪威大陆边缘的 Storrega 滑坡[9]。8000 年前位于挪威大陆边缘总量大约 5600km³ 的沉积物从大陆坡上缘向挪威海盆滑动，巨量的泥土推开海水引起的海啸造成了毁灭性的后果。它留下 290km 长的谷头陡壁断崖，向下陆坡延伸逾 800km，运移了 5000km³ 的物质，其中首次滑塌可能释放了 5×10^{12} kg 甲烷。这就是著名的 Storrega 海底山崩事件，这也是由于气体水合物释放而形成的世界著名的最大滑体之一。对非洲沿岸、加利福尼亚北部沿岸、南美亚马逊冲积扇、新西兰、日本海南部和地中海东部等地滑坡体的研究也都表明，天然气水合物的分解是引发海底滑坡的原因之一。

人类正在不断认识天然气水合物资源，并拟在不久的将来进行开采，而由此产生的海底地质灾害也在不断增加。美国、俄罗斯、加拿大等国学者已经报道了钻探过程中产生的不可控制的气体释放、管道堵塞、油井喷发、火灾、灾难性的井位下陷、气体渗漏到海洋表层等灾害事件。天然气水合物的环境效应在海洋地质灾害中主要表现于两个方面：自然分解引起的地质灾害与钻井引起水合物分解造成的环境破坏。前者研究得较多。目前较为一致的认识是，海平面升降、地震和海啸导致水合物分解，而水合物分解产生的滑塌、滑坡和浊流则可能进一步引发新的地震和海啸。天然气水合物的分解还可使海底沉积物的力学性质减弱，引发海底滑坡、塌陷，甚至海啸等自然灾害，对海底电缆、通信光缆、钻井平台、采油设备等工程设施造成威胁或破坏，甚至波及沿岸的建筑物，危害航行安全和人民的生命财产。

如前述 8000 年前发生的那次曾经在欧洲海岸引起强大海啸的海底塌方以及近期在地中海东部发生的滑坡都是这方面的实例。因此天然气水合物对于海洋石油勘探、开发，海底输油管线、海洋钻井平台、电缆、隧道的建设及运行，海洋及周边地区的交通安全都具有不可忽视的影响。

北纬 30 度附近，位于美国 Florida（佛罗里达）东部海面，古巴正东部海区的百慕大三角洲，它是大西洋中令人毛骨悚然的魔鬼三角洲，常有过往的船只和飞机在这里神秘失踪，人员尸骨无存。对这些神秘的现象，有人认为是海底强磁场所引起的，有人认为是存在于海底的外星人基地在作怪，还有人提出时空隧道假说，等等，众说纷纭，莫衷一是。众多的解释给百慕大三角洲披上了神秘的面纱。

最近，有科学家从海洋天然气水合物引发灾害的角度对这一难解之谜，做出了比较令人信服的解释。他们认为天然气水合物这种物质在海底很不稳定，稍有扰动，就会释放出甲烷气体。百慕大三角海域下面是一个海沟区，该处有大量的天然气水合物存在，而且不定期释放。可以想象当海底突然涌上大量的甲烷气体，上升的气流必然使平静的海面发生翻天覆地的变化，产生惊涛巨浪，过往的船只往往在这一瞬间被掀翻，沉入海底。由于太突然，往往来不及发出求救信号，便船没人亡了。甲烷是易燃的气体，当它混入到空气中，因为不纯，有一星点火花，就易发生爆炸。过往的飞机，其发动机产生火花，导致甲烷气体发生爆炸，刹那间机毁人亡。这一切都是在一瞬间发生的，所以往往造成一种神秘失踪的现象。他们还认为，水合物的大量分解使得大量甲烷溶于海水中，使海水的密度降低，致使船只因为浮力的减小而沉没。由于空气中甲烷量的增多，致使飞机在上空飞行时，遇到密度比空气密度小的甲烷而沉没或者遇到甲烷而燃烧。这种说法尽管不能完全解释事故的原因，但却提醒我们，天然气水合物是引发事故的一种因素。

12.2.3 天然气水合物与海洋生态环境

天然气水合物的分解引起全球气候变化，必将制约着动物、植物的生长演化。研究表明，海洋缺氧是导致海洋生物灭绝的直接原因。海洋生物大都需从海水中吸取氧气，以维持生命活动。但是，很多因素都会导致海水中氧气含量的减少，进而影响海洋生物的活动，甚至造成海洋生物灭绝。在诸多的影响因素中，天然气水合物的分解是导致冰期中止和生物灭绝的主要因素。

海底沉积物中的天然气水合物分解释放出游离状的 CH_4 气泡进入水体，并发生下列化学反应：

$$CH_4 + 2O_2 \longrightarrow CO_2 + 2H_2O$$

$$CaCO_3 + CO_2 + H_2O \longrightarrow Ca(HCO_3)_2$$

这些化学反应一方面会大大降低海水中的氧气含量，一些好氧生物群落将会萎缩，甚至导致许多深海物种死亡或暂时消失；另一方面会使海水中的二氧化碳含量增加，造成生物礁退化，海洋生态平衡遭到破坏。

水合物分解引起的地质灾害也会导致海底生态环境恶化而殃及海洋生物。地史时期生物的大规模灭绝可能与此有关，这一观点已得到一些学者的赞同。

12.3　水合物技术在环境保护中的应用

水合物技术是可用于解决温室效应问题的有效途径之一。据估计，目前每年排入大气的二氧化碳高达（220～290）×10^8t，而约有一半的 CO_2 存留于大气中。工业化前大气中 CO_2 的浓度是 280 $\mu L/L$，目前已高达约 360$\mu L/L$，如果 CO_2 的排放得不到控制，到 2100 年时将达到 500$\mu L/L$。温室效应造成的生态环境变化，将阻碍人类走持续发展的道路。

传统上有多种 CO_2 固定方法，如：用作化工生产的原料；储存于地下水层中；用于三次采油；储存于枯竭的气井中；液态 CO_2 海底储存等。以上方法均受处理量、岩层的破坏、地下水的污染、地面的失稳性、CO_2 释放及海水酸化等方面的限制。

将 CO_2 以水合物的形式固定于海底是一种新型的固碳方法，其基本原理是：利用 CO_2 易于生成水合物的特点，将大气中的 CO_2 分离并以水合物形式储存于海底深处（通常温度介于 2～4℃，适合生成 CO_2 水合物，且 CO_2 水合物的密度大于海水，因此便于储存）。深海中的水温适合 CO_2 水合物的存在，且海底的压力一般高于该温度下 CO_2 水合物的平衡压力。在这方面国外的一些学者已进行了一些初步的模拟实验，认为海底较适合 CO_2 水合物的储存。

除了直接将 CO_2 水合物块埋存于海底之外，还可以通过 CO_2 置换法开采海底甲烷水合物达到埋存 CO_2 的目的。即将 CO_2 注入地下水合物矿床中，由于 CO_2 较甲烷易于形成水合物有可能从水合物中置换出甲烷，且 CO_2 水合物的密度较甲烷水合物略大，这样就可以将 CO_2 以水合物形式固定于地下。这一方法的成功实施将具有环保和能源两方面的意义。天然气水合物经常是作为沉积物的胶结物存在，开发过程中导致的微小温度、压力变化就能够影响沉积物的强度，进而引起海底滑坡及浅层构造变动，诱发海啸、地震等地质灾害。以 CO_2 置换甲烷可以不破坏海底沉积物的结构，可以减小水合物的盲目开采引起海底滑坡、地层构造变动等地质灾害的可能性。

此外，基于水合物法的污水处理技术也日益受到重视，即利用气体和油田废水或者其他废水中的水生成水合物，将沉积下来的水合物固体分离后，再进行分解，达到污水处理的目的。

天然气水合物作为 21 世纪的重要能源地位已受到广泛认可和关注，作为未来能源的选择，天然气水合物具有双重性，既具有巨大的资源价值，也具有严重的环境隐患。在对天然气水合物进行研究时，在了解气体水合物的存在模式、分布规律和资源潜力的同时，也应了解其形成的地质条件和稳定所需的温度/压力环境，了解天然气水合物的开采模式和保护措施，认识其对气候和环境的影响。这就要求我们把天然气水合物的勘探、开发、利用和环境保护作为一个完整的系统来对待，在资源利用之前，必须有超前的防范措施，防止或尽可能减少天然气水合物对环境造成的不良影响，以便我们能更好地发挥这种清洁能源的资源优势。

尽管已有的科学考察和室内研究成果已经描绘出气体水合物的失稳作用可能引发严重的环境效应，并且人类已经认识到它们之间存在着复杂的相互作用关系，但这一切仍存在很大的推测性。相对于水合物作为未来能源的研究来说，天然气水合物的环境效应所受到的关注依然较少，在此方面的科研投入也远比其他研究来得少。科学界应该加大关注其作为气候因子可能对全球气候变化产生的重大影响。

近年来，美国、日本、德国等国家都将涉及全球碳循环的气体水合物对全球气候变化的影响列入其制定的气体水合物研究计划中。概言之，在今后的工作中应加大以下几方面的研究[6]：

第一是对大陆斜坡和冷的陆棚海区的气体水合物矿藏进行长期的观察，或者重建甲烷的脱气过程，记录并理解其对气候变化做出的贡献。

第二是加大对永久冻土带的分布、结构和可能的开发以及与永久冻土带相关的气体水合物及其进行着的状态变化过程等方面的研究力度，这是实际预测未来气候发展的决定性前提。

第三是水合物的自保性在实验室和野外现场均已被证实。这就证明了气体水合物在比之前所认为的存在深度浅得多的地方也有出现的可能性，在这些深度存在的水合物更容易受到地表气候变化、海水温度变化以及对地热状态有作用的地质事件的影响。因此有必要进一步加强对水合物的自我保存效应的研究。

第四是发展和创建自然条件（高压、低温）下沉积岩中气体水合物特性的实验室研究。进行现场条件下的生成与分解动力学研究和岩石物理化学性质变化动力学研究（如热导性，孔隙度，持续稳定性）。

最后应加强数值模拟研究，将现有的数据输入其中，并借助此技术计算出难于实测的年逾百万年、体积庞大的岩石中自然状态气体水合物的稳定作用和失稳作用。

参考文献

[1] MacDonald G J. The long-term impacts on increasing atmospheric carbon dioxide levels. Ballinger, Cambridge, MA. 1982.

[2] Chamberlain J W, Foley H M, MacDonald GJ, Ruderman M A. Climate effects of minor atmospheric constituents. In: Clark W C (Ed.), Carbon Dioxide Review, New York: Oxford Univ Press, 1982, 255-277.

[3] Kvenvolden K A. Methane hydrates and global climate. Glob Biochem Cycl. 1988, 2: 221-229.

[4] 周怀阳. 天然气水合物. 北京：海洋出版社, 2000.

[5] 康志勤, 赵建忠, 赵阳升. 冻土带天然气水合物稳定性研究. 辽宁工程技术大学学报, 2006, 25 (2): 290-293.

[6] 赵生才. "可燃冰"的稳定性及其环境效应. 科学中国人, 2004, 04: 32-33.

［7］ 方银霞，黎明碧，初凤友. 海底天然气水合物中甲烷逸出对全球气候的影响. 地球物理学进展. 2004，19（2）：286-290.

［8］ 甘华阳，王家生. 天然气水合物潜在的灾害和环境效应. 地质灾害与环境保护，2004，15（4）：5-8.

［9］ 王淑红，宋海斌，颜文. 天然气水合物的环境效应. 矿物岩石地球化学通报，2004，23（2）：160-165

［10］ Koch P L, Zachos J C, Gingerich P D. Correlation between isotope records in marine and continental carbon reservoirs near the Palaeocene/Eocene boundary. Nature，1992，359：319-322.

［11］ Rasmussen R A, Khalil M A K. Atmospheric trace gases: trends and distributions over the last decade . Science，1986，232：1623-1624.

［12］ Stauffer B, Lochbronner E, Oeschger H, Schwander J. Methane concentrations in the glacial atmosphere was only half that of the preindustrial Holocene. Nature，1988，333：655-657.

［13］ Kats M E, Park D K, Dickens G R. The source and fate of massive carbon input during the latest Paleocene thermal maximum. Science，1999，286（5444）：1531-1533.

［14］ Jahren A H, Arens N C, Sarmiento G. Terrestial record of methane hydrate dissociation in the early Cretaceous. Geology，2001，29（2）：159-162.

［15］ Padden M, Weissert H, Rafelis M. Evidence for Late Jurassic release of methane from gas hydrate. Geology，2001，29（3）：223-226.

［16］ Hesselbo S P, Groecke D R, Jenkyns H C, Bjerrum C J, Farrimond P, Morgans Bell H S, Green O R. Massive dissociation of gas hydrate during a Jurassic oceanic anoxic event. Nature，2000，406：392-395.

［17］ Dickens G, O'Neil J R, Rea D K. Dissociation of oceanic methane hydrate as a cause of the carbon isotope excursion at the end of the Paleocene. Paleoceanography，1995，10：965-971.

［18］ Nisbet E G. The end of the ice age. Can. I. Earth Science，1990，27：148-157.

［19］ Neue H. Methane emission from rice fields: Wetland rice fields may make a major contribution to global warming. BioScience，1993，43（7）：466-473.

附 录

附录 1　气体水合物生成条件数据集[1]

附录 1- I　单组分体系的水合物生成条件数据

表 I -1 CH_4 水合物生成条件数据

温度/K	压力/MPa	相态	温度/K	压力/MPa	相态
Kobayashi，Katz[1]			Galloway 等[2]		
295.7	33.99	L_w-H-V	283.2	7.10	L_w-H-V
295.9	35.30	L_w-H-V	283.2	7.12	L_w-H-V
301.0	64.81	L_w-H-V	288.7	13.11	L_w-H-V
302.0	77.50	L_w-H-V	288.7	13.11	L_w-H-V
Thakore，Holder[3]			Makogon，Sloan[4]		
275.4	2.87	L_w-H-V	190.2	0.0825	I-H-V
276.3	3.37	L_w-H-V	198.2	0.1314	I-H-V
277.2	3.90	L_w-H-V	208.2	0.2220	I-H-V
278.2	4.50	L_w-H-V	218.2	0.3571	I-H-V
279.2	4.90	L_w-H-V	243.2	0.9550	I-H-V
281.2	6.10	L_w-H-V	262.4	1.7980	I-H-V
Falabella[5]			Verma[6]		
148.8	0.0053	I-H-V	275.2	3.02	L_w-H-V
159.9	0.0121	I-H-V	276.7	3.69	L_w-H-V
168.8	0.0211	I-H-V	278.6	4.39	L_w-H-V
178.2	0.0420	I-H-V	285.4	9.19	L_w-H-V
191.3	0.0901	I-H-V	288.5	13.04	L_w-H-V
193.2	0.1013	I-H-V	290.7	16.96	L_w-H-V
			291.2	18.55	L_w-H-V

❶　①本附录参考了：Sloan E D. Clathrate hydres of natural gases. 2ed. NY：Marcel Dekker，1997.

温度/K	压力/MPa	相态	温度/K	压力/MPa	相态
Roberts 等[7]			Jhaveri,Robinson[8]		
259.1	1.65	I-H-V	273.2	2.65	L_w-H-V
273.2	2.64	L_w-I-H-V	277.6	4.17	L_w-H-V
280.9	5.85	L_w-H-V	280.4	5.58	L_w-H-V
286.5	10.63	L_w-H-V	284.7	8.67	L_w-H-V
286.7	10.80	L_w-H-V	287.3	11.65	L_w-H-V
			288.9	14.05	L_w-H-V
			291.7	20.11	L_w-H-V
			294.3	28.57	L_w-H-V
McLeod,Campbell[9]			de Roo 等[10]		
285.7	9.62	L_w-H-V	273.3	2.69	L_w-H-V
285.7	9.62	L_w-H-V	275.4	3.43	L_w-H-V
286.1	10.10	L_w-H-V	276.0	3.34	L_w-H-V
286.3	10.31	L_w-H-V	279.5	5.04	L_w-H-V
289.0	13.96	L_w-H-V	281.3	6.04	L_w-H-V
292.1	21.13	L_w-H-V	282.8	7.04	L_w-H-V
295.9	34.75	L_w-H-V	284.0	8.05	L_w-H-V
298.7	48.68	L_w-H-V	285.0	9.04	L_w-H-V
300.9	62.40	L_w-H-V	286.0	10.04	L_w-H-V
301.6	68.09	L_w-H-V			
Adisasmito,Sloan[11]			Deaton,Frost[12]		
273.4	2.68	L_w-H-V	262.4	1.79	I-H-V
274.6	3.05	L_w-H-V	264.2	1.90	I-H-V
276.7	3.72	L_w-H-V	266.5	2.08	I-H-V
278.3	4.39	L_w-H-V	268.6	2.22	I-H-V
279.6	5.02	L_w-H-V	270.9	2.39	I-H-V
280.9	5.77	L_w-H-V	273.7	2.76	L_w-H-V
282.3	6.65	L_w-H-V	274.3	2.90	L_w-H-V
283.6	7.59	L_w-H-V	275.4	3.24	L_w-H-V
284.7	8.55	L_w-H-V	275.9	3.42	L_w-H-V
285.7	9.17	L_w-H-V	275.9	3.43	L_w-H-V
286.4	10.57	L_w-H-V	277.1	3.81	L_w-H-V
			279.3	4.77	L_w-H-V
			280.4	5.35	L_w-H-V
			280.9	5.71	L_w-H-V
			281.5	6.06	L_w-H-V
			282.6	6.77	L_w-H-V
			284.3	8.12	L_w-H-V
			285.9	9.78	L_w-H-V
Marshall 等[13]			Dyadin,Aladko[14]		
290.2	15.90	L_w-H-V	287.0	8.00	L_w-H-V
290.5	15.90	L_w-H-V	296.6	37.00	L_w-H-V
295.1	29.92	L_w-H-V	300.8	59.00	L_w-H-V
295.2	30.00	L_w-H-V	303.6	84.00	L_w-H-V
295.8	33.75	L_w-H-V	307.2	117.00	L_w-H-V
298.0	44.31	L_w-H-V	308.6	133.00	L_w-H-V
298.2	43.78	L_w-H-V	310.6	162.00	L_w-H-V
300.2	56.92	L_w-H-V	311.0	166.00	L_w-H-V
301.5	65.43	L_w-H-V	313.8	216.00	L_w-H-V
301.6	65.43	L_w-H-V	315.6	242.00	L_w-H-V
306.7	110.83	L_w-H-V	318.4	317.00	L_w-H-V
310.3	152.72	L_w-H-V	319.0	358.00	L_w-H-V
312.7	187.30	L_w-H-V	320.0	405.00	L_w-H-V

温度/K	压力/MPa	相态	温度/K	压力/MPa	相态
Marshall 等[13]			Dyadin，Aladko[14]		
313.7	206.34	L_w-H-V	320.4	443.00	L_w-H-V
314.2	223.91	L_w-H-V	320.4	450.00	L_w-H-V
315.0	237.46	L_w-H-V	320.8	467.00	L_w-H-V
316.8	271.65	L_w-H-V	320.8	506.00	L_w-H-V
318.3	319.68	L_w-H-V	320.9	527.00	L_w-H-V
319.6	367.77	L_w-H-V	320.9	536.00	L_w-H-V
320.0	397.00	L_w-H-V	320.9	548.00	L_w-H-V
			320.9	572.00	L_w-H-V
			320.9	580.00	L_w-H-V
			320.8	590.00	L_w-H-V
			320.6	600.00	L_w-H-V
			320.2	631.00	L_w-H-V
			321.8	642.00	L_w-H-V
			320.0[1]	658.00	L_w-H-V
			322.8	707.00	L_w-H-V
			324.0	731.00	L_w-H-V
			319.0[①]	734.00	L_w-H-V
			318.6[①]	749.00	L_w-H-V
			318.2	784.00	L_w-H-V
			325.2	786.00	L_w-H-V
			325.0	806.00	L_w-H-V
			325.4	814.00	L_w-H-V
			316.8[①]	816.00	L_w-H-V
			325.2	840.00	L_w-H-V
			325.6	864.00	L_w-H-V
			326.6	874.00	L_w-H-V
			326.0	902.00	L_w-H-V
			326.4	956.00	L_w-H-V
			326.6	983.00	L_w-H-V
			326.8	1000.00	L_w-H-V

① 亚稳定相。

表 I-2 CH_4 水合物生成条件数据[15]

温度/K	压力/MPa	$H_2O/10^{-6}$(摩尔)	相态	温度/K	压力/MPa	$H_2O/10^{-6}$(摩尔)	相态
240.0	3.45	12.30	L_w-H-V	260.0	3.45	78.24	L_w-H-V
240.0	6.90	5.60	L_w-H-V	260.0	6.90	39.56	L_w-H-V
240.0	10.34	2.72	L_w-H-V	260.0	10.34	24.23	L_w-H-V
250.0	3.45	32.17	L_w-H-V	270.0	3.45	178.09	L_w-H-V
250.0	6.90	15.45	L_w-H-V	270.0	6.90	94.43	L_w-H-V
250.0	10.34	8.46	L_w-H-V	270.0	10.34	64.22	L_w-H-V

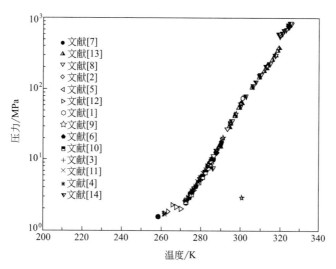

图 I-1　甲烷的水合物生成条件图

表 I-3　C₂H₆ 的水合物生成条件数据

温度/K	压力/kPa	相态	温度/K	压力/kPa	相态
Roberts 等[7]			Deaton, Frost[12]		
260.8	294	I-H-V	263.5	313	I-H-V
260.9	290	I-H-V	266.5	357	I-H-V
269.3	441	I-H-V	269.3	405	I-H-V
273.4	545	L_w-H-V	272.0	457	I-H-V
275.4	669	L_w-H-V	273.7	510	L_w-H-V
277.6	876	L_w-H-V	273.7	503	L_w-H-V
279.1	1048	L_w-H-V	274.8	579	L_w-H-V
281.1	1317	L_w-H-V	275.9	662	L_w-H-V
282.8	1641	L_w-H-V	277.6	814	L_w-H-V
284.4	2137	L_w-H-V	278.7	931	L_w-H-V
284.6	2055	L_w-H-V	278.7	931	L_w-H-V
285.8	2537	L_w-H-V	279.3	1007	L_w-H-V
287.0	3054	L_w-H-V	279.8	1083	L_w-H-V
287.7	4909	L_w-H-L_E	280.4	1165	L_w-H-V
287.8	3413	L_w-H-L_E	280.4	1165	L_w-H-V
287.8	4289	L_w-H-L_E	280.9	1255	L_w-H-V
288.1	3716	L_w-H-L_E	281.5	1345	L_w-H-V
288.1	6840	L_w-H-L_E	282.0	1448	L_w-H-V
288.2	4944	L_w-H-L_E	282.6	1558	L_w-H-V
288.2	5082	L_w-H-L_E	283.2	1689	L_w-H-V
288.3	4358	L_w-H-L_E	284.3	1986	L_w-H-V
288.4	6840	L_w-H-L_E	285.4	2303	L_w-H-V
			285.4	2310	L_w-H-V
			286.5	2730	L_w-H-V
Reamer 等[16]			Galloway 等[2]		
279.9	972	L_w-H-V	277.6	814	L_w-H-V
282.8	1666	L_w-H-V	277.7	823	L_w-H-V
284.7	2129	L_w-H-V	282.5	1551	L_w-H-V
287.4	3298	L_w-H-V			

续表

温度/K	压力/kPa	相态	温度/K	压力/kPa	相态
Falabella[5]			Holder,Grigoriou[17]		
200.8	8.3	I-H-V	277.5	780	L_w-H-V
215.7	22.1	I-H-V	278.1	840	L_w-H-V
230.2	56.4	I-H-V	279.9	1040	L_w-H-V
240.4	98.1	I-H-V	281.5	1380	L_w-H-V
240.8	101.3	I-H-V	283.3	1660	L_w-H-V
			284.5	2100	L_w-H-V
Holder,Hand[18]			Ng,Robinson[19]		
278.8	950	L_w-H-V	288.0	3330	L_w-H-L_{C_2}
281.1	1280	L_w-H-V	288.2	5000	L_w-H-L_{C_2}
282.0	1450	L_w-H-V	288.4	6060	L_w-H-L_{C_2}
286.0	2510	L_w-H-V	288.5	6990	L_w-H-L_{C_2}
286.5	2600	L_w-H-V	289.2	10390	L_w-H-L_{C_2}
288.2	3360	L_w-H-V	289.7	13950	L_w-H-L_{C_2}
			290.6	20340	L_w-H-L_{C_2}
Avlonitis[20]					
277.8	848	L_w-H-V	281.5	1365	L_w-H-V
278.6	945	L_w-H-V	282.1	1510	L_w-H-V
279.4	1055	L_w-H-V	284.0	1889	L_w-H-V
280.4	1200	L_w-H-V	285.9	2461	L_w-H-V
			287.2	3082	L_w-H-V

表 I-4　C_2H_6 的水合物生成条件数据[21]

H-V 在 2.483MPa 等压线		H-L_{C2} 在 3.450MPa 等压线	
温度/K	$y_{H_2O} \times 10^3$	温度/K	$x_{H_2O} \times 10^3$
276.5	0.345	281.2	0.135
280.0	0.455	276.2	0.090
283.6	0.575	271.2	0.058
		260.0	0.024
		240.0	0.004

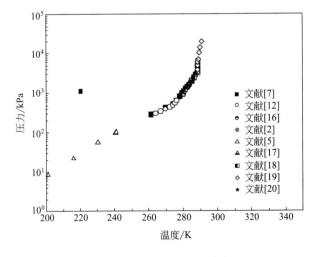

图 I-2　乙烷的水合物生成条件图

表 I -5 **C₃H₈ 的水合物生成条件数据**

温度/K	压力/kPa	相态	温度/K	压力/kPa	相态
Wilcox[22]			Reamer[16]		
278.9	807	L_w-H-L_{c3}	274.3	241	L_w-H-L_{c3}
278.5	1296	L_w-H-L_{c3}	275.7	305	L_w-H-L_{c3}
278.5	1758	L_w-H-L_{c3}	277.2	414	L_w-H-L_{c3}
278.8	2034	L_w-H-L_{c3}	278.6	684	L_w-H-L_{c3}
279.2	2903	L_w-H-L_{c3}	278.7	1477	L_w-H-L_{c3}
278.8	4247	L_w-H-L_{c3}	278.8	2046	L_w-H-L_{c3}
278.9	6116	L_w-H-L_{c3}			
Robinson，Mehta[23]			Thakore，Holder[3]		
274.3	207	L_w-H-V	274.2	217	L_w-H-V
274.8	241	L_w-H-V	275.2	248	L_w-H-V
276.4	331	L_w-H-V	276.2	310	L_w-H-V
277.8	455	L_w-H-V	277.2	450	L_w-H-V
278.9	552①	L_w-H-V	278.2	510	L_w-H-V
Deaton，Frost[12]			Verma[6]		
261.2	100	I-H-V	273.9	188	L_w-H-V
264.2	115	I-H-V	274.6	219	L_w-H-V
267.4	132	I-H-V	275.1	250	L_w-H-V
267.6	135	I-H-V	275.7	288	L_w-H-V
269.8	149	I-H-V	276.2	322	L_w-H-V
272.2	167	I-H-V	276.7	361	L_w-H-V
272.9	172	I-H-V	277.4	425	L_w-H-V
273.7	183	L_w-H-V	278.0	512	L_w-H-V
274.8	232	L_w-H-V	278.4	562①	L_w-H-V
275.4	270	L_w-H-V	278.4	4000	L_w-H-L_{c3}
275.9	301	L_w-H-V	278.5	7000	L_w-H-L_{c3}
277.1	386	L_w-H-V			
Kubota 等[24]			Miller，Strong[25]		
274.2	207	L_w-H-V	273.2	165	L_w-H-V
274.6	232	L_w-H-V	273.4	172	L_w-H-V
274.8	239	L_w-H-V	273.5	176	L_w-H-V
276.2	323	L_w-H-V	273.7	186	L_w-H-V
276.8	371	L_w-H-V	273.9	190	L_w-H-V
277.6	455	L_w-H-V	276.8	365	L_w-H-V
278.0	500	L_w-H-V	277.1	390	L_w-H-V
278.2	517	L_w-H-V	277.2	393	L_w-H-V
278.4	542	L_w-H-V	277.8	459	L_w-H-V
			278.0	472	L_w-H-V
Holder，Godbole[26]			Patil[27]		
247.9	48	I-H-V	273.6	207	L_w-H-V
251.4	58	I-H-V	274.6	248	L_w-H-V
251.6	58	I-H-V	276.2	338	L_w-H-V
255.4	70	I-H-V	277.2	417	L_w-H-V
258.2	81	I-H-V	278.0	510	L_w-H-V
260.8	90	I-H-V			
260.9	94	I-H-V			
262.1	99	I-H-V			

① = Q_2 Quadruple point （L_w-H-V-L_{c3}）。

表 I-6　C_3H_8 的水合物生成条件数据[21]

H-L_{C3} 1.1MPa 等压线			
温度/K	$x_{H_2O} \times 10^3$	温度/K	$x_{H_2O} \times 10^3$
235.6	0.004	264.4	0.046
246.6	0.011	267.8	0.060
255.6	0.021	276.2	0.116
261.8	0.037		

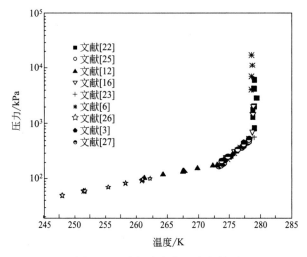

图 I-3　丙烷的水合物生成条件图

表 I-7　i-C_4H_{10} 的水合物生成条件数据

温度/K	压力/kPa	相态	温度/K	压力/kPa	相态
Schneider,Farrar[28]			Barduhn,Rouher[29]		
271.2	95	I-H-V	273.2	115	L_w-H-V
272.2	103	I-H-V	273.3	118	L_w-H-V
272.3	105	I-H-V	273.5	122	L_w-H-V
272.8	109	I-H-V	273.5	122	L_w-H-V
272.8	102	I-H-V	273.6	123	L_w-H-V
273.1	109	I-H-V	273.6	124	L_w-H-V
273.2	109	L_w-H-V	273.7	126	L_w-H-V
273.2	110	L_w-H-V	273.8	129	L_w-H-V
273.4	117	L_w-H-V	273.9	132	L_w-H-V
273.6	124	L_w-H-V	274.0	135	L_w-H-V
273.9	130	L_w-H-V	274.0	134	L_w-H-V
274.2	137	L_w-H-V	274.0	135	L_w-H-V
274.4	141	L_w-H-V	274.1	137	L_w-H-V
274.9	163	L_w-H-V	274.2	140	L_w-H-V
275.0	165	L_w-H-V	274.2	140	L_w-H-V
275.1	109	I-H-V	274.3	143	L_w-H-V
275.1	167	L_w-H-V	274.4	147	L_w-H-V
			274.6	151	L_w-H-V
			274.6	151	L_w-H-V
			274.6	157	L_w-H-V
			274.8	160	L_w-H-V
			275.0	164	L_w-H-V
			275.0	168	L_w-H-V
			275.0	169	L_w-H-V

续表

温度/K	压力/kPa	相态	温度/K	压力/kPa	相态
Wu 等[30]			Holder,Godbole[26]		
275.4	226	L_w-H-L_{iC4}	241.4	18	I-H-V
275.4	357	L_w-H-L_{iC4}	I-H-V	243.4	20
275.4	903	L_w-H-L_{iC4}	248.4	26	I-H-V
275.5	2410	L_w-H-L_{iC4}	253.7	35	I-H-V
275.6	5650	L_w-H-L_{iC4}	256.5	43	I-H-V
275.8	14270	L_w-H-L_{iC4}	259.7	54	I-H-V
			263.3	66	I-H-V
Thakore,Holder[3]			268.1	86	I-H-V
274.4	128	L_w-H-V	269.4	90	I-H-V
274.6	155	L_w-H-V	269.5	91	I-H-V

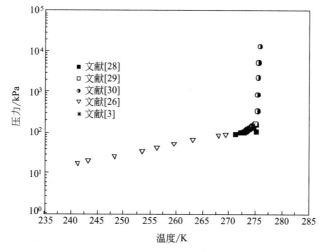

图Ⅰ-4 i-C_4H_{10} 的水合物生成条件图

表Ⅰ-8 CO_2 的水合物生成条件数据

温度/K	压力/kPa	相态	温度/K	压力/kPa	相态
Deaton,Frost[12]			Takenouchi,Kennedy[31]		
273.7	1324	L_w-H-V	283.2	4500	H-V-L_{CO_2}
273.7	1324	L_w-H-V	283.6	8500	H-V-L_{CO_2}
274.3	1393	L_w-H-V	284.2	13000	H-V-L_{CO_2}
274.3	1420	L_w-H-V	284.6	18200	H-V-L_{CO_2}
274.3	1420	L_w-H-V	285.2	24300	H-V-L_{CO_2}
275.4	1613	L_w-H-V	286.2	37200	H-V-L_{CO_2}
276.5	1848	L_w-H-V	287.2	52200	H-V-L_{CO_2}
277.6	2075	L_w-H-V	288.2	69600	H-V-L_{CO_2}
277.6	2082	L_w-H-V	289.2	88100	H-V-L_{CO_2}
277.6	2103	L_w-H-V	290.2	109500	H-V-L_{CO_2}
278.7	2427	L_w-H-V	290.6	122000	H-V-L_{CO_2}
278.7	2413	L_w-H-V	291.2	135300	H-V-L_{CO_2}
279.8	2758	L_w-H-V	291.6	149300	H-V-L_{CO_2}
279.8	2785	L_w-H-V	292.2	165100	H-V-L_{CO_2}
280.9	3213	L_w-H-V	292.7	186200	H-V-L_{CO_2}
281.5	3530	L_w-H-V			
281.9	3709	L_w-H-V			
282.6	4130	L_w-H-V			
282.9	4323	L_w-H-V			

续表

温度/K	压力/kPa	相态	温度/K	压力/kPa	相态
Miller，Smythe[32]			Robinson，Mehta[23]		
151.5	0.535	I-H-V	273.9	1379	L_w-H-V
162.4	1.765	I-H-V	275.2	1558	L_w-H-V
167.1	2.808	I-H-V	276.1	1758	L_w-H-V
171.5	4.201	I-H-V	278.9	2420	L_w-H-V
186.8	14.492	I-H-V	280.7	3130	L_w-H-V
192.5	21.878	I-H-V	282.0	3840	L_w-H-V
			283.3	4468①	L_w-H-V
Ng，Robinson[19]			Adisasmito 等[11]		
279.6	2740	L_w-H-V	274.3	1420	L_w-H-V
282.8	4360	L_w-H-V	275.5	1630	L_w-H-V
282.9	5030	L_w-H-L_{CO2}	277.6	2110	L_w-H-V
282.9	5620	L_w-H-L_{CO2}	279.1	2550	L_w-H-V
283.1	6470	L_w-H-L_{CO2}	280.6	3120	L_w-H-V
283.2	9010	L_w-H-L_{CO2}	281.5	3510	L_w-H-V
283.6	11980	L_w-H-L_{CO2}	282.1	3810	L_w-H-V
283.9	14360	L_w-H-L_{CO2}	282.9	4370	L_w-H-V
Unruh，Katz[33]			Falabella[5]		
277.2	2041	L_w-H-V	194.5	24.8	I-H-V
279.2	2586	L_w-H-V	203.2	43.3	I-H-V
280.9	3227	L_w-H-V	213.8	81.6	I-H-V
281.9	3689	L_w-H-V	217.8	101.3	I-H-V
283.1	4502¹	L_w-H-V	218.2	104.3	I-H-V
Vlahakis 等[34]					
263.0	2644	H-L_{CO_2}-V	273.6	1300	L_w-H-V
264.0	2717	H-L_{CO_2}-V	273.9	1342	L_w-H-V
264.1	2724	H-L_{CO_2}-V	274.2	1.387	L_w-H-V
264.1	2727	H-L_{CO_2}-V	274.7	1462	L_w-H-V
264.6	2726	H-L_{CO_2}-V	274.7	1472	L_w-H-V
265.2	2803	H-L_{CO_2}-V	275.3	1569	L_w-H-V
265.6	2845	H-L_{CO_2}-V	275.7	1651	L_w-H-V
266.2	2884	H-L_{CO_2}-V	276.1	1742	L_w-H-V
266.3	2892	H-L_{CO_2}-V	276.6	1844	L_w-H-V
267.1	2962	H-L_{CO_2}-V	276.7	1849	L_w-H-V
267.2	2965	H-L_{CO_2}-V	277.0	1927	L_w-H-V
267.8	3021	H-L_{CO_2}-V	277.2	1983	L_w-H-V
268.2	3045	H-L_{CO_2}-V	277.2	1984	L_w-H-V
268.3	3058	H-L_{CO_2}-V	271.0	3292	H-L_{CO_2}-V
269.1	3131	H-L_{CO_2}-V	271.1	3304	H-L_{CO_2}-V
269.2	3134	H-L_{CO_2}-V	271.2	3305	H-L_{CO_2}-V
270.1	3213	H-L_{CO_2}-V	272.3	3405	H-L_{CO_2}-V
270.2	3221	H-L_{CO_2}-V	273.1	3481	H-L_{CO_2}-V
271.6	1040	L_w-H-V	273.1	3484	H-L_{CO_2}-V
271.7	1045	L_w-H-V	273.2	3482	H-L_{CO_2}-V
271.7	1043	L_w-H-V	274.1	3576	H-L_{CO_2}-V
272.0	1088	L_w-H-V	274.2	3582	H-L_{CO_2}-V
272.1	1096	L_w-H-V	275.1	3664	H-L_{CO_2}-V
272.3	1117	L_w-H-V	275.1	3669	H-L_{CO_2}-V
272.7	1163	L_w-H-V	275.2	3674	H-L_{CO_2}-V
273.1	1218	L_w-H-V	275.2	3681	H-L_{CO_2}-V
273.1	1222	L_w-H-V	277.0	3858	H-L_{CO_2}-V

续表

温度/K	压力/kPa	相态	温度/K	压力/kPa	相态
			Larson[35]		
256.5	2179	$H\text{-}V\text{-}L_{CO_2}$	256.8	545	I-H-V
258.5	2310	$H\text{-}V\text{-}L_{CO_2}$	264.0	752	I-H-V
258.8	2337	$H\text{-}V\text{-}L_{CO_2}$	267.4	869	I-H-V
260.1	2420	$H\text{-}V\text{-}L_{CO_2}$	268.9	924	I-H-V
260.2	2434	$H\text{-}V\text{-}L_{CO_2}$	270.0	972	I-H-V
261.2	2503	$H\text{-}V\text{-}L_{CO_2}$	270.7	1000	I-H-V
262.5	2599	$H\text{-}V\text{-}L_{CO_2}$	271.4	1027	I-H-V
262.5	2599	$H\text{-}V\text{-}L_{CO_2}$	271.7	1041	I-H-V
263.8	2696	$H\text{-}V\text{-}L_{CO_2}$	271.8	1048	I-H-V
264.4	2744	$H\text{-}V\text{-}L_{CO_2}$	271.8	1048	$L_w\text{-}H\text{-}V$
264.9	2779	$H\text{-}V\text{-}L_{CO_2}$	271.9	1048	$L_w\text{-}H\text{-}V$
266.1	2875	$H\text{-}V\text{-}L_{CO_2}$	272.2	1089	$L_w\text{-}H\text{-}V$
267.3	2972	$H\text{-}V\text{-}L_{CO_2}$	272.5	1110	$L_w\text{-}H\text{-}V$
268.5	3068	$H\text{-}V\text{-}L_{CO_2}$	273.1	1200	$L_w\text{-}H\text{-}V$
270.2	3220	$H\text{-}V\text{-}L_{CO_2}$	273.4	1234	$L_w\text{-}H\text{-}V$
270.8	3268	$H\text{-}V\text{-}L_{CO_2}$	273.5	1241	$L_w\text{-}H\text{-}V$
272.1	3385	$H\text{-}V\text{-}L_{CO_2}$	273.9	1317	$L_w\text{-}H\text{-}V$
273.1	3475	$H\text{-}V\text{-}L_{CO_2}$	274.1	1351	$L_w\text{-}H\text{-}V$
274.4	3592	$H\text{-}V\text{-}L_{CO_2}$	274.4	1386	$L_w\text{-}H\text{-}V$
275.1	3661	$H\text{-}V\text{-}L_{CO_2}$	275.0	1510	$L_w\text{-}H\text{-}V$
276.3	3778	$H\text{-}V\text{-}L_{CO_2}$	275.1	1496	$L_w\text{-}H\text{-}V$
277.0	3847	$H\text{-}V\text{-}L_{CO_2}$	275.7	1634	$L_w\text{-}H\text{-}V$
278.9	4040	$H\text{-}V\text{-}L_{CO_2}$	276.0	1682	$L_w\text{-}H\text{-}V$
279.1	4061	$H\text{-}V\text{-}L_{CO_2}$	276.2	1717	$L_w\text{-}H\text{-}V$
281.4	4302	$H\text{-}V\text{-}L_{CO_2}$	276.5	1806	$L_w\text{-}H\text{-}V$
281.5	4316	$H\text{-}V\text{-}L_{CO_2}$	276.9	1889	$L_w\text{-}H\text{-}V$
282.8	4454	$H\text{-}V\text{-}L_{CO_2}$	277.2	1951	$L_w\text{-}H\text{-}V$
283.1	4489	$H\text{-}V\text{-}L_{CO_2}$	277.8	2137	$L_w\text{-}H\text{-}V$
283.5	4523	$H\text{-}V\text{-}L_{CO_2}$	278.0	2165	$L_w\text{-}H\text{-}V$
283.7	4558	$H\text{-}V\text{-}L_{CO_2}$	278.6	2344	$L_w\text{-}H\text{-}V$
284.5	4640	$H\text{-}V\text{-}L_{CO_2}$	278.8	2448	$L_w\text{-}H\text{-}V$
285.0	4695	$H\text{-}V\text{-}L_{CO_2}$	279.1	2530	$L_w\text{-}H\text{-}V$
			279.2	2544	$L_w\text{-}H\text{-}V$
			279.8	2730	$L_w\text{-}H\text{-}V$
			280.1	2861	$L_w\text{-}H\text{-}V$
			280.2	2923	$L_w\text{-}H\text{-}V$
			280.5	3020	$L_w\text{-}H\text{-}V$
			280.8	3158	$L_w\text{-}H\text{-}V$
			281.1	3282	$L_w\text{-}H\text{-}V$
			281.5	3475	$L_w\text{-}H\text{-}V$
			281.9	3634	$L_w\text{-}H\text{-}V$
			282.0	3689	$L_w\text{-}H\text{-}V$
			282.3	3868	$L_w\text{-}H\text{-}V$
			283.1	4468	$L_w\text{-}H\text{-}V$
			283.2	4502	$L_w\text{-}H\text{-}V$

① 四相点（$L_w\text{-}H\text{-}V\text{-}L_{CO_2}$）。

表Ⅰ-9　CO₂的水合物生成条件数据[36]

T/K	p/kPa	摩尔分数×10³	相态	T/K	p/kPa	摩尔分数×10³	相态
251.8	690	0.1800	V-H	290.2	4830	0.8229	V-L_w
254.2	690	0.2190	V-H	298.2	4830	1.2787	V-L_w
265.2	690	0.5570	V-I	288.7	5240	0.6400	V-L_w
294.3	690	4.3276	V-L_w	288.7	5240	1.1200	L_{CO_2}-L_w
255.2	1380	0.1142	V-H	293.4	5790	0.8999	V-L_w
258.0	1380	0.1471	V-H	293.4	5790	1.5000	L_{CO_2}-L_w
262.2	1380	0.2201	V-H	257.2	6210	0.5170	L_{CO_2}-H
271.2	1380	0.4885	V-H	263.7	6210	0.6647	L_{CO_2}-H
275.2	1380	0.6836	V-L_w	280.2	6210	1.0960	L_{CO_2}-H
273.2	2070	0.2775	V-H	299.8	6690	1.2700	V-L_w
275.7	2070	0.4368	V-H	299.8	6690	1.9541	L_{CO_2}-L_w
288.7	2070	1.0656	V-L_w	302.7	7170	1.4981	V-L_w
268.8	2070	0.2321	V-H	302.7	7170	2.1940	L_{CO_2}-L_w
260.7	2070	0.1194	V-H	304.2	7390	2.1079	L_{CO_2}-L_w
257.2	2070	0.0890	V-H	256.2	8280	1.0890	L_{CO_2}-H
252.7	2070	0.2013	L_{CO_2}-H	265.9	8280	1.5741	L_{CO_2}-H
245.2	2070	0.1361	L_{CO_2}-H	270.2	8280	1.8695	L_{CO_2}-H
255.4	3450	0.2616	L_{CO_2}-H	286.9	8280	2.7852	L_{CO_2}-H
260.2	3450	0.3222	L_{CO_2}-H	298.2	8280	3.0152	L_{CO_2}-L_w
269.7	3450	0.4585	L_{CO_2}-H	256.2	10340	1.2738	L_{CO_2}-H
274.2	3450	0.2410	V-H	264.2	10340	1.6509	L_{CO_2}-H
278.7	3450	0.3794	V-H	276.2	10340	2.4687	L_{CO_2}-H
285.2	3450	0.6030	V-L_w	298.2	10340	3.3739	L_{CO_2}-L_w
293.2	3450	1.0010	V-L_w	255.4	13790	1.5091	L_{CO_2}-H
255.4	4830	0.3313	L_{CO_2}-H	260.1	13790	1.8057	L_{CO_2}-H
263.2	4830	0.4705	L_{CO_2}-H	267.7	13790	2.2043	L_{CO_2}-H
269.7	4830	0.5402	L_{CO_2}-H	275.9	13790	2.7441	L_{CO_2}-H
276.2	4830	0.7182	L_{CO_2}-H	286.3	13790	3.3627	L_{CO_2}-L_w

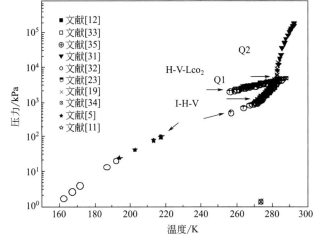

图Ⅰ-5　二氧化碳的水合物生成条件图

注：Q_1，Q_2 四相点（L_w-H-V-L_{CO_2}）

表 Ⅰ-10 N₂ 的水合物生成条件数据

温度/K	压力/MPa	相态	温度/K	压力/MPa	相态
		van Cleeff，Diepen[37]			
272.1	14.48	Lw-H-V	278.6	28.27	Lw-H-V
272.6	15.30	Lw-H-V	279.2	29.89	Lw-H-V
272.8	15.91	Lw-H-V	279.2	30.30	Lw-H-V
273.0	15.91	Lw-H-V	280.2	33.94	Lw-H-V
273.2	16.01	Lw-H-V	281.2	37.49	Lw-H-V
273.2	16.31	Lw-H-V	281.6	38.61	Lw-H-V
273.4	16.62	Lw-H-V	282.2	41.44	Lw-H-V
274.0	17.53	Lw-H-V	283.2	45.90	Lw-H-V
274.2	17.73	Lw-H-V	284.2	50.66	Lw-H-V
274.8	19.15	Lw-H-V	284.6	52.29	Lw-H-V
274.8	19.25	Lw-H-V	285.2	55.43	Lw-H-V
275.2	19.66	Lw-H-V	286.2	61.40	Lw-H-V
275.6	20.67	Lw-H-V	287.2	67.79	Lw-H-V
275.8	21.58	Lw-H-V	287.8	71.23	Lw-H-V
276.2	22.39	Lw-H-V	288.4	74.58	Lw-H-V
276.6	23.10	Lw-H-V	289.2	81.47	Lw-H-V
277.2	24.83	Lw-H-V	290.2	89.37	Lw-H-V
278.2	27.36	Lw-H-V	290.6	92.21	Lw-H-V
		Marshall 等[13]			
277.6	24.93	Lw-H-V	297.7	169.27	Lw-H-V
281.2	36.82	Lw-H-V	298.8	192.37	Lw-H-V
286.7	63.71	Lw-H-V	299.7	207.78	Lw-H-V
291.5	101.97	Lw-H-V	300.5	219.60	Lw-H-V
293.0	115.49	Lw-H-V	302.5	268.32	Lw-H-V
294.3	128.80	Lw-H-V	304.7	317.65	Lw-H-V
296.5	153.48	Lw-H-V	305.5	328.89	Lw-H-V
		Jhaveri，Robinson[8]			
273.2	16.27	Lw-H-V	277.4	25.20	Lw-H-V
273.7	17.13	Lw-H-V	278.6	28.61	Lw-H-V
274.9	19.13	Lw-H-V	279.3	30.27	Lw-H-V
276.5	23.69	Lw-H-V	281.1	35.16	Lw-H-V

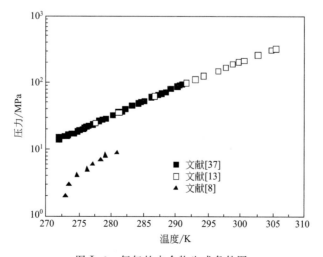

图 Ⅰ-6 氮气的水合物生成条件图

表 I-11　H$_2$S 的水合物生成条件数据

温度/K	压力/kPa	相态	温度/K	压力/kPa	相态
			Selleck 等[38]		
250.5	34	I-H-V	283.2	280	L$_w$-H-V
255.4	44	I-H-V	285.2	345	L$_w$-H-V
258.2	50	I-H-V	288.7	499	L$_w$-H-V
260.9	57	I-H-V	291.8	689	L$_w$-H-V
263.7	64	I-H-V	294.3	890	L$_w$-H-V
265.3	69	I-H-V	295.7	1034	L$_w$-H-V
266.5	72	I-H-V	298.5	1379	L$_w$-H-V
269.3	81	I-H-V	300.5	1724	L$_w$-H-V
272.1	90	I-H-V	302.1	2068	L$_w$-H-V
272.8	93Q$_1$	I-H-V	302.7	2239Q$_2$	L$_w$-H-V
259.2	689	H-V-L$_{H_2S}$	302.7	2239Q$_2$	L$_w$-H-V
259.2	689	H-V-L$_{H_2S}$	302.7	2239Q$_2$	L$_w$-H-V
260.9	731	H-V-L$_{H_2S}$	302.7	2239Q$_2$	L$_w$-H-L$_{H_2S}$
266.5	870	H-V-L$_{H_2S}$	302.8	3447	L$_w$-H-L$_{H_2S}$
272.1	1027	H-V-L$_{H_2S}$	303.1	6895	L$_w$-H-L$_{H_2S}$
272.3	1034	H-V-L$_{H_2S}$	303.2	7826	L$_w$-H-L$_{H_2S}$
277.6	1202	H-V-L$_{H_2S}$	303.4	10342	L$_w$-H-L$_{H_2S}$
282.7	1379	H-V-L$_{H_2S}$	303.7	13790	L$_w$-H-L$_{H_2S}$
283.2	1393	H-V-L$_{H_2S}$	303.7	14190	L$_w$-H-L$_{H_2S}$
288.7	1605	H-V-L$_{H_2S}$	304.0	17237	L$_w$-H-L$_{H_2S}$
291.6	1724	H-V-L$_{H_2S}$	304.3	20685	L$_w$-H-L$_{H_2S}$
294.3	1839	H-V-L$_{H_2S}$	304.3	20954	L$_w$-H-L$_{H_2S}$
299.2	2068	H-V-L$_{H_2S}$	304.6	24132	L$_w$-H-L$_{H_2S}$
299.8	2097	H-V-L$_{H_2S}$	304.8	27580	L$_w$-H-L$_{H_2S}$
302.7	2239Q$_2$	H-V-L$_{H_2S}$	304.8	27842	L$_w$-H-L$_{H_2S}$
302.7	2239Q$_2$	H-V-L$_{H_2S}$	305.1	31027	L$_w$-H-L$_{H_2S}$
272.8	93Q$_1$	L$_w$-H-V	305.3	34475	L$_w$-H-L$_{H_2S}$
272.8	93	L$_w$-H-V	305.4	35068	L$_w$-H-L$_{H_2S}$
277.6	157	L$_w$-H-V			
			Bond，Russell[39]		
283.2	310	L$_w$-H-V	302.7	2241	L$_w$-H-V
291.2	710	L$_w$-H-V			
			Carroll，Mather[40]		
278.0	2030	L$_{H_2S}$-H-V	300.8	2070	L$_w$-H-V
298.6	1610	L$_w$-H-V	301.0	2130	L$_{H_2S}$-H-V
298.8	1620	L$_w$-H-V	301.1	2150	L$_{H_2S}$-H-V
299.0	2050	L$_{H_2S}$-H-V	301.2	2170	L$_{H_2S}$-H-V
299.0	1700	L$_w$-H-V	301.2	2150	L$_{H_2S}$-H-V
299.1	2060	L$_{H_2S}$-H-V	301.4	2170	L$_{H_2S}$-H-V
299.1	1680	L$_w$-H-V	301.4	2180	L$_{H_2S}$-H-V
299.2	1700	L$_w$-H-V	301.6	2200	L$_{H_2S}$-H-V
299.4	2080	L$_{H_2S}$-H-V	301.6	2220	L$_{H_2S}$-H-V
299.4	1700	L$_w$-H-V	302.6	2240	L$_{H_2S}$-H-V
299.6	2080	L$_{H_2S}$-H-V			
299.7	2090	L$_{H_2S}$-H-V			
299.8	2090	L$_{H_2S}$-H-V			
299.8	1750	L$_w$-H-V			
299.8	1770	L$_w$-H-V			
300.1	2090	L$_{H_2S}$-H-V			
300.1	1810	L$_w$-H-V			
300.2	1850	L$_w$-H-V			
300.4	2012	L$_{H_2S}$-H-V			
300.4	1870	L$_w$-H-V			
300.7	1970	L$_w$-H-V			
300.8	2110	L$_{H_2S}$-H-V			

注：Q$_1$ 为四相点（I-L$_w$-H-V），Q$_2$ 为四相点（L$_w$-H-V-L$_{H_2S}$）。

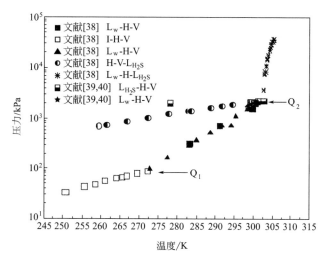

图 I-7　H₂S 的水合物生成条件

注：Q₁ 为四相点（I-Lw-H-V），Q₂ 为四相点（Lw-H-V-L$_{H_2S}$）

附录 1-Ⅱ　混合体系水合物生成条件数据（本书混合气体组成数据若无特别说明，均指摩尔组成。）

1. 二元混合物体系的水合物生成条件数据

表 Ⅱ-1　CH₄＋C₂H₆ 的水合物生成条件数据

数据来源	CH₄ 含量/%	温度/K	压力/kPa
Deaton，Frost[12]	56.4	274.8	945
		277.6	1289
		280.4	1758
		283.2	2434
	90.4	274.8	1524
		277.6	2096
		280.4	2889
		283.2	3965
	95.0	274.8	1841
		274.8	1841
		277.6	2530
		280.4	3447
		283.2	4771
	97.1	274.8	2158
		277.6	2958
		280.4	4034
	97.8	274.8	2365
		277.6	3227
		280.4	4413
		282.6	5668
		283.2	6088
	98.8	274.8	2861
		277.6	3806
		280.4	5088

续表

数据来源	CH₄含量/%	温度/K	压力/kPa
McLeod，Campbell[9]	80.9	304.1	68570
		303.1	69950
		301.3	48640
		299.0	35610
		296.4	23480
		293.3	13890
		291.7	10450
		288.8	7000
	94.6	302.0	68430
		301.2	62230
		299.1	48230
		296.6	34440
		293.6	24240
		289.7	13890
		287.9	10450
Holder，Grigoriou[17]	1.6	283.9	1810
		285.7	2310
		286.6	2710
		287.8	3080
	17.7	281.6	1420
		283.3	1770
		284.8	2140
		286.2	2660
		287	3000
	4.7	279.4	990
		281.5	1340
		286.4	2510
		287.6	2990

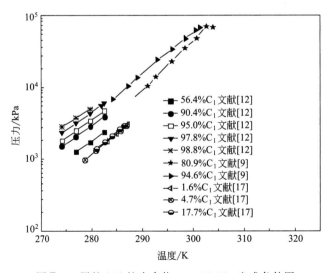

图 II-1 甲烷＋乙烷水合物（L$_w$-H-V）生成条件图

表Ⅱ-2　$CH_4 + C_3H_8$ 的水合物生成条件数据

数据来源	CH_4 含量/%	温度/K	压力/kPa
Deaton,Frost[12]	36.2	274.8	272
		277.6	436
	71.2	280.4	687
		274.8	365
		277.6	538
		280.4	800
		280.4	800
		283.2	1151
	95.2	274.8	814
		277.6	1138
		280.4	1586
		283.2	2227
	97.4	274.8	1151
		277.6	1593
		280.4	2193
		283.2	3013
	99.0	274.8	1627
		277.6	2247
		277.6	2255
		280.4	3123
		283.1	4358
McLeod,Campbell[9]	94.5	293.1	7410
		292.8	7410
		300.6	34580
		302.7	48370
		304.9	62230
		298.5	23620
		296.2	13890
	96.5	290.5	6930
		303.7	62470
		304.4	68980
		299.1	34510
		296.6	20860
		301.6	48370
		303.7	62230
		294.5	13890
		293.3	10450
Verma 等[6]	23.75	274.9	263
		276.4	350
		277.8	443
		279.1	560
		280.2	689
		281.4	830
	37.1	275.9	343
		277.1	419
		278.6	536
		280.2	691
		282.3	945

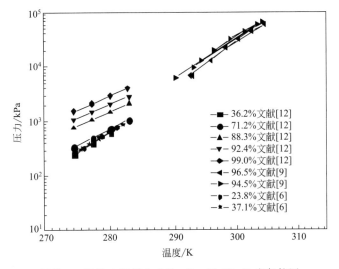

图Ⅱ-2 甲烷＋丙烷水合物（L_w-H-V）生成条件图

表Ⅱ-3 $CH_4 + i\text{-}C_4H_{10}$（$L_w$-H-V）生成条件数据

数据来源	CH_4 含量/%	温度/K	压力/kPa
Wu 等[30]	99.77	275.2	3080
	99.77	279.7	3440
	99.77	284.6	6040
	99.64	285.4	6190
	99.63	288.0	9690
	99.60	276.2	1810
	99.57	285.3	5590
	99.55	282.0	3500
	99.54	280.9	3150
	99.53	286.2	5480
	99.18	275.4	1270
		280.0	2190
		283.5	3340
		287.4	5900
		290.9	10040
	98.80	274.4	950
		277.7	1390
		279.9	1800
		283.2	2700
		284.9	3470
		287.5	4880
		290.0	6950
	97.50	274.4	703
		277.8	1080
		279.8	1390
		283.3	2150
		285.5	2740
		287.2	3450
		289.3	4560
		293.6	10070

数据来源	CH₄ 含量/%	温度/K	压力/kPa
Wu 等[30]	94.00	274.8	505
		280.4	1010
		284.5	1690
		288.5	2820
	84.80	274.0	304
		278.9	564
		283.4	1060
		288.9	2030
	71.40	273.9	208
		277.2	356
		279.2	477
		280.8	602
		282.7	786
	36.40	273.8	159
		275.5	221
		276.9	284
Deaton，Frost[12]	98.90	274.8	1324
		277.6	1841
McLeod，Campell[9]	98.60	300.0	47680
		297.8	45510
		297.6	33610
		295.2	21060
		299.9	49130
		288.6	6790
		302.1	62230
	95.40	294.3	6720
		293.8	6720
		296.5	13890
		297.1	13960
		298.2	23270
		300.5	34580
		302.6	48370
		305.0	63330
		303.1	49060
		298.3	23820
		296.7	13960
		295.3	10580
		294.6	7690

表 Ⅱ-4 CH₄＋i-C₄H₁₀ （L_w-H-L$_{i\text{-}C_4H_{10}}$）生成条件数据

数据来源	CH₄ 含量/%	温度/K	压力/kPa
Ng，Robinson[41]	0.1	275.4	179
		275.4	226
		275.4	357
		275.4	903
		275.6	2406
		275.7	5654
		275.8	14251
	4.3	282.2	682
		282.3	1048
		282.7	2179
		282.9	4474
		283.3	8233
		283.9	14024
	8.7	286.4	1338
		266.5	1744

数据来源	CH₄ 含量/%	温度/K	压力/kPa
Ng,Robinson[41]	8.7	286.8	3958
		287.2	6902
		287.8	11197
		288.4	14231
	15.2	288.9	1931
		289.0	2441
		289.4	3785
		289.9	7129
		290.5	10577
		291.2	14073
	28.4	292.9	3792
		293.0	4268
		293.7	6957
		294.8	10439
		295.0	13866
	42.5	295.9	6619
		296.4	8784
		297.2	11321
		297.9	14093
	64.7	298.1	10204
		298.4	11232
		298.7	12528
		299.3	14548
Wu 等[30]	34.9	277.0	254
	55.5	279.6	427
	68.7	282.3	703
	76.2	284.7	1030
	81.8	287.5	1540
	85.0	298.0	9990
	86.2	290.8	2700
	88.5	291.5	2970
	87.8	293.2	3990
	88.0	293.3	4100
	88.8	294.8	5560
	89.0	295.3	5760
Thakore,Holder[3]	0.0	274.3	128
	3.6	274.3	129
	4.8	274.3	127
	5.1	274.3	129
	5.6	274.3	129
	6.6	274.3	129
	7.3	274.3	131
	7.6	274.3	131
	8.6	274.3	131
	9.1	274.3	132
	12.4	274.3	133
	15.0	274.3	134
	17.2	274.3	136
	31.3	274.3	156
	50.0	274.3	180
	63.2	274.3	210
	72.5	274.3	234
	79.2	274.3	268
	91.9	274.3	461
	94.9	274.3	841
	100.0	274.3	3099

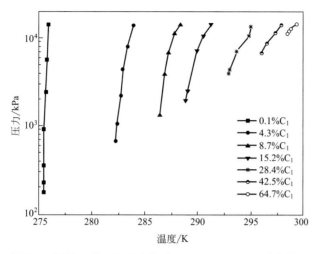

图 Ⅱ-3　甲烷＋异丁烷混合体系（L_w-H-$L_{i\text{-}C_4}$）生成条件图

表 Ⅱ-5　$CH_4 + n\text{-}C_4H_{10}$ 的生成条件数据

数据来源	相态	CH_4 含量/%	温度/K	压力/kPa
Deaton,Frost[12]	L_w-H-V	97.4	274.8	2048
			277.6	2875
			280.4	4061
		97.5	274.8	2165
		99.2	274.8	3075
			277.6	4075
McLeod,Campbell[9]	L_w-H-V	97.4	285.0	7690
			287.7	12450
			295.7	34580
			301.1	65950
			286.3	10450
			285.7	9070
			282.5	5760
		94.7	287.5	10650
			292.4	23890
			295.1	34160
			297.9	48230
			300.1	61610
			301.1	68430
			290.3	17960
			288.8	13890
			287.6	10650
			286.6	8690
			285.3	7000

数据来源	相态	CH₄ 含量/%	温度/K	压力/kPa
Ng,Robinson[42]	L_w-H-V	98.4	276.0	2480
			279.4	3820
			283.4	6650
			286.1	10080
			287.4	12060
			288.5	13720
		97.5	276.4	2300
			279.7	3590
			282.4	5130
			284.8	7470
			286.4	10400
		96.1	276.9	2150
			279.7	3140
			283.1	5090
			285.9	8160
			287.6	11050
		94.2	278.0	2050
			281.4	3290
Ng,Robinson[43]	L_w-H-$L_{n\text{-}C_4}$	8.7	275.0	1240①
			275.5	3410
			275.7	6010
			276.3	10060
			276.7	12820
		15.70	279.4	2390①
			279.4	2960
			279.5	3610
			279.8	4270
			280.0	6760
			280.6	9090
			281.1	12440
		21.8	281.8	3450①
			282.1	5230
			282.4	6750
			282.7	9050
			283.4	12130
			283.3	12340
		42.4	285.9	6620①
			286.1	7780
			286.4	9090
			286.9	10920
			287.0	12160
			287.4	13820
		50.1	287.4	8830①
			287.5	9850
			287.8	10750
			288.2	12470
			288.5	13820

① L_w-H-V-$L_{n\text{-}C_4}$。

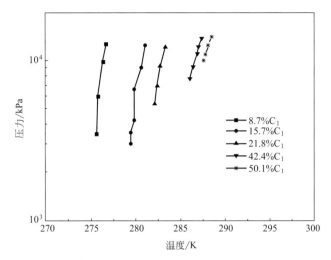

图Ⅱ-4　$CH_4 + n\text{-}C_4H_{10}$ 混合体系（$L_w\text{-}H\text{-}L_{n\text{-}C_4}$）生成条件图

表Ⅱ-6　$CH_4 + N_2$（$L_w\text{-}H\text{-}V$）水合物生成条件数据[8]

CH_4 含量/%	温度/K	压力/MPa
87.3	282.8	7.40
	284.6	9.31
	287.7	14.52
	289.5	17.11
	290.4	17.49
	291.0	19.53
	291.5	19.99
	292.9	22.94
	293.4	24.66
	295.2	31.31
73.1	273.2	3.90
	283.3	8.95
	286.8	13.22
	289.9	19.55
	292.3	25.99
	294.4	34.33
50.25	273.2	4.96
	277.3	6.13
	279.7	7.77
	282.3	10.49
	287.3	17.90
	289.8	24.99
	291.8	33.19
27.2	273.2	7.96
	277.1	10.16
	280.0	12.64
	282.9	17.04
	283.2	17.50
	285.1	20.72
	286.8	25.15
	288.0	28.49

CH₄ 含量/%	温度/K	压力/MPa
24.0	273.2	8.62
	274.6	9.15
	278.8	12.96
	282.1	17.44
	285.1	24.34
	287.6	31.99
	289.1	35.96
10.8	273.2	12.55
	277.2	15.86
	279.1	19.39
	280.9	22.52
	282.1	25.82
	283.2	28.79

表 Ⅱ-7 CH₄＋N₂ 等温线 p-z-y 水合物生成数据[8]

p/MPa	y_{N_2}	z_{N_2}	p/MPa	y_{N_2}	z_{N_2}	p/MPa	y_{N_2}	z_{N_2}
	273.2 K			277.4 K			279.8 K	
2.64	0.000	0.000	13.32	0.925	0.810	25.18	1.000	1.000
3.62	0.160	0.065	14.59	0.940	0.860	5.14	0.000	0.000
4.31	0.310	0.098	16.21	1.000	1.000	7.14	0.350	0.091
5.35	0.530	0.200	3.86	0.000	0.000	8.37	0.460	0.224
6.55	0.645	0.350	5.20	0.440	0.180	15.55	0.750	0.550
7.75	0.725	0.425	8.11	0.630	0.310	20.67	0.840	0.680
10.64	0.815	0.620	10.34	0.740	0.470	25.23	0.914	0.802
11.65	0.880	0.710	12.06	0.780	0.560	32.42	1.000	1.000
12.77	0.900	0.765						

注：z_{N_2} 为 N₂ 在水合物相中的摩尔分数，y_{N_2} 为 N₂ 在气相中的摩尔分数。

表 Ⅱ-8 CH₄＋CO₂ （Lw-H-V）的生成条件数据

数据来源	CH₄ 含量/%	温度/K	压力/MPa
Unruh，Katz[33]	66.0	277.0	2.84
	70.0	278.9	3.46
	64.0	278.9	3.43
	68.0	280.9	4.24
	72.0	282.9	5.17
	77.0	284.7	6.47
	40.0	275.5	1.99
	56.0	279.2	3.08
	87.5	276.4	3.20
	91.5	278.4	3.95
	93.0	281.0	5.10
	94.5	283.8	6.89
	29.0	279.6	3.00
	39.0	282.2	4.27
	48.0	283.8	5.27
	59.0	285.5	6.89
	59.0	285.7	7.00

数据来源	CH$_4$ 含量/%	温度/K	压力/MPa
Adisasmito 等[11]	90.0	273.7	2.52
	91.0	275.8	3.10
	92.0	277.8	3.83
	92.0	280.2	4.91
	92.0	283.2	6.80
	92.0	285.1	8.40
	91.0	287.2	10.76
	86.0	274.6	2.59
	87.0	276.9	3.24
	87.0	279.1	4.18
	87.0	281.6	5.18
	87.0	284.0	7.17
	88.0	286.1	9.24
	87.0	287.4	10.95
	75.0	273.8	2.12
	78.0	279.4	3.96
	78.0	283.4	6.23
	79.0	285.2	7.75
	75.0	287.6	10.44
	56.0	273.7	1.81
	58.0	276.9	2.63
	60.0	280.7	4.03
	61.0	283.1	5.43
	61.0	285.1	6.94
	61.0	287.4	9.78
	50.0	275.6	1.99
	53.0	278.5	2.98
	60.0	280.9	4.14
	59.0	281.8	4.47
	56.0	285.1	6.84
	55.0	287.4	9.59
	27.0	274.6	1.66
	30.0	276.4	2.08
	32.0	278.2	2.58
	32.0	280.2	3.28
	33.0	282.0	4.12
	21.0	273.7	1.45
	22.0	275.9	1.88
	24.0	277.8	2.37
	25.0	279.6	2.97
	26.0	281.6	3.79
	15.0	282.7	4.37

表Ⅱ-9　CH₄＋H₂S（Lw-H-V）水合物生成条件数据[44]

CH₄ 含量/%	温度/K	压力/MPa	CH₄ 含量/%	温度/K	压力/MPa
91.77	288.7	4.83	96.22	276.5	2.03
90.49	284.3	2.59	99.00	278.4	3.24
93.70	282.3	3.03	98.96	282.3	4.62
93.50	287.1	4.79	98.89	284.8	6.69
93.00	290.1	6.79	78.00	287.6	2.10
94.27	279.3	2.21	80.20	295.4	5.07
93.40	290.1	6.38	78.60	279.8	1.03
97.00	278.7	2.83	90.50	281.5	2.07
96.90	282.9	4.27	89.00	287.3	3.59
97.08	276.5	2.03	88.50	292.1	6.00

表Ⅱ-10　C₂H₆＋C₃H₈ 的水合物生成条件数据[18]

相态	C₃H₈ 含量/%	温度/K	压力/kPa
Lw-H-V	72.0	277.9	660
	72.0	276.9	530
	72.0	276.5	460
	55.7	275.9	500
	55.7	276.4	570
	55.7	276.7	610
	55.7	277.0	650
	55.7	277.4	720
	54.1	275.8	500
	54.1	276.4	590
	54.1	277.0	660
	54.1	277.6	770
	54.1	278.0	850
	34.2	273.9	440
	34.2	274.2	470
	34.2	275.1	590
	34.2	275.8	690
	34.2	276.2	830
	34.2	276.3	850
	34.2	276.5	870
	34.2	277.6	1060
	32.2	275.6	750
	32.2	276.1	870
	32.2	277.1	1140
	32.2	277.2	1160
	32.2	277.9	1220
	32.2	278.6	1300
	32.2	281.1	1630
	27.1	273.4	490
	27.1	273.9	540
	27.1	274.3	610
	27.1	274.6	600
	27.1	275.3	770
	27.1	275.6	870
	27.1	275.8	920
	26.0	274.5	630

相态	C_3H_8 含量/%	温度/K	压力/kPa
L_w-H-V	26.0	274.7	690
	26.0	275.2	790
	26.0	276.4	940
	26.0	277.1	1020
	26.0	277.7	1120
	18.6	273.1	540
	18.6	273.8	640
	18.6	273.8	640
	18.6	274.3	660
	18.6	274.7	710
	18.6	276.8	940
	18.6	278.9	1210
	18.6	279.6	1300
	15.0	275.7	740
	15.0	277.2	900
	15.0	280.6	1370
	14.3	279.7	1190
	14.3	280.2	1300
L_w-H-L_{HC}	16.8	278.1	910[①]
	16.8	278.1	1440
	16.8	278.2	1550
	16.8	278.3	2560
	16.8	278.6	2790
	43.5	279.9	1470[①]
	43.5	279.9	2300
	43.5	280.2	5180
	43.5	280.6	6550
	68.9	284.3	2230[①]
	68.9	284.3	2900
	68.9	284.4	5580
	68.9	284.5	7280

① 四相点（L_w-H-V-L_{HC}）。

表 Ⅱ-11　C_2H_6 ＋ C_3H_8 在压力 3.447MPa（L_{HC}-H）下的水合物生成条件数据[21]

液相 C_2H_6 含量/%	温度/K	H_2O 摩尔分数×10^4	液相 C_2H_6 含量/%	温度/K	H_2O 摩尔分数×10^4
0.500	276.8	1.130	0.750	262.6	0.345
0.500	267.0	0.532	0.750	261.1	0.311
0.500	260.4	0.296	0.895	277.9	1.076
0.750	277.9	1.101	0.895	266.8	0.465
0.750	275.9	0.980	0.895	263.4	0.346
0.750	269.6	0.611	0.895	257.7	0.226
0.750	264.5	0.400			

表Ⅱ-12 C$_2$H$_6$＋CO$_2$（L$_w$-H-V）的水合物生成条件数据[45]

CO$_2$含量/%	温度/K	压力/kPa	CO$_2$含量/%	温度/K	压力/kPa
22.0	273.7	565.4	60.2	284.4	2833.7
20.2	275.6	696.4	80.7	274.2	1041.1
18.9	277.5	868.7	83.6	276.0	1344.5
19.3	279.3	1089.4	83.3	277.5	1613.4
24.6	281.1	1406.5	82.1	279.4	1958.1
25.6	282.9	1751.3	81.7	281.0	2406.3
31.7	285.1	2392.5	81.9	283.0	3150.9
42.8	276.5	854.9	81.4	284.6	3785.2
41.7	278.4	1075.6	93.4	273.9	1199.7
40.6	280.2	1351.4	93.2	275.6	1482.4
40.0	282.0	1716.8	92.6	277.6	1847.8
40.2	283.8	2185.6	92.4	279.2	2220.1
38.9	285.8	2826.8	92.3	281.2	2833.7
39.8	287.8	3826.6	96.5	273.7	1241.1
63.9	273.5	779.1	96.2	275.2	1482.4
62.8	274.8	889.4	96.1	276.7	1758.2
63.0	276.8	1123.8	95.5	278.6	2220.1
62.9	278.7	1420.3	95.7	280.6	2854.4
62.1	280.7	1806.4	96.6	281.8	3357.7
59.9	282.6	2240.8	96.7	283.1	4081.7

表Ⅱ-13 C$_3$H$_8$＋i-C$_4$H$_{10}$的水合物生成条件数据

数据来源	相态	C$_3$H$_8$含量/%	温度/K	压力/kPa
Kamath，Holder[46]	I-H-V	0.0	272.1	101.3
		12.5	272.2	108.2
		12.6	272.2	108.5
		50.7	272.2	124.0
		50.5	272.2	124.6
		49.8	272.2	130.0
		81.0	272.1	137.1
		90.7	272.2	149.4
		90.9	272.2	149.2
		95.8	272.1	152.0
		95.8	272.1	152.13
		95.9	272.2	153.7
		100.0	272.1	171.3
Paranjpe[47]	L$_w$-H-V-L$_{HC}$	11.2	275.3	231.0
		27.1	275.9	282.7
		47.5	276.6	355.1
		48.8	276.7	365.4
		65.3	277.2	426.1
		79.4	277.9	490.0

表Ⅱ-14 C$_3$H$_8$＋n-C$_4$H$_{10}$的水合物生成条件数据

数据来源	相态	C$_3$H$_8$含量/%	温度/K	压力/kPa
Kamath，Holder[46]	I-H-V	90.3	260.1	110.1
		90.3	257.8	99.26
		90.3	254.3	83.86

续表

数据来源	相态	C_3H_8 含量/%	温度/K	压力/kPa
Kamath,Holder[46]		90.3	248.6	67.09
		90.3	245.0	61.23
		90.3	242.0	49.2
		83.5	250.5	76.4
		83.5	249.5	73.4
		83.5	248.1	69.0
		83.5	245.8	66.8
		83.5	242.4	59.6
		70.0	253.7	97.1
		70.0	250.9	85.8
		70.0	245.6	70.0
		70.0	241.8	55.2
		70.0	238.2	46.9
Paranjpe[47]	I-H-V	86.4	271.2	153.1
		87.9	271.2	170.9
		86.1	271.2	177.9
		80.3	271.2	191.7
		76.0	271.2	204.1
		67.6	271.2	217.9
	L_w-H-V	99.6	275.2	269.6
		92.4	275.2	281.3
		89.4	275.2	302.0
		87.3	275.2	308.9
		88.0	275.2	317.2
		86.3	275.2	339.2
		100.0	274.2	219.3
		96.1	274.2	228.2
		93.3	274.2	240.6
		90.6	274.2	244.8
		81.7	274.2	269.6
		100.0	273.2	169.6
		96.9	273.2	171.7
		95.3	273.2	177.9
		93.8	273.2	183.4
		89.5	273.2	193.1
		86.4	273.2	208.2
		82.8	273.2	220.6
		78.8	273.2	227.5
		72.5	273.2	244.1
	I-H-V-L_{n-C4}	64.9	273.1	215.1
		67.4	271.0	211.7
		67.3	270.1	201.3
		62.1	269.7	184.8
		66.5	269.0	192.4
		64.9	267.4	174.4
		63.9	266.8	168.2
		64.8	264.1	157.9
		66.5	262.0	146.2
		65.1	260.6	133.8
	L_w-H-V-L_{n-C4}	92.6	277.9	511.6

数据来源	相态	C$_3$H$_8$ 含量/%	温度/K	压力/kPa
Paranjpe[47]		84.6	276.7	399.2
		81.6	275.2	324.1
		71.0	273.7	242.7

表 Ⅱ-15　C$_3$H$_8$＋N$_2$ 的水合物生成条件数据[48,49]

相态	C$_3$H$_8$ 含量/%	温度/K	压力/MPa
L$_w$-H-V	0.94	275.3	4.59
	0.94	279.6	8.16
	0.94	283.0	13.68
	0.94	284.3	18.09
	2.51	276.3	3.03
	2.51	279.3	4.51
	2.51	282.7	7.35
	2.51	287.1	13.64
	6.18	274.5	1.72
	6.18	278.3	2.85
	6.18	283.0	5.50
	6.18	287.0	9.47
	6.18	289.2	13.71
	13.00	275.1	1.10
	13.00	278.4	1.72
	13.00	281.5	2.74
	13.00	283.2	3.54
	13.00	286.2	5.54
	28.30	274.6	0.57
	28.30	277.0	0.89
	28.30	279.2	1.31
	28.30	280.8	1.72
	54.20	274.2	0.332
	54.20	276.8	0.57
	54.20	280.3	1.19
	75.00	274.5	0.26
	75.00	275.9	0.36
	75.00	277.4	0.52
	75.00	278.7	0.68
L$_w$-H-V-L$_{C_3}$	71.10	279.0	0.76
	47.70	281.2	1.54
	26.50	283.2	2.88
	22.90	284.6	3.68
	18.80	288.0	6.37
	18.80	289.6	8.58
	21.30	292.3	13.37
	21.60	292.3	13.51
	23.00	293.0	14.92
	23.70	293.8	16.99
L$_w$-H-L$_{C_3}$	99.00	280.1	1.17
	99.00	280.1	1.98
	99.00	280.3	5.65
	99.00	280.6	9.39

相态	C₃H₈ 含量/%	温度/K	压力/MPa
L_w-H-L_{C_3}	99.00	280.9	13.89
	96.80	282.7	2.34
	96.80	282.8	2.85
	96.80	283.2	7.10
	96.80	283.7	10.44
	93.50	285.2	4.08
	93.50	285.5	5.16
	93.50	286.1	8.41
	93.50	286.3	11.55
	93.50	286.7	13.33
	89.60	287.4	5.83
	89.60	287.9	8.14
	89.60	288.5	11.06
	89.60	288.8	12.82
	88.60	287.7	6.17
	88.60	288.0	7.34
	88.60	288.2	8.20
	88.60	288.4	9.11
	83.10	289.8	8.86
	83.10	290.0	9.82
	83.10	290.5	11.25
	83.10	290.9	13.29
	83.10	291.3	15.31

表Ⅱ-16　C_3H_8＋CO_2（L_w-H-V）的水合物生成条件数据

数据来源	C₃H₈ 含量/%	温度/K	压力/kPa
Robinson，Mehta[23]	5.5	284.83	4268.0
	6.0	276.3	1151.0
	7.0	273.8	814.0
	8.0	283.7	3179.0
	8.0	281.7	2186.0
	8.0	273.9	676.0
	9.0	283.5	3034.0
	9.0	280.4	1772.0
	9.0	278.9	1455.0
	10.0	278.3	1255.0
	13.0	280.9	1572.0
	13.0	273.8	517.0
	14.0	279.4	1207.0
	15.0	275.4	827.0
	15.0	276.5	758.0
	16.0	286.2	3378.0
	21.0	274.0	359.0
	23.0	278.1	710.0
	24.0	277.4	655.0
	25.0	283.8	1917.0
	25.0	280.2	979.0
	26.0	281.8	1303.0
	42.0	283.7	1655.0

数据来源	C₃H₈ 含量/%	温度/K	压力/kPa
Robinson，Mchta[28]	42.2	275.7	414.0
	47.5	278.6	689.0
	48.0	281.1	1069.0
	60.0	279.7	793.0
	60.0	274.8	324.0
	61.0	276.4	434.0
	63.0	279.6	752.0
	65.0	278.3	579.0
	72.0	275.2	303.0
	82.0	279.1	593.0
	83.0	278.2	503.0
	83.0	279.1	641.0
	84.0	277.8	476.0
	86.0	276.0	338.0
Adisasmito，Sloan[45]	90.1	273.7	220.6
	56.5	273.7	262.0
	39.8	273.7	337.8
	29.0	273.7	406.8
	15.8	273.7	489.5
	11.5	273.7	592.9
	9.2	273.7	655.0
	6.7	273.7	717.1
	5.6	273.7	848.1
	4.7	273.7	985.9
	3.7	273.7	1261.7
	2.9	273.7	1406.5
	1.5	273.7	1358.3
	67.3	275.9	351.6
	35.0	275.9	448.2
	25.2	275.9	551.6
	14.0	275.9	737.7
	7.8	275.9	917.0
	6.3	275.9	999.7
	4.9	275.9	1268.6
	4.2	275.9	1634.1
	3.2	275.9	1799.5
	2.9	275.9	1771.9
	1.0	275.9	1682.3
	64.3	278.2	551.6
	36.6	278.2	717.1
	18.9	278.2	965.3
	8.8	278.2	1337.6
	7.1	278.2	1537.5
	5.3	278.2	2164.9
	4.6	278.2	2440.7
	3.0	278.2	2344.2
	1.3	278.2	2227.0
	70.0	280.4	930.8
	50.3	280.4	965.3
	26.0	280.4	1020.4

数据来源	C_3H_8 含量/%	温度/K	压力/kPa
Adisasmito,Sloan[45]	19.9	280.4	1123.8
	10.9	280.4	1640.9
	8.9	280.4	1999.5
	7.6	280.4	2316.6
	6.0	280.4	2999.2
	4.6	280.4	3109.5
	3.5	280.4	3033.7
	1.3	280.4	2909.6
	65.0	282.0	1248.3
	42.3	282.0	1317.2
	20.6	282.0	1510.3
	14.8	282.0	1800.0
	11.5	282.0	2206.9
	9.2	282.0	2779.3
	8.0	282.0	3186.2
	7.2	282.0	3800.0
	4.8	282.0	3820.7
	3.0	282.0	3724.1
	1.3	282.0	3641.4

表Ⅱ-17　i-C_4H_{10}＋CO_2（L_w-H-V）的水合物生成条件数据[45]

CO_2 含量/%	温度/K	压力/kPa	CO_2 含量/%	温度/K	压力/kPa
20.7	273.7	144.8	97.4	275.9	1234.2
52.8	273.7	165.5	98.3	275.9	1723.7
66.6	273.7	206.8	99.0	275.9	1703.0
77.5	273.7	275.8	54.0	277.6	413.7
84.3	273.7	344.7	66.1	277.6	441.3
89.3	273.7	427.5	79.0	277.6	537.8
94.2	273.7	565.4	85.2	277.6	641.2
96.7	273.7	744.6	94.2	277.6	958.4
97.7	273.7	937.7	96.6	277.6	1337.6
98.3	273.7	1137.6	97.5	277.6	1792.6
98.6	273.7	1358.3	98.2	277.6	2123.6
30.8	275.9	262.0	99.0	277.6	2082.2
42.3	275.9	275.8	62.5	279.3	517.1
58.8	275.9	303.4	71.9	279.3	551.6
72.8	275.9	358.3	82.4	279.3	696.4
85.4	275.9	496.4	88.0	279.3	841.2
91.9	275.9	634.3	93.5	279.3	1151.4
94.4	275.9	744.6	95.4	279.3	1468.6
95.4	275.9	827.4	96.5	279.3	1840.9
96.6	275.9	999.7	98.4	279.3	2606.2

表Ⅱ-18 $n\text{-}C_4H_{10}+CO_2$ 的水合物生成条件数据[47]

CO_2 含量/%	温度/K	压力/kPa	CO_2 含量/%	温度/K	压力/kPa
92.3	273.7	1137.9	94.4	277.0	1917.2
93.9	273.7	1206.9	95.2	277.0	1993.1
95.5	273.7	1317.2	96.8	277.0	2082.8
97.7	273.7	1351.7	98.0	277.0	2041.4
98.4	273.7	1337.9	98.8	277.0	2013.8
99.2	273.7	1324.1	99.4	277.0	1993.1
93.0	275.4	1462.1	96.2	278.2	2400.0
94.8	275.4	1586.2	97.5	278.2	2372.4
97.3	275.4	1675.9	98.5	278.2	2331.0
98.0	275.4	1655.2	99.1	278.2	2303.4
99.2	275.4	1620.7			

表Ⅱ-19 $CH_4+C_2H_4$ 的水合物生成条件数据[50]

气体组成/%(摩尔分数)	温度/K	压力/MPa
100%C_2H_4	273.7	0.665
	275.2	0.739
	277.2	0.920
	278.2	1.010
	279.2	1.100
	281.2	1.439
	283.2	1.838
	285.2	2.345
	286.2	2.830
	287.2	3.210
5.60%CH_4+94.40%C_2H_4	273.7	0.712
	278.2	1.178
	281.2	1.592
	283.2	1.956
	286.2	2.916
34.09%CH_4+65.91%C_2H_4	273.7	0.784
	278.2	1.292
	281.2	1.755
	283.2	2.220
	286.2	3.115
64.28%CH_4+35.72%C_2H_4	273.7	1.146
	278.2	1.875
	281.2	2.406
	283.2	3.120
85.69%CH_4+14.31%C_2H_4	273.7	1.800
	278.2	2.714
	281.2	3.758
	283.2	4.640
92.87%CH_4+7.13%C_2H_4	273.7	2.230
	278.2	3.448
	281.2	4.720
	283.2	6.002

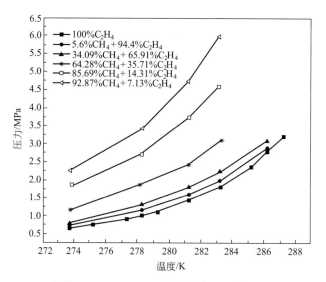

图Ⅱ-5　CH₄ + C₂H₄ 的水合物生成条件图

表Ⅱ-20　CH₄ + C₃H₆ 的水合物生成条件数据[50]

气体组成/%（摩尔分数）	温度/K	压力/MPa
28.04% CH₄+71.96% C₃H₆	273.7	0.529①
	278.2	1.081①
	281.2	1.515①
	283.2	1.963①
92.40% CH₄+7.60% C₃H₆	273.7	1.081
	278.2	1.765
	281.2	2.501
	283.2	3.161
96.60% CH₄+3.40% C₃H₆	273.7	1.421
	278.2	2.381
	281.2	3.287
	283.2	4.121
99.34%CH₄+0.66% C₃H₆	273.7	2.531
	278.2	3.681
	281.2	5.179
	283.2	6.585

① 四相点（V - L_w - L_HC-H）。

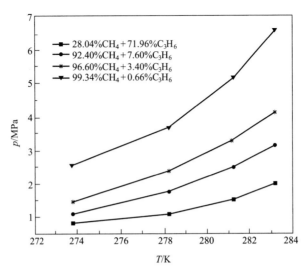

图Ⅱ-6　CH₄＋C₃H₆的水合物生成条件图

表Ⅱ-21　二元体系 H 型水合物的生成条件数据

数据来源	组成	温度/K	压力/MPa
Metha，Sloan[51]	异戊烷	275.2	2.65
		276.2	2.98
		277.8	3.64
		279.0	4.15
Hutz，Englezos[52]	异戊烷	274.0	2.24
		276.2	2.96
		277.4	3.50
Metha，Sloan[51]	新己烷	276.0	1.60
		278.0	2.03
		279.2	2.39
		282.2	3.34
Thomas，Behar[53]	新己烷	285.4	5.22
		288.2	7.51
Hutz，Englezos[52]	新己烷	275.0	1.42
		276.8	1.81
		279.9	2.60
		282.8	3.75
Makogon 等[54]	新己烷	244.8	0.33
		251.4	0.45
		258.8	0.63
		274.0	1.24
Metha，Sloan[55]	2,3-二甲基丁烷	275.9	2.08
		277.4	2.48
		279.2	3.09
		280.8	3.80
Thomas，Behar[53]	2,3-二甲基丁烷	282.6	4.95
		286.4	8.19
Metha，Sloan[55]	2,2,3-三甲基丁烷	275.6	1.48
		277.4	1.84
		279.5	2.25
		280.9	2.70

数据来源	组成	温度/K	压力/MPa
Thomas，Behar[53]	2,2,3-三甲基丁烷	288.0	5.94
		289.4	7.55
Metha，Sloan[55]	2,2-二甲基戊烷	275.9	3.29
		277.4	3.82
		279.2	4.56
		280.3	5.14
		281.3	5.83
		282.2	6.19
		282.8	6.69
Thomas，Behar[53]	2,2-二甲基戊烷	286.6	3.79
		288.2	5.70
		290.0	7.15
Metha，Sloan[55]	3,3-二甲基戊烷	274.8	1.73
		277.0	2.26
		279.2	3.01
		281.3	3.93
Thomas，Behar[53]	3,3-二甲基戊烷	280.6	3.62
		283.6	5.42
		286.4	7.28
Metha，Sloan[55]	甲基环戊烷	276.5	2.20
		277.8	2.58
		279.5	3.20
		280.8	3.81
Thomas，Behar[53]	甲基环戊烷	279.2	3.22
		281.3	3.94
		282.6	4.70
		284.8	6.14
		286.0	7.44
		287.2	8.69
		287.8	10.01
Danesh 等[56]	甲基环戊烷	278.2	2.64
		278.6	2.94
		279.0	2.97
		279.7	3.29
		280.35	3.74
		282.2	4.61
		283.0	5.00
		283.2	5.30
		285.2	6.65
		287.0	8.62
Metha，Sloan[55]	甲基环己烷	275.6	1.60
		277.6	2.14
		279.4	2.69
		281.2	3.36
Becke 等[57]	甲基环己烷	280.2	3.00
		280.6	3.20
		285.6	6.00
		289.6	10.20
		290.4	11.20

数据来源	组成	温度/K	压力/MPa
Thomas，Behar[53]	甲基环己烷	282.6	3.99
		284.2	4.62
		286.4	6.47
		287.4	7.61
		289.2	8.82
		290.2	10.50
Tohidi 等[58]	甲基环己烷	277.1	2.04
		279.9	2.95
		282.2	3.94
		283.4	4.61
		287.1	7.39
Metha，Sloan[55]	二甲基环己烷	275.8	1.87
		277.4	2.24
		279.4	2.82
		281.0	3.43
Thomas，Behar[53]	顺-二甲基环己烷	282.0	4.00
		284.4	5.29
		286.2	6.81
		287.4	7.63
		288.8	9.67
		290.0	11.32
Metha，Sloan[55]	2,3-二甲基-1-丁烯	275.7	2.53
		277.8	3.28
		279.53	4.09
		280.78	4.81
Metha，Sloan[55]	3,3-二甲基-1-丁烯	276.2	2.02
		277.6	2.42
		279.2	2.93
		281.42	3.87
Metha 等[59]	3,3-二甲基-1-丁烯	275.8	2.85
		276.9	3.22
		278.4	3.88
		278.9	4.13
		279.6	4.57
Metha，Sloan[55]	环庚烯	275.1	2.11
		277.7	2.67
		279.2	3.05
		281.0	3.81
Metha，Sloan[55]	顺-环辛烯	276.9	2.08
		278.5	2.56
		280.0	3.01
		281.3	3.56
Lederhos 等[60]	金刚烷	275.1	1.78
		276.9	2.17
		278.4	2.51
Hutz，Englezos[52]	金刚烷	275.2	1.79
		275.9	1.94
		277.6	2.30
		279.1	2.71

数据来源	组成	温度/K	压力/MPa
Thomas, Behar[53]	乙基环戊烷	280.2	3.59
		281.2	4.02
		283.2	5.16
		284.8	6.39
		286.4	7.93
		287.4	9.13
Thomas, Behar[53]	1,1-二甲基环己烷	280.2	2.00
		281.0	2.34
		282.4	2.82
		283.6	3.34
		285.8	4.30
		287.8	5.51
		288.8	6.06
		290.6	7.53
		291.8	9.07
		292.6	10.13
		293.2	11.53
Thomas, Behar[53]	乙基环己烷	283.6	6.30
		286.0	8.90
Thomas, Behar[53]	环庚烷	281.4	3.39
		284.1	4.62
		285.0	5.15
		286.8	6.54
		288.2	7.79
		289.2	9.15
		290.4	10.93
Thomas, Behar[53]	环辛烷	282.4	4.21
		284.4	5.36
		285.8	6.29
		286.4	6.63
		287.4	7.55
		289.0	9.65
		290.4	11.65

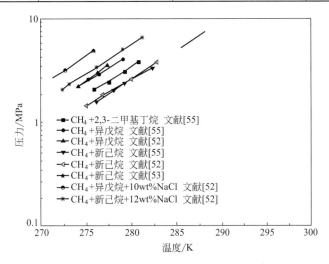

图Ⅱ-7　CH_4＋新戊烷，2,3-二甲基丁烷，异戊烷，新己烷水合物（H型）的生成条件

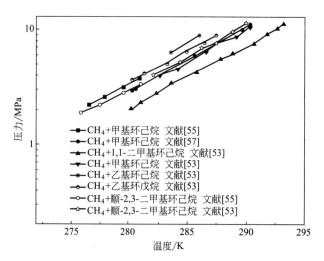

图Ⅱ-8　CH₄＋甲基环己烷，1,1-二甲基环己烷，

乙基环己烷，乙基环戊烷，顺-2,3-

二甲基环己烷水合物（H 型）

的生成条件

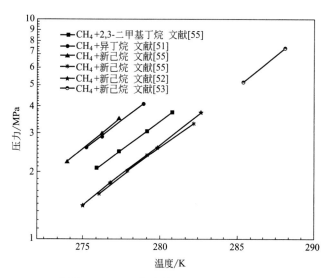

图Ⅱ-9　CH₄＋新戊烷，2,3-二甲基丁烷，

新己烷水合物（H 型）

的生成条件

2. 三元混合物体系的水合物生成条件数据

表 II-22 $CH_4 + C_2H_6 + C_3H_8$（L_w-H-V-L_{HC}）水合物生成条件数据[18]

x_{C1}	x_{C2}	温度/K	压力/kPa
0.000	0.168	278.1	900
0.000	0.28	277.8	1080
0.000	0.435	279.9	1480
0.000	0.523	281.8	1740
0.000	0.689	284.3	2230
0.000	1.000	288.3	3330
0.047	0.082	284.9	1500
0.042	0.181	284.2	1610
0.039	0.231	283.5	1680
0.023	0.549	283.7	2180
0.014	0.726	285.7	2730
0.000	1.000	288.3	3330
0.005	0.799	286.1	2730
0.007	0.716	284.8	2320
0.012	0.517	282.8	2020
0.017	0.314	280.1	1580
0.021	0.189	281.7	1240
0.026	0.000	282.8	1030
0.030	0.677	285.9	2820
0.035	0.616	285.1	2570
0.045	0.506	283.8	2380
0.058	0.365	284.9	2280
0.072	0.212	285.7	2210
0.078	0.148	286.9	2170
0.087	0.054	287.4	2120

表 II-23 $CH_4 + C_3H_8 + i\text{-}C_4H_{10}$（$L_w$-H-V-$L_{HC}$）的水合物生成条件数据[47]

温度/K	压力/kPa	CH_4	C_3H_8	$i\text{-}C_4H_{10}$
276.2	220.6	0.261	0.000	0.739
276.2	248.2	0.155	0.106	0.739
276.2	262.0	0.123	0.194	0.683
276.2	303.4	0.000	0.369	0.631
279.2	398.0	0.511	0.000	0.489
279.2	458.5	0.201	0.085	0.714
279.2	495.0	0.092	0.279	0.629
279.2	543.3	0.128	0.542	0.330
279.2	576.4	0.128	0.737	0.135
279.2	606.7	0.102	0.851	0.047
279.2	674.0	0.01	0.990	0.000
281.2	585.1	0.620	0.000	0.380
281.2	621.9	0.242	0.071	0.687
281.2	668.8	0.187	0.393	0.420
281.2	723.9	0.150	0.569	0.281
281.2	773.6	0.126	0.814	0.060
281.2	832.0	0.030	0.970	0.000

表Ⅱ-24 $CH_4 + C_3H_8 + n\text{-}C_4H_{10}$（I-H-V- L_{HC}，L_w-H-V-L_{HC}）的水合物生成条件数据[47]

温度/K	压力/kPa	CH_4	C_3H_8	$n\text{-}C_4H_{10}$
268.2	181.4	0.000	0.660	0.340
268.2	216.5	0.349	0.407	0.244
268.2	270.3	0.736	0.082	0.182
268.2	362.7	0.840	0.027	0.127
268.2	784.0	0.890	0.000	0.110
275.2	315.8	0.000	0.834	0.166
275.2	478.5	0.327	0.258	0.415
275.2	523.4	0.922	0.051	0.027
275.2	551.6	0.935	0.012	0.053
275.2	1330.7	0.921	0.000	0.079
281.2	821.9	0.111	0.889	0.000
281.2	1048.0	0.686	0.206	0.108
281.2	1206.6	0.836	0.090	0.074
281.2	1834.0	0.942	0.018	0.040
281.2	2643.8	0.965	0.005	0.031
281.2	3441.0	0.985	0.000	0.015

表Ⅱ-25 $CH_4 + C_3H_8 + n\text{-}C_{10}H_{22}$ 的水合物生成条件数据[61]

相态	温度/K	压力/kPa	CH_4/%	C_3H_8/%	$C_{10}H_{22}$/%
L_w-H- L_{HC}	287.5	2875	14.51	27.09	58.40
	287.8	4544	14.51	27.09	58.40
	288.1	6888	14.51	27.09	58.40
	288.7	10225	14.51	27.09	58.40
	289.2	13707	14.51	27.09	58.40
L_w-H-V-L_{HC}	278.3	539	0.00	96.55	3.45
	278.2	525	0.00	94.88	5.12
	277.9	501	0.00	91.81	8.19
	277.4	443	0.00	80.71	19.29
	277.5	465	0.00	80.32	19.68
	276.7	391	0.00	72.16	27.84
	276.1	343	0.00	63.45	36.55
	275.0	269	0.00	49.90	50.10
	288.5	2241	10.32	74.47	15.21
	286.2	1806	8.26	59.76	31.97
	283.9	1338	6.41	46.40	47.19
	278.8	758	3.92	27.91	68.17
	296.0	7122	33.64	57.19	9.17
	295.1	6585	29.38	51.10	19.52
	293.8	5702	25.78	45.55	28.68
	292.2	4826	22.39	39.91	37.70
	290.6	3951	19.32	34.87	45.81
	289.2	3427	17.01	31.06	51.93
	287.5	2875	14.51	27.09	58.40
	297.8	11597	44.66	38.46	16.88
	296.3	11370	42.74	24.93	32.33
	294.0	8763	34.95	20.48	44.58
	291.7	6764	29.09	17.08	53.83
	289.5	5426	24.68	14.51	60.82
	287.4	4344	20.75	12.23	67.02

续表

相态	温度/K	压力/kPa	CH_4/%	C_3H_8/%	$C_{10}H_{22}$/%
L_w-H-V-L_{HC}	297.9	15031	72.08	25.72	2.20
	298.2	16886	59.53	21.01	19.46
	296.3	12763	45.37	16.20	38.42
	294.3	10336	39.44	14.07	46.49
	291.5	7936	32.86	11.74	55.40
	286.7	4847	22.72	8.19	69.09
	297.2	21788	86.60	8.60	4.80
	292.9	13121	55.42	5.62	38.96
	288.7	8019	41.00	4.02	54.98
	285.9	5868	32.12	3.16	64.71
	282.2	4302	25.36	2.50	72.14
	279.2	3151	19.36	1.90	78.74
	295.4	31027	91.50	0.00	8.50
	285.2	9350	42.47	0.00	57.53
	282.9	7116	34.52	0.00	65.48
	278.9	4702	26.90	0.00	73.10

表Ⅱ-26　$CH_4+C_3H_8+H_2S$（L_w-H-V）的水合物生成条件数据[62]

温度/K	压力/kPa	CH_4/%	C_3H_8/%	H_2S/%
276.0	561	88.654	7.172	4.174
277.8	706	88.654	7.172	4.174
284.2	1419	88.654	7.172	4.174
287.4	2024	88.654	7.172	4.174
291.2	3367	88.654	7.172	4.174
275.8	339	81.009	7.016	11.975
283.6	817	81.009	7.016	11.975
292.6	2813	81.009	7.016	11.975
280.4	368	60.888	7.402	31.710
286.2	686	60.888	7.402	31.710
292.2	1444	60.888	7.402	31.710
297.4	2555	60.888	7.402	31.710
301.0	4275	60.888	7.402	31.710

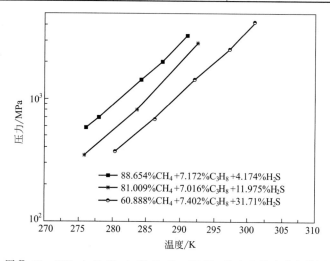

图Ⅱ-10　$CH_4+C_3H_8+H_2S$（L_w-H-V）的水合物生成条件图

表 Ⅱ-27 CH₄＋CO₂＋H₂S（Lw-H-V）的水合物生成条件数据[63]

温度/K	压力/MPa	CH₄/%	CO₂/%	H₂S/%
279.2	1.475	68.6	24.9	6.5
281.1	1.675	78.5	13.9	7.6
282.1	2.034	69.9	24.1	6.0
282.5	2.275	80.3	13.0	6.7
284.0	2.771	70.5	23.5	6.0
284.2	1.903	81.0	11.8	5.4
285.4	2.765	81.0	11.8	7.2
286.4	3.744	71.5	22.8	5.7
286.6	3.868	81.0	13.0	6.0
287.3	4.558	82.0	12.6	5.4
287.4	2.020	69.9	12.7	17.4
288.4	4.930	72.5	22.0	5.5
289.1	4.254	80.0	12.0	8.0
289.4	5.888	82.0	12.6	5.4
289.9	2.648	70.0	12.3	16.7
290.0	6.185	72.5	22.0	5.5
290.4	4.978	80.0	12.0	8.0
290.8	6.881	82.0	12.6	5.4
290.9	7.550	72.5	22.0	5.5
291.5	3.330	72.0	12.0	16.0
292.1	5.943	80.0	12.0	8.0
292.2	8.653	82.0	12.5	5.4
292.9	9.632	82.0	12.6	5.5
293.0	11.225	72.0	22.3	5.7
293.1	6.984	81.6	11.1	7.3
293.3	4.392	72.0	12.0	16.0
293.6	10.790	82.0	12.6	5.4
293.7	12.011	72.3	22.2	5.5
294.0	7.529	83.9	9.4	6.7
294.7	12.341	82.5	12.1	5.4
294.7	5.123	72.0	12.0	16.0
295.4	6.495	71.1	11.9	17.0
295.6	14.079	82.0	12.6	5.4
296.4	15.707	82.0	12.6	5.4
296.5	7.384	70.8	12.1	17.1
297.6	8.405	72.5	11.9	15.6
297.6	8.005	68.8	13.6	17.6

表 Ⅱ-28 CH₄＋CO₂＋H₂S（Lw-H-V）的水合物生成条件数据[64]

温度/K	压力/MPa	CH₄/%	CO₂/%	H₂S/%
274.2	1.044	87.65	7.40	4.95
277.2	1.580	87.65	7.40	4.95
280.2	2.352	87.65	7.40	4.95
282.2	3.126	87.65	7.40	4.95
284.2	3.964	87.65	7.40	4.95
286.2	5.121	87.65	7.40	4.95
288.2	6.358	87.65	7.40	4.95
289.2	7.212	87.65	7.40	4.95
290.2	8.220	87.65	7.40	4.95

温度 /K	压力 /MPa	CH_4 /%	CO_2 /%	H_2S /%
276.2	1.114	82.45	10.77	6.78
278.2	1.385	82.45	10.77	6.78
280.2	1.815	82.45	10.77	6.78
282.2	2.265	82.45	10.77	6.78
284.2	3.110	82.45	10.77	6.78
286.2	4.065	82.45	10.77	6.78
287.2	4.570	82.45	10.77	6.78
288.2	4.890	82.45	10.77	6.78
289.2	6.110	82.45	10.77	6.78
290.2	6.862	82.45	10.77	6.78
290.9	7.650	82.45	10.77	6.78
291.2	8.024	82.45	10.77	6.78
278.2	1.192	82.91	7.16	9.93
282.2	1.932	82.91	7.16	9.93
284.2	2.460	82.91	7.16	9.93
286.2	3.303	82.91	7.16	9.93
288.2	4.212	82.91	7.16	9.93
289.7	4.930	82.91	7.16	9.93
291.2	5.868	82.91	7.16	9.93
292.2	6.630	82.91	7.16	9.93
293.2	7.916	82.91	7.16	9.93
277.2	0.646	77.71	7.31	14.98
280.2	1.020	77.71	7.31	14.98
283.2	1.428	77.71	7.31	14.98
286.2	2.080	77.71	7.31	14.98
289.2	3.164	77.71	7.31	14.98
291.2	4.070	77.71	7.31	14.98
293.2	5.270	77.71	7.31	14.98
294.7	6.698	77.71	7.31	14.98
295.7	7.910	77.71	7.31	14.98
282.2	0.950	75.48	6.81	17.71
284.2	1.244	75.48	6.81	17.71
286.2	1.670	75.48	6.81	17.71
288.2	2.368	75.48	6.81	17.71
290.2	3.080	75.48	6.81	17.71
292.2	4.008	75.48	6.81	17.71
294.2	5.314	75.48	6.81	17.71
295.2	6.310	75.48	6.81	17.71
295.8	6.880	75.48	6.81	17.71
296.6	7.825	75.48	6.81	17.71
297.2	8.680	75.48	6.81	17.71
281.2	0.582	66.38	7.00	26.62
284.2	0.786	66.38	7.00	26.62
287.2	1.160	66.38	7.00	26.62
290.2	1.788	66.38	7.00	26.62
293.2	2.688	66.38	7.00	26.62
295.2	3.910	66.38	7.00	26.62
296.7	5.030	66.38	7.00	26.62
298.2	6.562	66.38	7.00	26.62
299.7	8.080	66.38	7.00	26.62

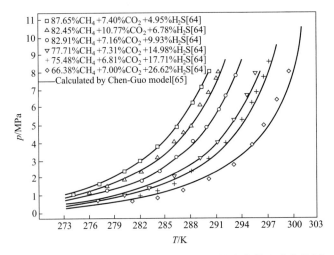

图Ⅱ-11 $CH_4 + CO_2 + H_2S$（L_w-H-V）的水合物生成条件图

3. 多组分混合气体水合物生成条件数据

表Ⅱ-29 混合气体组成[12] %

气样	CO_2	H_2S	N_2	CH_4	C_2H_6	C_3H_8	C_4H_{10}
M1	0.2		7.7	65.4	12.7	10.3	3.7
M2	0.2		1.1	87.9	4.4	4.9	1.5
M3	0.2		9.4	78.4	6.0	3.6	2.4
M4	0.3		9.5	79.4	5.8	3.6	1.4
M5	3.25	0.25	1.1	87.8	4.0	2.1	1.5
M6	0.4		0.3	91.0	3.2	2.0	3.1
M7			1.0	90.8	3.0	2.1	3.2
M8	0.2		14.3	75.2	5.9	3.3	1.1
M9			3.4	88.5	4.3	2.0	1.7
M10	0.9		1.2	90.6	3.8	1.5	2.0
M11	0.8		25.0	67.4	3.7	1.9	1.2
M12	0.6		0.2	96.5	0.9	1.8	

表Ⅱ-30 混合气体（L_w-H-V）水合物生成条件数据[12]

T/K	p/kPa	T/K	p/kPa
M1		M2	
274.8	627	273.7	600
280.3	1262	275.4	738
283.2	1806	277.6	993
285.9	2572	280.4	1338
288.7	3592	282.6	1779
290.0	4296	283.7	2089
291.5	5364	284.3	2248
292.5	6302	285.9	2668
294.0	8536	286.5	2861

续表

T/K	p/kPa	T/K	p/kPa
M3		M6	
273.7	724	273.7	765
274.8	807	277.6	1241
275.9	903	280.4	1731
276.5	972	280.4	1731
277.6	1172	285.9	3461
278.2	1241	288.7	4909
279.8	1462	288.7	4895
283.2	2213	292.0	8653
		292.7	9391
M9		M8	
273.7	793	274.2	758
275.3	972	275.4	945
277.6	1310	277.6	1255
280.4	1813	280.4	1758
		282.0	2130
M4		M11	
273.7	752	274.3	1069
274.8	883	275.4	1220
276.5	1089	277.6	1607
278.7	1400	280.4	2248
280.4	1675	283.2	3165
282.0	2096	286.0	4592
M5		M7	
275.4	945	273.7	758
280.3	1717	277.6	1234
285.9	3454	280.4	1724
289.3	5254	285.9	3468
		288.7	5033
		288.7	5033
		291.5	7729
M12		M10	
273.7	1262	273.7	883
274.8	1427	274.3	951
274.8	1420	274.8	1020
277.6	2027	274.8	1027
280.4	2855	275.9	1172
283.2	4047	277.6	1441
287.7	7425	277.6	1455
289.8	10329	280.4	2027
		280.4	1993
		280.4	2006
		283.2	2841
		285.4	3765
		285.9	4033
		285.9	4027
		285.9	4054
		286.5	4364
		287.1	4675
		287.1	4682
		287.6	5068
		288.2	5433
		288.7	5812
		289.8	6984
		290.9	8384

表Ⅱ-31　混合气体组成[66]　　　　　　　　　　　%

气样	N_2	CH_4	C_2H_6	C_3H_8	$i\text{-}C_4H_{10}$	$n\text{-}C_4H_{10}$	C_5H_{12}	C_6H_{14}
M1	15.0	73.29	6.70	3.90	0.36	0.55	0.20	0.00
M2	6.8	79.64	9.38	3.22	0.18	0.58	0.15	0.05

表Ⅱ-32　混合气体（L_w-H-V）水合物生成条件数据[66]

温度/K	压力/MPa	温度/K	压力/MPa
M1		M2	
281.6	1.765	283.3	2.186
283.9	2.517	285.7	2.930
287.7	3.847	287.2	3.578
288.9	4.461	289.4	4.613
290.9	5.833	291.0	5.661

表Ⅱ-33　混合气体组成[45]　　　　　　　　　　　%

气样	CO_2	CH_4	C_2H_6	C_3H_8	$i\text{-}C_4H_{10}$	$i\text{-}C_4H_{10}$
M1	0.00	76.62	11.99	6.91	1.82	2.66
M2	31.40	52.55	8.12	4.74	1.31	1.88
M3	66.85	24.42	3.99	3.07	0.75	0.92
M4	83.15	12.38	1.96	1.66	0.37	0.48
M5	89.62	7.86	1.13	0.86	0.20	0.33

表Ⅱ-34　混合气体（L_w-H-V）水合物生成条件数据[45]

温度/K	压力/kPa	温度/K	压力/kPa	温度/K	压力/kPa
M1		M2		M3	
273.7	496.6	273.7	593.1	273.7	758.6
276.5	703.4	276.5	841.4	276.5	1089.7
279.3	986.2	279.3	1220.7	279.3	1565.5
282.0	1413.8	282.0	1682.8	282.0	2227.6
M4		M5			
273.7	1365.5	273.7	1337.9		
276.5	1869.0	276.5	1841.4		
279.3	2565.5	279.3	2531.0		
282.0	3510.3	282.0	3469.0		

表Ⅱ-35　混合气体组成[41]　　　　　　　　　　　%

气样	N_2	CH_4	C_2H_6	C_3H_8	$i\text{-}C_4H_{10}$	$n\text{-}C_5H_{12}$	CO_2
M1	0.3		31.3	51.5	16.9		
M2	0.2	2.2	30.6	50.8	16.2		
M3	0.2	21.9	24.7	40.8	12.4		
M4			23.4	30.4	19.6	26.6	
M5			21.5	48.9	23.8		5.8
M6			17	38.6	18.9		25.5

表Ⅱ-36 混合气体（L_w-H-L_{HC}，L_w-H-V-L_{HC}）水合物生成条件数据[41]

温度/K	压力/kPa	温度/K	压力/kPa	温度/K	压力/kPa
M1		M2		M3	
277.7	1158①	281.2	1565	291.7	4799①
277.7	1186	281.2	1620	291.8	5240
277.7	1462	281.3	2461	292.1	5902
277.7	2234	281.4	3813	292.5	7212
277.7	4523	281.7	6102	293.2	9797
277.8	7074	281.9	8232	293.9	13623
277.8	9714	282.2	11224		
M4		M5		M6	
274.8	689①	280.1	1207	283.9	2344①
274.8	1730	280.1	1351	284.0	2496
275.1	4054	280.1	1427	284.2	3316
275.3	6964	280.1	2399	284.6	5130
275.6	11893	280.2	3689	284.9	8163
		280.4	6129	285.7	14700
		280.7	9377		
		280.9	14403		

① L_w-H-V-L_{HC}。

表Ⅱ-37 混合气体组成[67] %

气样	CH_4	C_2H_6	C_3H_8	CO_2
M1	75.02	7.95	3.99	13.04
M2	87.06	7.96	3.88	1.10

表Ⅱ-38 混合气体（V-H）水合物生成条件数据[67]

温度/K	压力/MPa	$H_2O\mu mol/mol$	温度/K	压力/MPa	$H_2O\mu mol/mol$
M1					
267.1	4.499	98.9	249.0	4.499	20.6
267.1	5.857	87.1	249.8	12.078	18.4
267.1	12.068	63.0	243.2	4.479	10.5
260.9	4.458	58.8	243.7	5.847	10.3
261.2	5.836	56.7	243.2	12.480	10.5
260.9	12.048	41.6	237.2	12.088	4.5
251.8	5.857	25.2	233.9	12.068	2.5
M2					
277.6	0.345	18.0	260.9	3.445	63.0
277.6	0.445	52.0	249.8	10.345	10.0
260.9	0.345	8.4	249.8	3.445	19.7

表Ⅱ-39 混合气体组成[68]

气样	M1	M2	M3	M4
N_2	0.00	0.040	0.16	0.64
CH_4	2.49	12.48	26.19	73.03
CO_2	0.48	12.01	2.10	3.11
CH_6	4.22	8.88	8.27	8.04
C_3H_8	8.63	10.57	7.50	4.28
i-C_4H_{10}	2.85	2.14	1.83	0.73
n-C_4H_{10}	7.02	5.63	4.05	1.50
i-C_5H_{12}	3.39	1.74	1.85	0.54
n-C_5H_{12}	4.59	2.85	2.45	0.60
C_6H_{14}	66.33	53.66	45.60	7.53
平均相对分子质量	123.00	113.00	90.20	32.4

表Ⅱ-40　混合气体水合物生成条件数据[68]

温度/K	压力/MPa	相态	温度/K	压力/MPa	相态
M1			M2		
273.8	0.64	L_w-H-V-L_{HC}(V-Q)	279.6	1.52	L_w-H-V-L_{HC}
274.0	5.27	L_w-H-L_{HC}	286.2	3.54	L_w-H-L_{HC}(V=0)
274.4	10.34	L_w-H-L_{HC}	286.8	12.00	L_w-H-L_{HC}
274.8	15.95	L_w-H-L_{HC}	288.4	20.00	L_w-H-L_{HC}
275.7	20.78	L_w-H-L_{HC}			
M3			M4		
287.0	4.00	L_w-H-V-L_{HC}	290.8	6.01	L_w-H-V-L_{HC}
291.4	7.74	L_w-H-L_{HC}(V=0)	293.8	11.07	L_w-H-L_{HC}
291.8	12.00	L_w-H-L_{HC}	295.0	15.01	L_w-H-L_{HC}
293.0	20.00	L_w-H-L_{HC}	296.2	19.99	L_w-H-L_{HC}

表Ⅱ-41　混合气体组成[69]

序号	气体组成(摩尔分数)			
	H_2	CH_4	C_2H_6	C_3H_8
M1	36.18	63.82		
M2	22.13	77.87		
M3	87.22			12.78
M4	81.64			18.36
M5	74.18			25.82
M6	44.89	30.30		24.81
M7	52.78	24.58		22.64
M8	73.19	12.20		14.61
M9	92.11	2.79		5.10
M10	70.82	16.55	6.09	6.54
M11	79.14	12.37	3.58	4.91
M12	88.93	5.31	1.93	3.83

表Ⅱ-42　混合气体水合物生成条件数据[69]

温度/K	压力/MPa	温度/K	压力/MPa	温度/K	压力/MPa
M1		M2		M3	
274.3	4.46	274.3	3.72	275.2	2.20
275.3	4.85	275.4	4.03	276.2	2.58
276.3	5.32	276.2	4.36	277.3	3.20
277.3	5.88	277.2	4.75	278.3	4.00
278.2	6.63	278.2	5.34		
M4		M5		M6	
274.2	1.26	274.2	0.85	274.8	0.65
275.2	1.44	275.2	1.01	275.2	0.68
276.3	1.74	276.2	1.30	276.2	0.77
277.3	2.22	277.2	1.70	277.1	0.88
278.1	2.72	278.2	2.40	278.4	1.08
M7		M8		M9	
274.5	0.70	274.2	1.44	274.2	2.74
275.3	0.76	275.3	1.72	275.3	3.08
276.2	0.87	276.2	2.06	276.2	3.43
277.4	1.04	277.3	2.48	277.3	4.04
278.2	1.15	278.3	3.02	278.4	4.98
		279.3	3.64		
		280.2	4.44		

温度/K	压力/MPa	温度/K	压力/MPa	温度/K	压力/MPa
M10		M11		M12	
274.1	1.14	275.3	1.46	274.5	3.56
275.3	1.35	276.3	1.78	275.4	4.06
276.1	1.57	277.3	2.16	276.5	4.76
277.0	1.86	278.5	2.57	277.3	5.56
278.4	2.32	279.2	3.28	278.4	7.02

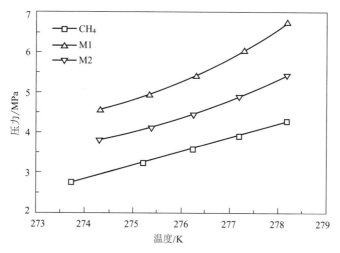

图Ⅱ-12 （H₂＋CH₄）体系
及纯 CH₄ 的水合物生成条件图

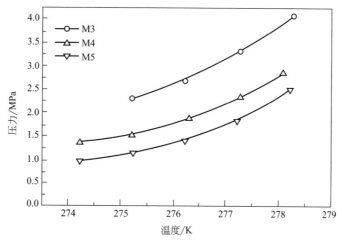

图Ⅱ-13 （H₂＋C₃H₈）体系
的水合物生成条件图

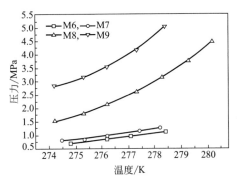

图 Ⅱ-14 （H₂＋CH₄＋C₃H₈）体系
的水合物生成条件图

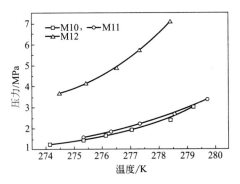

图 Ⅱ-15 （H₂＋CH₄＋C₂H₆＋C₃H₈）
体系的水合物生成条件图

附录 1-Ⅲ 水合物在抑制剂和促进剂作用下的生成条件数据

1. 单组分气体在抑制剂中的水合物生成条件数据

表 Ⅲ-1 CH₄ 在甲醇溶液中的水合物（Lw-H-V）生成条件数据

数据来源	质量分数/%	温度/K	压力/MPa
Ng,Robinson[19]	10	266.2	2.14
	10	271.2	3.41
	10	275.9	5.63
	10	280.3	9.07
	10	283.7	13.3
	10	286.4	18.8
	20	263.3	2.83
	20	267.5	4.20
	20	270.1	5.61
	20	273.6	8.41
	20	277.6	13.30
	20	280.2	18.75
Robinson,Ng[70]	35	250.9	2.38
	35	256.3	3.69
	35	260.3	6.81
	35	264.6	10.16
	35	267.8	13.68
	35	268.5	17.22
	35	270.1	20.51
	50	233.1	1.47
	50	240.1	2.95
	50	247.4	7.24
	50	250.4	10.54
	50	255.3	16.98
Ng,Robinson[71]	50	232.8	1.17
	50	244.0	3.54
	50	251.4	6.98
	50	255.5	12.26
	50	259.5	19.93
	65	214.1	0.76

续表

数据来源	质量分数/%	温度/K	压力/MPa
Ng，Robinson[71]	65	224.6	2.10
	65	227.6	2.89
	65	231.6	4.14
	65	238.4	9.03
	74	223.2	6.73
	74	227.4	12.37
	74	229.9	20.30
	85	194.6	11.49
	85	195.4	11.51
	85	197.6	20.42

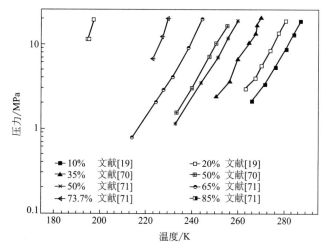

图Ⅲ-1　甲烷水合物在甲醇抑制剂中的水合物生成条件图

（图中组分浓度为质量分数）

表Ⅲ-2　CH_4 在乙醇和乙二醇中的水合物（L_w-H-V）生成条件数据

数据来源	质量分数/%	温度/K	压力/MPa
Robinson，Ng[70]	10	270.2	2.42
（CH_4＋乙二醇）	10	273.5	3.40
	10	280.2	6.53
	10	287.1	15.60
	30	267.6	3.77
	30	227.6	4.93
	30	274.4	7.86
	30	280.1	16.14
	30	279.9	16.38
	50	263.4	9.89
	50	266.3	14.08
	50	266.5	15.24
Kobayashi 等[66]	15	273.3	3.38
（CH_4＋乙醇）	15	272.2	5.47
	15	279.4	7.06
	15	281.1	8.36
	15	284.7	13.67

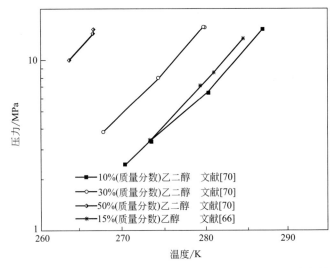

图Ⅲ-2　CH_4 在乙醇和乙二醇中的水合物（L_w-H-V）生成条件

表Ⅲ-3　电解液组成（质量分数）[72]　　　　　　　　　　　　　　　　　　　　%

溶液编号	NaCl	KCl	$CaCl_2$	质量摩尔浓度/(mol/kg)
M1	3.00	0.00	0.00	0.5287
M2	3.00	3.00	0.00	0.7939
M3	5.00	5.01	0.00	1.6975
M4	5.00	9.98	0.00	2.5809
M5	5.00	15.00	0.00	3.5869
M6	10.01	12.00	0.00	4.2591
M7	14.99	7.99	0.00	4.7189
M8	3.00	0.00	3.00	1.2651
M9	6.00	0.00	3.00	1.7221
M10	10.00	0.00	3.00	2.7422
M11	9.97	0.00	5.98	3.6321
M12	3.00	0.00	10.00	3.1770
M13	6.00	0.00	10.00	3.9019

表Ⅲ-4　CH_4 在电解液中的水合物（L_w-H-V）生成条件数据[72]

温度/K	压力/MPa	温度/K	压力/MPa	温度/K	压力/MPa
M1		M2		M3	
274.4	3.243	277.2	4.746	272.23	3.464
276.5	3.993	279.2	5.857	270.3	2.829
278.3	4.807	275.2	3.873	274.2	4.215
279.4	5.361	271.4	2.704	276.3	5.169
272.7	2.754	273.0	3.192	272.2	3.439
277.2	4.303	276.2	4.346	281.5	9.379
		277.7	5.106	279.4	7.340
M4		M5		M6	
272.1	4.174	272.2	5.564	272.2	7.144
267.5	2.569	269.2	4.014	269.4	5.144
279.0	9.046	266.3	2.914	266.3	3.689
276.4	6.764	276.2	8.689	264.6	2.989
				274.2	8.819

续表

温度/K	压力/MPa	温度/K	压力/MPa	温度/K	压力/MPa
M7		M8		M9	
270.2	7.409	274.1	3.584	274.1	4.189
266.3	4.400	277.1	4.874	277.0	5.679
264.4	3.614	281.8	8.159	280.1	7.839
272.1	8.839	270.4	2.504	271.3	3.134
M10		M11		M12	
274.3	5.399	274.2	6.779	277.0	7.159
272.2	4.339	266.0	2.819	279.7	9.664
269.4	3.214	269.3	3.939	274.2	5.189
277.3	7.444	274.3	6.899	268.8	3.019
M13					
274.1	6.739				
277.1	9.514				
270.8	4.699				
268.6	3.689				

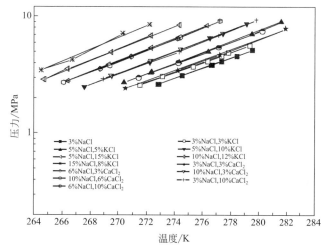

图Ⅲ-3　CH_4 在电解液中的水合物生成条件数据图

（图中组分浓度均为质量分数）

表Ⅲ-5　C_2H_6 在甲醇溶液中的水合物生成数据

数据来源	相态	质量分数/%	温度/K	压力/MPa
Ng·Robinson[19]	L_w-H-V	10	268.3	0.417
		10	272.1	0.731
		10	276.0	1.160
		10	278.4	1.630
		10	280.4	2.160
		10	281.4	2.800
		10	281.9	2.820
		20	263.5	0.550
		20	264.9	0.614
		20	267.7	0.869
		20	268.8	1.030
		20	271.8	1.520
		20	274.1	2.060

续表

数据来源	相态	质量分数/%	温度/K	压力/MPa
Ng,Robinson[19]	L_w-H-V-$L_{C_2H_6}$	10	282.2	2.91
		10	282.0	3.990
		10	282.4	4.220
		10	282.0	5.650
		10	282.0	6.590
		10	282.7	7.300
		10	282.9	10.360
		10	283.6	13.760
		10	284.4	20.200
		20	275.7	2.650
		20	276.3	5.890
		20	277.0	10.030
		20	277.8	15.120
		20	278.6	20.400
Ng 等[73]	L_w-H-V	35	252.6	0.502
		35	257.1	0.758
		35	260.1	1.050
		35	262.2	1.480
		50	237.5	0.423
		50	242.0	0.592
		50	246.1	0.786
		50	249.8	1.007
	L_w-H-$L_{C_2H_6}$	35	264.7	1.937①
		35	265.5	4.095
		35	265.9	7.695
		35	267.1	13.930
		35	268.4	20.180
		50	252.8	1.441①
		50	252.9	3.820
		50	253.7	7.074
		50	254.6	13.890
		50	255.5	20.350

① L_w-H-V-$L_{C_2H_6}$。

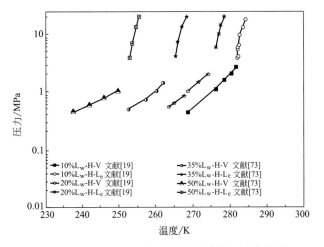

图Ⅲ-4 乙烷在甲醇抑制剂中的水合物生成条件图

(图中组分浓度均为质量分数)

表Ⅲ-6 C₃H₈ 在甲醇溶液中的水合物生成条件数据

数据来源	相态	质量分数/%	温度/K	压力/MPa
Ng, Robinson[19]	L_w-H-V	5.00	272.1	0.234
		5.00	272.6	0.259
		5.00	273.3	0.316
		5.00	274.2	0.405
		5.00	274.8	0.468
		10.39	268.3	0.185
		10.39	269.2	0.228
		10.39	270.9	0.360
		10.39	270.0	0.352
		10.39	271.6	0.415
		10.39	271.8	0.434
	L_w-H-$L_{C_3H_8}$	5.00	275.0	0.79
		5.00	275.1	1.720
		5.00	275.0	6.340
		10.39	272.1	0.984
		10.39	272.1	0.737
		10.39	272.1	6.510
Ng, Robinson[74]	L_w-H-V	35	248.0	0.137
		35	250.2	0.207
		50	229.7	0.090
	L_w-H-$L_{C_3H_8}$	35	250.6	0.876
		35	251.1	6.090
		35	251.0	9.770
		35	251.3	20.380
		50	229.9	1.970
		50	229.3	7.830
		50	229.3	19.710

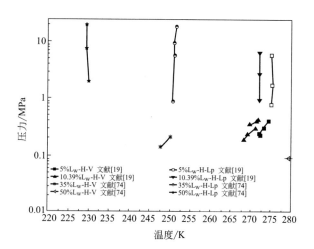

图Ⅲ-5 丙烷在甲醇抑制剂中的水合物生成条件图

（图中组分浓度均为质量分数）

表Ⅲ-7　C₃H₈ 在 NaCl 中的水合物 (Lw-H-V) 生成条件数据

数据来源	质量分数/%	温度/K	压力/MPa
Kobayashi 等[66]	10	268.3	0.122
	10	269.7	0.170
	10	271.8	0.278
	10	272.0	0.309
	10	272.4	0.370
	10	272.8	0.479
	10	273.0	1.118
	10	273.1	1.911
Patil[27]	3	272.2	0.179
	3	274.2	0.290
	3	275.4	0.366
	3	276.2	0.455
	10	270.8	0.191
	10	272.2	0.259
	5	271.2	0.185
	5	272.6	0.241
	5	274.4	0.324
	5	275.6	0.448
	10	273.6	0.355
	10	274.6	0.450

表Ⅲ-8　C₃H₈ 在电解液中的水合物 (Lw-H-V) 生成条件数据[75]

温度/K	压力/MPa	温度/K	压力/MPa
CaCl₂·2H₂O=15.00(质量分数)		CaCl₂·2H₂O＝NaCl＝7.50(质量分数)	
268.7	0.205	265.9	0.172
269.8	0.270	266.4	0.186
270.3	0.317	267.7	0.248
271.1	0.376	268.5	0.312
271.7	0.412	269.4	0.385
		269.8	0.418
NaCl＝KCl＝7.50(质量分数)		CaCl₂＝KCl＝7.50(质量分数)	
265.2	0.157	266.3	0.181
266.2	0.206	266.9	0.206
267.4	0.259	267.5	0.230
268.5	0.321	268.1	0.263
269.0	0.372	268.6	0.294
		269.5	0.370
		270.1	0.432
NaCl＝KCl＝7.50,CaCl₂＝5.00(质量分数)			
261.9	0.172	264.2	0.286
262.3	0.192	264.4	0.303
262.8	0.214	264.5	0.303
263.4	0.249	265.1	0.342
263.6	0.267	265.2	0.352

表Ⅲ-9 C_3H_8 在 NaCl，KCl，$CaCl_2$ 溶液中的
水合物（L_w-H-V）生成条件数据[76]

盐	质量分数/%	温度/K	压力/MPa
NaCl	3.1	273.2	0.221
	3.1	273.8	0.248
	3.1	274.6	0.303
	3.1	275.4	0.365
	3.1	276.0	0.414
	10.0	270.0	0.241
	10.0	270.8	0.283
	10.0	271.6	0.359
	10.0	272.2	0.421
	10.0	272.8	0.531[①]
	15.0	266.2	0.221
	15.0	266.8	0.241
	15.0	267.4	0.29
	15.0	268.2	0.379
	15.0	268.6	0.455[①]
	20.0	261.0	0.200
	20.0	261.6	0.228
	20.0	262.6	0.283
	20.0	263.0	0.331
KCl	10.0	271.0	0.228
	10.0	271.8	0.283
	10.0	272.6	0.331
	10.0	273.0	0.379
	10.0	273.4	0.421
	15.0	269.0	0.221
	15.0	269.8	0.269
	15.0	270.4	0.324
	15.0	270.6	0.345
	15.0	271.2	0.393
	20.0	266.4	0.228
	20.0	266.8	0.262
	20.0	267.2	0.290
	20.0	267.4	0.310
	20.0	267.6	0.338
$CaCl_2$	7.5	271.5	0.234
	7.5	272.0	0.269
	7.5	272.8	0.317
	7.5	273.6	0.379
	7.5	274.2	0.427
	11.3	269.6	0.248
	11.3	270.0	0.283
	11.3	270.6	0.324
	11.3	271.4	0.372
	15.2	266.4	0.234
	15.2	267.0	0.262
	15.2	267.2	0.303
	15.2	267.8	0.345
	15.2	268.0	0.359

① 指 L_w-H-V-C_3H_8。

表Ⅲ-10 C₃H₈在NaCl，KCl，CaCl₂溶液中的水合物

$(L_w$-H-V$)$ 生成条件数据[77]

盐溶液	初始盐浓度/%	温度/K	压力/MPa	C₃H₈/%	水中盐浓度/%	水合物相分率
CaCl₂	7.274	272.2	0.317	3.248	8.533	0.163
CaCl₂	11.343	269.4	0.310	3.639	12.265	0.088
CaCl₂	15.121	266.0	0.324	3.783	16.346	0.089
NaCl	3.078	273.2	0.255	2.968	3.914	0.226
NaCl	20.030	260.0	0.283	3.646	21.324	0.080
KCl	9.976	270.8	0.290	3.834	12.245	0.210
KCl	15.067	268.6	0.296	4.777	16.829	0.125
NaCl+CaCl₂	4.820+3.710	271.1	0.324	2.940	5.589+4.301	0.154
NaCl+KCl	5.109+5.109	270.2	0.296	3.107	5.863+5.863	0.148

表Ⅲ-11 i-C₄H₁₀在NaCl溶液中的水合物 $(L_w$-H-V$)$ 生成条件数据

数据来源	NaCl（质量分数）/%	温度/K	压力/kPa
Schneider，Farrar[28]	1.10	273.2	127.2
	1.10	273.4	134.8
	1.10	273.7	140.6
	1.09	273.9	149.1
	1.10	274.1	156.4
	1.08	274.2	159.5
	9.93	268.2	116.6
	9.93	268.0	111.0
	9.93	267.5	100.3
Barduhn，Rouher[29]	5.00	270.5	110.3
	5.00	270.8	120.3
	5.00	271.1	123.5
	5.00	271.3	135.0
	5.00	270.0	104.6
	5.00	270.4	108.2
	5.00	270.5	112.1
	5.00	270.9	120.2
	5.00	271.1	123.4
	5.00	271.2	132.9
	5.00	271.3	132.1
	5.00	271.4	138.5
	5.00	271.6	142.3
	3.05	270.9	104.8
	3.05	271.0	107.0
	3.05	271.1	109.9
	3.05	271.2	112.9
	3.05	271.3	114.3
	3.05	271.4	117.3
	3.05	271.5	120.0
	3.05	271.6	124.3
	3.05	271.8	128.1
	3.05	271.9	131.6
	3.05	272.1	137.0
	3.05	271.1	106.2
	3.05	271.3	112.0

续表

数据来源	NaCl（质量分数）/%	温度/K	压力/kPa
Barduhn，Rouher[29]	3.05	271.5	117.4
	3.05	271.7	118.9
	3.05	271.7	119.2
	3.05	271.8	124.6
	3.05	271.9	124.9
	3.05	271.9	127.0
	3.32	271.0	101.4
	3.32	271.2	104.4
	3.32	272.0	126.0
	3.27	271.1	101.5
	3.21	272.0	123.2
	3.16	271.3	105.4
	3.16	272.2	126.5
	10.00	266.7	102.0
	10.00	266.9	105.3
	10.00	267.2	110.5
	10.00	267.3	113.3
	10.00	267.6	118.8
	10.00	266.8	94.9
	10.00	267.2	101.8
	10.00	267.4	105.4
	10.00	267.7	113.8
	10.00	267.7	111.4
	10.00	267.9	114.9
	10.00	268.2	122.0
	10.55	267.0	101.2
	10.55	267.4	107.9
	10.50	267.6	113.8
	10.50	267.8	118.9
	10.50	267.9	122.6

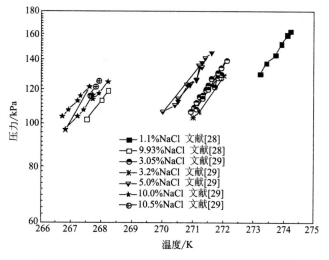

图Ⅲ-6　异丁烷在 NaCl 溶液中的水合物生成条件图

（图中组分浓度均为质量分数）

表Ⅲ-12 CO₂ 在 NaCl 溶液中的水合物 (Lw-H-V) 生成数据[34]

NaCl(质量分数)/%	温度/K	压力/MPa	NaCl(质量分数)/%	温度/K	压力/MPa
5.420	276.1	2.297	5.949	278.2	3.072
5.280	277.2	2.596	5.612	278.7	3.222
5.300	279.2	3.371	5.568	279.2	3.438
4.865	279.6	3.468	10.170	271.6	1.735
5.370	280.0	2.877	10.330	272.6	2.024
5.270	275.9	2.158	10.300	273.2	2.095
5.720	276.4	2.333	10.310	274.2	2.384
5.760	277.0	2.534	10.500	274.7	2.651
5.800	277.5	2.795	10.300	275.2	2.786
5.545	277.9	2.886	10.460	275.7	3.040
5.445	278.6	3.231	10.260	276.2	3.185
5.450	279.3	3.530	10.370	276.7	3.434
5.530	279.7	3.727	10.270	277.2	3.619
4.790	271.6	1.319	10.210	277.4	3.767
5.215	272.1	1.398	10.590	268.2	1.189
5.375	272.6	1.502	10.550	269.1	1.339
5.260	273.1	1.589	10.380	270.1	1.488
5.385	273.6	1.709	10.220	271.1	1.648
4.665	274.1	1.737	10.250	272.2	1.919
5.715	274.6	1.927	10.220	273.7	2.261
4.810	275.3	2.018	10.200	274.5	2.488
5.875	280.4	4.227	10.320	275.3	2.892
5.871	273.2	1.653	10.300	275.4	2.878
5.917	274.2	1.865	10.190	276.3	3.233
5.834	275.1	2.056	10.290	276.5	3.333
5.764	276.2	2.355	10.160	276.9	3.454
6.132	276.6	2.555	10.410	277.0	3.567
5.733	277.2	2.675	10.200	277.2	3.681
5.860	277.7	2.899			

表Ⅲ-13 CO₂ 在甲醇溶液中的水合物生成数据

数据来源	相态	质量分数/%	温度/K	压力/MPa
Ng，Robinson[19]	Lw-H-V	10.00	269.5	1.590
		10.00	269.6	1.580
		10.00	271.3	2.060
		10.00	273.8	2.890
		10.00	273.8	2.850
		10.00	274.9	3.480
		20.02	264.0	1.590
		20.02	264.5	1.830
		20.02	265.2	1.980
	Lw-H-L_CO₂	20.02	266.4	2.210
		20.02	267.2	2.530
		20.02	268.1	2.740
		20.02	268.9	2.940
		10.00	276.0	4.600
		10.00	276.8	7.230
		10.00	277.4	10.090
		10.00	278.1	13.980

续表

数据来源	相态	质量分数/%	温度/K	压力/MPa
Ng，Robinson[19]	L_w-H-L_{CO_2}	20.02	269.1	3.340
		20.02	269.6	5.500
		20.02	270.1	7.680
		20.02	270.5	11.270
		20.02	270.7	11.400
		20.02	271.6	15.890
		20.02	271.8	16.090
Robinson，Ng[70]	L_w-H-V	35.00	242.0	0.379
		35.00	247.6	0.724
		35.00	250.1	1.030
		35.00	252.4	1.390
		35.00	255.1	1.770
		50.00	232.6	0.496
		50.00	235.5	0.676
		50.00	241.3	1.310
	L_w-H- L_{CO_2}	35.00	256.9	2.180
		35.00	257.5	2.870
		35.00	257.8	5.910
		35.00	257.9	6.870
		35.00	258.0	13.340
		35.00	258.5	20.700
		50.00	241.1	8.830
		50.00	241.8	12.360
		50.00	241.3	14.620
		50.00	241.1	19.530

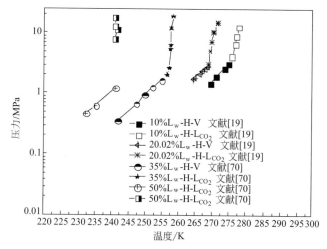

图Ⅲ-7　CO_2 在甲醇溶液中的水合物生成条件图
（图中组分浓度均为质量分数）

表Ⅲ-14　电解液的组成[78]

ID	NaCl(质量分数)/%	KCl(质量分数)/%	CaCl$_2$(质量分数)/%
M1	3.00	0.00	0.00
M2	3.02	0.00	0.00
M3	3.02	0.00	0.00

ID	NaCl(质量分数)/%	KCl(质量分数)/%	CaCl$_2$(质量分数)/%
M4	10.02	0.00	0.00
M5	10.00	0.00	0.00
M6	20.03	0.00	0.00
M7	0.00	5.01	0.00
M8	0.00	14.97	0.00
M9	0.00	0.00	5.02
M10	0.00	0.00	14.97
M11	3.01	3.02	0.00
M12	6.99	10.00	0.00
M13	15.01	5.03	0.00
M14	2.02	0.00	8.00
M15	5.02	0.00	14.70
M16	5.00	0.00	0.00
M17	5.00	0.00	0.00
M18	15.00	0.00	0.00
M19	0.00	3.00	0.00
M20	0.00	10.02	0.00
M21	0.00	0.00	3.03
M22	0.00	0.00	9.99
M23	0.00	0.00	19.96
M24	5.00	5.01	0.00
M25	15.01	5.03	0.00
M26	3.03	0.00	3.03
M27	8.01	0.00	2.03
M28	15.01	0.00	5.03

表Ⅲ-15　CO$_2$在电解液中的水合物（L$_w$-H-V）生成条件数据[78]

ID	温度/K	压力/MPa
纯 H$_2$O	273.8	1.340
	275.5	1.640
	277.1	1.985
	279.0	2.520
M1	279.0	2.955
	277.0	2.309
	275.2	1.837
	272.2	1.304
M2	273.2	1.434
M3	280.9	3.907
M4	277.2	3.781
	277.0	3.671
M5	276.1	3.155
	276.1	3.149
	274.1	2.409
	271.0	1.656
	268.0	1.162
M6	265.3	2.208
	263.3	1.606
M7	280.5	3.905
	280.4	3.861

ID	温度/K	压力/MPa
M7	279.4	3.324
	278.6	2.960
	276.0	2.129
	274.1	1.700
M8	269.0	1.415
	272.2	2.095
	274.6	2.901
	276.0	3.575
M9	278.2	2.805
	280.1	3.657
	275.1	1.872
	271.1	1.184
M10	273.2	3.221
	270.1	2.138
	267.4	1.497
	263.4	0.960
M11	279.9	3.976
	279.3	3.573
	276.1	2.317
	274.0	1.814
	271.5	1.326
M12	267.6	1.482
	270.5	2.180
	273.1	3.044
	274.1	3.455
M13	262.9	1.218
	266.3	1.872
	268.2	2.388
	269.8	3.05
M14	277.5	3.697
	276.3	3.101
	272.7	1.909
	267.8	1.053
M15	267.3	2.935
	266.3	2.490
	264.1	1.878
	261.1	1.288
	259.2	1.042
M16	278.0	3.004
	275.0	2.016
	273.0	1.597
	271.2	1.306
M17	278.0	3.766
M18	273.0	3.239
	271.0	2.469
	268.2	1.703
	265.4	1.212
M19	281.1	3.834
	280.0	3.233
	278.7	2.760

ID	温度/K	压力/MPa
M19	276.8	2.154
	274.6	1.654
	272.7	1.326
M20	277.9	3.485
	276.3	2.807
	273.1	1.848
	269.0	1.130
M21	275.5	1.827
	272.6	1.302
	278.2	2.529
	280.9	3.702
M22	270.8	1.511
	268.0	1.102
	274.0	2.198
	277.3	3.460
	277.9	3.824
M23	266.6	2.690
	264.6	2.052
	262.0	1.504
	259.2	1.051
M24	270.0	1.347
	271.7	1.660
	274.1	2.258
	277.3	3.432
M25	262.9	1.218
	266.3	1.872
	268.2	2.388
	269.8	3.050
M26	279.2	3.595
	277.3	2.738
	275.7	2.227
	271.8	1.375
M27	267.8	1.086
	271.1	1.623
	273.2	2.112
	276.0	3.089
M28	267.4	2.665
	265.7	2.112
	263.5	1.609
	259.0	0.909

表Ⅲ-16　CO_2 在丙三醇[25%(质量分数)]溶液中的水合物生成条件数据[79]

相态	温度/K	压力/MPa
L_w-H-V	269.6	1.48
L_w-H-V	274.4	2.83
L_w-H-V	276.8	3.96
L_w-H-L_{CO_2}	277.2	8.47
L_w-H-L_{CO_2}	278.8	20.67

表Ⅲ-17 CO₂ 在丙三醇溶液中的水合物（L_w-H-V）生成条件数据[80]

质量分数/%	温度/K	压力/MPa
10	272.3	1.391
	274.6	1.786
	276.1	2.191
	277.7	2.640
	278.4	2.942
	279.3	3.345
20	270.4	1.502
	270.6	1.556
	272.3	1.776
	273.6	2.096
	274.1	2.281
	275.5	2.721
	276.2	3.001
	277.1	3.556
30	270.1	2.030
	270.6	2.096
	271.4	2.340
	272.3	2.651
	273.2	2.981

表Ⅲ-18 H₂S 在甲醇溶液中的水合物生成条件数据

数据来源	相态	质量分数/%	温度/K	压力/MPa
Bond，Russell[39]	L_w-H-V	16.5	273.2	0.275
		16.5	283.2	0.730
		16.5	290.1	1.496
Ng，Robinson[19]	L_w-H-V	10.0	265.7	0.068
		10.0	267.5	0.084
		10.0	273.0	0.148
		10.0	278.9	0.270
		10.0	285.4	0.541
		10.0	291.8	1.080
		20.0	271.8	0.221
		20.0	281.2	0.593
	L_w-H-L_{H_2S}	10.0	297.5	1.900①
		10.0	297.7	3.850
		10.0	298.8	7.230
		10.0	299.1	10.350
		10.0	299.5	14.710
		10.0	299.5	18.160
		20.0	291.1	1.630①
		26.0	291.7	3.090
		20.0	292.6	7.290
		20.0	293.6	10.460
		20.0	293.5	14.570
		20.0	294.3	18.260
Ng 等[73]	L_w-V-H	35.0	263.2	0.217
		35.0	268.9	0.361
		35.0	274.2	0.579
		35.0	284.5	1.351

续表

数据来源	相态	质量分数/%	温度/K	压力/MPa
Ng 等[73]	L_w-V-H	50.0	251.6	0.177
		50.0	277.8	1.220[①]
		50.0	255.9	0.283
		50.0	262.1	0.426
		50.0	264.8	0.517
		50.0	267.6	0.642
		50.0	272.1	0.920
	L_w-H-L_{H_2S}	35.0	284.5	1.834
		35.0	285.1	6.812
		35.0	285.8	13.840
		35.0	286.3	19.650
		50.0	278.0	1.951
		50.0	278.7	5.516
		50.0	279.4	12.360
		50.0	279.9	18.480

① L_w-H-V-L_{H_2S}。

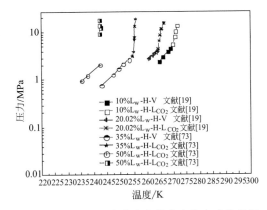

图Ⅲ-8 H_2S 在甲醇溶液中的水合物生成条件图

(图中组分浓度均为质量分数)

表Ⅲ-19 H_2S 在不同抑制剂中的水合物 (L_w-H-V) 生成条件数据[39]

抑制剂	质量分数/%	温度/K	压力/kPa
NaCl	10.0	274.8	206.8
	10.0	287.1	648.1
	10.0	294.8	1875.0
	26.4	269.2	420.6
	26.4	276.2	668.8
	26.4	278.2	1020.4
	26.4	280.2	1303.1
	26.4	280.2	1447.9
$CaCl_2$	10.0	274.8	172.4
	10.0	288.4	724.0
	10.0	295.4	1896.0
	21.1	271.7	365.4
	21.1	277.2	655.0
	21.1	281.2	917.0
	21.1	284.2	1489.0

抑制剂	质量分数/%	温度/K	压力/kPa
乙醇	16.5	280.7	386.1
	16.5	287.9	882.5
	16.5	291.8	1482.4
葡萄糖	50.0	284.8	627.4
	50.0	289.3	999.8
	50.0	292.6	1758.2
蔗糖	50.0	292.1	827.4
	50.0	293.7	1372.1
	50.0	295.9	1930.6

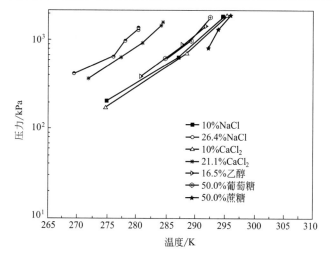

图Ⅲ-9 H_2S 在不同抑制剂中的水合物生成条件图

（图中组分浓度均为质量分数）

2. 二元、三元体系在抑制剂中的水合物生成条件数据

表Ⅲ-20 $CH_4[89.51\%(摩尔分数)]+C_2H_6[10.49\%(摩尔分数)]$混合物体系

在甲醇中的水合物（L_w-H-V）生成条件数据[81]

质量分数/%	温度/K	压力/MPa	质量分数/%	温度/K	压力/MPa
10.02	268.7	1.40	20.01	263.9	1.49
10.02	270.9	1.78	20.01	267.0	2.11
10.02	273.6	2.32	20.01	272.3	3.76
10.02	277.1	3.28	20.01	275.2	5.49
10.02	280.4	4.78	20.01	278.1	8.34
10.02	284.9	8.42	20.01	281.3	13.22
10.02	287.5	13.21	20.01	283.6	19.10
10.02	289.4	18.89			

表Ⅲ-21 $CH_4[95.01\%(摩尔分数)]+C_3H_8[4.99\%(摩尔分数)]$混合物体系

在甲醇中的水合物（L_w-H-V）生成条件数据[81]

质量分数/%	温度/K	压力/MPa	质量分数/%	温度/K	压力/MPa
10	265.5	0.532	20	265.2	0.938
10	270.1	0.903	20	270.5	1.772
10	274.5	1.544	20	275.7	3.144
10	280.4	3.006	20	281.9	6.846
10	286.9	6.950	20	286.5	14.100
10	291.2	13.831			

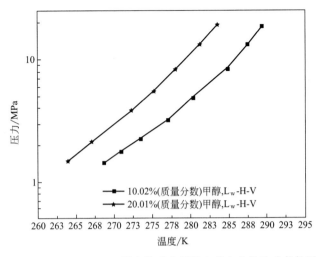

图Ⅲ-10　$CH_4 + C_2H_6$ 混合体系在甲醇中的水合物生成条件图

表Ⅲ-22　$CH_4[91.12\%(摩尔分数)] + C_3H_8[8.88\%(摩尔分数)]$混合物体系在甲醇中的水合物 $(L_w\text{-}H\text{-}V)$ 生成条件数据[74]

质量分数/%	温度/K	压力/MPa	质量分数/%	温度/K	压力/MPa
35	253.1	0.621	50	249.5	1.690
35	261.3	1.570	50	255.2	3.760
35	268.8	3.890	50	259.4	8.240
35	272.9	7.150	50	260.8	13.580
35	276.3	14.070	50	260.5	13.860
35	276.6	20.110	50	262.6	20.420
50	241.2	0.689			

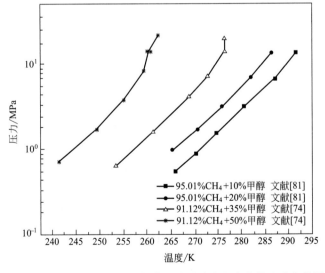

图Ⅲ-11　$CH_4 + C_3H_8$ 混合物体系在甲醇中的水合物生成条件图

表Ⅲ-23　CH₄[88.13%(摩尔分数)]+C₃H₈[11.87%(摩尔分数)]混合物体系
在甲醇和乙二醇中的水合物　(Lw-H-V)　生成条件数据[82]

温度/K	压力/MPa	温度/K	压力/MPa	温度/K	压力/MPa
甲醇[7.0%(质量分数)]		甲醇[15.0%(质量分数)]		甲醇[35.0%(质量分数)]	
278.5	0.824	276.9	1.365	265.0	0.980
286.8	2.735	281.9	3.732	272.2	2.345
288.9	3.677	288.6	12.640	277.1	5.561
292.4	6.314	289.1	12.664	280.2	11.198
295.3	10.717	289.8	17.834	280.5	13.831
295.4	10.742				
297.6	17.979				
乙二醇[5.0%(质量分数)]		乙二醇[25.0%(质量分数)]		乙二醇[40.0%(质量分数)]	
282.2	1.230	279.6	1.944	276.2	1.051
288.8	3.168	285.2	3.725	283.5	5.294
293.8	6.246	287.6	5.420	283.2	7.212
296.6	10.260	289.6	8.092	282.8	8.099
298.2	15.640	291.4	13.331	283.2	8.106
				283.6	10.941
				284.1	13.305
乙二醇[50.0%(质量分数)]					
273.2	2.359				
277.2	3.966				
279.2	7.379				
279.8	9.069				
280.8	14.883				
280.8	17.441				

表Ⅲ-24　CH₄[89.26%(摩尔分数)]+N₂[10.74%(摩尔分数)]混合物体系
在电解液中的水合物　(Lw-H-V)　生成条件数据[83]

温度/K	压力/MPa	温度/K	压力/MPa	温度/K	压力/MPa
纯水		NaHCO₃(5%)(质量分数)		NaCl(5%)(质量分数)	
273.7	2.99	271.0	2.45	271.2	3.08
274.8	3.31	273.2	3.16	272.7	3.44
275.6	3.73	275.5	4.15	274.3	4.12
277.1	4.36	278.0	5.34	275.8	4.90
279.2	5.24	279.8	6.83	277.4	5.99
281.2	6.58	282.3	8.62	279.8	7.88
283.2	8.12	283.7	10.31	282.3	9.97
285.3	10.10	285.4	12.57	284.5	12.68
MgCl₂(5%)(质量分数)		NaCl(10%)(质量分数)		MgCl₂(10%)(质量分数)	
271.3	2.71	272.7	4.33	270.3	2.54
273.4	3.34	274.0	5.04	271.9	2.96
276.3	4.45	274.9	5.68	273.6	3.57
279.7	6.50	276.4	6.67	275.7	4.58
282.8	9.18	278.0	7.64	278.2	5.91
285.2	11.82	279.4	8.75	280.4	7.55
		280.4	9.82	282.5	9.38
		281.6	11.41	285.2	12.33
NaHCO₃(3%)(质量分数)		NaCl(5%)+MgCl₂(5%)(质量分数)		CaCl₂(10%)+NaCl(10%)(质量分数)	
269.8	2.05	272.1	3.44	269.9	3.72

温度/K	压力/MPa	温度/K	压力/MPa	温度/K	压力/MPa
NaHCO₃(3%)(质量分数)		NaCl(5%)＋MgCl₂(5%)(质量分数)		CaCl(10%)＋NaCl(10%)(质量分数)	
272.1	2.62	274.5	4.38	271.6	4.40
273.2	3.00	277.3	5.54	273.0	5.14
275.8	3.98	278.8	6.32	273.9	5.71
278.1	5.02	280.6	7.71	276.0	7.09
280.4	6.48	282.8	9.63	277.9	8.92
283.0	8.54	285.2	12.26	279.8	11.16
285.8	11.31				
NaCl(5%)＋ NaHCO₃(3%)(质量分数)		NaCl(5%)＋MgCl₂ (5%)＋CaCl₂(5%)(质量分数)		CaCl₂(10%)＋ MgCl₂(5%)(质量分数)	
268.1	2.40	270.2	2.41	269.6	3.16
271.1	3.24	272.2	3.05	271.6	3.91
273.1	3.89	273.5	3.82	273.9	5.01
275.3	4.92	275.1	4.88	275.4	5.82
277.9	6.23	276.9	6.30	277.0	6.97
279.2	7.23	278.1	7.36	278.7	8.10
281.1	8.76	279.3	8.75	280.2	9.61
283.2	10.79	280.4	10.09	281.8	11.34
NaCl(5%)＋ KCl(5%)＋ CaCl₂(3%)＋ MgCl₂(3%)(质量分数)					
269.2	2.53	273.5	4.48	278.0	8.56
270.6	2.53	275.0	5.62	279.4	10.49
272.1	3.72	276.5	6.95		

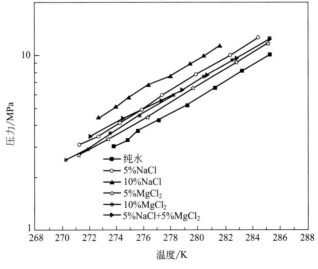

图Ⅲ-12 CH₄＋N₂ 在 MgCl₂ 和 NaCl 溶液中的水合物生成条件图

(图中组分浓度均为质量分数)

表Ⅲ-25 CH₄[90.09%(摩尔分数)]+CO₂[9.91%(摩尔分数)]混合物体系
在甲醇中的水合物 (Lw-H-V) 生成条件数据[81]

质量分数/%	温度/K	压力/MPa	质量分数/%	温度/K	压力/MPa
10	265.4	1.49	10	287.0	18.95
10	265.4	1.50	20	263.4	2.76
10	268.7	2.16	20	263.6	2.81
10	268.7	2.18	20	267.0	4.12
10	271.2	2.92	20	267.1	4.21
10	271.2	2.92	20	267.1	4.27
10	275.5	4.91	20	282.9	6.98
10	275.5	4.93	20	273.2	7.03
10	280.6	8.98	20	280.1	14.36
10	280.7	9.05	20	280.1	14.40
10	285.2	15.28	20	282.2	19.00
10	285.2	15.29	20	282.1	19.01
10	286.8	18.66			

表Ⅲ-26 CH₄[69.75%(摩尔分数)]+CO₂[30.25%(摩尔分数)]混合物体系
在甲醇中的水合物 (Lw-H-V) 生成条件数据[70]

质量分数/%	温度/K	压力/MPa	质量分数/%	温度/K	压力/MPa
35	247.6	1.19	50	240.1	2.71
35	258.9	4.07	50	245.1	6.64
35	264.3	9.89	50	248.3	9.83
35	266.8	20.27	50	253.6	19.43
50	231.3	0.814			

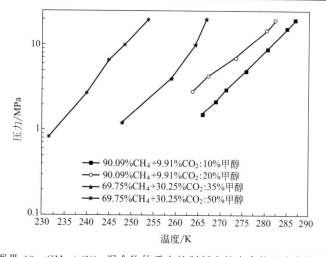

图Ⅲ-13 CH₄+CO₂ 混合物体系在抑制剂中的水合物生成条件图

表Ⅲ-27 电解液组成[84]

ID	NaCl 质量分数/%	KCl 质量分数/%	CaCl₂ 质量分数/%	质量摩尔浓度/(mol/kg)
M1	5.02	0.00	0.00	0.9044
M2	9.99	0.00	0.00	1.8992
M3	15.00	0.00	0.00	3.0197
M4	20.00	0.00	0.00	4.2779
M5	20.01	0.00	0.00	4.2806
M6	0.00	5.00	0.00	0.7060
M7	0.00	10.00	0.00	1.4904

续表

ID	NaCl 质量分数/%	KCl 质量分数/%	CaCl$_2$ 质量分数/%	质量摩尔浓度/(mol/kg)
M8	0.00	15.01	0.00	2.3690
M9	0.00	0.00	9.91	2.9733
M10	0.00	0.00	15.00	4.7699
M11	0.00	0.00	20.00	6.7574
M12	5.00	10.00	0.00	2.5847
M13	10.00	5.00	0.00	2.8022
M14	0.00	10.00	5.00	3.1681
M15	5.01	0.00	10.00	4.1890
M16	10.00	0.00	10.00	5.5176
M17	10.17	0.00	5.08	3.6736
M18	6.01	5.00	3.99	3.2677
M19	6.00	5.00	4.00	3.2689

表Ⅲ-28　CH$_4$[80%(摩尔分数)]+CO$_2$[20%(摩尔分数)]混合物体系
在电解液中的水合物 (L$_w$-H-V) 生成条件数据[84]

CO$_2$(摩尔分数)[①]/%	温度/K	压力/MPa	CO$_2$(摩尔分数)[①]/%	温度/K	压力/MPa
	H$_2$O			M1	
15.3	277.6	3.41	15.2	271.6	2.30
16.4	274.1	2.36	16.1	275.0	3.26
16.7	281.5	5.14	17.2	279.2	5.08
17.9	284.8	7.53	17.7	282.0	6.98
	M2			M3	
16.1	272.1	3.10	17.3	264.8	1.86
17.4	279.0	6.56	18.2	276.8	7.37
19.3	208.5	2.03	18.9	277.2	7.31
19.4	276.1	4.66	19.4	269.1	2.88
	M4		19.8	273.1	4.40
19.4	262.0	2.12		M6	
19.3	270.4	5.42	19.7	271.4	2.04
19.8	267.5	3.85	19.8	275.0	2.96
	M5		19.8	278.8	4.46
19.9	274.3	9.15	19.8	282.0	6.43
	M7			M8	
19.6	275.9	3.94	18.4	267.0	1.89
19.7	269.2	1.83	19.0	270.1	2.62
19.8	272.2	2.59	19.5	272.7	3.45
19.8	279.0	5.56	19.7	277.1	5.63
	M9			M10	
18.7	268.6	1.96	19.0	273.1	4.61
19.4	272.0	2.80	19.6	266.6	1.88
19.7	276.0	4.32	19.7	269.1	3.00
19.7	279.1	6.08	19.7	276.9	7.09
	M11			M12	
19.8	263.8	2.89	19.2	269.3	2.59
19.8	267.6	4.30	19.7	275.2	4.99
19.9	271.3	7.24	19.8	281.3	10.41
19.9	273.7	9.46	20.3	265.1	1.66
	M14			M15	
19.8	265.1	1.65	19.4	273.7	5.04
19.8	269.4	2.46	19.7	265.5	2.06
19.9	274.8	4.60	19.8	269.4	3.12
19.9	281.6	10.61	19.9	276.7	7.14
	M17			M18	
19.4	278.7	9.71	19.7	278.2	7.65
19.5	275.1	6.07	19.9	275.1	5.23
20.0	269.2	3.10	19.9	269.0	2.67
20.1	265.5	2.11	20.3	265.5	1.85

① 表示平衡时气相中二氧化碳的摩尔分数。

表Ⅲ-29　CH₄[50%(摩尔分数)]+CO₂[50%(摩尔分数)]混合物体系
在电解液中的水合物（Lw-H-V）生成条件数据[84]

CO₂(摩尔分数)①/%	温度/K	压力/MPa	CO₂(摩尔分数)①/%	温度/K	压力/MPa
M16			M13		
48.6	268.1	3.53	46.5	275.5	4.59
49.4	270.8	5.16	49.5	271.6	2.78
49.7	264.1	2.15	49.8	268.0	1.82
49.7	268.2	3.52	50.0	265.8	1.38
M19					
47.5	275.5	4.46	48.1	266.0	1.45
50.0	271.9	2.80	49.6	268.1	1.81

① 表示平衡时气相中二氧化碳的摩尔分数。

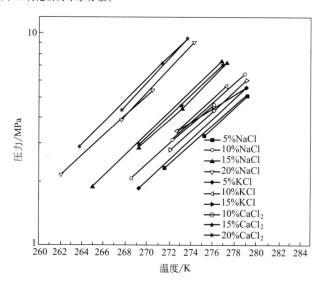

图Ⅲ-14　CH₄+CO₂在电解液中的水合物生成条件图
（图中组分浓度均为质量分数）

表Ⅲ-30　C₂H₆[75%(摩尔分数)]+CO₂[25%(摩尔分数)]混合物体系
在甲醇溶液中的水合物生成条件数据[73]

质量分数/%	温度/K	压力/MPa	质量分数/%	温度/K	压力/MPa
相态：Lw-H-V					
20	266.4	0.738	35	266.8	2.110
20	271.1	1.400	50	237.0	0.319
20	275.3	2.689	50	242.1	0.494
35	251.4	0.422	50	248.4	0.862
35	256.9	0.724	50	251.5	1.172
35	260.2	0.993	50	254.3	1.593
35	263.9	1.586	50	255.1	1.800
相态：Lw-H-V-LMIX					
20	276.9	3.523	50	255.5	1.855
35	267.8	2.627	50	255.8	2.096
35	268.1	2.806			
相态：Lw-H-LMIX					
20	277.1	4.254	35	270.4	13.960
20	278.3	9.080	35	271.6	20.170
20	279.3	14.470	50	256.5	3.999
20	280.5	20.770	50	257.9	8.267
35	268.6	4.192	50	259.4	15.010
35	269.2	6.998	50	260.6	20.420

表Ⅲ-31　CH₄＋H₂S 混合物体系在 20 %（质量分数）
甲醇溶液中的水合物生成条件数据[73]

CH₄	H₂S	温度/K	压力/MPa
0.896	0.104	264.5	0.945
0.897	0.103	271.8	2.130
0.837	0.163	281.4	5.750
0.780	0.220	287.0	11.670
0.741	0.259	290.3	18.710

表Ⅲ-32　C₃H₈＋n-C₄H₁₀ 在 NaCl 溶液中的水合物生成条件[47]

NaCl (质量分数)/%	C₃H₈ (摩尔分数)/%	温度/K	压力/kPa	NaCl (质量分数)/%	C₃H₈ (摩尔分数)/%	温度/K	压力/kPa
相态:Lw-H-V							
3	99.9	275.2	350.3	5	98.4	273.2	299.2
3	95.5	275.2	373.7	5	95.2	273.2	307.3
3	90.6	275.2	391.6	5	92.7	273.2	317.2
3	99.7	273.2	224.8	5	89.4	273.2	330.9
3	92.1	273.2	246.8	5	90.6	273.2	336.5
3	85.4	273.2	273.7	5	98.1	272.2	242.7
3	100.0	272.2	197.2	5	93.0	272.2	255.1
3	96.4	272.2	209.6	5	90.5	272.2	262.7
3	83.3	272.2	221.3	5	87.8	272.2	272.3
3	82.6	272.2	238.6				
相态:Lw-H-V-L_HC							
3	NA	275.2	373.7	5	NA	274.2	412.3
3	NA	274.2	332.3	5	NA	273.2	350.3
3	NA	273.2	281.3	5	NA	272.2	284.1
3	NA	272.2	241.3	5	NA	271.2	241.3
3	NA	271.3	214.4	5	NA	270.2	209.6

表Ⅲ-33　CH₄＋CO₂＋H₂S 在甲醇溶液中的水合物（Lw-H-V）生成条件[73]

MeOH（摩尔分数)/%	CH₄	CO₂	H₂S	温度/K	压力/MPa
10	0.7647	0.1639	0.0714	264.9	0.556
10	0.7648	0.1654	0.0698	267.7	0.734
10	0.6980	0.2059	0.0961	275.7	1.411
10	0.6941	0.1998	0.1061	280.9	2.237
10	0.6635	0.2167	0.1198	285.6	3.900
20	0.6106	0.2350	0.1544	291.0	6.546
20	0.6938	0.2161	0.0901	267.5	1.072
20	0.6463	0.2334	0.1209	273.5	1.627
20	0.6263	0.2338	0.1399	277.8	2.455
20	0.6119	0.2408	0.1473	280.7	3.344
20	0.6060	0.2408	0.1532	283.6	4.909
20	0.5873	0.2434	0.1693	285.7	6.705

表Ⅲ-34　CO₂ 与富 CO₂ 气体在不同抑制剂中的生成条件数据[85]

气体组成(摩尔分数)/%	溶液	温度/K	压力/MPa
CO₂	纯水	274.7	1.50
		277.5	2.03
		279.7	2.78
CO₂	10.0%甲醇	271.6	1.74
		273.8	2.35

气体组成（摩尔分数）/%	溶液	温度/K	压力/MPa
CO_2	10.04%乙二醇	270.9	1.15
		273.1	1.74
		275.8	2.40
		278.3	3.20
90.99% CO_2 +9.01% N_2	13.01%乙二醇	267.2	0.93
		267.9	1.03
		270.2	1.20
		271.9	1.76
		273.7	2.15
		274.2	2.49
		275.3	2.80
		276.5	3.39
96.52% CO_2 +3.48% CH_4	10.00%乙二醇	268.7	1.14
		271.3	1.60
		274.2	2.26
		278.0	3.22
94.69% CO_2 +5.31% C_2H_6	10.60%乙二醇	269.1	0.85
		271.0	1.03
		272.9	1.31
		274.9	1.82
		276.4	2.31
96.52% CO_2 +3.48% N_2	10.00%乙二醇	268.9	1.00
		272.1	1.35
		273.4	1.62
		276.1	2.49
88.53% CO_2 +6.83% CH_4 +0.38% C_2H_6 +4.26% N_2	10.00%乙二醇	268.8	0.80
		270.7	1.16
		274.4	1.82
		276.4	2.41
		278.1	2.85
		279.3	3.50

3. 多组分气体在抑制剂中的水合物生成条件数据

表Ⅲ-35 天然气组成[70,81]

组分	摩尔分数/%	组分	摩尔分数/%	组分	摩尔分数/%
样气 A 相态：L_w-H-V					
N_2	7	C_2H_6	4.67	n-C_4H_{10}	0.93
CH_4	84.13	C_3H_8	2.34	n-C_5H_{12}	0.93
样气 B 相态：L_w-H-V					
N_2	5.96	C_3H_8	1.94	n-C_5H_{12}	0.79
CH_4	71.6	n-C_4H_{10}	0.79	CO_2	14.19
C_2H_6	4.73				
样气 C 相态：L_w-H-V，L_w-H-V-L_{HC}，L_w-H-L_{HC}					
N_2	5.26	CH_4	73.9	C_3H_8	2.02
CO_2	13.37	C_2H_6	3.85	n-C_4H_{10}	0.8
n-C_5H_{12}	0.8				

表Ⅲ-36　天然气在甲醇溶液中的水合物生成条件数据[70,81]

质量分数/%	温度/K	压力/MPa	质量分数/%	温度/K	压力/MPa
样气 A					
10	267.7	0.90	20	264.8	1.26
10	273.5	1.80	20	270.0	2.38
10	279.2	3.57	20	275.0	4.66
10	283.5	6.78	20	279.2	8.92
10	286.3	10.86	20	281.4	13.73
10	288.6	17.19	20	283.3	18.82
10	288.9	18.82			
样气 B					
10	268.3	1.04	20	264.4	1.41
10	271	1.46	20	270.4	2.83
10	276.6	2.76	20	274.1	4.77
10	281.5	5.52	20	276.3	6.94
10	283.9	8.42	20	278.0	9.53
10	285.0	10.73	20	278.8	12.14
10	286.5	13.91	20	279.5	15.04
10	287.7	17.44	20	280.3	16.75
10	288.3	19.03	20	281.0	19.15
样气 C 相态：L_w-H-V					
35	244.9	0.36	35	248.2	0.60
相态：L_w-H-V-L_{HC}					
35	256.1	1.39	50	234.4	0.52
35	262.6	3.61	50	241.5	1.41
35	266.8	7.29	50	250.1	3.45
			50	254.5	7.25
相态：L_w-H-L_{HC}					
35	269.9	13.82	50	256.3	13.57
35	273.1	20.35	50	256.8	14.22
			50	258.5	20.28

表Ⅲ-37　贫气，富气组成[71]　　　　　　　　　　　　　%（摩尔分数）

组成	贫气	富气
CH_4	0.9351	0.8999
C_2H_6	0.0458	0.0631
C_3H_8	0.0131	0.0240
i-C_4H_{10}	0.0010	0.0030
n-C_4H_{10}	0.0020	0.0050
i-C_5H_{12}	0.0010	0.0010
n-C_5H_{12}	0.0010	0.0010
n-C_6H_{14}	0.0010	0.0030

表Ⅲ-38　贫气，富气在甲醇抑制剂中的水合物生成条件数据[71]

质量分数/%	温度/K	压力/MPa	质量分数/%	温度/K	压力/MPa
贫气					
相态：L_w-H-V-L_{LG}					
65.0	225.8	0.66	73.7	229.2	2.90
65.0	235.0	1.61	73.7	235.1	5.79
65.0	244.4	4.25	85.0	199.8	2.08
73.7	221.9	1.37	85.0	204.4	4.63

续表

质量分数/%	温度/K	压力/MPa	质量分数/%	温度/K	压力/MPa
相态:L_w-H-L_{LG}					
65.0	248.9	10.29	73.7	237.2	20.07
65.0	250.4	19.75	85.0	205.8	11.34
73.7	236.4	9.51	85.0	206.8	20.37
73.7	235.9	10.17			
富气					
65.0	229.4	0.77	73.7	218.2	0.76
65.0	238.2	1.7			
相态:L_w-H-L_{RG}					
65.0	250.0	10.54	73.7	237.7	10.23
65.0	251.2	20.17			

表Ⅲ-39 0.1%N_2，1.8%CO_2，80.5%CH_4，10.3%C_2H_6，5%C_3H_8，
4.3%C_4H_{10}在$CaCl_2$溶液中的（L_w-H-V）水合物生成条件数据[79]

质量分数/%	温度/K	压力/MPa	质量分数/%	温度/K	压力/MPa
0.0	289.8	5.0	23.0	274.0	5.0
0.0	299.8	30.0	23.0	282.0	30.0
0.0	304.6	60.0	23.0	285.8	60.0
7.0	287.2	5.0	31.0	255.2	3.8
7.0	292.0	11.5	31.0	259.4	11.5
7.0	296.6	30.0	31.0	261.8	20.8
7.0	301.6	60.0	33.0	252.6	6.5
15.0	283.0	5.0	33.0	255.6	14.3
15.0	290.8	30.0	33.0	256.4	20.8
15.0	296.0	60.0			

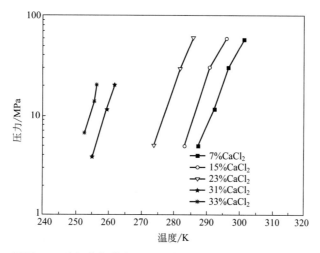

图Ⅲ-15 多组分气体在$CaCl_2$溶液中的水合物生成条件图
（图中组分浓度均为质量分数）

4. 促进剂中的水合物生成条件数据

表Ⅲ-40 H₂+CH₄ 在 6% (摩尔分数) THF 溶液中的水合物生成条件数据[86]

$x_2/\%$(摩尔分数)	温度/K	压力/MPa
1.0000	277.7	0.13
	280.2	0.26
	282.6	0.44
	283.2	0.50
	285.7	0.83
	286.7	0.99
	288.2	1.22
0.6526	277.7	0.20
	280.2	0.38
	281.0	0.44
	282.6	0.68
	285.5	1.27
	286.4	1.44
	288.4	1.89
0.3029	277.7	0.41
	281.2	0.98
	283.2	1.59
	286.2	2.85
	288.2	3.77
0.2124	277.7	0.55
	281.2	1.31
	283.2	1.96
	286.2	3.31
	288.2	4.46
0.1087	279.7	1.11
	281.2	1.68
	282.2	2.20
	283.2	2.94
	284.2	3.86
	285.2	4.91
0.0505	278.2	0.98
	279.7	1.63
	281.2	2.79
	282.2	3.91
0.0215	278.2	2.09
	279.7	3.68
	281.2	6.31
	282.2	8.86

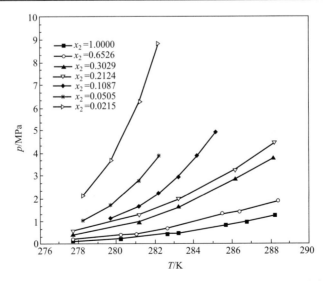

图Ⅲ-16 H₂+CH₄ 在 6% (摩尔分数) THF 溶液中的水合物生成条件图

表Ⅲ-41　CH₄＋C₂H₆ 混合气体在 6.0%（摩尔分数）THF
水溶液中的水合物生成条件数据[87]

$x_2/\%$（摩尔分数）	温度/K	压力/MPa
100.00	277.7	2.48
98.50	277.7	1.68
	278.2	2.14
	278.7	2.67
83.25	277.7	0.54
	279.2	0.88
	280.2	1.15
	281.7	1.63
	283.2	2.21
	284.7	2.90
61.84	277.7	0.29
	278.7	0.41
	280.2	0.62
	282.2	0.96
	283.7	1.27
	285.2	1.64
	286.7	2.08
44.58	277.7	0.22
	278.7	0.30
	280.2	0.46
	281.7	0.64
	283.2	0.86
	284.7	1.11
	286.2	1.39
	288.2	1.86
28.37	278.2	0.21
	279.7	0.32
	281.7	0.51
	283.2	0.68
	285.2	0.97
	286.7	1.22
	288.2	1.49
6.65	278.2	0.17
	279.7	0.25
	281.2	0.36
	283.2	0.53
	285.2	0.80
	286.7	1.03
	288.2	1.27

表Ⅲ-42　CH₄＋C₂H₄ 混合气体在温度 282.2 K 下
不同 THF 浓度条件的水合物生成条件数据[88]

温度/K	$x_2/\%$（摩尔分数）	$C_{THF}/\%$（摩尔分数）	压力/MPa
282.2	61.08	4.0	0.79
		6.0	0.80
		8.0	0.89
		10.0	1.02
		12.0	1.19
		14.0	1.42
		20.0	2.31

表Ⅲ-43 CH₄＋C₂H₄ 混合气体在 6.0%（摩尔分数）THF

水溶液中的水合物生成条件数据[88]

x_2/%（摩尔分数）	温度/K	压力/MPa
100.00	278.2	1.11
	279.2	1.71
	280.2	2.56
	280.7	3.19
	281.2	4.08
88.37	277.7	0.48
	279.7	0.93
	281.2	1.36
	282.7	1.90
	285.2	3.09
76.15	278.2	0.41
	280.2	0.73
	281.7	1.04
	283.2	1.39
	284.7	1.82
	286.7	2.49
57.12	278.2	0.28
	280.2	0.49
	282.7	0.85
	285.2	1.31
	288.2	2.05
29.35	277.7	0.17
	279.7	0.31
	281.7	0.49
	283.7	0.72
	286.2	1.09
	288.2	1.46
13.76	278.2	0.17
	280.2	0.30
	282.2	0.46
	284.7	0.77
	286.7	1.06
	288.2	1.31
6.28	278.2	0.16
	280.2	0.28
	282.2	0.43
	284.2	0.66
	286.2	0.94
	288.2	1.26

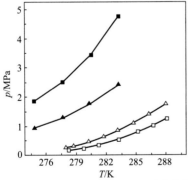

■ x_2=5.00%（摩尔分数）,C_{THF}=0.0%（摩尔分数）;
▲ x_2=43.60%（摩尔分数）,C_{THF}=0.0%（摩尔分数）;
□ x_2=6.65%（摩尔分数）,C_{THF}=6.0%（摩尔分数）;
△ x_2=44.58%（摩尔分数）,C_{THF}=6.0%（摩尔分数）

图Ⅲ-17 CH₄＋C₂H₆ 混合气体的水合物生成条件比较

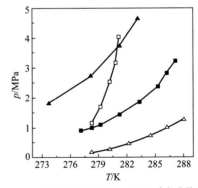

■ x_2=0.0%（摩尔分数）,C_{THF}=0.0%（摩尔分数）;
▲ x_2=14.31%（摩尔分数）,C_{THF}=0.0%（摩尔分数）;
□ x_2=0.0%（摩尔分数）,C_{THF}=6.0%（摩尔分数）;
△ x_2=13.76%（摩尔分数）,C_{THF}=6.0%（摩尔分数）

图Ⅲ-18 CH₄＋C₂H₄ 混合气体的水合物生成条件比较

表Ⅲ-44　**CH₄ 气体在 THF＋TBAB 水溶液中的水合物生成条件数据**[89]

THF 质量分数＋TBAB 质量分数	温度/K	压力/MPa	温度/K	压力/MPa
0.005＋0.10	284.15	2.35	285.19	3.31
	286.15	4.18	286.70	5.17
	287.35	5.89		
0.01＋0.10	285.97	2.33	285.85	2.37
	286.69	3.15	286.75	3.35
	287.73	4.07	287.75	4.32
	288.15	5.10	288.35	5.18
	288.82	5.90	288.75	6.18

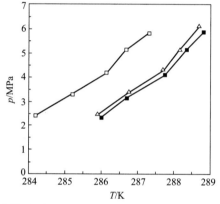

□0.005THF+0.10TBAB; ■0.01THF+0.10TBAB; △0.01THF+0.10TBAB

图Ⅲ-19　**CH₄ 气体在 THF＋TBAB 水溶液中的水合物生成条件比较**

表Ⅲ-45　**67％（摩尔分数）CH₄＋33％（摩尔分数）CO₂ 混合气体在 0.293％（摩尔分数）四丁基卤代铵水溶液中的水合物生成条件数据**[90]

溶液	温度/K	压力/MPa	温度/K	压力/MPa
纯水	276.0	2.85	280.0	4.10
	283.2	5.82	284.8	7.10
	286.6	9.22		
TBAB	282.0	0.78	284.6	1.65
	286.2	2.60	288.3	4.76
	290.2	7.44	291.1	8.94
TBAC	280.2	0.90	282.2	1.75
	284.6	3.42	286.2	4.94
	287.6	6.92	288.3	8.40
TBAF	284.2	0.61	285.8	1.45
	287.8	3.07	289.2	5.02
	289.9	6.30	291.3	9.45

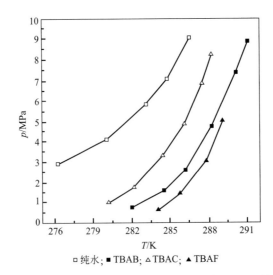

□纯水; ■TBAB; △TBAC; ▲TBAF

图Ⅲ-20 67%（摩尔分数）CH₄＋33%（摩尔分数）CO₂ 混合气体在
0.293%（摩尔分数）四丁基卤代铵水溶液中的水合物生成条件比较

表Ⅲ-46 39.2%（摩尔分数）CO₂＋60.8%（摩尔分数）H₂ 混合气体在
不同浓度 TBAB 水溶液中的水合物生成条件数据[91]

$C_{TBAB}/\%$（摩尔分数）	温度/K	压力/MPa	温度/K	压力/MPa
0.00	274.05	5.75	275.45	6.75
	276.85	8.03	277.85	9.84
	278.75	11.01		
0.14	275.15	0.51	276.25	1.20
	277.15	1.71	278.25	2.67
	279.55	3.88	281.15	5.21
0.21	276.25	0.50	277.15	1.00
	278.35	1.95	279.55	3.10
	280.65	4.19		
0.29	277.35	0.25	277.85	0.40
	278.15	0.50	278.65	0.71
	279.55	1.34	280.55	1.96
	281.15	2.34	281.55	2.66
	282.85	4.05	284.55	6.23
0.50	279.55	0.25	280.35	0.50
	281.95	1.55	283.25	2.41
	284.25	3.50	285.05	4.58
1.00	282.45	0.52	282.75	0.80
	283.80	1.42	284.95	2.22
	286.25	3.20	287.35	4.63
2.67	285.95	0.50	286.55	1.17
	287.25	2.01	287.95	3.11
	288.55	4.20		

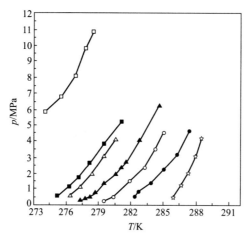

□C_{TBAB}=0.00%(摩尔分数); ■ C_{TBAB}=0.14%(摩尔分数);△ C_{TBAB}=0.21%(摩尔分数);
▲C_{TBAB}=0.29%(摩尔分数); ○ C_{TBAB}=0.50%(摩尔分数); ● C_{TBAB}=1.00%(摩尔分数);
☆ C_{TBAB}=2.67%(摩尔分数)

图Ⅲ-21 39.2%(摩尔分数）CO_2＋60.8%（摩尔分数）H_2 混
合气体在不同浓度 TBAB 水溶液中的水合物生成条件比较

表Ⅲ-47 18.5%（摩尔分数）CO_2＋81.5%（摩尔分数）H_2 混合气体在
不同浓度 TBAB 水溶液中的水合物生成条件数据[91]

C_{TBAB}/%（摩尔分数）	温度/K	压力/MPa	温度/K	压力/MPa
0.14	274.45	0.48	275.15	1.19
	276.75	3.01	277.75	5.05
	278.65	7.04		
0.21	275.65	0.51	276.15	1.17
	277.55	3.03	278.45	5.05
	279.45	7.07		
0.29	276.85	0.50	277.45	1.27
	279.35	3.04	280.55	5.21
	281.65	7.18		
0.50	279.55	0.52	280.05	1.15
	281.55	2.97	282.45	5.04
	283.35	7.26		
1.00	281.75	0.51	282.15	1.07
	283.65	3.00	284.55	5.02
	285.45	7.04		

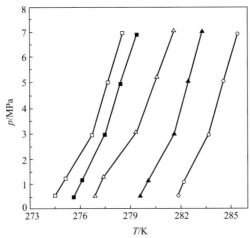

□ C_{TBAB}=0.14%(摩尔分数); ■ C_{TBAB}=0.21%(摩尔分数); △ C_{TBAB}=0.29%(摩尔分数);
▲ C_{TBAB}=0.50%(摩尔分数); ○ C_{TBAB}=1.00%(摩尔分数)

图Ⅲ-22 18.5%（摩尔分数）CO_2 +81.5%（摩尔分数）H_2 混合气体在
不同浓度 TBAB 水溶液中的水合物生成条件比较

参考文献

［1］Kobayashi R，Katz D L. Trans AIME，1949，196：66.

［2］Galloway T J，Ruska W，Chappelear P S，Kobayashi R. Ind Enq Chem Fundam，1970，9：237.

［3］Thakore J L，Holder G D. Ind Eng Chem Res，1987，26：462.

［4］Makogon T Y，Sloan E D. J Chem Eng Data，1994，39：351.

［5］Falabella B J. A Study of Natural Gas Hydrates. Univ. Mircrofilms No. 76-5849, Ann Arbor，MI，1975.

［6］Verma V K. Gas Hydrates from Liguid Hydrocarbon-Water Systems. Ph. D. Thesis，University of Michigan，Univ. Microfilms No. 75-10，324，Ann Arbor，MI，1974.

［7］Roberts O L，et al. Oil & Gas J，1940，39（30）：37.

［8］Jhaveri J，Robinson D B. Can J Chem Eng，1965，43：75.

［9］McLeod H O，Campbell J M. J Petrol Tech，1961，222：590.

［10］de Roo J L，et al. AIChE Journal，1983，29：651.

［11］Adisasmito S，Sloan E D. J Chem Eng Data，1991，36：68.

［12］Deaton W M，Frost E M，Jr. Gas Hydrates and Their Relation to the Operation of Natural-Gas Pipe Lines，US Bureau of Mines Monograph 8，1946，101.

［13］Marshall D R，Saito S，Kobayashi R. AIChE Journal，1964，10：202.

［14］Dyadin Y，Aladko E. in Proc 2nd Intnl Conf, on Natural Gas Hydrates，（Monfort J P），Toulouse，2-6 June，1996，67.

［15］Aoyagi K，et al. Gas Processors Assn Rsch Rpt No. 45，Tulsa，Ok，1980.

［16］Reamer H，et al. J Petrol Tech，1952，4（8）：197.

［17］Holder G D，Grigoriou G C. J Chem Thermo，1980，12：1093.

［18］Holder G D，Hand J H. AIChE Journal，1982，28：44.

［19］Ng H J，Robinson D B. Fluid Phase Equilibria，1985，21：145.

［20］Avlonitis D A. "Multiphase Equilibra in Oil-Water Hydrate Forming Systems". M. Sc. Thesis. Heriot-Watt University，Edinburgh，Scotland，1988.

［21］Song K Y，Kobayashi R. Fluid Phase Equilibria，1994，95：281.

［22］Wilcox W L，Carson D B，Katz D L. Ind Eng Chem，1941，33：663-665.

［23］Robinson，D B，Mehta，B R. J Can Petr Tech，1971，10：33.

［24］Kubota et al. J Am Chem Soc，1972，57：2168.

［25］Miller B，Strong E R. Am Gas Assn Monthly，1946，28（20）：63.

［26］Holder G D，Godbole，S P. AIChE Journal，1982，28：930.

［27］Patil S L. Measurements of Multiphase Gas Hydrates Phase Equilibria：Effect of Inhibitors and Heavier Hydrocarbon Components. M. Sc. Thesis，U Alaska，1987.

［28］Schneider G R，Farrar J. U S Dept of Interior，Rsch Dev Rpt No. 292，1968，37.

［29］Barduhn A J，Rouher O S. Desalination，1969，6：57.

［30］Wu B J，et al. Phy Rev B，1976，13：316-317.

［31］Takenouchi S，Kennedy G C. J Geology，1965，73：383.

［32］Miller S L，Smythe W D. Science，1970，170：531.

［33］Unruh C H，Katz D L. Trans AIME，1949，186：83.

［34］Vlahakis J G，Chen H. -S，Suwandi M S，Barduhn A J. "The Growth Rate of Ice Crystals：Properties of Carbon dioxide Hydrate，A Review of Properties of 51 Gas Hydrates." Syracuse U. Research and Development Report 830，prepared for US Department of the Interior，November，1972.

［35］Larson S D. Phase Studies of the Two-Component Carbon Dioxide-Water System Involving the Carbon Dioxide Hydrate，Univ. Illinois，1955.

［36］Song K Y，Kobayashi R. SPE Form Eval，500，December 1987.

［37］van Cleeff A，Diepen G A. M，Rec Trav Chim，1960，79：582 .

［38］Selleck F T，Carmichael L T，Sage B H. Ind Eng Chem，1952，44：2219.

［39］Bond D C，Russell N B. Trans AIME，1949，179：192.

［40］Carroll J，Mather A E. Can J Chem Eng，1991，69：1206.

［41］Ng H J，Robinson D B. Ind Eng Chem Fundam，1976，15：293.

［42］Ng H J，Robinson，D B. AIChE Journal，1976，22：656.

［43］Ng H J，Robinson，D B. AIChE Journal，1977，23：477.

［44］Noaker L J，Katz D L. Trans AIME，1954，201：237.

［45］Adisasmito S，Sloan E D. J Chem Eng Data，1992，37：343.

［46］Kamath V A，Holder G D. Chem Eng Sci，1984，16：399.

［47］Paranjpe S G，et al. Hydrate Equilibria for Binary and Ternary Mixtures of Methane，Propane，Isobutane，and n-Butane：Effect of Salinity. Paper SPE 16871，379，Proc. 62nd SPE Annual Conf. Dallas，TX，Sept 27-30，1987.

［48］Ng H J，et al. Fluid Phase Equilibria，1977，1：283.

［49］Ng H J，et al. Fluid Phase Equilibria，1978，1：77.

［50］Ma C F，Chen G J，Wang F，Sun C Y，Guo T M. Hydrate formation of $(CH_4 + C_2H_4)$ and $(CH_4 + C_3H_6)$ gas mixtures. Fluid Phase Equilibria，2001，191：41-47.

［51］Metha A P，Sloan E D. J Chem Eng Data. 1993，38：580.

［52］Hutz U，Englezos P. Measurement of Structure H Hydrate Phase Equilbrium and Effect of Electrolytes. Pro 7th Inter，Conf. on Fluid Properties and Phase Equilibria for Chemical Process Design，1995.

［53］Thomas M，Behar E. Proc 73rd Gas Processors Association Convention，New Orleans，March 7-9，1994.

［54］Makogon T Y，et al. J Chem Eng Data，1996，41：315.

［55］Metha A P，Sloan E D. J Chem Eng Data. 1994，39：887.

［56］Danesh A，et al. Chem Eng Res Des，1994，72（A2）：197 .

［57］Becke P，et al. Influence of Liquid Hydrocarbons on Gas Hydrate Equilibrium，SPE，25032，Proc. Petrol Conf. Cannes，Nov 16-18，1992.

［58］Tohidi B，et al. in Proc 2nd Intnl Conf. On Natural Gas Hydrates，Toulouse，2-6 June，1996，109.

［59］Metha A P，et al. Thermodynamic Investigation of Structure H Clathrate Hydrates Ph. D Thesis. Colorado School of Mines，Golden，CO，1996.

［60］Lederhos J P，et al. AIChE Journal，1992，38：1045.

［61］ Verma V K，et al. Gas Hydrates from Liquid Hydrocarbons Methane＋Propane＋Water system，AIChE-VTG Joint Meeting，Munich，1974，10.

［62］ Schroeter，et al. Ind Eng Chem Fundam，1983，22：361.

［63］ Robinson D B，Hutton J M. J Can Petr Tech，1967，6：6.

［64］ Sun C Y，Chen G J，Lin W，Guo T M. J Chem Eng Data，2003，48：600.

［65］ Chen G J，Guo T M. Chem. Eng. J. 1998，71：145.

［66］ Kobayashi R，et al. Proc NGAA，1951，27：1951.

［67］ Aoyagi K，Kobayashi R. Report of Water Content Measurement of High Carbon Dioxide Conent Simulated Prudhoebay Gas in Equilibrium with Hydrates，Proc. 57th AnnualConvention，Gas processors Association，New Orleans，L A，March 20-22，1978，3.

［68］ Ng H J，et al. Fluid Phase Equilibria，1987，36：99 .

［69］ Zhang S X，Chen G J，Ma C F，Yang L Y，and Guo T M. Hydrate Formation of Hydrogen＋ Hydrocarbon Gus Mixtures. J Chem Eng Data，2000，45：908-911.

［70］ Robinson D B，Ng H J. Can Petrol Tech，26，July-August，1986.

［71］ Ng H J，Robinson D B. Gas Proc Assn Rsch Rpt，106，April，1987.

［72］ Dholabhai P D，et al. Can J Chem Eng，1991，69：800.

［73］ Ng H J，et al. Gas Proc Assn Rsch Rpt，92，September，1985.

［74］ Ng H J，Robinson D B. Gas Proc Assn Rsch Rpt，74，March，1984.

［75］ Englezos P，Ngan Y T. J Chem Eng Data，1993，38：250 .

［76］ Tohidi B，et al. Proc SPE Offshore Europ Conf. 255，New Orleans，Sept 7-10，1993.

［77］ Tohidi B，et al. SPE 28478，Proc SPE 69th Annl Tech Conf. 157，New Orleans，Sept 25-28，1994.

［78］ Dholabhai P D，Kalogerakis N，Bishnoi P R. J Chem Eng Data，1993，38：650.

［79］ Ng H J，Robinson D B. in International Conference on Natural Hydrates Annals of New York Academy of Sciences，1994，715：450 .

［80］ Breland E，Englezos P. J Chem Eng Data，1996，41：11-13.

［81］ Ng H J，Robinson D B. Gas Proc Assn Rsch Rpt，1983，4：74.

［82］ Song K Y，Kobayashi R. Fluid Phase Equil，1989，47：285.

［83］ Mei D，et al. in Proc 2nd Intnl Conf. on Natural Gas Hydrates，Toulouse，2-6 June，1996，123.

［84］ Dholabhai P D，Bishnol P R. J Chem Eng Data，1994，39：191.

［85］ Fan S S，Chen G J，Ma Q L，Guo T M. Experimental and modeling studies on the hydrate formation of CO_2 and CO_2-rich gas mixtures. Chemical Engineering Journal，2000，78：173-178.

［86］ Zhang Q，et al. J Chem Eng Data，2005，50：234-236.

［87］ 张凌伟. 水合物法分离裂解气的实验及模拟研究［D］. 北京：中国石油大学. 2005.

［88］ Zhang L W，et al. J. Chem. Eng. Data 2006，51，2，419-422.

［89］ Mech D，Sangwai J S. J. Chem. Eng. Data 2016，61（10）：3607-3617.

［90］ Fan S S，Li Q，et al. J. Chem. Eng. Data，2013，58（11）：3137-3141.

［91］ Li X S，Xia Z M，et al. J. Chem. Eng. Data，2010，55（6）：2180-2184.

附录 2 纯水体系水合物生成条件计算程序

此程序采用 Chen-Guo 水合物模型计算水合物的生成温度或压力，其中气相的热力学性质由 Petal-Teja 状态方程（PT EOS）计算，采用 van der Waals 单流体混合规则计算状态方程中混合物的参数。程序采用 FORTRAN 语言编写。

```
$ debug
C * * * * * * * * * * * * * * * * * * * * * * * * * * * * * * * *
C   *        此程序用于水合物相平衡计算                        *
```

```
C   *        CHEN-GUO MODEL
                                                              *
C   *         IN INPUT DATA:T-K,P-MPa                     *
C   *         IN PROGRAM:T-K,P-Pa                         *
C   * * * * * * * * * * * * * * * * * * * * * * * * * * * *
      PROGRAM MAIN
      IMPLICIT REAL* 8(A-H,O-Z)
      DIMENSION X(25),Y(25)
      CHARACTER* 50 INP,OUPD
C------IP= 1,2  HYDRATE STRUCTURE I/II
C---   MP= 1,2  CALCULATE FORMATION P/T
C      M        ITERMATION NUMBER

    INP= 'HYD.DAT'
    OPEN(9,FILE= INP)
    OUPD= 'HYD.OUT'
100 FORMAT(A)
    OPEN(7,FILE= OUPD,STATUS= 'UNKNOWN')
    CALL INPUT(NI,NJ,IP,X,Y,TE,PE)
    R= 8.3143
    CALL PTPAR0(NI,R)
    CALL HYDRATE(R,NI,NJ,X,Y,IP,TE,PE)
    CLOSE(9)
    CLOSE(7)
        STOP
    END
C= = = = = = = = = = = = = = = = = = = = = = = = = = = = = = = = = =
    SUBROUTINE INPUT(NI,NJ,IP,X,Y,T,P)

    IMPLICIT REAL* 8(A-H,O-Z)
    REAL* 8 MW,KIJ(25,25)
    DIMENSION X(25),Y(25)
    CHARACTER NAM* 5

COMMON/NA0/NAM(50)
    COMMON/NEW/ZC(50)
        COMMON/PAR1/TC(50),PC(50),W(50),MW(50)
    COMMON/STRUC/ATA1(2,15),ATB1(2,15),ATC1(2,15)
    COMMON/LANGM/XL(14),YL(14),ZL(14)
        COMMON/PAR9/KIJ
```

```
      COMMON/CROSS/AHIJ(15,15)

C        NI        NUMBER OF HYDROGENCARBON SPECIES
C        NJ        NUMBER OF HYDROGENCARBON SPECIES THAT CAN FORM HYDRATE
C        IP= 1,2 HYDRATE STRUCTURE I/II
C        X         MOLE FRACTION OF WATER PHASE
C        Y         MOLE FRACTION OF HYDROGRN CARBON PHASE
C    total number of gas species,number of species that form hydrate
      READ(9,*)NI,NJ
C    name of each gas species
      READ(9,*)(NAM(I),I= 1,NI)
C    mole fraction of each gas species
      READ(9,*)(Y(I),I= 1,NI)
C    critical property of each gas species(TC:K,PC:atm)
      DO I= 1,NI
      READ(9,*)TC(I),PC(I),W(I),MW(I)
      ENDDO
C    type of hydrate structure
      READ(9,*)IP
C    parameters in Chen-Guo model
      DO I= 1,NJ
      READ(9,*)ATA1(IP,I),ATB1(IP,I),ATC1(IP,I)
      ENDDO
      DO I= 1,NJ
      READ(9,*)XL(I),YL(I),ZL(I)
      ENDDO
C    binary interaction coefficient in EOS
      DO I= 1,NI
      READ(9,*)(KIJ(I,J),J= 1,NI)
      ENDDO
C    binary interaction coefficient in Chen-Guo model
      DO I= 1,NJ
      READ(9,*)(AHIJ(I,J),J= 1,NJ)
      ENDDO
C    hydrate formation condition(T:K,P:MPa)
      READ(9,*)T,P
C    critical property of water
      TC(NI+ 1)= 647.3
      PC(NI+ 1)= 217.6
      W(NI+ 1)= 0.344
```

```
      MW(NI+1)=18.02
      NAM(NI+1)='H2O'
      X(NI+1)=1.0
C
      WRITE(7,*)
      WRITE(7,1209)
1209    FORMAT(2X,//10X,'INITIAL INPUT DATA:')
        WRITE(7,1210)
1210    FORMAT(2X,/1X,75('- ')/1X,'FRAC. ',4X,'MW',8X,'TC K',6X,
       1'PC atm',7X,'OM',7X,'MOL FRAC. ',/1X,75('- '))
        WRITE(7,1212)(NAM(I),MW(I),TC(I),PC(I),W(I),Y(I),I=1,NI)
1212    FORMAT(1X,A5,F8.2,3X,F8.2,3X,F8.2,2X,F8.4,2X,F12.8)
        WRITE(7,1214)
1214    FORMAT(1X,75('-'))
        DO I=1,NI+1
        PC(I)=PC(I)*101325.
        ENDDO
         RETURN
         END
C= = = = = = = = = = = = = = = = = = = = = = = = = = = = = = = = = = = = =

      SUBROUTINE HYDRATE(R,NI,NJ,X,Y,IP,TE,PE)

      IMPLICIT REAL*8(A-H,O-Z)
      DIMENSION X(25),Y(25)
C------ MP=1,2 CALCULATE FORMATION P/T
C       MW    MOLECULAR WEIGHT(UNIT:G/MOL)
C       NI    NUMBER OF HYDROGENCARBON SPECIES
C       NJ    NUMBER OF HYDROGENCARBON SPECIES THAT CAN FORM HYDRATE
C       IP=1,2    HYDRATE STRATURE I/II
C       X     MOLE FRACTION OF WATER PHASE
C       Y     MOLE FRACTION OF HYDROGRN CARBON PHASE
     DO 8 MP=1,2
     MM=1
     T=TE
     P=PE*1000000.0
     CALL HYDP(R,NI,NJ,P,T,X,Y,IP,MP)
     IF(MP.EQ.1)THEN
       PHYD=P/1000000.0
     ELSE
```

```
          THYD= T
          ENDIF
8      CONTINUE
          CALL OUTPUT(THYD,PHYD,PE,TE,IP)
          RETURN
          END
C= = = = = = = = = = = = = = = = = = = = = = = = = = = = = = = = = = = = = = = =
       SUBROUTINE OUTPUT(THYD,PHYD,PE,TE,IP)

       IMPLICIT REAL* 8(A-H,O-Z)
       CHARACTER* 50 OUP

       OUP= 'HYD.OUT'
     WRITE(7,* )
       WRITE(7,* )'HYD STRUCTURE',IP
       WRITE(7,300)
       WRITE(7,400)
       WRITE(7,300)
     WRITE(7,150)TE,THYD,PE,PHYD
       WRITE(7,300)
       WRITE(7,* )

300    FORMAT(1X,52('- '))
400    FORMAT(4X,'T(K)',6X,'Tcal(K)',6X,'P(MPa)',5X,'Pcal(MPa)')
150    FORMAT(1X,F8.4,4X,F8.4,4X,F8.5,4X,F8.5)
          RETURN
          END
C= = = = = = = = = = = = = = = = = = = = = = = = = = = = = = = = = = = = = = = =
       SUBROUTINE HYDP(R,NI,NJ,P,T,X,Y,IP,MP)

       IMPLICIT REAL* 8(A-H,O-Z)
       CHARACTER NAM* 5
     REAL* 8 LAMD1(2),LAMD2(2)
       DIMENSION X(25),X0(25),Y(25),PHIV(25),FV(25)
       DIMENSION TPX(100),F(100),CH(25)
       DIMENSION FH0(25),XH(25),ALPH(2)
     DIMENSION Z(25),THETA(25)
       REAL* 8 MW,KIJ(25,25)

       COMMON/PAR1/TC(50),PC(50),W(50),MW(50)
```

```
      COMMON/PAR2/AAC(25),BBC(25),CCC(25),WW(25)
    COMMON/PARA/AC(25),BC(25),CC(25)
     COMMON/PAR9/KIJ
     COMMON/CROSS/AHIJ(15,15)
    COMMON/CUBIC/ZZ(2,3),TIP(4),ZMIN,ZMAX,ZGIBBS
    COMMON/NA0/NAM(50)


C--------IP= 1,2 HYDRATE STRUCTURE I/II
C------       MP= 1,2 CALCULATE FORMATION P/T
C---     M            ITERMATION NUMBER
     DO I= 1,NJ+ 1
    FH0(I)= 0.
    FV(I)= 0.
    ENDDO
    X0(NI+ 1)= X(NI+ 1)
    DO I= 1,NI
    Z(I)= Y(I)
    ENDDO
     T0= 273.15D0
     EPS1= 5.0D-04
     M= 1
     IF(MP.EQ.1)THEN
     EPS2= 0.1D+ 00
     TPX(M)= P
     ELSE
EPS2= 0.01D+ 00
     TPX(M)= T
     ENDIF
     ALPH(1)= 1./3.
     ALPH(2)= 2.
     LAMD1(1)= 0.043478
     LAMD2(1)= 0.13043
     LAMD1(2)= 0.11765
     LAMD2(2)= 0.058823
C     gas phase
10      CONTINUE
     CALL PTC(NI,T,Y,AC,BC,CC,AV,BV,CV)
     CALL CUBPAR(R,P,T,AV,BV,CV,EP,EQ,ER,S,EM,EN)
     TIP(1)= 1.
     TIP(2)= EP
```

```
      TIP(3)= EQ
      TIP(4)= ER
      CALL EQUA
      ZV= ZMAX
      CALL FUGA(R,NI,AC,BC,CC,AV,BV,CV,ZV,P,T,Y,PHIV)
      DO I= 1,NI
      FV(I)= Y(I)* PHIV(I)* P
      ENDDO
C    water phase
      AW= 1.0
C
      CALL FUGAH(NJ,IP,P,T,FV,AW,FH0,CH)
C
      SUM= 0.
      DO I= 1,NJ
      SUM= SUM+ FV(I)* 1.D-5* CH(I)
      ENDDO
      SUMTH= SUM/(1.+ SUM)
      DO I= 1,NJ
      THETA(I)= FV(I)* 1.D-5* CH(I)/(1.+ SUM)
      ENDDO
      SUMX= 0.
      DO 18 I= 1,NJ
      IF(FH0(I).LE.1.D-10)THEN
        XH(I)= 0.
        GOTO 18
      ENDIF
      XH(I)= FV(I)* 1.D-5/FH0(I)/(1.-SUMTH)* * ALPH(IP)
      SUMX= SUMX+ XH(I)
      18CONTINUE
      F(M)= SUMX-1.
C    PAUSE
      CALL ROOT1(F,TPX,DALT,M,IPN,EPS1)
20    IF(TPX(M).LT.0.D0)THEN
      DALT= DALT/2
      TPX(M)= TPX(M-1)+ DALT
      GOTO 20
        ENDIF
      IF(M.GT.1 .AND.MP.EQ.1)THEN
25    BETA= DABS(DALT)-.5* TPX(M-1)
```

```
      IF(BETA. GT. 0. ) THEN
          DALT= .5* DALT
          TPX(M) = TPX(M-1) + DALT
          GOTO 25
      ENDIF
      ENDIF
      IF(M. GT. 1 . AND. MP. EQ. 2) THEN
 26   BETA= DABS(DALT)-2.
      IF(BETA. GT. 0. ) THEN
        DALT= .5* DALT
        TPX(M) = TPX(M-1) + DALT
        GOTO 26
      ENDIF
      ENDIF
        IF(MP. EQ. 1) THEN
      P= TPX(M)
        ELSE
      T= TPX(M)
      ENDIF
      IF(IPN. EQ. 2) THEN
      GOTO 10
      ELSEIF(IPN. EQ. 3) THEN
        WRITE(* ,* ) 'SUB HYDP1,NO HYD ROOT'
      ELSE
      ENDIF
      END


C= = = = = = = = = = = = = = = = = = = = = = = = = = = = = = = = = = = =
   SUBROUTINE FUGAH(NJ,IP,PH,T,FV1,AW,FH0,CH)
   IMPLICIT REAL* 8(A-H,O-Z)
    DIMENSION FH0(25),THET(25),CH(25),DH(2),FV(25),FV1(25),F0T(25)
    COMMON/STRUC/ATA1(2,15),ATB1(2,15),ATC1(2,15)
   COMMON/LANGM/XL(14),YL(14),ZL(14)
   COMMON/CROSS/AHIJ(15,15)
   DO I= 1,NJ
   F0T(I) = 0.
   ENDDO
   DH(1) = -22. 5
   DH(2) = -49. 5
   P= PH* 1. D-5
```

```
      DO I= 1,NJ
      FV(I)= FV1(I)* 1.D-5
      ENDDO
      IF(IP.EQ.1)THEN
        FOP= DEXP(.4242* P/T)
        FOA= AW* * (-7.67)
      ELSE
        FOP= DEXP(1.0224* P/T)
        FOA= AW* * (-17)
      ENDIF
      SUMTH= 0.
      DO I= 1,NJ
      CH(I)= XL(I)* DEXP(YL(I)/(T-ZL(I)))
      SUMTH= SUMTH+ CH(I)* FV(I)
      ENDDO
      DO I= 1,NJ
      THET(I)= CH(I)* FV(I)/(1.+ SUMTH)
      ENDDO
      DO I= 1,NJ
      ATHET= 0.
      DO J= 1,NJ
      ATHET= ATHET+ AHIJ(I,J)* THET(J)
      ENDDO
      IF(T .GT. 273.15)THEN
        FOT(I)= DEXP(-ATHET/T)* ATA1(IP,I)* DEXP(ATB1(IP,I)/
     *     (T-ATC1(IP,I)))
        ELSE
        FOT(I)= DEXP(-ATHET/T)* DEXP(DH(IP)* (T-273.15)/T)* ATA1(IP,I)
     *        * DEXP(ATB1(IP,I)/(T-ATC1(IP,I)))
      ENDIF
      FHO(I)= FOT(I)* FOP* FOA
      ENDDO
C PAUSE
      RETURN
      END
C= = = = = = = = = = = = = = = = = = = = = = = = = = = = = = = = =
      SUBROUTINE PTPAR0(NI,R)
      IMPLICIT REAL* 8(A-H,O-Z)
      REAL* 8MW
      DIMENSION DC(25)
```

```
      COMMON/PAR1/TC(50),PC(50),W(50),MW(50)
      COMMON/PAR2/AAC(25),BBC(25),CCC(25),WW(25)
      COMMON/CUBIC/ZZ(2,3),TIP(4),ZMIN,ZMAX,ZGIBBS

      NP= NI+ 1
            DO 2 I= 1,NP
      WW(I)= 0.452413+ 1.30982* W(I)-0.295937* W(I)* W(I)
      DC(I)= 0.329032-0.076799* W(I)+ 0.0211947* W(I)* W(I)
      BBC(I)= R* TC(I)/PC(I)
      AAC(I)= BBC(I)* R* TC(I)
      CCC(I)= BBC(I)
2     CONTINUE
       WW(NI+ 1)= 0.689803
       DC(NI+ 1)= 0.269
       DO 10 I= 1,NP
      TIP(1)= 1.
      TIP(2)= 2.- 3* DC(I)
      TIP(3)= 3* DC(I)* DC(I)
      TIP(4)= -1.* DC(I)* DC(I)* DC(I)
      CALL EQUA
      WB= ZMIN
      WA= 3.0* DC(I)* DC(I)+ 3.0* (1.0-2.0* DC(I))* WB+ WB* WB+ 1.0-3.0* DC(I)
      WC= 1.0-3.0* DC(I)
      AAC(I)= AAC(I)* WA
      BBC(I)= BBC(I)* WB
      CCC(I)= CCC(I)* WC
10    CONTINUE
      END
C-------------------------------------------------------------C
      SUBROUTINE PTC(NI,T,X,AC,BC,CC,A,B,C)

      IMPLICIT REAL* 8(A-H,O-Z)
      REAL* 8 KIJ(25,25),MW
      DIMENSION X(25),AC(25),BC(25),CC(25)
      COMMON/PAR1/TC(50),PC(50),W(50),MW(50)
      COMMON/PAR2/AAC(25),BBC(25),CCC(25),WW(25)
      COMMON/PAR9/KIJ
COMMON/CUBIC/ZZ(2,3),TIP(4),ZMIN,ZMAX,ZGIBBS

C    IN THIS PROGRAM,WE USE PT EOS AND vdW MIXING RULE.
```

```
C      A AND AC(I):PARAMETER IN EOS(UNIT:Pa* (M**3/MOL)**2)
C      B,C AND BC(I),CC(I):PARAMETER IN EOS(UNIT:M**3/MOL)
     NA= 1
     NB= NI
       DO 10 I= NA,NB
       ALFA= 1.0D+ 0+ WW(I)* (1.0D+ 00-DSQRT(T/TC(I)))
       ALFA= ALFA* ALFA
       AC(I)= AAC(I)* ALFA
       BC(I)= BBC(I)
       CC(I)= CCC(I)
10   CONTINUE
     NA= 1
     NB= NI
     NC= NI
       A= 0.0D0
       B= 0.0D0
       C= 0.0D0
        DO I= NA,NB
     DO J= NA,NC
     A= A+ X(I)* X(J)* DSQRT(AC(I)* AC(J))* (1.0-KIJ(I,J))
     ENDDO
     B= B+ BC(I)* X(I)
     C= C+ CC(I)* X(I)
     ENDDO
       END
C------------------------------------------------------------C
C    EQUA SOVES CUBIC EQUATION:
C      F= A(1)* X* * 3+ A(2)* X* * 2+ A(3)* X+ A(4)= 0
C------------------------------------------------------------C
     SUBROUTINE EQUA
     IMPLICIT REAL* 8(A-H,O-Z)
     COMMON/CUBIC/R(2,3),A(4),ZMIN,ZMAX,ZGIBBS
     IF(A(1).EQ.1.0)GOTO 102
     DO 10 K= 2,4
10        A(K)= A(K)/A(1)
102       S= A(2)/3.0
     T= S* A(2)
     B= 0.5* (S* (T/1.5-A(3))+ A(4))
     T= (T-A(3))/3.0
     C= T* * 3
```

```
      D= B* B-C
      IF(D. LT. 0. 0)GOTO 107
      D= (DSQRT(D)+ DABS(B))* * (1/3. 0)
      IF(D. EQ. 0. 0)GOTO 105
      IF(B. LE. 0. 0)GOTO 103
      B= -D
      GOTO 104
103   B= D
104   C= T/B
105   R(2,2)= DSQRT(0. 75D+ 00)* (B-C)
      B= B+ C
      R(1,2)= -0. 5* B-S
      IF((B. GT. 0. 0. AND. S. LE. 0. 0). OR. (. NOT. (B. GT. 0. OR. S. LE. 0. )))
     1GOTO 106
      R(1,1)= B-S
      R(1,3)= C
      R(2,1)= 0. 0
      R(2,3)= -D
      GOTO 99
106   R(1,1)= C
      R(2,1)= -D
      R(1,3)= B-S
      R(2,3)= 0. 0
      GOTO 99
107   IF(B. NE. 0. 0)GOTO 108
      D= DATAN(1. 0D+ 00)/1. 5
      GOTO 109
108   D= DATAN(DSQRT(-D)/DABS(B))/3. 0
109   IF(B. GE. 0. 0)GOTO 110
      B= DSQRT(T)* 2
      GOTO 111
110   B= DSQRT(T)* (- 2)
111   C= DCOS(D)* B
      T= -DSQRT(0. 75D+ 00)* DSIN(D)* B-0. 5* C
      D= -T-C-S
      C= C-S
      T= T-S
      IF(DABS(C). LE. DABS(T))GOTO 112
      R(1,3)= C
      GOTO 113
```

```
112    R(1,3)= T
     T= C
113    IF(DABS(D).LE.DABS(T))GOTO 114
     R(1,2)= D
     GOTO 115
114    R(1,2)= T
     T= D
115    R(1,1)= T
     DO 116 K= 1,3
116    R(2,K)= 0.0
99     ZMAX= 0.0
     ZMIN= 0.0
     DO 88 K= 1,3
     IF(R(1,K).GT.0.0.AND.DABS(R(2,K)).LT.1D-20)THEN
     ZMIN= R(1,K)
     ZMAX= R(1,K)
     GOTO 77
     END IF
88     CONTINUE
77     DO 66 J= 1,3
     IF(DABS(R(2,J)).LT.1D-25.AND.R(1,J).GT.ZMAX)ZMAX= R(1,J)
     IF(DABS(R(2,J)).LT.1D-25.AND.R(1,J).GT.0.0.AND.
    1R(1,J).LT.ZMIN)ZMIN= R(1,J)
66   CONTINUE
     RETURN
     END
C= = = = = = = = = = = = = = = = = = = = = = = = = = = = = = = = = = = = = =
     SUBROUTINE FUGA(R,NI,AC,BC,CC,A,B,C,Z,P,T,X,PHI)

     IMPLICIT REAL* 8(A-H,O-Z)
     REAL* 8 KIJ(25,25),MW
     DIMENSION X(25),PHI(25),AC(25),BC(25),CC(25)
     COMMON/PAR1/TC(50),PC(50),W(50),MW(50)
     COMMON/PAR9/KIJ

   NA= 1
   NB= NI
   NC= NI
     DA= A* P/(R* R* T* T)
     DB= B* P/(R* T)
```

```
      DC= C* P/(R* T)
      PQ= (B+ C) * (B+ C) + 4. 0D+ 0* B* C
      QP= DSQRT((DB+ DC) * * 2+ 4. * DB* DC)
      A1= (2. 0* Z+ DB+ DC-QP)/(2. 0* Z+ DB+ DC+ QP)
      DO 10 I= NA, NB
   Q= 0. 0D+ 0
   DO 20 J= NA, NC
   Q= Q+ X(J) * DSQRT(AC(J)) * (1. 0-KIJ(I,J))
20      CONTINUE
      Q= Q* DSQRT(AC(I)) * 2. 0D+ 0
      A2= B* BC(I) + 3. * BC(I) * C+ 3. * B* CC(I) + C* CC(I)
      A3= DA* (Q/A-A2/PQ) * DLOG(A1)/QP
      A4= (BC(I) * C-B* CC(I)) * (4. 0D+ 0* DB-(Z-DB) * (DB-DC))
      PHI(I) = -DLOG(Z-DB) + ((Z-DB) * (Z-1. D+ 0) * A2+ A4)/((Z-DB) * PQ) + A3
      PHI(I) = DEXP(PHI(I))
10    CONTINUE
      END
C= = = = = = = = = = = = = = = = = = = = = = = = = = = = = = = = = = = = = = = =
      SUBROUTINE CUBPAR(R, P, T, A, B, C, EP, EQ, ER, S, EM, EN)

      IMPLICIT REAL* 8(A-H, O-Z)

      A S= A* P/(R* R* T* T)
      BS= B* P/(R* T)
      CS= C* P/(R* T)
      EP= CS-1. 0D+ 0
      EQ= AS-BS-CS-2. D+ 0* BS* CS-BS* BS
      ER= -AS* BS+ BS* CS+ BS* BS* CS
      EM= (3. 0D+ 0* EQ-EP* EP)/3. 0D+ 0
      EN= (2. 0D+ 0* EP* EP* EP-9. 0D+ 0* EP* EQ+ 27. 0D+ 0* ER)/27. 0D+ 0
      S= EN* EN/4. D+ 0+ EM* EM* EM/27. D+ 0
      END
C= = = = = = = = = = = = = = = = = = = = = = = = = = = = = = = = = = = = = = = =
      SUBROUTINE ROOT1(F, T, DALT, K, IP, EPS1)

      IMPLICIT REAL* 8(A-H, O-Z)
      DIMENSION F(100), T(100)
C……IP= 1  ROOT HAS BEEN FOUND
C……IP= 2  ROOT HAS BEEN ADJUSTED
C……IP= 3  ITER NUMBER IS OVERFLOWED
```

```
    IF(DABS(F(K)).LT.EPS1)THEN
  IP= 1
  ELSE
  K= K+ 1
  IF(K.LE.2)THEN
      T(K)= 1.01D+ 00* T(K-1)
      IP= 2
  ELSEIF(K.GT.99)THEN
      IP= 3
  ELSE
      DALT= -F(K-1)* (T(K-1)-T(K-2))/(F(K-1)-F(K-2))
      T(K)= T(K-1)+ DALT
  ENDIF
  ENDIF
  END
```

此程序所需的数据由文件'HYD.DAT'读入,计算结果输出至'HYD.OUT'文件。以下为一个计算示例的输入文件,气体为含有 10 个组分的天然气。

```
10,7
CO₂,N₂,C₁,C₂,C₃,iC4,nC4,iC5,nC5,C6
.00454936, .015389308, .92522148, .014791389, .038053826, .000668683,
.000806325,.000199294,.0000949921,.000225343
304.2,72.80,.225,44.01            Tc(K),Pc(atm),OMI,MW
126.2,33.50,.040,28.01
190.6,45.40,.008,16.04
305.4,48.20,.098,30.07
369.8,41.90,.152,44.10
408.1,36.00,.176,58.12
425.2,37.50,.193,58.12
460.4,33.40,.227,72.15
469.6,33.30,.251,72.15
512.0,33.00,.296,84.00
2                                 type of hydrate structure
3.4474D23,-12570,6.79            A,B,C
6.8165D23,-12770,-1.10
5.2602D23,-12955,4.08
0.0399D23,-11491,30.4
4.1023D23,-13106,30.2
4.5138D23,-12850,37.0
3.5907D23,-12312,39.0
```

```
1. 6464D-6, 2799. 66, 15. 90        X, Y, Z
4. 3151D-6, 2472. 37, 0. 64
2. 3048D-6, 2752. 29, 23. 01
0. , 0. , 0.
0. , 0. , 0.
0. , 0. , 0.
0. , 0. , 0.
0. 000, 0. 000, 0. 093, 0. 131, 0. 128, 0. 127, 0. 109, 0. 135, 0. 135, 0. 000    kij in EOS
0. 000, 0. 000, 0. 032, 0. 074, 0. 000, 0. 031, 0. 031, 0. 089, 0. 089, 0. 000
0. 093, 0. 032, 0. 000, 0. 011, 0. 005, 0. 014, -0. 008, 0. 00, 0. 020, 0. 010
0. 131, 0. 074, 0. 011, 0. 000, 0. 004, 0. 013, 0. 000, 0. 021, 0. 013, 0. 000
0. 128, 0. 000, 0. 005, 0. 004, 0. 000, -0. 018, 0. 001, 0. 00, -0. 001, 0. 00
0. 127, 0. 031, 0. 014, 0. 013, -0. 018, 0. 00, 0. 000, 0. 000, 0. 000, 0. 000
0. 109, 0. 031, -0. 008, 0. 00, 0. 001, 0. 000, 0. 000, 0. 000, 0. 000, 0. 000
0. 135, 0. 089, 0. 000, 0. 021, 0. 000, 0. 000, 0. 000, 0. 000, 0. 000, 0. 000
0. 135, 0. 089, 0. 020, 0. 013, -0. 001, 0. 00, 0. 000, 0. 000, 0. 000, 0. 000
0. 000, 0. 000, 0. 010, 0. 000, 0. 000, 0. 000, 0. 000, 0. 000, 0. 000, 0. 000
0. 0, 0. 0, 0. 0, 165, 352, 560, 100                          Aij in hydrate model
0. 0, 0. 0, 0. 0, 50. , 155, 297, 67.
0. 0, 0. 0, 0. 0, 154, 292, 530, 100
165, 50. , 154, 0. 0, 0. 0, 0. 0, 0. 0
352, 155, 292, 0. 0, 0. 0, 0. 0, 0. 0
560, 297, 530, 0. 0, 0. 0, 0. 0, 0. 0
100, 67. , 100, 0. 0, 0. 0, 0. 0, 0. 0
275. 15, 0. 8
```

文件中各个数字的意义可参见程序。对应着此输入文件的输出文件如下所示：

```
            INITIAL INPUT DATA:
------------------------------------------------

FRAC.    MWTC    KPC    atm    OM    MOLFRAC.
------------------------------------------------
```

FRAC.	MWTC	KPC	atm	OM	MOLFRAC.
CO2	44. 01	304. 20	72. 80	.2250	.00454936
N2	28. 01	126. 20	33. 50	.0400	.01538931
C1	16. 04	190. 60	45. 40	.0080	.92522148
C2	30. 07	305. 40	48. 20	.0980	.01479139
C3	44. 10	369. 80	41. 90	.1520	.03805383
iC4	58. 12	408. 10	36. 00	.1760	.00066868
nC4	58. 12	425. 20	37. 50	.1930	.00080632
iC5	72. 15	460. 40	33. 40	.2270	.00019929
nC5	72. 15	469. 60	33. 30	.2510	.00009499
C6	84. 00	512. 00	33. 00	.2960	.00022534

```
--------------------------------------------------------------
    HYD STRUCTURE      2
--------------------------------------------------------------
T(K)         Tcal(K)       P(MPa)        Pcal(MPa)
--------------------------------------------------------------
275.1500     274.2533.     80000.        89870
--------------------------------------------------------------
```

其中，Tcal 为压力为 0.8MPa 时计算的水合物生成温度，Pcal 为温度为 275.15K 时计算的水合物生成压力。

此程序中涉及的二元交互作用参数见下表：

PT 状态方程中的二元交互作用参数 k_{ij} ($k_{ij} = k_{ji}$)

组分	CO_2	N_2	H_2S	CH_4	C_2H_6	C_3H_8	$i\text{-}C_4H_{10}$	$n\text{-}C_4H_{10}$	$i\text{-}C_5H_{12}$	$n\text{-}C_5H_{12}$	C_6H_{14}	C_7H_{16}
CO_2	0.000	0.000	0.000	0.093	0.131	0.128	0.127	0.109	0.135	0.135	0.000	0.097
N_2		0.000	0.000	0.032	0.074	0.000	0.031	0.031	0.089	0.089	0.000	0.089
H_2S			0.000	0.080	0.000	0.089	0.046	0.046	0.044	0.044	0.000	0.044
CH_4				0.000	0.011	0.005	0.014	-0.008	0.000	0.020	0.010	0.010
C_2H_6					0.000	0.004	0.013	0.000	0.021	0.013	0.000	-0.024
C_3H_8						0.000	-0.018	0.001	0.000	-0.001	0.000	-0.015
$i\text{-}C_4H_{10}$							0.000	0.000	0.000	0.000	0.000	0.000
$n\text{-}C_4H_{10}$								0.000	0.000	0.000	0.000	0.000
$i\text{-}C_5H_{12}$									0.000	0.000	0.000	0.000
$n\text{-}C_5H_{12}$										0.000	0.000	0.000
C_6H_{14}											0.000	0.000
C_7H_{16}												0.000

Chen-Guo 水合物模型中的二元交互作用参数 A_{ij} 见第三章。